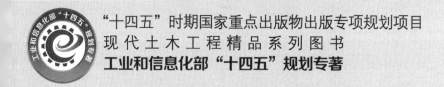

"十四五"时期国家重点出版物出版专项规划项目

现代土木工程精品系列图书

工业和信息化部"十四五"规划专著

面向污染物深度削减与膜污染有效控制的 MBR 水处理技术

MBR Water Treatment Technology for Deep Reduction of Pollutants and Effective Control of Membrane Fouling

田 禹 梁 恒 李俐频 苏欣颖 李 慧 著

U0223175

哈尔滨工业大学出版社

HITP HARBIN INSTITUTE OF TECHNOLOGY PRESS

内 容 简 介

膜生物反应器(MBR)污水处理工艺作为一种新型高效的污水处理及回用技术得到了广泛应用,被认为是污水处理技术的未来。本书在概述 MBR 工艺发展历程、膜污染等内容的基础上,重点介绍了面向污染物深度削减与膜污染有效控制的 MBR 工艺及相关技术,包括分散式污水混凝-GDMBR 处理工艺、污水污泥同步高效处理的 MBR-蠕虫床组合工艺、能源回收同步利用的 MBR-MFC 组合工艺、An-MBR 工艺、菌藻共生 MBR 污水处理工艺以及 MBR 膜污染控制的模型与仿真、基于群体感应淬灭的 MBR 膜污染控制技术,总结了不同工艺与技术的设计及运行要点,阐述了各工艺的污水污泥处理效能和污染物降解规律,剖析了各工艺与技术的膜污染控制机理及应用前景。

本书可供水处理领域科研人员、工程技术人员以及高等院校环境工程专业本科生、研究生参考使用。

图书在版编目(CIP)数据

面向污染物深度削减与膜污染有效控制的 MBR 水处理
技术/田禹等著. —哈尔滨:哈尔滨工业大学出版社,
2023.8
　(现代土木工程精品系列图书)
　ISBN 978-7-5603-9219-6

　Ⅰ.①面…　Ⅱ.①田…　Ⅲ.污水处理-生物膜反应
器-研究　Ⅳ.X703

中国版本图书馆 CIP 数据核字(2020)第 249358 号

策划编辑　王桂芝　马静怡
责任编辑　马静怡　张　颖
出版发行　哈尔滨工业大学出版社
社　　址　哈尔滨市南岗区复华四道街 10 号　邮编 150006
传　　真　0451-86414749
网　　址　http://hitpress.hit.edu.cn
印　　刷　黑龙江艺德印刷有限责任公司
开　　本　787 mm×1 092 mm　1/16　印张 30.75　字数 767 千字
版　　次　2023 年 8 月第 1 版　2023 年 8 月第 1 次印刷
书　　号　ISBN 978-7-5603-9219-6
定　　价　139.00 元

前　　言

随着经济的快速发展以及城市工业化的不断推进,我国面临严重的水污染与水资源短缺问题。《"十四五"城镇污水处理及资源化利用发展规划》提出加强再生利用设施建设、推进污水资源化利用以及部分指定地区提高污水处理标准的目标。与此同时,在生活污水处理厂新功能的需求下,国际污水处理技术正在发生重大变革,强化污染物削减功能,实现低碳、低能耗运行成为当前新型污水处理厂力求实现的主要目标。膜生物反应器(MBR)水处理技术将传统的污水处理与膜分离技术相结合,具有出水优质稳定、占地面积小、剩余污泥产量低等技术优势。MBR作为一种高效的污水处理及回用技术在全球得到了广泛应用,被认为是水处理技术发展的未来,是保障国家水资源安全的核心技术。

膜污染是影响MBR工程应用的技术瓶颈,其增加的运行成本占总运行成本的50%~60%。开展以膜污染控制为核心,强化污染物削减与低碳、低能耗的新型MBR工艺研究,对推动我国污水处理技术的可持续发展具有重要意义。十多年来,作者及其科研团队围绕膜污染优化控制、污染物深度削减、污水污泥协同高效处理、资源化利用等新型MBR工艺及相关技术进行了系统研究。本书正是此过程中部分研究成果和思路的总结,重点介绍了新型MBR工艺及相关技术,包括设计及运行要点、污水污泥处理效果、膜污染控制机制等。本书面向未来的生活污水处理新需求,提出多项新型MBR工艺,对促进MBR工艺的发展具有重要而深远的影响。

全书共分8章:第1章为MBR污水处理工艺概述,归纳总结了MBR工艺的发展历程和应用现状,介绍了MBR的分类、工艺特点与膜污染问题,分析了MBR工艺的发展趋势;第2章介绍了用于高效处理分散式污水的混凝-重力驱动MBR(GDMBR)工艺,采用原位混凝与预混凝的强化方式来解决GDMBR稳定通量较低的问题,并深入研究了两种混凝方式影响膜污染的机理;第3章介绍了实现污水与污泥同步高效处理以及膜污染有效控制的MBR-蠕虫床组合工艺,解析了蠕虫生长特性和蠕虫捕食过程中污泥性质、组分、功能菌群的变化规律,分析了组合工艺的污水处理效能及污泥减量效果,剖析了蠕虫捕食作用对MBR膜污染的控制机理;第4章介绍了关于MBR膜污染控制模型与仿真的相关研究内容,包括MBR系统溶解性微生物产物(SMP)与胞外聚合物(EPS)的膜污染特性、代谢模型以及污泥形态学参数的识别,建立了膜孔污染与膜面泥饼层污染的分析模型,为减缓膜污染提供技术支撑;第5章介绍了能源回收同步利用的MBR-微生物燃料电池(MFC)组合工艺,利用MFC工艺将污水中的化学能转化为电能,对污泥进行改良改性,从而同步实现污水处理效能的提升与膜污染的有效控制;第6章介绍了厌氧 MBR(AnMBR)工艺,对比研究了 AnMBR 与好氧 MBR 的污水处理效果及膜污染特性,并构建了 AnMBR-正向渗透 MBR(FOMBR)耦合工艺、AnMBR-MFC 耦合工艺,提高了 AnMBR 的污水处理效能,减缓了膜污染速率;第7章介绍了基于群体感应淬灭的 MBR 膜污染控制技术,解析了运行参数对 MBR 中微生物群体感应的影响,提出了基于微生物群体感应淬灭机理的新型膜污染控制技术,并探讨了该技术对 MBR 硝化作用的影响;第8章介绍了菌藻共生 MBR 污水处理工艺,分析了该工艺的污水处理效能、生物活性与膜污染情况,解析了菌藻絮体的形态学特性、代谢特性及表面特性,并揭示了菌藻共生 MBR 的膜污染控制机制。

本书由多位硕士和博士研究生参与完成,包括卢耀斌、张晓琦、李俐频、张文钊、涂航、余华荣、王金龙、陈琳、李慧、苏欣颖、丁一、纪超、孙丽、唐聪聪等;还有多位研究生和教师参与了本书的撰写工作,包括徐华、陈俊杰、林达超、刘一鸣、左薇、张军、金厚宇、孟一鸣、崔皓、林清源、张露予、张曦宇、黎彦良、吕鹏召、李文文、张莉杨、王树鹏、庄宇、周玥等。在此对他们表示衷心的感谢!

作者在本书撰写过程中参考了大量国内外专家学者发表的文献,在此对文献原作者致以由衷的谢意。本书的主要研究成果得到了多项课题支持,包括国家高技术研究发展技术("863"计划)、国家科技重大专项"水体污染控制与治理"专项、国家重点研发计划"政府间国际科技创新合作"重点专项、国家自然科学基金等,在此表示感谢!

由于作者水平有限,书中难免存在疏漏和不足,敬请同行专家和广大读者批评指正。

作 者
2023 年 6 月

目　　录

第1章 MBR 污水处理工艺概述

1.1 MBR 工艺发展历程和应用现状

1.1.1 MBR 工艺发展历程

膜生物反应器(MBR)工艺的相关研究最早可以追溯到 20 世纪 60 年代的微生物发酵工业。1965 年,Blatt 首次尝试利用膜的分离作用在制酶工艺中实现对微生物的浓缩。1969 年,美国 Smith 教授提出了利用超滤装置代替传统活性污泥法中的二沉池用于生活污水处理。同一时期,Stephenson 等尝试通过死端过滤的方式完成了好氧反应器处理合成废水过程中的泥水分离环节。此后,Dorr-Oliver 开发出 MST(Membrane Sewage Treatment)工艺处理轮船污水,实现了 MBR 工艺的首次商业应用并申请了美国专利。20 世纪 60—80 年代初,研究人员们针对 MBR 工艺开展了大量的相关研究,研究内容主要围绕动物粪便污水和生活污水的处理。其中,应用最广泛的 MBR 构型为分置式 MBR。这种 MBR 工艺使膜分离作用与微生物降解作用分别在不同的装置中独立运行,实现了污水的高效处理,但该构型动力消耗大,膜使用寿命短,运行成本是传统活性污泥法的 10 倍以上,严重限制了 MBR 的发展和应用。

20 世纪 70 年代,MBR 工艺在 Dorr-Oliver 公司与 Sanki Engineering 的合作项目中被引入日本,这是其实现产品化过程的关键环节,但在此时期包括膜制备工艺在内的 MBR 工艺发展相对迟缓。1985 年,在日本"水综合再生利用系统 90 年代计划"的推动下,MBR 工艺取得了较大的发展,新型膜材料的研发与膜分离工艺新技术的研究受到重视,研发出了针对造纸、酒精发酵、生活污水等在内的七类废水的膜生物反应系统,使得 MBR 在污水处理对象及处理规模上取得了重大突破。1989 年,Yamamoto 对 MBR 进行了简化,将生物处理单元和膜组件浸没于同一反应器内,开发出了浸没式 MBR(一体式 MBR)工艺,利用生物处理单元曝气过程的水力作用(剪切力和紊流)对膜组件进行冲刷,实现了膜污染的有效控制。同时与分置式 MBR 相比,缩短了水由生物处理单元到膜处理单元的运输过程,极大地降低了系统运行的动力费用,减少了能量消耗,对 MBR 的发展产生了巨大影响。截至 1996 年底,日本建设了 60 座 Kubota MBR 处理装置,主要用于粪便、市政污水及工业废水的处理。

20 世纪 90 年代初,应用 MBR 工艺处理的废水种类越来越多。研究表明,MBR 在处理染料废水、食品工业废水、石油化工废水等工业废水时,取得了良好的处理效果,而在废水脱氮除磷和土地填埋场滤液处理的尝试中也取得了一定成果。20 世纪 90 年代末,MBR 工艺的应用规模达到了万吨级。

进入 21 世纪后,MBR 的相关研究变得更加深入广泛。继 20 世纪 80 年代日本的"水综合再生利用系统 90 年代计划"后,欧盟开展了针对 MBR 的第二轮大规模研究,即 MBR-Network研究计划,计划围绕加快城市污水膜净化发展(AMEDEUS)、MBR-21 世纪欧盟市政废水深度处理计划(EUROMBRA)、污水和给水膜处理技术的优化操作与膜污染控制(MBR-TRAIN)和分散式 MBR 的节能新策略(CPURATREAT)四个方面,对膜污染机理与控制、模型模拟、推广应用及工程实践优化进行了全方位的研究,吸引了全球众多企业与高校的广泛参与。随着研究计划的开展,MBR 系列工艺不断完善,膜技术不断革新,在市政与工业领域的应用范围不断扩展,并且在污水资源化工程与商业化开发中得到了广泛应用。目前,在世界范围内有超过 5 000 套 MBR 正在运行和建设,主要服务于家庭废水、市政废水、工业废水与垃圾渗滤液的处理,占世界污水处理市场44%的份额,在欧洲的份额超过 50%。随着城市规模的不断扩大,以及污水集中处理的理念广泛推广,许多国家开始通过改建和新建的方式,建设更大规模的 MBR 项目,处理能力可以达到 20 万 m^3/d 以上,其中的部分项目见表1.1。MBR 的发展历史如图 1.1 所示。

表1.1　超大型 MBR 项目

MBR 设施	峰值日处理量 /($m^3 \cdot d^{-1}$)	年份	地区/国家	新建/改建
Henriksdal 污水处理厂	864 000	2018	斯德哥尔摩/瑞典	改建
Seine Aval 污水处理厂	357 000	2016	巴黎/法国	改建
Canton 污水处理厂	333 000	2015	俄亥俄州/美国	改建
水务一体化 EPC 项目	307 000	—	贵州兴义/中国	新建
Euclid 污水处理厂	250 000	2020	俄亥俄州/美国	改建
顺义污水处理厂	234 000	2016	北京顺义/中国	新建
澳门污水处理厂	210 000	2017	澳门/中国	新建
福州洋里污水处理厂	200 000	2015	福建福州/中国	新建

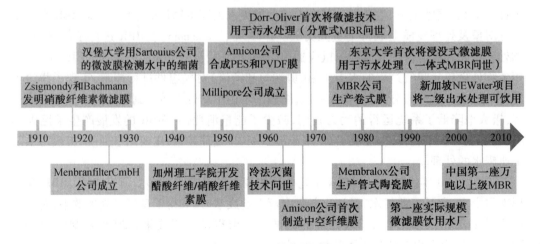

图 1.1　MBR 的发展历史

1.1.2　MBR 在我国的发展与应用

MBR 工艺于 20 世纪 90 年代初引入我国,推广于 20 世纪 90 年代末。MBR 的应用历史如图 1.2 所示,相关研究在我国起步稍晚,但得到了国家的高度重视,先后受到"九五"攻关计划和"863"计划项目的资助,发展势态迅猛。为缓解水资源危机,我国在 2001 年颁布了关于膜技术应用产业化的专项公告,以推动膜技术的研究与应用,使得 MBR 成为我国 21 世纪大力推广的高效水处理与回用技术之一,并在我国的经济建设与经济可持续发展中发挥了重要作用。

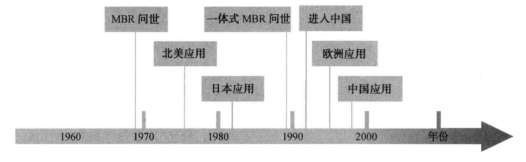

图 1.2　MBR 的应用历史

根据对污水的处理能力,MBR 工艺在我国的应用大致经历了以下五个阶段。

第一阶段:1990—1999 年,MBR 工艺开始在我国被关注和研究,该阶段主要进行实验室和试点试验。1990 年,我国学者发表了第一篇关于 MBR 的综述性文章,随后大量的 MBR 试验在实验室中迅速展开。1999 年,我国第一次完成了处理能力为 10 m³/d 的 MBR 中试,并开展了 MBR 处理印染废水的性能研究。

第二阶段:2000—2003 年,具备数百立方米处理能力的 MBR 工艺开始逐步应用于实际工程。2000 年,处理量仅为 11 m³/d 的 MBR 工艺被首次应用于印染废水的处理,这标志着 MBR 工艺在我国的商业化应用开始;同年,天津市完成了处理能力为 25 m³/d 的 MBR 的应用。2002 年,广东省某医院开始采用 100 m³/d 处理能力的 MBR 处理医疗废水。该阶段 MBR 工艺被主要应用于处理医疗废水,处理能力由初始阶段的几十立方米逐步提升到数百立方米。

第三阶段:2004—2005 年,MBR 在我国快速发展,污水处理能力达到数千立方米。2004 年,我国首个处理能力达数千立方米的 MBR 工艺实现实际应用,对 5 000 m³/d 的石化废水进行处理。在此阶段,数千立方米的 MBR 主要被应用于石化行业废水的处理,如洛阳石化工程公司(5 000 m³/d, 2004 年)和巴陵石化工程公司。

第四阶段:2006—2010 年,MBR 在全球范围内得到广泛应用,技术水平快速发展,数万立方米污水处理量的 MBR 也开始逐步被应用。密云再生水厂于 2006 年投入使用,采用 MBR 工艺处理 45 000 m³/d 的城市污水。此后,许多污水处理厂开始采用处理能力在 10 000 m³/d 以上的 MBR 工艺处理城市污水。这一阶段,MBR 的应用主要集中在北京、江苏、广东和湖北。到 2017 年底,全国处理能力达到数万立方米的大型 MBR 超过 192 座,总容量超过 111.7 万 m³/d。

第五阶段:从 2011 年起,十多万至几十万立方米污水处理能力的 MBR 项目开始建设并投产。随着 MBR 工程技术的不断进步,MBR 在城市污水处理应用中的处理能力大幅提高,达到 10 万 m^3/d 以上。2007 年,北京文峪河污水处理厂建成全国首个 10 万 m^3/d 的 MBR 工程。自 2007 年以来,我国完成了 35 项 10 万 m^3/d 及以上 MBR 项目的建设,占全球 51 项超大型 MBR 工程项目的一半以上。2010 年后,MBR 应用扩展到西南、西北和东北地区。在我国,1 万 m^3/d 和 10 万 m^3/d 的 MBR 应用主要用于处理城市污水。同时,由于城市土地价格的上涨和有限的可用土地,许多城市开始研究利用地下空间建设市政污水处理厂。2017 年,在我国有 13 个用于处理市政污水的地下 MBR 工程,其中包括广州京溪污水处理厂(处理能力为 10 万 m^3/d)、昆明第十污水处理厂(处理能力为 15 万 m^3/d)和太原晋阳污水处理厂(处理能力为 12 万 m^3/d)。

在我国,MBR 工艺及其应用受到各类因素的促进和推动作用。随着公众对公共卫生更加关注,政府开始加强对医疗废水的监管。MBR 工艺是一种去除病原微生物的有效技术,可有效提高废水消毒设施的处理效果,同时占地面积小,空间利用少,十分适合位于城市中心地区的医院使用,MBR 开始逐步在我国医疗废水处理领域被推广,表 1.2 为 MBR 在医疗废水处理方面的相关应用。

表 1.2　MBR 在医疗废水处理方面的相关应用

MBR 设施	处理量/($m^3 \cdot d^{-1}$)	建设年份
辽宁葫芦岛医院	140	2004
四川省科学城医院	200	2004
厦门市海沧医院	400	2005
天津医科大学附属医院	1 000	2005

2008 年北京奥运会的举办使 MBR 工艺再次获得了突破性的进展和应用,2007 年北小河污水处理厂的 MBR 工艺经过改扩建,日处理污水量达到 60 000 m^3/d,处理后污水可以直接回用,极大地缓解了北京地区在奥运期间的用水压力。同时在国家奥林匹克游泳中心等奥运场馆也建设了小规模的 MBR 设施,用于场馆的污水处理和回用,很大程度保障了奥运公园的用水需求。2010 年广州亚运会期间,在亚运会的马术比赛场馆同样建设了处理能力为 550 m^3/d 的 MBR 污水处理设施。MBR 工艺使各类大型体育赛事实现绿色办赛变得更加便捷。

从大环境上来看,由于水环境恶化,污水排放标准的制定更加严格,水资源压力所造成的对于污水的回用需求逐渐增加,将在未来进一步促进 MBR 在我国的发展和应用。2008—2009 年,江苏省无锡市建设了一批数万立方米处理能力的 MBR 处理设施用于污水的脱氮除磷和达标排放。2011 年起,我国新建和改扩建了一批 10 万 m^3/d 以上处理能力的 MBR 项目用于城市污水处理,以缓解各地区的水资源压力,2011 年起大型 MBR 项目见表 1.3。

表 1.3　2011 年起大型 MBR 项目

MBR 设施	处理量/(m³·d⁻¹)	建设年份
温榆河污水处理厂(二期)	100 000	2011
北京清河污水处理厂(三期)	150 000	2012
北京大兴黄村再生水厂	120 000	2013
昆明第十污水处理厂	150 000	2013
武汉三金潭污水处理厂	200 000	2015
北京槐房再生水厂	600 000	2016

　　自 2009 年起,MBR 工艺的应用主要集中在亚洲,2012 年以后全球大型 MBR 项目主要集中在我国。2018 年,我国大型 MBR 项目总数超过 300 个,总容量达到 1 500 万 m³/d,其中用于城市污水处理的大型 MBR 总处理量为 1 000 万 m³/d,占城市污水处理总量(1.78万亿 m³/d)的 5% 以上。2010 年起,我国开始建设地下式 MBR,广州京溪污水处理厂100 000 m³/d的地下式 MBR 为全国第一座,至 2018 年已有 25 个大型地下式 MBR 项目,总容量为 200 万 m³/d。

1.2　MBR 的分类和工艺特点

1.2.1　MBR 的分类

1. 按照膜组件与生物处理单元的结合方式分类

　　按照膜组件与生物处理单元的结合方式不同,MBR 可以分为分置式 MBR 与浸没式 MBR 两种,其构型如图 1.3 所示。①分置式 MBR 将膜组件和生物处理单元分别置于不同的装置中,利用循环泵提供动力使污水污泥混合物进入膜组件,污水经过膜组件处理后,再由泵的抽吸作用排出系统,污泥被膜组件截留后则通过回流泵回流到生物相中维持污泥浓度(本书中污泥浓度均指质量浓度),从而实现泥水分离。在分置式 MBR 中,膜组件的污染较轻,但是泵的运行耗能大,整体费用较高。②与分置式 MBR 不同,浸没式

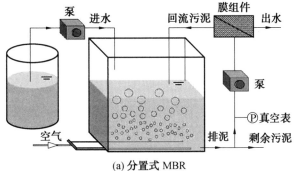

(a) 分置式 MBR

图 1.3　MBR 构型

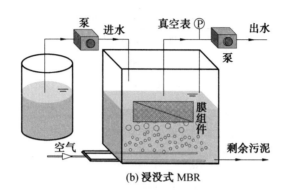

(b) 浸没式 MBR

续图 1.3

MBR 简化了工艺构成,将膜组件和生物处理单元共同安装于同一装置内,节省了空间。污水进入反应器后,在活性污泥的作用下实现有机物的去除,混合液在泵的抽吸作用下经过膜组件实现泥水分离。浸没式 MBR 工艺具有占地面积小、处理效果好、操作简便的优势,整体运行成本较低,但是膜组件污染相对严重。

2. 按照膜组件的构型分类

按照 MBR 工艺中所应用的膜组件构型不同,可以将 MBR 分为板框式 MBR、管式 MBR 和中空纤维式 MBR,分别对应平板膜、管式膜和中空纤维膜三种膜组件。在 MBR 工艺的实际应用中,为了最大程度地发挥膜组件的抽滤作用,通常会将膜组件安装于一个容器内,在外加动力的作用下进行抽吸。①板框式 MBR 的应用最早,其优势在于安装简便,方便清洗,但是平板膜气密性不好,容易造成压力损失;②管式 MBR 根据压力的方向可以分为内压式和外压式两种,其中内压式应用较多,这种构型使水在压力作用下由管内透过膜而从管外流出,很大程度地避免了膜的堵塞,但是处理规模较小,效率较低;③中空纤维式 MBR 在管材内部进行高密度填充,降低了生产成本,但是更容易堵塞膜孔。由于浸没式 MBR 中的膜组件直接浸没于活性污泥混合液,对膜的耐压能力要求较高,而中空纤维膜具有较高的耐压能力,且其过滤面积大,成本低,占地面积小,因此在全球的超滤和微滤膜行业中被广泛应用。总体来看,平板膜在分置式 MBR 与浸没式 MBR 中都有应用,管式膜主要应用于分置式 MBR,中空纤维膜则主要应用于浸没式 MBR 且应用最为广泛。不同形式膜组件的特性见表 1.4。

表 1.4　不同形式膜组件的特性

项目	板框式	管式	中空纤维式
价格/(元·m⁻²)	800 ~ 2 500	150 ~ 800	40 ~ 150
填充密度	低	中	高
清洗	易	易	难
密度	低	低	高
高压操作	较难	否	可
压力差	中	低	难
膜形式限制	无	无	有

3. 按照膜制备的材料分类

按照制备膜材料的不同,可以将 MBR 分为有机膜材料 MBR 和无机膜材料 MBR。①有机膜材料目前的生产工艺已经趋于成熟,成本较低且规格形式多样,应用广泛,常用的有机膜材料包括聚乙烯(PE)、聚丙烯(PP)、聚醚砜(PES)、聚砜(PS)、聚丙烯腈(PAN)、聚偏氟乙烯(PVDF)等。其中,应用最为广泛的是聚偏氟乙烯膜,该类膜耐受污染能力强,且具有较高的化学稳定性,但制作成本较高。整体来看,有机膜材料机械强度不大,存在一定的寿命缺陷,且容易遭受污染。②相对于有机膜材料,无机膜材料具有更强的抗污染能力、化学稳定性和机械强度,且分离效率更高,因此得到了大规模的研究及应用。无机膜材料的工业生产始于 20 世纪 70 年代,在 20 世纪 80 年代无机微滤膜和超滤膜开始得到发展。无机膜材料通常由金属及其氧化物、沸石、陶瓷、多孔玻璃及无机高分子材料等原料制成,属于固态膜。无机膜材料按照孔径大小可以分为反渗透膜、纳滤膜、超滤膜和微滤膜;按照孔隙分布可以分为多孔膜和致密膜,其中多孔膜可根据材料进一步分为多孔金属膜、分子筛膜和多孔陶瓷膜等。目前的无机膜材料种类中,陶瓷膜在MBR 工艺中应用最多,其应用条件较为广泛,可以在 pH 为 0～14、压力低于 10 MPa、350 ℃以下的环境中使用。由于陶瓷膜具有低能耗和高通量的特点,因此被大量应用于高浓度工业废水的处理中。另外,陶瓷膜也具有成本高、弹性小、碱性废水耐受性差及难以加工等缺点。根据陶瓷膜的组成物质不同,可以将陶瓷膜分为氧化硅膜、氧化锆膜、氧化铝膜、氧化钛膜等,其中氧化硅陶瓷膜应用最多。

4. 按照压力的驱动形式分类

按照压力驱动形式的不同,可以将 MBR 分为内压式 MBR 和外压式 MBR。内压式MBR 是指通过压力驱动使得处理废水从膜的内表面向外表面过滤,而外压式则相反。前文所述的管式 MBR 多采用内压式,由于中空纤维膜的内径较小,容易发生堵塞,因此多采用外压式。

5. 按照生化单元的需氧情况分类

按照生化单元对于氧的需求不同,可以将 MBR 分为好氧 MBR 和厌氧 MBR(AnMBR)。①好氧 MBR 具有处理效果好、容易操作的优点,因此得到了广泛应用,常用于市政污水、家庭污水的处理,也可用于工业废水的处理;②AnMBR 应用范围相对较窄,少用于市政污水处理而多用于污染程度较高的工业污水和垃圾渗滤液的处理。AnMBR 具有实现能源回收的优势,但相对好氧 MBR 膜污染更加严重。

6. 按照使用用途分类

按照使用用途不同,可以将 MBR 分为固液分离膜-MBR、萃取膜-MBR(EMBR)和曝气膜-MBR(AMBR)。①固液分离膜-MBR 的应用最多,这种 MBR 组合了膜分离技术和生物反应器,将膜组件添加到生物池内,取代了二沉池,实现了更高效的泥水分离,同时在生物池内可以实现水力停留时间(HRT)和污泥停留时间(SRT)的分别控制,进一步提高了污水处理效果,具有污泥产量小、处理效果好的优点;②EMBR 主要用于处理有毒有害废水,有毒有害废水直接与微生物接触可能会导致微生物失活乃至死亡,因此需要将废水和污泥分开,利用膜的选择透过性使废水中的有机污染物在膜外侧的活性污泥中得以去除；③曝气膜的膜材料多采用中空纤维组件，气体自膜内经中空纤维组件排出膜孔，使得污水、微生物与气体更充分地接触，提高了曝气的效率。

1.2.2　MBR 的工艺特点

在传统活性污泥法中，为了实现较好的固液分离效果，需要设置二次沉淀池，但仍存在出水水质不稳定、占地面积大、污泥膨胀、容积负荷低、产泥量大等问题。MBR 工艺利用膜过滤技术进行泥水分离，有效取代了二次沉淀池，与传统活性污泥工艺相比，MBR 工艺具有显著的技术优势。

1. 处理效果好，污染物去除率高

相对于传统的活性污泥工艺，MBR 工艺能够达到更好的污水处理效果，最终出水的化学需氧量（COD）质量浓度可以达到 5 mg/L 以下，氨氮去除率高达 95% 以上。MBR 处理后水质较好，出水中细菌病毒与悬浮物质基本都被去除，水质可以达到一些领域的回用标准。MBR 能够实现较高的污染物去除率主要源于两个原因：一是膜组件的高效截留作用；二是对生物处理过程的强化作用。

由于 MBR 工艺中所采用的滤膜孔径较小，通常在 0.05~0.5 μm，能够实现对绝大多数相近粒径的病毒细菌、污泥絮体及悬浮污染物的直接截留，在运行一段时间后，由于膜对于一些胶体物质和溶解性有机物的吸附作用，膜的孔径会进一步减少至纳米级，截留能力得到进一步加强，对于有机污染物、病毒细菌及油脂类物质的截留效率会进一步提高。微滤膜对各种污染物的截留能力示意图如图 1.4 所示。

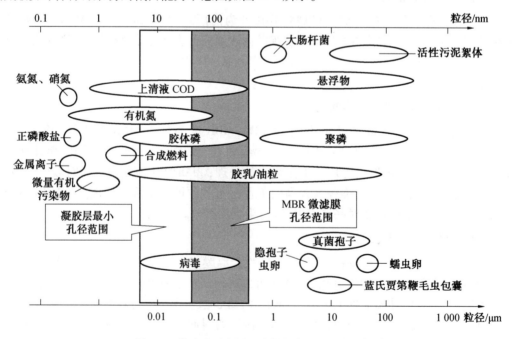

图 1.4　微滤膜对各种污染物的截留能力示意图

MBR 可对生物处理过程产生一定的强化作用，这种强化作用主要在于以下三个方面:首先,污泥菌体流失问题得以解决,膜组件对于污泥菌体的截留作用使得系统内的菌体能够维持一定的水平,保证菌体生物处理的能力;其次,由于 MBR 中 SRT 与 HRT 实现了分离,污泥浓度能够保持在 8 000 ~ 20 000 mg/L 之间,MBR 中硝化菌等生长周期较长的微生物能够长时间富集,使磷的吸收和氨氮的去除都得到促进;最后,对于传统活性污泥工艺难以降解的有机物,MBR 对其截留后,经过长时间的微生物驯化,使得污泥对这部分有机物具有一定的降解能力。因此总体来看,MBR 工艺无论是从物理层面还是生物层面都具有一定的优势,能够满足日益严格的水处理标准对水处理工艺的要求。

2. 容积负荷高,抗负荷冲击能力强

相对于传统的活性污泥法,MBR 具有更高的容积负荷,相应的抗负荷冲击能力也更强。这是因为在 MBR 工艺中膜组件的过滤作用截留了大量的污泥絮体,使得污泥停留时间较长,同时保证了较高水平的活性污泥浓度,从而使系统具有更高的容积负荷、较强的抗冲击负荷能力和抗有害毒物质能力,大大提升了系统的稳定性。在处理生活污水和工业废水时,MBR 工艺对污泥浓度的要求较高,通常处理生活污水时的污泥浓度保持在 10 ~ 20 g/L,处理工业废水时的污泥浓度在 20 g/L 以上。容积负荷的提升使得反应器尺寸降低,而膜组件的过滤作用取代了传统工艺中的二次沉淀池,使得 MBR 工艺的占地面积进一步减小。

3. 污泥浓度高,剩余污泥产量少

由于 MBR 中膜组件的截留作用,避免了污泥的流失,反应器内 SRT 较高,反应器内的活性污泥浓度能够长期维持在一定的水平,通常能达到 5 ~ 10 g/L 乃至 10 g/L 以上,反应器污泥负荷相对较低,在 0.2 kg BOD$_5$/(kg MLSS·d)[①]以下,而通常传统活性污泥法中的污泥负荷在 0.25 ~ 0.5 kg BOD$_5$/(kg MLSS·d)。由于高容积负荷和低污泥负荷的特性,进入 MBR 的基质只需维持微生物的最低营养需求,微生物增殖量较低,因此相应的剩余污泥产量也较低。由于生物反应器中的 SRT 较大,且系统处于低有机物量/活性污泥量(F/M)条件,在保持高浓度污泥的同时微生物处于内源呼吸状态,因此污泥产率较低。作为对比,MBR 处理生活污水的污泥产率在 0.23 kg MLSS/kg COD 左右,而传统活性污泥法的污泥产率则为 0.3 ~ 0.5 kg MLSS/kg COD。目前剩余污泥的处置费用问题已经成为制约污水处理厂发展的重要因素,剩余污泥处理费用往往能够达到总运行费用的 25% ~ 40%,甚至 60%,因此剩余污泥的减量显得尤为必要。MBR 的剩余污泥产量较少且较为稳定,可以直接进行脱水而跳过污泥消化环节,从而降低剩余污泥处理费用,这也是促使 MBR 工艺得到重点开发和广泛应用的原因之一。

4. 适应性强,操作方便

MBR 相对传统的活性污泥法构筑物更少,整体占地空间更小,且结构分布紧凑,便于制作成一体化成套设备,在缩短工期的同时降低了建设与运输成本。加之操作更加简便,更容易实现无人化自动控制,从而降低人工运营成本。MBR 中膜组件的污泥截留作用使

---

① 　BOD$_5$——5 日生化需氧量;MLSS——混合液污泥浓度。

得 SRT 与 HRT 分离,在实际操作过程中可以分别对 SRT 和 HRT 进行控制,这提高了工艺在应对不同水质情况下的操作灵敏性与可控性。另外,由于 MBR 中的泥水分离是通过膜的截留作用实现的,并不依赖于重力,因此能够对黏性、非黏性与丝状菌污泥膨胀进行有效控制,污泥膨胀问题大大减少。正是因为空间小、布局紧凑、操作简便、适应性强等特点,MBR 在居民小区、工厂、山区、船舶等特定的地形与场所都有较多的应用。MBR 工艺与传统中水处理工艺比较见表 1.5。

表 1.5　MBR 工艺与传统中水处理工艺比较

项目名称	传统二级水处理工艺	传统中水处理工艺	MBR
工艺组成	由传统生化处理,经沉淀后出水	由传统生化处理预混凝、沉淀、过滤多步单元操作组成	将膜分离与传统生化处理有机结合,实现水质的净化
建设要求	不易实现模块化设计,最好按最大设计能力一次性建成	不易实现模块化设计,最好按最大设计能力一次性建成	易实现模块化设计,适于分期建设,节约投资
出水水质	难以满足一级 A 标准	符合国家现行标准	全面优于国家现行标准
占地面积	$0.7 \sim 1 \ m^2/(t \cdot d)$	$1 \ m^2/(t \cdot d)$	$0.3 \sim 0.5 \ m^2/(t \cdot d)$
建设投资	$1\ 000 \sim 2\ 000$ 元$/(t \cdot d)$	$2\ 000 \sim 3\ 500$ 元$/(t \cdot d)$	$2\ 500 \sim 5\ 000$ 元$/(t \cdot d)$
运行费用	$0.6 \sim 1.0$ 元$/t$	$1.0 \sim 2.2$ 元$/t$	$0.8 \sim 1.5$ 元$/t$
产水率	无须反冲洗,产水率高	频繁反冲洗,工艺耗水较多,产水率低	无须反冲洗,产水率高
剩余活性污泥	剩余污泥产量大($0.4 \sim 0.5$ kg MLSS/kg COD),污泥处理费用高	剩余污泥产量大($0.5 \sim 0.6$ kg MLSS/kg COD),污泥处理费用高	剩余活性污泥产量小($0 \sim 0.2$ kg MLSS/kg COD),理论上可以实现零污泥排放
化学污泥	需投加一定量的化学药剂,产生的化学污泥易引起二次污染	需投加大量的化学药剂,产生的化学污泥易引起二次污染	无须投加化学药剂,无化学污泥产生
运行处理	设备较多,管线复杂,需专业人员维护	设备较多,管线复杂,需专业人员维护	设备较少,流程简单,易于实现全自动控制,运行稳定可靠
出水用途	难以满足一级 A 标准,不能回用	一般仅限于冲厕、道路清扫和城市绿化	出水水质优良,可广泛回用于城市绿化、景观环境用水等

1.3　MBR 工艺膜污染的研究现状

1.3.1　膜污染的分类

膜污染是指膜的使用过程中由于各种颗粒、胶体及溶解性物质在膜的表面或膜孔中积累,导致膜的通量下降并影响膜的功能的过程。膜污染问题是 MBR 工艺中一个亟待解决的难题,膜污染的存在导致 MBR 工艺运行维护工序更复杂,处理成本更高且使用寿命缩短,制约了 MBR 工艺的发展与应用。影响膜污染的因素包括污水成分、混合液特征、水力条件等,目前这些因素正在受到高度重视与广泛研究。

按照膜污染发生的位置可以将膜污染分为内部污染、外部污染和浓差极化。内部污染主要是指发生在膜孔的污染,主要是由溶解性污染物和细小颗粒在膜孔内部的聚集而导致的膜孔堵塞、膜孔缩小与孔壁污染。外部污染是由较大粒径的胶体、颗粒等吸附在膜表面,形成膜表面污染层,包括泥饼层和凝胶层两部分。其中,泥饼层由膜截留下的颗粒物构成,凝胶层的构成成分包括溶解性无机物、大分子有机物与胶体物质等。膜的截留作用会将一些溶解性物质和颗粒物截留在膜表面,这些被截留的物质富集后会在膜表面形成一层液化边界层,即浓差极化。这个边界层会阻碍水的过滤,导致膜阻力增加、膜通量降低。膜表面的剪切力与跨膜压差会影响浓差极化的发生,通过增加错流流速可以有效降低浓差极化的影响。

根据膜污染发生后清洗效果的不同,将膜污染分为不可恢复污染、不可逆污染和可逆污染。其中,最难以解决的是不可恢复污染,意味着一旦发生这种污染任何方法都无法对其去除,而最容易解决的污染是可逆污染,常见的形式如膜表面堆积形成的泥饼层。可逆污染能够借助水力冲刷作用、曝气剪切力等物理方法去除。与可逆污染相对应,不可逆污染即无法借助物理方法去除的污染,需要借助化学手段去除。常见的不可逆污染包括膜孔污染和膜表面凝胶层。常用的化学清洗试剂包括盐酸、次氯酸钠、氢氧化钠、柠檬酸等。

根据引起 MBR 膜污染的物质种类分类,可将膜污染分为生物污染、有机物污染、无机物污染三类。

1. 生物污染

菌胶团或微生物吸附在膜表面进行生长繁殖与生理代谢活动,进而形成多层生物膜(即泥饼层),造成膜污染,称为生物污染。生物污染的形成原因主要是膜孔的尺寸小于微生物及菌胶团的尺寸,导致微生物及菌胶团被膜截留在膜表面,或在膜孔中积累,经过一定时间的生长发育与繁殖后而造成膜的正常功能受阻,而微生物生理代谢活动所分泌的胞外聚合物具有一定的黏性增强作用,从而进一步加剧了膜污染。

目前常用于观察膜表面生物膜形态特征的技术手段包括共聚焦激光扫描显微镜(CLSM)、直接透膜观察(DOTM)技术、扫描电子显微镜(SEM)及原子力显微镜(AFM)等。其中,CLSM 多用于膜污染的表征,对泥饼层的观测可以实现无损害原位观测,CLSM 可以用三维立体结构模型表征泥饼层,并通过数字图像分析对多层生物膜的三维结构进行重组与定量研究,还可以结合荧光探针的应用,实现对泥饼层的可视化与定量化,极大地方便了对于泥饼层内部结构与微观形态的解析研究。Bjorkoy 等人的研究就是利用 CLSM 的图像分析功能,得到了大量生物膜的结构参数,如厚度、孔隙率、粗糙度、生物体积等。Fane 研究开发的直接透膜观察技术,可以对超微颗粒在膜表面的沉积特征进行研究并实现对超微颗粒的计数。Zamani 等人在 2016 年通过对 DOTM 技术的应用,实现了对膜污染物沉积的初始演化特征与临界通量的表征,该研究反映了部分特征污染物的表面能对膜污染的影响。

想要实现对 MBR 膜生物污染的有效控制,必须对可能导致膜污染的微生物菌群结构进行研究。目前对于微生物菌群结构的研究主要是基于 16S rRNA 序列的分子生物学方法,应用比较多的研究方法还包括末端限制性片段长度多态性分析(T-RFLP)、荧光原位杂交分析技术(FISH)与梯度凝胶电泳(包括变形梯度凝胶电泳(DGGE)和温度梯度凝胶电泳(TGGE))。Lin 等人采用 PCR-DGGE 分别对泥饼层与污泥混合液中的微生物进行研究,发现在二者中微生物的种类和强度分布具有明显差异。Horsch 等人应用 FISH 技术,对纳滤和超滤膜处理饮用水过程中的膜表面微生物进行研究,发现在不同时期膜表面的微生物结构组成会发生变化,过滤初期的膜表面微生物主要以 γ-变形菌为优势菌种,而过滤后期则主要以 α-和 β-变形菌细菌为主。Ivnitsky 等人利用 PCR-DGGE 技术,研究了不同温度下错流式 MBR 中膜表面微生物的种群结构。结果表明,膜表面微生物主要以变形菌细菌为主,以 β-变形菌和 γ-变形菌为主要菌群。Chen 等人利用 T-RFLP 对膜表面微生物的优势菌群进行探究,研究表明优势菌种主要为 β-变形菌和 γ-变形菌,二者数量达到微生物总量的 20%。

2. 有机物污染

在 MBR 工艺的膜污染中,有机物污染主要源于原水中的大量有机物与微生物及其代谢产物,其中的微生物代谢产物包括胞外聚合物(EPS)与溶解性微生物产物(SMP),二者的尺寸小、吸附能力强,容易吸附在膜表面或在膜的孔隙中富集,从而导致膜的堵塞,因此是导致膜有机物污染的主要因素。其中,SMP 主要源于微生物的水解、扩散、内源呼吸、基质分解等生理活动。研究表明,SMP 主要分为尺寸在 1 ku 以下的小分子型和 10 ku 以上的大分子型,其中小分子型的尺寸接近膜孔尺寸,容易在膜孔中堵塞,而大分子型主要由糖类与蛋白质构成,会形成胶体而吸附在膜表面,形成使膜阻力提高的凝胶层,两种情况均会导致膜的污染。而胞外聚合物 EPS 则是一种相对分子量较大的黏性物质,由活性污泥细胞分泌而来,高浓度的 EPS 会提高污泥混合液的整体黏度,影响溶解氧的扩散进而降低菌胶团的活性,大大提高膜的过滤阻力;但是,如果活性污泥混合液中 EPS 浓度过低,会引起污泥絮体的分解,影响 MBR 的正常功能。

Metzger 等人研究了膜污染的污染物类型及空间分布,按照吸附强度大小将膜的污染物分为三层,对先后清洗下来的不同层的污染物类型进行分析。研究表明,内层污染的主要成分为溶解性微生物产物,主要由蛋白质组成,为不可逆污染;中间污染层的主要成分为等量的微生物体与 SMP、EPS 的聚集物,主要由多糖组成,污染物很大程度上影响了最外层污染物的组成;最外层的污染层为多孔泥饼层结构,整体组成类似于污泥絮体。内层污染为膜污染的主要污染,污染物以吸附的形式聚集在膜表面,难以去除。Meng 等人利用傅里叶红外光谱(FTIR)技术,对膜表面污染物组成进行分析,发现其主要由多糖、蛋白质和脂类物质构成,认为膜污染的主要来源为 EPS。Wang 等人利用凝胶过滤色谱方法,对 EPS 的分子量分布规律进行分析,发现 EPS 中的有机物与原水相比,分子量更高且分布范围更广,大分子量的 EPS 在膜过滤过程中,更容易吸附在膜表面和膜孔内,造成膜污染。Liu 等人利用三维荧光技术研究膜污染物,发现导致膜外层与膜内层污染的主要污染物组成分别为蛋白质和腐殖酸,研究者将污泥胞外聚合物分成溶解性胞外聚合物(S-EPS)、松散结合的胞外聚合物(LB-EPS)和紧密结合的胞外聚合物(TB-EPS)三种,并用三维荧光光谱(EEM)、FTIR 等多种手段研究不同种类 EPS 膜污染潜能,结果表明在三种 EPS 中 LB-EPS 是最容易导致不可逆污染的物质。

3. 无机物污染

除了生物污染和有机物污染以外,一些无机物污染也可能会导致膜污染,但是其影响程度往往小于前两者,因此相关研究不多。目前对膜表面无机物污染的分析主要采用 X 射线荧光光谱分析仪(XRF)和能量色散 X 射线光谱仪(EDX)。研究发现,无机物污染中金属离子的污染是由电性中和或吸附架桥作用所导致的,在系统运行中金属离子会逐渐被吸附到膜上导致膜过滤阻力增加,进而形成膜污染。

Choo 研究了酿酒废水处理过程中的膜污染,发现处理过程中的主要膜无机物污染为 $MgNH_4PO_4 \cdot 6H_2O$(鸟粪石),鸟粪石在与微生物细胞的相互作用中共同吸附于膜的表面,成为泥饼层的重要构成部分。Meng 等人利用 XRF 和 EDX 技术,对 MBR 中泥饼层的主要组成成分进行了研究,研究表明泥饼层中的主要无机元素包括 Mg、Al、Ca、Si 和 Fe。Meng 等人认为无机元素与有机聚合物的搭桥作用能够使膜表面污染层更加密实,从而加剧膜污染程度。滤膜的无机污染主要由金属团簇和金属离子所导致,因此想要有效控制无机污染的发生,通过预处理降低进水中的金属浓度是非常必要的。

1.3.2　膜污染的形成过程

MBR 长期运行过程中,通常采用恒定膜通量操作,此运行模式下跨膜压差(TMP)会随着膜污染的加剧呈逐渐上升趋势,由此也通常将膜污染过程分为初始污染期(第一阶段)、缓慢污染期(第二阶段)、TMP 跃升期(第三阶段)三个阶段,各个阶段的污染特征与机理均不相同。

1. 初始污染期(第一阶段)

膜污染的第一阶段是整个膜污染过程最重要的阶段。在此阶段粒径与孔径相近的微粒吸附于膜表面,而粒径小于孔径的颗粒在孔内积聚,导致膜孔逐渐被堵塞,膜通量变小,而与此同时 EPS 和 SMP 在膜表面发生的相互作用也在一定程度上导致了膜污染的发生。

Zhang 等人对 MBR 膜污染的初始阶段特征进行了研究,发现在初始阶段中不可逆膜污染的发生是迅速的,即使在控制膜通量为零的情况下也会由于胶体等污染物与膜之间发生的被动吸附而产生一定的膜污染。这种类型的膜污染不同于普通膜污染,主要决定因素为膜孔径、膜表面特性和污泥性质等,而非切向剪切作用。Su 等人在关于不同材质(PVDF、PES)的滤膜对 EPS 中多糖与蛋白质静态吸附的研究中发现,三种膜中污染程度最轻的是与 EPS 吸附作用最小的 PES 膜;当在错流操作中控制通量为零时,研究发现此时的微生物反应过程与通常情况下泥饼层形成的过程不同,微生物絮体会在膜表面有一个短暂的停留过程,之后随水力冲刷离开膜表面,这个过程被称为随机相互作用过程。在该过程中,污泥絮体在初期会在膜表面有所停留,但最终会与膜分离,而初期污染是由微小的微生物絮体或残留的 EPS 在膜表面或膜孔中的聚集所引起的,初期污染层会对膜表面特性造成较大程度的影响,导致微生物絮体与微粒更容易聚集于膜表面,进而导致更严重的后续污染。

2. 缓慢污染期(第二阶段)

第二阶段的污染特征明显有别于第一阶段,此阶段中污染速度慢且污染时间长,因此也被称为“缓慢增长期”。第二阶段的膜污染是在第一阶段膜表面溶解性有机物污染层的基础上,再增加胶体污染物与微生物絮体于 SMP 之上,同时在第一阶段中没有污染物吸附的裸露的膜表面会在第二阶段发生有机质的吸附作用,泥饼层开始逐渐形成。在泥饼层的形成过程中有很多影响因素,最主要的是构成泥饼层的大颗粒的疏水性及带电量、LB-EPS 浓度等性质。在泥饼层形成初期,由于构成泥饼层的主体颗粒粒径较大,因此所形成的泥饼层往往具有较大的孔隙率与较低的黏性,过滤比阻为 $10^{12} \sim 10^{14}$ m/kg,但膜孔会随着运行时间的增长而逐渐堵塞,堵塞的速度与通量大小有关,通量越大 EPS 沉积越快。这种污染的发生是较难避免的,即使有较好的水利条件和较大的剪切力仍然难以避免。此外,MBR 中水流和气流的不稳定性会导致膜污染在空间上分布不均匀。

3. TMP 跃升期(第三阶段)

部分膜污染会有第三阶段,即 TMP 跃升期。这个阶段的特点是 TMP 会以指数形式大幅提升。第三阶段的污染主要源于膜污染空间上的不均匀性,在局部污染较为严重的区域会产生较大的膜通量使得局部通量超过临界通量,这种情况下膜污染程度会迅速提升,导致 TMP 快速升高。另外,如果泥饼层因抽吸作用发生坍塌并被压实,也会导致 TMP 呈指数型增长。在接近膜表面的位置有一层由致密胶状物质构成的凝胶层,该凝胶层由金属离子与溶解性有机物发生络合作用而产生,研究表明,上清液(supernatant)存在高浓度的 SMP 条件下,凝胶层更容易生成。对凝胶层进行 X 射线光谱分析与扫描电子显微镜观察可以得出,凝胶层主要由 Mg、Al、Ca、Si、Fe 等无机元素和有机物质形成的络合物组成,具有低孔隙率、高过滤比阻、高黏度、难去除的特点。

1.3.3　膜污染的机理分析

在影响 MBR 膜污染的因素中,最主要的是污染物粒径,污染物粒径不同,影响膜污染的程度和污染机理也不相同。可以根据污染物粒径将膜污染机理分为三种情况,分别是污染物粒径远大于膜孔径(>1 μm)、污染物粒径与膜孔径相近(0.01 ~ 1 μm)及污染物粒径远小于膜孔径(<0.01 μm)。

1. 污染物粒径远大于膜孔径

污染物粒径过大时,会因为无法通过膜孔而被截留下来,积累在膜的表面,形成滤饼层。可以将膜表面污染物的迁移分为两个过程:一是污染物的正向迁移,即从混合液迁移到膜表面;二是污染物的反向迁移,即从膜表面迁移到混合液中。正向迁移会使得膜污染情况加重,而反向迁移则有利于缓解膜污染。反向迁移主要依靠颗粒的布朗运动、惯性作用和水力的剪切作用,但是对于粒径较大的污染物来说,其布朗运动所形成的反向迁移十分微弱。同时,膜过滤所带来的拉力可能会使滤饼层被压实,进而形成更加严重的污染,而膜表面的水力作用则可以在一定程度上减轻膜污染。

膜表面水力作用、污染物粒径与膜通量的大小都可以对污染物的正向迁移和反向迁移造成影响,其中对正向迁移影响最大的是膜通量。膜通量可以对膜过滤所带来的拉力造成影响,进而影响正向迁移的程度。临界膜通量是指当正向迁移与反向迁移达到动态平衡下的膜通量大小,当实际膜通量小于临界膜通量时,整体污染程度减轻;而当实际膜通量大于临界膜通量时,污染程度将会加剧。在 MBR 工艺中,MLSS 一般在 $8 \sim 18$ g/L 之间,高于传统活性污泥法。Gui 等的研究表明,MLSS 会影响膜的过滤比阻,MLSS 越高,膜的过滤比阻也越高,这是因为高的 MLSS 在高曝气强度下会有更加明显的抗污染效果,对于膜污染的减缓效果也越好。除了临界膜通量,还有临界曝气强度和临界错流流速的概念。膜污染的程度还与混合液中的污染物粒径有关,当混合液污染物粒径减小时,污泥的过滤性会下降;对于粒径大于 $80~\mu m$ 的污泥,能够同时提高正向过滤拉力和反向迁移拉力,但对反向迁移拉力的增加程度更高,因此粒径的增大有助于膜污染的缓解。Wu 等人提出了临界粒径的概念,在对正向迁移与反向迁移的平衡研究中发现 $80~\mu m$ 是粒子导致污染的潜力大小分界。

2. 污染物粒径与膜孔径相近

除了粒径较大的悬浮性物质与污泥絮体以外,污泥混合液的上清液中还含有大量与滤膜孔径相近的 SMP 与胶体物质,这类物质往往会通过在膜孔中的聚集形成凝胶层而造成膜的堵塞。在研究膜过滤的两种模型“恒压过滤模型”与“恒流过滤模型”中,通常会根据对膜的堵塞程度和凝胶层的形成而将膜过滤分为完全堵塞模型、标准堵塞模型、间接堵塞模型和滤饼层过滤模型,其中,前三种模型适用于初期膜污染中膜孔堵塞情况的描述,而最后一种模型主要用于死端过滤模式中凝胶层发展的描述。

在膜污染初期,污泥混合液中的亲水组分(Hydrophilic Substances, HIS)对 PVDF 膜的污染速度最快,其中分子量大于 100 ku 的 HIS 的污染效果最显著,这是因为空间排阻作用所引起的膜孔堵塞是不可逆的。空间排阻效应的产生有三方面的原因:一是部分污染物的粒径和膜孔径大小相近,可以进入膜孔内对膜造成阻塞;二是一些柔性大分子的长链结构或膜孔自身的弯曲变形等所引起的特异结构;三是膜与一些污染物之间的静电作用与疏水作用等。在凝胶层阶段的污染中,通常按照是否参与凝胶层的生成与发展将上清液中的污染物分为可知凝胶污染物和不可知凝胶污染物,前者通常是凝胶层内的污染物,多为多糖类物质;而后者则是透过液中的污染物。

3. 污染物粒径远小于膜孔径

在 MBR 的运行中,会存在一些粒径远小于滤膜孔径的污染物质,这些污染物通过在膜孔内聚集或吸附在已经形成的污染层上而对膜造成污染,即吸附型污染。这类污染物质引起的膜污染一方面会导致膜的过滤比阻提高,过滤能力下降;另一方面会加剧后续凝胶污染层的产生与发展。研究表明,在污泥混合液中,当微粒粒径小于 $0.1~\mu m$ 时,微粒粒径越小,膜污染速率和膜的过滤比阻越高。

研究表明,在造成膜污染的上清液溶解性污染物中,主要成分为微生物代谢产物,由多糖、腐殖酸、蛋白质等组成。也有研究表明,SMP 为造成膜污染的主要物质之一,其主要由多糖构成,SMP 中的多糖和蛋白质含量与膜过滤比阻呈显著正相关关系,同时 SMP 浓度与膜污染程度也呈正相关关系。污泥混合液中还存在 SMP 与 LB-EPS 的动态平衡关系。另外,污泥混合液中多糖的重要组成成分羧基基团等会与 Ca^{2+}、Mg^{2+}、Fe^{3+} 等金属离子之间发生螯合作用,从而通过"架桥"在膜表面生成致密凝胶层,进一步加剧膜污染。

1.3.4 膜污染的主要影响因素

1. 膜组件结构和膜的性质

目前 MBR 工艺中应用最多的两类膜材料分别为有机聚合物膜和无机膜。通过对 AnMBR 的膜污染研究发现,采用有机聚合物膜的膜污染,主要由鸟粪石和污泥相互作用在膜表面形成泥饼层而引起;而采用无机膜的膜污染,主要由鸟粪石在膜孔中聚集导致堵塞而引起。对两种膜污染分别进行碱性反冲洗和酸性反冲洗,发现碱性反冲洗对于两种膜污染均能起到一定的膜通量恢复作用,而酸性反冲洗无法对无机膜污染起到一定的作用,这可能是因为不同膜材料的亲疏水性、表面电荷、形态结构与粗糙度和孔隙率的差别引起的。

在膜的性质中,膜的孔径大小与分布情况会对膜污染程度造成巨大影响。在膜孔径较小的情况下,更多的污染物被膜截留在膜内,在膜表面聚集而逐渐形成致密的沉积层,导致膜发生不可逆性污染,使得膜的过滤阻力提高。在膜孔径较小的情况下,膜通量相对更大,但是会在更短的时间内发生较大的膜通量下降,污染速度更快,这是因为小于膜孔径的污染物能够在膜孔内聚集而导致膜孔堵塞,使得膜通量快速下降。Choi 等人的研究表明,控制运行条件相同,两种不同孔径的滤膜中,孔径小的超滤膜比孔径大的微滤膜发生污染的程度更小,超滤膜的膜阻力仅为微滤膜的一半。

膜表面的电荷性质会通过静电排斥作用而对膜污染造成影响,影响膜表面电荷性质的因素主要是膜材料所带的电荷基团。由于污泥混合液中的胶体及颗粒带负电荷比较多,当膜表面带负电荷时,这些胶体或颗粒会因与膜表面的静电斥力而不易在膜表面沉积,当膜表面带正电时情况相反。因此可以通过对膜进行改性使得膜表面带负电,从而有效缓解膜污染。

膜的亲疏水性也会对膜的污染状况产生一定的影响。研究表明,亲水膜受污染的程度往往低于疏水膜,这是因为膜的疏水性越强,接触角越大,膜受到蛋白质等有机物污染的概率越大。实际应用中,由疏水有机物构成的疏水膜更为普遍,有必要对疏水膜进行表面改性,增强其表面亲水性,进而提高膜的过滤性。聚醚砜具有很好的热稳定性和抗氧化性,不易水解,在水处理中适用性很强。Jalali 等人利用相转化法将聚醚砜与聚硫酰胺(Polysulfide-Amide,PSA)共混制成超滤膜,发现经过 PSA 改性后的 PES 膜膜通量更大,并且在共混比例为 2% 时膜通量提升效果达到最佳。Chan 等人在改性 PES 超滤膜表面涂覆掺有钴-氧化铁的聚乙二醇(Polyethylene Glycol,PEG),使得超滤膜对污水中铜离子的去除率提高。但需要注意的是,膜的亲疏水性仅在膜污染初期有所影响,长期运行来看影响并不大。目前常见的改性方法主要围绕膜材料的改性方面,包括对膜孔径及粗糙度的改变、在膜材料中添加无机材料等。通常认为,膜表面水流扰动越小,越粗糙,吸附的污染物越多,膜污染越严重。Gohari 等人利用相转化法将纳米颗粒制备成复合超滤膜,当 Fe-Mn 复合纳米颗粒的投加量(w(Fe-Mn)$:w$(PES))从 0 增加到 2.0% 时,膜粗糙度也一直增加,此时膜对于牛血清白蛋白的抗污染性也不断提高。有研究报道利用 Al_2O_3 纳米颗粒对 PVDF 超滤膜进行改性,发现当膜粗糙度增加时,对于膜的污染抗性和膜通量无负面作用。但也有一些学者认为,膜粗糙度的增加会导致膜污染程度加剧。Hoek 等人的相关研究表明,当膜表面粗糙度增加时,DLVO 理论的能量相应降低,这会导致颗粒更容易在谷底沉积。同时较粗糙膜表面峰周围的范德瓦耳斯力更加复杂,尤其是在 NF 膜和 RO 膜中。还有研究表明,对于不同的膜材料,在相同的膜制备工艺下粗糙度改变趋势不同,在相同制备工艺中,PVDF 膜的粗糙度会随着 NaCl 浓度的增加而减小,而 CE 膜的粗糙度则会随着 NaCl 浓度的增加而增大,NaCl 浓度对于 PS 与 PES 膜的粗糙度影响不大。因此粗糙度的改变对膜污染的影响需要根据实际膜材料和类型进行判断。

2. 活性污泥混合液性质

在 MBR 工艺运行中,膜污染物质大多数来自于活性污泥混合液。因此活性污泥混合液的污泥浓度、黏度、表面电荷、粒径及分布、沉降性等性质都会对膜污染造成影响。

污泥浓度是表征污泥性质的重要指标,关于污泥浓度是否会对膜污染造成影响,目前还没有定论。一部分学者认为污泥浓度与膜污染及膜污染速率并没有明显的关系,而另一部分学者则认为,保持其他条件不变的情况下,膜污染速率与污泥浓度之间呈正相关关系。参照 Rosenberger 等人的研究,污泥浓度在不同的范围内增加时,对于污染速率的影响不同:当 MLSS 处于 6 000 mg/L 以下时,污泥浓度与膜污染速率之间呈负相关关系;当 MLSS 处于 15 000 mg/L 以上时,污泥浓度与膜污染速率之间呈正相关关系;而在 8 000 ~ 12 000 mg/L 范围内,二者没有明显的相关性。当 MLSS 较低时,污泥混合液中的微生物与胶体污染物更容易与膜接触,进入膜孔内聚集导致膜的堵塞,而 MLSS 较高的情况下,膜表面会快速形成泥饼层,阻隔胶体与微生物对膜孔的堵塞,从而避免膜污染的进一步加重。污泥混合液中污泥的黏度越高,膜的渗透性越低,当膜与一些微生物细胞或胞外聚合物相接触时,发生沉积与堵塞的概率越大。同时污泥黏度较高时,气体传递和氧气供应受阻,影响系统的供氧水平,供氧带来的水力作用也会被降低,从而进一步加剧膜的污染。在污泥混合液中,污染物的粒径大小和分布状况也会对膜的污染产生一定的影响。粒径较大的微粒对于膜的影响不大,引起膜堵塞与膜表面沉积作用的微粒通常是 2 μm 左右的颗粒,且粒径越小,越容易形成沉积层,沉积层的致密程度越高,导致膜的过滤比阻较大,过滤能力变差。目前还没有足够的研究来揭示污泥粒径对膜污染的影响机理,仅推断出污泥粒径会对膜的渗透性产生较大的影响。但是 Meng 等人的研究表明,粒径分布和 EPS 关系不大,粒径分布为膜污染的次要因素。

在 MBR 中,微生物分解有机污染物,同时也会释放出一些溶解性的产物,即 SMP,可以将 SMP 分为与基质利用有关的产物(UAP)和与微生物内源代谢有关的产物(BAP),前者的产生与基质利用率成正比,后者的产生则与微生物浓度成正比。UAP 分为自养菌利用无机物产生的溶解性微生物产物(UAP-A)和异养菌利用有机物产生的溶解性微生物产物(UAP-H)两种。UAP 的产生源于微生物对基质的分解作用,产生速率与微生物生长速率和基质的分解速率成正比。当微生物与 UAP 有较长时间的接触时,能够将 UAP 完全分解。但是 BAP 相对于 UAP 分解十分困难,分解速率仅为 UAP 的数十万分之一。SMP 的分子质量集中在 1 ~ 10 ku 的范围内,其中大分子质量的物质通过吸附作用附着在膜表面上形成凝胶层,而小分子质量的物质会在膜孔内聚集,两类 SMP 通过不同的形式引起膜污染。胞外聚合物(EPS)也是导致膜污染的重要污染物,其分子质量通常在10 000 u 以上,主要由多糖、核酸、蛋白质、腐殖酸等组成。胞外聚合物能够彼此之间相互作用形成絮体基质,将细胞包裹在絮体所组成的三维结构中而起到保护作用。可以按照EPS 的空间位置将胞外聚合物分为溶解性 EPS 与固着性 EPS 两类,其中溶解性 EPS 主要在细胞体外以胶体态或溶解态分散存在,固着性 EPS 则会紧密贴附在细胞壁上。溶解性EPS 对膜污染的影响是通过对污泥的絮凝性和脱水性造成影响而进行的,固着性 EPS 是构成泥饼层的重要组成成分。当溶解性 EPS 浓度过大时,会降低污泥细胞之间的黏附作用,导致污泥结构遭到破坏,严重影响污泥的絮凝性和脱水性,进而导致膜污染加剧。两种 EPS 会对污泥的絮凝性、脱水性、黏度等性质产生一定的影响,因此是 MBR 研究中不可忽视的因素。

3. 反应器的运行条件

反应器的 SRT、水力停留时间、温度、pH、曝气强度等操作条件会对膜污染造成不同程度的影响,其中影响最大的为 SRT。SRT 不同,污泥混合液的污泥浓度也不同,对微生物的生命活动和污泥活性也会有不同程度的影响。SRT 过长或过短都会对反应器的运行产生不良影响,当 SRT 过长时,污泥混合液的污泥浓度提高,同时黏度也有所提高,会加剧膜污染的程度;而当 SRT 过短时,底物会因 F/M 值过高而无法彻底降解,也会加剧膜的污染程度。SRT 会对污泥的平均粒径造成影响,进而改变 SMP 和 EPS,从而对膜污染产生影响。Zhang 等研究了 SRT 对膜污染情况的影响,研究表明当 SRT 分别为 30 d 与10 d 时,污泥浓度及 SMP 中蛋白质、多糖的比例在 30 d 的条件下明显高于 10 d,相应的膜污染速率也是前者高于后者。Wicaksana 等人研究发现,当 SRT 从 30 d 延长至 100 d 时,污泥浓度由 7 000 mg/L 升高至 18 000 mg/L,同时膜的临界通量由 47 L/(m² · h)降低至36 L/(m² · h)。除了较高的 SRT 以外,有学者指出过低的 SRT 会加剧膜污染。Shane 等发现在较低 SRT 的情况下,膜污染随着 SRT 的继续下降而程度加剧,SRT 从 10 d 减少到2 d,膜污染速率提高了近十倍。原因是较低的 SRT 会降低污泥的絮凝性,进而对膜污染产生影响。因此在 MBR 中会有一个较优的 SRT 范围,超出或低于这个范围都可能加剧膜污染。

另外,MBR 的运行温度会改变微生物的生化反应与内源呼吸速率,进而影响膜污染的发生。运行温度受污泥黏度、SMP、生物活性、EPS 等因素的影响。根据达西公式,污泥黏度增高,膜过滤阻力也会相应升高,而污泥黏度会随着运行温度的升高而降低,因此在运行过程中适当升高运行温度有利于膜过滤阻力的下降。运行温度升高时,污泥黏性降低,气泡中的剪切力也会减小,同时会促进污泥絮体的解体,致使污泥颗粒减小与 EPS 的释放。同时,温度较低时,污染物质的布朗运动也会受到抑制,污染物质的反向迁移受阻,微生物活性下降,微生物降解有机污染物的能力也会下降,污泥混合液中的 SMP 浓度将会上升。

除了上述反应条件以外,MBR 所处理的污水水质也是影响膜污染的一个因素。在我国的不同地区,城市污水的水质不尽相同,因此采用 MBR 工艺处理污水时所产生的膜污染也会有所区别。污水中所含有的营养物质并不一定适宜微生物的生长,当 N 或 P 元素低于微生物所需的最适浓度时,就可能会出现丝状菌过量生长而导致污泥膨胀的现象,同时会加强膜组件与污泥之间的疏水作用,有利于大分子物质在膜表面吸附与聚集,进而导致膜污染加剧。系统运行中的曝气强度也会对膜污染造成影响:一方面,曝气强度会决定能否为微生物提供足够的氧气,影响混合液的均匀程度,并且能够实现对膜表面污染物的吹扫脱离作用;另一方面,还可以引起中空纤维膜丝横向摆动使颗粒污染物从膜表面脱离。

1.3.5　膜污染控制技术

1. 膜改性和抗污染膜制备

膜自身的一些性质会对膜污染产生一定的影响,例如膜的 Zeta 电位、亲疏水性、表面能、构型特性等。有研究表明,膜的 Zeta 电位越高,粗糙程度越高,膜受污染的程度越小,而亲水性膜往往比疏水性膜更不容易遭受膜污染。因此缓解膜污染的一个思路是对膜进行改性,通过表面改性或共混改性两种方法实现对膜亲水性的提升。

膜的表面改性主要是利用光诱导或等离子处理等方法将一些亲水性的物质固定在膜表面,从而人工构筑一层亲水层,增强膜表面的亲水性,但这种方法无法实现对膜孔的改性。膜的共混改性发生在膜的制备过程中,在铸膜液中添加亲水性物质,或通过聚合物单体接枝的方法来实现膜亲水性的提高。

可以直接制备的特制抗污染膜:由 PVDF 和氧化石墨烯混合制得的 PVDF/GO 膜拥有较长的过滤时间,能够有效减少有机污染;将聚偏二氟乙烯和氧化锌纳米颗粒掺混所制得的膜有较强的不可逆污染抗性;将 TiO_2 和聚乙烯醇涂覆在涤纶滤布表面所制得的膜能够有效减缓膜污染,同时具有较高的膜通量。通过改变膜组件的构型也能够缓解膜污染,例如采用滤布作为膜组件基体,或在旋转管式膜组件中用旋转力代替曝气,都能够有效降低膜污染。还可以研发一些具有良好抗污染性能的自清洁型新型分离膜。Hong 等向 PVDF 超滤膜中掺入纳米 ZnO,发现当膜受到污染后,使用 10 W 的 UV-C 汞灯对膜进行照射,仅需 30 min 膜通量即可恢复到初始的 94.8%,而未掺入纳米 ZnO 的普通膜仅能够恢复 63.3%。Roy 等人发现,掺入 TiO_2 对膜进行改性能够有类似的效果,使用 UV 催化时,堵塞膜孔的大分子蛋白质会被降解,从而有效降低膜孔的污染程度。

2. 物理方法控制膜污染

借助外力来抑制污染物在膜表面吸附和膜孔内沉积的方法被称为物理控制法。在 MBR 工艺中常用的控制膜污染的物理方法包括强化曝气法、膜组件振动法、超声波原位清洗法、外加电场法、在线反冲洗法等。在分置式 MBR 中,会采用提高膜组件的错流速度,使系统中水力的剪切作用增强,从而控制膜污染的方法;在浸没式 MBR 中,会通过强化曝气,加强污泥混合液中的湍流扰动,提高混合液均匀程度的方法缓解膜污染;还可以利用膜组件自身的振动对混合液的湍流程度进行强化,进而缓解膜污染的发生。Liu 等人在 AnMBR 中增设了螺旋形可旋转的膜组件,利用膜组件自身的旋转振动强化混合液的湍流程度,进而缓解膜表面污染层的产生。

超声波原位清洗法是利用超声波空化作用所产生的机械振动带动膜丝的运动,从而使得膜丝表面的污染物脱落,可以有效缓解膜污染。但是超声波强度过大时可能会导致微生物絮体的解体或直接导致微生物细胞破裂,因此需对其强度进行控制。对系统进行外加电场也可以实现对膜污染的控制,污泥絮体、EPS、SMP 等胶体物质带负电,在外加电场的作用下这些物质做定向运动,进而远离膜表面或脱离膜表面。但是这种方法会增加系统能耗,提高处理成本,同时电场的存在也会影响微生物的生理活动,因此需要对电场强度进行合理的控制。

3. 化学方法控制膜污染

化学方法也是常用的控制膜污染的方法之一。常用的膜污染化学控制方法包括投加絮凝剂、投加活性炭、臭氧氧化法、进水化学法预处理、膜组件化学清洗等。

通过向系统中投加絮凝剂,能够加强污泥颗粒之间的相互作用,使得絮体颗粒尺寸增加,从而提高污泥的过滤性和沉降性。常用的絮凝剂投加方法包括电絮凝法和向预处理池或生物处理单元中投加絮凝剂。电絮凝法是采用铁或铝作为牺牲阳极,利用外加电流使得 Fe^{2+}/Fe^{3+} 或 Al^{3+} 由阳极释放到混合液中,并通过这些金属离子的絮凝作用实现污泥混合液的絮凝。此方法虽然操作比较简单,但是相对而言效率较低,成本较高。

还有学者尝试向 MBR 中投加活性炭粉末(Powdered Activated Carbon, PAC),通过活性炭粉末对 SMP、EPS 和其他胶体物质的吸附作用,实现降低污泥絮体黏度、增大污泥絮体强度的作用,进而降低泥饼层阻力,缓解膜污染的发生。此外,在 MBR 工艺中,PAC 与其中的微生物相互作用可以形成生物活性炭,具有更高的生物活性和污染物去除效能,也能够对膜污染的缓解起到一定的作用。向污泥混合液中投加活性炭颗粒能够在实现对 SMP 吸附的同时对膜表面污染层进行物理清洗。基于以上优点,有研究尝试添加塑胶球来改善膜通量,并且已经得到了 Microdyn-Nadir 公司的推广应用。这种投加颗粒的方式可能会在膜表面留下擦洗的痕迹,但是并不会影响出水的水质,还可以提高膜通量。但是由于活性炭吸附一段时间后会达到饱和,如何将饱和活性炭取出是亟待解决的难题。

Hwang 等人研发了湍流射流臭氧接触器(TJC),其运行机理为 MBR 中部分污泥首先排出进入 TJC,在 TJC 中经过臭氧氧化后回流至 MBR 中,从而实现污泥的零排放。经过 TJC 中的臭氧氧化环节后,MBR 中的污泥性质得到改善,混合液中的 LB-EPS 浓度明显降低,同时污泥絮体的尺寸也有所增大,在膜表面形成的污泥层具有更好的孔隙率和过滤性能。

4. 生物方法控制膜污染

MBR 工艺中的膜污染生物控制方法是指利用生物的生命活动来实现对膜表面及膜孔中关键污染物的消耗。生物控制法常用的生物包括蛭弧菌及红斑瓢体虫、颤蚓等寡毛类动物,通过直接投加生物或外置捕食单元的方法将生物投放至系统中,对导致膜污染的 SMP、EPS 等关键膜污染物进行摄入,从而缓解膜污染。生物法具有低能耗、低成本、环境友好、二次污染小等优势。Tian 等人的研究发现活性污泥法中的蠕虫可以显著减少体系中的 EPS,这种生物控制膜污染方法具有广阔的应用前景。利用群感效应避免膜表面生物膜的生成也是其中一种膜污染生物控制方法。群感效应是指微生物通过释放信号因子实现彼此之间通信的现象,当微生物所释放的信号因子数量达到一定程度时,彼此之间就会进行协调,在膜表面生成一种生物膜。可以通过投加特定物质的方法来实现对群感效应的干扰,从而抑制生物膜的生成。Peter 等人在研究超低压超滤技术时发现,可以通过群感效应淬灭行为的增强来实现对泥饼层形成的抑制。Kyung 等人的研究表明,膜表面生物污染的发生与群感效应有一定的关系,具体表现为当膜阻力突然上升时,泥饼层的酰基高丝氨酸内酯酶(AHL)活性也处于较高的位置。他们还研究了一种磁性群体感应酶载体(MEC),将其投加到 MBR 工艺系统后膜污染能够得到明显的改善。此外,还可以利用好氧颗粒污泥和生物强化等方法改善活性污泥絮体性质,从而控制膜污染。Li 等人尝试向 MBR 中投加好氧颗粒污泥,以提高污泥混合液中污泥颗粒的尺寸,研究表明,当污泥颗粒粒径在 1 mm 时,膜渗透能力能够提高 50% 以上,但是渗透能力经过清洗后的恢复效果并不好。传统 MBR 工艺中的膜阻力主要来自泥饼层,而在投加颗粒活性污泥的 MBR 工艺中,主要污染因素为膜孔阻塞,并且两类情况中导致膜污染的 EPS 组成也有所不同。在 AGS-MBR 的运行中,需要对 HRT 进行控制,通过设置合理的 HRT,能够创造出适宜污泥微生物生存的饥饿-饱和交替环境,有助于颗粒污泥结构的生成,也能够有效降低 EPS 含量,减轻膜污染。

1.3.6　膜污染的清洗技术

目前最常用的膜清洗方式有物理法、化学法与生物法。物理法的应用最为广泛,常见的有水力清洗和机械清洗,近年也有一些关于超声波清洗去除凝胶层的相关研究。而化学清洗可以分为在线清洗和离线清洗两种,离线清洗通常只用于污染情况较为严重的膜污染中。在化学清洗中,常以酸(如 HCl)、碱(如 NaOH)、消毒剂/氧化剂(如 NaOCl 和 H_2O_2)、表面活性剂及螯合试剂(如 EDTA)等作为清洗用的化学试剂。但是化学清洗存在中断生物作用、加快膜的老化等副作用,因此近年来有一些新型的化学清理方法用于避免这些副作用的发生,如鼠李糖脂(rhamnolipid)清洗、游离亚硝酸(FNA)清洗等。

目前生物清洗法逐渐成为膜清洗的研究热点,可以分为利用酶或细菌降解 EPS 和 SMP,以及抑制和优化泥饼层结构两类。活性污泥中的微生物能够对进水中或自身分泌的蛋白质及多糖等有机物进行分解,因此可以通过对 EPS 及 SMP 的降解来实现对膜污染的控制,通过使用多糖酶、脂肪酶、蛋白酶等酶来实现,但存在酶的降解效果有限且成本较高等不足。Okamura 等人研制出了一种名为 HO1 的菌株,该菌株对于 SMP 溶液中的多糖糖醛酸能够实现 30% 以上的降解,且这种降解作用能够维持一个月以上。

1.4　MBR 的发展趋势

在全球水资源、能源日益紧缺的背景下,对于污水处理的思路也正在从污染物去除过渡到污水回用及污水资源化利用。MBR 作为一种具有资源回收潜能的高效污水处理及回用技术,近年来在科研与工程应用领域均有较好的发展。针对 MBR 工艺高成本、高能耗、膜污染等实际问题而开展的膜材料制备技术、膜分离工艺、膜清洗方法、膜污染机理及控制方法等方面的研究也使得 MBR 工艺不断成熟。随着有机膜的生产成本显著下降,膜污染已经成为制约 MBR 工艺进一步广泛应用的主要因素。综合来看,未来 MBR 的发展将继续针对技术本身问题,结合污水污泥协同处理、污水污泥资源化和能源化等现实需求,在膜材料性能提升、膜污染优化控制、新型 MBR 工艺研发等方面有所创新和突破。

在提升膜材料性能的研究主题下,可通过研发性能优越的膜材料以提高膜产品的抗污染特性及机械强度,提高膜的有效孔径分布率、分离性能和理化稳定性,从而提高膜通量,降低运行能耗,延长膜使用寿命。

在膜污染优化控制和新型 MBR 工艺的研发与应用方面,膜污染过程模拟及控制模型建立、新型膜污染控制策略的研发等方向仍将是今后 MBR 领域的关注热点。与其他工艺耦合形式下的新型 MBR 工艺污水可作为实现污泥协同处理、污水污泥资源化和能源化、膜污染控制的目标之一。本书正是作者关于这方面研究主题的多年来研究成果的总结,包括 MBR 膜污染控制的模型与仿真研究、基于群体感应淬灭的 MBR 膜污染控制技术以及处理分散式污水的混凝-GDMBR 处理工艺、实现污水污泥同步高效处理的 MBR-蠕虫床组合工艺、基于能源回收同步利用的 MBR-MFC 组合工艺、AnMBR 工艺和菌藻共生 MBR 污水处理工艺的相关研究。本书围绕膜污染控制主题,展现了 MBR 工艺的多种潜力。MBR 工艺将在水处理领域中占据越来越重要的地位,未来必将实现环境效益与经济效益的统一。

本章参考文献

[1] BLATT H, MICROBIA L, ALLERG Y. A critical review[J]. Annals of Allergy, 1962, 20: 335-350.

[2] LI X, GAO F, HUA Z, et al. Treatment of synthetic wastewater by a novel MBR with granular sludge developed for controlling membrane fouling[J]. Separation and Purification Technology, 2005, 46(1-2): 19-25.

[3] NI B Y, FANG F, XIE W M, et al. Characterization of extracellular polymeric substances produced by mixed microorganisms in activated sludge with gel-permeating chromatography, excitation-emission matrix fluorescence spectroscopy measurement and kinetic modeling[J]. Water Research, 2009, 43(5): 1350-1358.

[4] OKAMURA D, MORI Y, HASHIMOTO T, et al. Effects of microbial degradation of biofoulants on microfiltration membrane performance in a membrane bioreactor[J]. Environmental Science and Technology, 2010, 44(22): 8644-8648.

[5] WANG Z W, MA J, TANG C Y, et al. Membrane cleaning in membrane bioreactors: A review [J]. Journal of Membrane Science, 2014, 468: 276-307.

[6] YAMAMOTO K, HIASA M, MAHMOOD T, et al. Direct solid-liquid separation using hollow fiber membrane in an activated sludge aeration tank[J]. Water Science & Technol-

ogy, 1989, 21(4-5): 43-54.

[7] 黄霞, 曹斌, 文湘华, 等. 膜-生物反应器在我国的研究与应用新进展[J]. 环境科学学报, 2008(3): 416-432.

[8] XIAO K, XU Y, LIANG S, et al. Engineering application of membrane bioreactor for wastewater treatment in China: Current state and future prospect[J]. Frontiers of Environmental Science & Engineering, 2014, 8(6): 805-819.

[9] 郑祥, 魏源送, 王志伟. 中国水处理行业可持续发展战略研究报告: 膜工业卷 Ⅱ [M]. 北京: 中国人民大学出版社, 2016.

[10] LIU L, CHENG R, CHEN X F, et al. Applications of membrane technology in treating wastewater from the dyeing industry in China: Current status and prospect[J]. Desallination and Water Treatment, 2017, 77: 366-376.

[11] LIU Q L, ZHOU Y, CHEN L Y, et al. Application of MBR for hospital wastewater treatment in China[J]. Desalination, 2010, 250(2): 605-608.

[12] 李艺, 李振川. 北京北小河污水处理厂改扩建及再生水利用工程介绍[J]. 给水排水, 2010, 36(1): 27-31.

[13] ZHENG X, ZHOU Y F, CHEN S H, et al. Survey of MBR market: Trends and perspectives in China[J]. Desalination, 2010, 250(2): 609-612.

[14] CHARCOSSET C. Membrane processes in biotechnology: An overview[J]. Biotechnology Advances, 2006, 24(5): 482-492.

[15] MARROT B, BARRIOS-MARTINEZ A, MOULIN P, et al. Industrial wastewater treatment in a membrane bioreactor: A review[J]. Environmental Progress, 2004, 23(1): 59-68.

[16] SINGHANIA R R, CHRISTOPHE G, PERCHET G, et al. Immersed membrane bioreactors: An overview with special emphasis on anaerobic bioprocesses[J]. Bioresource Technology, 2012, 122: 171-180.

[17] CUI Z F, CHANG S, FANE A G. The use of gas bubbling to enhance membrane processes[J]. Journal of Membrane Science, 2003, 221(1-2): 1-35.

[18] LI H, FANE A G, COSTER H G L, et al. Observation of deposition and removal behaviour of submicron bacteria on the membrane surface during crossflow microfiltration[J]. Journal of Membrane Science, 2003, 217(1-2): 29-41.

[19] ZAMANI F, ULLAH A, AKHONDI E, et al. Impact of the surface energy of particulate foulants on membrane fouling[J]. Journal of Membrane Science, 2016, 510: 101-111.

[20] FERRANDO M, RÖŽEK A, ZATOR M, et al. An approach to membrane fouling characterization by confocal scanning laser microscopy[J]. Journal of Membrane Science, 2005, 250(1): 283-293.

[21] BJØRKØY A, FIKSDAL L. Characterization of biofouling on hollow fiber membranes using confocal laser scanning microscopy and image analysis[J]. Desalination, 2009, 245(1-3): 474-484.

[22] LIN H, LIAO B Q, CHEN J, et al. New insights into membrane fouling in a submerged anaerobic membrane bioreactor based on characterization of cake sludge and bulk sludge [J]. Bioresource Technology, 2011, 102(3): 2373-2379.

[23] JUDD S. The status of membrane bioreactor technology[J]. Trends in Biotechnology, 2008, 26(2): 109-116.

[24] HELMI A, GALLUCCI F. Latest developments in membrane (bio)reactors [J]. Processes, 2020, 8(10): 1239.

[25] WANG X, CHANG V W C, TANG C Y. Osmotic membrane bioreactor (OMBR) technology for wastewater treatment and reclamation: Advances, challenges, and prospects for the future[J]. Journal of Membrane Science, 2016, 504: 113-132.

[26] DU X J, SHI Y K, JEGATHEESAN V, et al. Areview on the mechanism, impacts and control methods of membrane fouling in MBR system[J]. Membranes, 2020, 10(2):24.

[27] 周玉芬, 于淼, 杨勇, 等. MBR 在我国应用现状与市场发展趋势[J]. 工业水处理, 2010, 30(7): 5-7.

[28] KRAUME M, DREWS A. Membrane bioreactors in wastewater treatment-status and trends[J]. Chemical Engineering & Technology, 2010, 33(8): 1251-1259.

[29] 魏源送, 樊耀波. 废水处理中污泥减量技术的研究及应用[J]. 中国给水排水, 2000, 17(7): 23-26.

[30] DREWS A. Membrane fouling in membrane bioreactors-characterisation, contradictions, cause and cures[J]. Journal of Membrane Science, 2010, 363(1-2): 1-28.

[31] HÖRSCH P, GORENFLO A, FUDER C, et al. Biofouling of ultra- and nanofiltration membranes fordrinking water treatment characterized by fluorescence in situ hybridization (FISH)[J]. Desalination, 2005, 172(1): 41-52.

[32] IVNITSKY H, KATZ I, MINZ D, et al. Bacterial community composition and structure of biofilms developing on nanofiltration membranes applied to wastewater treatment[J]. Water Research, 2007, 41(17): 3924-3935.

[33] CHEN C, FU Y, GAO D. Membrane biofouling process correlated to the microbial community succession in an A/O MBR[J]. Bioresource Technology, 2015, 197: 185-192.

[34] BANTI D, MITRAKAS M, FYTIANOS G, et al. Combined effect of colloids and SMP on membrane fouling in MBRs [J]. Membranes, 2020, 10(6): 118.

[35] GAO M C, MIN Y, LI H Y, et al. Nitrification and sludge characteristics in asubmerged membrane bioreactor on synthetic inorganic wastewater [J]. Desalination, 2004, 170 (2): 177-185.

[36] METZGER U, LE-CLECH P, STUETZ R M, et al. Characterisation of polymeric fouling in membrane bioreactors and the effect of different filtration modes[J]. Journal of Membrane Science, 2007, 301(1-2): 180-189.

[37] MENG F, YANG F, SHI B, et al. A comprehensive study on membrane fouling in submerged membrane bioreactors operated under different aeration intensities[J]. Separa-

tion and Purification Technology, 2008, 59(1): 91-100.

[38] WANG Z, WU Z, TANG S. Extracellular polymeric substances (EPS) properties and their effects on membrane fouling in a submerged membrane bioreactor[J]. Water Research, 2009, 43(9): 2504-2512.

[39] LIU T, CHEN Z L, YU W Z, et al. Characterization of organic membrane foulants in a submerged membrane bioreactor with pre-ozonation using three-dimensional excitation-emission matrix fluorescence spectroscopy[J]. Water Research, 2011, 45(5): 2111.

[40] HONG S, ELIMELECH M. Chemical and physical aspects of natural organic matter (NOM) fouling of nanofiltration membranes[J]. Journal of Membrane Science, 1997, 132(2): 159-181.

[41] CHOO K, LEE C. Membrane fouling mechanisms in the membrane-coupled anaerobic bioreactor[J]. Water Research, 1996, 30(8): 1771-1780.

[42] MENG F, ZHANG H, YANG F, et al. Characterization of cake layer in submerged membrane bioreactor[J]. Environmental Science & Technology, 2007, 41(11): 4065-4070.

[43] ZHANG J, CHUA H C, ZHOU J, et al. Factors affecting the membrane performance in submerged membrane bioreactors[J]. Journal of Membrane Science, 2006, 284(1-2): 54-66.

[44] OGNIER S, WISNIEWSKI C, GRASMICK A. Influence of macromolecule adsorption during filtration of a membrane bioreactor mixed liquor suspension[J]. Journal of Membrane Science, 2002, 209(1): 27-37.

[45] SU X, TIAN Y, ZUO W, et al. Static adsorptive fouling of extracellular polymeric substances with different membrane materials[J]. Water Research, 2014, 50: 267-277.

[46] FORTUNATO L, LI M, CHENG T Y, et al. Cake layer characterization incctivated sludge membrane bioreactors: Real-time analysis[J]. Journal of Membrane Science, 2019, 578: 163-171.

[47] 桂萍,黄霞,陈颖,等. 膜-生物反应器运行条件对膜过滤特性的影响[J]. 环境科学, 1999(3): 39-42.

[48] WU J, HUANG X. Effect of mixed liquor properties on fouling propensity in membrane bioreactors[J]. Journal of Membrane Science, 2009, 342: 88-96.

[49] CHOO K H, LEE C H. Effect of anaerobic digestion broth composition on membrane permeability[J]. Water Scienceand Technology, 1996, 34(9): 173-179.

[50] LIU Y, FANG H H P. Influences of extracellular polymeric substances (EPS) on flocculation, settling and dewatering of activated sludge[J]. Critical Reviews in Environmental Science and Technology, 2003, 33(3): 237-273.

[51] YAO M, LADEWIG B, ZHANG K. Identification of the change of soluble microbial products on membrane fouling in membrane bioreactor (MBR)[J]. Desalination, 2011, 278: 126-131.

［52］CHOI H, ZHANG K, DIONYSIOU D D, et al. Effect of activated sludge properties and membrane operation conditions on fouling characteristics in membrane bioreactors［J］. Chemosphere, 2006, 63（10）: 1699-1708.

［53］CHANG I S, BAG S O, LEE C H. Effects of membrane fouling on solute rejection during membrane filtration of activated sludge［J］. Process Biochemistry, 2001, 36（8）: 855-860.

［54］JALALI A, SHOCKRAVI A, VATANPOUR V, et al. Preparation and characterization of novel microporous ultrafiltration PES membranes using synthesized hydrophilic polysulfide-amide copolymer as an additive in the casting solution［J］. Microporous and Mesoporous Materials, 2016, 228: 1-13.

［55］CHAN K H, WONG E T, IDRIS A, et al. Modification of PES membrane by PEG-coated cobalt doped iron oxide for improved Cu（Ⅱ）removal［J］. Journal of Industrial and Engineering Chemistry, 2015, 27: 283-290.

［56］JAMSHIDI G R, LAU W J, MATSUURA T, et al. Effect of surface pattern formation on membrane fouling and its control in phase inversion process［J］. Journal of Membrane Science, 2013, 446: 326-331.

［57］YAN L, LI Y, XIANG C, et al. Effect of nano-sized Al_2O_3-particle addition on PVDF ultrafiltration membrane performance［J］. Journal of Membrane Science, 2006, 276（1-2）: 162-167.

［58］HOEK E M V, BHATTACHARJEE S, ELIMELECH M. Effect of membrane surface roughness on colloid-membrane DLVO interactions［J］. Langmuir, 2003, 19（11）: 4836-4847.

［59］ROSENBERGER S, EVENBLIJ H, TEPOELE S, et al. The importance of liquid phase analyses to understand fouling in membrane assisted activated sludge processes—six case studies of different European research groups［J］. Journal of Membrane Science, 2005, 263（1-2）: 113-126.

［60］BAI R, LEOW H F. Microfiltration of activated sludge wastewater—the effect of system operation parameters［J］. Separation and Purification Technology, 2002, 29（2）: 189-198.

［61］ZHANG J S, CHUAN C H, ZHOU J T, et al. Effect of sludge retention time on membrane bio-fouling intensity in a submerged membrane bioreactor［J］. Separation Science and Technology, 2006, 41（7）: 1313-1329.

［62］WICAKSANA F, FANE A G, CHEN V. Fibre movement induced by bubbling using submerged hollow fibre membranes［J］. Journal of Membrane Science, 2006, 271（1-2）: 186-195.

［63］TRUSSELL R T, MERLO R P, HERMANOWICZ S W, et al. The effect of organic loading on process performance and membrane fouling in a submerged membrane bioreactor treating municipal wastewater［J］. Water Research, 2006, 40（14）: 2675-2683.

［64］ HONG J, HE Y. Polyvinylidene fluoride ultrafiltration membrane blended with nano-ZnO particle for photo-catalysis self-cleaning［J］. Desalination, 2014, 332(1): 67-75.

［65］ ROY P, DEY T, LEE K, et al. Size-selective separation of macromolecules by nanochannel titania membrane with self-cleaning (declogging) ability［J］. Journal of the American Chemical Society, 2010, 132(23): 7893.

［66］ LIU L, GAO B, LIU J, et al. Rotating a helical membrane for turbulence enhancement and fouling reduction［J］. Chemical Engineering Journal, 2012, 181: 486-493.

［67］ HASAN S W, ELEKTOROWICZ M, OLESZKIEWICZ J A. Start-up period investigation of pilot-scale submerged membrane zelectro-bioreactor (SMEBR) treating raw municipal wastewater［J］. Chemosphere, 2014, 97: 71-77.

［68］ HWANG B, KIM J, AHN C H, et al. Effect of disintegrated sludge recycling on membrane permeability in a membrane bioreactor combined with a turbulent jet flow ozone contactor［J］. Water Research, 2010, 44(6): 1833-1840.

［69］ TIAN Y, LI Z, LU Y. Changes in characteristics of soluble microbial products and extracellular polymeric substances in membrane bioreactor coupled with worm reactor: Relation to membrane fouling［J］. Bioresource Technology, 2012, 122(5): 62-69.

［70］ DAVIES D G, PARSEK M R, PEARSON J P, et al. The involvement of cell-to-cell signals in the development of a bacterial biofilm［J］. Science, 1998, 280(5361): 295-298.

［71］ PETER-VARBANETS M, HAMMES F, VITAL M, et al. Stabilization of flux during dead-end ultra-low pressure ultrafiltration［J］. Water Research, 2010, 44(12): 3607-3616.

［72］ KYUNG-MIN Y, CHUNG-HAK L, JUNGBAE K. Magnetic enzyme carrier for effective biofouling control in the membrane bioreactor based on enzymatic quorum quenching. ［J］. Environmental Scienceand Technology, 2009, 43(19): 7403-7409.

第 2 章 分散式污水混凝-GDMBR 处理工艺

2.1 分散式污水处理现状

2.1.1 国内分散式污水处理存在的困难

随着人类经济社会的发展,对于水资源的需求也逐渐提高。我国有限的淡水资源以及巨大的人口基数致使人均水资源占有量处于较低水平。虽然我国水资源总量多年来处于波动平稳状态,但是供水总量自 2011 年来逐年递增,2020 年达到 629.54 亿 t。2011—2020 年我国水资源总量和供水总量如图 2.1 所示。与此同时,我国的水资源分布呈现不均衡性,南方地区的水资源总量高达 23 064.6 亿 m^3,占全国总量的 85.7%,而北方地区水资源总量为 3 836.2 亿 m^3,仅占全国总量的 14.3%。水资源分布的空间差异也一定程度上影响了南北方的供水方式,其中南方地区以地表水供水为主,占其总供水量的 86%以上,而北方地区则以地下水供水为主,其中北京、河北、山西、河南、内蒙古等地区的地下水供水占比达 50%以上。在水资源分布不均及供水方式存在差异的实际情况下,我国南方较易发生水质性水资源短缺问题,北方较易出现水量性水资源短缺问题。相关水资源问题的解决还需要从规划、技术、工程管理等方面全方位地进行深入研究。

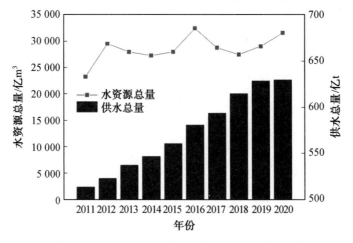

图 2.1 2011—2020 年我国水资源总量和供水总量

我国城市污水多采用集中式处理系统,分散式污水处理系统的应用很少,仅占 4.24%;农村污水处理面临水量少且变化大、收集不便、区域差异明显等困难,现有农村污水处理系统也普遍存在建而不用、给排水网络不完备、无人看管等问题。目前能够得到处理的农村污水仅占 10%左右,大量污水被直接排放。分散式污水处理系统具有体量小、建设运营方便的特点,在村镇污水处理中具有较高的应用前景。

2.1.2　分散式污水的水源特征

根据影响范围与排放源分布的不同,将分散式污水分为点源污染与面源污染两类。点源污染主要来自工业废水和生活污水,面源污染主要由农药喷洒所致,点源污染若不及时治理也可能发展为面源污染,严重影响生态环境。工业废水具有排放地点固定、点源数量少、成分比较稳定且排放量大等特点,便于统一管控。但是,农村污水点源分布分散,数量众多,成分变化大且单个点排放量小,难以统一管理控制。另外,农村污水也拥有大量面源污染,半数以上来自污水排放。不管是点源污染还是面源污染,直接排放未经有效处理的农村污水都会严重影响农村环境,污水伴生的害虫及细菌病毒等也会对作物产量和居民身体健康造成严重危害。

从组分上看,农村的分散式污水通常由生活废水和人体排泄物组成,其中洗衣、淋浴、厨房等废水被称为灰水,而由尿液、粪便组成的厕所污水和养殖废水等称为黑水。在分散式污水中,往往含有大量的病原体与微生物,同时含有高浓度的无机盐与有机物,但有毒有害性物质相对较少,且水质成分比较稳定。从排放规律看,分散式生活污水的特点是每天不同时间段污水排放量区别较大,日变化系数达到 3~5,通常在早上、中午、下午、晚上会有四个比较明显的峰值,其他时间排放量较少,在深夜可能会断流;农村生活污水的排放特点则更加突出,通常只存在早、晚两个排放量较小的峰值。由于分散式污水排放的日变化、季节变化大,其污染物浓度变化系数也远超城市污水。从排水方式看,目前在分散式污水排放区域应用最多的排水方式为合流制,排水系统并不完善,在雨季还会存在日变化系数过大的问题。随着人口增长与农村社区化进程的加快,分散式污水排放量将会持续增长。

2.1.3　分散式污水处理技术的研究进展

目前,世界范围内应用最广泛的污水处理方式为集中式污水处理系统(Centralized Wastewater Treatment System,CWTS),这种污水处理方式会将各处污水通过市政管道收集运输后进行集中处理,最终再排放或回用。这种方式处理规模大、操作管理简单,但基础建设费用高。与之相对应的是分散式污水处理系统(Decentralized Wastewater Treatment System,DWTS),这种污水处理方式将社区、工厂等各单元污水分别进行收集与处理,通常就近处理,具有规模小、处理成本低、易施工建设的特点。两种处理方法的特点不同,适用的情况也不相同,具体特点见表 2.1。

根据分散式污水处理系统的规模不同,将其分为单用户分散式处理系统、多用户分散式处理系统和小区域分散式处理系统三类。其中,后两种能够实现对部分区域污水的简易收集,能够兼具 DWTS 和 CWTS 两者的特点,在人口密度不大的区域有较好的应用。

根据分散式污水处理系统的主体工艺不同,又可以将其分为人工处理系统和自然生态处理系统两类。其中,人工处理系统有传统处理工艺与新工艺两种类型;自然生态系统可分为水体系统和土壤系统,如人工湿地、慢速砂滤和地面漫流等极为常见的土壤处理系统。

表 2.1　两种污水处理系统的特点

特点	集中式污水处理系统	分散式污水处理系统
服务规模	大	小
进水	水量大,水质稳定	水量小,水质波动
污染物	种类复杂,多含重金属	种类简单,易处理
抗冲击能力	强	弱
改造难度	大	小
处理费用	高	低
施工难度	难	易

　　Katukiza 等人将不同粒径的滤料串联起来,研制出了一种两级颗粒火山岩过滤器,用于对家庭灰水的处理。在水力负荷为 0.5 ~ 1.0 m/d 的条件下,该过滤器能够实现 85% ~ 88% 的 COD 和 TSS 去除率;而当水力负荷在 0.39 m/d 处稳定后,对 TKN 的去除率可达 69%,对 TP 的去除率可达 59.5%,对大肠杆菌、沙门氏菌和总大肠杆菌的去除率可以达到 99.9%,对 COD 和 TSS 的去除率可达 90% ~ 94%。但是想要满足 WHO 的灌溉标准,则需要加设三级处理装置,对微生物进行处理。实际运行一个月后,装置的过滤速率会衰减到 50% 以下,因此需通过进水预处理或人工维护来减缓过滤速率的下降。

　　目前常用的灰水处理系统大多涉及多种工艺设备,整体比较复杂。Teh 等人尝试利用好氧/过氧化氢氧化处理工艺对灰水进行处理,在好氧池中利用过氧化氢进行消毒氧化,简化了工艺,并且对处理水进行非饮用回用。5 h 的 HRT 下,该系统可达到 2.16 g COD/(L·d) 的有机负荷,并且对 TSS 与 COD 的去除率分别达到了 88% 和 68%。由于单独家庭的用水量日变化较大,该工艺更适用于小区域废水处理。

　　蚯蚓等生物能够改善土壤的通透性,对部分有机物进行转化分解,基于此开发的蚯蚓生态滤池具有结构紧凑、占地空间小、产泥率低、几乎不需要排泥等特点。其中,初沉池、曝气池、二沉池、污泥回流设施及供养设施集于一体,大大节省了占地。Wang 等人研究发现,蚯蚓生态滤池对废水中的 COD 与氨氮有明显的去除效果。Xing 等人在相同的水力负荷条件下,对石英砂和陶粒两种材料在蚯蚓生态滤池中的污水处理效果进行了考察,并研究了其对于蚯蚓活性的影响,认为采用陶粒作为滤料更适合于蚯蚓生态滤池,同时建议水力负荷维持在 4.8 m³/(m²·d),最高不超过 6 m³/(m²·d)。蚯蚓生态滤池通过蚯蚓的引入,延长了生物链,丰富了处理系统的生物群落结构,从而强化了微生物活性,提高了处理效果。

　　SBR 也是一种常用的分散式污水处理工艺,其处理规模通常在 100 ~ 1 000 m³/d,多应用于村镇污水处理中。一些新型的 SBR 工艺也不断研发出现,其中 Kraume 等人设计了一套用于处理灰水的序批浸没式膜生物反应器(SM-SBR),灰水经处理后的出水能够用于洗衣、灌溉。处理家庭灰水与公共洗浴废水时,该反应器能够实现 90% 以上的 COD 去除,但是对于 P 的去除效果并不理想。

　　在目前的分散式污水处理中,部分工艺直接沿用了集中式污水处理中采用的技术,还有一些则实现了方法上的创新。常见的分散式污水处理工艺见表 2.2。直接对集中式处理技术进行缩小后应用(如介质过滤器)的思路是可行的,但是需要具有专业知识背景的人员进行管理,因此在普及上存在困难;而自然处理系统(如兼性塘和曝气塘)通常占地面积比较大,土地利用成本较高。针对以上问题,MBR 应运而生,它巧妙地克服了上述缺点,具有自动化控制、占地面积小的优点,因此得到广泛关注。

表 2.2　常见的分散式污水处理工艺

处理工艺	优点	缺点
介质过滤器 (间歇砂滤器、 循环式砂滤器)	操作简单,维护方便; 出水水质好; 曝气条件下硝化作用显著	需要定期维护; 滤池可能会堵塞; 占地面积大; 需要电力驱动
兼性塘	去除 SS、BOD、氨氮效果好; 有效去除致病微生物; 较高的水量、水质冲击负荷	气温影响大; 占地面积大;
曝气塘	出水中 C、N、P 浓度高,可用于农业灌溉; 处理能耗少; 维护方便,运行成本低廉; 污泥产量低	去除重金属离子效果差; 出水难以达到排放标准; 防渗不当会造成土壤污染; 不适用于地价高的地区
SBR	耐冲击负荷; 脱氮、除磷效果好; 出水水质好,COD、SS 去除率高; 一般不产生污泥膨胀现象	自动化控制要求高; 运行能耗高; 基建费用高; 需要定期维护
人工湿地	操作简单,维护方便; COD 去除效果好; 能耗低; 提供生物栖息地	抵御恶劣气候能力差; 占地面积大; 进水水质要求高

2.2　混凝–GDMBR 工艺特征

2.2.1　重力式 MBR 工艺

针对膜系统应用步骤烦琐、操作复杂的局限性,瑞士联邦水中心开发出了一种重力驱动超滤膜系统(Gravity-Driven Membrane Filtration,GDM),用于稀释后污水或地表水的回用,GDM 过滤系统原理如图 2.2 所示。GDM 工艺操作压力低,TMP 在 0.5 ~ 2.0 m(跨膜压差为 5 ~ 20 kPa),过滤方式主要为死端过滤;无物理冲洗、化学冲洗及反冲洗,基本无须维护;系统操作简便,管理简单。在经过 1 ~ 2 周的运行之后,过滤后的水通量能够稳定在一定的范围内(处理地表水时,稳定在 4 ~ 10 L/(m² · h)),出水通量的稳定主要取决于进水中的 TOC 及 DOC 浓度。因其装置简便、操作容易等特点,GDM 被大量应用于南非等地的国际援助项目中。

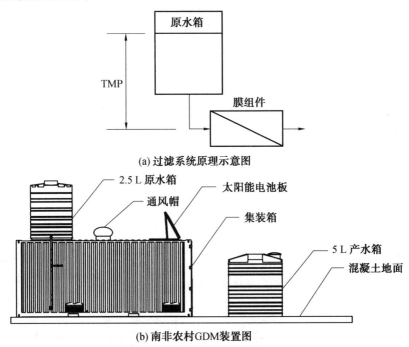

(a) 过滤系统原理示意图

(b) 南非农村GDM装置图

图 2.2　GDM 过滤系统原理

GDM 既可以用于处理污水,也可以用于处理饮用水。GDM 系统运行较长时间后会在内部自动形成活性污泥,而活性污泥恰好又是 MBR 中不可或缺的成分。如果将 MBR 与 GDM 结合,开发出用于污水处理的重力流生物膜反应器(GDMBR),其既有 MBR 去除有机物与营养盐的功能,又兼具 GDM 维护简单、泥量少、能耗低的特点,因此在分散式污水处理中具有较广的应用前景。

Peter-Varbanets 等人首次尝试将 GDM 应用于稀释污水、江湖河水以及含有叠氮化钠(NaN_3)进水的处理中,其中叠氮化钠能够将微生物全部杀灭。该研究中 GDM 在 4 ~ 50 kPa 的重力压差条件下稳定运行一周后,处理不含叠氮化钠原水时的出水通量可达 4 ~ 15 L/(m² · h),并能够持续稳定数月,稳定的出水通量值与进水组分及污染物浓度有关,与 TMP 或重力差无关。但重力差越大,泥饼层越紧实,因此后续研究中多采取 10 kPa 以下的低重力压差。研究认为,膜表面生成的具有活性的多孔腔、多通道的生物泥饼层是使得出水通量能够保持稳定的主要原因。对于含有叠氮化钠的污水进水,反应器内形成的生物泥饼层则没有通道,整体比较紧密,这也证明了生物作用在膜通量稳定性上所产生的影响。此外,Peter-Varbanets 等人还发现,在好氧条件下,当原水未添加腐殖酸胶体时,反应器中微生物分泌的生物聚合物浓度与可生物降解的有机物浓度是影响 GDM 通量稳定性的主要因素;而当原水中添加腐殖酸胶体后,由于胶体之间的疏水作用,污染层会变得更加密实,内部不会形成孔腔与通道。无机物则对 GDM 通量的稳定性几乎没有影响。

Tang 等人将 GDM 应用于松花江水的处理,并对其在不同工况下的处理效果进行了研究,结果表明,通过调节重力驱动压力、曝气条件以及进行间歇过滤的手段,能够实现对可逆污染的控制,且渗透量明显提高。

Ding 等人研究了 GDM 对雨水的处理效能。由于雨水相对水质较高,可以利用 GDM 对其进行除菌、除浊操作。经过 60 d 运行后,出水能够达到饮用水的标准,且期间未进行任何维护。

Wang 等人制备了一种纳米纤维催化膜,该膜上负载 MnO_2,能在重力流驱动过滤中对模拟污染物亚甲基蓝达到 95% 以上的去除率。该制备方法还可以使膜负载其他金属、聚多巴胺、金属氧化物等多种物质,从而在较低能耗下制备出具有特异型功能的分离膜。

丁安尝试将活性污泥法与 GDM 相结合,研制出一种用于灰水处理回用的 GDMBR。该研究表明,GDMBR 的稳定时间不受 DO 质量浓度的影响,在 40 d 左右之后都能够达到稳定。当 DO 质量浓度较高(6.0 mg/L)时,最终的稳定通量在 2 $L/(m^2 \cdot h)$ 左右,此时能够对氨氮与总氮较好地去除;当 DO 质量浓度较低(0.5 mg/L)时,最终的稳定通量在 1 $L/(m^2 \cdot h)$ 左右,此时对氮的去除效果并不明显;改变上述条件都无法改善总磷的去除效果。该研究还探讨了曝气剪切力存在下,GDMBR 出水膜通量稳定性的变化,研究表明,剪切力的存在会在运行初期对膜污染有一定的缓解作用,但随着运行时间增长,剪切力反而会加剧膜污染程度,同时影响出水通量的稳定性,反应末期通量会降至 0.5 $L/(m^2 \cdot h)$。

目前,围绕 GDMBR 内容的研究还不多,且存在一个膜通量过低的共性问题,有报道 GDMBR 的最高通量仅为 2 $L/(m^2 \cdot h)$,严重制约了 GDMBR 的推广应用。正如前文所述,通过投加混凝剂的方法能够在一定程度上提高 GDMBR 的膜通量,缓解膜污染,但过去的研究主要是在曝气剪切力协同作用下进行的混凝试验,而曝气剪切力的存在不能使 GDMBR 的膜通量保持稳定。目前还没有学者对不用曝气剪切力清洗膜表面情况下,混凝是否能够减轻 GDMBR 中膜污染的问题进行研究。

2.2.2　混凝控制 MBR 膜污染的研究现状

1. 混凝机制及优化手段

混凝剂通常被用于污水和饮用水的物化处理中,常见的混凝剂包括含高价金属离子的氢氧化物、聚合物及无机盐。通过投加混凝剂来控制膜污染的方式具有操作方便、成本较低、实用性强的特点,因此得以广泛应用。通常认为,混凝剂的机理包括压缩双电层理论、吸附电中和理论、吸附架桥理论及网捕卷扫理论。

混凝剂分为有机混凝剂、无机混凝剂和复合混凝剂三种。其中,应用最广泛的是传统无机混凝剂,常用的无机混凝剂包括氯化铝、硫酸铝、氯化铁、硫酸铁等铝盐与铁盐,具有无毒、易得的特点,但这些无机混凝剂的混凝效率相对较低,所需投加量较大,药剂投加成本较高。近年来,相对分子量较大的无机高分子混凝剂正逐渐得到推广应用。常见的无机高分子混凝剂包括聚合氯化铝铁、聚合硫酸铁、聚合硫酸铝、聚合氯化铝等,具有较好的混凝效果。有机高分子混凝剂可以分为天然高分子混凝剂与人工合成、人工改性混凝剂。其中,常见的天然有机高分子混凝剂包括甲壳素、微生物絮凝剂、淀粉、纤维素、动物胶等,这些天然有机高分子混凝剂廉价易得、无毒无害,但容易失去活性,难以广泛应用。而一些像聚乙烯吡啶、聚丙烯酰胺、聚二甲基二烯丙基氯化铵等人工合成的高分子混凝剂具有较好的混凝效果,缺点是具有一定的毒性,因此它们的投加量及水中的残余量必须进行严格把控。还有一类将多种有机、无机混凝剂复合而成的复合混凝剂,能够同时兼备二者的优势特点,如聚氯化铝(PACl)、聚合氯化铁(PFC)、聚二甲基二烯丙基氯化铵(Poly-dimethyl Diallyl Ammonium Chloride, PDADMAC)的复合产品(PFC-PDMDAAC 和 PAC-PDM-DAAC)等。

2. 原位混凝和预混凝对膜污染的控制

根据混凝投加点相对于主体工艺位置的不同,可以将混凝分为原位混凝和预混凝两种。其中,原位混凝是指混凝反应发生在主体工艺中,与主体工艺同步进行;预混凝则通常在主体工艺运行之前投加混凝剂,完成混凝后再启动主体工艺。

MBR 工艺中常采用原位混凝的方式对膜污染进行控制。通常原位混凝会在三级处理之前、活性污泥之后进行,用于化学除磷,通过向污泥混合液中投加混凝剂,能够在实现控制膜污染的同时起到除磷的作用,并且有助于控制跨膜压差的增长。

Wu 等人向 MBR 工艺中长期投加聚合硫酸铁(Polymeric Ferric Sulfate, PFS),以 1.0 mmol/L(以 Fe 计)的 PFS 投加量来进行小试试验,试验结果显示,PFS 的投加并不会导致污泥量的增加,MLSS 长期稳定维持在 7 ~ 10 g/L,投加的铁离子绝大多数存在于污泥中,MBR 处理效果也没有受到影响。Zhang 等人研究了铁投加比例对铁盐除磷的影响,研究表明,在 $Fe(Ⅲ)/P$、$Fe(Ⅱ)/P$ 比值分别为 2 与 4 的情况下,出水 TP 都能够控制在 0.1 mg/L 以下,同时污泥混合液中蛋白质和多糖浓度也有所降低;当 $Fe(Ⅲ)/P$ 投加比为 4 时会加剧膜的不可逆污染。此研究结果说明,操作人员可通过控制原位混凝中混凝剂的投加量来控制 MBR 工艺中的膜污染。Wang 等人将二价铁盐投加到污泥混合液中,发现 $Fe(Ⅱ)/P$ 比值为 2 的情况下能够有效去除总磷,对大分子有机物也有去除作用,但不能去除小分子有机物;经过长期运行后 TMP 增长较慢,但是由于铁盐的存在,不可逆污染会有所加剧。因此在采取原位混凝时必须提高膜的清洗频率。

将混凝剂投加到 MBR 中可使得絮体粒径增大、分形维数减小,并且可以使泥饼层变得疏松。投加铁盐形成的絮体可能会被膜截留在泥饼层上,形成污染层,因此需要对膜进行定期清洗。但是曝气清洗无法实现生物泥饼层的稳定,导致膜通量浮动较大。相比于曝气剪切力清洗膜表面的 GDMBR 工艺,混凝强化控制的无须曝气剪切力清洗膜表面的 GDMBR 工艺具有更高的应用价值。在这个过程中,预混凝既能实现对水中部分有机物的去除,又能改善 GDMBR 工艺中的膜污染问题。

预混凝是相对原位混凝提出的。在预混凝中,混凝反应过程与微生物生化反应不同步,混凝后的出水需再进入下一个单元继续处理。Chen 等人的研究表明,在乳品废水中进行预混凝,能够有效降低浊度,同时保持跨膜压差稳定,有利于出水水质的稳定。余铝会加剧膜污染的程度,通过预混凝也能够对原水中的余铝加以去除。Michael 等人在 Fenton 高级氧化法中结合预混凝处理橄榄厂废水,结果显示这种处理方法能够降低浊度,并且具有 10% ~40% 的 COD 去除率和 30% ~80% 的 TP 去除率,但 THMs 没有明显去除,且对于溶解性有机物的去除率远低于 COD。混凝能够实现对进水水质的调节,并通过对原水中金属离子的去除降低其对后续工艺中微生物的影响。有学者预测,预混凝能够在 GDMBR 中发挥巨大的应用价值,通过预混凝作用实现对有机物、TOC 的去除,同时优化泥饼层性质,提高膜通量。但是目前相关研究中的 MBR 均经过定期物理清洗,而在无曝气剪切力情况下,预混凝干预后的 GDMBR 的膜污染是否能够缓解仍有待进一步研究。

2.3　原位混凝与预混凝对 GDMBR 处理效能的影响

原位混凝取消了絮凝池与沉淀池的设定,将混凝剂直接投加到反应器中,使混凝反应与生物反应同步进行,这种混凝方式在节约占地空间的同时也降低了排泥量,推动了 GDMBR 在分散式污水处理中的应用。原位混凝可以长时间运行而无须排泥,但是积累产生的化学污泥对微生物的生命活动可能有所干扰。预混凝则是使原水在进入 MBR 前先经过混凝沉淀处理,降低了原水中的有机物与金属离子浓度,这种方式虽然占地面积较大,但是有效降低了化学污泥对微生物的影响。这两种混凝方式在控制膜污染的思路与控制对象上明显不同。本节主要针对两种混凝方式应用于重力 MBR 处理分散式生活污水的效果进行研究,包括有机污染物去除效能与脱氮除磷效能。由于投加了大量混凝剂,也对混凝剂去向进行了追踪。

本部分试验使用三套试验装置,均为 GDMBR,其材质为有机玻璃,有效容积为 9 L。反应器顶部设有溢流管,使反应器水位保持一定高度,进而产生恒定的 TMP。溢流口到出水口的距离为 50 cm,重力驱动差为 5 kPa。进水口设置在反应器的底部,同时,溢流出来的混合液通过循环水泵循环进入进水口。污水经过生化处理后,在重力压的驱动下,通过平板超滤膜组件的过滤作用排出系统外。其中,GDMBR1 为原位混凝试验组,试验过程中向反应器中连续投入 PACl 混凝剂;GDMBR2 为预混凝试验组,原水经 PACl 混凝和沉淀后取上清液,作为 GDMBR 的进水。GDMBR1 和 GDMBR2 的混凝剂投加量均为 22.23 mg/L(以 Al 计),最大区别在于混凝的位置,前者位于 GDMBR 中,后者位于 GDMBR外。GDMBR3 为空白对照组。

2.3.1　对 GDMBR 有机物去除效能的影响

1. 出水有机物的去除效能

通过考察进出水中有机物的综合指标可以研究系统对有机物的去除能力。试验中定期对出水与进水中 COD、TOC 的质量浓度进行检测,结果表明,GDMBR1 的 COD 平均去除率为 89.17%,出水 COD 基本维持在 20 mg/L,出水水质满足准四类水体排放标准。GDMBR2 中的 COD 平均去除率为 85.84%,出水平均 COD 质量浓度为 28.2 mg/L,也达到了准四类水体排放标准。空白对照组 COD 平均去除率为 83.80%,出水 COD 质量浓度控制在 40 mg/L 以下,满足《城镇污水处理厂污染物排放标准》(GB 18918—2002)的一级 A 排放标准和《城市污水再生利用城市杂用水水质》(GB/T 18920—2002)排放标准。考虑到实际污水中含有大量颗粒性物质,实际应用中本系统将发挥更好的 COD 去除效果。

图 2.3 和图 2.4 分别为各个试验组进出水的 COD 和 TOC 质量浓度变化,可以看出 GDM-BR1 和 GDMBR2 出水 TOC 和 COD 后期变化趋势一致,出水 COD 质量浓度有所升高,这是由于在反应器运行后期,部分大分子有机物从泥饼层中析出,随水流穿透膜孔,导致出水中有机物质量浓度有所升高。但 GDMBR3 后期变化趋势与前两组并不一致,这是因为在处理后期,其出水中的亚硝态氮浓度有所减少,因此 COD 质量浓度趋于稳定。

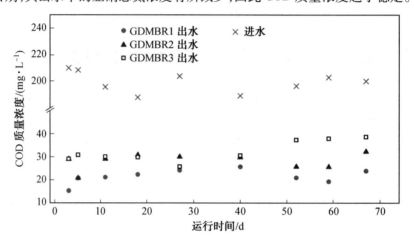

图 2.3　GDMBR1、GDMBR2、GDMBR3 系统进出水 COD 质量浓度变化情况

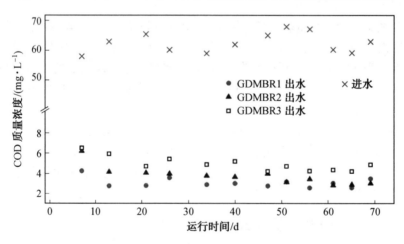

图 2.4　GDMBR1、GDMBR2、GDMBR3 系统进出水 TOC 质量浓度变化情况

在 72 d 的运行过程中,三组系统进水 TOC 质量浓度在 60 mg/L 左右。13 d 后,GDMBR1 的出水 TOC 质量浓度在 2.40 ~ 3.57 mg/L 之间;空白对照组则在前 20 d 内由 6.52 mg/L 降至 4.71 mg/L,随后经历了 20 d 的小幅度升高,最后出水 TOC 质量浓度在 4.5 mg/L 左右。运行期间,GDMBR1 出水 TOC 质量浓度一直低于空白对照组,由此可知通过投加 PACl 能够利用混凝作用实现对有机物的强化去除。在 GDMBR2 中,进水经过混凝沉淀后 TOC 质量浓度降至 52 ~ 58 mg/L,系统出水 TOC 质量浓度在前 30 d 内由 6.23 mg/L 降低到 3.99 mg/L,最后在 2.83 ~ 3.44 mg/L 之间,GDMBR2 出水 TOC 质量浓度虽然高于 GDMBR1,但优于空白对照组。

2. 污泥混合液中的有机物变化

在系统运行过程中,GDMBR1 污泥混合液中的 TCOD 质量浓度经过了先快速上升后缓慢上升的两个过程,其变化趋势如图 2.5 所示,其 TCOD 质量浓度自第 3 天达到 532.2 mg/L后开始缓慢上升,但处理后出水的 TCOD 质量浓度一直维持在较低水平,说明该系统的有机物处理效能稳定可靠。

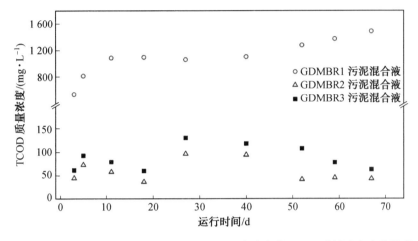

图 2.5　GDMBR1、GDMBR2、GDMBR3 污泥混合液中的 TCOD 质量浓度变化情况

GDMBR2 和 GDMBR3 污泥混合液中的 TCOD 质量浓度变化趋势基本一致,都经历了先升高、后降低、再升高、再降低的变化过程。混凝处理后,上清液中的 Al^{3+} 浓度大幅降低,并且实现了对混合液中小部分腐殖酸、大部分 P 及纤维素的去除。GDMBR2 和 GDMBR3 中污泥混合液的性质比较接近。

在试验过程中,采用 0.45 μm 的滤膜对三组系统的污泥混合液过滤,过滤出水中 DOC 质量浓度变化情况如图 2.6 所示。GDMBR1 污泥混合液中的 DOC 质量浓度维持在 2.71 ~ 3.87 mg/L,处于较低的水平;GDMBR3 污泥混合液中的 DOC 质量浓度第 7 天时能够维持在低于 10 mg/L 的水平,随后有所上升,并且在第 26 天达到峰值 21.09 mg/L,之后又有所下降,在 51 d 后维持在(8.95±1.18) mg/L,趋于稳定。峰值出现的原因是随着微生物的生长繁殖,其释放的代谢产物增加,导致混合液中 SMP 含量增大。GDMBR2 与 GDMBR3变化规律相似,在前两周的时间里,其 DOC 质量浓度由 6.02 mg/L 下降到 5.77 mg/L,随后又有所回升,至第 34 天时达到最大值(15.8 mg/L),最大值的出现比 GDMBR3延后 8 d。在最后的 20 d 中,DOC 质量浓度稳定在(3.36±0.18) mg/L。GDMBR2 和 GDMBR3 中污泥混合液中的 DOC 质量浓度最终能够保持稳定的原因在于泥饼层中的微生物能够吸收利用水中的有机物,将其转化为自身的组成部分,并且被超滤膜截留。

对 GDMBR1 污泥混合液中的 TCOD 质量浓度变化和 DOC 质量浓度变化进行比较,可以看出当污泥混合液中的有机物浓度增加时,溶解性有机物的浓度增加却不明显,DOC 并没有呈现先增后减的趋势,说明 GDMBR1 出水中有机物质量浓度较低的原因在于反应器内混凝作用有效去除了溶解性有机物。

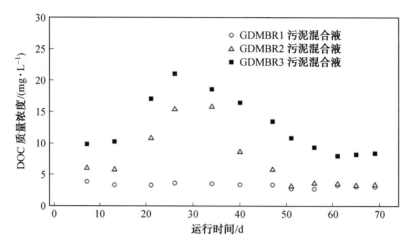

图 2.6   GDMBR1、GDMBR2、GDMBR3 污泥混合液中的 DOC 质量浓度变化情况

对比三组系统污泥混合液的 DOC 质量浓度变化可以看出,混凝能够实现对 GDMBR 有机物去除的强化作用,与此同时 GDMBR1 的污泥混合液与其他两组的 DOC 变化趋势明显不同。无论是预混凝还是原位混凝都能够对混合液性质产生较大影响,进而对 GD-MBR 的膜污染状况产生影响。

3. 荧光性有机物变化

利用三维荧光光谱仪分析 GDMBR1、GDMBR2、GDMBR3 系统出水中有机物的荧光特性。GDMBR1、GDMBR2、GDMBR3 系统出水中有机物的三维荧光谱图如图 2.7 所示,特征峰位置及强度见表 2.3。所得的三维荧光谱图中存在 4 个特征峰,分别是激发/发射波长为 235 ~ 240/340 ~ 355 nm 的 A 峰,代表酪氨酸等简单的芳香族蛋白质;激发/发射波长为 275 ~ 280/320 ~ 330 nm 的 B 峰,代表类色氨酸等溶解性微生物产物;激发/发射波长为 240 ~ 260/390 ~ 445 nm 的 C 峰,代表类富里酸物质。结合表 2.3 与图 2.7 进行分析可以看出,出水中荧光性物质的峰值呈先上升后下降的趋势,这与 COD、TOC 的变化趋势差别较大,但是该变化规律与 DOC 的变化趋势有些相似,说明膜表面的生物泥饼层能够实现对这些荧光物质的截留作用。对 GDMBR2 和 GDMBR3 在第 28 天和第 57 天荧光性物质变化进行对比可得系统对 A 峰和 B 峰对应物质有较好的截留作用;无论是否进行混凝,GDMBR 都具有一定的荧光性物质去除能力,但混凝作用能够实现对进水中荧光性物质的进一步去除作用。

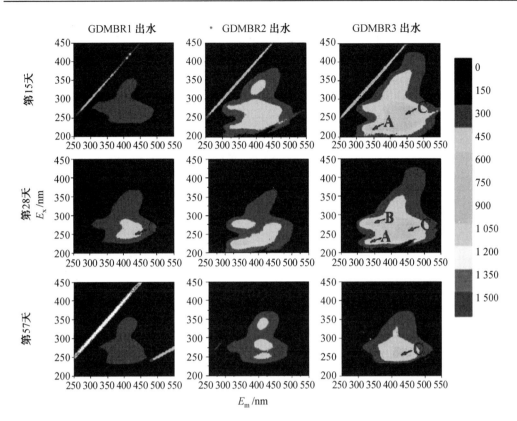

图 2.7　GDMBR1、GDMBR2、GDMBR3 系统出水中有机物的三维荧光谱图（彩图见附录）

表 2.3　三维荧光谱图特征峰位置及强度

样品	A 峰		B 峰		C 峰	
	E_x/E_m	强度	E_x/E_m	强度	E_x/E_m	强度
第 15 天 E1	—	—	—	—	—	—
第 15 天 E2	—	—	—	—	—	—
第 15 天 E3	225/340	402.1	—	—	270/448	420.6
第 28 天 E1	—	—	—	—	270/430	338.9
第 28 天 E2	—	—	—	—	—	—
第 28 天 E3	225/341	477.2	280/348	554.3	270/450	720.5
第 57 天 E1	—	—	—	—	—	—
第 57 天 E2	—	—	—	—	—	—
第 57 天 E3	—	—	—	—	265/424	491.7

注：E 代表出水，1 代表 GDMBR1（原位混凝），2 代表 GDMBR2（预混凝），3 代表 GDMBR3（空白对照组）。

2.3.2　对 GDMBR 营养盐去除效能的影响

1. 脱氮效能

试验中对碳氮比较低的生活污水进行了模拟,初始进水氨氮设置为 34 mg/L;活性污泥来自系统自身的培养,未进行外源投加。GDMBR1、GDMBR2、GDMBR3 系统出水中氨氮和总氮质量浓度变化情况如图 2.8 所示。

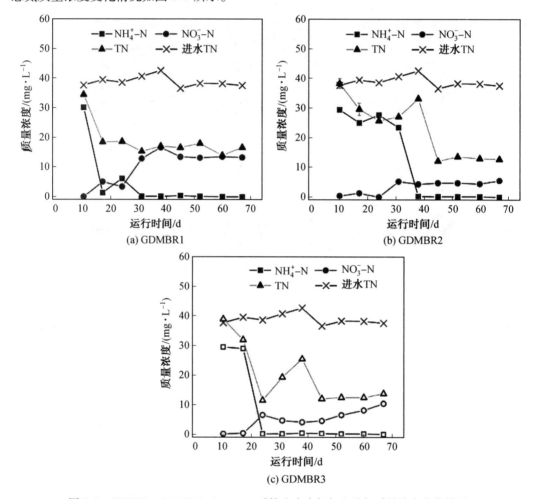

图 2.8　GDMBR1、GDMBR2、GDMBR3 系统出水中氨氮和总氮质量浓度变化情况

GDMBR1 从试验开始到第 17 天,出水中氨氮质量浓度明显下降,随后经过小幅上升后降至检测限以下,并保持稳定。这是由于系统运行 17 d 内氨氧化细菌(Ammonia-Oxidizing Bacteria,AOB)不断生长繁殖,并且在 30 d 后趋于稳定,从而实现了对进水中氨氮的有效去除。在空白对照组中,出水氨氮从第 24 天开始迅速下降至检测限以下,并保持稳定。GDMBR1 与 GDMBR3 的出水氨氮质量浓度均满足《城镇污水处理厂污染物排放标准》(GB 18918—2002)的一级 A 排放标准。相比于 GDMBR3,GDMBR1 的 TCOD 质量浓度更高,因此碳源充足,不会限制硝化反应,其反应器内 AOB 繁殖速度更快。在最终出水

中,两组系统的氨氮去除率都接近 100% ,这是因为超滤膜能够实现对部分有机物的截留,从而促进硝化细菌的生长;另外,还有膜对硝化细菌的截留作用,最终达到对氨氮的高效去除。

由图 2.8 可以看出,从第 17 天开始,GDMBR1 出水中的总氮质量浓度明显下降,随后趋于稳定,而硝态氮质量浓度则一直上升,并在第 38 天开始趋于稳定。结合总氮与硝态氮的质量浓度变化可知,在 17 ~ 30 d 之间主要是 AOB 将氨氮转化为亚硝态氮的过程;30 d 后,总氮与硝态氮质量浓度接近,说明此时硝化菌群中优势菌群为亚硝酸氧化菌(Nitrite-Oxidizing Bacteria,NOB)。运行后期,GDMBR1 出水中总氮质量浓度维持在 15 mg/L,而 GDMBR3 出水的总氮质量浓度则在 12 ~ 13 mg/L 范围内。相比于 GDMBR1,GDMBR3 的总氮去除率更高,这是因为 GDMBR1 中铝盐的存在抑制了硝化细菌的生长。结合 ATP 的检测结果进行分析,在运行末期,GDMBR3 中的 ATP 含量在 (1.98 ± 0.11) μmol/g VSS,高于 GDMBR1 的 (0.95 ± 0.48) μmol/g VSS,且 GDMBR1 中的生物量并不稳定。GDMBR1 和 GDMBR3 最终出水中氨氮质量浓度均达到一级 A 标准,且满足常用的回用水标准(GB/T 18920—2002、GB/T 18921—2002、GB/T 25499—2010 和 GB 20922—2007)。

由于在三组 MBR 所设置的溢流池中并没有进行曝气处理,因此能够发生反硝化脱氮作用。试验中设置溢流回流比为 5。王德美等人对 AO–MBR 的回流比进行研究,发现回流比的提高虽然能够更好地实现除磷,但是会抑制反硝化过程。试验结果显示,GDMBR1 和 GDMBR3 的脱氮效果使得出水能够满足一级 A 排放标准,适当降低回流比后仍能够使出水满足一级 A 标准,同时降低了能耗。

对比 GDMBR2 与 GDMBR3 的氨氮、总氮规律发现,两个试验组的 DOC、氨氮、总氮变化规律总体上都较为相似。从第 24 天开始,GDMBR3 中 AOB 发挥功能趋于稳定,氨氮质量浓度降低明显;但直到第 38 天之后,GDMBR2 的氨氮去除效果才比较明显,相对前者有 14 d 的延迟。总体来看,两组系统的出水总氮都经历了先下降后上升、最后趋于稳定的变化规律,且 GDMBR2 的各个变化节点均相对 GDMBR3 有所延迟。GDMBR2 与 GDMBR3 的硝态氮质量浓度变化规律相似,但 GDMBR2 硝态氮质量浓度的显著增加较空白对照组有 7 d 的延迟。前期 GDMBR2 出水的总氮质量浓度略低于 GDMBR3,后期两组系统几乎持平,维持在 13 mg/L 左右。GDMBR2 的总氮质量浓度有下降趋势,GDMBR3 的总氮质量浓度则有所上升;GDMBR2 的出水硝态氮质量浓度低于空白对照组,两者均有上升的趋势。结合上述结果与 ATP 检测结果进行综合分析,可以预测 GDMBR2 的脱氮效果将会进一步增强。

综上所述,预混凝会对降解去除有机物、氨氮、总氮的微生物生长产生一定的抑制作用,但能够强化 GDMBR 的脱氮效果,对比分析得到预混凝组的脱氮效果最佳,其次是空白对照组,原位混凝组的脱氮效果最差。

2. 除磷效能

在 22.23 mg/L(以 Al 计)的聚合氯化铝投加条件下,GDMBR1 出水的总磷质量浓度在前 11 d 处于 0.15 ~ 0.3 mg/L 范围内,达到了准四类水体排放标准,且满足国家一级 A 排放标准,能够作为常规污水三级处理工艺长期运行,且这种工艺能够有效节省占地面积,在分散式污水处理技术中有一定的应用前景。

在前 31 d,GDMBR2 出水中余铝维持在 0 ~ 0.15 mg/L 之间,运行 39 d 后出水总磷质量浓度均处于 0.1 mg/L 以下甚至检测限以下,实现了对总磷 96% 以上的去除,去除效果与 GDMBR1 接近。但 GDMBR2 到达检测下限的时间相对 GDMBR1 有 14 d 的延迟,与前文所述的有机物降解和氨氮去除的现象相似,进一步验证了混凝处理对于微生物生长的抑制作用。GDMBR1 拥有比 GDMBR2 和 GDMBR3 更多的碳源,这是由膜对微生物代谢产物及有机物形成絮体的截留所导致的;而由于 GDMBR2 中的预混凝步骤对有机物具有一定的去除作用,因此 GDMBR2 中碳源最少。从碳源含量差异出发,GDMBR1、GDMBR2、GDMBR3 中微生物群落的演替也开始出现差异。虽然 GDMBR2 中碳源最少,但其出水的总磷仍然达到了一级 A 排放标准,满足准四类水体的磷排放标准。各系统出水总磷质量浓度变化情况如图 2.9 所示。

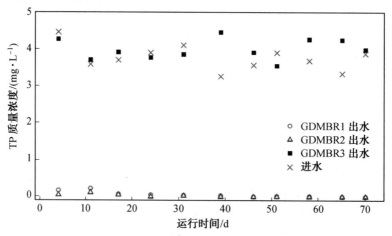

图 2.9　各系统出水总磷质量浓度变化情况

混凝处理能够使溶解性磷酸盐转化为絮体而被超滤膜所截留,因此 GDMBR1 的污泥混合液中总磷质量浓度不断升高,并且系统内会产生大量的黄色污泥,而出水中总磷质量浓度却很低。试验中发现有一些絮体附着在 GDMBR2 的反应器壁上,需要定期将其刮入污泥混合液中,避免因絮体附着导致污泥混合不均,影响对混合液的表征。GDMBR2 中污泥混合液的总磷质量浓度在前期较高,但是后期几乎检测不出。在 GDMBR3 中,污泥混合液质量总磷浓度与出水总磷质量浓度相近,说明 GDMBR3 的除磷效果较差。

2.3.3　铝盐流失路径分析

通过投加 PACl 能够实现对 TP 的有效去除,但是出水中残留的铝盐浓度升高,摄入过多的铝盐会给人体造成严重损害。我国的《生活饮用水卫生标准》(GB 5749—2006)规定,在饮用水中铝的上限值为 0.2 mg/L。本试验对污水处理中铝的流失路径进行了追踪,结果如图 2.10 所示。在 GDMBR1 中连续投加 22.3 mg/L 的 Al^{3+},出水中 Al^{3+} 质量浓度在前 40 d 并不稳定,在 0.1~0.5 mg/L 之间浮动,两次超过 0.2 mg/L,而在运行 40 d 后,Al^{3+} 浓度趋于稳定,均维持在 0.1 mg/L 以下。

PACl 所含的铝与磷酸盐反应生成絮体混合物,并对污泥混合液中的残余磷酸盐和有机物进行不断的吸附,这正是 DOC 在 GDMBR1 中的质量浓度低于 GDMBR3 的原因。铝盐的存在能够去除磷酸盐及部分有机物,并且使 DOC 保持稳定。经过对泥饼层内物质的分析发现,膜表面的铝盐含量高达(10.44±0.47)g/m²,而在空白对照组 GDMBR3 中铝盐含量仅为(0.18±0.003)g/m²。另外,铝盐在膜表面沉积后对化学除磷作用有所加强,与此同时微生物也会吸收部分磷进行同化作用。在污泥混合液中,溶解性 Al^{3+} 浓度会逐渐达到饱和,质量浓度维持在 100 mg/L 附近,但总 Al 质量浓度随着系统运行会以每天 17.5 mg/L 的增量逐渐增加,经过线性拟合得到 $R^2 = 0.991$。其中,溶解性 Al^{3+} 质量浓度仅为 100 mg/L,其余均为颗粒和絮体形态。GDMBR2 系统出水及预混凝上清液中 Al^{3+} 质量浓度变化情况如图 2.11 所示。

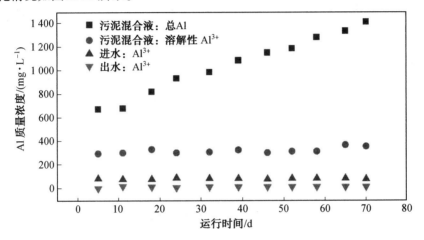

图 2.10　GDMBR1 系统进出水及污泥混合液中 Al 质量浓度变化情况

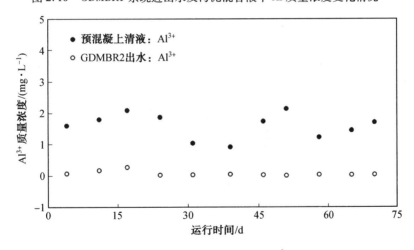

图 2.11　GDMBR2 系统出水及预混凝上清液中 Al^{3+} 质量浓度变化情况

GDMBR2 进水上清液中的 Al^{3+} 质量浓度为 2 mg/L 左右,出水中 Al^{3+} 质量浓度为 0.1 mg/L左右。GDMBR1 和 GDMBR2 中铝的去除主要是滤膜及泥饼层的截留作用所导致,在后面的 2.4.3 节和 2.5.3 节中,对 GDMBR1 与 GDMBR2 的泥饼层进行 EDX 分析,发现二者的 Al 含量均超过 GDMBR3,其中 GDMBR1 中的 Al 含量远超过 GDMBR2。对 GDMBR2 的生物泥饼层进行 ICP-AES 检测,发现其中 Al 含量为(0.51±0.01)g/m²,几乎为 GDMBR3 的 3 倍。

通过考察分析原位混凝和预混凝两种混凝方式应用于 GDMBR 后系统的处理效能及铝盐流失路径,得到以下结果:

(1)原位混凝能够改变污泥混合液中的有机物组成,使得混合液中总有机物质量浓度升高,溶解性有机物质量浓度下降;预混凝处理并不会对混合液有机物组成造成较大影响,进入 GRMBR 的铝盐具有一定的有机物去除效果。混凝处理能够更好地去除有机物,出水中 COD 质量浓度能够满足准四类水体排放标准。

(2)原位混凝能够增加反应器中的碳源,有助于微生物发挥稳定功能,但铝盐的积累会在运行后期对微生物的活性造成较大的影响,使得脱氮效果变差。预混凝能够实现对有机物的去除,且脱氮效果优良,但会在一定程度上延迟微生物稳定功能的发挥。不同的混凝方式会使 GDMBR 的脱氮能力出现差异。

(3)在除磷方面,两种混凝方式能够保证出水总磷质量浓度在 0.3 mg/L 以下,满足准四类水体排放标准,保证了出水水质安全,而预混凝会对除磷效果的稳定有延迟作用。

(4)原位混凝会使得污泥混合液中较长时间地保持较高的铝离子质量浓度与铝盐絮体质量浓度。经过预混凝与原位混凝处理的出水余铝质量浓度均在 0.1 mg/L 以下,满足《生活饮用水卫生标准》的相关标准,其中预混凝 GDMBR 具有更好的稳定性,能够实现对混凝余铝的有效去除。

2.4　原位混凝对 GDMBR 膜通量及膜污染的影响

根据 2.3 的结论可以看出,原位混凝能够实现对污泥混合液的调控,并且可以缓解跨膜压差的提升,原位混凝 GDMBR 去除有机物的效果较好,但脱氮效果不好,分析得知混凝可以促进有机物的去除,但铝盐会影响反应器内微生物的生长发育,使得脱氮效果变差。原位混凝会改变 GDMBR 内泥饼层的性质与结构,进而影响膜污染的情况。本节分别从出水膜通量、污泥混合液性质及生物泥饼层三个方面入手,在无曝气剪切力冲洗的条件下,对影响原位混凝 GDMBR 稳定的因素与膜污染缓解机制进行研究。

2.4.1　对 GDMBR 出水膜通量的影响

1. 膜通量稳定性

GDMBR1 和 GDMBR3 经历 72 d 的同步运行,分析通量变化可以发现,两组系统在膜通量的大小与稳定性上均存在一定的差异。以渗透性作为膜通量的指标表征,GDMBR1 和 GDMBR3 的膜通量变化如图 2.12 所示。分析可知,两组系统的运行过程均以第 30 天为分界,前 30 d 膜通量迅速下降,且稳定性不强,有一定的波动;在 30 d 后膜通量基本稳定,较前一阶段稳定性提高。

GDMBR1 与 GDMBR3 在第一阶段的膜通量变化趋势较为一致,均在前 10 d 发生急剧下降,其中 GDMBR1 由 4.037×10^{-3} L/(m² · h · Pa) 下降到 1.158×10^{-3} L/(m² · h · Pa),GDMBR3 由 2.274×10^{-3} L/(m² · h · Pa) 下降到 0.666×10^{-3} L/(m² · h · Pa)。

由于混凝的作用,污泥混合液中的溶解性有机物质量浓度随着溶液平均粒径的增大而有所下降,因此前期 GDMBR1 的膜通量下降速度比较缓慢,下降量为 5.234×10^{-3} L/(m² · h · Pa),作为对比,空白对照组则下降了 14.338×10^{-3} L/(m² · h · Pa)。由于溶解

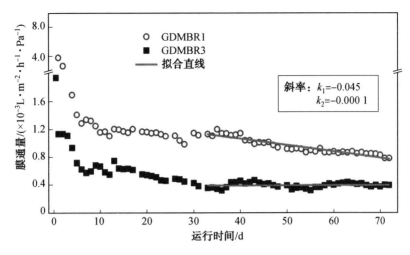

图 2.12　GDMBR1 和 GDMBR3 的膜通量变化

氧的不稳定性及人工配水的变质,在第 10 天、第 30 天膜通量发生了一定程度的波动现象,在试验后期为避免进水水质所带来的膜通量变化,采取污水现配现用的方法。此外,由图 2.12 也可以看出,在运行的中后期 GDMBR1 的膜通量均值为 0.957×10^{-3} L/(m²·h·Pa),能够达到 GDMBR3 膜通量均值的 2 倍以上,但是稳定性不如 GDMBR3,GDMBR1 膜通量变化拟合斜率为-0.045,GDMBR3 的拟合斜率为 0.000 1。

在运行 10 d 后,GDMBR1 的膜通量开始趋于稳定,这是因为在低跨膜压差的条件下,污染物会在膜表面积累而形成泥饼层。泥饼层给微生物的生长繁殖和群落结构演替提供了良好的物质与空间,同时一些原生、后生动物在泥饼层中进行穿孔、运动,保证了泥饼层疏松多孔的性质。但 GDMBR1 膜通量稳定性不好的机理需要进一步分析,具体内容会在后续小节进行说明。

GDMBR1 渗透性比较高,膜通量最高为 0.900×10^{-3} L/(m²·h·Pa),为 GDMBR3 的 2 倍以上。通常来说,传统 MBR 的膜通量在 $0.13 \times 10^{-3} \sim 1 \times 10^{-3}$ L/(m²·h·Pa)之间,由此可以看出原位混凝 GDMBR 即使不清洗也能够达到传统 MBR 的最佳渗透性,验证了其操作简单、维护方便的特性,适用于分散式污水处理与回用。

2. 膜过滤阻力

(1)对 GDMBR 过滤总阻力的影响。

根据对膜通量变化情况的分析可以得出,原位混凝会对 GDMBR 的膜通量稳定性产生一定影响,本小节将进一步从过滤阻力的角度对 GDMBR1、GDMBR3 两组系统进行研究。

过滤阻力的大小与膜通量及膜的渗透性成反比,过滤阻力越小,膜通量就越大,相应的膜的渗透性也就越好。图 2.13 中 GDMBR1 和 GDMBR3 的总过滤阻力变化情况反映出原位混凝对过滤阻力的影响。从图中可以看出,膜通量的变化趋势与总过滤阻力的变化一致,并且彼此之间细节互补,共同表现出了系统的运行过程规律。由图可知,GDMBR1 的过滤阻力在运行前 6 d 迅速增长,从 0 快速增长至 3.5×10^{12} m⁻¹。第 6 天之后,过滤阻力仍在逐渐增加,但增长速度变慢。对于 GDMBR3,可将运行过程中的过滤阻力变化分为三个阶段,前 6 d 为第一阶段,期间总过滤阻力快速升高;15~35 d 为缓慢攀升阶段,期间总过滤阻力提高但增幅有所变缓;之后为第三阶段,总过滤阻力在 $(8~11)\times10^{12}$ m^{-1} 上下浮动。简言之,GDMBR1 的过滤阻力变化可以分为快速增长和缓慢增长两个阶段,GDMBR3 的过滤阻力变化则可以分为快速增长、缓慢增长和浮动三个阶段。两组系统过滤阻力变化规律的不同是由于其泥饼层组成不同,GDMBR3 中膜表面上微生物的活性比较强,具有较好的造孔作用,因此过滤阻力的变化较大,而 GDMBR1 中含有的大量铝盐等无机物会对微生物的活性造成一定的影响。

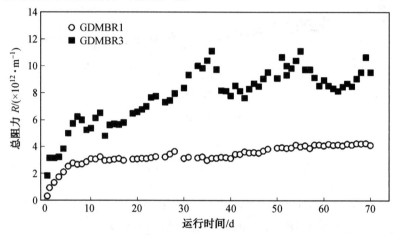

图 2.13　GDMBR1 和 GDMBR3 的总过滤阻力变化情况

（2）对 GDMBR 水力阻力可逆性的影响

按照在水力清洁作用下是否可将膜污染清洗干净,将膜阻力分为水力可逆阻力与水力不可逆阻力。膜的总过滤阻力由膜本身阻力 (R_m)、水力可逆阻力 (R_r) 和水力不可逆阻力 (R_{ir}) 共同组成,图 2.14 所示为 GDMBR1 和 GDMBR3 的水力阻力可逆性变化情况。可以看出,无论是在 GDMBR1 还是 GDMBR3 中,水力可逆阻力均在总阻力中占绝大部分,分别为 91.9% 和 92.8%,同时 GDMBR3 的 R_r 比 GDMBR1 大许多。而水力不可逆阻力与膜自身阻力的占比很小。根据试验结果对比可知,混凝能够对水力不可逆阻力有一定的优化作用。综上得出,原位混凝能够同时降低超滤过程的水力可逆阻力和水力不可逆阻力,缓解超滤膜的污染程度。

（3）对各阻力分布的影响

根据膜污染的分布情况将膜过滤阻力分为泥饼层阻力 (R_c)、膜孔堵塞阻力 (R_p) 和膜本身阻力 (R_m) 三种。在系统运行末期,取出膜组件对其膜过滤阻力的组成进行分析,结果如图 2.15 所示。根据结果可以看出,在 GDMBR1 和 GDMBR3 的膜过滤阻力中,泥饼层阻力占比最高,能够达到总过滤阻力的 90% 以上,同时 GDMBR3 的泥饼层阻力比 GDMBR1 大得多。

膜孔堵塞阻力与膜本身阻力对于膜阻力的影响较小,GDMBR1 与 GDMBR3 的膜孔堵塞阻力分别为 0.13×10^{12} m^{-1} 和 0.16×10^{12} m^{-1},由此可知原位混凝对膜孔堵塞阻力具有一定降低作用,但效果不明显。另外,原位混凝对泥饼层阻力有较好的降低效果。通过三种阻力占比情况可以看出,泥饼层总阻力绝大多数来自水力可清洗阻力,通过简单的水力清洗可以有较好的膜通量恢复作用,这对 GDMBR 的实际应用具有指导意义。

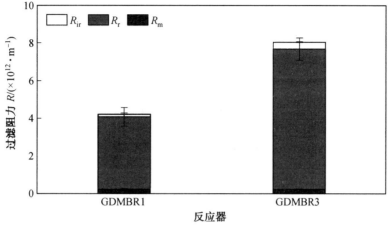

图 2.14　GDMBR1 和 GDMBR3 的水力阻力可逆性变化情况

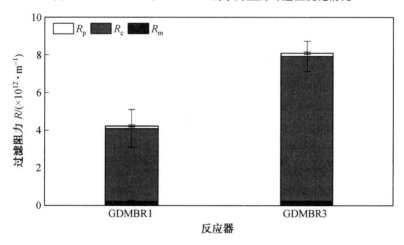

图 2.15　GDMBR1 和 GDMBR3 的膜过滤阻力分布变化情况

3. 污染模型分析

目前在死端过滤模式的基础上,有四种恒压模型逐渐发展并被广泛应用,分别为完全膜孔堵塞过滤、不完全堵塞过滤、标准堵塞过滤和沉积过滤。完全膜孔堵塞过滤是在所有抵达膜表面的微粒都能够堵塞膜孔,且颗粒之间互相并不会重叠的假设基础上,认为堵塞面积和过滤体积成正比;不完全堵塞过滤是假定抵达膜表面的颗粒并非全部堵塞膜孔,且部分可以互相叠加;标准堵塞过滤是假定膜孔体积的减小与滤液的体积成正比,且滤膜的直径及孔的长度完全相同,这时孔体积减小相当于孔长度的减少;而沉积过滤中,微粒沉积在膜表面上形成泥饼层。

以上四种模型可用统一的微分方程描述为

$$\frac{\mathrm{d}^2 t}{\mathrm{d}V^2} = K \left(\frac{\mathrm{d}t}{\mathrm{d}V} \right)^n \tag{2.1}$$

式中　$n = 0$ —— 沉积过滤;

$n=1$ —— 不完全堵塞；

$n=1.5$ —— 标准堵塞；

$n=2$ —— 完全堵塞；

t —— 过滤时间；

V —— 滤液体积。

微分方程变形后得到四种数学表达式，可表示四种污染模型，见表2.4。

图2.16 所示为 GDMBR1 和 GDMBR3 系统中膜通量数据与四种膜堵塞模型曲线的拟合程度。

表2.4　四种不同的膜堵塞机理数学表达式

模型	成因	表达式
完全膜孔堵塞过滤	膜孔堵塞	$-\ln(J/J_0) = A_t + B$
不完全堵塞过滤	长期吸附	$1/J = A_t + B$
标准堵塞过滤	直接吸附	$t/V = A_t + B$
沉积过滤	边界层阻力	$t/V = A_V + B$

注：A、B 为常数，J_0 为初始膜通量。

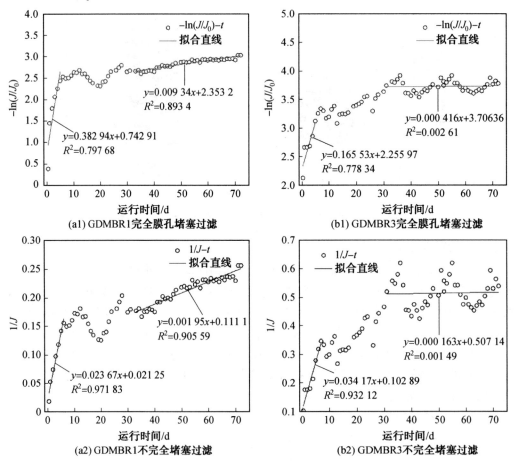

图2.16　GDMBR1 和 GDMBR3 系统中膜通量数据与四种膜堵塞模型曲线的拟合程度

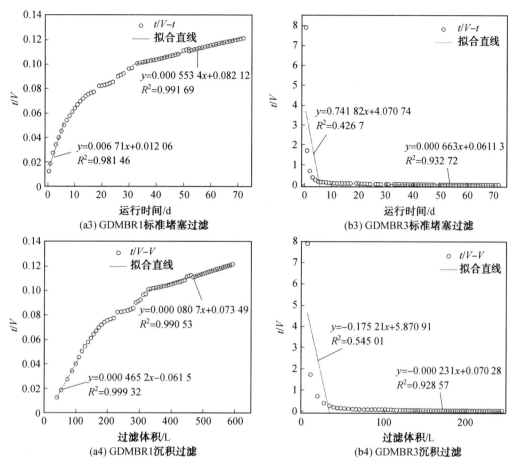

续图 2.16

　　本试验中只对 GDMBR1 及 GDMBR3 在 6 d 前和 30 d 后这两个运行阶段进行分析。通过拟合表明,GDMBR1 在前 6 d 中不完全膜孔堵塞过滤、标准堵塞过滤和沉积过滤三种模型的相关性 R^2 均在 0.97 以上,其中最明显的为沉积过滤,R^2 高达 0.999 32;GDMBR3 在前 6 d 主要为不完全堵塞过滤,R^2 为 0.932 12,其余三种模型的相关性不明显。

　　在运行 30 d 后,两组系统的膜通量均趋于稳定。根据拟合结果可以看出,在 30 d 后四种模型对 GDMBR1 都具有较好的相关性,其中完全膜孔堵塞过滤和不完全堵塞过滤的 R^2 分别为 0.893 4 和 0.905 59,标准堵塞过滤和沉积过滤的相关性均大于 0.99。由此可以推断,在系统运行后期 GDMBR1 中的膜污染是多种污染类型共存的。GDMBR3 在 30 d 后更符合标准堵塞过滤和沉积过滤两种污染模型,其相关性均为 0.93 左右,说明空白对照组在运行后期的膜污染主要由膜孔堵塞和膜表面沉积污染所构成,膜孔堵塞情况会随着系统运行而逐渐得到一定程度的缓解。

2.4.2　对 GDMBR 污泥混合液性质的影响

1. 污泥混合液中的 EPS 含量

在运行 30 d 后,对 GDMBR1 和 GDMBR3 中污泥混合液的蛋白质(EPS_{pr})和多糖(EPS_{ps})含量进行检测,结果均为 GDMBR1 高于 GDMBR3。GDMBR1 和 GDMBR3 污泥混合液中 EPS 含量及组成如图 2.17 所示。

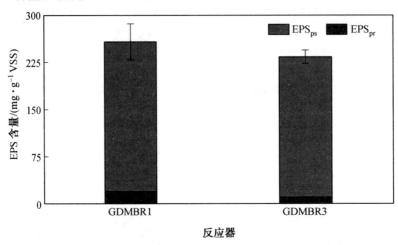

图 2.17　GDMBR1 和 GDMBR3 污泥混合液中 EPS 含量及组成情况

由试验结果可知,原位混凝会对 GDMBR 中污泥混合液 EPS 组成造成影响,使得 EPS 总量提升。EPS 能够与一些金属离子发生螯合作用,并形成粒径较大的絮体,从观察到的黄色沉淀性微粒也可以证明这一点。EPS 参与形成的与膜孔径尺寸相近的胶团能够被膜截留,从而缓解了膜污染的发生。

2. 污泥混合液溶解性荧光性物质

对比图 2.18 中两组系统污泥混合液的荧光光谱图可以看出,GDMBR1 仅在第 28 天时出现了并不明显的 C 峰,全程并没有 A、B 峰的出现,出峰数与峰值大小均少于 GDM-BR3。第 15 天时 GDMBR3 出现了较为明显的 A、B、C 峰,且在第 28 天时三种峰强度均有所增强,第 58 天时 A 峰消失。

分析认为,峰强度的大小与 DOC 质量浓度存在一定的正相关关系,GDMBR1 中峰数量少且强度小的原因是在 GDMBR1 中投加了 PACl,其中的铝离子会对微生物的生命活动起到抑制作用,因此微生物释放的 EPS 和 SMP 数量变少,且受到铝盐的吸附作用影响。Wu 和 Huang 研究了投加聚合硫酸铁的效果,发现聚合硫酸铁的投加会对污泥活性造成影响,在停止投加后微生物的活性逐渐恢复。本节利用污泥混合液中荧光性物质的变化对这一观点进行了验证,但即使微生物活性降低,释放的 EPS 和 SMP 减少,污染物去除效果并没有影响。

不同运行时间下 GDMBR1 和 GDMBR3 污泥混合液所得三维荧光谱图特征峰位置及强度见表 2.5。可以看出,两组系统出水所得的荧光峰值强度低于污泥混合液所得的峰

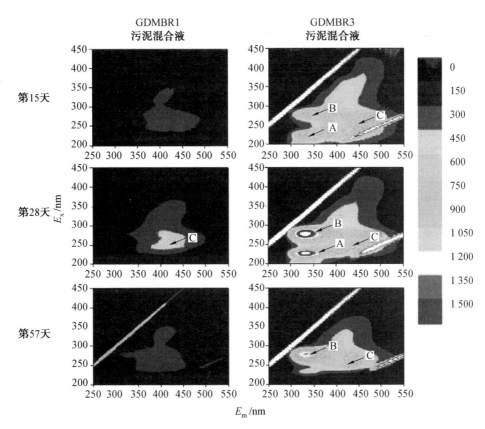

图 2.18　GDMBR1 和 GDMBR3 系统污泥混合液荧光性物质变化情况(彩图见附录)

值强度,说明有部分荧光性物质被膜截留下来;C 峰在混合液中与在出水中的峰值强度相近,说明膜对于 C 峰所对应的小分子类富里酸物质的去除效果并不好;A、B 峰在混合液中与在出水中的峰值强度有较大的差距,说明膜对大分子蛋白质有较好的截留作用,而这些物质会被膜表面吸附,形成膜污染。

表 2.5　不同运行时间下 GDMBR1 和 GDMBR3 污泥混合液所得三维荧光谱图特征峰位置及强度

样品	A 峰		B 峰		C 峰	
	E_x/E_m	强度	E_x/E_m	强度	E_x/E_m	强度
第 15 天 M1	—	—	—	—	—	—
第 15 天 M3	225/326	2189	280/324	1 327	270/450	607.4
第 28 天 M1	—	—	—	—	270/430	350.9
第 28 天 M3	230/336	1646	280/333	1 704	270/448	751.6
第 57 天 M1	—	—	—	—	—	—
第 57 天 M3	—	—	280/335	1 226	270/423	567.3

注:M 代表污泥混合液;1 代表 GDMBR1(原位混凝 GDMBR);3 代表 GDMBR3(空白对照组)。

2.4.3 对 GDMBR 生物泥饼层的影响

1. 污泥泥饼层的形态结构

取 GDMBR1 和 GDMBR3 运行末期膜组件进行膜表面结构与元素分布分析,结果如图 2.19 所示。其中,(a1)、(b1)为 GDMBR1 和 GDMBR3 中的泥饼层平面结构。经对比可以看出,GDMBR1 相对于 GDMBR3 的膜表面结构更加粗糙,污染物重叠其上,颗粒大小不一,上下交错排布。而 GDMBR3 的泥饼层粗糙度较低,并且更加严密,几乎看不到缝隙。(a2)、(b2)为两组系统所得的泥饼层断面,箭头标出了泥饼层与超滤膜的交界处,可以看出 GDMBR1 具有比 GDMBR3 更厚的泥饼层,其厚度均值为 20.14 μm,而 GDMBR3 的泥饼层厚度均值仅为 7.22 μm。利用 Image J 软件计算图 2.19 中的泥饼层表面孔隙率,得出 GDMBR1 的生物泥饼层孔隙率为 32.4%±2.2%,GDMBR3 的生物泥饼层孔隙率仅为 11.2%±1.5%,由此可知原位混凝能够有效增加泥饼层的孔隙率。

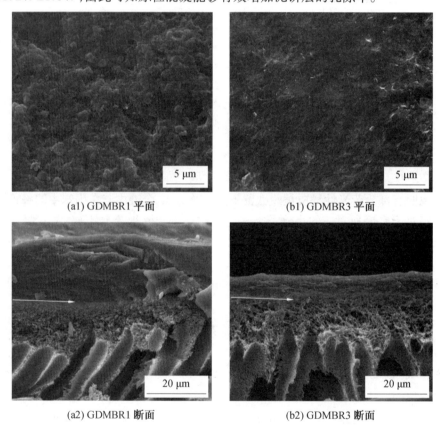

(a1) GDMBR1 平面　　　　　　　(b1) GDMBR3 平面

(a2) GDMBR1 断面　　　　　　　(b2) GDMBR3 断面

图 2.19　GDMBR1 和 GDMBR3 泥饼层形貌的变化情况

2. 污泥泥饼层的元素分布

在 GDMBR1 和 GDMBR3 的泥饼层样品上随机取一区域进行 SEM 检测,泥饼层 EDX 元素分布特征如图 2.20 所示。分析可知,两组系统的泥饼层中铝元素含量相差最大,其中 GDMBR1 中铝的质量分数为 23.47%,远大于 GDMBR3 的质量分数(0.50%)。说明有大量铝元素被 GDMBR1 的膜表面截留下来,而这些铝元素所形成的絮体增大了泥饼层的厚度,也改善了膜表面的粗糙程度,优化了泥饼层的孔隙度,从而缓解了膜污染的发生。GDMBR1 中泥饼层的无机组分含量为 16.6 g/m², 其中有(10.44±0.47) g/m² 的铝元素;GDMBR3 中泥饼层的无机组分含量为 13.0 g/m², 仅有(0.18±0.003) g/m² 的铝元素。由此可以看出,原位混凝能够对泥饼层物质的组成及结构产生影响,增加非挥发性物质如铝盐等无机物的比例,使得泥饼层整体更加疏松,过滤阻力相应降低。

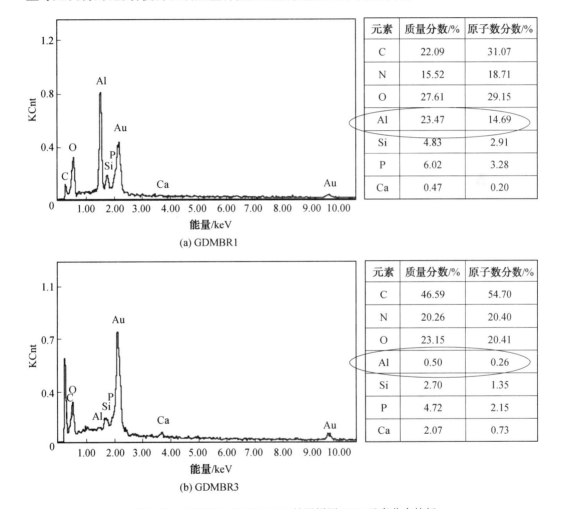

元素	质量分数/%	原子数分数/%
C	22.09	31.07
N	15.52	18.71
O	27.61	29.15
Al	23.47	14.69
Si	4.83	2.91
P	6.02	3.28
Ca	0.47	0.20

(a) GDMBR1

元素	质量分数/%	原子数分数/%
C	46.59	54.70
N	20.26	20.40
O	23.15	20.41
Al	0.50	0.26
Si	2.70	1.35
P	4.72	2.15
Ca	2.07	0.73

(b) GDMBR3

图 2.20　GDMBR1 和 GDMBR3 的泥饼层 EDX 元素分布特征

3. 污泥泥饼层的 EPS 含量

作为膜污染的重要影响因素之一,EPS 会黏附在膜表面上导致膜污染加剧。在系统运行后期,取膜表面上泥饼层中的一小部分,先经过预处理,再对其进行 EPS 的相关检测,结果如图 2.21 所示。根据 EPS 在膜表面上吸附的紧密程度大小可以将其分为 TB-EPS 和 LB-EPS 两种。根据分析结果可得,TB-EPS 是 EPS 的主要组成成分,占比高达 93%~97%,GDMBR1 与 GDMBR3 的 TB-EPS 含量分别为 6.5 g/m² 和 11.9 g/m²;LB-

EPS 含量较低,在 GDMBR1 中仅为 0.2 g/m²,在 GDMBR3 中为 0.97 g/m²。GDMBR1 所得样品中的 LB-EPS 和 TB-EPS 含量与 GDMBR3 有着相同的变化趋势,由此可知,原位混凝能够有效去除泥饼层中的 LB-EPS 和 TB-EPS。

对 GDMBR1 和 GDMBR3 系统中的泥饼层 EPS 进行三维荧光分析,所得荧光图谱如图 2.22 所示,表 2.6 为泥饼层 EPS 三维荧光谱图峰值。可以看出,GDMBR1 的 LB-EPS 样品未出现明显荧光峰,而 GDMBR3 的样品中出现了 A 峰与 B 峰,由此可知原位混凝能够实现对芳香族氨基酸和类色氨酸蛋白质的去除;TB-EPS 中 A 峰和 B 峰的强度关系为 GDMBR3 > GDMBR1,与之前进行的定量检测结果一致。

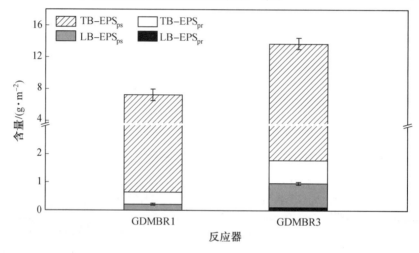

图 2.21　GDMBR1 和 GDMBR3 的生物泥饼层 EPS 分布情况

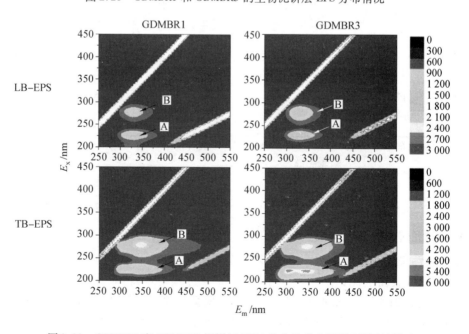

图 2.22　GDMBR1 和 GDMBR3 泥饼层 EEM 分布的荧光图谱(彩图见附录)

表 2.6　泥饼层 EPS 三维荧光谱图峰值

反应器	样品	A 峰		B 峰	
		E_x/E_m	强度	E_x/E_m	强度
GDMBR1	LB-EPS	—	—	—	—
	TB-EPS	225/339	3 003	280/345	2 919
GDMBR3	LB-EPS	230/330	1 337	280/327	1 187
	TB-EPS	225/343	5 240	280/346	4 720

4. 污泥泥饼层的生物活性

微生物的生物活性可以用 ATP 含量来进行评估, ATP 含量越高, 表明微生物的生物量越高。经过检测表明, GDMBR3 生物泥饼层中的 ATP 含量为 (110.7 ± 59.1) $\mu mol/m^2$, 而 GDMBR1 中仅为 (32.6 ± 11.4) $\mu mol/m^2$, 远低于 GDMBR3, 这说明原位混凝中所投加的 PACl 会对微生物的生物活性造成影响, 同时也佐证了下述关于荧光物质含量的结论。图 2.23 所示为 GDMBR1 和 GDMBR3 泥饼层生物分布的变化情况, 从彩图中可以看出蓝

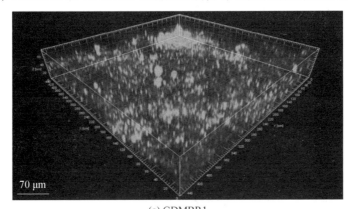

(a) GDMBR1

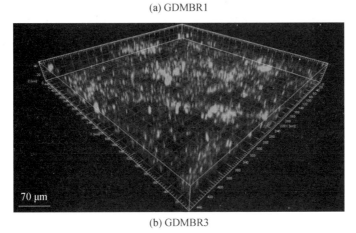

(b) GDMBR3

图 2.23　GDMBR1 和 GDMBR3 泥饼层生物分布的变化情况（彩图见附录）

色为核酸,红色为蛋白质,粉红色为叠加区域。根据核酸与蛋白质的分布可以看出,在 GDMBR3 的膜表面上,微生物分布较均匀;GDMBR1 中的微生物分布比较集中,呈"聚居"状态。GDMBR1 中微生物分布集中的原因是混凝剂的存在一定程度上对微生物起到吸附作用,进而使得微生物集中在泥饼层的表面,在更深层处分布稀少。由此可知,混凝剂改变了微生物的群落分布结构。

2.4.4　对 GDMBR 膜通量及膜污染的影响机理分析

整个运行期间,GDMBR1 为使用原位混凝的试验组,出水通量虽然相对于未投加混凝剂的空白对照组明显提高,但整体变化趋势是持续下降,不太稳定,此前并没有对相关现象的报道与研究。通过对泥饼层与污泥混合液的性质分析,进一步揭示了原位混凝影响膜污染的控制机理,如图 2.24 所示。

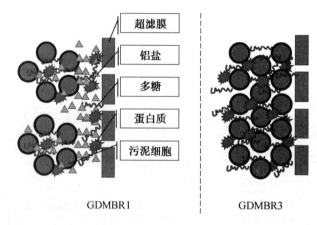

图 2.24　GDMBR1 和 GDMBR3 的膜污染机理图

首先,超滤膜会截留混凝剂中的铝盐,截留下来的铝盐浓度不断增加,达到饱和后会形成絮体,与膜表面的泥饼层相结合而停留在膜表面。持续投加 PACl 能够有效地降低污泥混合液中的富里酸类物质,以及芳香族、色氨酸类蛋白质。在运行前期,部分溶解性有机物会被铝盐吸附,增加了反应器内的碳源,从而有助于微生物的生长繁殖;但是在运行后期,大量铝盐的存在会对微生物的生长产生抑制作用。

其次,铝盐的存在能够改善膜表面泥饼层的通透性与疏松程度,通过对大颗粒物的吸附使得膜表面泥饼层的孔隙度更高,从而减少了膜表面 SMP 和 EPS 等小颗粒物质对膜孔的堵塞作用。通过阻力分析发现,PACl 的投加能够有效减缓膜孔阻塞污染的发生。

再次,运行后期大量铝盐的存在会抑制微生物的活性。通过对 ATP 的检测可以得出,虽然原位混凝处理下 GDMBR 的滤膜表面泥饼层比空白对照组厚很多,但生物量却比空白对照组低很多。试验表明,原位混凝处理下 GDMBR 的污泥混合液中芳香族、色氨酸类蛋白质、富里酸类物质含量较少,原位混凝试验组中生物泥饼层的 ATP 含量是空白组的 1/3,说明铝盐会对系统内微生物的活性产生不利影响,导致超滤膜表面形成更密实的污染层,系统膜通量也持续下降。

根据膜污染类型分析可以发现,原位混凝会改变膜污染类型,同时铝盐的投加也促进了泥饼层的形成与发展。在运行初期,空白对照组的膜表面污染仅有不完全堵塞污染一种类型,而采用原位混凝下系统的膜污染类型为泥饼层堆积和膜表面吸附污染同步进行,这表明铝盐的存在使得膜表面形成了一层同时包含铝盐絮体、多糖、蛋白质等的复合污染层。在运行后期膜通量相对稳定后,系统中膜污染类型更加复杂并发展到四种,膜污染混乱度增加,污泥细胞在泥饼层中聚集分布。

本节所得结论可以为 GDMBR 的膜通量控制与膜污染控制提供思路。通过投加一定 PACl 的方式可以提升膜通量。在整体系统经过 2 个月的运行后,投加 PACl 的试验组比未投加 PACL 的空白对照组的膜通量提高了 2.25 倍。家庭或社区的污水量通常为每户 200 L/d,假定膜通量为 $1 \sim 2$ L/(m^2·h),所需膜面积为 $4.2 \sim 8.3$ m^2;如果以原位混凝方式投加 PACl,可以使 GDMBR 的膜面积降低到 $1.9 \sim 3.7$ m^2,膜成本降低 $920 \sim 1~840$ 元(以试验用膜计)。这种结合原位混凝的处理方式可以通过膜通量的提高减小反应器的体积,且具有一定的除磷效果。如果运用到多个家庭用户组成的小区域或用于农村地区的富营养化废水处理,能够在高效处理污水的同时降低成本。但该方法伴随的大量铝盐积累也会导致膜通量的下降,因此需要进行定期清洗排泥,利用简单快捷的水力清洗就能够实现对膜通量 90% 以上的恢复,频率为两月一次。系统运行所产生的化学污泥也需要由专人进行管理与控制。

通过研究原位混凝对 GDMBR 膜通量及膜污染的影响,发现相对于空白对照组,投加 PACl 后系统膜通量显著提高;因铝盐的不断积累对泥饼层性质结构及微生物活性产生影响,膜通量会不断下降。具体机理总结如下:

(1)PACl 中的铝盐会被膜截留并在泥饼层中积累,同时对溶解性有机物进行吸附,从而增加了系统内的碳源,促进了微生物的生长,另外还能有效去除富里酸类物质、芳香族、色氨酸类蛋白质等。但是,系统中铝盐的积累也会影响微生物的生命活动。因此,可以通过对 PACl 的投加量与排泥频率进行控制,实现对该工艺系统运行工况的优化。

(2)PACl 中的铝盐会改善泥饼层的结构,并降低 EPS 对膜表面的堵塞污染。铝盐会吸附溶解性有机物及小颗粒的物质,形成粒径更大的絮体,在改变泥饼层通透性的同时,也避免了 SMP 和 EPS 等物质对膜孔的堵塞。根据阻力分析与膜污染类型分析可知,PACl 的投加能够降低膜堵塞污染,增加泥饼层污染,使膜污染类型更加复杂。

(3)铝盐的不断积累会在后期对泥饼层微生物的生命活动造成抑制,导致在泥饼层厚度大于空白对照组的情况下生物量远低于空白对照组,膜通量不断下降。

2.5　预混凝对 GDMBR 膜通量及膜污染的影响

预混凝对有机物的去除效能与原位混凝相似,但是关于污泥混合液中溶解性有机物的变化及对氮的去除效能又与空白对照组相似。由于进水中的有机物浓度会对 GDM 的稳定膜通量产生较大影响,采用预混凝的目的主要在于去除进水中的有机物。通过预混凝处理后,反应器内的碳源将有所减少,预混凝残余的少量铝盐还能够在不影响微生物生存的同时改善泥饼层的结构,既避免了原位混凝铝盐过量的缺陷,又发挥了混凝和 GDM-BR 的优势。本节从对 GDMBR 出水膜通量的影响、对污泥混合液性质的影响以及对泥饼层结构的影响三个方面探究了预混凝作用,并对其影响机制与膜污染影响机理进行研究分析。

2.5.1　对 GDMBR 出水膜通量的影响

1. 膜通量的稳定性

与原位混凝相似,预混凝 GDMBR(GDMBR2)中的膜通量变化可以同空白对照组(GDMBR3)一样细分为三个阶段,如图 2.25 所示。以前 5 d 作为第一阶段,GDMBR2 与 GDMBR3 在此阶段膜通量迅速下降,其中 GDMBR2 的膜通量从 $8.334×10^{-3}$ L/(m^2·h·Pa)下降到 $1.300×10^{-3}$ L/(m^2·h·Pa),GDMBR3 的膜通量从 $3.526×10^{-3}$ L/(m^2·h·Pa)下降到 $0.716×10^{-3}$ L/(m^2·h·Pa);第 5~10 天为第二阶段,期间两组 GDMBR 渗透性下降速度减缓;第 10~30 天为第三阶段,膜通量逐渐趋于稳定。对比可知,GDMBR2 在运行中后期的膜通量稳定均值为 $0.791×10^{-3}$ L/(m^2·h·Pa),为 GDMBR3 的 2 倍;GDMBR2 膜通量变化拟合曲线的斜率为 -0.008,GDMBR3 的拟合曲线斜率为 0.0001,说明 GDMBR3 膜通量的稳定性更高。

从数值上看,第 30 天之后,GDMBR2 的膜通量一直大于 GDMBR3,平均膜通量为 GDMBR2 的 1.2 倍,但 GDMBR2 的膜通量稳定性差,下降速率是 GDMBR3 的 5 倍以上。

从膜通量的角度对两种混凝方式进行对比分析,虽然预混凝 GDMBR 的膜通量较低,但其渗透性高,且膜通量稳定性好、操作简单、无须清洗,因此更适用于长期运行的分散式污水处理。

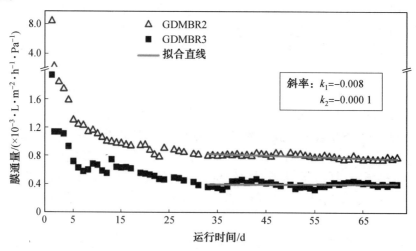

图 2.25　GDMBR2 和 GDMBR3 的膜通量变化情况

2. 膜过滤阻力

膜过滤阻力与膜通量、膜渗透性呈反比例关系,膜过滤阻力越大,说明膜通量越小,膜渗透性越差。图 2.26 反映了预混凝对 GDMBR 总过滤阻力的影响。GDMBR2 的总过滤阻力变化可以分为三个阶段:在第 1 天阻力由 0 增加到 $1.6×10^{12}$ m^{-1} 左右,为阻力的快速增长阶段;第 2~25 天为缓慢增长阶段,相比第一阶段增长速度明显减缓;第 25 天之后为阻力平稳阶段,总过滤阻力保持稳定且有小幅度上升。空白对照组 GDMBR3 的膜阻力变化也可以分为三个阶段,前 6 d 为第一阶段,期间总过滤阻力快速升高;第 15～35 天为缓慢攀升阶段,期间总过滤阻力仍在提高,但增幅有所变缓;之后为第三阶段,总过滤阻力在 $(8～11)×10^{12}$ m^{-1} 浮动。将预混凝组与空白对照组进行对比可以看出,预混凝能够缩短过滤阻力到达稳定所需时间,其中预混凝组在一周后达到稳定,原位混凝组在两周后稳定,而空白对照组直到 30 d 后才达到稳定区间前端点,且在区间内仍会发生往复变化。

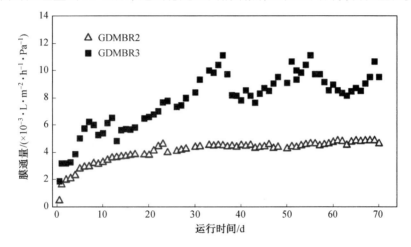

图 2.26　GDMBR2 和 GDMBR3 的总过滤阻力变化情况

膜的过滤总阻力由水力可逆阻力(R_r)、水力不可逆阻力(R_{ir})和膜本身阻力(R_m)三部分组成。当系统运行至末期时取出膜组件并对其水力可逆性进行分析,结果如图 2.27 所示。GDMBR2 和 GDMBR3 的总阻力分别为 $4.84×10^{12}$ m^{-1} 和 $8.05×10^{12}$ m^{-1},总阻力主要源于 R_r,分别占两组系统总阻力的 93.8% 和 92.8%,且 GDMBR3 的 R_r 是 GDMBR3 的 1.6 倍;R_{ir} 和 R_m 在总阻力中占比较小,另外预混凝组的 R_{ir} 仅占空白组的 1/4,可以看出混凝过程对 R_{ir} 有较好的降低效果。综上得出,预混凝对于水力可逆阻力和水力不可逆阻力具有明显的降低作用。

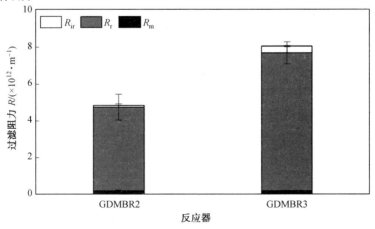

图 2.27　GDMBR2 和 GDMBR3 的水力阻力可逆性变化情况

根据膜污染发生的位置不同,可以将膜阻力分为泥饼层阻力(R_c)、膜孔堵塞阻力(R_p)和膜本身阻力(R_m)。在系统运行末期将各组的膜组件取出,分别分析计算其膜通量与膜阻力,结果如图 2.28 所示。在总阻力分布中,泥饼层阻力占比最高,达到90%以上,R_p 和 R_m 对阻力的贡献并不大,GDMBR2 和 GDMBR3 的 R_p 分别为 $0.18×10^{12}$ m^{-1} 和 $0.16×10^{12}$ m^{-1}。预混凝 GDMBR 中 R_p 阻力值高于空白对照组 GDMBR。

在 GDMBR2 中,进水中的胶体、大分子有机物及颗粒性物质经预混凝处理而去除,膜表面不容易发生可逆污染,但混凝处理对小分子有机物与溶解性物质的作用不大,这些物质容易使膜孔堵塞。GDMBR1、GDMBR2 和 GDMBR3 的 DOC 质量浓度分别为 3.39 mg/L、8.24 mg/L 和 8.39 mg/L,与其膜孔污染增长比例基本保持一致。综上,两种混凝强化方式都可减缓膜污染,但原位混凝的膜污染缓解效果远优于预混凝。

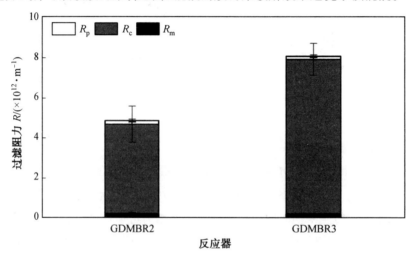

图 2.28　GDMBR2 和 GDMBR3 的膜过滤阻力分布变化情况

3. 污染模型分析

图 2.29 所示为 GDMBR2 和 GDMBR3 关于四种污染模型的拟合结果。通过拟合分析发现,GDMBR2 在前 6 d 的膜污染程度迅速提高,比较符合不完全堵塞污染模型,R^2 在 0.96以上,另外三种模型的相关性较差,相关性排序为不完全堵塞>沉积过滤>完全膜孔堵塞>标准堵塞;前 6 d 中不完全堵塞模型对 GDMBR3 具有良好的相关性,R^2 为0.932 12,另外三种模型相关性较差,相关性排序为不完全堵塞>完全膜孔堵塞>沉积过滤>标准堵塞。由此可知,在污染前期 GDMBR2 和 GDMBR3 中膜污染均主要来自于细小微粒对膜孔的堵塞作用,且颗粒之间会发生叠加;GDMBR2 中膜表面沉积有所加强。

运行 30 d 后,GDMBR2 和 GDMBR3 的膜通量逐渐趋于稳定。由图 2.29 可以看出,在运行后期 GDMBR2 与 GDMBR3 具有相似的模型相关性,标准堵塞模型和沉积过滤模型的相关性较高,而其他两种模型的相关性相对较弱;与 GDMBR3 相区别的是,GDMBR2 的不完全堵塞和完全膜孔堵塞有所强化,标准堵塞和沉积过滤则被弱化,这是因为 GDM-BR2 的膜污染主要由膜表面的沉积作用与膜孔的窄化作用导致,膜孔堵塞作用与长期吸附同样存在,只占膜污染成因中的次要地位。

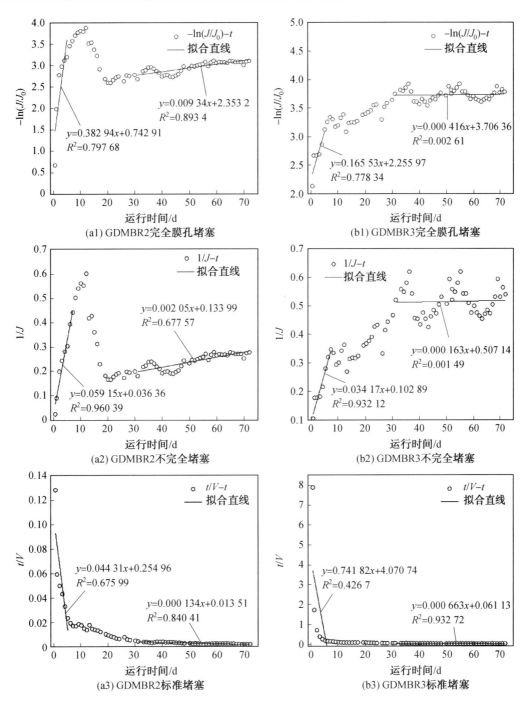

图 2.29　GDMBR2 和 GDMBR3 系统中膜通量数据与四种膜堵塞模型曲线的拟合程度

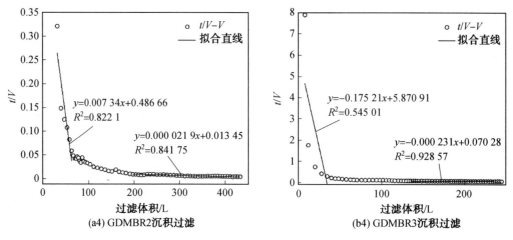

(a4) GDMBR2沉积过滤　　　　　　(b4) GDMBR3沉积过滤

续图 2.29

2.5.2　对 GDMBR 污泥混合液性质的影响

1. 污泥混合液 EPS 含量

图 2.30 所示为 GDMBR2 和 GDMBR3 污泥混合液的 EPS 含量及组成情况。根据分析结果可知,GDMBR2 中多糖和蛋白质含量均比 GDMBR3 低,这是由于 GDMBR2 的预混凝操作使得污泥混合液中部分有机物被提前去除。可获取的有机物碳源减少,微生物活性降低,因此分泌的胞外聚合物及其组成物质也会相应减少,GDMBR2 污泥混合液中溶解性荧光物质含量低于 GDMBR3 的现象对此也有所验证。

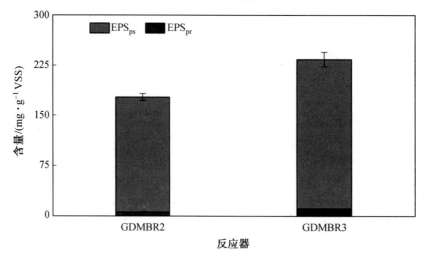

图 2.30　GDMBR2 和 GDMBR3 污泥混合液的 EPS 含量及组成情况

2. 污泥混合液溶解性荧光性物质

对比图 2.31 中 GDMBR2 和 GDMBR3 污泥混合液的荧光光谱图可以看出,在第 28 天时,GDMBR2 所得样品的三个荧光峰均已出现,但在第 57 天均已消失;而早在第 15 天时

GDMBR3 所得样品的三个荧光峰均已出现,随后经历第 28 天时的强度增强,最后在第 57 天峰强度衰减,同时 A 峰消失。峰强度与污泥混合液中的 DOC 质量浓度呈正相关关系,说明 GDMBR2 和 GDMBR3 在无外部投加活性污泥的情况下自行生成了活性污泥。运行前期活性污泥释放出了大量的类富里酸物质、芳香族类蛋白质和色氨酸类蛋白质,运行后期则因为两组系统的进水水质差异,引起了检测结果中各主峰峰强的差异。三维荧光谱图特征峰位置及强度见表 2.7。

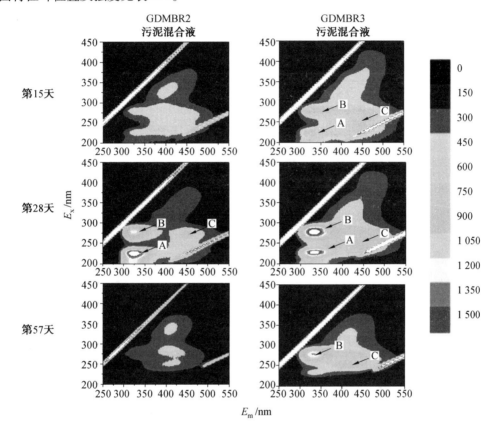

图 2.31　GDMBR2 和 GDMBR3 污泥混合液的荧光性物质变化情况(彩图见附录)

表 2.7　三维荧光谱图特征峰位置及强度

样品	A 峰		B 峰		C 峰	
	E_x/E_m	强度	E_x/E_m	强度	E_x/E_m	强度
第 15 天 M2	—	—	—	—	—	—
第 15 天 M3	225/326	2 189	280/324	1 327	270/450	607.4
第 28 天 M2	225/334	2 280	280/335	1 492	270/448	525.1
第 28 天 M3	230/336	1 646	280/333	1 704	270/448	751.6
第 57 天 M2	—	—	—	—	—	—
第 57 天 M3	—	—	280/335	1226	270/423	567.3

注:M 代表污泥混合液;2 代表 GDMBR2(预混凝 GDMBR);3 代表 GDMBR3(空白对照组)。

2.5.3 对 GDMBR 生物泥饼层的影响

1.污泥泥饼层的形态结构

取 GDMBR2 和 GDMBR3 在运行末期的膜组件进行膜表面结构观察,结果如图 2.32 所示。其中,(a1)、(b1)为两组 GDMBR 的泥饼层平面结构,经对比可以看出 GDMBR2 与 GDMBR3 泥饼层的粗糙程度接近,但 GDMBR2 泥饼层的孔隙度更好,GDMBR3 泥饼层更加密实,表面几乎看不到缝隙。(a2)、(b2)为两组 GDMBR 的泥饼层断面,箭头标出了泥饼层与超滤膜的交界处。经对比可以看出 GDMBR2 泥饼层与 GDMBR3 泥饼层厚度接近,而比 GDMBR1 薄很多。利用 ImageJ 软件计算泥饼层的表面孔隙率,得出 GDMBR3 的生物泥饼层孔隙率为 11.2%±1.5%,为空白对照组的 1.4 倍,由此可知预混凝能够在一定程度上增加 GDMBR 中泥饼层的孔隙率。

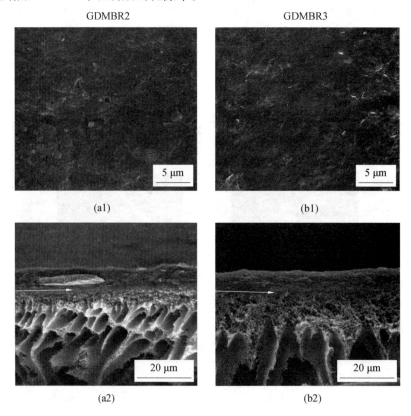

图 2.32 GDMBR2 和 GDMBR3 泥饼层的扫描电镜表征图

2.污泥泥饼层的元素分布

在 GDMBR2 和 GDMBR3 泥饼层样品上随机取一区域进行 SEM 检测,两组 GDMBR 泥饼层 EDX 元素分布如图 2.33 所示。分析可知,两组系统的泥饼层中铝元素含量相差较大,GDMBR2 泥饼层中铝质量分数为 8.43%,远大于 GDMBR3 的 0.50%。两组系统泥饼层中铝元素含量的差异说明 GDMBR2 中部分铝元素被膜表面截留,但相对 GDMBR1

被截留的铝元素要少很多。膜表面截留没有引起大量铝盐堆积,也没有对泥饼层的厚度及结构产生显著影响,但在一定程度上对泥饼层的孔隙度有改善作用。

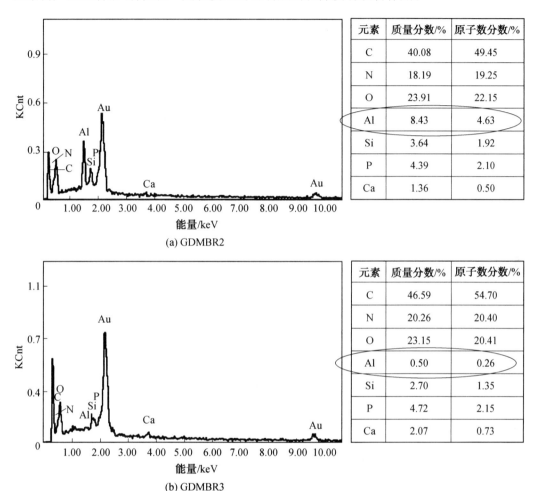

图 2.33   GDMBR2 和 GDMBR3 泥饼层 EDX 元素分布

3. 污泥泥饼层 EPS 含量

在系统运行后期,取膜表面上泥饼层的一小部分,先经过预处理,再对其进行 EPS 的相关检测,结果如图 2.34 所示。根据结果可以看出,TB-EPS 是滤饼层 EPS 的主要组成,占比高达 93% ~ 97%,GDMBR2 与 GDMBR3 的 TB-EPS$_{ps}$ 含量分别为 8.7 g/m^2 和 11.9 g/m^2;LB-EPS 含量较少,GDMBR2 中为 0.74 g/m^2,GDMBR3 中为 0.97 g/m^2。GDMBR2 所得样品中的 LB-EPS 和 TB-EPS 含量与 GDMBR3 有相同的变化趋势,由此可知预混凝能够实现对泥饼层中 LB-EPS 和 TB-EPS 的有效去除,进而提高膜通量。

利用三维荧光光谱仪对两组 GDMBR 泥饼层 EPS 中的荧光性有机物进行分析,结果如图 2.35 所示,各特征峰位置及强度见表 2.8。可以看出,GDMBR2 与 GDMBR3 泥饼层中的 LB-EPS 样品均出现了 A 峰和 B 峰,两组系统样品所得 B 峰峰值几乎相等,由此可知预混凝对于污泥混合液中溶解性有机物的影响很小。两组系统的 TB-EPS 中 A 峰、B 峰的强度关系均为 GDMBR3 > GDMBR2,与 EPS 定量检测结果一致。

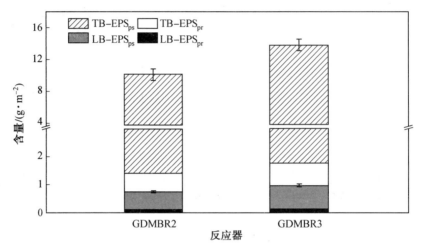

图 2.34 GDMBR2 和 GDMBR3 泥饼层的 EPS 分布变化情况

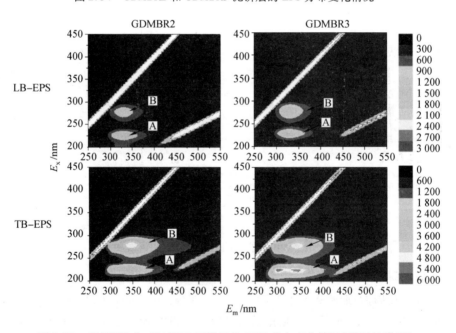

图 2.35 GDMBR2 和 GDMBR3 泥饼层的 EEM 分布变化情况(彩图见附录)

表 2.8 泥饼层 EPS 三维荧光谱图特征峰位置及强度

反应器	样品	A 峰		B 峰	
		E_x/E_m	强度	E_x/E_m	强度
GDMBR2	LB-EPS	225/326	1 236	280/328	872
	TB-EPS	225/349	3 522	280/345	4 712
GDMBR3	LB-EPS	230/330	1 337	280/327	1 187
	TB-EPS	225/343	5 240	280/346	4 720

4.污泥泥饼层的生物活性

经过检测表明,GDMBR3 泥饼层中 ATP 含量为(110.7±59.1) $\mu mol/m^2$,GDMBR2 泥饼层中 ATP 含量为(161.6±43.1) $\mu mol/m^2$。这说明预混凝后在水中残留的混凝剂会使得 GDMBR 中的微生物聚集在膜表面,但由于残留铝盐较少,所以引起的微生物聚集程度远低于 GDMBR1。图 2.36 所示为 GDMBR2 和 GDMBR3 泥饼层中的生物分布情况,从彩图中可以看出蓝色为核酸,红色为蛋白质,粉红色为叠加区域。根据核酸与蛋白质的分布可以看出,GDMBR3 中膜表面的微生物分布较为均匀,呈"杂居"状态,GDMBR2 中膜表面的微生物分布比较集中,呈"聚居"状态。原因是 GDMBR2 系统中的残留铝盐会对微生物活性产生微弱的抑制作用,而且这种抑制作用强于其对于微生物的聚集作用。表 2.8 中两组系统泥饼层 TB-EPS 的 B 峰峰值十分相近,也可以证明上述推断。综上可知,预混凝能够改善 GDMBR 的运行效能,提升系统的稳定膜通量。

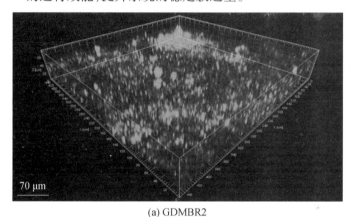

(a) GDMBR2

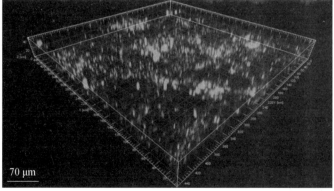

(b) GDMBR3

图 2.36　GDMBR2 和 GDMBR3 泥饼层中的生物分布情况(彩图见附录)

2.5.4　对 GDMBR 膜通量及膜污染的影响机理分析

在系统运行期间,GDBMBR2 与 GDBMBR3 均表现出了较为稳定的出水膜通量,且 GDBMBR2 的膜通量较 GDBMBR3 高。通过对泥饼层与污泥混合液的性质分析,进一步揭示了预混凝对 GDMBR 膜污染影响的机理,如图 2.37 所示。

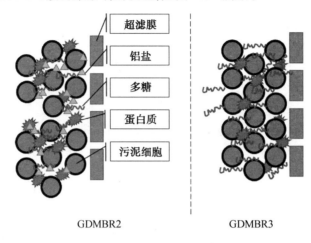

图 2.37　预混凝对 GDMBR 膜污染影响的机理

首先,经过预混凝处理后,进入 GDMBR 的有机物总量明显减少,导致反应器内碳源减少,微生物反应活性下降,膜通量稳定期延后,微生物群落的不稳定期延长。但整体来看,膜通量较空白对照组有所延长。有研究表明污泥混合液中的有机物浓度会对膜通量造成一定的影响,当有机物浓度减少时会使膜污染得到缓解、稳定膜通量增加,这也是试验中 GDMBR2 膜通量较高的原因。

其次,预混凝处理会将部分余铝带入混合液,改变混合液性质并影响混合液中有机物的质量浓度,其中富里酸类物质、芳香族和色氨酸类蛋白质的含量明显减少,导致膜表面吸附污染的 EPS 和 SMP 含量减少。

再次,预混凝所产生的余铝会在一定程度上对泥饼层形态结构及物化性质造成影响。尽管 SEM-EDX 分析结果显示,是否进行预混凝对泥饼层厚度与孔隙率影响不大,但却改变了泥饼层的成分,使其中铝盐含量增加,TB-EPS、LB-EPS 等成分含量减少,这些都对膜通量的增加有所影响。

最后,经过预混凝处理使得 GDMBR 中的膜污染类型发生了改变。在运行前期,相比于 GDMBR3 中单一的不完全堵塞污染,GDMBR2 的膜污染类型转变为不完全堵塞污染与膜表面沉积过滤共存的污染状态;运行后期 GDMBR2 与 GDMBR3 的膜污染类型差异不大,膜污染模型显著性排序均为沉积过滤≈标准堵塞>完全膜孔堵塞≈不完全堵塞,GD-MBR2 中不完全堵塞和完全膜孔堵塞被强化,标准堵塞和沉积过滤则被弱化。说明在预混凝处理的 GDMBR2 中,膜污染主要来自于膜表面沉积与膜孔窄化的共同作用,完全膜孔堵塞和长期吸附作用影响较弱。虽然预混凝增加了膜表面污染的混乱度,但影响程度不大。ATP 含量分析结果表明,GDMBR2 泥饼层中的 ATP 含量与空白对照组接近,说明预混凝后 GDMBR2 内逐渐形成了非均相的、多孔的生物泥饼层结构,泥饼层中较低的 EPS 含量及较高的 ATP 活性可能是 GDMBR2 膜通量较高且稳定的原因之一。

本小节所得结论将为 GDMBR 的膜通量控制及膜污染控制提供思路,可以通过预混凝方式提升膜通量。GDMBR 经过 2 个月运行后,进行预混凝的试验组膜通量比未进行预混凝的空白对照组提高了 2 倍。家庭或社区的污水产量通常为每户 200 L/d,假定 GD-MBR 膜通量为 $1 \sim 2$ L/($m^2 \cdot h$),则所需膜面积为 $4.2 \sim 8.3$ m^2;如果以预混凝方式投加 PACl,可以使 GDMBR 的膜面积降低到 $2.1 \sim 4.2$ m^2,膜成本降低 $840 \sim 1\ 680$ 元(以试验用膜计)。此方法省去了水力清洗与定期排泥的维护步骤,简化了操作流程,但是增加了处理系统的占地面积,且会产生较多的絮状污泥,不便统一收集,从而对简易的污泥浓缩装置的开发研究提出了要求。综上可知,预混凝 GDMBR 可应用于土地占有成本较低的区域,具有高效利用水资源的特点。

通过研究预混凝对 GDMBR 膜通量及膜污染的影响发现,相对于空白对照组,预混凝可以去除进水中的部分有机物,并降低污泥混合液中的 EPS 含量,提高泥饼层的生物量。因此在进行预混凝处理后能够实现 GDMBR 膜通量的显著提高及稳定维持,其机理总结如下:

(1)预混凝会去除进水中的部分有机物,减少系统内碳源,使得微生物的稳定期延后,同时提高膜通量。

(2)预混凝产生的余铝会使富里酸类物质、芳香族和色氨酸类蛋白质含量减少,造成 EPS 及 SMP 减少。预混凝还会使膜污染的混乱度增加,但不会改变其膜污染的本质类型。预混凝使得泥饼层中 TB–EPS、LB–EPS 的含量降低,这是 GDMBR 膜通量提升的主要原因。

(3)预混凝产生的余铝会对泥饼层的组成结构及生化性质造成影响。相比空白对照组,预混凝 GDMBR 的泥饼层孔隙率增加了 44.6%,厚度减少了 8%。虽然泥饼层厚度变化不大,但其中 EPS 和 SMP 的含量减少,铝盐的含量增多。预混凝 GDMBR 的泥饼层具有与空白对照组相近含量的 ATP,说明预混凝 GDMBR 中铝盐增多并未对微生物的生理作用产生明显影响。正是泥饼层中较高的 ATP 活性和较低的 EPS 含量,使得预混凝 GD-MBR 拥有较高的稳定膜通量。

2.6　本章小结

GDMBR 具有维护简单、泥量少、能耗低的特点,在分散式污水处理中具有一定优势。本章采用原位混凝与预混凝的强化方式来解决 GDMBR 稳定膜通量较低的问题,并深入研究了两种混凝方式影响膜污染的机理,主要结论如下:

(1)原位混凝对污泥混合液中的溶解性有机物具有良好的去除效果,去除率最高达到 82.8%;原位混凝后,GDMBR 内的溶解性有机物质量浓度显著提高,碳源的增加促进了脱氮菌群的生长繁殖;但是铝盐的积累会影响微生物的生命活动,削弱脱氮作用。预混凝能够实现对混合液中部分有机物的去除,且余铝能进一步促进有机物在 GDMBR 中的去除;余铝的存在会使得微生物的稳定期延后,但提升了系统在稳定后的脱氮效能。经过两种混凝方法处理后,GDMBR 出水的 TP、余铝及 COD 均在相对较低的范围,其中 TP、余铝质量浓度均小于 0.1 mg/L,COD 质量浓度小于 30 mg/L,出水水质满足准四类水体排放标准及回用标准。

(2)原位混凝可以显著提高 GDMBR 的膜通量,但在长期运行下稳定性较差。所投加的铝盐通过形成大尺寸絮体沉积于膜表面,大量吸附 SMP 和 EPS,缓解了膜孔堵塞,并且使泥饼层孔隙率提升198%。由于铝盐会以 17.5 mg/(L·d)的速度大量积累,长期运行会抑制泥饼层微生物的生命活动,泥饼层中的 ATP 含量相对于空白对照组下降80%,最终导致 GDMBR 膜通量难以稳定维持在较高的水平。

(3)预混凝处理在减少部分进水有机物的同时,有效提高了 GDMBR 的膜通量,并且具有较好的稳定性。经过预混凝处理后,进水中芳香族、色氨酸类蛋白质和富里酸等有机物被去除,去除率达到12%;同时泥饼层的物理结构和生化性质受到影响,泥饼层的孔隙率相比于空白对照组提高了40%;泥饼层中的铝盐含量升高,TB-EPS、LB-EPS 含量下降,膜通量显著提升。预混凝处理后泥饼层中的 ATP 含量相对于空白对照组有所提高,结合泥饼层的形态结构观察,分析得知预混凝 GDMBR 中形成了非均相的、多孔的生物泥饼层结构。生物泥饼层具有较高的 ATP 活性及较低的 EPS 含量,使得预混凝 GDMBR 在长期运行中维持了稳定性较好的膜通量。

(4)原位混凝 GDMBR 和预混凝 GDMBR 都可以实现对膜通量两倍以上的提高,从而有利于减小工艺所需的膜面积与占地面积。当土地使用成本较高时,可采用原位混凝 GDMBR,但需对其进行专门的运行维护,定期进行物理清洗以延缓膜通量的下降;当占地不受限制时,可采用运行维护更为简单的预混凝 GDMBR。

本章参考文献

[1] 柴世伟,裴晓梅,张亚雷,等. 农业面源污染及其控制技术研究[J]. 水土保持学报, 2006(6):192-195.

[2] LIBRALATO G, VOLPI G A, AVEZZ F. To centralise or to decentralize:An overview of the most recent trends in wastewater treatment management[J]. Journal of Environmental Management, 2012, 94(1):61-68.

[3] MUKUL B, SURJIT S K, NAVEEN K C. Comparative study on decentralized treatment technologies for sewage and graywater reuse:A review[J]. Water Science and Technology, 2019, 80(11):2091-2106.

[4] CAPODAGLIO A G. Integrated, decentralized wastewater management for resource recovery in rural and peri-urban areas[J]. Resources-Basel, 2017, 6(2):22.

[5] KATUKIZA A Y, RONTELTAP M, NIWAGABA C B, et al. A two-step crushed lava rock filter unit for grey water treatment at household level in an urban slum[J]. Journal of Environmental Management, 2014, 133:258-267.

[6] TEH X Y, POH P E, GOUWANDA D, et al. Decentralized light greywater treatment using aerobic digestion and hydrogen peroxide disinfection for non-potable reuse[J]. Journal of Cleaner Production, 2015, 99:305-311.

[7] WANG L, ZHENG Z, LUO X, et al. Performance and mechanisms of a microbial-earthworm ecofilter for removing organic matter and nitrogen from synthetic domestic wastewater [J]. Journal of Hazardous Materials, 2011, 195:245-253.

［8］ XING M, YANG J, WANG Y, et al. A comparative study of synchronous treatment of sewage and sludge by two vermifiltrations using an epigeic earthworm Eisenia fetida［J］. Journal of Hazardous Materials, 2010, 185: 881-888.

［9］ KRAUME M, SCHEUMANN R, BABAN A, et al. Performance of a compact submerged membrane sequencing batch reactor (SM-SBR) for greywater treatment［J］. Desalination, 2010, 250(3): 1011-1013.

［10］ PRONK W, DING A, MORGENROTH E, et al. Gravity-driven membrane filtration for water and wastewater treatment: A review［J］. Water Reaearch, 2019, 149: 553-565.

［11］ PETER-VARBANETS M, GUJER W, PRONK W. Intermittent operation of ultra-low pressure ultrafiltration for decentralized drinking water treatmen［J］. Water Research, 2012, 46(10): 3272-3282.

［12］ PETER-VARBANETS M, DREYER K, MCFADDEN N, et al. Evaluating novel gravity-driven membrane (GDM) water kiosks in school［C］. 40th WEDC International Conference, Loughborough, 2017.

［13］ PETER-VARBANETS M, HAMMES F, VITAL M, et al. Stabilization of flux during dead-end ultra-low pressure ultrafiltration［J］. Water Research, 2010, 44(12): 3607-3616.

［14］ TANG X, DING A, QU F, et al. Effect of operation parameters on the flux stabilization of gravity-driven membrane (GDM) filtration system for decentralized water supply［J］. Environmental Science and Pollution Research, 2016, 23(16): 16771-16780.

［15］ DING A, WANG J, LIN D, et al. A low pressure gravity-driven membrane filtration (GDM) system for rainwater recycling: Flux stabilization and removal performance［J］. Chemosphere, 2017, 172: 21-28.

［16］ WANG J, GUO H, YANG Z, et al. Gravity-driven catalytic nanofibrous membranes prepared using a green template［J］. Journal of Membrane Science, 2017, 525: 298-303.

［17］ 丁安. 重力流膜生物反应器处理灰水效能及膜通量稳定特性研究［D］. 哈尔滨:哈尔滨工业大学, 2015.

［18］ WU J, HUANG X. Effect of dosing polymeric ferric sulfate on fouling characteristics, mixed liquor properties and performance in a long-term running membrane bioreactor ［J］. Separation and Purification Technology, 2008, 63(1): 45-52.

［19］ ZHANG Z, WANG Y, LESLIE G L, et al. Effect of ferric and ferrous iron addition on phosphorus removal and fouling in submerged membrane bioreactors［J］. Water Research, 2015, 69: 210-222.

［20］ WANG Y, TNG K H, WU H, et al. Removal of phosphorus from wastewaters using ferrous salts: A pilot scale membrane bioreactor study［J］. Water Research, 2014, 57(12):140-150.

［21］ CHEN W W, LIU J R. The possibility and applicability of coagulation-MBR hybrid system in reclamation of dairy wastewater［J］. Desalination, 2012, 285: 226-331.

［22］MICHAEL I, PANAGI A, IOANNOU L A, et al. Utilizing solar energy for the purifica-tion of olive mill wastewater using a pilot-scale photocatalytic reactor after coagulation-flocculation［J］. Water Research, 2014, 60：28-40.

［23］王德美，王晓昌，唐嘉陵，等. 不同回流比和 SRT 对 A／O-MBR 脱氮除磷的影响［J］. 工业水处理, 2016, 36(1)：55-58.

［24］WU J, HUANG X. Effect of dosing polymeric ferric sulfate on fouling characteristics, mixed liquor properties and performance in a long-term running membrane bioreactor［J］. Separation and Purification Technology, 2008, 63(1)：45-52.

第3章 污水污泥同步高效处理的 MBR-蠕虫床组合工艺

MBR 工艺中活性污泥的质量浓度通常能够达到 10 000 mg/L 以上,比传统活性污泥法高许多。在高污泥浓度的条件下,污泥絮体不易聚集沉降,同时较高的黏度也使得膜污染加剧,增加了工艺运行维护成本。生物捕食技术是一种利用微型动物对活性污泥絮体及污泥细菌的摄食和消化实现污泥产量削减的污泥过程减量技术。在微生物的捕食作用下,污泥中部分有机组分被矿化,细菌的活性得到增强,污泥沉降性能得到改善。然而,生物捕食技术存在微型生物生存稳定性较差、大量氨氮等营养物质释放到水体等问题,制约了该技术的实际应用。通过将生物捕食技术与 MBR 工艺相结合,在实现污水与污泥同步处理的基础上,可有效地改善污泥性质,从而减少膜污染的发生频率。

本章从生物捕食技术的原理入手,介绍关于 MBR-蠕虫床组合工艺的相关研究,包括新型的污泥生物捕食反应器——蠕虫床的设计、蠕虫生长发育的最适环境因子和种群特征研究、MBR-蠕虫床组合工艺污水处理效能及功能菌群分析、蠕虫捕食对污泥性质的影响及 MBR-蠕虫床组合工艺污泥减量效能研究、MBR-蠕虫床耦合系统中 EPS 的膜污染行为研究以及 MBR-蠕虫床-化学除磷组合工艺污水处理效能研究。

3.1 生物捕食污泥减量技术概述

3.1.1 生物捕食污泥减量原理

1. 物质、能量在食物链传递过程中的损耗

早在 1942 年,美国生态学家林德曼对赛达伯格湖的能量流动进行了定量分析,并提出了著名的能量流动的"十分之一"理论:能量的流动是单向的,且在单向传递中仅有 10% ~20% 的传递效率,除了十分之一的能量会随着食物链传入下一营养级以外,其余的能量会在传递过程中被消耗。在污水生物处理系统中,水、无机盐、营养物质、空气等环境要素与其中的原生动物、后生动物、细菌、真菌等生物共同构成了活性污泥生态系统,其中的食物链如图 3.1 所示。在该生态系统中,食物链中的原生动物、后生动物、细菌、真菌等生物通过食物链互相联系、互相影响,共同对污水进行净化。更高营养级的生物量会随着食物链的延伸而逐渐减少。因此在该系统中,可以通过加强原有食物链中"捕食者"的捕食效能,或人为引入"捕食者",从而延长食物链,加强系统中的能量消耗与物质转化,最终达到污泥减量的目的。

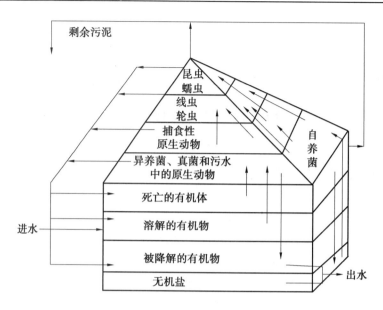

图 3.1　污水生物处理系统中的食物链

2. 微型动物对污泥的生物溶胞作用

在污水生物处理系统中,污泥减量主要是经过微型动物的溶胞作用而进行的。系统中的原生动物、后生动物等微型动物会吞噬细菌、真菌等生物以及悬浮性物质、污泥絮体与脱落的生物膜等物质,其消化系统所分泌的各种酶会使这些被吞噬的细胞破壁,释放出细胞内含物,微型生物消化吸收后排泄出少量的粪便;同时,微型动物的捕食作用会撕裂污泥絮体,使一些细菌细胞破裂而被其他细菌重复利用。正是微型动物的生物溶胞作用使得细菌细胞内有机物的释放加强,有机物被重复利用的过程中伴随着能量及物质损失,最终实现了污泥减量的目的。

3.1.2　污泥捕食生物类型

目前,国内外主要应用一些污水处理系统中常见的原生动物和微型后生动物进行污泥捕食。

1. 原生动物

原生动物由原生质体与细胞核构成,是最简单、最原始的真核单细胞生物,其中原生质体中有许多经过特化的细胞器,负责呼吸、运动、新陈代谢等基本生命活动。原生动物个体较小,通常长度仅为 $100 \sim 300~\mu m$,体内会有一个或多个细胞核,部分细胞核分化后形成具有各种功能的细胞器,其中包括用于调节渗透压的伸缩泡,用于营养细胞器的食物泡与胞咽,用于运动的鞭毛、纤毛、伪足等。

活性污泥系统中常见的原生动物有 230 余种,包括鞭毛类、肉足类、纤毛类等,其中纤毛类最多,占全部种类的 70% 以上。纤毛类因其周身或表面有纤毛而得名,可以根据其习性的不同将其分为固着型与游泳型两类。其中,固着型包括钟虫属、累枝虫属等,游泳型包括草履虫属、斜管虫属等。纤毛类原生动物运动速度很快,可达 $200 \sim 1~000~\mu m/s$,数

量密度可以达到 5×10^4 个/mL,干重约占污泥干重的 5%。

活性污泥系统中的原生动物虽然种类多,但其捕食的有机碎屑尺寸有限。原生动物通过其食物泡等细胞器及胞咽等作用对有机物进行捕食,但由于其自身及其细胞器的尺寸限制,只能够捕食 $0.4 \sim 2.4\ \mu m$ 范围内的有机物或细菌,无法捕食超出或小于这一范围的有机物。在活性污泥系统中,尺寸较小的细菌等微生物容易被原生动物捕食,但是尺寸较大的污泥絮体及菌胶团等则很难被原生动物有效捕食。同时,不同种类的细菌因其尺寸、运动速度、表面特性等差异,被原生动物有效捕食的概率也不同。此外,影响原生动物生长的因素较多,工艺中难以对其数量进行控制,导致原生动物捕食污泥的实际应用受到限制。

2. 微型后生动物

除去原生动物以外的所有多细胞动物统称为后生动物。在后生动物中,尺寸十分微小且需要显微镜才能够观察的种类称为微型后生动物。

根据微型后生动物的运动状态不同,可将活性污泥系统中的微型后生动物分为游离型和附着型两种。其中,附着型的微型后生动物个体较大,能够对菌胶团、污泥絮体等尺寸较大的有机物碎屑进行有效捕食,而游离型的微型后生动物个体较小,主要以捕食游离的细菌为生。在活性污泥系统中,常见的微型后生动物包括大型蚯蚓、寡毛虫、线虫、轮虫等。其中,线虫与轮虫因其个体较小,难以通过调整系统运行条件和参数来对其数量进行控制。寡毛虫在环境领域应用较多,被称为蠕虫,也分为附着型与游离型两种,其中游离型的包括仙女虫科、颤体虫科等,附着型的包括颤蚓科、带丝蚓科等,在污泥减量领域均有较多的应用。

游离型蠕虫是体型较大的微型后生动物,在活性污泥系统中能够有效捕食游离细菌与污泥碎片,但其对于环境变化的敏感程度较高,生命活动容易受到外界的影响,且容易在污水处理的过程中大量流失。附着型蠕虫如颤蚓、夹杂带丝蚓等是在活性污泥系统中尺寸最大的微型后生动物,其体内酶系统复杂,捕食范围更加广泛,除了游离的细菌以外,可以捕食污泥絮体、菌胶团、脱落的生物膜等,并且具有较大的食量,能够捕食相当于其自身体积 10 倍的食物。附着型蠕虫在活性污泥系统的食物链中具有较高的营养级,且对于环境的适应程度高,能够在相对较宽的 pH 与溶解氧浓度范围下存活,因此在污泥减量工艺中具有更好的应用前景。

3.1.3　典型的生物捕食污泥减量工艺

1. 蚯蚓生物滤池

蚯蚓生物滤池是将适合的蚯蚓种类引入生物滤池,蚯蚓主要以摄食生物膜污泥作为营养源,实现污泥减量化和稳定化。蚯蚓的上下运动还能起到疏松填料的作用,从而提高通气通水能力;蚯蚓的引入会对滤层中的微生物数量、组成及活性产生影响,最终使污染物进一步降解去除。杨健等向传统生物滤池中投加红蚯蚓,将其置于上层弹性纤维填料与下层陶粒滤料之间,可以实现 38.20% ~48.20% 的污泥减量率,并且几乎无须排泥,不仅实现了污泥减量的效果,而且克服了传统生物滤池容易堵塞的缺陷,提高了污水处理的效能。

2. 多级生化处理工艺

多级生化处理工艺是指在传统活性污泥法中,将完全混合式曝气池分成数格,并且在各个格中设置不同的溶解氧浓度、污水停留时间与有机物浓度等,使其适应于不同种类生物的生长,从而延长食物链,最终实现污泥的减量。唐建良等开发了强化脱氮除磷的HA-A/A-MCO 工艺,由水解酸化池、厌氧池、缺氧池、多级串联曝气池、二沉池、化学除磷池组成,将多级串联曝气池划分为三格,各自设有利于细菌、原生动物及后生动物生长生存的环境,待其运行稳定后,发现三格中的优势微型动物分别为游泳型纤毛虫、固着型纤毛虫、轮虫,污泥产率最终可以降到 0.112 g MLSS/g COD。

3. 氧化沟-寡毛类蠕虫反应器

由于传统活性污泥法所设置的运行条件是针对细菌生长繁殖设计的,其并不完全适用于原生动物与后生动物的生长繁殖,因此有学者提出需要对捕食反应器进行单独设计。Guo 等把氧化沟工艺和寡毛类蠕虫反应器相结合,氧化沟处理污水后产生的剩余污泥进入寡毛类蠕虫反应器中,由寡毛类蠕虫对其中的污泥进行捕食,试验证明,蠕虫单纯的捕食作用能够去除 46.4% 的污泥,而当用蠕虫处理氧化沟的回流污泥时,能够实现 99% 的污泥减量,处理后的剩余污泥回流到氧化沟时,对于污泥与污水的性质基本不产生影响。

3.1.4　发展趋势及存在的问题

1. 发展趋势

在利用微型动物进行污泥减量的应用初期,关于游离型微型动物的应用较多,游离型微型动物能够自发地在曝气池中生长发育繁殖,但其受环境影响较大,且容易在系统运行过程中大量流失,因此实际应用受限。同时,小型原生动物的应用也较少,这是因为其数量难以通过人工控制培养条件的方式进行有效控制。通过人工投加大型附着型后生动物蠕虫能够解决上述问题,蠕虫在整个生物处理系统中处于食物链的顶端,其所能够捕食的范围较广,容易通过人工调节来实现对其数量的控制,且廉价易得。通过投加大型后生动物附着型寡毛纲蠕虫的方式来实现污泥减量也成为目前的研究热点。

2. 存在的问题

目前相关研究存在着一定的问题,过去的研究内容主要围绕在工艺流程的强化、对污泥减量自身的因素分析等方面,而对于蠕虫的生长条件、蠕虫捕食过程中的物质释放等方面研究较少,关于蠕虫捕食作用对污泥成分和性质的影响也鲜有研究,因此难以找到与蠕虫捕食技术相匹配的污水处理系统。对此应当进一步加强上述内容的研究,实现对生物捕食技术的发展及应用。

3.2　污泥捕食过程中蠕虫的生长特性及对污泥性质的影响

想要充分发挥生物捕食污泥减量的作用,需要保证蠕虫在系统中的稳定生长与高效捕食。因此需要对蠕虫的生活习性进行研究,对温度、种群密度、曝气强度等可能的影响因素进行研究,寻找适宜其生长及捕食的条件,从而为蠕虫捕食污泥的下一步应用提供依据。

3.2.1　蠕虫生长及减量最适环境条件研究

1. 曝气强度

曝气是污水处理系统中氧气供给、维持溶解氧浓度的主要方式。曝气强度是影响蠕虫生长的重要因素,在曝气的过程中,会导致水流有较大的扰动,可能会对蠕虫造成惊吓或损伤,进而影响蠕虫的有效捕食行为及生长状况。微孔曝气是曝气方法中较为温和的一种,本研究中以微孔曝气为研究对象,考察了不同曝气强度下对于蠕虫的影响。

不同曝气强度下蠕虫的受损比例见表 3.1。可以看出,系统曝气强度与蠕虫的受损比例呈正相关关系;设置的曝气强度为 37.9 $m^3/(m^2 \cdot h)$,连续运行 3 d 之后蠕虫全部断裂死亡。对比在 2.8 $m^3/(m^2 \cdot h)$ 的曝气强度下分别采用连续曝气和间歇曝气的曝气方法时观察蠕虫的生长状况可知,采用间歇曝气更适宜蠕虫的生长。

表 3.1　不同曝气强度下蠕虫的受损比例　　　　　　　　　%

时间/d	对照	连续曝气	间歇曝气				
	0	2.8	2.8	4.7	9.5	18.9	37.9
1	0	0	0	8.3	16.7	31.7	35.0
2	0	3.3	0	13.3	26.7	43.3	56.7
3	0	3.3	0	15.0	36.7	58.3	—
20	—	5.6	1.7	—	—	—	—

在考察了不同曝气强度对蠕虫虫体的影响之后,又分别考察了各种曝气条件对蠕虫幼体、中间体和成熟体的作用,图 3.2 和图 3.3 分别为不同曝气强度及方式对蠕虫生长和污泥捕食速率的影响。由图所示,连续曝气下蠕虫出现负增长,而在间歇曝气的条件下蠕虫个体数量呈增长的趋势,但是最佳生存条件为没有曝气干扰的环境。通过对蠕虫捕食效能的研究发现,当施加强度为 2.8 $m^3/(m^2 \cdot h)$ 的间歇曝气时,蠕虫对污泥的捕食作用最强,这说明适当的曝气能够刺激蠕虫的运动,增大能量消耗,进而提高其对污泥的摄食量。

根据上述系列试验可以得出,微曝气环境适宜于蠕虫生长,但是对于蠕虫所能承受的溶解氧范围仍不明确。因此,进一步设置了对照试验进行研究,取 4 个 100 mL 密闭三角瓶,将其装满污泥混合物后投加蠕虫,分别通过曝气调节 4 个瓶内的溶解氧为 0 mg/L、0.2 mg/L、0.7 mg/L 和 2.0 mg/L,并对蠕虫的颜色变化与生理状况进行观察,结果见表 3.2。由试验结果可知,蠕虫在溶解氧质量浓度为 0 mg/L 时完全死亡,其颜色随着溶解氧质量浓度的升高而变得更加鲜红,有更好的活性。但是,在较低的溶解氧条件下,蠕虫需要更强烈的抖动以获得足够的溶解氧,从而能够刺激蠕虫的运动,增大能量消耗,进而提高其对污泥的摄食量。由此,微氧即可满足蠕虫的生存需求,而低氧、低曝气强度有利于蠕虫的生存及污泥的捕食。

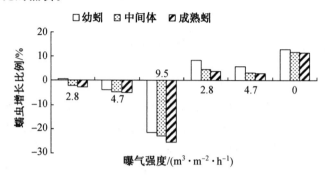

图 3.2　不同曝气强度及方式对蠕虫生长的影响（2.8、4.7 为间歇曝气，下同）

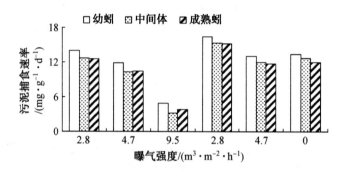

图 3.3　不同曝气强度及方式对蠕虫污泥捕食速率的影响

表 3.2　不同溶解氧浓度下的蠕虫表观活性

溶解氧质量浓度/(mg·L⁻¹)	0	0.2	0.7	2.0
蠕虫状态	死亡/完全自溶	生存/颜色灰白	生存/颜色红	生存/颜色鲜红

2. 温度及种群密度

温度是影响蠕虫捕食与生长的重要因素。试验设置 5 ℃、10 ℃、15 ℃、20 ℃、25 ℃、30 ℃、35 ℃、40 ℃的温度梯度，采用缓慢升/降温法研究温度对各阶段蠕虫生长及捕食的影响。结果发现蠕虫幼体在 15～25 ℃条件下增重明显，20～25 ℃为蠕虫中间体的最适发育温度，蠕虫成熟体在 25 ℃条件下会更多地产卵，而当温度高于 30 ℃时，蠕虫的质量损失严重；进一步对于温度对各个阶段蠕虫的捕食速度的影响进行研究，得到在 25 ℃的条件下，三个生长阶段的蠕虫均有较好的污泥摄食能力，污泥捕食速率远高于其他温度；25 ℃为蠕虫的最佳生长、捕食温度。

种群密度也会对蠕虫的捕食与生存产生影响，根据高斯竞争理论，当资源有限时，同一物种内部也会形成竞争，因此需要对蠕虫的最适密度进行研究。在空间与污泥浓度一定的基础上，设置 5 g/L、17 g/L、25 g/L、35 g/L、45 g/L 5 个蠕虫密度梯度，对其最适种群密度进行探究。结果发现在 35 d 的成长期中，初始蠕虫密度为 5 g/L、17 g/L 的条件下，种群内部基本没有竞争，在 25 g/L、35 g/L、45 g/L 的初始密度下，蠕虫内部出现竞争，质量和密度持续下降，且下降的幅度与初始密度呈正相关关系，17 g/L 的初始蠕虫密度种群竞争较小,适合蠕虫的生长繁殖;种群密度对处于不同生长阶段的蠕虫的影响具有一定差异,蠕虫幼体与中间体的最大耐受密度为 17 g/L,成熟体的最大耐受密度为 15 g/L;当蠕虫密度较低时,蠕虫捕食污泥的效率更高,当密度为 11～12 g/L 时达到最高;综合考虑蠕虫的最适密度应为 11～12 g/L。

3.2.2　蠕虫捕食过程对污水、污泥组分的影响

1. 蠕虫捕食过程中水相营养物质释放特性

在活性污泥法污水处理系统中,碳、氮、磷三种元素的比例对污水的净化效果具有较大的影响。在蠕虫捕食有机物和细菌细胞的过程中,上述三种元素也会被释放到污泥混合液中。同时,活性污泥自身也会对这些释放的元素进行部分的吸收、利用。如果整个过程中,因捕食作用而释放的元素量大于活性污泥自身的重吸收、利用的量,就可能导致处理水的水质恶化,对后续的处理造成影响,因此本节通过考察蠕虫捕食过程中污水中三种元素的变化来研究蠕虫捕食对水质的影响。

(1)有机碳释放特性。

蠕虫捕食污泥采用序批式操作,在系统运行的前 10 个捕食周期内,水相中有机碳的 TOC 质量浓度变化如图 3.4 所示。可以看出经过蠕虫捕食之后,水中的 TOC 质量浓度均明显增加,平均为捕食前的 2.11 倍。在 10 个周期的运行中,对照组的 TOC 质量浓度变化并不明显,但投加蠕虫的试验组的变化十分明显,当试验结束时,TOC 平均质量浓度为初始质量浓度的 1.66 倍。这证明了蠕虫的捕食作用会使污泥中的细菌细胞遭到破坏,其中的有机物质释放到污泥混合液中。经过计算得出,在食物充足的条件下,蠕虫捕食会造成 0.30 mg TOC/(d·g 蠕虫湿重)的有机碳释放。

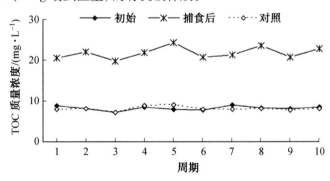

图 3.4　蠕虫捕食过程中水相中有机碳的 TOC 质量浓度变化

(2)氮素释放特性。

为了考察蠕虫捕食对氮的释放情况,分别对捕食前后水相中氨氮、硝态氮、亚硝态氮质量浓度进行了研究。图 3.5 为蠕虫捕食过程中水相氨氮的质量浓度变化,可以看出,投加蠕虫的试验组与未投加蠕虫的对照组相对初始时的氨氮浓度均有所增加,在 10 个运行周期结束后,试验组和对照组氨氮浓度分别为初始浓度的 1.61 倍和 1.53 倍,并计算得到蠕虫捕食会带来 8.09×10^{-5} mg 氨氮/(d·g 蠕虫湿重)的氨氮释放。黄霞等人的研究指出,寡毛纲生物在 700 mg/L 的氨氮浓度下仍具有较好的耐受性。本节试验证明,低氨氮

浓度并不会对蠕虫的生存产生影响,蠕虫捕食过程对水相中氨氮浓度的影响与对照差异不大。

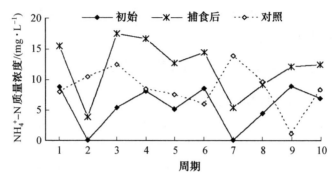

图3.5　蠕虫捕食过程中水相氨氮的质量浓度变化

　　图3.6 为蠕虫捕食过程中水相硝态氮的质量浓度变化。可以看出,投加蠕虫的试验组与未投加蠕虫的对照组相对初始时的硝态氮质量浓度均有很大程度的降低,在 10 个运行周期结束后,试验组和对照组中硝态氮质量浓度分别为初始质量浓度的 0.76 倍和 0.82 倍,试验组约为对照组的 1.02 倍,略有提高。由于系统中的溶解氧含量较低,且采用微曝气形式,曝气量少,因此污泥容易沉降,同时蠕虫的捕食作用还向混合液中释放了大量碳源。尽管在初始水相中几乎没有亚硝态氮,环境中部分细菌能够进行反硝化作用,导致试验组在周期结束后亚硝态氮质量浓度明显增加,如图 3.7 所示,平均增加了 1.22 mg/L,而对照组则没有明显变化。

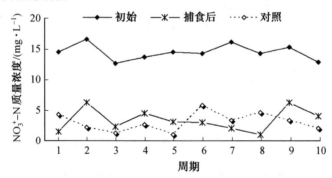

图3.6　蠕虫捕食过程中水相硝态氮的质量浓度变化

　　根据试验中水相的氨氮、硝态氮、亚硝态氮的质量浓度变化可知,经过蠕虫的捕食作用后,混合液中的硝态氮质量浓度降低,氨氮与亚硝态氮质量浓度升高。有机碳源浓度与溶解氧浓度是反硝化作用的两个重要条件,而反硝化作用很大程度地影响了水相中的氮素质量浓度。低溶解氧是适宜于蠕虫的条件,也为反硝化提供了条件,同时蠕虫捕食污泥释放出的大量含碳代谢产物也给反硝化过程提供了碳源。

　　(3)磷酸盐释放特性。

　　图3.8 为蠕虫捕食过程中水相磷酸盐的质量浓度变化,分析可知,试验组与对照组的磷酸盐质量浓度相比初始质量浓度均有所提高,在 10 个运行周期后磷酸盐的质量浓度分

别为初始质量浓度的 1.58 与 1.25 倍。由对照组可知,当没有外源营养投加时,污泥中细菌细胞会在内源呼吸的作用下进行内部好氧消化分解,并以代谢产物的方式释放出一些正磷酸盐。而在试验组中,由于蠕虫的捕食作用使得部分细菌细胞破裂,导致更多磷酸盐和含磷细胞物质的释放。通过计算可得,蠕虫的捕食作用会导致 0.15 mg 磷酸盐/(d·g 蠕虫湿重)的磷酸盐释放。

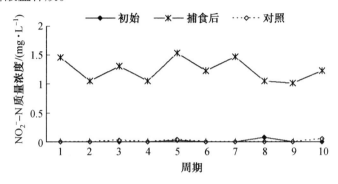

图 3.7　蠕虫捕食过程中水相亚硝态氮的质量浓度变化

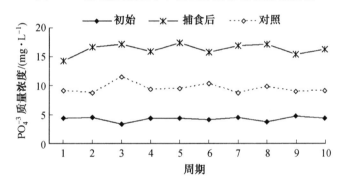

图 3.8　蠕虫捕食过程中水相磷酸盐的质量浓度变化

2. 蠕虫捕食污泥过程中蠕虫和污泥组分特征

(1)蠕虫捕食污泥过程中蠕虫机体特征。

在蠕虫捕食污泥过程中的不同时段,取蠕虫虫体样本对其机体特征进行分析,结果如图 3.9 所示。发现蠕虫在经过 80 d 的污泥捕食过程后,体内的灰分质量分数由 4.2% 增加到 5.9%;脂肪质量分数随着时间的推移逐渐升高,在第 80 天时已经达到了总干重的 9.5%;同时蛋白质的质量分数逐渐降低。这说明一方面蠕虫的捕食作用会对污泥混合液中的无机成分产生一定的积累,另一方面蠕虫的同化作用大于异化作用,部分蛋白质转化为脂肪储存在蠕虫体内并累积下来。

表 3.3 为捕食污泥过程中蠕虫主要元素组成变化。发现蠕虫体内的各种元素在 80 d 的运行期间均会发生一定的变化,这说明蠕虫自身会根据环境的变化以及生长阶段的推移而进行成分的调整。在整个运行过程中,机体的碳元素和氮元素质量比(C/N)相对初始时升高了 24%。按照 Ikeda 的理论,动物体内的糖分比例是固定的,脂肪的 C/N 值高于蛋白质,因此可以根据 C/N 值来反映动物体内蛋白质与脂肪的相对含量。由于蠕虫的

C/N 有所增加,这说明整个过程中蠕虫体内脂肪与蛋白质的比值有所增加,进一步验证了上述组分分析的结果。

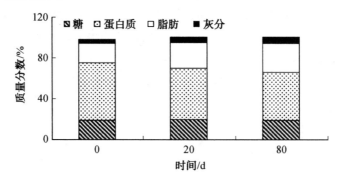

图 3.9　捕食污泥过程中蠕虫主要机体组分变化

表 3.3　捕食污泥过程中蠕虫主要元素组成变化

时间/d	N/%	C/%	H/%	S/%	C/N
0	10.30	52.26	7.71	0.72	5.07
20	9.01	52.32	7.61	0.66	5.92
80	8.72	54.81	7.51	0.64	6.29

(2)蠕虫虫体组分红外基团特征。

在本试验中,设置底物来源为市政污泥。利用红外光谱分析对蠕虫虫体组分红外区有机物特征基团的变化进行表征,结果如图 3.10 所示。根据特征基团分析可知,蠕虫样本组分中主要的振动位置为 2 920 cm^{-1}(—CH$_3$)、2 850 cm^{-1}(—CH$_3$ 或—CH$_2$)、1 640 cm^{-1}和 1 530 cm^{-1}(蛋白质二级结构)、1 390 cm^{-1}(C—H 弯曲振动)、1 150 cm^{-1}(OH—)和 1 027 cm^{-1}(C—O 伸缩振动)。由此可知,蠕虫虫体样品中几乎没有芳香环或者苯骨架,说明蠕虫对市政污泥中难降解有机物的积累作用并不明显,而蠕虫虫体中所含有的蛋白质二级结构、—CH$_3$、C—O 伸缩振动等特征基团表明脂肪、糖类与蛋白质为蠕虫虫体的主要成分。

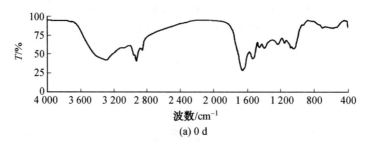

(a) 0 d

图 3.10　蠕虫有机物特征基团分析

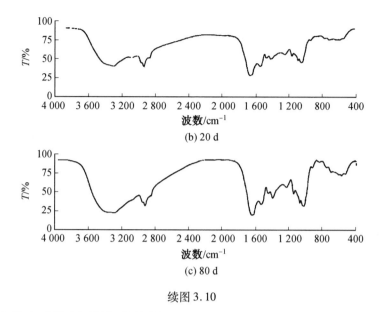

(b) 20 d

(c) 80 d

续图 3.10

（3）蠕虫捕食过程中污泥组分特征。

在蠕虫捕食污泥过程中的不同时段,取活性污泥样本,对其中 C、N、H、S 元素的组成进行分析,结果见表 3.4。在 72 h 内,污泥中 C、N 的质量分数逐渐减少,H、S 的质量分数略有增加,说明蠕虫对营养元素的需求是不均衡的,蠕虫的捕食作用会利用污泥中的 C、N 元素,而对 H、S 元素的吸收较少,从而使 H、S 元素的含量增加。S 元素在混合液中主要存在于蛋白质与硫酸盐中,因此 S 的增加可能是由于蠕虫捕食过程会消化部分蛋白质,而排出了部分未被利用的 S 元素,这些 S 元素随后又被细菌重新捕捉进入活性污泥中。Landry 认为 C/N 值较低的食物更受低等动物的青睐。但是经过计算可知,初始污泥的 C/N 值与经过蠕虫捕食后的污泥 C/N 值完全一致,均为 5.14,这说明蠕虫对于含 C、N 元素的营养物质的捕食并没有明确的选择性。

表 3.4　蠕虫捕食过程中污泥的主要元素变化

时间/h	N/%	C/%	H/%	S/%	C/N
0	7.43	38.21	6.02	0.77	5.14
24	7.32	37.62	6.01	0.79	5.14
48	7.23	37.23	6.16	0.79	5.15
72	7.10	36.52	6.28	0.90	5.14

3.3.3　蠕虫生物捕食对污泥性质的影响

蠕虫对于污泥的捕食作用既能够实现污泥减量,又能够对污泥的物化性质造成一定的影响,因此本小节描述了蠕虫捕食过程中污泥性质的变化,从而为蠕虫捕食后续的浓缩、脱水等污泥处理过程提供技术支持。

1. 污泥沉降性

蠕虫捕食污泥采用序批式操作,试验设置污泥停留时间(SRT)为 3 d,以污泥体积指数(SVI)作为衡量污泥沉降性的指标,并对试验组与对照组中污泥的 SVI 值进行测定,绘制出 10 个周期内各个周期中 0 d、1 d、2 d、3 d 的变化趋势图,如图 3.11 所示。可以看出,在各个周期内,试验组的 SVI 值随着捕食时间的延长而降低,由初始的80.44 mL/g下降到 3 d 时的 23.4%;对照组则相反,随着停留时间的延长而逐渐升高,在 3 d 时相对初始值平均升高22%。SVI 值的变化说明污泥的沉降性能发生了改变,经过蠕虫捕食后,污泥的沉降性能得到了明显改善。这是由于蠕虫对于污泥的捕食会释放一些细菌代谢产物,从而为系统提供了更多的碳源,可以维持污泥的活性。同时蠕虫自身的运动也在一定程度上提高了氧气的传质速率。另外,后续研究证明污泥胞外聚合物(EPS)与污泥表面电荷的变化也会影响污泥的沉降性能。对照组 SVI 值有所升高是由于对照组中既没有碳源的补充,溶解氧情况也没有得到类似改善,所以导致了污泥活性的下降,进而引起污泥沉降性能变差。

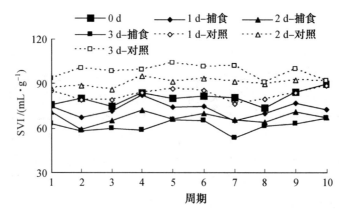

图 3.11　蠕虫捕食过程中污泥的容积指数变化

2. 污泥过滤性能

应用比阻(SRF)和毛细吸水时间(CST)对污泥的过滤性能进行表征。如图 3.12 所示,CST 在 10 个周期内的变化并不明显,试验组与对照组均小幅波动,但变化很小,可以忽略。

图 3.13 为蠕虫捕食过程中污泥的比阻变化,可以看出与 CST 不同的是,污泥的 SRF 有了很大的变化。试验组污泥 SRF 值由初始时的最低值到 1 d 时便达到最高值,随后又逐渐降低,且 3 d 的 SRF 值明显高于 0 d。试验组污泥 SRF 值由初始的 $2.5 \times 10^8 s^2/g$ 到周期结束时已经达到 $3.7 \times 10^8 s^2/g$,整体提高了47.8%。污泥比阻是指单位质量的污泥在一定压力下进行过滤时,单位过滤面积上的阻力大小。污泥比阻反映了污泥的过滤性能,污泥比阻越高,污泥的过滤性越差。蠕虫捕食作用会提高污泥过滤比阻,使得污泥过滤性变差,这是由于蠕虫的捕食作用会使得一部分小分子物质与黏性物质从污泥细胞中释放到混合液中,同时在缺乏外加碳源的情况下污泥细胞的内源呼吸也会释放出部分内溶物,因此污泥比阻快速升高。随后在 1 ~ 3 d 之间,污泥比阻值逐渐降低,说明这些物质正被

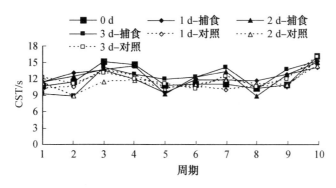

图 3.12　蠕虫捕食过程中污泥的毛细吸水时间变化

逐渐降解。虽然经过蠕虫捕食后的污泥比阻为 $3.7 \times 10^8 \text{s}^2/\text{g}$（SRF<$4 \times 10^8 \text{s}^2/\text{g}$ 属于容易过滤的污泥），高于污泥初始值,但污泥仍具备较好的过滤性。

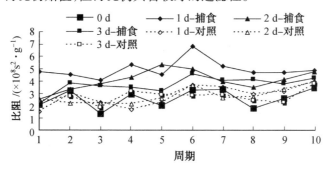

图 3.13　蠕虫捕食过程中污泥的比阻变化

3. 污泥粒径

蠕虫的捕食必然会引起污泥粒径的变化,对捕食试验过程中 0 d、1 d、2 d、3 d 的污泥粒径进行检测,结果如图 3.14 所示,可以看出,污泥粒径随着捕食时间的延长而向小粒径转化,大粒径物质减少,小粒径物质增多。

蠕虫捕食污泥试验组中,0 d 时,污泥平均粒径为（197.67±3.87）μm,随着时间的推移,污泥平均粒径逐渐减小,在 1 d 时减小至（174.23±13.73）μm,3 d 时减小至（155.82±5.02）μm。对照组虽然平均粒径也有所减小,但减小比例明显低于试验组,由 1 d 的（177.81±15.83）μm 减小到 3 d 的（174.23±13.73）μm,仅减小了 10.1%。经过分析认为污泥粒径的减小是大颗粒物质的解体而导致的,在对照组中活性污泥的好氧消化过程也会使部分污泥解体,而试验组除了污泥自身的解体外,蠕虫的捕食作用也会对污泥进行撕裂,同时产生一些污泥降解后的小分子物质,从而导致污泥平均粒径减小。随着污泥平均粒径的减小与小分子物质的增多,污泥的过滤性能也随之降低,这与前文所述的污泥比阻的研究结果相一致。

4. 污泥 Zeta 电位和黏度

通常用 Zeta 电位来表征胶体分散的稳定性。图 3.15 为蠕虫捕食过程中污泥 Zeta 电位的变化,试验组与对照组中污泥的 Zeta 电位由初始时的 -22.3 mV 分别在 3 d 降为

-18.8 mV和-21.6 mV,分别下降了15.6%与3.1%,这说明蠕虫的捕食作用会使污泥的表面负电荷显著降低,使得污泥颗粒之间相互絮凝的阻力降低,污泥更容易凝聚。

(a) 蠕虫捕食污泥

(b) 对照污泥

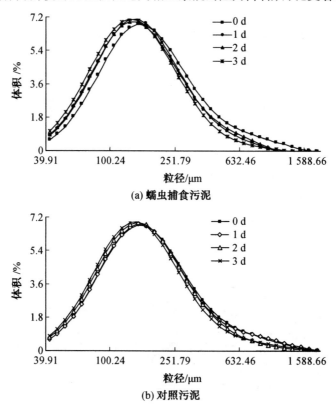

图 3.14　蠕虫捕食污泥和对照污泥的粒径变化

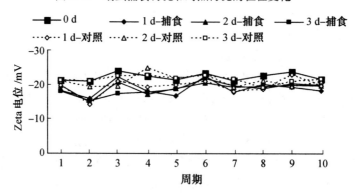

图 3.15　蠕虫捕食过程中污泥 Zeta 电位的变化

图 3.16 为蠕虫捕食过程中污泥的黏度变化。污泥黏度也是用于表征污泥脱水性能的重要指标。经过蠕虫捕食作用后,污泥的黏度略有降低,由初始的 1.52 mPa · s 下降为 3 d 时的 1.41 mPa · s,降低了 7.2%,而对照组污泥黏度在 3 d 时为 1.45 mPa · s。理论上讲,蠕虫的捕食作用会使污泥中黏性较高的多糖、核酸等物质被释放,并进入污泥中导致污泥的黏性上升,但是试验结果却与之相反,这说明污泥系统与蠕虫之间存在一定的协

同作用,从而使得污泥的黏度有所下降,这对于污泥的脱水性能有积极意义,有助于后续的污泥处理。

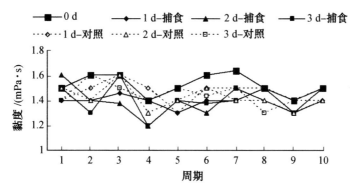

图 3.16 蠕虫捕食过程中污泥的黏度变化

3.3 MBR-蠕虫床组合工艺设计

1. 附着型蠕虫生物床

附着型蠕虫在活性污泥系统的食物链中具有较高的营养级,且对于环境的适应程度高,能够在相对较宽的 pH 与溶解氧浓度范围下存活,因此在污泥减量工艺中具有很好的应用前景。本研究中所采用的附着型微型生物为寡毛类蠕虫,针对该种类蠕虫的生活习性专门设计了适用于其生长的附着型蠕虫生物床,如图 3.17 所示。生物床中有专门为蠕虫附着生长而设置的多孔性填料板,多个填料板以不同的角度排布,从而能够截留更多的污泥,为蠕虫提供充沛的食物。在生物床的底部设置连续微孔曝气系统与间歇强曝气系统组合的双曝气系统,为蠕虫的正常生长发育提供充足的溶解氧。该附着型蠕虫生物床有效容积为 39 L,以序批式的方式运行。

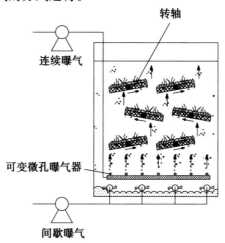

图 3.17 附着型蠕虫生物床示意图

（1）双曝气系统。

附着型蠕虫对于周围环境扰动的敏感度较高,曝气强度过高所导致的溶解氧过高和水流扰动都会对其捕食作用造成影响。此时,蠕虫会缩到填料中而不进食,进而影响污泥的捕食减量效果。但如果长时间不进行曝气,则会导致大量污泥在生物床底部聚集,可能会堵塞曝气孔。因此,设计了连续微孔曝气系统与间歇曝气系统组合的双曝气系统,为蠕虫的正常生长发育提供充足的溶解氧,同时保证了污泥混合的均匀性。在生物床中分设上下两层曝气系统,上层为微孔曝气,下层为间歇曝气。其中,上层通过连续曝气对污泥混合液进行供氧,使得混合液的溶解氧质量浓度稳定在 1 mg/L 左右,对于蠕虫的生长与捕食均较为有利;下层采用向下排布的曝气孔,每隔 2 h 强曝气 3 min,在供氧的同时使污泥混合液重新混合均匀。

（2）多孔性填料板。

在附着型蠕虫生物床中采用多层多孔填料板设计,用于蠕虫的附着生长,当投加污泥时,污泥会在填料板上停留,并被蠕虫捕食,从而实现污泥减量的效果。各个填料板按照不同的角度交错分布,能够更高效地利用空间。在各填料板之间留出一定的间距,能够实现氧气在各填料板之间穿梭,增大了氧气与污泥之间的接触面积,同时降低了能耗,提高了氧气利用率。此外,在填料板的底部设置了转轴,当填料板上的污泥积累过多时,可以利用转轴使填料板转动,从而让填料板上过量的污泥脱落,有助于蠕虫的捕食作用,更好地实现污泥减量。

（3）序批式运行方式。

本研究中的蠕虫生物床采用序批式的运行方式,由进泥阶段、运行阶段、排泥阶段三个阶段组成。首先,在进泥阶段向附着型蠕虫生物床中投加活性污泥,随后开启强曝气系统,利用曝气带来的冲击使得反应器中的污泥混合均匀,由于蠕虫对于外界干扰较为敏感,因此会感受到水流扰动而躲入填料板的孔内,捕食作用停止。随后关闭强曝气系统,反应器逐渐稳定,蠕虫进行捕食。进泥阶段分为多个操作周期,每个操作周期均分为强曝气阶段与蠕虫捕食阶段。在蠕虫捕食阶段,关闭强曝气的同时,利用微曝气系统,采用 $0.01 \sim 0.05 \ m^3/h$ 曝气量的低强度曝气。此时水流扰动小,蠕虫的捕食作用不会受到干扰,蠕虫会利用尾部探出填料层进行呼吸,头部则伸入填料板上部的污泥层进行捕食。经过一段时间后,会在反应器的底部出现污泥沉积,此时关闭微孔曝气,开启强曝气系统,进行 5 min 的强曝气,蠕虫缩回填料板中,同时污泥得到充分混合。蠕虫在填料板中躲避时,能够有效避免强曝气带来的蠕虫死亡、损伤,使得污泥减量效率较为稳定。在运行结束后,进入排泥期,期间利用强曝气使污泥混合均匀后再将污泥排出反应器并回流进入MBR。

2. MBR

本研究所采用的 MBR 参数如下:有效容积为 44 L,膜组件材料为疏水性聚偏氟乙烯中空纤维,膜组件有效过滤面积为 1 m²,膜孔径为 0.2 μm,采取浸没式设计,曝气系统设于反应器底部。经过前期的试验研究所得出的 MBR 最佳反应条件:SRT 为 30 d,水力停留时间（HRT）为 70.6 h,操作通量为 8 L/(m²·h),利用蠕动泵进行抽吸,抽停时间比为 8 min∶2 min。根据 TMP 的变化表征膜污染程度,当 TMP 大于 30 kPa 时,进行膜组件的清洗。清洗方式:首先采用物理清洗,去除表面的污泥层,随后用质量分数为 0.05% 的次氯酸钠溶液浸泡膜组件 2 h 进行化学清洗,最后用自来水冲洗化学物质残留。清洗后的膜组件进入下一个周期的运行。

3. MBR-蠕虫床组合工艺运行设计

进一步将 MBR 工艺同附着型蠕虫生物床进行组合,形成 MBR-蠕虫床组合工艺,其运行流程如图 3.18 所示。其中,S-MBR 有效容积为 44 L,S-蠕虫床有效容积为 39 L,沉降池有效容积为 15 L。在蠕虫床与 MBR 之间设置沉淀池,目的是避免 MBR 与蠕虫床之间污泥性质差异所带来的影响。每天有 4.5 L 污泥混合液由 MBR 进入蠕虫床,经过蠕虫捕食作用后,有 13.5 L 污泥混合液进入沉淀池,其中 9 L 上清液回流至蠕虫床,4.5 L 污泥回流至 MBR。

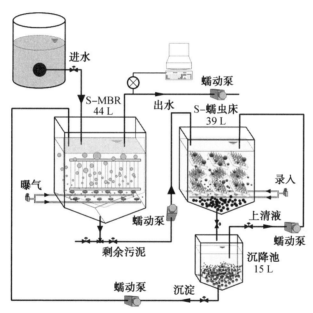

图 3.18   MBR-蠕虫床组合工艺运行流程

3.4   MBR-蠕虫床组合工艺污水处理效能及功能菌群分析

3.4.1   COD 处理效果及功能菌群分析

试验中设试验组与对照组,其中试验组采用 MBR-附着型蠕虫生物床,对照组采用 MBR-空白生物床,生物床对应编号分别为 S-蠕虫床与 B-蠕虫床,对应 MBR 分别为 S-MBR 与 C-MBR。通过对试验组和对照组在驯化期与稳定期的污水处理表现进行比较,探究 MBR-蠕虫床组合工艺去除水中污染物的实际效果。此外,以 DGGE 图谱来分析反应器中微生物菌群的结构变化;用 Shannon 指数表征微生物菌群的稳定性与多样性;通过对 DGGE 图谱主要条带的测序与进化树分析对菌群的种类进行划分;用菌群丰度的变化对反应器内菌群变化规律进行定量分析。

1. MBR-蠕虫床组合工艺 COD 处理效果分析

图 3.19 为 C-MBR 和 S-MBR 的 COD 去除效果。由图可知,在反应初期即驯化期内,系统的出水 COD 波动较大,COD 的去除效果并不稳定,而到达稳定期后,系统的 COD 去除率逐渐稳定。试验组在 0 ~ 50 d 为污泥驯化期,期间 COD 去除率为 86.1% ± 3.2% ,而对照组的驯化期为 0 ~ 20 d,去除率为 87.0% ± 2.8% 。试验组驯化期较长的原因在于蠕虫对于污泥的捕食作用会使污泥内的部分有机物释放至液相中,污泥回流后使得 MBR 的 COD 负荷升高;同时蠕虫床也会起到生物选择器的作用,降低污泥细菌的整体增殖速率,因此试验组驯化期有所延长。随后 MBR-蠕虫床组合工艺组进入稳定期,COD 去除效率趋于稳定,为 93.9% ± 1.0% ,比对照组高 1.7% ,说明虽然试验组经历了更长的驯化期,但其稳定期内的 COD 去除效果更好。

为了探究在 S-蠕虫床中 COD 释放的原因,分别取 S-蠕虫床和 B-蠕虫床的进泥和排泥上清液,进行 COD 质量浓度检测,结果见表 3.5,当系统达到稳定时,S-蠕虫床排泥上清液中 COD 负荷增加 0.8% ,在 S-MBR 的进水中也就相应地有 0.8% 的 COD 负荷增加。

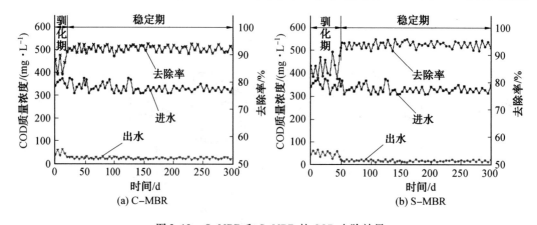

图 3.19　C-MBR 和 S-MBR 的 COD 去除效果

表 3.5　S-蠕虫床和 B-蠕虫床进泥、排泥上清液的 COD 分析

反应器	COD 质量浓度/(mg·L⁻¹)		COD 负荷增加/%
	进泥上清液	排泥上清液	
S-蠕虫床	29.8 ± 3.6	120.8 ± 3.2	0.8
B-蠕虫床	31.3 ± 2.9	60.9 ± 4.3	0.4

对试验组与对照组在稳定期内 COD 去除效果进行进一步研究,结果见表 3.6。S-MBR 中 COD 去除率为 94.3% ,比对照组提高了 2.0% ,COD 负荷增加量较对照组提高了 0.8% 。由此证明,S-MBR 相比 C-MBR 有更强的 COD 去除能力。

表3.6 C-MBR 和 S-MBR 的 COD 去除效果

反应器	进水 COD/(mg·L^{-1})	出水 COD/(mg·L^{-1})	COD 负荷增加量/%	COD 去除率/%
C-MBR	334.4 ± 14.6	26.0 ± 3.7	—	92.3
S-MBR	332.4 ± 13.4	20.2 ± 3.4	0.8	94.3

2. COD 降解功能菌群分析

为考察 MBR-蠕虫床组合工艺在运行过程中微生物菌群的变化,分别对处于驯化期与稳定期的 S-MBR 和 C-MBR 的污泥混合液进行采样,研究其微生物菌群结构的变化,结果如图 3.20 所示。根据 DGGE 图谱的条带分布特征可知,S-MBR 和 C-MBR 在运行初期的微生物菌群结构十分相近,当系统运行 20 d 时,S-MBR 中的微生物菌群结构已发生较大的变化,其中初期存在的部分菌群已经消失,但仍有部分菌群是 S-MBR 和 C-MBR 所共有的,可以初步推测此部分为优势菌群。随后对 50 d、100 d、150 d 和 200 d 的污泥微生物菌群进行进一步分析,结果如图 3.21 所示。可以发现,在 C-MBR 的 DGGE 图谱中,条带 5、6 和 17 代表的微生物菌群数量逐渐增加,条带 8、11、12、28 代表的微生物菌群数量逐渐减少,而条带 2、4、7、9、10、13、15、19 和 22 所代表的微生物菌群数量稳定存在于整个运行过程中,可推断这些条带所代表的菌群属于 C-MBR 内的优势菌群。

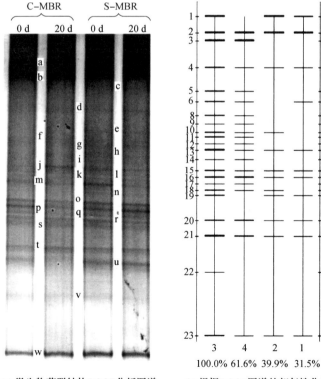

(a) 微生物菌群结构DGGE分析图谱

(b) 根据DGGE图谱的相似性分析
(序号7丰度过低未显示)

图 3.20 驯化期 C-MBR 和 S-MBR 的微生物菌群结构

在 S-MBR 的图谱分析中,条带 1 和 2 所代表的微生物菌群数量减少,条带 14、17 和 21 所代表的微生物菌群数量逐渐增加,条带 18、20、22、24、25、26、27 和 31 所代表的微生物菌群数量稳定存在于整个运行过程中,可推断这些条带所代表的菌群属于 S-MBR 内的优势菌群。对两组 MBR 的 DGGE 图谱进行对比可知,二者在稳定期后期的菌群类型与优势菌群均有较大差异,需要在进一步试验中对这些主要的条带进行测序分析,以确定这些条带所对应的微生物菌群,从而深入研究功能菌群与反应器去除效能之间的关系。

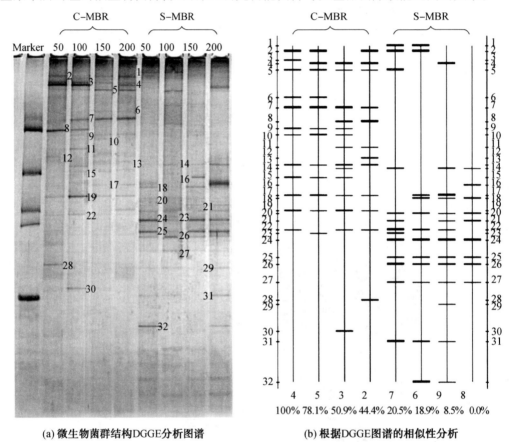

(a) 微生物菌群结构DGGE分析图谱　　　　　(b) 根据DGGE图谱的相似性分析

图 3.21　稳定期 C-MBR 和 S-MBR 的微生物菌群结构

根据图 3.21 中 DGGE 图谱的 32 个条带进行测序分析,得到 16S rDNA 序列比对结果,见表 3.7。所有测试结果与相对应菌群的相似性在 97% 以上,可信度较高。结果显示,在 C-MBR 稳定期条带 8、11、12 和 28 所代表的微生物菌群逐渐消失,而条带 5、6 和 17 所代表的微生物菌群逐渐增加;同时,条带 2、13、19、4、10、7、9、15 和 22 所代表的微生物稳定存在。由此推断在 C-MBR 中逐渐增加及稳定存在的菌群类型为优势菌群,共同完成了污水处理中的重要任务。

在 S-MBR 的稳定期,条带 14、17 和 21 所代表的微生物菌群有所增加,条带 18、20、22、24、25、26、27 和 31 所代表的微生物菌群稳定存在,上述菌群被认为是优势菌群,在污水处理中发挥重要作用。其中,条带 1 和 2 所代表的微生物菌群在稳定期逐渐减少,说明其并不适应反应器中的生存环境。

表3.7 16S rDNA 序列比对结果(根据图3.21 DGGE 图谱中主要条带进行测序分析)

条带	最相近菌属	Genbank 编号	相似性 /%	菌群分类
1	Myxococcales bacterium	HQ702893.1	98	Myxococcales
2	Uncultured bacterium	AB479798.1	98	Bacterium
3	γ-proteobacteria bacterium	AB470441.1	99	γ-proteobacteria
4	Uncultured α-proteobacteria bacterium	AM940604.1	100	α-proteobacteria
5	Uncultured Nitrospira sp.	GQ325290.1	100	Nitrospira
6	Oribacterium sp.	HQ616397.1	100	Lachnospira
7	Uncultured Thiothrix sp.	KT182602.1	100	Thiothrix
8	Uncultured β-proteobacteria bacterium	JQ793037.1	99	β-proteobacteria
9	Uncultured Nitrospira sp.	GQ325280.1	100	Nitrospira
10	α-proteobacteria bacterium	AF236002.1	100	α-proteobacteria
11	Uncultured bacterium	GQ325277.1	100	Bacterium
12	Roseomonas riquiloci strain	NR109149.1	100	Roseomonas
13	Uncultured bacterium clone	JF167610.1	97	Bacterium
14	Uncultured Saprospiraceae bacterium	GQ325288.1	100	Saprospiraceae
15	Uncultured Thermomonas sp.	KT182582.1	99	Xanthomonas
16	Uncultured bacterium clone	KF875688.1	99	Bacterium
17	Uncultured Actinomyces sp.	JQ285876.1	100	Actinomyces
18	Nakamurella multipartita strain	NR074442.1	100	Frankia
19	Uncultured bacterium	AB479546.2	100	Bacterium
20	Klebsiella sp.	KP658207.1	100	Klebsiella
21	Rhodobacter sp.	KP232923.1	99	Rhodobacter
22	Uncultured Ethanoligenens sp.	KJ842115.1	100	Clostridium
23	Clostridium sp.	KC508490.1	100	Clostridium
24	Uncultured Comamonas sp.	GQ325293.1	100	Comamonas
25	Uncultured Pseudomonas sp.	KF817582.1	98	Pseudomonas
26	Dechloromonas sp.	AB769215.1	99	Dechloromonas
27	Uncultured α-proteobacteria bacterium	KP717465.1	100	α-proteobacteria
28	Uncultured α-proteobacteria bacterium	AJ867903.1	100	α-proteobacteria
29	Uncultured bacterium	AM418676.1	99	Bacterium

续表 3.7

条带	最相近菌属	Genbank 编号	相似性 /%	菌群分类
30	Uncultured α-proteobacteria bacterium	HG379947.1	100	α-proteobacteria
31	Uncultured *Arenimonas* sp.	JQ723628.1	98	Flavobacterium
32	Uncultured *Clostridium* sp.	KF530892.1	100	Clostridium

在 S-MBR 中,减少或消失的菌群为 Bacterium、Lachnospira 和 Thiothrix(条带 2、13、6 和 7 所代表的微生物菌群),逐渐富集的菌群为 Saprospiraceae、Actinomyces、Frankia、Klebsiella、Rhodobacter、Clostridium、Comamonas、Pseudomonas、Dechloromonas、α-proteobacteria 和 Flavobacterium(条带 14、17、18、20、21、23、24、25、26、27 和 31 所代表的微生物菌群)。由此可以推断,系统中菌群的变化会影响其对于污水的处理效果。

图 3.22 为 C-MBR 和 S-MBR 在稳定期的微生物菌群进化树状图,由图可知二者菌群在门水平上的分类一致,可分为 Proteobacteria、Nitrospira、Firmicutes 和 Actinobacteria,但二者在详细的发育分析中有明显的差异。此前对于 COD 去除的试验结果表明,S-MBR 对于 COD 的去除效果相比 C-MBR 更好,而 COD 的去除主要是由微生物菌群所完成的,因此可以推断,S-MBR 中的优势菌群的 COD 去除能力比 C-MBR 更强。

对 S-MBR 的菌群进行分析可知,S-MBR 的优势菌群主要为慢生菌,其中 Clostridium 和 Actinomyces 可在厌氧条件下降解复杂有机物。S-MBR 中的污泥浓度较高,在部分区域可能会形成无氧区,无氧条件适宜 Clostridium 和 Actinomyces 去除 COD。此外,对于一些人工或自然合成的复杂有机物,Pseudomonas 也有一定的降解效果,从而降低污泥混合液中复杂有机物的浓度。Frankia 可在贫瘠环境条件下生长,分析认为 S-蠕虫床的作用及系统交替运行的条件是其能够大量富集的主要原因。Comamonas 能够在较低的溶解氧条件下稳定存在,并可以去除 COD,系统在较低 DO 条件下对有机物的去除作用可能与 Comamonas 的存在有关。Flavobacterium 的存在会促进活性污泥絮体的形成,提高污泥的沉降性。综上,在 S-MBR 中能够稳定存在的慢生菌为优势菌群,有助于系统在较为复杂的环境条件下去除污水中的污染物。

在 DGGE 图谱(图 3.21)和表 3.7 的基础上,进一步利用 Quantity One 软件对 C-MBR 和 S-MBR 在稳定期的微生物菌群丰度情况进行研究,结果如图 3.23 所示。Quantity One 软件对微生物菌群的分布、变化及同种菌群在不同环境与条件下的丰富性变化进行了更加详细的分析。分析结果显示,S-MBR 中的慢生菌数目更多,比 C-MBR 多 55.5%,推测是组合工艺中交替运行所创造的特殊环境与蠕虫的捕食作用共同导致了慢生菌的富集。

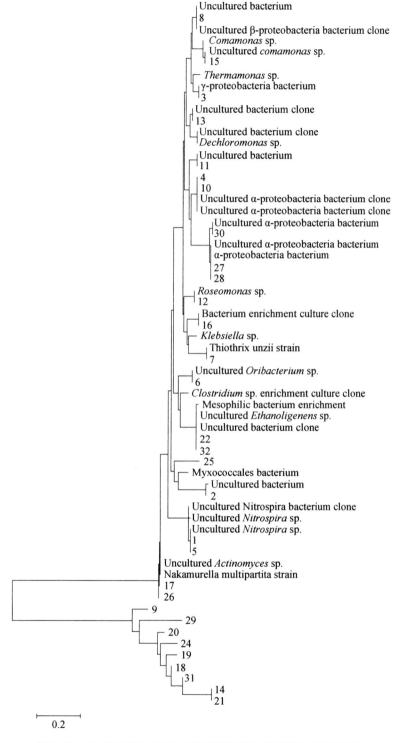

图 3.22　C–MBR 和 S–MBR 在稳定期的微生物菌群进化树状图

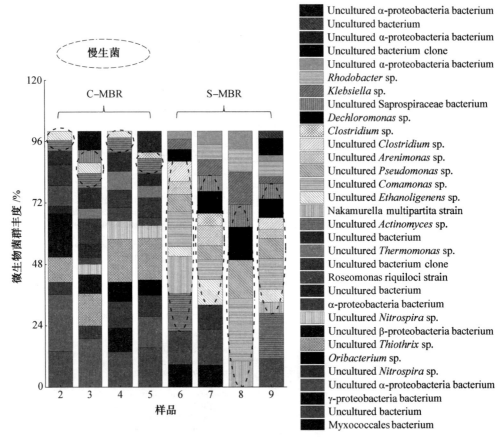

图 3.23　稳定期 C-MBR 和 S-MBR 的微生物菌群丰度

　　在组合工艺中,不同的运行条件交替出现,形成了不同的菌群生存环境,而慢生菌对这种环境的自适应使得其得以富集。系统中的 Klebsiella 作为一种兼性厌氧微生物,能够在较为宽泛的 DO 条件下把蔗糖等碳水化合物转化为气态或可溶态产物,这种转化作用在 S-MBR 中比 C-MBR 中高 6.5%。兼性厌氧菌 Klebsiella 的存在与富集使得系统的 COD 去除作用能够在一个更加宽泛的条件下进行。系统中慢生菌的生长与富集有助于系统微生物多样性的提高,使系统能够适应更宽泛的运行条件,具备更广泛的应用功能与潜力,进而实现对污水的有效净化。

3.4.2　氨氮处理效果及功能菌群分析

1. MBR-蠕虫床组合工艺氨氮处理效果分析

　　图 3.24 为 C-MBR 和 S-MBR 的 NH_4^+-N 去除效果。可以看出,在最初的驯化期,两组系统的出水氨氮均有较大幅度的波动,进入稳定期后,两组系统对于氨氮的去除逐渐稳定。采取 S-MBR 组合工艺的试验组系统的驯化期更长,时间约为对照组的 5 倍,其中在运行的前 10 d,试验组系统对于氨氮的去除效果较差,此时污泥的性质还不稳定,菌群对于环境的变化较为敏感,菌群活性受到限制,因此对氨氮的去除效果并不好。随着运行时

间的延长,污泥性质逐渐稳定,试验组系统对于氨氮的去除效率也逐渐提高,当运行 48 d 时氨氮去除率已经达到了 90%,在运行 125 d 后,试验组系统的氨氮去除率超过了对照组。S-MBR 组合工艺系统在整个稳定期内的氨氮去除效率均值为 96.2% ±0.6%,较 C-MBR 高 2.5%。

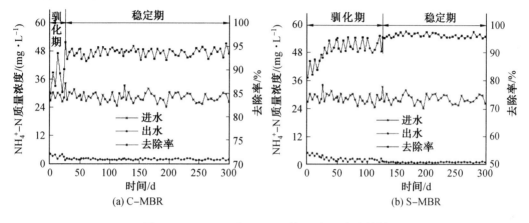

图 3.24　C-MBR 和 S-MBR 的 NH_4^+-N 去除效果

分别对两个蠕虫床反应器中进泥与排泥上清液中的氨氮质量浓度进行分析,结果见表 3.8。试验组的排泥上清液中氨氮质量浓度提高了 10.5 倍,增加氨氮负荷 3.4%;而对照组中排泥上清液增加氨氮负荷为 0.6%;两个蠕虫床所释放的氨氮质量浓度分别为 37.8 mg/L 和 4.7 mg/L。经过计算,在 S-MBR 中,0.6% 的氨氮负荷增加来自于污泥的内源呼吸,而 2.8% 来自蠕虫捕食。在蠕虫的捕食作用中部分污泥会被破坏,污泥细菌细胞内含物(氨基酸、蛋白质、核酸等)会进入污泥混合液,并随着污泥回流进入 MBR 中,导致 S-MBR 的氨氮负荷增加。

表 3.8　S-MBR 和 C-MBR 进泥、排泥上清液的 NH_4^+-N 分析

反应器	NH_4^+-N 质量浓度/(mg·L^{-1})		增加 NH_4^+-N 负荷/%
	进泥上清液	排泥上清液	
C-MBR	2.7 ± 0.4	7.4 ± 0.8	0.6
S-MBR	3.6 ± 0.7	41.4 ± 2.2	3.4

对于两组 MBR 在稳定期内的氨氮去除效果进行了进一步研究,结果见表 3.9。在 S-MBR 中污泥的氨氮负荷为 0.012 kg/(kg MLVSS·d),比对照组高 3.4%;对氨氮的去除率达到 98.9%,比对照组高 5.2%。这说明 S-MBR 相对 C-MBR 具有更好的氨氮去除能力。

表 3.9　C-MBR 和 S-MBR 的 NH_4^+-N 去除效果

反应器	进水 NH_4^+-N /(mg·L^{-1})	出水 NH_4^+-N /(mg·L^{-1})	增加 NH_4^+-N 负荷 /%	NH_4^+-N 去除率 /%
C-MBR	28.4 ± 1.6	1.8 ± 0.2	—	93.7
S-MBR	28.3 ± 1.6	1.2 ± 0.2	3.4	98.9

图 3.25 为 C-MBR 和 S-MBR 的 DO 质量浓度变化。溶解氧的存在会对氨氧化作用产生较大的影响。由图可知,在系统运行初期,两组 MBR 中 DO 质量浓度几乎相等,均值均为 2.5 mg/L,随后 C-MBR 的 DO 质量浓度几乎没有变化,而 S-MBR 中的 DO 质量浓度自 50 d 开始逐渐增加,最高时可达 4.36 mg/L,S-MBR 中的 DO 质量浓度在整个反应过程中均值为 3.3 mg/L,是 C-MBR 的 1.3 倍。

反应器中溶解氧质量浓度会对氨氧化菌(AOB)的活性与丰度造成影响,影响其对于硝化反应的参与,进而影响氨氮的去除效果。当反应器中 DO 质量浓度较高时,AOB 能够有较好的活性与较大的丰度,硝化反应进行充分,有利于对氨氮的去除。

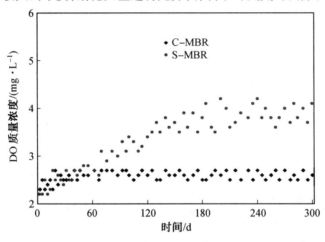

图 3.25　C-MBR 和 S-MBR 的 DO 质量浓度变化

在试验过程中,两组反应器设置了相同的 MLSS,而蠕虫的捕食作用使得 S-MBR 较 C-MBR 的 SRT 更长。研究表明,AOB 是一种慢生菌,对于环境的变化较为敏感,较长的 SRT 有利于对 AOB 进行长时间的驯化。同时试验组系统中的 DO 质量浓度较高,可以使 AOB 充分地富集与生长。随着运行时间的延长,AOB 的数量增加,活性提高,相应系统氨氮去除效果也得到了提升。

2. 氨氮降解功能菌群分析

图 3.26 为 C-MBR、S-MBR 和 S-蠕虫床的 AOB 活性变化。由图可知,在系统运行初期,S-MBR 中的 AOB 活性略低于 C-MBR,这是因为在 S-MBR 中采取了不同阶段交替进行的运行方式,这种运行方式会使 AOB 的生存环境发生较大变化,而 AOB 对于环境因子较为敏感,加上蠕虫床的作用,使得 S-MBR 中的污泥驯化周期较长,前期 AOB 活性较低。随着组合工艺的运行和污泥的不断驯化,AOB 活性逐渐提高。从整个运行过程来看,S-MBR 中的 AOB 平均活性比 C-MBR 高 11.6%。此差异与两 MBR 对氨氮的去除效果差异相一致,侧面证明了 AOB 的活性与氨氮的去除效果有关。

为进一步研究 C-MBR 和 S-MBR 中 AOB 菌群在驯化期内的菌群结构变化,对驯化期内的污泥进行定期采样并分析,菌群结构变化情况如图 3.27 所示。根据 DGGE 图谱条带分布特征可知,C-MBR 和 S-MBR 在驯化期内的 AOB 菌群结构具有明显差异,相比 C-MBR,S-MBR 中条带 A、B、E、F、G 所代表的菌群逐渐减少或消失,条带 D、H 所代表的菌群有所增加,条带 C 所代表的菌群在两个系统中均较为稳定地存在。

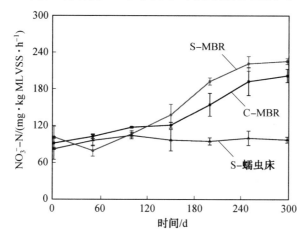

图 3.26　C-MBR、S-MBR 和 S-蠕虫床的 AOB 活性变化

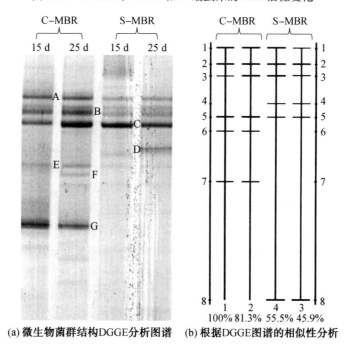

(a) 微生物菌群结构DGGE分析图谱　(b) 根据DGGE图谱的相似性分析

图 3.27　驯化期 C-MBR 和 S-MBR 的 AOB 菌群结构变化情况

对图 3.27 中 DGGE 图谱的主要条带进行测序分析,结果见表 3.10。测序分析结果显示,所有条带序列与其最相近的菌属均有 97% 以上的相似性。结合 DGGE 图谱及其主要条带的测序分析结果可知,C-MBR 与 S-MBR 在驯化期的 AOB 菌群结构具有较大差异,S-MBR 中的主要 AOB 菌群为 β-proteobacteria 和 Nitrosomonas(条带 C、D 和 H 代表的微生物菌群),C-MBR 中的主要 AOB 菌群为 Clostridium 和 Dechloromonas(条带 F 和 G 代表的微生物菌群)。

表 3.10　16S rDNA 序列比对结果(根据图 3.27 中 DGGE 图谱的主要条带进行测序分析)

条带	最相近菌属	Genbank 编号	相似性/%	菌群分类
A	*Nitrosomonas* sp. Nm59	AY123811.1	100	Nitrosomonas
B	Uncultured *Nitrosomonas* sp. isolate DGGE gel band L20	EU734546.1	98	Nitrosomonas
C	Uncultured β-proteobacteria bacterium clone GASP-WC2W3_E10	EF075376.1	97	β-proteobacteria
D	Uncultured β-proteobacteria bacterium 16S rRNA gene	AJ003767.1	98	β-proteobacteria
E	Uncultured bacterium clone N2_3_2310 16S ribosomal RNA gene	JQ143768.1	98	Bacterium
F	Uncultured Clostridiales bacterium clone BW_anode_150 16S	JN540277.1	98	Clostridium
G	*Dechloromonas* sp. EMB 269 16S ribosomal RNA gene	DQ413167.1	99	Dechloromonas
H	Uncultured *Nitrosomonas* sp. gene for 16S ribosomal RNA	AB500061.1	97	Nitrosomonas

　　为研究 C-MBR 和 S-MBR 中 AOB 菌群在稳定期内的菌群结构变化,对稳定期内的污泥进行定期采样并分析,菌群结构变化情况如图 3.33 所示。根据 DGGE 图谱条带分布特征可知,C-MBR 和 S-MBR 在稳定期内的 AOB 菌群结构也具有明显差异,S-MBR 中条带 d 和 j 所代表的菌群数量逐渐减少或消失,a、b、e、f 和 g 所代表的菌群能够作为优势菌群稳定存在;相比于 C-MBR,S-MBR 中的条带 c、d、h、i 和 j 所对应的菌群数量有所减少或消失,表明这些菌群在 S-MBR 的运行条件下不能正常生长而被淘汰。

　　对图 3.28 中 DGGE 图谱的主要条带进行测序分析,并于 NCBI 数据库中进行比对查询,结果见表 3.11。根据测序分析的对比结果显示,所有条带序列与其最相近的菌属均有 97% 以上的相似性。结合 DGGE 图谱及其主要条带的测序分析结果可知,C-MBR 和 S-MBR 中驯化期的 AOB 菌群结构具有较大的差异,S-MBR 中的 Nitrosomonas、Clostridium 和 Bacterium(条带 c、d、h、i 和 j 所代表的 AOB 菌群)数量逐渐减少或被淘汰,而 Nitrosomonas、β-proteobacteria 和 Dechloromonas(条带 a、b、e、f 和 g 所代表的 AOB 菌群)发展为主要菌群,对氨氮的去除发挥主要作用。

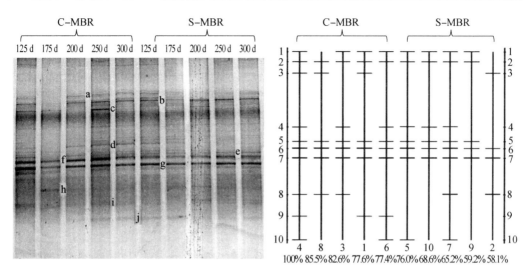

图 3.28　稳定期 C-MBR 和 S-MBR 的 AOB 菌群结构变化情况

表 3.11　16S rDNA 序列比对结果(根据图 3.28 DGGE 图谱中主要条带进行测序分析)

条带	最相近菌属	Genbank 编号	相似性/%	菌群分类
a	*Nitrosomonas* sp. Nm59	AY123811.1	100	Nitrosomonas
b	Uncultured *Nitrosomonas* sp. isolate DGGE gel band	GQ325296.1	100	Nitrosomonas
c	Uncultured *Nitrosomonas* sp. isolate DGGE gel band L20	EU734546.1	98	Nitrosomonas
d	Uncultured *Nitrosomonas* sp. clone Z11	GU247146.1	100	Nitrosomonas
e	Uncultured β-proteobacteria bacterium clone GASP-WC2W3_E10	EF075376.1	97	β-proteobacteria
f	Unidentified β-proteobacteria bacterium 16S rRNA gene	AJ003767.1	98	β-proteobacteria
g	*Dechloromonas* sp. EMB 269 16S ribosomal RNA gene	DQ413167.1	99	Dechloromonas
h	Uncultured Clostridiales bacterium clone BW_anode_150 16S	JN540277.1	98	Clostridium
i	Uncultured bacterium clone N2_3_2310 16S ribosomal RNA gene	JQ143768.1	98	Bacterium
j	Uncultured bacterium isolate DGGE gel band B7-3	EU240637.1	99	Bacterium

试验中进一步利用 DGGE 图谱对 C-MBR 和 S-MBR 中所有 AOB 菌群的遗传距离进行分析,获得稳定期 C-MBR 和 S-MBR 的 AOB 菌群进化树状图,如图 3.29 所示。

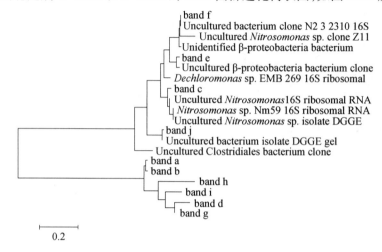

图 3.29　稳定期 C-MBR 和 S-MBR 的 AOB 菌群进化树状图

根据分析结果可知,β-proteobacteria 和 Clostridia 为 C-MBR 和 S-MBR 在稳定期内的主要 AOB 菌群。根据伯杰氏手册可知,Clostridium 的绝大部分为严格厌氧菌,少数可以在有空气的条件下生存。S-蠕虫床中的 DO 质量浓度较低,使得部分区域成为缺氧区或厌氧区,适宜 Clostridium 的生长,这在一定程度上提高了系统的氨氮去除效果。

仅根据 DGGE 图谱和基因序列分析方法对 AOB 菌群结构的变化进行评价是不充分的,本研究还利用 Quantity One 软件对 AOB 菌群的相对丰度进行了分析,结果如图3.30所示。Quantity One 软件以 DGGE 图谱中条带波形曲线下的面积作为 AOB 菌群丰度的表征,这种方法对于 AOB 菌群数量和种类变化的反映更加清晰充分。试验结果显示,Nitrosomonas(条带 a 和 b 代表的微生物菌群)、β-proteobacteria(条带 e 和 f 代表的微生物菌

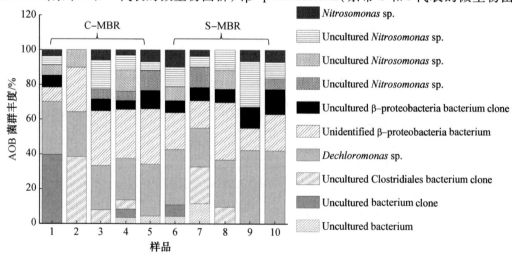

图 3.30　稳定期 C-MBR 和 S-MBR 的 AOB 菌群丰度

群)和 Dechloromonas(条带 g 代表的微生物菌群)在两 MBR 中均具有较高的丰度,在 S-MBR 中的丰度分别为 6.4%、15.3% 和 33.1%,其中 Dechloromonas 在 S-MBR 中的丰度较 C-MBR 提高 5.9%,Nitrosomonas(条带 b 代表的微生物菌群)相对 C-MBR 提高 3.3%,β-proteobacteria(条带 e 代表的微生物菌群)相对 C-MBR 提高 3.8%。这表明组合工艺中 S-MBR 的 AOB 菌群丰度更高,从而具有了更好的氨氮去除效果。

3.5　MBR-蠕虫床组合工艺污泥减量效果分析

3.5.1　组合工艺污泥产率和减量效能分析

1. 污泥产率分析

为了考察 MBR-蠕虫床组合工艺运行期间的污泥产率的变化,在整个运行期间对污泥进行定期采样,通过与对照组进行比较来分析组合工艺对污泥减量的效果。图 3.31 为 MBR-蠕虫床组合工艺的污泥产率、MBR 的污泥产率及蠕虫床削减的污泥产率。

由图可知,组合工艺污泥产率在运行初期为负值,随后经历了先增后减的变化,最终趋于稳定。S-MBR 在运行初期污泥产率较高,随后迅速降低,在经历了一个较长时间的大幅波动后最终趋于稳定。对组合工艺的污泥产率变化曲线分析可知,其污泥产率在运行前 10 d 的均值为 -0.10 kg MLVSS/kg COD,同一时间 S-MBR 的污泥产率均值为 0.31 kg MLVSS/kg COD,说明蠕虫床的作用使得系统的产泥率下降了 0.41 kg MLVSS/kg COD。在组合工艺运行的 10 ~ 20 d 中,组合工艺的污泥产率逐渐升高,在 20 d 达到 0.1 kg MLVSS/kg COD 后趋于稳定,均值为 (0.091 ± 0.027) kg MLVSS/kg COD。S-MBR 污泥产率在较长的时间内有较大的波动变化,0 ~ 10 d 的污泥产率均值在 0.31 kg MLVSS/kg COD 附近,随后经历了一次迅速下降,到 60 d 时下降至 0.11 kg MLVSS/kg COD,随后有所回升,在 160 d 时升至 0.27 kg MLVSS/kg COD,随后又缓慢下降至 280 d 时的 0.18 kg MLVSS/kg COD,此后趋于稳定,稳定期的均值为 (0.20 ± 0.03) kg MLVSS/kg COD。这说明因为蠕虫床的作用使得在 S-MBR 中污泥经历了 280 d 左右的调整期,期间污泥产率的波动来自于蠕虫与微生物之间的竞争与博弈,最终达到生态平衡。

图 3.32 为长期运行过程中 S-MBR 污泥的比好氧速率(SOUR)变化情况。分析可知 SOUR 的变化规律与其污泥产率的变化规律相一致,这进一步说明了 S-MBR 中污泥产率长达 280 d 的波动源于污泥微生物的驯化。

S-MBR 中 SOUR 的初始值为 5.0 mg O_2/(g MLVSS · min),在运行初期经历了一次迅速的下降,100 d 降至 1.7 mg O_2/(g MLVSS · min),这说明运行初期蠕虫的捕食作用会使 S-MBR 中微生物活性变差或数量减少。随后,污泥中的微生物逐渐适应了蠕虫捕食作用的存在并被驯化,此时污泥微生物的活性提升、数量增加,SOUR 值也逐渐回升。但是由于蠕虫捕食作用的持续存在,污泥微生物并不能完全恢复到运行初期的初始值,最终 SOUR 值稳定在 (2.76 ± 0.34) mgO_2/(g MLVSS · min),污泥微生物的生长繁殖与蠕虫的捕食作用达到了动态平衡。

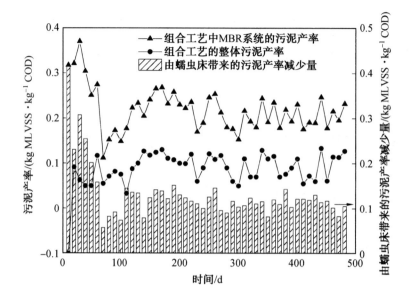

图 3.31　MBR-蠕虫床组合工艺的污泥产率、MBR 的污泥产率及蠕虫生物床削减的污泥产率

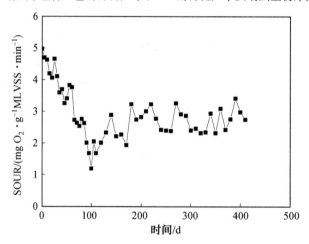

图 3.32　长期运行过程中 S-MBR 污泥的 SOUR 变化情况

综上,在组合工艺的运行初期,由于蠕虫的捕食作用,组合工艺能够实现高效的污泥减量作用,使得污泥产率快速削减(0.25 ± 0.05) kg MLVSS/kg COD;但随着污泥微生物被逐渐驯化,蠕虫捕食的污泥减量作用逐渐被削弱,最终污泥微生物的生长繁殖与蠕虫的捕食作用达到动态平衡,组合工艺的污泥产率稳定在(0.11 ± 0.02)kg MLVSS/kg COD。

2. 污泥减量效能分析

(1)组合工艺污泥减量效果。

为了更深入地研究组合工艺中各个功能单元对污泥减量的贡献,以 C-MBR 工艺和空白蠕虫床(B-蠕虫床)作为对照,对 S-MBR 和 S-蠕虫床的污泥减量贡献进行研究,其中空白蠕虫床除未投加蠕虫以外,在运行条件、反应器结构等方面与组合工艺中的蠕虫床保持完全一致。组合工艺和常规 MBR 工艺的污泥产率结果见表 3.12,C-MBR 污泥产率为 0.26 kg MLVSS/kg COD,组合工艺的整体污泥产率为 0.091 kg MLVSS/kg COD。相对于传统活性污泥法平均在 0.5 kg MLVSS/kg COD 左右的污泥产率,S-MBR 污泥减量效果达到 81.8%,C-MBR 污泥减量效果为 48%,S-MBR 污泥减量效果是 C-MBR 的 1.7 倍。

表 3.12　组合工艺和常规 MBR 工艺的污泥产率

项目	C-MBR	S-MBR
系统的整体污泥产率/(kg MLVSS · kg^{-1}COD)	0.26	0.091
MBR 的污泥产率/(kg MLVSS · kg^{-1}COD)	0.26	0.20
蠕虫床的减量效果/(mg MLVSS · L^{-1} · d^{-1})	—	622
空白蠕虫床的减量效果/(mg MLVSS · L^{-1} · d^{-1})	20	147

(2)S-MBR 中蠕虫床的污泥削减作用。

由上一节结果计算可知,蠕虫床对于污泥的消减效果占 S-MBR 总消减效果的 26.7%,蠕虫床消减作用主要来自三个方面,分别为蠕虫捕食作用、其他微型生物捕食作用与污泥细菌自身内源呼吸作用。根据表 3.12 可知,S-MBR 中蠕虫床的污泥减量效果可以达到 622 mg MLVSS/(L · d),作为对比,空白蠕虫床的污泥减量效果仅为 147 mg MLVSS/(L · d),这说明除蠕虫以外的其他微型生物的捕食作用及污泥细菌的自身内源呼吸作用所带来的污泥减量为 147 mg MLVSS/(L · d),占 S-MBR 中蠕虫床污泥减量效果的23.6%,而蠕虫捕食作用带来的污泥减量效果则占 76.4%。

组合工艺的蠕虫床对于回流污泥的减量效果比传统 MBR 中的空白蠕虫床高很多,前者为 147 mg MLVSS/(L · d),后者仅为 20 mg MLVSS/(L · d),前者是后者的 7.35 倍。C-MBR和S-MBR 中污泥的镜检照片如图 3.33 所示,C-MBR 中可以观察到的微型生物数量与种类都很少,仅能观察到少量的红斑顠体虫、轮虫、钟虫等,而在 S-MBR 中无论数量还是种类都比常规 MBR 高很多,可以明显观察到鳞壳虫、线虫、腹毛虫、轮虫、豆形虫、仙女虫、水熊、红斑顠体虫、波豆虫、表壳虫等多种微型生物,这些微型生物会与污泥一同流至蠕虫床,而对蠕虫床的污泥减量效果起到强化的作用。

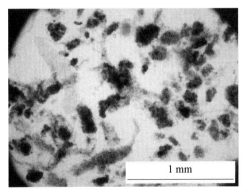
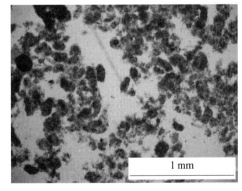

(a) C-MBR　　　　　　　　　　　　　　　　(b) S-MBR

图 3.33　C-MBR 和 S-MBR 中的污泥显微照片

(3)组合工艺中 S-MBR 的污泥削减作用。

在组合工艺的污泥减量效果中,来自 S-MBR 的减量效果达到了 73.3%,产泥率为 0.20 kg MLVSS/kg COD,C-MBR 中的产泥率为 0.26 kg MLVSS/kg COD,可以看出 S-MBR 较 C-MBR 产泥率下降了 23.1%。本课题组的前期研究表明,在蠕虫的捕食作用中,部分污泥会被破坏,其中污泥细胞内含物(氨基酸、蛋白质、核酸等)会进入污泥混合液,并随着污泥回流到 MBR 中,进而被微生物吸收利用,实现了污泥的生物溶胞-隐性生长过程,加上蠕虫捕食作用对于污泥性质的改善,使得 S-MBR 能够具有更好的污泥减量效果。

蠕虫的捕食作用能够对污泥性质进行有效改良,当污泥经过蠕虫的捕食作用后再回流到 S-MBR 中,会使得 MBR 中污泥的粒径、黏度、絮体形态等性质发生改变,进而引起 pH、溶解氧等环境因子的变化,而环境因子则会对菌群结构产生影响,从而影响污泥减量效果。图 3.34 为长期运行条件下 C-MBR 和 S-MBR 中的 DO 质量浓度变化,由图可知两组系统在运行前期的 DO 变化趋势相近,但是随着运行时间的延长,C-MBR 中的 DO 质量浓度几乎没有变化,稳定在(1.8±0.3)mg/L,而 S-MBR 中的 DO 质量浓度则有明显的提高,最终稳定在(4.5±0.5)mg/L,为 C-MBR 稳定值的 2.5 倍。Ng 等人的研究表明,活性污泥系统的水相中溶解氧质量浓度的提高,能够实现污泥絮体中好氧部分面积的扩大,从而有助于强化絮体中微生物自身的内源呼吸降解作用。研究表明,当活性污泥水相中 DO 质量浓度从 2 mg/L 上升至 6 mg/L 时,污泥减量效率可以得到 25% 的提升,因此 S-MBR 中较高的 DO 环境也是其污泥减量效果较好的原因之一。

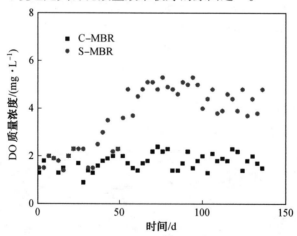

图 3.34　长期运行条件下 C-MBR 和 S-MBR 中的 DO 质量浓度变化

3.5.2　污泥沉降性能和过滤性能分析

根据 3.5.1 节分析可知,组合工艺能够实现 81.8% 的污泥减量效果,但剩余部分污泥仍需进行后续处理。污泥脱水性好,能够有效降低后续处理的成本,故需对污泥的脱水性能进行深入考察。本小节对组合工艺与 C-MBR 工艺中污泥的沉降性能与脱水性能进行分析,同时对空白蠕虫床中污泥的沉降性能与脱水性能进行分析,结果见表 3.13。

表 3.13　组合工艺和 C-MBR 工艺的污泥沉降性能和脱水性能分析

项目	C-MBR	S-MBR	蠕虫床	空白蠕虫床 1	空白蠕虫床 2
比阻/($\times 10^{10}$ s^2·g^{-1})	5.29	3.44	7.09	4.11	3.21
SVI/(mL·g^{-1})	209	141	70	282	150

注:空白蠕虫床 1 处理的是 C-MBR 的污泥;空白蠕虫床 2 处理的是 S-MBR 的污泥。

　　由表 3.13 可知,S-MBR 中污泥的比阻为 3.44×10^{10} s^2/g,而 C-MBR 中污泥的比阻为 5.29×10^{10} s^2/g,相比 C-MBR 中的污泥,S-MBR 污泥的过滤性能更加优良。研究发现蠕虫床的污泥比阻为 7.09×10^{10} s^2/g,说明经过蠕虫捕食作用后污泥的脱水性能变差,不能够直接进行脱水处理。空白蠕虫床 1 中污泥与传统 MBR 中污泥相比,比阻降低了 22%,空白蠕虫床 2 中污泥与 S-MBR 中污泥相比,比阻降低了 7%,这说明空白蠕虫床具有优化污泥过滤性能的作用。S-MBR 中污泥 SVI 值为 141 mL/g,而 C-MBR 中污泥的 SVI 值为 209 mL/g,这表明 S-MBR 的污泥相比 C-MBR 具有更好的沉降性;蠕虫床污泥的 SVI 值仅为 S-MBR 的一半,说明蠕虫捕食作用能够有效改善污泥的沉降性能。进一步研究表明,空白蠕虫床 1 的污泥 SVI 值为 282 mL/g,较传统 MBR 提高了 35%;空白蠕虫床 2 的污泥 SVI 值为 150 mL/g,较 S-MBR 提高了 6%,说明空白蠕虫床降低了污泥沉降性能,进一步证明了蠕虫床的沉降性能优化来自于蠕虫捕食作用。

3.6　MBR-蠕虫床组合工艺膜污染特性及控制机制

3.6.1　组合工艺膜污染特性分析

1. 膜污染趋势分析

　　膜污染的程度通常用 TMP 来表征,图 3.35 为 C-MBR、S-MBR 和 B-MBR 的 TMP 变化情况,这与 3.4 节中指代有所区别,需注意和对照 MBR(B-MBR,MBR-空白蠕虫床体系中的 MBR)三个反应器在膜通量为 8 L/(m·h)条件下的 TMP 变化曲线。三个反应器的整个运行过程可以划分为启动期与稳定期(又称运行期)两个阶段,其中,C-MBR 和 B-MBR 的稳定期是指第一个清洗周期,S-MBR 是以实现污泥性质与污水处理效果稳定所需的时间作为稳定期,即 140 d。根据对三个反应器在稳定期的研究发现,C-MBR 的膜污染周期为 35～37 d,TMP 平均增长速率为 0.883 kPa/d;S-MBR 膜污染周期长达 385 d,TMP 平均增长速率为 0.078 kPa/d,较 C-MBR 降低了 91.2%;B-MBR 的膜污染周期仅为 14～16 d,平均增长率为 2.1 kPa/d,约为 C-MBR 和 S-MBR 的 2.4 倍和 27.0 倍。空白蠕虫床会加剧 MBR 中膜污染的程度,在空白蠕虫床中投加蠕虫后 MBR 中膜污染则会大大减缓,由此可以说明蠕虫床中蠕虫的捕食作用是导致膜污染缓解的主要原因。

　　按照膜污染的三阶段理论,对三个 MBR 在不同膜污染阶段的污染特征变化进行了对比。第一阶段时间较短,三个 MBR 几乎没有差异。C-MBR、S-MBR 和 B-MBR 第二、第三阶段 TMP 增长情况分析见表 3.14。由表中可以看出,S-MBR 的第二、三阶段时间更长,分别为 C-MBR 的 15.0 倍和 2.2 倍,相较于 C-MBR 在第二、三阶段的 TMP 增长速率

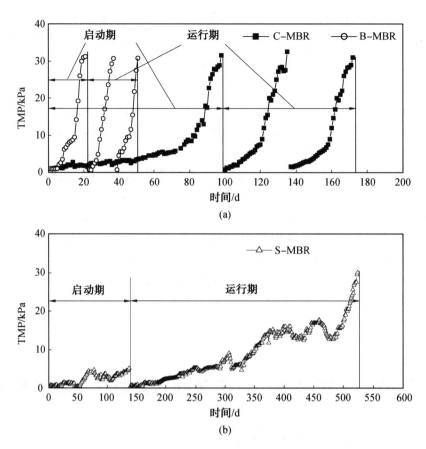

图 3.35　C-MBR、S-MBR 和 B-MBR 的 TMP 变化情况

分别减少了 87.3% 和 78.1%,这说明在污染发生的各个阶段,S-MBR 均能够实现全面的膜污染缓解作用。B-MBR 反应器内并没有污染的第二阶段,TMP 在 14 d 的时间内迅速增加,TMP 增长速率是 S-MBR 的 6.1 倍,猜测这是由其中污泥性质的急剧恶化所导致的。

表 3.14　S-MBR、C-MBR 和 B-MBR 第二、第三阶段 TMP 增长情况分析

系统	膜污染第二阶段 (TMP 缓慢增长阶段)		膜污染第三阶段 (TMP 跃升阶段)	
	时间/d	TMP 增长速率 /(kPa · d⁻¹)	时间/d	TMP 增长速率 /(kPa · d⁻¹)
C-MBR	21	0.284	15	1.568
S-MBR	337	0.036	48	0.343
B-MBR	0	—	14	2.106

2. 膜污染阻力分析

　　C-MBR、S-MBR、B-MBR 的膜污染阻力分析结果见表 3.15。在 TMP 达到 30 kPa

时,C-MBR、S-MBR、B-MBR 的总阻力 R_t 值分别为 17.07×10^{12}、14.56×10^{12} 和 $18.93 \times 10^{12}\,\mathrm{m}^{-1}$,膜通量分别为 $7.08\,\mathrm{L/(m^2 \cdot h)}$、$7.80\,\mathrm{L/(m^2 \cdot h)}$、$6.24\,\mathrm{L/(m^2 \cdot h)}$。三个 MBR 处于相同的 TMP 值时,S-MBR 的 R_t 值较小,膜通量较大,这说明 S-MBR 的膜组件即使发生一定程度的膜污染也仍然具备较好的过滤能力。

进一步分析发现,C-MBR、S-MBR、B-MBR 的膜阻力均以泥饼层阻力 R_c 为主,R_c 值分别为 $14.58 \times 10^{12}\,\mathrm{m}^{-1}$、$11.09 \times 10^{12}\,\mathrm{m}^{-1}$ 和 $16.44 \times 10^{12}\,\mathrm{m}^{-1}$,分别占总阻力的 85.45%、76.15% 和 86.86%。这说明三个 MBR 中 S-MBR 的泥饼层污染程度最轻。S-MBR 的 R_c 增长速率为 $28.8 \times 10^9\,\mathrm{m}^{-1}/\mathrm{d}$,而 C-MBR 为 $394.2 \times 10^9\,\mathrm{m}^{-1}/\mathrm{d}$,后者为前者的 13 倍,由此可以看出组合工艺能够有效缓解泥饼层污染。

表 3.15　C-MBR、S-MBR、B-MBR 的膜污染阻力分析结果

项目	C-MBR	S-MBR	B-MBR
污染周期结束时的膜通量/$(\mathrm{L \cdot m^{-2} \cdot h^{-1}})$	7.08	7.80	6.24
污染周期结束时的 TMP/kPa	30	30	30
$R_t/(\times 10^{12}\,\mathrm{m}^{-1})$	17.07(100%)	14.56(100%)	18.93(100%)
$R_m/(\times 10^{12}\,\mathrm{m}^{-1})$	1.16(6.79%)	0.75(5.15%)	1.87(9.88%)
$R_c/(\times 10^{12}\,\mathrm{m}^{-1})$	14.58(85.45%)	11.09(76.15%)	16.44(86.86%)
$R_p/(\times 10^{12}\,\mathrm{m}^{-1})$	1.32(7.76%)	2.72(18.70%)	0.62(3.26%)
R_t 平均增长速率/$(\times 10^9\,\mathrm{m}^{-1} \cdot \mathrm{d}^{-1})$	430.0	35.9	1 137.5
R_c 平均增长速率/$(\times 10^9\,\mathrm{m}^{-1} \cdot \mathrm{d}^{-1})$	394.2	28.8	1 096.3
R_p 平均增长速率/$(\times 10^9\,\mathrm{m}^{-1} \cdot \mathrm{d}^{-1})$	35.8	7.1	41.2

S-MBR 的膜孔堵塞阻力 R_p 值为 $2.72 \times 10^{12}\,\mathrm{m}^{-1}$,占总阻力的 18.70%,高于 C-MBR 和 B-MBR。膜孔堵塞是由溶解性物质与胶体微粒在膜表面或膜孔内的富集积累所导致的,由于本研究中的反应器运行时间较长,因此膜孔堵塞的概率大大提高。结果表明组合工艺中 S-MBR 的 R_p 增长速率仅为 $7.1 \times 10^9\,\mathrm{m}^{-1}/\mathrm{d}$,远低于 C-MBR,这表明组合工艺能够对膜孔堵塞起到一定的缓解作用。由空白蠕虫床对于膜阻力带来的影响可知,B-MBR 的 R_t、R_c 和 R_p 增长速率分别为 $1\,137.5 \times 10^9\,\mathrm{m}^{-1}/\mathrm{d}$、$1\,096.3 \times 10^9\,\mathrm{m}^{-1}/\mathrm{d}$ 和 $41.2 \times 10^9\,\mathrm{m}^{-1}/\mathrm{d}$,约为 C-MBR 的 2.6、2.8 和 1.2 倍,这说明空白蠕虫床的存在会使得膜孔堵塞作用与泥饼层污染加剧,因此可知蠕虫捕食作用是实现 S-MBR 中膜污染延缓的主要因素。

3. 膜表面污染物累积情况分析

对 C-MBR、S-MBR 中膜组件进行物理清洗后所得到的泥饼层总量进行分析,结果见表 3.16。可以得知,在 30 kPa 的 TMP 条件下,S-MBR 中泥饼层干重为 53.7 g,比 C-MBR 的 30.9 g 多 42.5%,这是由于 S-MBR 运行周期较长,期间能够给予泥饼层足够的时间进行发育与积累。但是在泥饼层较大的情况下,S-MBR 膜通量却不低,且 TMP 的增长较慢,这表明 S-MBR 的泥饼层具有较高的渗透性。根据进一步分析结果可知,S-MBR 中膜上污泥层的 MLVSS/MLSS 值为 0.873,比 C-MBR 减少了 0.038,这是由组合系统中蠕虫

对于有机物与无机物的捕食不均匀所导致的。对 C-MBR 进行分析发现,膜上污泥层 MLVSS/MLSS 值比反应器内污泥 MLVSS/MLSS 值增加了 0.016,原因在于 MBR 运行过程中无机物很少被截留,溶解性有机物与胶体物质容易被滤膜截留下来。S-MBR 膜上污泥层 MLVSS/MLSS 值却比反应器内污泥 MLVSS/MLSS 值减少了 0.008,说明泥饼层存在频繁脱落现象。

表 3.16　C-MBR 和 S-MBR 的膜表面污泥层总量

项目	C-MBR	S-MBR
膜上污泥层干重/g	53.7	30.93
膜上污泥层 MLVSS/MLSS	0.911	0.873
MBR 中污泥 MLVSS/MLSS	0.895	0.881

图 3.36 为 C-MBR 和 S-MBR 中膜表面污染物的孔隙率分布。根据该图可知,C-MBR 与 S-MBR 膜表面凝胶层的厚度分别为 20 μm 和 11 μm,平均孔隙率分别为 0.60 和 0.74,说明组合工艺中 S-MBR 膜表面污染物所形成的污染层较薄且有较大的孔隙率。

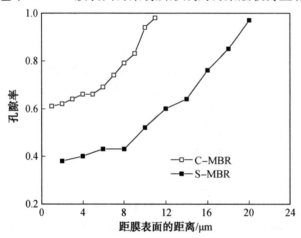

图 3.36　C-MBR 和 S-MBR 膜表面污染物的孔隙率分布

由图 3.37 可以看出,无论是蛋白质还是糖类物质,S-MBR 的荧光亮度均高于传统 MBR。用 Image-Pro Plus 6.0 软件计算整体光学密度(IOD)并对两个系统膜表面污染物中的糖类和蛋白质进行半定量分析,结果见表 3.17。在 S-MBR 中,膜表面污染物中多糖物质的 IOD 值为 853 640,蛋白质类物质的 IOD 值为 1 329 805,二者相对 C-MBR 分别减少了 53% 和 41%,这说明 S-MBR 膜表面上积累的有机污染物比 C-MBR 中少很多。Hwang 的研究表明,膜表面上糖类与蛋白质物质的存在会给穿过膜组件的水流造成水力阻碍,从而影响膜的渗透性,S-MBR 中膜表面上的蛋白质与糖类物质较少,因此渗透性能更好。

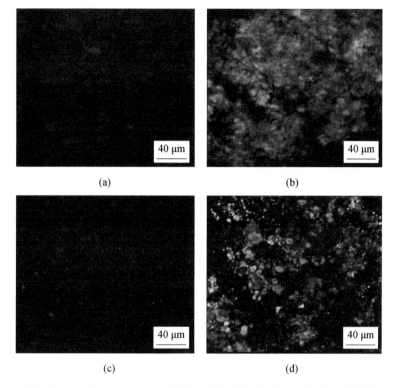

图 3.37 C–MBR 与 S–MBR 中膜表面糖类物质(蓝色)和蛋白质类物质(绿色)的三维荧光照片(彩图见附录)

表 3.17 C–MBR 和 S–MBR 膜表面污染物三维荧光照片的整体光学密度(IOD)分析

项目	多糖	蛋白质
C–MBR	1 811 331	2 242 959
S–MBR	853 640	1 329 805

表 3.18 为 C–MBR 和 S–MBR 膜表面污染物的元素分析结果。在 S–MBR 膜表面上 C、N 元素所占比例分别为 39.36% 和 15.39%,相对 C–MBR 分别高 1.75% 和 3.92%,这说明在 S–MBR 的膜孔中存在较为严重的污染,随着系统的运行大量有机物在膜孔内累积。另外,S–MBR 中膜表面上的 Na、K 等单价金属含量比 C–MBR 低 0.49%,这可能是由于 S–MBR 内上清液中的有机物与膜孔中积累的有机物的电负性较低,在静电斥力作用下金属离子不易在膜孔中积累。S–MBR 中 Ca、Mg、Al、Fe 等高价金属总含量比 C–MBR 少 2.34%,原因可能在于蠕虫捕食作用使得 SMP 中部分大分子蛋白质被破坏,从而难以与金属离子进行螯合,导致累积在膜表面上的膜污染物中金属离子含量降低。

表 3.18　C-MBR 和 S-MBR 膜表面污染物的元素分析结果　　　　%

元素	干净膜丝	C-MBR	S-MBR
C	38.23	37.61	39.36
N	10.69	11.47	15.39
O	11.37	12.39	9.53
F	31.96	20.45	22.23
P	2.83	4.22	4.17
Si	0.76	2.99	1.99
S	0.00	1.17	0.62
Cl	0.27	0.88	0.74
K	0.00	0.30	1.01
Na	0.62	1.81	0.61
Ca	0.89	0.69	0.50
Mg	0.00	1.90	0.27
Al	0.41	1.54	0.62
Fe	1.97	2.58	2.99

3.6.2　膜污染延缓机理研究

1. 污泥聚集性改变机制研究

（1）污泥聚集性分析。

表 3.19 为 C-MBR 和 S-MBR 中初始污泥和经过提取 EPS 之后污泥的聚集性分析结果。结果表明,C-MBR 和 S-MBR 中污泥均具有较好的聚集性,污泥絮体能够在短时间内迅速聚集,但是 S-MBR 中污泥的絮凝性不及 C-MBR,这是由蠕虫捕食作用对于污泥絮体性质的改变所引起的。由提取 EPS 之后污泥的聚集性分析可知,C-MBR 和 S-MBR 中提取 EPS 后污泥的絮凝性均较差,这表明 EPS 在污泥絮凝中起到重要作用。

表 3.19　C-MBR 和 S-MBR 中的污泥聚集性　　　　s^{-1}

污泥	C-MBR	S-MBR	$P(0.05)$
初始污泥	$0.015\,1 \pm 0.000\,4$	$0.012\,1 \pm 0.000\,4$	$0.001\,4$
提取 EPS 后污泥	$0.001\,81 \pm 0.000\,04$	$0.001\,71 \pm 0.000\,06$	$0.126\,0$

（2）EPS 分层组分对污泥聚集性的作用。

假设污泥聚集性的影响因素主要来自上清液、黏液层、LB-EPS、TB-EPS。本节利用对胞外聚合物中不同组分间的相互作用来表征各个组分对于污泥聚集性的影响,结果如图 3.38（a）所示。污染物间距离在 12 nm 以下时,C-MBR 和 S-MBR 中的上清液均为排斥关系,表明上清液的存在对污泥絮体的聚集有反作用,而污染物间距离逐渐增大时,两

MBR 中的上清液关系转变为吸引。

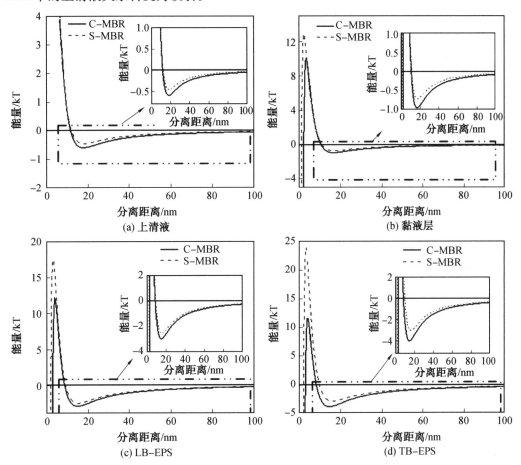

图 3.38　C-MBR 和 S-MBR 中微生物胞外聚合物不同部分的关系能曲线

　　从图 3.38(b) ~ (d)中可以看出,C-MBR 和 S-MBR 中的黏液层、LB-EPS 和 TB-EPS 的关系能曲线中都有一个能量壁垒和一个第二最低位能。第二最低位能代表污泥组分从污泥表面解吸附的能力。C-MBR 中黏液层、LB-EPS 和 TB-EPS 的第二最低位能分别为 −0.94 kT、−2.98 kT、−3.87 kT;S-MBR 中黏液层、LB-EPS 和 TB-EPS 的第二最低位能分别为 −0.71 kT、−2.56 kT、−2.92 kT。S-MBR 的三个值都低于 C-MBR,说明 S-MBR 内污泥组分解吸附能力弱于 C-MBR。能量壁垒表征分散的污泥需要足够的能量去克服壁垒重新絮凝。S-MBR 中黏液层、LB-EPS 和 TB-EPS 的能量壁垒比 C-MBR 分别增加 27.9%、43.7% 和 106.2%。S-MBR 中黏液层、LB-EPS 和 TB-EPS 第二最低位能的减少及能量壁垒的增加是 S-MBR 污泥絮凝性较低的一个原因。

　　(3)EPS 对污泥聚集性的作用。

　　用上清液、黏液层、LB-EPS 与 TB-EPS 的关系能之和来表征微生物胞外聚合物对于污泥聚集性的影响。由图 3.39(a)可知,S-MBR 中污泥 EPS 关系能曲线的能量壁垒高于 C-MBR,但是第二最低位能低于 C-MBR;由图 3.39(b)可知,C-MBR 和 S-MBR 中提取 EPS 后污泥的关系能曲线上第二最低位能基本一致;由图 3.39(c)可知两 MBR 中 EPS 关系能曲线的形状与污泥关系能曲线具有较高的相似性,同时 S-MBR 中污泥关系能曲线的能量壁垒是 C-MBR 的 2.7 倍,第二最小位能为-25.50 kT,小于 C-MBR 的-27.52 kT。S-MBR 中污泥第二最小位能的减少和能量壁垒的增加说明经蠕虫捕食后污泥回流使 S-MBR 中污泥聚集性降低,这主要是由微生物胞外聚合物的聚集性降低造成的。

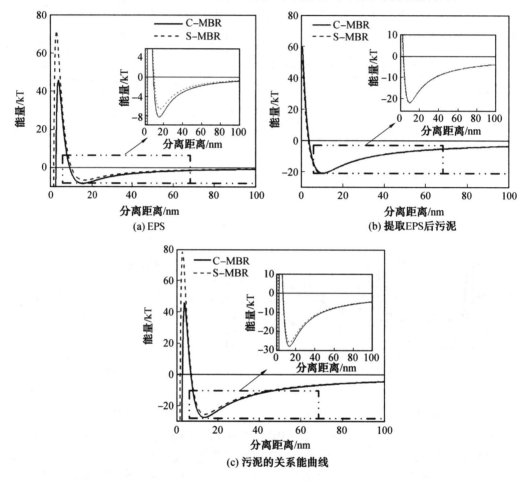

图 3.39　C-MBR 和 S-MBR 中污泥的关系能曲线

2. EPS 分层组分的污染特性分析

(1)EPS 分层组分特征分析。

综上所述,污泥 EPS 中黏液层、LB-EPS 和 TB-EPS 各组分对污泥聚集性的影响由污泥特性决定,如果黏液层、LB-EPS 和 TB-EPS 在污泥中含量较高,则污泥聚集性大;如果黏液层、LB-EPS 和 TB-EPS 在污泥中含量较少,它们对污泥聚集性的贡献也会相应降低。Liu 等研究发现黏液层、LB-EPS 和 TB-EPS 对污泥聚集性有不同的影响。本节主要对比分析糖类与蛋白质在上清液、黏液层、LB-EPS 和 TB-EPS 等各污泥 EPS 分层组分中质量浓度及单位质量含量的变化,污泥来自于 C-MBR 和 S-MBR,试验结果见表 3.20。同时进行方差分析,来对其有效性进行确定,其中 $P<0.05$ 表明结果在统计学上有效,分析的均值和标准偏差见表 3.20。

表3.20 C-MBR 和 S-MBR 中微生物胞外聚合物分层组分质量浓度及单位质量含量的统计分析

	EPS	蛋白质			$P(0.05)$	糖类			$P(0.05)$
C-MBR	上清液 /(mg·L⁻¹)	2.57	2.76	2.89	0.003	5.95	5.18	6.71	0.478
	黏液层 /(mg·L⁻¹)	3.86	4.17	4.32	0.003	2.55	2.24	2.86	0.547
	LB-EPS/(mg·g⁻¹VSS)	8.23	7.67	6.94	0.028	2.19	2.69	1.69	0.381
	TB-EPS/(mg·g⁻¹VSS)	64.59	68.47	72.53	0.018	19.74	15.74	23.74	0.239
S-MBR	上清液 /(mg·L⁻¹)	1.73	1.58	1.98	0.003	5.46	4.69	6.22	0.478
	黏液层 /(mg·L⁻¹)	2.72	2.29	2.92	0.003	2.34	2.80	1.88	0.547
	LB-EPS/(mg·g⁻¹VSS)	5.71	6.54	6.09	0.028	1.75	2.35	1.15	0.381
	TB-EPS/(mg·g⁻¹VSS)	54.61	59.76	50.63	0.018	15.75	18.75	12.75	0.239

由表3.21可知,S-MBR污泥胞外聚合物的上清液组分中蛋白质质量浓度为(1.74±0.16) mg/L,低于C-MBR;其他组分的蛋白质质量浓度也均有同样的大小关系;蠕虫捕食后的回流污泥对于蛋白质影响的 P 值均低于0.05,表明蠕虫捕食回流污泥对于蛋白质的影响是显著的,但对于糖类的影响并不显著。蠕虫床中的蠕虫捕食作用使得污泥的蛋白质质量浓度降低,这部分污泥回流后又会使S-MBR中污泥蛋白质质量浓度降低,污泥EPS含量也有所降低。EPS决定了细胞之间的亲疏水性,对于污泥絮体的形成起到关键作用。可以推断,S-MBR中污泥聚集性降低的原因主要是污泥胞外聚合物中上清液、黏液层、LB-EPS和TB-EPS等组分质量浓度或含量的减少。

表3.21 C-MBR 和 S-MBR 中微生物胞外聚合物分层组分的质量浓度及单位质量含量

组分	EPS	C-MBR	S-MBR	$P(0.05)$
蛋白质	上清液 /(mg·L⁻¹)	2.74±0.73	1.74±0.16	0.003
	黏液层 /(mg·L⁻¹)	4.12±0.19	2.64±0.26	0.003
	LB-EPS/(mg·g⁻¹VSS)	7.61±0.53	6.11±0.34	0.028
	TB-EPS/(mg·g⁻¹VSS)	68.53±3.24	55.00±3.74	0.018
糖类	上清液 /(mg·L⁻¹)	5.95±0.62	5.46±0.62	0.478
	黏液层 /(mg·L⁻¹)	2.55±0.25	2.34±0.37	0.547
	LB-EPS/(mg·g⁻¹VSS)	2.19±0.41	1.75±0.49	0.381
	TB-EPS/(mg·g⁻¹VSS)	19.74±3.27	15.75±2.45	0.239

对C-MBR和S-MBR中污泥胞外聚合物分层组分进行三维荧光光谱(EEM)分析,所得的EEM波谱图如图3.40所示。可以看出,两组系统中污泥胞外聚合物分层组分的EEM波谱存在明显差异,这说明蠕虫捕食作用使得反应器内胞外聚合物的组分发生了较大变化。两组系统所得的上清液、黏液层、LB-EPS和TB-EPS的EEM波谱都含有两个蛋白质特征峰,分别为代表色氨酸类蛋白质的 Peak A 和代表芳香性蛋白质的 Peak B,除此之外还含有另外两个特征峰,分别为富里酸与腐殖酸。S-MBR所得EEM波谱中蛋白质

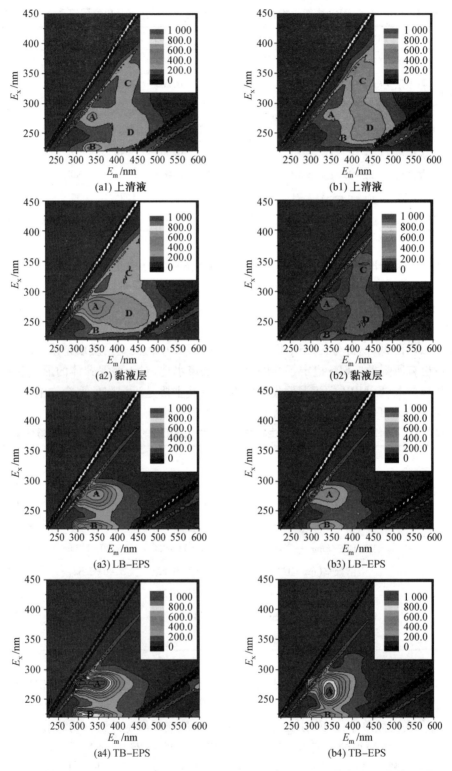

图 3.40 C-MBR(a1～a4)和 S-MBR(b1～b4)中污泥胞外聚合物分层组分的 EEM 波谱图(彩图见附录)

特征峰的峰强明显比 C-MBR 低,且峰形与 C-MBR 存在较大差异,这进一步证明了蠕虫的捕食作用会降低胞外聚合物的蛋白质浓度,并改变其特性。Lee 等的研究发现,胞外聚合物中的蛋白质会对生物絮体的疏水性产生较大影响,在长的停留时间下,生物内源呼吸和细胞代谢能够使 LB-EPS 和 TB-EPS 释放到水相中。S-MBR 中污泥 EPS 的黏液层、LB-EPS 和 TB-EPS 组分的负值的 cohesion 结合能低于 C-MBR,上清液组分的 cohesion 结合能与 C-MBR 相比变化不大,由此说明,蠕虫捕食污泥回流造成 EPS 的黏液层、LB-EPS 和 TB-EPS 组分含量减少及特性改变是 S-MBR 中污泥聚集性降低的主要原因。

（2）EPS 分层组分的吸附特性分析。

为了研究 EPS 分层组分的吸附特性,首先将各分层组分质量浓度均稀释到 TOC 为 10 mg/L 以排除质量浓度对于试验的影响,再对 C-MBR 和 S-MBR 中上清液、黏液层、LB-EPS 及 TB-EPS 等 EPS 分层组分进行吸附污染试验。结果如图 3.41 所示,滤膜对于胞外聚合物的吸附会直接导致膜污染,使得纯水通量降低。C-MBR 和 S-MBR 中 EPS 上清液组分的吸附试验结果无明显差异（$P>0.05$）。在 0.5 h 时,S-MBR 中黏液层、LB-EPS 及 TB-EPS 等 EPS 组分引起的通量下降速度与 C-MBR 无显著差异（$P>0.05$）,而从 1 h 开始 S-MBR 中黏液层、LB-EPS 及 TB-EPS 等 EPS 组分引起的通量下降速度明显低于 C-MBR（$P<0.05$）。

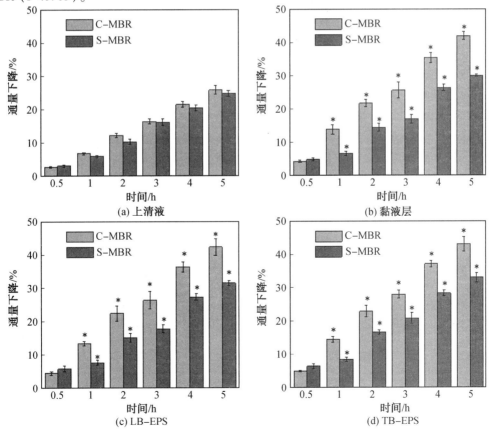

图 3.41　C-MBR 和 S-MBR 中微生物胞外聚合物分层组分的吸附行为

（3）EPS 分层组分污染膜的 AFM 分析。

在进行 5 h 吸附后，对两个系统中形成的微生物胞外聚合物分层组分的膜污染进行 AFM 分析，结果如图 3.42 所示。结果表明，两个系统中微生物胞外聚合物污染的膜表面粗糙度规律相一致，均为上清液<黏液层<LB-EPS<TB-EPS，但是 S-MBR 与 C-MBR 中黏

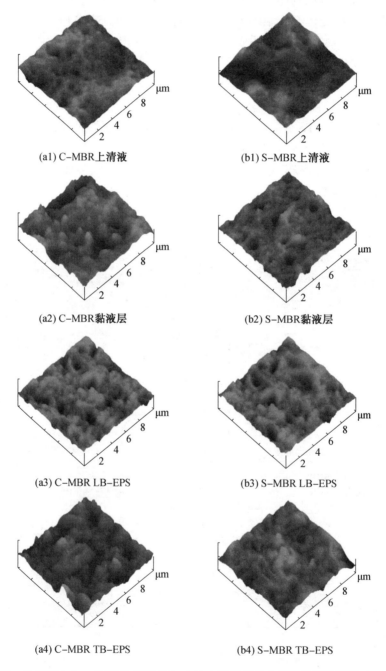

(a1) C-MBR上清液　　　　　　　　(b1) S-MBR上清液

(a2) C-MBR黏液层　　　　　　　　(b2) S-MBR黏液层

(a3) C-MBR LB-EPS　　　　　　　　(b3) S-MBR LB-EPS

(a4) C-MBR TB-EPS　　　　　　　　(b4) S-MBR TB-EPS

图 3.42　C-MBR(a1～a4)和 S-MBR(b1～b4)中污泥 EPS 分层组分污染膜的 AFM 分析

液层、LB-EPS 和 TB-EPS 污染的膜表面的粗糙度明显不同。S-MBR 中黏液层、LB-EPS 和 TB-EPS 污染膜表面的 R_{ms} 和 R_a 值小于 C-MBR 中相应分层组分污染膜表面的 R_{ms} 和 R_a 值,由此可以进一步证明,蠕虫的捕食能够降低微生物胞外聚合物在膜表面的吸附。

3. 微生物种群变化分析

(1)污泥活性分析。

试验中采用 LIVE/DEAD 法,分别用 SYTO 9 与磺化丙啶(Propidium Lodide,一种染色剂)来对活细胞和死细胞进行染色,从而探究蠕虫床对于 MBR 污泥细菌活性的影响。试验结果如图 3.43 所示,S-MBR 在运行初期,反应器内细菌活性比 C-MBR 低,这是因为蠕虫捕食后的污泥回流至 S-MBR,反应器内细菌还并未适应这种回流环境。对图(b1 ~ b3)、(c1 ~ c3)进行比较可知,蠕虫的捕食作用能够有效减少污泥中的死细胞。随着运行

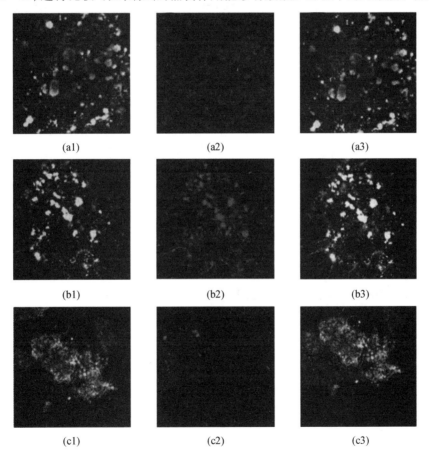

图 3.43　利用 LIVE/DEAD 染料对活性污泥染色(彩图见附录)

在开始阶段 C-MBR(a)、S-MBR(b)及蠕虫床(c)中的活性污泥

反应器运行结束阶段 S-MBR(d)和 C-MBR(e)中的活性污泥

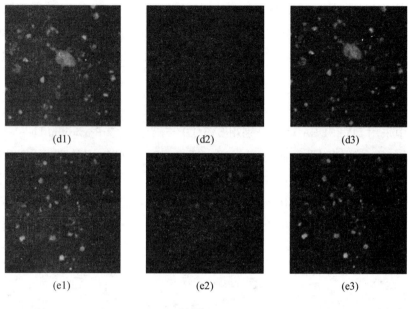

续图 3.43

时间的延长,能够适应回流污泥环境的特定菌群逐渐生长并且稳定存在,S-MBR 中污泥细菌活性也逐渐稳定,最终在运行末期,S-MBR 中的污泥细菌活性超过 C-MBR。根据 LIVE/DEAD 分析可知随着蠕虫捕食污泥回流的发生以及运行时间延长,微生物的活性会有明显的变化。

(2)微生物种群分析。

分别对 C-MBR、S-MBR 及蠕虫床(SSBWR)运行初始阶段与运行结束阶段进行 DGGE 分析,结果如图 3.44 所示。可以看出,在初始阶段 C-MBR 与 S-MBR 中的主要条带是一致的,说明运行初始阶段蠕虫捕食作用还没有对 S-MBR 内污泥微生物种群产生影响。而将 S-MBR 和蠕虫床中污泥的 DGGE 谱图进行对比可以发现,蠕虫床使得污泥中的菌群特征发生了变化。对 C-MBR、S-MBR 的 DGGE 谱图比较可知,随着工艺的运行与蠕虫捕食后污泥的不断回流,在 S-MBR 中逐渐形成了新的优势菌群,菌群结构发生了明显变化,污水处理效果也相应有所提升,其优势菌群个数由 5 个变为 2 个。但在整个运行过程中,C-MBR 的菌群结构基本没有发生变化,由此可以证明,蠕虫捕食后污泥的回流可导致 MBR 中微生物菌群结构发生变化。

利用 16S RNA 序列分析 C-MBR、S-MBR 和 SSBWR 中存在的主要微生物种类。C-MBR、S-MBR 和 SSBWR 中微生物的系统发育树如图 3.45 所示。

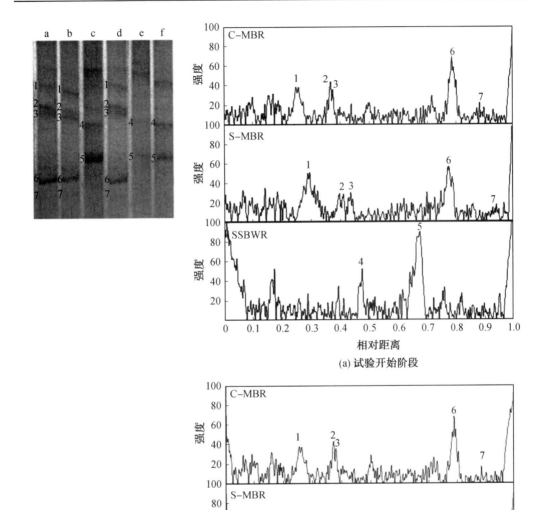

图 3.44　利用 Quantity One 软件分析 C-MBR、S-MBR 及 SSBWR
在试验开始阶段和结束阶段的 DGGE 谱图

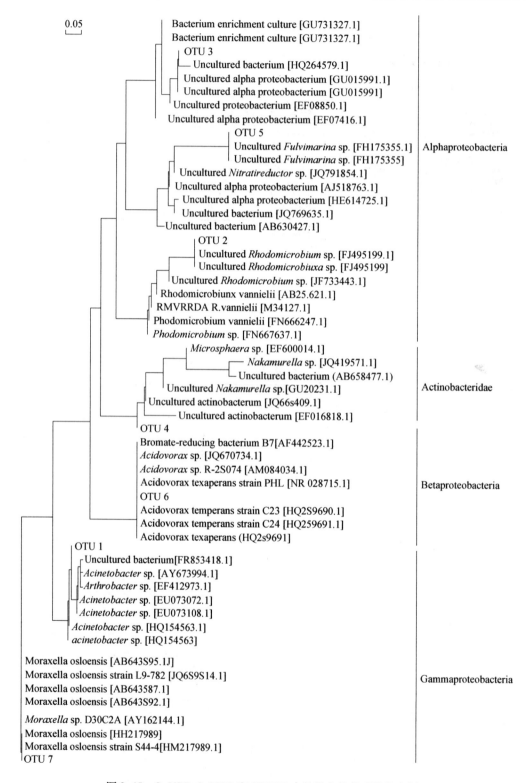

图 3.45　C-MBR、S-MBR 和 SSBWR 中的微生物的系统发育树

按照 98% 的序列相似度将所有克隆序列分为 7 个操作分类单位(Operational Taxonomic Units,OTUs),这些克隆序列均属于以下四个种群:Betaproteobacteria、Actinobacteria、Alphaproteobacteria 和 Gammaproteobacteria。其中,3 个 OTUs 属于 Alphaproteobacteria,其它 2 个 OTUs 属于 Gammaproteobacteria,1 个 OTUs 属于 Actinobacteria,1 个 OTUs 属于 Betaproteobacteria。在开始阶段,C-MBR 和 S-MBR 中的主要微生物种群是 Gammaproteobacteria、Betaproteobacteria 和 Alphaproteobacteria。经 SSBWR 作用后,污泥中与 Betaproteobacteria 和 Gammaproteobacteria 相关的微生物减少,同时本研究中 SSBWR 中的优势种群变为 Actinobacteria 和 Alphaproteobacteria。蠕虫捕食后污泥的回流使得 S-MBR 中开始出现 Actinobacteria 和改变的 Alphaproteobacteria 种群,其中的微生物逐渐稳定下来。Miura 等的研究发现,Betaproteobacteria 是在处理市政污水时的主要膜表面微生物菌群,对于膜表面生物膜的形成起到了关键的作用。因此,Betaproteobacteria 相关的细菌数目的减少可能也会导致 S-MBR 中膜污染有所缓解。

本研究中发现,在 S-MBR 中 Betaproteobacteria 和 Gammaproteobacteria 类微生物有所减少,Alphaproteobacteria 类微生物种类发生改变。相关研究表明,微生物种群结构会对膜污染产生重要影响,Ahmed 认为,高 SRT 能够使膜污染程度减轻,这是因为优势菌群会释放出少量的胞外聚合物,污泥中菌群结构的变化可能会导致微生物胞外聚合物特性的变化。在 MBR-蠕虫床组合工艺中,污泥经过蠕虫捕食作用后,未经捕食部分与蠕虫捕食污泥所产生的代谢产物共同回流至 MBR,回流污泥会改变 MBR 内的环境,导致其中的微生物菌群结构发生变化,加上蠕虫对于污泥中微生物的捕食作用,最终使得 MBR 内微生物种群发生改变,污泥胞外聚合物的特性发生变化,膜污染得以缓解。

3.7　A/O-MBR-蠕虫床组合工艺示范案例

3.7.1　概述

试验项目为中德国际合作水专项 KEYS 的示范项目之一。由哈尔滨工业大学、德国柏林水研究中心和德国马廷膜公司合作在某市进行 MBR 处理城市生活污水的示范。该示范项目中 MBR 与蠕虫床的组合工艺旨在充分发挥 MBR 污水处理效能高、污泥产率低的优势,并利用蠕虫捕食对污泥高效减量、改良改性的作用,实现污水与污泥的协同处理。项目中两套 MBR 设备由德国合作伙伴马廷膜公司提供,其中一套 MBR 与蠕虫床耦合,另一套 MBR 作为对照。设备运行时间为一年。

试验项目所在某市某污水处理厂进行。某市某污水处理厂成立于 1998 年,属于某市水务(集团)有限公司,是市政府进行环境治理的重要工程之一。2017 年开始,该污水处理厂用 MBR 工艺进行升级改造。改造后总规模达到 40 万 m^3/d。出水标准:出厂水一部分(规模 8 万 m^3/d)作为再生水,主要用于市政用途(城市绿化、道路清扫)和某市水库排洪河的景观补水,水质指标执行《城市污水再生利用城市杂用水水质》(GB/T 18920—2002)和《城市污水再生利用景观环境用水水质》(GB/T 18921—2002)的相关标准。尾水水质要求达到《地表水环境质量标准》(GB 3828—2002)中的准Ⅳ类标准(TN 除外)。

1. 工艺流程

本项目使用的集装箱式一体化污水处理设备采用 MBR 工艺对城市生活污水进行处理。中试 MBR 设备以海运集装箱形式运送到试验场地。整个 MBR 处理系统包括：

①用于污水预处理的絮凝装置。

②用于分离收集污水中大颗粒物质的机械预处理精筛机。

③由前置反硝化池和硝化池组成的生化处理池。

④带有浸没式平板膜模块的膜过滤系统(型号:马廷膜公司 siClaro®FM622),用于泥水分离和污水深度净化。

MBR 与蠕虫床组合工艺流程如图 3.46 所示。MBR 产生的剩余污泥进入蠕虫生物捕食作用的系统,即蠕虫床。在蠕虫床捕食作用下污泥将得到减量,同时获得改性。经生物捕食后污泥重新回流到 MBR 体系的反硝化池中,一方面可以增加额外碳源促进反硝化,另一方面使得污泥进一步得到有效减量。

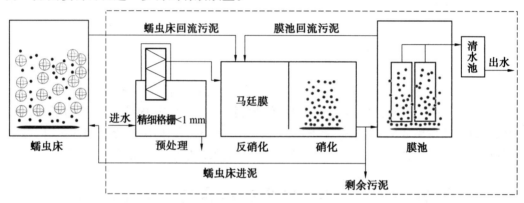

图 3.46　MBR 与蠕虫床组合工艺流程

该中试装置设计的理想流量为 500 ~ 600 L/h,最高进水量可达 20 m³/d。在设备运行过程中,为了达到最佳的处理效果,一些重要运行参数(流量、温度、含氧量、回流比等)将根据水质情况进行调整。

2. 反应器及设备

A/O-MBR-蠕虫床组合工艺设备如图 3.47 所示。工艺主体是 MBR,每套设备的膜池内有两组浸没式平板膜组件 siClaro®FM622,膜材质为有机聚合物 PES,标称膜孔径为 35 nm,最大膜孔径为 0.1 μm。每个膜组件膜面积为 25 m²,最大流量为 10 m³/d。膜池每个膜组件曝气量为 16.4 N·m³/h。超细格栅池体积约为 0.8 m³,生化池体积约为 1.8 m³,膜池体积约为 2 m³,蠕虫床体积约为 4 m³。

(a)　　　　　　　　　　　　　　　　(b)

图 3.47　A/O-MBR-蠕虫床组合工艺设备

3.7.2　A/O-MBR-蠕虫床系统运行效能分析

在先前的实验室小试阶段研究中充分证实了蠕虫床反应器良好的污泥减量效果,并在对其深入的研究过程中发现,污泥减量的过程中伴随着营养物质的释放和污泥性质的变化。后续的研究过程中,将其与 MBR、A/O-MBR 耦合运行,发现组合工艺在实现污泥有效减量的同时,对于污水处理系统中膜池的膜污染情况有一定的缓解作用,但出水中 COD、氨氮、总氮、总磷等水质指标也会受到一定影响。中试试验中根据气温变化和研究需求,将 A/O-MBR-蠕虫床组合系统分为三个阶段运行,各个阶段采用不同的运行模式:第一阶段为高温厌氧测流反应器(ASSR)模式;第二阶段为过渡模式(未接种蠕虫的 SS-WR 模式);第三阶段为适温测流蠕虫污泥减量反应器(SSWR)模式。中试试验中以 A/O-MBR 为对照,对 A/O-MBR-蠕虫床组合系统的污水处理效果、污泥减量效能、膜污染控制情况以及污泥特性影响等方面内容进行深入研究。

1. 组合工艺污水处理效能分析

在中试设备长期运行过程中,对 A/O-MBR 对照系统与 A/O-MBR-蠕虫床组合系统的进水与出水进行长期的监测,监测指标包括:COD、氨氮、总氮和总磷。两组系统同时启动并平行运行,运行总时长为 160 d。对于对照系统,其运行参数在连续运行过程中与试验系统的 A/O-MBR-蠕虫床污水处理组合工艺始终保持一致,以考察蠕虫床的耦合对系统出水水质的影响。

对于组合系统,根据气温变化和研究需求,将其分为三个阶段运行,各个阶段采用不同的运行模式。前 70 d 为第一阶段,该阶段白天平均气温高于 30 ℃,蠕虫床运行模式为高温 ASSR 模式,即蠕虫床反应器内不接种颤蚓类蠕虫,运行参数采用 ASSR 优化值,即氧化还原电位范围为 −150 ~ −50 mV,SRT 为 24 h。70 ~ 90 d 为第二阶段,由于第一阶段 ASSR 反应器内厌氧的状态不适于颤蚓类蠕虫生存,需要调整蠕虫床内溶解氧质量浓度至适宜范围,将 70 ~ 90 d 作为蠕虫床运行模式由 ASRR 调整至 SSWR 之间的过渡阶段,蠕虫床中未投加蠕虫,作为空白反应器(BR),其运行参数采用优化后的 SSWR 运行参数,蠕虫床 SRT 保持为 24 h,将 DO 保持在 1.0 ~ 1.5 mg/L 水平。90 ~ 160 d 为第三阶段,待蠕虫床内 DO 能平稳保持在 1.0 ~ 1.5 mg/L 范围,向其中接种颤蚓类蠕虫,并从 90 ~ 160 d保持 SSWR 优化值参数运行,溶解氧质量浓度范围为 1.0 ~ 1.5 mg/L,SRT 为 24 h。

　　对照系统和组合系统在 160 d 内的进出水中 COD、氨氮、总氮、总磷质量浓度情况分别如图 3.48 ~ 3.51 所示。从图 3.48 可以看出,对照系统与组合系统在长期运行过程中出水 COD 始终保持在较低的水平,在 0 ~ 15 mg/L 的范围内波动,两组系统出水 COD 质量浓度无规律性差异,组合系统出水 COD 质量浓度在三个运行阶段无明显差异。从图 3.49 可以看出,相较于对照系统,耦合了蠕虫床的组合系统出水氨氮更为稳定地保持在一个极低的质量浓度水平,组合系统出水氨氮质量浓度在三个运行阶段无明显差异。从图 3.50 可以看出,进水总氮波动较大,在连续运行过程中,组合系统出水总氮质量浓度在大部分情况下低于对照系统,组合系统出水总氮质量浓度在三个运行阶段存在差异,在第

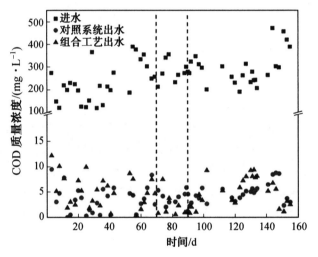

图 3.48　对照系统与组合系统 COD 进出水水质

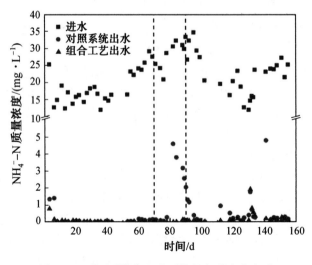

图 3.49　对照系统与组合系统氨氮进出水水质

二阶段中质量浓度处于较高水平。从图 3.51 可以看出,对照系统与组合系统在长期运行过程中出水总磷始终保持在较低的水平,在 0 ~ 2 mg/L 的范围内波动,组合系统出水总磷质量浓度在第一阶段保持了 60 d 左右,低于对照系统,蠕虫床在高温 ASSR 模式下的厌氧环境与 A/O–MBR 中好氧池之间污泥的循环有利于磷的去除。对照系统和组合系统在三个阶段的 COD、氨氮、总氮、总磷的平均去除率见表 3.22。

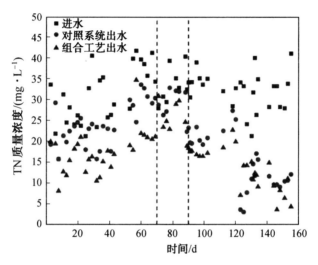

图 3.50　对照系统与组合系统总氮进出水水质

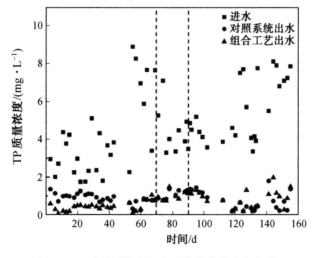

图 3.51　对照系统与组合系统总磷进出水水质

表 3.22　对照系统和组合系统污染物平均去除率　　　　%

运行阶段	COD		氨氮		总氮		总磷	
	对照	组合	对照	组合	对照	组合	对照	组合
第一阶段	98.27	97.05	99.03	99.54	19.21	41.77	68.34	86.70
第二阶段	98.39	98.52	99.42	99.86	13.24	30.64	71.78	70.85
第三阶段	98.30	98.31	95.66	98.76	47.56	53.17	72.99	62.76
全过程	98.30	97.87	97.43	99.20	32.34	45.86	70.36	73.43

（1）COD。

从表 3.22 中可以看出，在各个运行阶段，对照系统与组合系统对 COD 的去除率相当，均在 95% 以上。第一阶段 ASSR 中的厌氧水解和第三阶段 SSWR 中的蠕虫捕食所释放的有机物为污水处理系统带来的额外 COD 负荷并没有使组合系统出水 COD 质量浓度明显上升，说明蠕虫床的增设可以加强 A/O-MBR 对 COD 的降解效果。推测可能是厌氧水解和污泥捕食所释放的碳源易被微生物吸收代谢。在整个运行周期内，组合系统对 COD 的去除率为 97.87%，略低于对照系统的去除率。

（2）氨氮。

在各个运行阶段，组合系统对氨氮的去除率均在 98% 以上，与对照系统相近，说明 A/O-MBR 与蠕虫床的耦合并未对污水处理系统的氨氮去除效率造成明显影响。在整个运行周期内，组合系统对氨氮的去除效率为 99.20%，略高于对照系统的去除率。以往的研究均证明，在厌氧条件下活性污泥中微生物的死亡会产生氨氮，并且其中存在的微生物也可矿化有机氮为氨氮。另外，捕食动物排泄物往往氨氮含量很高，所以蠕虫对污泥的捕食也会导致氨氮的明显释放。而从试验结果来看，第一与第三阶段组合系统氨氮去除率较对照系统未出现下降，推测是 MBR 膜池中高强度的曝气使厌氧和蠕虫捕食释放的氨氮得到充分的硝化。

（3）总氮。

组合系统在各个运行阶段对总氮的去除率均高于对照系统。在整个运行周期内，组合系统对总氮的去除率为 45.86%，比对照系统高 13.52%。在第一阶段，随污泥从好氧池进入 ASSR 的硝酸盐，在厌氧条件下，与在厌氧过程中释放的内源性碳源物质一起被反硝化细菌利用，进行反硝化脱氮过程，使得组合系统对总氮的去除优于对照系统。第二阶段的总氮去除率较第一阶段明显下降，推测是由于蠕虫床内溶解氧质量浓度的升高导致反硝化作用的减弱。第三阶段观察到球形填料内部已经被污泥充分填满，颤蚓类蠕虫可以牢固地附着在其上，球形填料表面及内部出现溶解氧的差异，使填料自身处于好氧、厌氧的多重环境中。同时附着在其上的蠕虫可通过捕食污泥释放一定量的碳源，为反硝化过程提供碳源。另外，蠕虫的爬行和蠕动促进了填料内部污泥相与水相之间代谢产物与营养物质的转移和扩散，使得 SSWR 内出现同步硝化反硝化的过程，组合系统对总氮的去除优于对照系统。

(4)总磷。

组合系统对总磷的去除效果在各个运行阶段差异较大。在整个运行周期内,组合系统对总磷的去除率为83.97%,比对照系统高6.61%。在第一阶段,组合系统对污水中总磷的去除效果明显好于对照系统,达到86.7%,较对照系统高16.36%。较长污泥龄的ASSR中富集了大量慢速生长的聚磷菌(PAOs),在蠕虫床反应器低负荷的运行状态下及厌氧环境中,污泥发生自身分解的同时部分物质发生水解酸化,在小范围内释放的有机物可以被 PAOs 利用于释磷,厌氧释磷后的泥水混合液回流至 A/O-MBR,在好氧池与膜池发生好氧吸磷,使得出水总磷得到降低。而随着蠕虫床反应器运行参数的调整,第二阶段组合系统的总磷去除率明显下降且低于对照系统。第三阶段的组合系统对总磷的去除率较第二阶段下降了8.09%,并且比对照系统低10.23%。SSWR中蠕虫捕食污泥释放出一定量的磷,但是系统中的磷只能通过排泥来去除,第三阶段污泥产率低,排泥量少,未排出系统的富磷污泥会重新释放磷,所以第三阶段组合系统的总磷去除效果明显下降。

表3.23 为对照系统和组合系统在三个阶段剩余污泥中的总磷量。从表中可以看出,在第一和第三阶段组合系统所排放的剩余污泥中总磷含量是对照系统的2倍以上,这明确了组合系统中蠕虫床反应器的加入,使得污泥循环在厌氧好氧环境中生物除磷得到强化。

表 3.23　每 100 g 对照系统和组合系统剩余污泥干泥中的总磷含量　　　　　　　　g

运行阶段	对照系统剩余污泥中总磷	组合系统剩余污泥中总磷
第一阶段	1.47	3.82
第二阶段	1.39	2.11
第三阶段	1.58	3.36

在连续运行期间,A/O-MBR 对照系统与 A/O-MBR-蠕虫床组合系统出水 COD 均低于 50 mg/L,氨氮均低于 5 mg/L,达到一级 A 出水标准。对于出水总氮,对照系统一级 A 达标率为22.0%,一级 B 达标率为42.4%,组合系统一级 A 达标率为35.6%,一级 B 达标率为74.6%。对于出水总磷,对照系统一级 A 达标率为23.7%,一级 B 达标率为74.4%,组合系统一级 A 达标率为44.1%,一级 B 达标率为76.3%。除第三阶段的总磷外,组合系统在各个运行阶段的出水总氮与总磷的一级 B 与一级 A 达标率均显著高于对照系统。

表 3.24　对照系统和组合系统污染物出水达标率表　　　　　　　　　　　%

运行阶段	对照系统总氮		组合系统总氮		对照系统总磷		组合系统总磷	
	一级 A	一级 B	一级 A	一级 B	一级 A	一级 B	一级 A	一级 B
第一阶段	0.0	31.8	31.8	86.4	9.0	63.6	77.3	100.0
第二阶段	0.0	0.0	0.0	0.0	0.0	87.5	0.0	58.0
第三阶段	44.8	62.1	48.3	86.2	41.4	78.6	31.0	75.6
全过程	22.0	42.4	35.6	74.6	23.7	74.4	44.1	76.3

从表 3.24 中可以看出,在第二阶段,组合系统出水总氮一级 A 与一级 B 达标率均为 0,出水总磷一级 A 与一级 B 达标率与第一阶段和第三阶段有明显的差距,如果进一步减小蠕虫床反应器从高温 ASSR 模式到适温 SSWR 模式之间的过渡时间,能够进一步提高全周期内组合系统的总氮总磷达标率。

2. 组合工艺污泥减量效果分析

通过对污泥排放量和 COD 降解量的连续统计,可以计算出对照系统和组合系统在连续运行过程中的污泥产率,结果如图 3.52 所示。

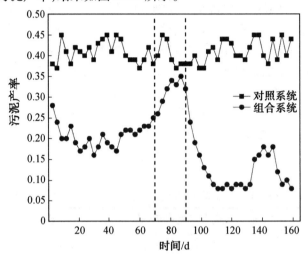

图 3.52　对照系统与组合系统污泥产率

由图中可以看出:A/O-MBR 对照系统的污泥产率在各个阶段均较为稳定,维持在 0.37~0.45 范围内。由于 A/O-MBR-蠕虫床试验系统在三个阶段中运行模式的差别,其污泥产率有较大的波动。在第一阶段初期,由于蠕虫床反应器内球形填料对活性污泥的吸附,形成具有一定厚度的生物膜,以及蠕虫床反应器内局部区域出现污泥沉积的情况,组合系统污泥产率迅速下降,而后在 0.2 上下波动,第一阶段末期污泥产率逐渐升高,推测可能由于第一阶段后期气温降低,导致组合系统的解偶联作用减弱,进而影响污泥削减效果。在第二阶段,蠕虫床反应器处于两种运行模式的切换过渡状态,进入该阶段后,组合工艺污泥产率迅速上升,而后在 0.33 上下波动。在第三阶段,蠕虫的投加带来了可观的污泥削减效果,污泥产率在前 15 d 内迅速下降,而后在 0.1 附近波动,第三阶段中后期污泥产率出现突升,推测可能是由气温骤降而导致反应器中蠕虫活性降低,蠕虫对污泥的捕食效率也随之下降。到此阶段后期随着蠕虫对低温的逐渐适应,污泥产率回归至 0.1 附近。

表 3.25 对照系统和组合系统污泥减量情况

运行阶段	对照系统	组合系统	减量率/%
第一阶段	0.408	0.207	49.20
第二阶段	0.399	0.306	23.20
第三阶段	0.413	0.117	71.59
全过程	0.409	0.185	54.76

表 3.25 为对照系统和组合系统在三个阶段的平均污泥产率和污泥减量率。组合系统在接种蠕虫的第三阶段达到 71.59% 的污泥减量效果,而强化解偶联的第一阶段达到了 49.20% 的污泥减量效果,在过渡阶段,污泥产率为 0.306,仍有 23.2% 的污泥减量率。综合全过程而言,组合工艺的污泥减量率达到 54.76%,若能够进一步缩短蠕虫床反应器从高温 ASSR 模式到适温 SSWR 模式之间的过渡时间,则组合系统全过程减量效果可得到进一步提升。

气温较高时,ASSR 组合系统也具有可观的污泥减量效率,但高温不利于蠕虫生存,高温情况下投加蠕虫可能导致蠕虫大量死亡。随着气温降低,ASSR 组合系统污泥减量效果变差,向蠕虫床反应器中接种颤蚓类蠕虫形成 SSWR 组合工艺可弥补低温状况下空白蠕虫床作为 AASR 反应器时污泥减量效率的降低。

3. 组合工艺膜污染情况分析

TMP 是指膜进水侧与出水侧之间的压力差值,膜组件的污染越严重,跨膜压差越大,TMP 增长越快。图 3.53 为对照系统与组合系统 TMP 变化情况。

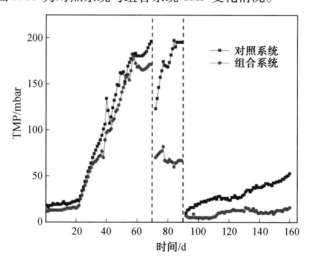

图 3.53 对照系统与组合系统 TMP 变化情况($1 \, bar = 10^5 \, Pa$)

在三个阶段衔接的两天时间内,完成对两组系统的膜清洗,运行全过程中共进行了两次膜清洗。在第一阶段前期,组合系统相较于对照系统的 TMP 更低,此时两组系统 TMP 增长速率相当,在 20 d 过后,组合系统与对照系统的 TMP 急剧上升,直至第一阶段结束,在此期间组合系统 TMP 始终低于对照系统并且增长更缓慢,说明 ASSR 中厌氧停留的污泥回流至 A/O-MBR 能减缓组合系统内膜污染。第一次膜清洗后进入过渡阶段,组合工艺 MBR 池经过膜清洗后,其 TMP 在第二阶段维持在较低水平且无增长。相反,对照系统经过第一次膜清洗后,虽然 TMP 有所下降,但又在短时间内迅速上升至膜清洗前的最高值,这说明对照系统 MBR 池产生了较难去除的膜污染。为避免高膜压对平板膜造成的损害,在进入第三阶段前进行了第二次膜清洗并加大了对对照系统中膜的清洗力度。在第三阶段,由于对对照系统高强度的膜清洗,两组系统在第三阶段初始时 TMP 接近,此后组合工艺的 TMP 增长始终低于对照系统,说明经蠕虫摄食后污泥性质发生变化,回流至 A/O-MBR 中可有效延缓 MBR 膜污染。两组系统各阶段 TMP 平均增长速率见表 3.26。

表 3.26　对照系统和组合系统各阶段 TMP 平均增长率　　　　　　Pa/d

运行阶段	对照系统	组合系统
第一阶段	261.8	233.8
第二阶段	423.5	−17.6
第三阶段	63.2	13.2

4. 组合工艺污泥特性影响分析

在 160 d 的连续运行过程中,发现 A/O-MBR-蠕虫床组合工艺具有良好的污泥减量效果,相对于 A/O-MBR 对照系统,污泥减量率达 54.76%。但是组合系统仍会产生少量剩余污泥,这些剩余污泥也需要进一步处理才能通过填埋、焚烧或堆肥等方式回到环境当中。以往众多对 OSA 污泥原位减量工艺和生物捕食污泥原位减量工艺的研究表明,解偶联池的设置和蠕虫捕食作用均会对污泥多方面的性质造成影响,性质发生改变的污泥回流至污水处理单元中,会导致组合系统内活性污泥特性的整体变化,进而会对剩余污泥的后续处理与处置,如沉淀、浓缩与脱水等,产生重大的影响。同时,由于污泥需要从蠕虫床反应器回流至 A/O-MBR 中,MBR 膜池的膜污染也与受到蠕虫捕食影响后的污泥性质息息相关。

污泥的沉降性能与剩余污泥的浓缩过程紧密相关,通常以污泥体积指数(SVI)来进行衡量,SVI 越低,表示单位干重污泥所占据的污泥混合液体积越小,沉降性能更佳。图 3.54 为 160 d 的连续运行过程中,对照系统与组合系统排放的剩余污泥的 SVI 变化情况。从图中可以看出,组合系统在各阶段的剩余污泥 SVI 值有一定差距,但整体而言均低于对照系统。对照系统的剩余污泥 SVI 值在 120~150 mL/g 范围内波动,全过程的平均值为 135.4 mL/g。组合系统的剩余污泥 SVI 值在第一阶段波动较小,平均值为 122.5 mL/g,在第三阶段波动较大,平均值为 104.2 mL/g,组合系统全周期的剩余污泥 SVI 平均值为 114.9 mL/g,较对照系统低 20.5 mL/g。这一结果说明蠕虫床反应器的耦合有助于改善剩余污泥的沉降性能。通过一定手段将蠕虫粪便从活性污泥中分离,显微镜下观察蚓粪,发现其密度高、形态紧凑,通过试验测得蠕虫粪便的污泥容积指数值较低,仅为 60 mL/g 左右,比剩余污泥沉降速率更快。由于蠕虫排泄物在组合系统中与活性污泥充分混合,导致组合系统第三阶段剩余污泥 SVI 值较对照系统显著降低。

　　污泥的脱水性能与剩余污泥的脱水过程紧密相关,通常以污泥比阻或毛细吸水时间(CST)来进行衡量。由于比阻的测定与计算过程较为复杂,目前采用 CST 来衡量污泥脱水性能更为常见。CST 值越大,表示剩余污泥的脱水性能越差。图 3.55 为 160 d 的连续运行过程中,对照系统与组合系统排放的剩余污泥的 CST 变化情况。

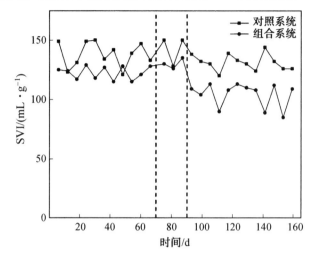

图 3.54　对照系统与组合系统剩余污泥的 SVI 变化情况

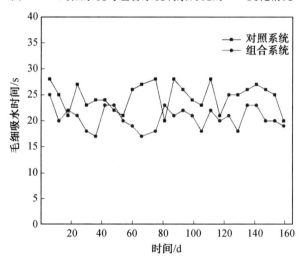

图 3.55　对照系统与组合系统剩余污泥的 CST 变化情况

　　从图 3.55 中可以看出,对照系统与组合系统的剩余污泥 CST 在连续运行期间波动较大。对照系统所排放的剩余污泥的 CST 在 20 ~ 30 s 的范围内波动,全周期的平均值为24.6 s。组合系统所排放的剩余污泥在第一阶段的 CST 平均值为 19.8 s,在第三阶段的CST 平均值为 20.5 s,在两种运行模式下组合系统剩余污泥 CST 值无明显差别。组合系统全周期的 CST 平均值为 20.5 s,较对照系统降低了 4.1 s,这一结果说明了蠕虫床反应器的耦合有助于改善 A/O-MBR 剩余污泥的脱水性能。通过一定手段将蠕虫粪便从活性污泥中分离,通过试验测得蠕虫粪便 CST 值为 17.5 s,组合系统第三阶段剩余污泥 CST

未出现显著降低,推测可能是蠕虫的捕食作用使活性污泥絮体粒径变小,而在污泥絮体粒度分布中小颗粒絮体所占比例增大的情况不利于污泥的脱水过程。

3.7.3　组合工艺污泥减量机理研究

相较于 A/O-MBR 对照系统,A/O-MBR-蠕虫床组合系统具有显著的污泥减量效果。在 A/O-MBR 与蠕虫床反应器耦合的组合系统中,蠕虫对污泥的捕食作用导致的污泥减量,一部分是污泥经摄食后蠕虫排出的固体物质与摄入污泥之间量的差值,另一部分是蠕虫破碎污泥细胞释放的营养物质导致污泥的隐性生长。活性污泥在 A/O-MBR 中好氧池与蠕虫床之间的循环交替,加之蠕虫床特殊的曝气方式,可能会引起系统内污泥解偶联代谢的情况发生。另外,污泥本身存在着自然衰减,这也是系统内污泥减量的机制之一。蠕虫床的增设使得系统的污泥龄延长,长泥龄系统中容易出现更多的可对污泥有捕食作用的微型动物,在丰富食物链的同时导致能量的进一步衰减,污泥产量继而进一步下降。基于这些可能存在的污泥减量机理,继续采用系列序批式试验进行污泥减量机理的研究。

1. 蠕虫捕食作用引起的污泥减量

蠕虫的捕食作用是指人为接种的蠕虫捕食活性污泥中的细菌等物质,蠕虫摄食污泥的量与排泄粪便的量不对等,所减小的那部分物质被蠕虫消化并作为生长繁殖所需而消耗。此外,蠕虫口器对微生物细胞具有破碎作用,该胞溶作用可释放细胞内物质,致使出现隐性生长。

第二阶段与第三阶段的组合工艺运行参数相同,两阶段中解偶联以及其他作用所引起的污泥减量效果类似,唯一的区别在于第三阶段向蠕虫床反应器中投加了蠕虫。因此,为考察蠕虫捕食引起的污泥减量,切断组合系统中 A/O-MBR 装置与蠕虫床反应器的连接,可排除蠕虫捕食后污泥回流至 A/O-MBR 水处理系统所引起的污泥减量,分别选取第二阶段末期与第三阶段初期的某两天,在运行 0 h 和 24 h 进行取样并测定污泥浓度。由此计算出的污泥减量情况见表 3.27。

表 3.27　组合系统污泥减少量及蠕虫捕食所占污泥减量比

组合系统 运行阶段	ΔMLSS/g	单位污泥减少量 /(mg·L^{-1}·d^{-1})	蠕虫捕食作用 所占污泥减量比/%
第二阶段	322	161	—
第三阶段	670	335	51.9

由表 3.27 可知,切断耦合的空白蠕虫床(第二阶段)和蠕虫床(第三阶段),组合系统减量效果分别为 161 mg/(L·d)与 335 mg/(L·d),由蠕虫取食与排泄差距导致的污泥减量效果为 174 mg/(L·d),占蠕虫床总污泥减量效果的 51.9%。空白蠕虫床具有一定的减量效果,向空白床中接种蠕虫可以增加一倍有余的污泥减量,说明蠕虫具有极大的污泥捕食减量能力。

以往研究证明,蠕虫的捕食对微生物细胞具有明显的破碎效果,即溶胞作用,微生物细胞破碎后会释放营养物质,但从对水质的测定结果(图 3.56)来看,COD 和蛋白质等营养物质并没有因为胞溶而出现质量浓度上升,从略有降低的结果来看,可以确定 SSWR 内发生了隐性生长。微生物利用破碎细胞的营养物质作为代谢底物,从而使系统排泥量整体减少。第二阶段的空白蠕虫床具有一定的污泥减量能力,其中可能存在溶胞-隐性生长作用,而蠕虫的捕食作用加速了污泥的破解过程,使隐性生长得到强化,从而在接种蠕虫的第三阶段,组合系统的污泥减量效果得到了显著提高。

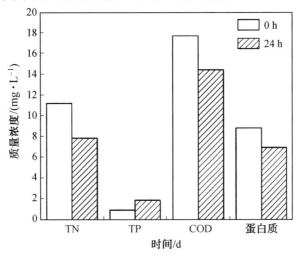

图 3.56　蠕虫床反应前后水质指标对比

上述研究结果明确了蠕虫的捕食作用所引起的污泥减量主要由两方面构成:首先,污泥经蠕虫摄食后一部分被蠕虫消化吸收,该部分污泥转化为物质与能量为蠕虫提供自身生长所需营养,具体表现为蠕虫摄食量与排泄量之间的差值;其次,蠕虫的捕食作用加速了污泥破解过程,使隐性生长得到强化,从而提高污泥减量效果。

在第三阶段,对照系统日均污泥产量为 1 466 g,组合系统日均污泥产量为 376 g,由于蠕虫床的耦合所带来的污泥日均减量为 1 090 g。由蠕虫捕食作用引起的污泥减量效果为 348 g/d,占组合工艺污泥减量效果的 31.9%。

2. 代谢解偶联作用引起的污泥减量

为了考察系统中代谢解偶联作用引起的污泥减量效果,采用序批式试验测定从蠕虫床回流到 A/O-MBR 中污泥的三磷酸腺苷含量变化,同时测定计算污泥产率与污泥减量率,以探究不同阶段组合工艺中代谢解偶联所导致的污泥减量情况。将污泥样品分别从对照系统好氧池、第一阶段空白蠕虫床、第二阶段空白蠕虫床和第三阶段蠕虫床中取出(分别为对照组、试验 1 组、试验 2 组与试验 3 组),静置一段时间后取沉淀后的污泥,放置到预先准备好的序批式反应器中,向其中装填进水至 2 L,以 A/O-MBR 好氧池与膜池的实际 DO 质量浓度为标准向序批式反应器中曝气,试验耗费时间为 A/O-MBR 中好氧池与膜池的 HRT 之和,即 9 h。试验过程中每间隔 1.5 h 取样一次,进行污泥浓度、化学需氧量以及 ATP 含量的测定。其中,以对照组序批式试验作为空白试验。

在第一阶段组合系统中,空白蠕虫床反应器作为 ASSR 厌氧侧流污泥反应器运行,污泥在 A/O-MBR 相对好氧与 ASSR 相对缺氧的环境中循环,新陈代谢解偶联被人为强化,从而增大组合工艺的污泥减量效果。而第二阶段的空白蠕虫床和第三阶段的蠕虫床,其与 A/O-MBR 中的好氧池之间仍存在一定的 ORP 差值,所以其代谢解偶联作用也是不可忽视的一部分。

表 3.28　污泥解偶联序批式试验产率与污泥减量率比较

序批式反应器	污泥产率/(kg·m⁻³·d⁻¹)	与对照组相比的污泥减量率/%
对照组	1.45	—
试验 1 组	0.86	40.69
试验 2 组	1.24	14.48
试验 3 组	1.09	24.83

由表 3.28 可见,在 9 h 的连续好氧曝气下,第一阶段高温 ASSR 模式下的蠕虫床反应器中的污泥具有最小的表观污泥产率,为 0.86 kg/(m³·d),与对照组相比,污泥减量率为 40.69%。污泥在 A/O-MBR 相对好氧与 ASSR 相对缺氧环境中的循环强化了系统内的代谢解偶联,使污泥得到有效减量。此外,相较于对照组,试验 2 组与试验 3 组的污泥减量率分别为 14.48% 与 24.83%,证明第二阶段处于过渡状态与第三阶段适温 SSWR 模式下的蠕虫床反应器,也会导致组合工艺中解偶联现象的出现。

ATP 是生物细胞内能量传递和转换的载体,系统活性污泥中三磷酸腺苷的含量变化,可以反映其中微生物的生理状态和能量利用情况。微生物体内能量的产生主要有底物水平磷酸化和电子传递体系磷酸化,其中约有 95% 的 ATP 来自电子传递体系磷酸化,该反应主要在细胞体内膜两侧发生,能量来源为还原性辅酶中所含的化学能,氧气为最终的电子受体,因此,溶解氧质量浓度和系统中有机物负荷高低会对活性污泥微生物细胞 ATP 含量造成影响。通过对四个序批反应器每隔 1.5 h 取样测定 ATP 含量,绘制图 3.57。

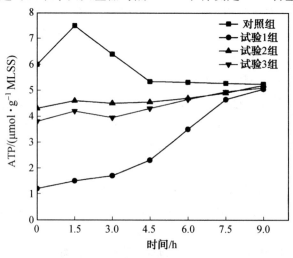

图 3.57　序批式反应器内 ATP 含量变化

图中显示,0 h 的各装置中,试验 1 组中 ATP 含量最低,但随试验的进行而逐渐提升;0 h 的对照组中 ATP 含量最高,在 1.5 h 达到最高后逐渐下降,最后趋于稳定;试验 3 组与试验 2 组的初始 ATP 含量较为接近,随曝气的进行,含量均有小幅度的提升。

对于组合工艺,蠕虫床反应器的运行负荷较低,DO 值较低,ATP 在此环境下无法顺利产生,所以从蠕虫床中取出的污泥样品在未曝气时 ATP 含量处于较低水平。而第一阶段是三个阶段中溶解氧质量浓度最低的,因此其代谢解偶联作用较后两个阶段强,引起的污泥减量程度也最大。

对从蠕虫床内取出的污泥进行好氧曝气,在此过程中,活性污泥中 ATP 含量逐渐升高,污泥活性逐渐增强。但对于刚进入好氧池的活性污泥而言,从 ATP 含量与污泥浓度变化角度来看,可以发现 ATP 含量不断上升而污泥浓度却在下降,这说明活性污泥微生物的分解代谢水平较高但是合成代谢却不旺盛,作为碳源的 COD 不断被消耗转化为细胞体内的 ATP,但是这部分能量并未被用来进行细胞增殖,整体表现出产率降低的情况。

3. 污泥衰减作用引起的污泥减量

在活性污泥工艺中,污泥生长增殖过程必然同时伴随着污泥的衰减过程。衰减过程是指微生物本身氧化的过程,表现为微生物总量的降低和氧的利用等转化关系。为研究组合工艺各个阶段污泥衰减作用所导致的污泥减量情况,进行以下试验。

分别在三个阶段的对照系统和组合系统的好氧池中取出 2 L 污泥,并同时在三个阶段的组合系统的蠕虫床反应器选取合适位置采集总共 2 L 的污泥混合液样品。在将样品放入序批式试验装置之前,先用纯水充分清洗掉污泥中残留的营养底物,培养过程中不再外加基质。从对照系统和组合系统的好氧池中取出的活性污泥,按照三个运行阶段分别记作对照 1、试验 1、对照 2、试验 2 及对照 3、试验 3。在序批式反应器中顺次进行缺氧搅拌 3 h,好氧曝气 9 h。从组合系统蠕虫床反应器中取出的活性污泥,按照三个运行阶段,分别记作床 1、床 2、床 3,经充分清洗后加入纯水使污泥体积达 2 L,床 1 进行厌氧搅拌 24 h,ORP 控制在 $-150 \sim -50$ mV;床 2、床 3 进行微好氧曝气 24 h,溶解氧控制在 $1.0 \sim 1.5$ mg/L,每隔 2 h 取样一次,用于进行 MLSS 测定。序批式试验在室温下进行,最终减量效果见表 3.29。

表 3.29　污泥衰减序批式污泥减量率比较

运行阶段	序批式反应器	$\Delta MLSS/MLSS_0$/%	与对照组相比的污泥减量率/%
第一阶段	对照 1	15.11	—
	试验 1	17.23	14.03
	床 1	21.08	39.51
第二阶段	对照 2	14.85	—
	试验 2	15.94	7.34
	床 2	16.48	10.98
第三阶段	对照 3	15.24	—
	试验 3	18.31	20.14
	床 3	19.06	25.07

　　从表中可见,经过一整个周期的水处理过程,在贫营养的条件下,试验 1、试验 2 和试验 3 中污泥都得到了一定的衰减,其中以试验 3 系统减量最大。与对照系统相比,试验 1、试验 2 和试验 3 系统的污泥减量率分别为 14.03%、7.34% 与 20.14%,这表明在第三阶段的 A/O-MBR 生化池中,污泥衰减作用引起的污泥减量较第一与第二阶段更明显。

　　同时,由于污水中的 COD 在缺氧池和好氧池中被大量消耗,蠕虫床始终处于贫营养状态,而在此条件下,与对照系统相比,床 1、床 2 与床 3 的污泥减量率分别为 39.51%、10.98% 与 25.07%,可见在厌氧状态下运行的空白蠕虫床中污泥衰减作用最为显著;相同运行条件下,床 3 较床 2 有更强的污泥衰减作用,推测可能是蠕虫的投加导致第三阶段的蠕虫床反应器中除蠕虫外的微型动物生物量更为丰富,从而在序批试验中减量更显著。

4. 微型动物群落结构变化引起的污泥减量

　　在污泥衰减试验中,相同运行条件下,在投加蠕虫的蠕虫床中污泥较空白蠕虫床污泥有更强的衰减作用,推测可能是蠕虫的投加导致第三阶段的蠕虫床反应器中微型动物的生物量更为丰富,许多后生动物同时对污泥絮体产生吞噬作用,从而污泥减量更显著。一般认为,在活性污泥系统中出现后生动物的条件是:污泥龄长,溶解氧充足,污泥负荷低,而蠕虫床反应器中恰好提供了这样的环境条件。通过镜检发现,在对照系统和第一阶段的组合系统中,大型原生动物和小型后生动物的量非常少;而在第二阶段和第三阶段的组合系统中,可发现大量的红斑颚体虫、轮虫、鳞壳虫、线虫、仙女虫等多种微型动物,由于 MBR 膜的阻挡与试验过程较少的排泥量,这些微型动物得以在试验系统中长期存在,形成了一定的污泥削减作用。

　　各阶段对照系统和组合系统中微型动物数量差异可以通过比好氧速率的测定来确定。与细菌、真菌等微生物相比,活性污泥体系中较为高等的微型动物的活性更易被高浓度盐溶液抑制。试验结果见表 3.30。

表 3.30　污泥衰减序批式污泥减量率比较

运行阶段	污泥样品采集位置	未抑制 SOUR /(mg·g⁻¹·h⁻¹)	高盐溶液抑制 SOUR /(mg·g⁻¹·h⁻¹)	SOUR 抑制 /SOUR 未抑制
第一阶段	对照系统生化池	0.455	0.423	0.93
	组合系统生化池	0.356	0.313	0.88
第二阶段	对照系统生化池	0.473	0.430	0.91
	组合系统生化池	0.374	0.322	0.86
	蠕虫床反应器	0.328	0.272	0.83
第三阶段	对照系统生化池	0.460	0.414	0.90
	组合系统生化池	0.348	0.292	0.81
	蠕虫床反应器	0.336	0.259	0.77

　　研究发现,在对照系统生化池和组合系统生化池中,微型动物活性受抑制与未抑制状态下的 SOUR 之比随三个阶段的进行逐渐减小,这表明随着试验过程的进行,两组系统生

化池中的微型动物生物量逐渐增加,且组合系统生化池内微型动物的数量较对照系统更多。在第三阶段投加蠕虫的蠕虫床反应器中,微型动物活性受抑制与未抑制状态下的 SOUR 之比为 0.77,而对于第二阶段未投加蠕虫的空白蠕虫床中的污泥,该比例为 0.83,这表明蠕虫的投加的确导致了第三阶段的蠕虫床反应器中微型动物的生物量更为丰富。

颤蚓类蠕虫、污水中的污染物以及活性污泥中的微生物等共同构成了污水污泥同步处理系统中一条简单高效的食物链,在系统中接种蠕虫能够丰富微型动物的种类与数量,促进物质循环和能量流动。

3.8　本章小结

本章系统地介绍了污水与污泥同步处理的 MBR-蠕虫床组合工艺,分析了蠕虫捕食作用所带来的污泥性质变化、蠕虫与污泥组成成分变化以及营养物质释放现象;研究了组合工艺中各个单元对于污染物的去除效能;探讨了污染物去除效率与系统微生物菌群结构的关系;剖析了蠕虫捕食作用对 MBR 膜污染的控制机理。

(1) 蠕虫经过 80 d 的生长,其成分组成中脂肪含量提升至 9.5%,无机灰分所占比例由 4.2% 升高至 5.9%。对蠕虫进行红外光谱分析时,并未发现代表难降解有机物基团的苯骨架伸缩或芳香环。蠕虫对污泥的捕食会导致营养物质从泥相向水相的迁移,TOC 释放速率为 0.30 mg TOC/(d·g 蠕虫湿重);氮释放速率为 8.09×10^{-5} mg 氨氮/(d·g 蠕虫湿重);磷酸盐释放速率为 0.15 mg 磷酸盐/(d·g 蠕虫湿重)。蠕虫捕食污泥释放的氮素在后续处理中会被进一步去除。

(2) MBR-蠕虫床的驯化时间为空白对照组的 5 倍;蠕虫床会导致 MBR 氨氮负荷提高 3.4%,其中 2.8% 来自于蠕虫捕食作用,剩余的来自于污泥内源呼吸及环境条件变差;MBR-蠕虫床在稳定期的氨氮去除率比空白对照组高 5.2%,AOB 活性提高了 11.6%,说明组合工艺对氨氮有较高的去除率;空白对照组和 MBR-蠕虫床中 AOB 菌群分别为:Nitrosomonas、β-proteobacteria、Dechloromonas、Bacterium 和 Clostridium;Nitrosomonas 和 Bacterium 难以适应 MBR-蠕虫床中的环境而逐渐减少或被淘汰,β-proteobacteria、Nitrosomonas 和 Dechloromonas 在 MBR-蠕虫床内的丰度相比空白对照组分别提高了 3.8%、3.3% 和 5.9%,对氨氮的去除有积极作用。

(3) 蠕虫捕食后污泥的回流会对初始污泥的聚集性产生显著影响($P<0.05$),耦合 MBR 中初始污泥的聚集能力弱于空白对照组。这是由于蠕虫的捕食作用会对污泥细菌胞外聚合物的聚集性产生影响,经捕食后,胞外聚合物解吸附的能力降低,而重新絮凝所需克服的能量壁垒增加,微生物胞外聚合物的聚集性降低。

(4) 蠕虫捕食对胞外聚合物蛋白质的浓度具有明显影响($P < 0.05$),但是对糖类物质浓度的影响不明显($P > 0.05$)。随着污染试验的不断进行,耦合 MBR 中黏液层、LB-EPS 及 TB-EPS 引起膜通量下降速度明显低于对照 MBR 中黏液层、LB-EPS 及 TB-EPS 引起的膜通量下降速度($P < 0.05$)。

(5) 组合工艺中微生物菌群的改变可能会对微生物胞外聚合物特性产生影响,蠕虫捕食污泥的回流会使耦合 MBR 中 Betaproteobacteria 和 Gammaproteobacteria 类微生物减少以及 Alphaproteobacteria 类微生物种类改变。蠕虫床的引入可以通过影响具体微生物种群而改变微生物胞外聚合物的特性,使得膜污染有所减轻。

(6) A/O-MBR-蠕虫床组合工艺具有良好的污水处理与膜污染控制效能。根据中试地点的气温和蠕虫床温度实测情况,在不同模式下分阶段运行 A/O-MBR-蠕虫床组合系统,平行运行对照系统。研究得出组合工艺在实现高效的污泥减量效果的同时(减量率为 54.76%),对 COD 与氨氮保持95%以上的去除率,且相较于对照系统在总氮和总磷去除方面有所提升。蠕虫床与 A/O-MBR 的耦合,能够有效地减缓 MBR 膜池的膜污染情况。

(7) 代谢解偶联、污泥衰减及生物捕食是 A/O-MBR-蠕虫床组合工艺的污泥大幅减量的主要原因。相同运行参数下,由蠕虫捕食带来的污泥减量作用占蠕虫床内部污泥减量效果的51.9%。污泥衰减试验结果表明,污泥衰减引起的 A/O-MBR 中污泥减量率达到 20.14%。此外,通过镜检和 SOUR 抑制试验发现,长泥龄低负荷的运行条件使组合工艺中存在较多具有污泥捕食能力的微型动物,有利于系统的污泥减量。

本章参考文献

[1] 邓易芳, 吴俊奇, 刘昌强, 等. 城市污泥资源化与源头减量化方法[J]. 应用化工, 2019, 48(5): 1202-1207.

[2] CURDS C R. The ecology and role of protozoa in aerobic sewage treatment processes[J]. Annual Reviews in Microbiology, 1982, 36(1): 27-28.

[3] LAPINSKI J, TUNNACLIFFE A. Reduction of suspended biomass in municipal wastewater using bdelloid rotifers[J]. Water Research, 2003, 37(9): 2027-2034.

[4] EMAMJOMEH MM, TAHERGORABI M, FARZADKIA M, et al. A review of the use of earthworms and aquatic worms for reducing sludge produced: An innovative rcotechnology [J]. Waste and Biomass Valorization, 2018, 9(9): 1543-1557.

[5] RATSAK C, KOOUMAN S, KOOI B. Modelling the growth of an oligochaete on activated sludge[J]. Water Research, 1993, 27(5): 739-747.

[6] SINGH R, BHUNIA P, DASH R R. A mechanistic review on vermifiltration of wastewater: Design, operation and performance[J]. Journal of Environmental Management, 2017, 197: 656-672.

[7] SINGH R, SAMAL K, DASH RR, et al. Vermifiltration as a sustainable natural treatment technology for the treatment and reuse of wastewater: A review[J]. Journal of Environmental Management, 2019, 247: 140-151.

[8] 杨健, 赵丽敏, 陈巧燕, 等. 石英砂和陶粒蛆对生物滤池的污泥减量化效果比较 [J]. 中国给水排水, 2008(7): 12-15.

[9] 唐良建, 曾耀, 左宁. HA-A/A-MCO 污泥减量工艺的微生物与污泥特性[J]. 中国给水排水, 2011, 27(11): 25-29.

[10] GUO X S, LIU J X, WEI Y S, et al. Sludge reduction with Tubificidae and the impact

on the performance of the wastewater treatment process[J]. Journal of Environmental Sciences, 2007, 19(3): 257-263.

[11] 田禹. 城市污水污泥过程减量及资源化利用理论与技术[M]. 北京: 科学出版社, 2012.

[12] AHMED Z, CHO J, LIM B R, et al. Effects of sludge retention time on membrane fouling and microbial community structure in a membrane bioreactor[J]. Journal of Membrane Science, 2007, 287(2): 211-218.

[13] LI L P, TIAN Y, ZHANG J, et al. Enhanced denitrifying phosphorus removal and mass balance in a worm reactor[J]. Chemosphere, 2019, 226: 883-890.

[14] 黄霞, 左名景, 薛涛, 等. 膜生物反应器脱氮除磷工艺处理城市污水的工程应用[J]. 膜科学与技术, 2011(3): 223-227.

[15] IKEDA T. Nutritional ecology of marine zooplankton[J]. Memoirs of the Faculty of Fisheries Hokkaido University, 1974, 22(1): 91-97.

[16] LANDRY M, LEHNER-FOURNIER J, SUNDSTROM J, et al. Discrimination between living and heat-killed prey by a marine zooflagellate, *Paraphysomonas vestita* (Stokes) [J]. Journal of Experimental Marine Biology and Ecology, 1991, 146(2): 139-151.

[17] DIAZ-BURGOS M A, CECCANTI B, POLO A. Monitoring biochemical activity during sewage sludge composting[J]. Biology and Fertility of Soils, 1993, 16(2): 145-150.

[18] HERMAN L G. Sources of the slow-growing pigmented water bacteria[J]. Health Laboratory Science, 1976, 13(1): 5-10.

[19] GERRITSE J, SCHUT F, GOTTSCHAL J C. Modelling of mixed chemostat cultures of an aerobic bacterium, Comamonas testosterone, and an anaerobic bacterium, *Veillonella alcalescens*: Comparison with experimental data[J]. Applied and Environmental Microbiology, 1992, 58(5): 1466-1476.

[20] WU K, SARATALE G D, LO Y, et al. Simultaneous production of 2, 3-butanediol, ethanol and hydrogen with a *Klebsiella* sp. strain isolated from sewage sludge[J]. Bioresource Technology, 2008, 99(17): 7966-7970.

[21] LI Q, SUN S, GUO T, et al. Short-cut nitrification in biological aerated filters with modified zeolite and nitrifying sludge[J]. Bioresource Technology, 2013, 136: 148-154.

[22] GARRITY G M, HOLT J G. The road map to the manual[M]. New York: Springer, 2001.

[23] TCA N G, NG H Y. Characterisation of initial fouling in aerobic submerged membrane bioreactors in relation to physico-chemical characteristics under different flux conditions [J]. Water Research, 2010, 44 (7): 2336-2348.

[24] HWANG B K, LEE W N, YEON K M, et al. Correlating TMP increases with microbial characteristics in the bio-cake on the membrane surface in a membrane bioreactor[J]. Environmental Science and Technology, 2008, 42(11): 3963-3968.

[25] REDMAN J A, WALKER S L, MENACHEM ELIMELECH. Bacterial adhesion and

transport in porous media: Role of the secondary energy minimum[J]. Environmental Science and Technology, 2004, 38(6): 1777-1785.

[26] LIU X M, SHENG G P, LUO H W, et al. Contribution of extracellular polymeric substances (EPS) to the sludge aggregation[J]. Environmental Science and Technology, 2010, 44(11): 4355-4360.

[27] LIU Y, FANG H H P. Influences of extracellular polymeric substances (EPS) on flocculation, settling, and dewatering of activated sludge[J]. Critical Reviews in Environmental Science and Technology, 2003, 33(3): 237-273.

[28] LEE J, AHN W Y, LEE C H. Comparison of the filtration characteristics between attached and suspended growth microorganisms in submerged membrane bioreactor[J]. Water Research, 2001, 35(10): 2435-2445.

[29] MIURA Y, WATANABE Y, OKABE S. Membrane biofouling in pilot-scale membrane bioreactors(MBRs) treating municipal wastewater: Impact of biofilm formation[J]. Environmental Science and Technology, 2007, 41(2): 632-638.

第4章 MBR膜污染控制的模型与仿真

4.1 研究问题

在MBR工艺中,污水中的污染物会因膜的截留作用而在膜上积累。在膜两侧能量差的作用下,一部分膜污染物(无机盐、有机物、胶体等)逐渐在膜表面聚集沉积,并且逐渐形成泥饼层阻塞孔隙;另一部分颗粒物黏附在膜孔两侧,导致膜孔变窄,最终使膜在渗透流速和分离特性上产生不可逆的变化。一方面膜污染导致的MBR泵水阻力增大,从而使得曝气的动力成本上升;另一方面,想要维持膜的正常功能必须对膜进行清洗,而清洗过程会对膜造成一定的损害,并会影响膜的寿命,增加膜的置换成本。因此,在保持膜法水处理技术的优势(如水质高、占地少、二次污染小)的同时,如何实现高效、低能耗的膜污染控制是提高MBR工艺应用水平的关键。

为实现膜污染有效控制,需要分析解决以下问题:①确定膜污染的关键物质;②污染物的生成代谢途径及准确预测;③污染物影响膜过滤性能的特征及机理;④不同操作条件下膜污染的准确预测。针对第一个问题,众多学者研究表明膜污染物质主要来源于活性污泥混合液中的污泥絮体及SMP、EPS等聚合物。关于膜污染物的生成代谢过程及其浓度值的预测,以往研究所建立的模型主要基于生物膜或传统活性污泥法,且存在过参数化问题。因此,传统模型及参数在MBR中的直接应用值得进一步商榷。结合合理的试验设计分析,构建适用于MBR的生物处理模型,是实现污染物准确预测的重要前提条件。在错流条件下污染物在膜表面上的沉积受膜组件周围水力环境的影响。由于中空纤维膜在曝气条件下膜表面无序摆动,使得无法应用计算流体动力学(CFD)对膜表面水力流态状态进行准确的分析。Li和Wang利用分区算法模拟膜表面的剪切力分布,Busch等基于絮体的受力分析确定易于沉积到膜表面的粒径,这些研究成果都为后续膜过滤性能的研究奠定了基础。

膜污染过程的准确预测是基于上述三个关键问题,且与操作条件密切相关。通常,在初期TMP随时间缓慢增长到达一定压力后,TMP呈指数形式迅速上升。国内外研究者建立了多种膜孔堵塞和泥饼层过滤的联合方程,预测MBR中TMP的增长情况,但模型的建立均存在不同程度的不足,如在膜孔污染的模拟过程中未考虑膜表面泥层形成对膜孔污染的影响,以及膜表面泥层长时间的塌缩效应等。如何解决模型的不足以及污染物生成代谢模型的合理建立是准确预测膜污染的基础。综上,MBR生物处理过程的模拟以及不同条件下膜污染的准确预测等问题的深入研究将为减缓膜污染提供理论依据,并指导MBR工艺的进一步推广应用。本研究通过考察SMP组分UAP和BAP的生成降解机制以及膜污染特性,建立SMP的生成代谢动力学方程以便分析不同操作条件下UAP/BAP的生成量,优化MBR的操作条件以降低由SMP带来的膜污染问题;通过考察不同形态活性污泥对膜污染的影响,利用图像分析技术识别活性污泥的形态学参数,构建形态学参数与污泥形态的自回归历遍(ARX)模型,为减缓污泥膨胀带来的膜污染加剧问题提供技术支持;通过建立膜孔污染和膜表面污染的速率方程,评价不同操作条件对 MBR 运行的影响,为获得合理的 MBR 操作条件提供理论依据。

4.2　MBR 工艺运行过程模拟的研究进展

4.2.1　活性污泥模型

1. 静态模型

活性污泥静态模型基于反应器理论和微生物生物化学理论,将微生物生长参数与污染物降解之间的关系以方程形式呈现。最具代表性的静态模型有挥发性悬浮固体(VSS)积累速率经验公式模型、污泥完全混合假设模型和微生物生长动力学理论模型。这三种静态模型都将系统分成可生物降解有机物和活性微生物体两部分,其中可生物降解有机物通过 BOD_5 和其他指标进行测定,活性微生物体通过 VSS 浓度表达,并使用"生长–衰减"机制对系统进行描述。在活性污泥静态模型中,各种变量可直接测定,模型相对简单,易于操作,容易求解动力学方程,获得的结果基本满足工艺设计要求,但也存在一些不足。当活性污泥工艺拥有典型的时变特性时,静态模型不能很好地预测试验结果,忽略了污染物浓度增大时微生物生长速度的滞后,从而得出了活性污泥法处理效果与进水污染物浓度无关的结论。相比之下活性污泥动态模型得到了更为广泛的研究与应用。

2. 动态模型

(1)Andrews 模型。

1975 年,Andrews 提出了第一个基于"储存–代谢"机制的活性污泥动态模型,如图 4.1所示,即进水中非溶解性物质会被微生物吸附,变为储存物质,而溶液中的溶解性基质一部分转化为储存物质,另一部分被微生物吸收利用,并产生代谢残余物。Andrews 模型将溶解性基质和非溶解性基质很好地区分开来,对于有机物的快速去除进行了阐释,并解释了由进水基质浓度变化而引起的微生物增长的滞后效应,分析了好氧速率的瞬时变化相应特性。

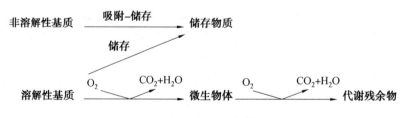

图 4.1　活性污泥储存–代谢机理示意图

(2)WRC 模型。

英国水研究中心提出了一个基于"存活–非存活细胞代谢"机制的动态模型,该模型认为存活并非生物活性的先决条件,强调了非存活细胞的作用,即生物活性可因细胞破裂、酶的溢出而得到增强,污染物基质经过酶淀作用被分解为二氧化碳和水,从而由非存活细胞表现出相当大程度的生物活性。存活-非存活细胞的代谢机制如图 4.2 所示。非存活细胞的代谢作用使有机物的降解可以在不伴随微生物量增加的情况下发生,以此解释在采用 Monod 方程描述废水生物处理过程导致细胞浓度预测值偏高的原因。

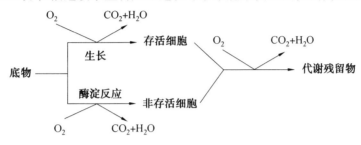

图 4.2　存活-非存活细胞的代谢机制

(3)IWA 模型。

Andrews 模型对好氧速率的瞬时变化相应特性进行了分析,WRC 模型解释了利用 Monod 方程对废水生物处理过程中细胞浓度的预测值偏高的原因,与传统静态模型相比都有很大进步,但这两种模型都存在两个问题:一是仅预测了对污染物基质中有机物的去除过程,而没有描述氮和磷的去除过程;二是在对微生物衰减进行解释时,仅从内源呼吸的角度去考虑,而没有考虑代谢产物的再利用。针对这两种动态模型的问题,国际水协会(International Water Association,IWA)提出了 ASM 系列活性污泥模型。

①ASM1 模型。1986 年,IWA 提出了以"死亡-再生(death-regeneration)"理论为基础的 ASM1 模型,其主要内容为活性微生物利用污染物底物来进行生长和繁衍,微生物会将污染物底物分解为二氧化碳与水,当微生物进行内源呼吸时会释放代谢残留物和惰性代谢产物,代谢残余物经过水解作用转化为缓慢降解不溶底物,最终回归底物形式重新被微生物利用。"死亡-再生"理论示意图如图 4.3 所示。ASM1 模型在表述上采用矩阵形式,引入了 8 种反应过程,包括有机物氧化、硝化和反硝化作用等,并包含了 12 种物质、5 个化学计量系数和 14 个动力学参数。ASM1 污泥动态模型考虑了污水水质特征,对有机底物的组成和反应过程进行了详细的描述,广泛应用于污水生物处理系统的设计和运行模拟。但 ASM1 模型对于磷的去除过程没有相应描述。

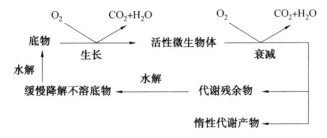

图 4.3　"死亡-再生"理论示意图

②ASM2 模型。1995 年,IWA 在 ASM1 模型的基础上提出了 ASM2 污泥动态模型,该模型沿用了 ASM1 中的"死亡-再生"理论以及 ASM1 的物料平衡计算及矩阵表达形式特点,还引入了聚磷菌(PAO)及磷酸盐去除化学计量(生物除磷以及化学除磷)。模型具有 19 种组分、19 种生化反应过程、42 个动力学参数和 22 个化学计量学系数。由于目前还没有完全掌握生物除磷机理,因此在 ASM2 模型应用时会有一定局限。

③ASM3 模型。针对 ASM1 的缺陷,IWA 又推出了 ASM3 模型,不包括除磷过程。ASM3 模型采用传统的储存-代谢机理代替了 ASM1 模型中的"死亡-再生"理论,在细胞衰减方面沿用内源呼吸理论,同时细化了生物衰减过程;考虑生物体在进行自身氧化的同时胞内存储物质也在进行氧化;此外模型在水解过程上也加以简化。模型中包括 13 种模型组分、12 种生化反应过程、22 个动力学参数和 16 个化学计量学系数。ASM3 模型更接近实际污水处理工艺和反应过程,多年来被许多实践证明是可行的,模型本身经过不断的修正与应用也取得了较大发展。

4.2.2　膜生物处理技术生物处理过程模拟

相比于传统的活性污泥法,膜生物处理技术的特征包括二沉池被膜分离技术取代、高浓度的活性污泥、少量的剩余污泥、较低的溶解氧传质效率等。传统的 ASM 模型不适用于 MBR 生物过程的模拟,另外 ASM 模型中需要对二沉池进行模拟,而膜生物技术处理过程模拟中不用对二沉池进行模拟,模拟过程得以简化。传统活性污泥法中,微生物种群类型取决于 SRT 和污泥沉降性,而在膜处理过程中,固定碳氮比下微生物对底物的利用情况是影响微生物群落的重要因素,污泥沉降性对其没有影响。MBR 中高剪切力的存在对污泥粒径分布产生影响,从而影响了底物及 DO 在污泥絮体中的传递,同时对生物活性产生负面影响。此外在 MBR 中,截留的分子可作为碳源被微生物进一步利用,对反应器内的微生物代谢途径有重大的影响。综上,膜处理技术与活性污泥法的上述差异导致传统 ASM 模型在模拟膜处理过程中存在一定不足,这可以通过在模型中引入 SMP 加以克服。根据 SMP 的作用,将其分为促进微生物生长的 UAP 和与微生物代谢相关的 BAP。

Lu 等基于 MBR 开始在 ASM1 和 ASM3 模型中引入复杂的 SMP 模型,但该 SMP 模型在 COD 成分上并不守恒,如底物 COD 的减少量并不等于生成 UAP 的 COD、生成微生物量的 COD 以及消耗的溶解氧量之和。此外,SMP 模型引入了 8 个相关参数,但仅采用试验测试的 COD 值来进行模型的校正。Lee 等采用了 Lu 的 ASM1 模型并将其与膜污染模型相联系,其中 SMP 浓度值根据 $(S_{UAP}+S_{BAP})/0.8X_{TSS}$ 估计,但研究中并未包含 SMP 的模拟结果。Ahn 等尝试在 ASM 模型中引入 EPS 概念,引入了 8 个参数造成了模型的过参数化,同时,模型缺乏适当的校正。Oliveira 等在 ASM3 模型中引入 SMP,并将 UAP 和 BAP 统一为参数 MP,新的模型中包含 5 个 SMP 动力学参数。ASM3 模型认为底物中的有机污染物首先会变成微生物体内的储存物,而后在微生物的生长过程中被当作碳源利用,而 ASM1 模型假设底物中可降解颗粒首先进行水解,然后为微生物所用。因此,在 ASM1 模型中 MP 的水解速率低于 ASM3 中的储存速率,SMP 的水解是 SMP 利用过程中的限速步骤。这也就解释了 ASM3 模型中 MP 的体积质量仅为 $0.75\ \mathrm{g\ COD/m^3}$,而 ASM1 中 MP 体积质量达到 $80\ \mathrm{g\ COD/m^3}$ 的原因。如果在 ASM3 中不考虑 MP 的储存而认为其直接被微生物利用,则获得与 ASM1 中相近的 MP 浓度。

从简单的生长动力学模型到描述储存的复杂模型,膜生物处理过程模拟得到了快速发展。ASM3 模型对储存现象做了详细的描述,但 ASM3 模型也有缺陷,与试验值进行比较时,ASM3 模型难以描述以下两个方面:在底物充足和饥饿阶段的微生物生长率不连续;为了拟合耗氧量,储存物的预测值高于实测值。因此,研究者们对 ASM3 模型进行改进,使得该模型中包含了 SMP 的生成代谢以及对有机底物的储存利用,这为 MBR 的生物过程模拟提供了另一种选择。

4.2.3　膜污染过程模拟

由于膜污染机理复杂,简单的过滤模型不能起到很好的模拟效果,因此需要将不同的模型进行联合。国内外学者在大量的试验研究和机理分析的基础上,根据污泥性质、运行条件和膜污染之间的关系,建立膜污染过程模拟的经验模型,其表达式见表 4.1。MBR 综合模型将生物处理部分、膜过滤部分和相互作用关系考虑在内,其中生物处理过程预测了膜污染的影响以及膜过滤对微生物的作用。MBR 综合模型由多个子模型所构成,包括活性污泥模型、水力模型和阻力模型,模型联合的关键在于选择合适的参数将子模型联结在一起。

表 4.1　膜通量及膜污染阻力表达式

应用	表达式	注释
泥饼层过滤	$J = \dfrac{\Delta p}{\mu(R_m + \alpha c_{MLSS})}$	J 为膜通量,Δp 为过膜压力,c_{MLSS} 为污泥浓度,μ 为污泥黏度,α 为污泥层比阻
浓差极化	$J = a + b\log(\Delta c_{DOC})$	Δc_{DOC} 为上清液和膜出水 DOC 浓度差
分置式 MBR	$J = \dfrac{\Delta p}{\mu(R_m + 843\Delta p c_{MLSS}^{0.926} c_{COD}^{1.37} \mu^{0.326})}$	c_{MLSS} 为污泥浓度,c_{COD} 为 COD 浓度值,μ 为污泥黏度
分置式 MBR	$J = J_0 \exp\left(\dfrac{kRe(c_{MLSS} - c_{MLVSS})}{c_{MLSS}}\right)$	c_{MLSS} 为污泥浓度,c_{MLVSS} 为挥发性污泥浓度,k 为与 TMP 相关的常量,Re 为雷诺系数,J_0 为初始膜通量
淹没式 MBR	$R_t = R_m + \alpha m$	该模型考虑膜表面 EPS 的累积、脱离以及固化,m 为膜表面 EPS 的密度
淹没式 MBR	$R_t = R_m + \alpha m \quad m = k_m \dfrac{V_p c_{TSS}}{A}$	α 为膜表面累积物的比阻,m 为膜表面的累积物,A 为膜表面面积,V_p 为膜出水流速,c_{TSS} 为悬浮固体总浓度,k_m 为错流速率
淹没式 MBR	$K = 8.93 \times 10^7 \times c_{MLSS}^{0.532} \times J^{0.376} \times U_\alpha^{-3.05}$	K 为阻力增加速率,J 为膜通量,U_α 为膜组件区清水的错流速率
淹没式 MBR	$R_f = 2.25\exp(MLSS \times 9 \times 10^{-5}) + 0.111 EPS - 1.99 \times 10^{-2} PSD - 3.20$	R_f 为在 TMP 为 3.97 kPa 条件下过滤 4 h 的阻力,PSD 为平均粒径

Wintgens 等提出了一个简短模型模拟中试规模的 MBR 在恒通量条件下过膜压力的增长情况,并采用阻力串联模型来计算总阻力,包括膜自身阻力、泥饼层阻力以及生物污染阻力。泥饼层阻力的预测是基于组合传统的浓差极化模型($J = k_p \ln(c_M / c_b)$)和泥饼层过滤的经验方程 $R_c = k_c c_M$,式中 c_M 和 c_b 分别为膜表面和混合液中的固体颗粒浓度。膜污染阻力 R_f 主要由所研究阶段的总的膜出水量决定,如介于两次膜化学清洗间的出水量。

$$R_f = S_f \left[1 - \exp\left(k_f \int_0^t F(t)\,dt \right) \right] \tag{4.1}$$

$$\Delta p = F(t) \left\{ R_m + k_c c_b \exp\left[F(t)/k_p \right] + S_f \left[1 - \exp\left(-k_p \int_0^t F(t)\,dt \right] \right\} \tag{4.2}$$

式中　　$F(t)$—— 膜通量;

k_c—— 泥饼层模型参数;

k_p—— 物质传递速率;

S_f—— 污染饱和参数;

k_f—— 膜污染参数。

该模型对 TMP 的模拟值与测量值得到很好的拟合效果,但是没有建立 MBR 生物处理过程与膜过滤过程之间的关系。Lee 等通过引入简单的参数,如总悬浮固体浓度(TSS),进一步对模型进行改进,将生物处理过程与膜污染过程联系起来,同时研究中用改进型 ASM1(包含 BAP) 预测 TSS 浓度,增加泥饼层过滤模型对膜污染进行预测,分别如式(4.3)和式(4.4)所示。该研究模型中 SMP 浓度值用于对出水水质进行预测,并没有和膜污染过程相联系,但这为后续建立机理模型奠定了良好基础。

$$J = \frac{\Delta p}{\eta_p (R_m + m\alpha)} \tag{4.3}$$

$$m = k_m \frac{V_p c_{TSS}}{A} \tag{4.4}$$

式中　　m—— 沉积于膜表面的泥饼层质量;

α—— 泥饼层比阻;

k_m—— 错流效率系数,取值范围为 0 ~ 1,0 代表错流过滤时无泥饼层沉积,1 代表死端过滤条件下污泥絮体的完全沉积;

V_p—— 过滤体积。

4.3　低膜污染 MBR 工艺设计

研究中使用有效容积为 150 L 的 MBR,将三片由疏水性聚偏氟乙烯制成的中空纤维膜组件平行放置于反应器内,单膜的有效过滤面积为 1 m²,膜孔径大小为 0.2 μm,膜丝内径为 0.66 mm,外径为 1.1 mm。MBR 的底部装有穿孔曝气管,曝气流量设置为 1.2 m³/h,实现反应器内的供氧及膜表面的冲刷。反应器的运行温度控制在室温(25 ℃),SRT 为30 d。反应器以膜通量恒定方式运行,出水通过蠕动泵抽吸排出,反应器内水位由液位继电器控制。控制膜通量恒定为 8 L/(m² · h),利用时间继电器将膜组件的抽/停时间保持在 8 min/2 min。真空压力表安装在膜组件和蠕动泵之间,用于测定 TMP 的变化,以此对膜污染程度进行表征。当 TMP 达到 45 kPa 时反应器停止运行,将反应器内膜组件取出进行物理清洗,而后使用 5%(体积质量比)的 NaClO 对膜组件进行化学清洗,清洗时间为 2~8 h,膜通量恢复后运行反应器。反应器进水设定为人工配制的模拟生活污水,主要成分包括:葡萄糖 171 mg/L;淀粉 171 mg/L;NaHCO₃ 254 mg/L;CO(NH₂)₂ 63 mg/L;KH₂PO₄ 15.4 mg/L;K₂HPO₄ 19.6 mg/L 和微量元素。MBR 试验装置图如图 4.4 所示。

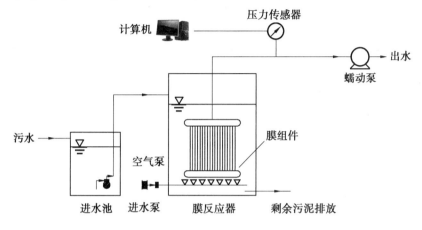

图 4.4　MBR 试验装置图

4.4　溶解性微生物产物膜污染特性及生成代谢机制研究

本节结合序批试验及数学模拟手段对 SMP 的生成代谢进行综合解析,对 UAP 及 BAP 组分质量浓度变化进行定量研究。依据膜污染过滤试验结果,研究了 BAP 和 UAP 的过滤性能,建立了 BAP 和 UAP 的过滤方程。在此基础上,分析 SMP 在污水处理系统中的生成机制,构建 UAP 及 BAP 的生成代谢动力学模型,考察不同操作条件下 MBR 中 SMP、UAP 及 BAP 质量浓度的变化,从而为膜过滤系统的成功运行提供指导性意见。

为解析 SMP 的生成代谢机制,需在特定的条件下进行序批式试验,考察其组分、质量浓度等性质的变化。在序批式试验前,MBR 已经持续运行 2 SRTs,其污泥性质处于较稳定的状态,MLSS 达到 9 560 mg/L。将污泥从 MBR 中取出,用去离子水清洗 3 次并去除残留的有机物,转移至 5 个相同的小反应装置中,连续曝气使 DO 超过 4 mg/L。所有的序批式反应均控制在温度为 25 ℃ 以及 pH 为 7.1±0.4 的条件下运行,通过滴加 10% HCl 或 6 mol/L NaOH 达到调节控制 pH 的目的。BAP 序批试验在不添加任何底物基质,微生物处于内源呼吸状态下进行,因此其产生的 SMP 以 BAP 为主。BAP 试验连续进行 10 d,每天取样两次。自养菌利用底物繁殖过程产生的 UAP 在仅投加无机基质的条件下进行,其组分为:NH₄Cl(NH₄⁺-N 质量浓度为 100 mg/L),PO₄³⁻-P 质量浓度为 20 mg/L,MgSO₄ 质量浓度为 20 mg/L 以及 CaCl₂ 质量浓度为 10 mg/L。UAP-自养菌试验持续进行 10 h,在初始的 1 h 内取样 3 次,随后的 1~10 h 内每 0.5 h 取样一次。由异养菌利用底物产生的 UAP 在以 CH₃COONa 为有机底物的条件下进行,其投加的基质成分为:CH₃COONa(COD 质量浓度为 1 000 mg/L),NH₄Cl(NH₄⁺-N 质量浓度为 70 mg/L),KH₂PO₄(PO₄³⁻-P 质量浓度为 15 mg/L)、$MgSO_4$(15 mg/L)、$CaCl_2$(10 mg/L)和 ATU（Allylthiourea, 15 mg/L)，以 CH_3COONa 为有机底物的目的是其易于被微生物储存利用，且其质量浓度的测定可通过气相色谱获得，加入 ATU 的目的在于抑制自养菌利用 NH_4Cl 产生 UAP。UAP-异养菌试验持续进行 12 h，在初始的 1 h 内取样 3 次，随后的 1 ~ 12 h 内每 0.5 h 取样一次。在进行 UAP-A 和 UAP-H 的序批式试验过程中，同时也进行相应的空白参照试验，即在 UAP-A 的空白试验中不投加 NH_4Cl 以及在 UAP-H 的空白试验中不投加 CH_3COONa。将 UAP 反应器中测定所得的多糖、蛋白质和溶解性有机物（SCOD）质量浓度值减去相对应的空白 UAP 序批反应器多糖、蛋白质和 SCOD 质量浓度，从而计算获得净 UAP 质量浓度。

4.4.1　SMP 组成浓度分析

在 BAP、UAP-自养菌及 UAP-异养菌序批式试验过程中，定时对多糖、蛋白质和 SCOD 质量浓度进行取样测定，结果如图 4.5 所示。图 4.5(a)、(b)描述了微生物内源呼吸状态下产生的 BAP 质量浓度随时间的变化趋势。在整个反应期内，微生物释放的多糖质量浓度均高于蛋白质质量浓度；多糖质量浓度随着反应时间的增加而逐渐增加，在 10 d 时多糖质量浓度占 SMP 总质量浓度的 72%；微生物释放的蛋白质质量浓度在前 5 d 内增加，在随后的 5 ~ 10 d 内达到(17.5±1) mg/L 并保持相对稳定。以 NH_4Cl 为基质研究自养菌产生 UAP 的过程，如图 4.5(c)、(d)所示。自养菌利用 NH_4Cl 进行生长繁殖，在 0 ~ 4 h 内 NH_4Cl 质量浓度由 95 mg/L 降低到 5 mg/L，同时蛋白质和多糖质量浓度逐渐升高，分别增至 3.3 mg/L 和 0.6 mg/L，随后蛋白质和多糖质量浓度逐渐降低，到 10 h 时分别降至 1.9 mg/L 和 0.25 mg/L。当以 CH_3COONa 为基质同时添加 ATU 抑制自养菌作用时，UAP 的形成与利用随反应时间的变化如图 4.5(e)、(f)所示。由于 CH_3COONa 被异养菌存储和利用，CH_3COONa 质量浓度在 2.5 h 内从 823 mg/L 降低到 45 mg/L，SMP 质量浓度快速升至 20.8 mg COD/L，蛋白质和多糖质量浓度也分别增加到 2.8 mg/L 和 8.7 mg/L。

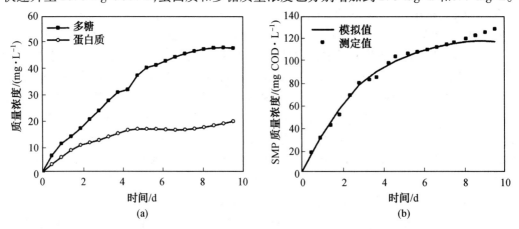

图 4.5　SMP 序批试验模拟结果

(a)、(b)微生物内源呼吸代谢产生 BAP；(c)、(d) NH_4Cl 为底物自养菌产生 UAP；

(e)、(f) CH_3COONa 为底物并投加 ATU 时异养菌产生 UAP

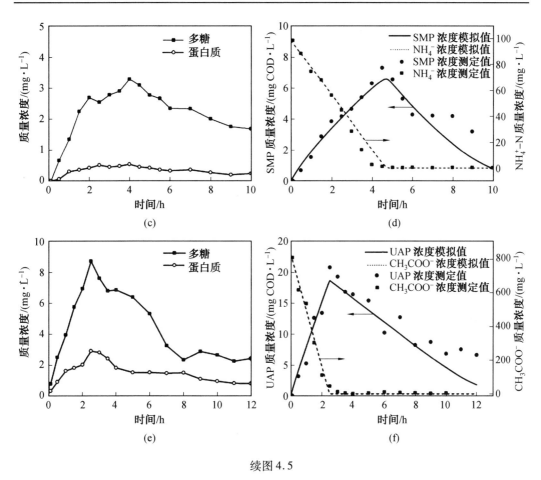

续图 4.5

在 4~12 h 内,由于 UAP 的降解速率高于其生成速率,SMP 质量浓度降至 6.5 mg COD/L。

4.4.2　UAP、BAP、SMP 的过滤行为分析

由 BAP、UAP-自养菌与 UAP-异养菌序批式试验可得 UAP 和 BAP 的最佳采样时间分别为 3 h 和 7 d,,此时 BAP 为所生成的 SMP 的主要成分。死端过滤试验在恒压下进行,对超纯水、BAP、UAP 及 SMP 的过滤性能进行测试。如图 4.6(a)所示,膜通量受到超纯水过滤的影响很小,仅降低了 10%;而过滤 BAP、UAP 及 SMP 时,膜通量明显降低,当滤液体积达到 300 mL 时,过滤 UAP、BAP、SMP 导致膜通量分别减少 41%、48% 和 59%;当滤液体积达到 600 mL 时,过滤 BAP 及 SMP 导致膜通量分别减少 69% 和 78%,UAP 的继续过滤导致的膜通量下降率最大,达到 82%;在试验结束时,由 BAP、UAP 及 SMP 过滤引起的膜孔堵塞阻力的测算结果分别为 4.12×10^{13} m^{-1}、9.65×10^{13} m^{-1} 和 6.68×10^{13} m^{-1},表明在微生物利用底物繁殖阶段产生的 UAP 较微生物内源呼吸产生的 BAP 更容易引起膜污染。对 BAP、UAP、SMP 以及其相应滤液的多糖、蛋白质和 COD 质量浓度进行分析,结果如图 4.6(b)~(d)所示。BAP、UAP 和 SMP 的 COD 质量浓度分别为 37.9 mg/L、18.5 mg/L 和 23.0 mg/L,其中多糖占主要的成分。BAP 溶液中多糖占 87.9%,而 UAP 溶液中蛋白质占 45.3%。由于膜的截留作用,滤液浓度大幅度降低,其中蛋白质的质量浓

度降低至零。同样,多糖也被膜有效地截留,其截留率达到 26.6% ~ 46.8% 。由此可知,上清液中多糖和蛋白质的存在会对膜污染造成严重影响。

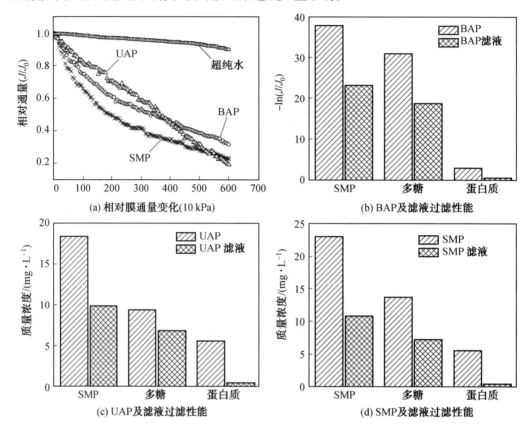

(a) 相对膜通量变化(10 kPa)

(b) BAP及滤液过滤性能

(c) UAP及滤液过滤性能

(d) SMP及滤液过滤性能

图 4.6　超纯水 BAP、UAP 及 SMP 的过滤性能指标

4.4.3　UAP/BAP 过滤过程模拟

研究对比了 BAP、UAP、SMP 的过滤过程与四种过滤堵塞模型的拟合程度,结果如图 4.7 所示。中间过滤模型及滤饼过滤模型对 BAP 过滤过程的模拟效果较好,前者拟合度 R^2 达到 0.972,后者拟合度 R^2 达到 0.988。中间过滤模型合理地描述了从膜孔堵塞到滤饼形成的膜过滤机制,而滤饼过滤模型假设膜表面形成的滤饼层具有可过滤性,从而膜通量下降速率较为缓慢。UAP 过滤过程关于完全堵塞模型、标准堵塞模型及中间堵塞模型的模拟效果均较好,其中完全堵塞模型的 R^2 最高,数值为 0.997。这表明 UAP 的膜污染机制主要为完全堵塞型,在一定程度上也包含标准堵塞和中间堵塞机制。与膜孔大小相似的污染物颗粒紧密地堵住膜孔,同时部分污染物进入并黏附在膜孔内,造成膜孔的完全堵塞。以完全堵塞机制为主的 UAP 膜过滤过程进一步证实了在微生物利用底物阶段生成的 UAP 具有较高的膜污染潜能。

滤饼过滤模型可以很好地拟合 SMP 过滤过程(图 4.7(c3)),拟合度 R^2 值达到0.992,此结果与 MBR 的运行条件有紧密的联系。反应器内的 MLSS 为9 560 mg/L,F/M 值达到

0.11 g COD/g MLSS,因此反应器内的微生物大多处于饥饿状态,造成 BAP 是上清液中 SMP 的主要组成。通过以上对比分析可以得出,UAP 相比于 BAP 具有更高的膜污染能力,因此优化 MBR 操作参数使 UAP 生产量下降,可以减轻 SMP 带来的膜污染。

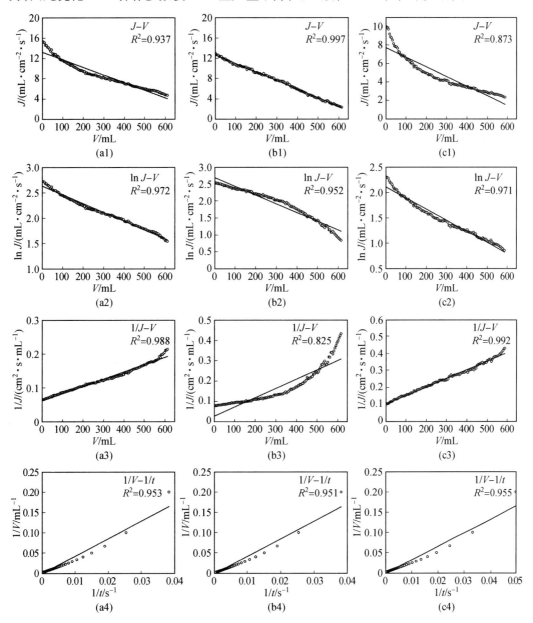

图 4.7　膜污染通量降低过程与四种膜污染模型的拟合
(a1 ~ c1)完全堵塞;(a2 ~ c2)中间堵塞;(a3 ~ c3)滤饼过滤;(a4 ~ c4)标准堵塞

4.4.4 SMP 生成代谢模型的建立

1. BAP 的生成代谢

BAP 的生成速率正比于微生物的代谢速率,其动力学表达式为

$$r_{BAP} = f_{BAP}(b_{STO}\rho_{STO} + b_A\rho_A + b_H\rho_H) \tag{4.5}$$

式中　　f_{BAP}——BAP 生成系数;

　　　　r_{BAP}——BAP 生成速率(mg COD/(L·d));

　　　　ρ_{STO}——异养菌储存的有机质质量浓度(mg COD/L);

　　　　ρ_H——活性异养菌细胞质量浓度(mg COD/L)。

BAP 降解的第一步是水解作用,生成扩展 ASM3 - SMP 模型中定义的溶解性可生物降解有机物(S_S)和溶解性不可生物降解有机物(S_I)。在定义降解速率时,为了防止在运算中液相有机物浓度出现负值,设置了一个开关函数。以 Monod 动力学方程为基础,构建了 BAP 水解动力学方程,如式(4.6)所示:

$$r_{h,BAP} = k_{h,BAP}\frac{S_{BAP}}{S_{BAP} + K_{BAP}}\frac{S_O}{S_O + K_{OH}}\rho_H \tag{4.6}$$

式中　　$k_{h,BAP}$——BAP 水解速率常数(d^{-1});

　　　　$r_{h,BAP}$——BAP 水解速率(mg COD/(L·d));

　　　　K_{BAP}——S_{BAP} 半饱和常数(mg COD/L);

　　　　K_{OH}——异养菌 S_O 半饱和常数(mg O_2/L);

　　　　S_{BAP}——BAP 浓度(mg COD/L);

　　　　S_O——溶解氧 DO 质量浓度(mg/L)。

利用 Levenberg - Marquart 算法和 Fisher 信息矩阵估计 BAP 相关参数,参数值为:$f_{BAP} = 0.055 \pm 0.008$, $k_{h,BAP} = (5 \times 10^{-3} \pm 7 \times 10^{-4})$ d^{-1} 和 $K_{BAP} = (1 \pm 0.04)$ mg/L。

2. 异养菌利用基质 UAP 的生成代谢

本研究中将 CH_3COONa 作为基质加入到反应器中,其中一部分被微生物吸收并储存,而另一部分直接用于异养菌自身生长。式(4.7)与式(4.8)分别为有机基质降解动力学方程式和异养菌储存有机质的生成降解动力学方程式:

$$\frac{dS_S}{dt} = -k_{STO}\frac{S_S}{S_S + K_S}\frac{S_O}{S_O + K_{OH}}\rho_H - \frac{1}{Y_{H,S}}\mu_{H,S}\frac{S_{NH}}{S_{NH} + K_{NH,H}}\frac{S_O}{S_O + K_{OH}}\frac{S_S}{S_S + K_S}\rho_H +$$
$$(1 - f_{SI})k_{h,UAP}\frac{S_{UAP}}{S_{UAP} + K_{UAP}}\frac{S_O}{S_O + K_{OH}}\rho_H \tag{4.7}$$

$$\frac{d\rho_{STO}}{dt} = -\frac{1}{Y_{H,STO}}\mu_{H,STO}\frac{S_{NH}}{S_{NH} + K_{NH,H}}\frac{S_O}{S_O + K_{OH}}\frac{K_S}{K_S + S_S}\frac{X_{STO}/X_H}{X_{STO}/X_H + K_{STO}}X_H +$$
$$Y_{STO}k_{STO}\frac{S_S}{S_S + K_S}\frac{S_O}{S_O + K_{OH}}X_H \tag{4.8}$$

式中　　f_{SI}——SMP 水解产物中 S_I 的产率;

　　　　$k_{h,UAP}$——UAP 水解速率常数(d^{-1});

$K_{NH,H}$—— 异养菌 S_{NH} 饱和系数（mg N/L）；

K_S—— 异养菌半饱和系数（mg COD/L）；

K_{STO}—— ρ_{STO} 半饱和常数（g COD/g COD）；

K_{UAP}—— S_{UAP} 的半饱和常数（mg COD/L）；

S_{UAP}——UAP 浓度（mg COD/L）；

ρ_{STO}—— 异养菌的胞内储存产物质量浓度（mg COD/L）。

基于有机底物同时储存利用的异养菌生长速率如式（4.9）所示：

$$\frac{d\rho_H}{dt} = \left(\mu_{H,STO} \frac{\rho_{STO}/\rho_H}{\rho_{STO}/\rho_H + K_{STO}} \frac{K_S}{S_S + K_S} + \mu_{H,S} \frac{S_S}{S_S + K_S}\right) \cdot$$

$$\frac{S_{NH}}{S_{NH} + K_{NH}} \frac{S_O}{S_O + K_{OH}} \rho_H - b_H \rho_H \tag{4.9}$$

UAP 生物可降解性与 BAP 相比可能更优，UAP 分子量分布中大于 20 ku 也具有较大比例。UAP 降解的第一步是胞外酶水解作用使 UAP 水解为小分子有机物质。式（4.10）为好氧条件下自养菌生长受抑制时 UAP 的生成代谢动力学过程，表达式右边第 1 项描述了 UAP 的形成，第 2 项以 Monod 方程为基础描述了 UAP 水解。

$$\frac{dS_{UAP}}{dt} = \gamma_{UAP,H} \frac{S_{NH}}{S_{NH} + K_{NH,H}} \frac{S_O}{S_O + K_{OH}} \left(\mu_{H,STO} \frac{K_S}{K_S + S_S} \frac{\rho_{STO}/\rho_H}{\rho_{STO}/\rho_H + K_{STO}} + \right.$$

$$\left.\mu_{H,S} \frac{S_S}{K_S + S_S}\right) \rho_H - k_{h,UAP} \frac{S_{UAP}}{S_{UAP} + K_{UAP}} \frac{S_O}{S_O + K_{OH}} \rho_H \tag{4.10}$$

式中　　$\gamma_{UAP,H}$—— 异养菌生长过程中 UAP 产率；

K_{UAP}—— ρ_{STO} 的半饱和常数（mg COD/L）。

利用 Levenberg – Marquart 算法和 Fisher 信息矩阵估计与异养菌相关的 UAP 参数，参数值为：$\gamma_{UAP,H} = 0.12 \pm 0.02$，$k_{h,UAP} = (0.03 \pm 0.007)$ d^{-1}，$K_{UAP} = (1.3 \pm 0.04)$ mg/L 以及 $f_{SI} = 0.15 \pm 0.005$。

3. 自养菌利用基质 UAP 的生成代谢

为了探讨与自养菌相关的 UAP 生成代谢参数，其序批试验在不投加有机物基质的条件下进行。在降解 NH$_3$ – N 过程中，部分电子供体用于自养菌的繁殖，如式（4.11）和式（4.12）所示，其余的电子供体用于 UAP 的合成。

$$\frac{dS_{NH}}{dt} = -\left(i_{N,BM} + \frac{1}{Y_A}\right) \mu_A \frac{S_{NH}}{S_{NH} + K_{NH,A}} \frac{S_O}{S_O + K_{OA}} \rho_A \tag{4.11}$$

$$\frac{d\rho_A}{dt} = \mu_A \frac{S_{NH}}{S_{NH} + K_{NH,A}} \frac{S_O}{S_O + K_{OA}} \rho_A - b_A \rho_A \tag{4.12}$$

式中　　$i_{N,BM}$—— 生物体 COD 中含氮比例；

$K_{NH,A}$—— 自养菌 S_{NH} 饱和系数（mg N/L）；

K_{OA}—— 自养菌 S_O 半饱和常数（mg O$_2$/L）。

自养菌增殖阶段的 UAP 产生速率与异养菌增殖阶段的 UAP 产生速率存在显著差异。以 NH$_4$Cl 为基质下，UAP 生成代谢动力学表达式如式（4.13）所示。通过 Levenberg –Marquart 算法及 Fisher 信息矩阵对自养菌相关的 UAP 参数进行估计，其相关参数为:$\gamma_{\mathrm{UAP,H}} = 0.45 \pm 0.008$。

$$\frac{\mathrm{d}S_{\mathrm{UAP}}}{\mathrm{d}t} = \gamma_{\mathrm{UAP,H}}\mu_{\mathrm{A}} \frac{S_{\mathrm{NH}}}{S_{\mathrm{NH}} + K_{\mathrm{NH,A}}} \frac{S_{\mathrm{O}}}{S_{\mathrm{O}} + K_{\mathrm{OA}}}\rho_{\mathrm{A}} -$$
$$k_{h,\mathrm{UAP}} \frac{S_{\mathrm{UAP}}}{S_{\mathrm{UAP}} + K_{\mathrm{UAP}}} \frac{S_{\mathrm{O}}}{S_{\mathrm{O}} + K_{\mathrm{OH}}}\rho_{\mathrm{H}} \tag{4.13}$$

4. 操作条件对 SMP 形成的影响

根据 SMP 生成代谢动力学模型,考察不同的 HRT 和 SRT 对 UAP、BAP 和 SMP 生成量的影响,结果如图 4.8 所示。当 HRT 从 3 h 增加到 24 h 时,SMP 质量浓度略微降低;考虑到营养物质的去除,HRT 为 8 h 时较为合理。当 SRT<40 d 时,SMP 质量浓度随 SRT 增加而降低;当 SRT>40 d 时,SMP 质量浓度随 SRT 增加而增加。此结果可能与不同 SRT 条件下 UAP 与 BAP 的生成量相关。如图 4.8(b)所示,UAP 质量浓度随 SRT 增加而降低,BAP 质量浓度随 SRT 增加而增加。试验结果表明存在最佳 SRT 使得 SMP 生成量处于最低水平,经模型模拟所得的最佳 SRT 为 40 d。微生物生长代谢过程生成的 SMP 不仅对 MBR 出水水质及膜污染速率有所影响,而且可被微生物用作生长所需碳源,因此,SMP 生成代谢模型的成功构建是建立 MBR 生物处理过程模型的基础。当 SRT 为 40 d 时,SMP 生成量最低,MLSS 高达 12 000 mg/L;当 SRT 为 30 d 时,MLSS 约为 9 600 mg/L。考虑到 MLSS 过高引起的膜污染速率加快问题以及 SMP 的膜污染特性,将 MBR 的 SRT 控制在 30 d,并在 MBR 的生物处理过程模拟中引入 SMP 的生成代谢模型。

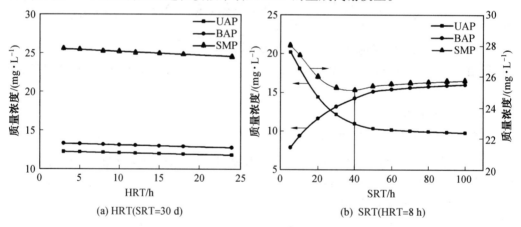

图 4.8　操作条件对 SMP 生成量的影响

4.5　胞外聚合物膜吸附污染特性研究

本节主要考察两种不同形态的活性污泥(正常污泥和膨胀污泥)的 EPS 对膜污染的影响。考虑到界面相互作用在污染物黏附过程及污染行为过程中的决定性影响,依据滤膜形态参数重新构建膜表面结构,在此基础上联合 XDLVO 理论分析不同形态活性污泥的 EPS 与滤膜之间的相互作用能。同时,基于 Matlab 环境建立污泥形态图像分析方法及自回归历遍(ARX)模型,实现活性污泥絮体和丝状菌的识别,探讨活性污泥的沉降性能与污泥形态学参数间的关系,为预测污泥膨胀减缓膜污染提供技术支持。

4.5.1　丝状菌膨胀对膜污染的影响

为考察正常污泥(NS)与膨胀污泥(BS)对膜污染的影响,同时运行两个相同的 MBR
(有效容积为 150 L),试验设备及运行方式与 4.3 节相同。在 3 个月的连续运行过程中,
MBR 中活性污泥分为两种不同的状态(表 4.4):正常污泥(MBR Ⅰ)和膨胀污泥(MBR
Ⅱ)。如图 4.9(a)、(b)所示,正常污泥絮体紧密,并且内含少量丝状菌,经测定其 DSVI
值范围为 81 ~ 147 mL/g。如图 4.9(c)、(d)所示,膨胀污泥絮体主要由丝状菌组成并且
具有疏松的结构,同时包含大量的诺卡氏菌型(Nocardioform)放线菌。丝状菌的大量增殖
导致污泥膨胀的发生,降低了活性污泥的沉降性能。

表4.4　MBR 的试验参数

参数	MBR Ⅰ	MBR Ⅱ
SRT/d	约 30	约 30
温度/℃	20.4 ± 1.1	13.2 ± 0.6
MLSS /(mg · L^{-1})	11 250 ± 1 047	9 980 ± 840
DSVI /(mL · g^{-1})	114 ± 33	486 ± 294
黏度/(Pa · s)	$1.1×10^{-3} \sim 1.3×10^{-3}$	$1.9×10^{-3} \sim 2.4×10^{-3}$
污泥状态	正常污泥	膨胀污泥

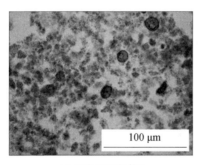

(a) 正常污泥絮体1

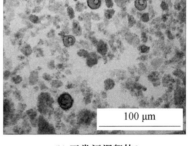

(b) 正常污泥絮体2

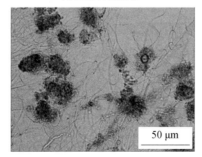

(c) 丝状菌膨胀污泥1

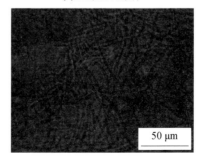

(d) 丝状菌膨胀污泥2

图 4.9　污泥絮体显微镜照片

图 4.10(a)为 NS 和 BS 在膜过滤过程中 TMP 的增长变化,投加正常污泥的 MBR 中活性污泥以絮状菌为主,膜污染周期较长,达到 25 d;而加入膨胀污泥的 MBR 中的活性污泥主要由丝状菌组成,TMP 在 72 h 内从 4 kPa 迅速增加到 45 kPa,导致膜污染。说明丝状菌大量繁殖会导致膜污染严重。通过 SEM 观察膜污染表面形态,发现新的膜组件表面是清洁的并且膜孔清晰可见(图 4.10(b)),正常污泥 MBR 中膜表面覆盖污染物,但泥饼层较薄而且存在明显孔隙(图 4.10(c)),而膨胀污泥 MBR 中丝状菌过度繁殖而导致膜表面覆盖着一层污染物,泥饼层厚而致密且没有空隙(图 4.10(d))。

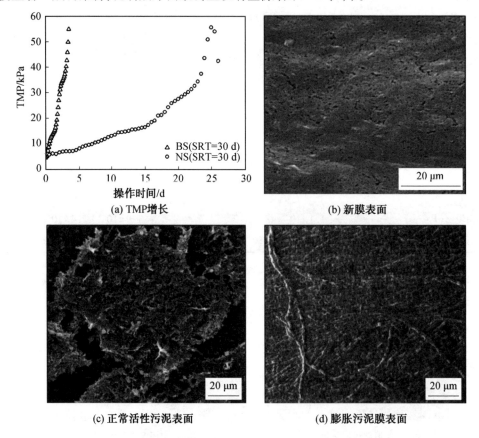

(a) TMP增长　　　　　　　　　　　(b) 新膜表面

(c) 正常活性污泥表面　　　　　　　　(d) 膨胀污泥膜表面

图 4.10　不同性质的活性污泥引起的 TMP 变化及膜表面电镜扫描图

对正常污泥(NS)和膨胀污泥(BS)样品进行分析,检测其 EPS、蛋白质、多糖浓度以及污泥过滤性能等指标,见表 4.5。BS-EPS 含量为 172.9 mg/g VSS,与 NS-EPS 相比增长了 80.3%。同时就多糖和蛋白质质量浓度而言,膨胀污泥与普通污泥相比也更高,其中蛋白质质量浓度占总 EPS 的 65% ~70%。过量的 EPS 会恶化微生物间的絮凝作用,导致污泥絮体疏水性增加,容易引发膜污染。从表 4.5 中可知,正常污泥的 CST 值为 11.7 s,远小于膨胀污泥(88.4 s),说明 EPS 含量较低的正常污泥具有相对较好的过滤性能。

表 4.5 正常污泥与膨胀污泥的 EPS 和 CST 对比

项目	正常污泥(NS)	膨胀污泥(BS)
多糖类物质 /(mg·L^{-1})	362.8 ± 21.8	528.6 ± 42.8
蛋白质 /(mg·L^{-1})	716.2 ± 52.4	1196.8 ± 60.5
EPS /(mg·g^{-1} MLSS)	95.9 ± 6.6	172.9 ± 10.4
蛋白质/多糖	1.97	2.26
CST /s	11.7 ± 1.2	88.4 ± 33.1

此外,采用三维荧光光谱 EEM 表征 NS-EPS 和 BS-EPS 中化学成分的光谱信息,NS-EPS 的荧光光谱图如图 4.11(a)所示,光谱中存在三个主要的峰。A 峰处于 $E_x/E_m = 230/310$ nm,B 峰处于 $E_x/E_m = 280/350$ nm。这两个峰均与蛋白质类物质有关,峰 A 可代表酪氨酸芳香类蛋白质峰,B 峰可代表色氨酸芳香类蛋白质峰。C 峰处于 $E_x/E_m = 345/440$ nm,表示可被利用的腐殖酸类物质。图 4.11(b)为 BS-EPS 的荧光光谱图,对比可见与 NS-EPS 的荧光光谱图存在差异。与 NS-EPS 相比,BS-EPS 的 B 峰($E_x/E_m = 285/355$ nm)和 C 峰($E_x/E_m = 355/445$ nm)产生了红移现象。采用荧光区域积分法(FRI)依照 Chen 等划分的五个激发-发射荧光的区域进行分析,NS-EPS 和 BS-EPS 荧光光谱的 FRI 分布图如图 4.11(c)所示。NS-EPS 和 BS-EPS 荧光光谱图中Ⅰ、Ⅱ和Ⅳ的 FRI 分布有显著差异,NS-EPS 中Ⅰ和Ⅱ区域共占比 26.8%,BS-EPS 中相应区域占比为 38.9%,此现象说明 NS-EPS 和 BS-EPS 中蛋白质类物质的分布和组分存在差异,这与微生物在正常及膨胀污泥状态下所发挥的作用密切相关。

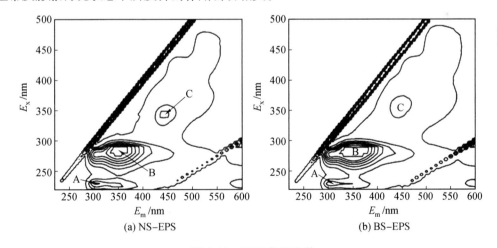

(a) NS-EPS   (b) BS-EPS

图 4.11 EEM 荧光光谱

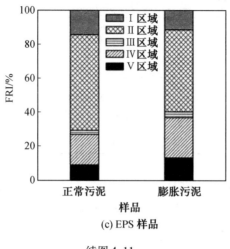

(c) EPS 样品

续图 4.11

4.5.2 不同活性污泥形态 EPS 膜吸附污染特征研究

1. EPS 膜吸附污染试验研究

对正常污泥 EPS(NS-EPS)样品与膨胀污泥 EPS(BS-EPS)样品进行稀释,使之达到相同的 TOC 质量浓度(120 mg/L),并进行吸附试验以研究其对膜的吸附污染行为。如图 4.13 所示,吸附 0.5 h、1 h 和 2 h 后,在 BS-EPS 的作用下膜通量分别减少了 77.8%、82.6% 和 85.4%,在 NS-EPS 的作用下膜通量分别减少了 44.1%、59.2%、74.2%。与 NS-EPS 吸附作用相比,BS-EPS 吸附作用下的膜通量下降速度明显更高。吸附 6 h 后,BS-EPS 作用下的膜通量下降 95.1%,与 NS-EPS 的 89.3% 相比下降水平更高。对吸附 1 h 后的膜进行 AFM 扫描,结果如图 4.15(b) ~ (d)所示。新膜的表面光滑,R_a 和 R_{ms} 分别为 262.3 nm 和 338.1 nm;膜在经过吸附 NS-EPS 作用后表面变得粗糙,R_a 和 R_{ms} 分别达到 305.3 nm 和 288.4 nm,与新膜相比,R_a 值上升,R_{ms} 值减小;吸附 BS-EPS 后的膜 R_a 和 R_{ms} 分别为 367.1 nm 和 175.8 nm,与 NS-EPS 作用后的膜对比,R_a 值上升,R_{ms} 值减小。R_a 增加的原因是 EPS 在膜表面上较大程度地堆积,降低了膜的相对粗糙度。试验结果表明 EPS 的性质在膜污染吸附方面起着重要的作用,从而影响膜污染速率。

2. 膜表面结构的重新构建

膜表面形态会对膜污染速率造成影响,选用 AFM 分析得到的膜表面形态统计学参数重构膜表面,可以使 EPS-膜体系间作用能的计算更加简便。为降低重构过程的复杂度并符合 XDLVO 相互作用能模型,重构膜由一平面组成,其镶嵌半球形的凸起和凹陷从而构成膜表面的"峰"与"谷"。根据膜表面粗糙度的直方图(图 4.12(a)),假定膜表面粗糙度遵循正态分布($f(x)$,$x \in [-R_m/2, R_m/2]$)。由于不同粗糙度的半球形的个数(n)和膜表面粗糙度的统计学分布是相同的,因此可以通过积分大于标准偏差的区域并除以总区域面积求出 PC 的比例值。由 AFM 测试求出的 PC 值除以 PC 比例可得 n 值,调整改变标准偏差和 PC 值,重复以上步骤,直到通过模拟求出的 SAD 值和 AFM 测试的 SAD 值之差在可接受范围内,同时确保模拟求出的 R_a 和 R_{ms} 值与对应的 AFM 测试值的差值极小化。最后,将不同粗糙度的半球体随机放置,对复杂的膜表面形态进行模拟。

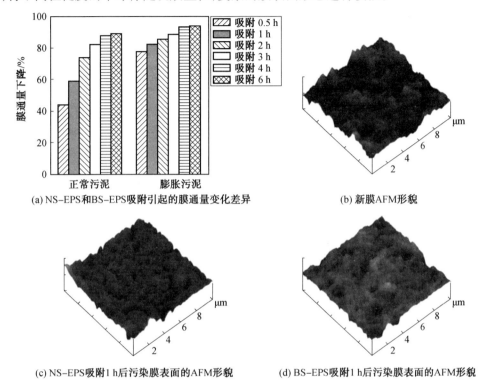

(a) NS-EPS 和 BS-EPS 吸附引起的膜通量变化差异　　　　(b) 新膜 AFM 形貌

(c) NS-EPS 吸附 1 h 后污染膜表面的 AFM 形貌　　　　(d) BS-EPS 吸附 1 h 后污染膜表面的 AFM 形貌

图 4.12　NS-EPS 和 BS-EPS 吸附引起的膜通量变化差异

3. 重构膜表面形态表征

PVDF 膜 AFM 扫描图和膜表面重构图如图 4.13 所示,同时对比了 AFM 测试和模型模拟的粗糙度统计学参数。可以发现,对于参数 SAD、R_a 和 R_{ms},它们的测试值和模拟值之差很小($<1\%$),而参数 R_q($<25\%$)和 PC 的模拟值与测试值之间的差值较其他参数更大。结果表明,模拟膜表面与真实膜表面的粗糙度统计学参数具有良好的拟合度。膜表面统计学参数的对比见表 4.6。

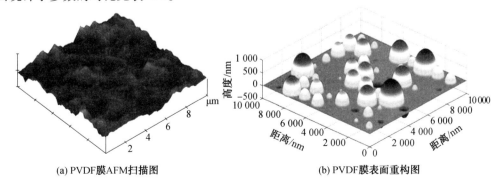

(a) PVDF 膜 AFM 扫描图　　　　(b) PVDF 膜表面重构图

图 4.13　PVDF 膜 AFM 扫描图和膜表面重构图

表 4.6　膜表面统计学参数的对比

项目	膜面积/μm^2	R_a/nm	R_q/nm	R_m/nm	粗糙度	PC	SAD/%
AFM 测试	100	262.3	338.1	2.715	N/A	28	75.92
模型模拟	100	262.3	417.5	2.716	85	39	76.11

4. 膜表面及 EPS 热力学性质

疏水性物质与疏水性膜之间表现出很强的相互作用力,因此 EPS 与滤膜之间的疏水/亲水作用是影响膜过滤性能的重要因素。表 4.7 为 PVDF 膜与 EPS 的表面张力以及在分离距离为 h_0 时表面自由能,可以看出,PVDF 膜及 EPS 的表面带负电荷,且 r^- 值均大于 r^+ 值,这表明 PVDF 膜与 EPS 均具有显著的电子受体特性。前期的研究表明,当溶液中的两个固体界面为同一种材料时,如果界面吸附自由能(G_{sws})小于 0,表征该材料具有疏水性,界面吸附自由能绝对值越大,其疏水性越强。PVDF 膜与 EPS 均具有疏水性,BS-EPS 相比 NS-EPS 有更大的 G_{sws} 绝对值,这说明 BS-EPS 疏水性相对较强。

表 4.7　PVDF 膜与 EPS 的表面张力以及在分离距离为 h_0 时表面自由能

自身性质	γ^{LW}	$\gamma+$	$\gamma-$	ΔG_{121}^{LW}	ΔG_{121}^{AB}	ΔG_{121}^{EL}
PVDF	45.40	0.12	2.23	-8.56	-66.90	0.055
NS-EPS	43.12	0.43	10.29	-7.20	-32.37	0.076
BS-EPS	42.24	0.09	6.98	-6.70	-45.74	0.060

EPS-膜系统	NS-EPS			BS-EPS		
	ΔG_{123}^{LW}	ΔG_{123}^{AB}	ΔG_{123}^{EL}	ΔG_{123}^{LW}	ΔG_{123}^{AB}	ΔG_{123}^{EL}
PVDF	-7.85	-48.58	0.064	-7.57	-56.43	0.057

不同形态的污泥 EPS-膜系统的界面能随分离距离的变化如图 4.14 所示。不同形态的污泥 EPS-膜系统的总界面能 U_{123}^{XDLVO} 为负值,说明自吸附行为会产生在 EPS-膜系统之间。因为 PVDF 和 BS-EPS 的 U_{123}^{XDLVO} 绝对值相对较大,这表明 PVDF 膜对 BS-EPS 的吸附能力相对更强。

假定膜表面为光滑平面条件下,主能垒距离膜参考面 3 ~ 4 nm 处,NS-EPS 与 PVDF 膜的主能垒达到 8.89 kT,BS-EPS 与 PVDF 膜的主能垒为 7.51 kT,表明 NS-EPS 与 PVDF 膜之间存在更强的排斥力。根据图 4.14(a2) 和(b2)可得,当膜表面存在半球形凸起达到 50 nm 时,NS-EPS、BS-EPS 与膜之间的主能垒分别降低至 3.69 kT 和 3.39 kT。膜表面上的凸起部分抵消了因 Zeta 电位引起的互斥能;同时,凸起部分阻碍了粒子进入距离参考面 48 nm 以内的区域。此外,当 EPS 与半径 200 nm 的凹陷半球形相互作用时,主能垒将升至相应的 EPS-光滑膜表面之间主能垒的 208.4% ~ 229.6%,这归因于 EPS 球形颗粒与凹陷半球形表面之间的有效距离相较于 EPS 球形颗粒与光滑平面之间的有效距离更小。膜表面的上凸半球形的数量比凹陷半球形的数量更多,以及 EPS 粒径大于凹陷半球形的尺寸,由此可推断 EPS 落入凹陷半球形相互作用的概率不大。

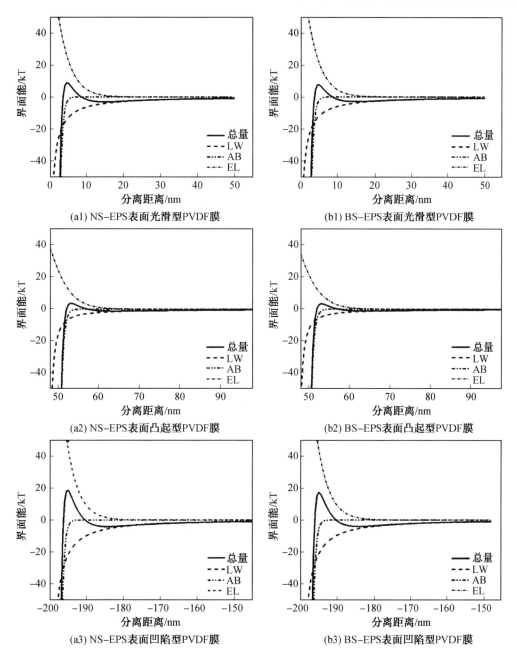

图 4.14　不同形态的污泥 EPS-膜系统的界面能随分离距离的变化

5. EPS-重构膜体系 XDLVO 能谱

　　NS-EPS 与膜体系之间分离距离为 1~50 nm 时的相互作用能谱如图 4.15(a1)~
(a6)所示。大量的半球体位于重构的膜表面上,其中部分半球体的尺寸大于 EPS 的平均
粒径(90 nm)。EPS 与膜参考面间隔 50 nm 时,整个膜表面表现出的吸引能(-0.84 kT)
极低。膜表面的粗糙度对 EPS 与平面膜之间的 XDLVO 相互作用能产生了较大的影响,
深蓝色轮廓环绕在重叠区域周围,此轮廓线为高度吸附区域,即表示 EPS 在接触膜表面

时极易吸附在此区域。当 EPS 距膜基准面 25 nm 时,膜表面的吸引能增加到 -2.11 kT;在 EPS 与膜基准面的距离达 10 nm 时,膜表面吸引能减小到 -1.61 kT;当 EPS 距膜基准面 5 nm 时,膜表面整体呈现排斥能(8.47 kT);当 EPS 距膜基准面 3.5 nm 时,膜表面表现出强烈的排斥能。在光滑膜条件下,如果相互作用能垒比水力拖曳能大,则膜污染发生的可能性很小。然而,膜表面向下凹陷的半球体区域与 EPS 的相互作用能为负值(吸引能,如浅绿色区域),同时,因为重叠区域的增大,导致向上突起的半球体附近的吸引带显著增多。膜表面的粗糙度使得能垒降低的同时对 EPS 沉积起到促进作用,这引起膜通量快速降低并加剧了膜污染。当 EPS 距膜基准面 3 nm 时,膜表面整体呈现吸引能(-21.50 kT),膜表面向下凹陷的半球体区域的吸引能增加,同时在该区域周围也出现了高吸附带;当 EPS 距膜基准面 1 nm 时,除了重叠和膜表面下凹区域外,整个膜表面表现为高度吸附,其吸引能达到 -1161.50 kT,而膜表面的下凹区域则表现出排斥能。图 4.15 (a1)~(a6)能谱图清晰地反映了 XDLVO 作用能的趋势变化情况,以及由于膜表面粗糙带来的相互作用能的改变。当 EPS 颗粒逐渐靠近粗糙膜表面时,它很容易被吸附进能量极小区域。由于膜表面上凸起半球体的尺寸较大以及峰与峰之间的距离较小,当 EPS 沉积到膜表面后,在错流剪切条件下也难以回流至混合液中,从而加剧了膜污染。

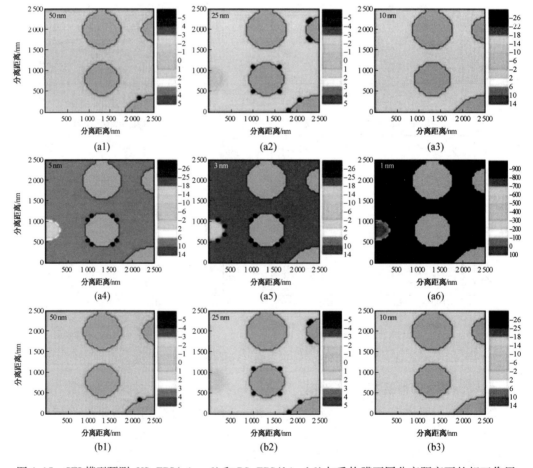

图 4.15　SEI 模型预测:NS-EPS(a1~a6)和 BS-EPS(b1~b6)与重构膜不同分离距离下的相互作用能谱图(彩图见附录)

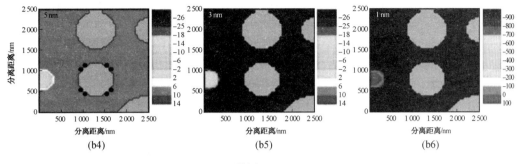

续图 4.15

如图 4.15(b1)~(b6)所示,BS-EPS 与 PVDF 膜不同分离距离下的 XDLVO 能谱表明,当 BS-EPS 距膜参考面从 50 nm 减小到 1 nm 时,EPS-膜体系的相互作用能的变化趋势为:接近于零(D=50 nm,-0.81 kT),远距离吸引(D=25 nm,-2.04 kT),吸引能降低(D=10 nm,-1.90 kT),强烈排斥(D=3.5 nm,6.21 kT),吸引(D=3 nm,-32.04 kT)以及强烈吸引(D=1 nm,-1 358.78 kT)。由于 EPS 与膜表面凸起半球体的重叠,在能谱图中用灰度区域描述,同时,EPS 易被吸附于重叠区域附近围绕的高度吸附带。

准确分析 EPS-膜体系的相互作用能并对运行条件进行优化,以减轻膜污染。依据改进的 Bowen 和 Sharif 方法,利用测试所得的 EPS 和膜的性能参数,确定膜操作过程的最大临界通量。同时,考虑到膜表面粗糙度对临界通量的影响,引入校正因子($U_{粗糙}/U_{光滑}$),如式(4.14)所示:

$$|v_c| = \frac{F_{LW} + F_{EL} + F_{AB}}{(6\pi\mu u_r)\varphi_H} \frac{U_{粗糙}}{U_{光滑}} \tag{4.14}$$

式中　F_{LW}——范德瓦耳斯力;

　　　F_{EL}——静电排斥力;

　　　F_{AB}——酸碱作用力;

　　　μ——溶液黏度;

　　　φ_H——水力修正系数;

　　　$U_{粗糙}$——粗糙膜表面相互作用能总和;

　　　$U_{光滑}$——光滑膜表面相互作用能总和。

在 EPS-膜体系中,EPS-膜表面的分离距离与临界膜通量的关系如图 4.16 所示,其存在最大临界膜通量。若操作膜通量低于最大临界膜通量,在 EPS 与膜接触之前,水动力将与($F_{LW}+F_{EL}+F_{AB}$)达到平衡。根据图 4.16(a),此距离大约距离膜参考面 3.5~8.5 nm,且 NS-EPS 与 BS-EPS 的临界膜通量差距较小。在距离膜参考面 5 nm 处,NS-EPS 和 BS-EPS 带来的临界膜通量分别达到 0.62×10^{-3} m/s 和 0.55×10^{-3} m/s。在距离膜参考面5 nm处,NS-EPS 和 BS-EPS 的临界膜通量分别达到 0.62×10^{-3} m/s 和 0.55×10^{-3} m/s。当考虑膜的粗糙度时,临界通量幅值降低。在距离膜参考面 5 nm 处,NS-EPS 的临界膜通量大约降低了 27.4%。对于 BS-EPS,临界膜通量-分离距离的曲线幅值及位置发生极大变化,在距离参考面 5 nm 处临界膜通量大约降低了 58.2%,且可控的受力平衡区域缩小,距离参考面 4.5~7.5 nm。因此,基于膜表面的粗糙度,NS-EPS 和 BS-EPS

性质的不同引起的膜通量大小、趋势以及曲线形状的差异,也就可以在一定程度上解释 BS-EPS 引起的膜污染比 NS-EPS 严重的原因。

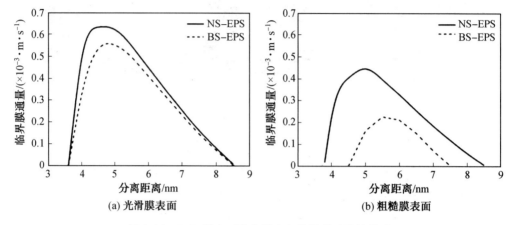

(a) 光滑膜表面　　　　　　　　　　　　(b) 粗糙膜表面

图 4.16　EPS-膜表面分离距离与临界膜通量的关系

4.5.3　污泥形态图像分析及模型构建

1. 污泥形态图像分析

使用 Matlab 7.6(The Mathworks,INC)开发了用于对活性污泥絮体及丝状菌的图像进行操作的分析程序,图像的处理分析过程如图 4.17 所示,包括预处理图像、分割图像和消除噪点,其中图像分析程序的主要目的是区分图片中的絮体和菌丝。图像处理的第一步是将 RGB 图像转化为二值图像;第二步是进行背景校正以消除图像采集系统中光线不均匀带来背景强度不均匀等问题。第三步是利用闭合运算及阈值分割法提取微生物絮体。在对图像进行阈值分割后,采用膨胀、腐蚀、开启和闭合等数学形态基本运算改进二值化图像,以便进一步对图像进行形态学分析。在以上步骤处理后的污泥图像中随机从每个污泥样本中选取 7 幅图后对它们的形态参数进行计算,可通过图像分析对大量的形状量化参数进行确定,在本章节中仅考虑如下参数:

①圆度 R:物体的伸长度对圆度起决定性影响,取值范围为$(0,1]$。

$$R = \frac{4 \times 面积}{\pi \times 周长^2} \tag{4.15}$$

②形状因子 FF:物体边界粗糙度易对形状因子 FF 产生影响,其中圆的 FF 值为 1。

$$FF = 4\pi \frac{面积}{周长^2} \tag{4.16}$$

③纵横比 AR:活性污泥絮体的伸长度对纵横比 AR 起决定性影响,其取值范围为$[1, +\infty]$。活性污泥絮体中丝状菌菌丝数正比于 AR 值,其中圆的 AR 值为 1。

$$AR = 1 + \frac{4 \times (长度 - 宽度)}{\pi \cdot 宽度} \tag{4.17}$$

④丝状菌长度与絮体面积之比 EFLI/FAI:絮体表面丝状菌的伸长度及混合液中游离的丝状菌对参数 EFLI 起决定性影响。为了获得丝状菌的长度,利用骨骼化法测量;与此

归一化图像

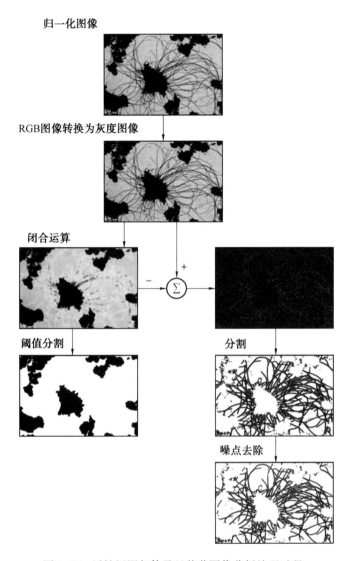

RGB图像转换为灰度图像

闭合运算

阈值分割

分割

噪点去除

图 4.17　活性污泥絮体及丝状菌图像分析处理过程

同时,絮体的面积通过获取絮体投影面上像素点个数而得出。

$$\text{EFLI/FAI} = \frac{\sum\limits_{\text{图像}} \text{丝状菌长度}}{\sum\limits_{\text{图像}} \text{絮体面积}} \tag{4.18}$$

2. 自回归历遍模型

污泥絮体形态学参数(模型输入值)可由图像分析程序的结果而得,为预测 DSVI 的趋势(模型输出值),建立 ARX 模型。ARX 模型的输出值 $y(t)$ 可通过以前的输出 $y(t-na)$ 与输入 $u(t-nk)$ 共同推测得到。

$$y(t) + a_1 y(t-1) + (\cdots) + a_{na} y(t-na) = b_1 u(t-nk) + \\ b_2 u(t-nk-1) + (\cdots) + b_{nb} u(t-nk-(nb-1)) + \varepsilon(t) \tag{4.19}$$

式中　$y(t)$ ——各个离散时间点 t 的模型输出值;

$u(t)$——各个离散时间点 t 的模型输入值；

na——极数；

$nb-1$——零点数；

nk——系统延迟时间；

$\varepsilon(t)$——白噪声信号；

$a_j b_j$——模型参数，其中 $i=1\cdots na$，$j=1\cdots nb$。

另外，模型输出值与试验值间的拟合程度通过调整后的相关系数的平方（R^2_{adj}）来评估，如式（4.20）所示。

$$R^2_{\text{adj}} = 100 \cdot \left(1 - \frac{(N-1)\sum_{t=1}^{N}(y_e(t)-y(t))^2}{(N-\text{DOF})\sum_{t=1}^{N}(y_e(t)-\text{mean}(y_e(t)))^2} \right) \tag{4.20}$$

式中　$y_e(t)$——离散时间点 t 的试验值；

　　　N——数据点个数；

　　　DOF——模型参数的自由度。

3. 污泥形态参数分析及 ARX 模型的建立

显微镜图像分析提供了大量形态学参数信息，在本章中主要考虑以下形态学参数：当量直径、圆度、形状因子、纵向比和 EFLI/FAI。DSVI 及污泥形态变化如图 4.18 所示，正常污泥与膨胀污泥之间的形态参数有明显区别。对于膨胀污泥，当量粒径随着污泥由絮体形式转化为丝状菌形式而增加，这可能是由于微生物解絮后又重新联结造成的。同时，随着 DSVI 值的增加，污泥絮体形态逐渐地从光滑型演变为粗糙型。相比于正常污泥，膨胀污泥形态学参数中的纵向比增加而圆度值降低，且纵向比和圆度值分别稳定在相对较高和较低的水平。膨胀污泥的形状因子小于正常污泥的形状因子，但膨胀污泥的 EFLI/FAI 值稳定在较高水平，并且 DSVI 值与形态学参数中的 EFLI/FAI 值关系最为密切。这些结果表明与正常污泥的结构相比，膨胀污泥的形态结构十分不规则，而不规则结构的膨胀污泥易于黏附在膜表面并与膜丝相缠绕。

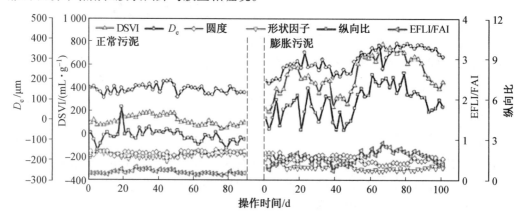

图 4.18　DSVI 及污泥形态变化（彩图见附录）

根据上述现象，将由图像分析所得的形态学参数输入模型，对活性污泥 DSVI 值的变化进行预测。图 4.19 和图 4.20 为 ARX 模型识别和验证的典型趋势,其中选定极数 na 的范围为 $1\sim5$,设定零点数 nb 值(小于或等于 na)为 0、1 和 2。同时,尽可能减小 na 值以防止过拟合。

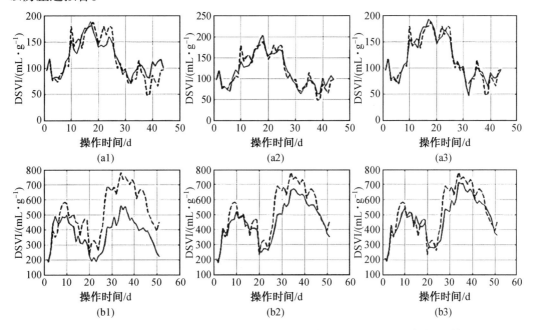

图 4.19　试验测试的 DSVI(虚线)和部分 ARX 模型预测的 DSVI(实线)比较
(a1 ~ a3)为在 MBR Ⅰ 中的识别性分析;(b1 ~ b3)为在 MBR Ⅱ 中的验证性分析

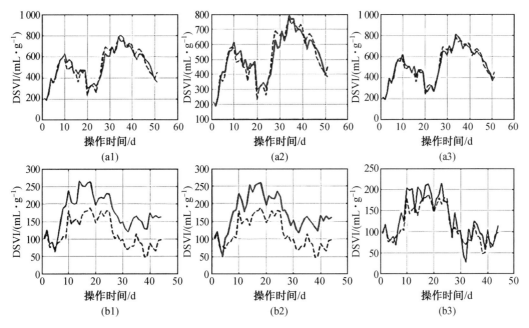

图 4.20　试验测试的 DSVI(虚线)和部分 ARX 模型预测的 DSVI(实线)比较
(a1 ~ a3)为在 MBR Ⅱ 中的识别性分析;(b1 ~ b3)为在 MBRI 中的验证性分析

模型识别及验证过程中的现象描述如下。

(1)对于仅输入一个参数的模型,只有 EFLI/FAI 作为参数能够在预测 DSVI 的变化时保持模型的稳定。只有 EFLI/FAI 作为参数输入的模型在验证性方面,与需多参数输入的部分 ARX 模型相比并不逊色。但是,在预测 DSVI 的趋势时,仅将 EFLI/FAI 作为输入参数构建模型会使作为系统延迟时间的参数 nk 值为零,这会导致在 ARX 模型中污泥形态学参数与 DSVI 值同步变化,从而无法对 DSVI 进行预测分析。

(2)当 EFLI/FAI 和 FF(或 AR)作为输入参数时,其在模型的识别性方面是合理的,同时系统的延迟时间 nk 偏离零值具有预测性。但是在模型的验证性方面,MBR Ⅱ 获得的 [FF,EFLI/FAI] 以及 [AR,EFLI/FAI] 的模型在对 MBR Ⅰ 的结果进行验证时,所获得的 R^2_{adj} 为负值,这表明 EFLI/FAI 和 FF(或 AR)作为输入参数的 ARX 模型不适用于活性污泥从膨胀状态恢复到正常状态的预测。

(3)当以三个参数作为模型输入值时,发现以 EFLI/FAI、FF 和伸长率相关参数(AR 或 R)的组合作为输入时,其能对 DSVI 的变化进行很好的模拟。例如,以 [EFLI/FAI, FF, R] 为输入参数的 ARX 模型,从识别角度来说 R^2_{adj} 对 MBR Ⅰ 和 MBR Ⅱ 分别达到 81.5% 和 85.9%,并且在验证角度来说 R^2_{adj} 对 MBR Ⅱ 和 MBR Ⅰ 分别达到 65.2% 和 56.9%。同时,ARX 模型中的延迟时间 nk 偏离零值,这使得所建立的模型具有预测性,如预测污泥膨胀的发生。

(4)从表 4.8 可知,以 MBR Ⅰ 为基础所获的 ARX 模型对 MBR Ⅱ 数据的验证性与以 MBR Ⅱ 为基础所获的 ARX 模型对 MBR Ⅰ 数据的验证性相比更优。这可能因为对 MBR Ⅱ 建立模型时强调在广泛的值范围内识别 DSVI 变化,例如在 MBR Ⅱ 中 DSVI 值在 192 ~ 780 mL/g 的区间内。

(5)使用系统辨识度工具箱对模型稳定性进行测量。对具有三个输入参数的模型,[EFLI/FAI, FF, AR] 和 [EFLI/FAI, FF, R],它们的极点均处于半径为 1.01 的圆内,表明模型稳定性良好。

表 4.8　输入参数个数为 1、2 和 3 时获得的 ARX 模型示例:识别性与验证性

输入参数	nb	nk	R^2_{adj}/%		na	nb	nk	R^2_{adj}/%	
			ARX Ⅰ	ARX Ⅰ-Ⅱ				ARX Ⅰ-Ⅱ	ARX Ⅱ-Ⅰ
FF	4	0	46.2	−2.6	5	5	0	63.4	−29.2
EFLI/FAI	5	0	65.9	4.2	5	1	0	81.7	−44.2
FF, EFLI/FAI	[43]	[10]	76.1	54.9	4	[43]	[10]	80.4	−24.7
FF, R	[21]	[20]	47.6	−73.8	5	[32]	[10]	64.7	−4.8
EFLI/FAI, AR	[43]	[02]	77.7	51.2	4	[32]	[01]	81.7	−36.6
R, D_e	[55]	[11]	61.3	−0.8	5	[54]	[00]	69.6	−12.1
D_e, AR	[51]	[00]	65.7	−97.6	5	[41]	[01]	70.2	−327.5
FF, EFLI/FAI, R	[432]	[002]	81.5	65.2	5	[211]	[011]	85.9	56.9
FF, EFLI/FAI, AR	[531]	[010]	78.9	64.4	5	[252]	[001]	89.9	59.3
EFLI/FAI, R, D_e	[532]	[010]	78.9	64.4	5	[555]	[020]	88.1	33.9
R, D_e, AR	[112]	[100]	55.7	27.5	4	[111]	[001]	55.3	31.2

4.6　MBR 工艺膜污染过程模拟及控制条件的优化

本节重点开展两个方面的研究,包括构建由膜孔污染及膜表面泥层污染组成的膜污染速率方程,同时依据膜污染方程优化控制参数。通过建立膜孔堵塞连续方程,探讨膜表面泥层对膜孔污染速率的影响。在膜表面泥层污染的模拟过程中,引入污泥形态学参数分形维数以及泥饼层坍缩效应,并在污泥形态不同的情况下对膜污染速率进行讨论。此外,考察不同条件(SRT、HRT 以及曝气量 Q_a)对膜污染速率的影响,获得优化的控制条件,为减缓膜污染提供理论依据。

4.6.1　MBR 膜污染模型的建立

1. 膜孔污染阻力模型

MBR 膜会吸附混合液中的小分子物质至表面或使其附着在膜孔内,这会引起膜孔隙率(ε_m)减小和膜孔污染阻力 R_P 上升。由 Karman-Kozeny 方程可知,膜孔过滤阻力可由膜的孔隙率求得

$$R_P + R_m = \frac{(1-\varepsilon_m) \cdot K_P}{\varepsilon_m^3} \tag{4.21}$$

式中　K_P——膜特定系数。

反应器中的上清液是影响膜孔污染的主要因素。膜表面泥饼层可视为一种二次过滤层,有阻截小分子物质的能力,减缓过滤过程中膜孔污染速率。建立一阶微分方程并引入泥饼层截留效应系数 $s/(s+R_c)$,对孔隙率(ε_m)的减小进行表征,如式(4.22)所示:

$$\frac{d\varepsilon_m(t)}{dt} = -\alpha_p \cdot c_b \cdot J_l(t)\frac{s}{s+R_c} \tag{4.22}$$

式中　α_p——膜孔隙率下降系数;

　　　c_b——上清液中 COD 浓度;

　　　$J_l(t)$——在操作时间为 t 时膜的局部通量;

　　　s——经验参数;

　　　$s/(R_c+s)$——膜表面泥饼层截留效应系数,高 s 值表明泥饼层对膜孔堵塞无影响,随着 $s/(R_c+s)$ 值趋于 0,膜表面泥饼层对膜孔污染的影响逐渐显著。

2. 膜表面泥层污染阻力模型

膜表面泥层阻力(R_c)受膜表面泥层的平均比阻(r_c)和单位面积的膜表面上污泥累积量影响,关系式如式(4.23)所示:

$$R_c = r_c\frac{M}{A_m} \tag{4.23}$$

式中　A_m——膜表面面积;

　　　M——膜表面上污泥累积量。

Hwang 等在对因 PMMA 引起的颗粒错流过滤过程进行研究时,将膜表面泥层的孔隙率归纳为两类,分别是絮体内孔隙率(ε_{intra})及絮体间孔隙率(ε_{inter}),泥饼层孔隙率示意图如图 4.21 所示。Antelmin 等在 20 ~ 400 kPa 条件下对过滤乳胶颗粒产生的膜表面泥层结构进行分析时发现,在泥层塌缩过程中,其局部结构没有发生明显变化,但塌缩产生于更大的空间尺度上,例如絮体间的孔隙。因此,在泥层塌缩过程中,可认为絮体间孔隙率的变化程度显著高于絮体内孔隙率的变化程度。

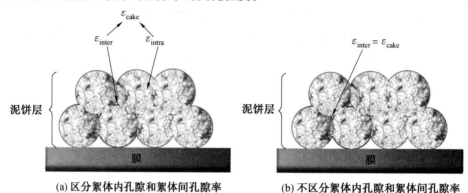

(a) 区分絮体内孔隙和絮体间孔隙率　　　　(b) 不区分絮体内孔隙和絮体间孔隙率

图 4.21　泥饼层孔隙率示意图

由 Mandelbrot 提出的分形维数理论合理地表征了不规则物体的形态。在分形理论中分形维数(d_f)是最重要的数值参数,该参数能反映物体外形轮廓微小的变化。在对絮体内部结构进行探究时,可用分形维数对絮体内原核生物体的堆叠情况进行表征。参数 d_f 的取值范围为 1 ~ 3,反映絮体的紧密程度以及絮体的堆叠形态。絮体内孔隙率 ε_{intra} 和分形维数 d_f、絮体粒径(d_a)以及原生粒径($d_p d_p$)有关,具体见式(4.24)。除此以外,根据式(4.25)可以求得膜表面泥层的有效平均粒径($\bar{d}_a^c$)。

$$\varepsilon_{intra} = 1 - c \left(\frac{\bar{d}_a^c}{d_p} \right)^{d_f - 3} \qquad (4.24)$$

$$\bar{d}_a^c = \frac{\displaystyle\int_0^{d_{critical}} x g(x)\, dx}{\displaystyle\int_0^{d_{critical}} g(x)\, dx} \qquad (4.25)$$

式中　c——堆叠系数;

　　　$g(x)$——污泥粒径分布;

　　　$d_{critical}$——可黏附于膜表面上的污泥絮体的临界粒径。

在 MBR 反应器中,通常情况下堆叠系数 c 为 0.25;由于污泥絮体主要是由原核微生物构成的,d_p 的值取为 0.5 μm;d_f 取值不大于 3,否则 ε_{intra} 值将恒为 0.75。在污泥絮体向膜表面沉积的过程中,可用絮体间孔隙率描述絮体之间的孔隙,由 Park 等假设和 Molerus 配位数论可知,絮体与周围配位絮体在无压缩的情况下存在三种典型的接触形式($n = 6$、8 和 10),其相应的絮体间初始孔隙率分别为 0.476 4、0.395 4 和 0.259 5。本研究中采用 $n = 6$ 的立方体泥饼层堆叠模型,根据式(4.26)计算污泥絮体间孔隙率。

$$\varepsilon_{\text{inter}} = 1 - \frac{V_{\text{aggr}}}{V_{\text{u}}} \tag{4.26}$$

式中　V_{u}——单元体体积；

　　　V_{aggr}——单元体内絮体堆叠体积。

膜表面的泥饼层在压力作用下出现塌缩现象,由于絮体互穿以及局部压缩,絮体间孔隙率发生降低;同时,絮体内的孔隙率也因为絮体结构的偏转而减小,进而形成了更紧密的泥饼层结构。所以,在对膜污染过程进行模拟时应将由泥饼层塌缩导致的 $\varepsilon_{\text{intra}}$ 及 $\varepsilon_{\text{inter}}$ 变化计算在内。假定泥层拖曳力作用不断上升,由此絮体间发生塑性形变,使得相邻絮体间的接触点变多进而形成接触面,同时相邻絮体中心点距离从 d_{a} 减小到 $d_{\text{a}} \cdot d_{\text{rel}}$($d_{\text{rel}}$ 为松弛率,即泥层塌缩前后中心距的比例值),导致 $\varepsilon_{\text{inter}}$ 降低。另外,假定中心絮体颗粒附近的絮体分布均匀,且由塑性形变而导致絮体的相对位移为定值,而絮体中的原生粒子不能被进一步压缩。因此在泥层塌缩过程中絮体中心距有所降低,使得絮体间的孔隙率相对于初始孔隙率也减小,如图 4.22 所示。当 d_{rel} 的数值位于主阈值与 1 范围内时,在 TMP 作用下相邻絮体发生互穿,接触面产生在絮体表面上,互穿后的絮体不再为球面形态且产生交叠体积 V_{overlap}。随着 d_{rel} 不断减小,当 d_{rel} 在第二阈值与主阈值之间时,絮体间的重叠区域开始互穿导致过余重叠体积 V'_{overlap} 的形成。当 d_{rel} 低于第二阈值时,接触面完全取代絮体的球形表面,此情况下絮体间孔隙率 $\varepsilon_{\text{inter}}$ 等于零。当絮体颗粒的重叠区域间开始发生互穿时,对应的 d_{rel} 定为主阈值 d_{th1}(0.707);当絮体间因互穿而产生多面体结构时,此时的 d_{rel} 定为第二阈值 d_{th2}(0.577)。

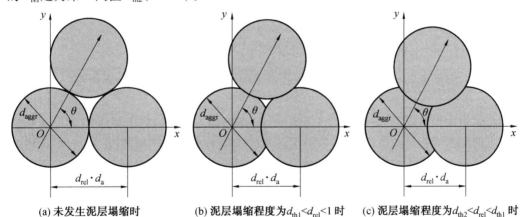

(a) 未发生泥层塌缩时　　(b) 泥层塌缩程度为 $d_{\text{th1}} < d_{\text{rel}} < 1$ 时　　(c) 泥层塌缩程度为 $d_{\text{th2}} < d_{\text{rel}} < d_{\text{th1}}$ 时

图 4.22　相邻絮体未发生泥层塌缩时、泥层塌缩程度为 $d_{\text{th1}} < d_{\text{rel}} < 1$ 时、泥层塌缩层度为 $d_{\text{th2}} < d_{\text{rel}} < d_{\text{th1}}$ 时示意图

当絮体间 d_{rel} 为 1 到 d_{th1} 时,$\varepsilon_{\text{inter}}$ 的表达式为

$$\varepsilon_{\text{inter}} = 1 - \frac{V_{\text{aggr}} - nV_{\text{overlap}}}{V_{\text{u}}}, \qquad d_{\text{th1}} \leqslant d_{\text{rel}} \leqslant 1 \tag{4.27}$$

当絮体间 d_{rel} 为 d_{th1} 到 d_{th2} 时,$\varepsilon_{\text{inter}}$ 的表达式为

$$\varepsilon_{\text{inter}} = 1 - \frac{V_{\text{aggr}} - nV_{\text{overlap}} + mV'_{\text{overlap}}}{V_{\text{u}}}, \qquad d_{\text{th2}} \leqslant d_{\text{rel}} \leqslant 1 \tag{4.28}$$

式中　m——$V_{overlap}$ 个数；

　　　n——$V'_{overlap}$ 个数。

当絮体间 d_{rel} 小于 d_{th2} 时，ε_{inter} 的表达式为

$$\varepsilon_{inter} = 0, \qquad d_{rel} \leqslant d_{th2} \tag{4.29}$$

$V_{overlap}$ 和 $V'_{overlap}$ 的计算式分别如式（4.30）和式（4.31）所示

$$V_{overlap} = \frac{\pi d_a^3}{24}(2 - 3d_{rel} + d_{rel}^3) \tag{4.30}$$

$$V''_{overlap} = \int_a^b \int_{-\sqrt{b^2-x^2}}^{\sqrt{b^2-x^2}} (2\sqrt{R^2 - x^2 - y^2} - a)\mathrm{d}y\mathrm{d}x \tag{4.31}$$

其中，参数 R、a、b、$f(x)$ 以及 $V_a R$ 的计算分别如下式所示：

$$R = \frac{d_a}{2} \tag{4.32}$$

$$a = \frac{d_{rel} \cdot d_a}{2} \tag{4.33}$$

$$b = \sqrt{R^2 - a^2} \tag{4.34}$$

$$V_u = 8a^3 \tag{4.35}$$

$$V_{aggr} = \frac{4}{3}\pi \left(\frac{d_a}{2}\right)^3 \tag{4.36}$$

对式（4.27）至式（4.36）联立，可对 ε_{inter} 值进行计算。与此同时，因为泥饼层的塌缩单元体内 V_{aggr} 产生改变，污泥絮体内实际孔隙率 $\varepsilon_{intra}^{real}$ 产生改变，如式（4.37）所示：

$$\varepsilon_{intra}^{real} = \varepsilon_{intra}(1 - \varepsilon_{inter})\frac{V_u}{V_{aggr}} = \frac{6}{\pi}d_{rel}^3 \varepsilon_{intra}(1 - \varepsilon_{inter}) \tag{4.37}$$

基于计算获取的 ε_{inter} 和 $\varepsilon_{intra}^{real}$，泥饼层孔隙率（$\varepsilon_{cake}$）可由式（4.38）计算而得。

$$\varepsilon_{cake} = 1 - (1 - \varepsilon_{intra}^{real})(1 - \varepsilon_{intra}) \tag{4.38}$$

在膜表面泥饼层压缩过程中，只考虑平行于膜过滤方向泥层的压缩，而忽略垂直于膜表面方向的污泥絮体的位移，同时假设混合液的密度与水的密度相同；在此条件下，可忽略絮体的重力和浮力的影响，污泥絮体受到趋向滤膜的力主要包括拖曳力（F_d），而逆向传输力包括浓差极化引起的 Brownian 扩撒（F_B）、剪切诱导扩散力（F_S）、横向惯性提升力（F_I）。根据牛顿第二定律可知，式（4.39）描述了絮体在与膜过滤平行方向上的总受力。而在泥层的塌缩过程中，泥层间摩擦力（F_f）阻碍絮体间的互穿，且净摩擦力与重叠区域的大小呈正相关关系。稳态时，与膜过滤方向平行的总受力与泥饼间摩擦力是一对平衡力，进而构建平衡方程，如式（4.40）所示。

$$F = \frac{\pi}{6}(\bar{d_a^c})^3 \rho_a \frac{\mathrm{d}v_a}{\mathrm{d}t} = (F_b + F_s + F_{lr}) - F_d \tag{4.39}$$

$$F_d - (F_B + F_s + F_I) = F_f \tag{4.40}$$

式中　ρ_a——污泥絮体密度；

　　　v_a——污泥絮体迁移速率；

　　　t——时间。

作用力 F_B 以及 F_f 的表达式如式（4.41）和式（4.42）所示：

$$F_B = 3\pi\mu_s \bar{d}_a^c \left[0.185 \left(\frac{4\gamma_w k_B^2 T^2 \varphi_w}{\mu_s^2 (\bar{d}_a^c)^2 L \varphi_b} \right)^{1/3} \right] \tag{4.41}$$

$$F_f = k_c (1 - d_{rel}) \bar{d}_a^c \tag{4.42}$$

式中　γ_w——膜表面剪切速率；

　　　L——膜组件长度；

　　　φ_w——泥饼层边界处污泥絮体的体积分数；

　　　φ_b——混合液中污泥絮体的体积分数；

　　　k_B——Boltzmann 常数；

　　　k_c——泥饼层摩擦系数；

　　　T——温度。

根据式（4.43），将各作用力表达式代入可得：

$$3\pi\sigma\mu_s J_1 - 3\pi\mu_s \left[0.03 G \bar{d}_a^c + \frac{c_d}{24} G \bar{d}_a^c + 0.185 \left(\frac{4\gamma_w k_B^2 T^2 \varphi_w}{\mu_s^2 (\bar{d}_a^c)^2 L \varphi_b} \right)^{1/3} \right] = k(1 - d_{rel}) \tag{4.43}$$

式中　J_1——局部通量；

　　　c_d——惯性升力系数，$c_d = (24/Re) + (3/\sqrt{Re}) + 0.34$，$Re$ 为雷诺系数。

由 Carman-Kozeny 公式可得，膜表面泥饼层的平均比阻（r_c）、原生粒子密度（ρ_p），原生粒径（d_p）和泥饼层的孔隙率（ε_{cake}）之间的关系如式（4.44）所示：

$$r_c = \frac{36 k_{kozeny}}{\rho_p d_p^2} \left(\frac{1 - \varepsilon_{cake}}{\varepsilon_{cake}^3} \right) \tag{4.44}$$

式中　k_{kozeny}——kozeny 常数。

根据（4.44）可得，膜表面泥层阻力受膜表面单位面积的污泥絮体累积量的影响，即 M/A_m，其可由式（4.45）求得，从而计算膜表面泥饼层阻力值。

$$\frac{M}{A_m} = \xi J_1 MLSS \tag{4.45}$$

式中　ξ——混合液中可形成泥饼层所占的比例。

依据 Darcy 定律，在已知膜自身阻力 R_m、膜孔阻力 R_p、膜表面泥层阻力 R_c、膜通量 J 和滤液动力学黏度 μ 的条件下可求得 TMP 的变化。

3. 模型参数的确定

模型中选取参数值以相关研究及试验测试结果为基础，见表 4.9。系统中膜组件 $R_m = 1.42 \times 10^{12}$ m^{-1}，通过重力法测定膜初始孔隙率（$\varepsilon_m^{initial}$）为 58.2%，计算求得 $K_p = 1.60 \times 10^{12}$。根据在不同时间下的膜孔隙率和泥饼层阻力，利用最小二乘法对参数 α_p 和 s 进行计算。

为计算膜表面泥层比阻，向过滤杯中加入一定浓度的污泥混合液，在 $\Delta p < 5$ kPa 条件下进行过滤，膜表面形成 240 g/m^2 的泥饼量后，在 Δp 分别为 10 kPa、20 kPa、30 kPa 条件下对去离子水进行过滤。在泥饼层完全塌缩的情况下对膜通量进行测定，同时通量达到稳定值，根据式（4.44）对比阻 r_c 进行计算；同时取泥饼层样品，使用 FITC 染料染色并在

$CLSM$ 下观测孔隙率,由式(4.44)对系数 k_{kozeny} 进行计算。对参数 d_{rel} 进行预设,修正 d_{rel} 值直到泥层比阻的模拟值与实测值的方差最小;根据式(4.43)对参数 σ 和 k_c 值进行求算。污泥的分形维数 d_f 使用图像分析法并根据式(4.46)进行计算。其他参数包括水动力黏度 $\mu_w = 1.002 \times 10^{-3}$ Pa·s,$T = 293$ K。

$$d_f = \frac{1}{\pi}\left(\frac{周长}{长度}\right) \tag{4.46}$$

表 4.9 膜污染模型参数取值

参数	取值
s	1.2×10^{12}
α_w	24.55 m^2/kg
μ_s	$\mu_s = \mu_w \times 1.05$ e$^{0.08MLSS}$
γ_w	$\gamma_w = G/\mu_s$
φ_w	0.68
φ_b	$\varphi_b = MLSS/1\,000$
ρ_0	1.0×10^3 kg/m^3
k_B	$1.380\,65 \times 10^{-23}$ m$^2 \cdot$ kg/(s$^2 \cdot$ K)
k_c	8.019×10^{-9} N/Pa
σ	$1.583\,7$ N/m
k_{kozeny}	43.26
L	0.45 m

4. 膜污染模拟值与试验值的对比

在膜通量恒定的条件下,TMP 的变化可表征 MBR 中的膜污染程度。操作条件的差异会导致膜污染特征的不同。由长期的试验观测发现,当 MBR 的运行参数为高膜通量为 24 L/(m² h)、曝气量为 1.2 m³/h 和污泥浓度为 3 000 mg/L 的情况下,TMP 在短时间内 (3~4 d)快速上升至 45 kPa,这是由于此条件下系统膜通量高于临界膜通量。在膜通量下降到 8 L/(m² · h)时(其他参数不变),MBR 的运行周期提升到 25~35 d。以上分析可知,膜通量的选择对于膜污染的控制具有决定性作用;因此下述膜污染过程的模拟主要基于运行通量低于临界膜通量的情况。

在错流式 MBR 中,一般将 TMP 的增加划分为两个阶段:第一阶段为缓慢上升阶段;第二阶段为迅速增加阶段。也有研究者将 TMP 的增加分为三个阶段,他们认为在缓慢上升阶段还有因膜孔迅速被堵塞导致 TMP 在数小时内迅速上升的阶段,但在本研究中不做深入研究。当膜通量、曝气量及污泥浓度分别为 8 L/(m² · h)、1.2 m³/h、9 600 mg/L 的条件下,模拟膜污染过程的结果如图 4.23(a)所示。对可黏附于膜表面的污泥临界粒径以及膜表面污泥层的平均粒径进行求算,得到对应值分别为 34.7 μm 和 23.3 μm。在 TMP 缓慢上升阶段,膜污染来源主要为污泥絮体黏附在膜表面形成泥饼以及污染物过滤引发的膜孔堵塞;当 TMP 增加到一定程度,泥饼层的塌缩度提高,使得孔隙率下降,局部膜通量提高,导致 TMP 的快速增加。

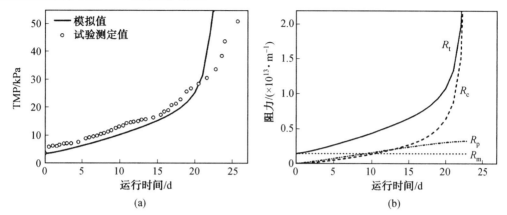

图 4.23　(a)TMP 以及(b)膜孔污染阻力、泥饼层阻力和总阻力 MBR 随运行时间的变化情况
($MLSS = 9\ 600\ mg/L, Q_a = 1.2\ m^3/h, d_f = 2.35$)

　　模拟膜孔污染和泥饼层阻力随运行时间的变化,结果如图 4.24(b)所示。可以看出,R_p 和 R_c 持续上升,膜孔污染速率不断降低,而泥饼层阻力的增长呈现两个阶段:第一阶段为慢速上升阶段;第二阶段因受到泥饼层压缩性影响为迅速上升阶段。R_p 为$(0 \sim 3.26) \times 10^{12}\ m^{-1}$,占总阻力的 0% ~ 36.06%,膜孔隙率由 0.582 降低至 0.432 7;而 R_c 为$(0 \sim 15.56) \times 10^{12}\ m^{-1}$,占总阻力的 0% ~76.84%,泥饼层孔隙率由 0.930 9 降低至 0.643 1。以上数据说明,膜污染迅速上升的最主要原因是泥饼层在膜表面的不断累积。因此,准确建立泥饼层模型有助于准确模拟膜污染过程。相比于实测结果,膜污染模型可较好地模拟膜污染趋势,但模型并不能完全拟合实测数据,特别是在 TMP 增长的第二阶段。造成这种情况有两方面的原因:一方面反应是系统运行到后期时,不可能通过改变蠕动泵的转数使出水量满足试验的设定值,这一定会导致后期实测的 TMP 增长速率与模拟值相比更加平缓;另一方面,模型自身存在不足,例如假定系统中微生物群落的性质不随时间而发生变化,膜表面的剪切力分布均匀,膜表面泥饼层的污泥粒径相同以及忽略了膜表面泥层微生物产生生物污染等问题。

4.6.2　MBR 膜表面泥饼层污染过程模拟研究

1.泥饼层塌缩效应及絮体孔隙的区分对泥饼层比阻的影响

　　由式(4.24)至式(4.44),可得在不同 d_a、d_f、Q_a 以及 J 下的泥层比阻 r_c。在 $Q_a =$ 1.2 m^3/h、$d_f = 2.35$ 时,r_c 随 d_a 和 J 的变化如图 4.24(a)所示。r_c 随 d_a 的增加、J 的降低而逐渐减小。在低 J 和高 d_a 区域,r_c 几乎不受 d_a 和 J 变化的影响,仍维持在 $10^{10.6}$ m/kg,由结果可知在此 d_a 和 J 区域,塌缩后泥层结构相似。当忽略泥层塌缩影响,即模型中 d_{rel} 取值为 1 时,在同等条件下 r_c 随 d_a 和 J 的变化如图 4.24(b)所示。在忽略泥层塌缩情况下求得的 r_c 与考虑泥层塌缩时所得的 r_c 相比明显降低。随着 d_a 由 55 μm 下降到 5 μm,r_c 值由 $10^{10.6}$ m/kg 缓慢上升到 $10^{11.3}$ m/kg,且在同一 d_a 条件下,r_c 值的大小不受 J 值变化影响,这不符合实际情况。因此在模拟过程中需要将泥饼层塌缩效应的影响考虑在内。

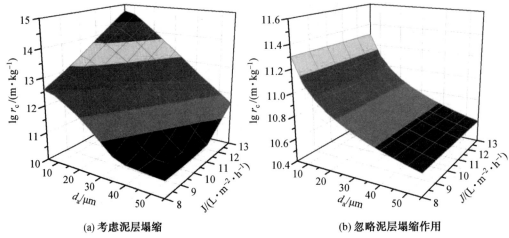

(a) 考虑泥层塌缩   (b) 忽略泥层塌缩作用

图 4.24   不同 d_a 和 J 下泥饼层比阻

($Q_a = 1.2 \ \mathrm{m^3/h}$,MLSS $= 9\ 600 \ \mathrm{mg/L}$,$d_f = 2.35$)

为了进一步研究泥饼层塌缩效应对比阻的影响,向滤杯中加入混合液,设置过滤条件为 TMP<5 kPa,在膜表面形成 240 g/m² 的泥饼层后,在 $J = 3.7 \ \mathrm{L/(m^2 \cdot h)}$ 的条件下过滤并记录 TMP,同时忽略膜孔堵塞的影响,对比泥饼层比阻试验值与模拟值的差异,见表 4.10。当考虑泥饼层的塌缩作用时,试验值与模拟值之间达到较好的拟合;而当不考虑泥层的塌缩,实测的泥层比阻远高于模拟值,在此采用标准偏差(RMSE)来表征模拟值与实测值的差异程度。

$$RMSE = \sqrt{\dfrac{\sum (r_{c,i}^{\exp} - r_{c,i}^{\mathrm{mod}})^2}{N}} \tag{4.47}$$

式中 $r_{c,i}^{\exp}$——泥层比阻试验值;

        $r_{c,i}^{\mathrm{mod}}$——泥层比阻模拟值;

        N——试验数据点个数。

当忽略泥饼层塌缩影响时,r_c 是固定不变的,RMSE 值为 1.33×10^{13} m/kg;考虑塌缩效应带来的影响时,随着过滤时间的延长 r_c 值呈现出先趋于线性增加,而后急剧上升的趋势,RMSE 为 3.62×10^{12} m/kg,其仅为忽略塌缩效应影响时的 27.2%。RMSE 值越小,模拟值与实测值差距越小,此结果再次证明在对泥饼层过滤性能进行分析时需要考虑泥饼层的塌缩带来的影响。

表 4.10   泥饼层比阻实测值与模拟值的比较

TMP /kPa	r_c($d_f = 2.35$, $d_a^c = 53.3$ nm, $J = 3.7 \ \mathrm{L/(m^2 \cdot h)}$)		
	$r_{c,i}^{\exp}$ (×10¹² m/kg)	$r_{c,i}^{\mathrm{mod}}$ (×10¹² m/kg,考虑泥层塌缩效应)	$r_{c,i}^{\mathrm{mod}}$ (×10¹⁰ m/kg,忽略泥层塌缩效应)
5.3	1.12	1.63	4.01
5.6	2.54	2.83	4.01

续表 4.10

TMP /kPa	$r_c(d_f=2.35,\ d_a^c=53.3\ \text{nm},\ J=3.7\ \text{L/(m}^2\cdot\text{h))}$		
	$r_{c,i}^{\text{exp}}$ ($\times10^{12}$ m/kg)	$r_{c,i}^{\text{mod}}$ ($\times10^{12}$ m/kg, 考虑泥层塌缩效应)	$r_{c,i}^{\text{mod}}$ ($\times10^{10}$ m/kg, 忽略泥层塌缩效应)
6.0	4.22	3.86	4.01
6.1	4.53	4.83	4.01
6.6	6.29	5.83	4.01
6.7	6.84	6.97	4.01
7.3	9.15	8.38	4.01
8.0	12.25	10.33	4.01
8.3	13.61	13.38	4.01
9.1	16.59	19.08	4.01
16.0	44.60	33.14	4.01

图 4.25 为不同 d_a 和 d_f 下泥饼层比阻。当区分 $\varepsilon_{\text{intra}}$ 和 $\varepsilon_{\text{inte}}$ 时,r_c 在高 d_f 低 d_a 区域达到最大值,在低 d_f 高 d_a 区域达到最低值,其值随着 d_a 的增加、d_f 的降低而减小。当不区分 $\varepsilon_{\text{intra}}$ 和 $\varepsilon_{\text{inter}}$ 时,在 d_a 相同的条件下,d_f 变化时 r_c 值保持恒定,其完全忽略絮体内的孔隙率以及絮体结构对阻力的影响,这与实际情况不符。Park 等的研究表明当不区分 $\varepsilon_{\text{intra}}$ 和 $\varepsilon_{\text{inter}}$ 时,r_c 模拟值与实测值之间的均方误差为 $3.56\times10^{25}(\text{m/kg})^2$,为区分 $\varepsilon_{\text{intra}}$ 和 $\varepsilon_{\text{inter}}$ 时的 46 倍。所以在对泥饼层污染进行模拟时需同时考虑 $\varepsilon_{\text{intra}}$ 及 $\varepsilon_{\text{inter}}$ 的变化所导致的 r_c 变化。

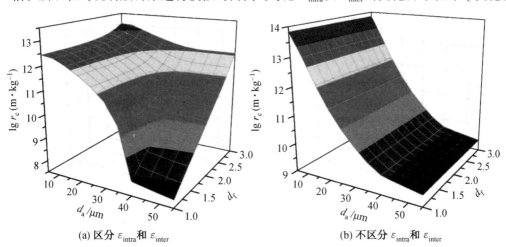

图 4.25　不同 d_a 和 d_f 下泥饼层比阻

($Q_a=1.2\ \text{m}^3/\text{h}$,$\text{MLSS}=9\ 600\ \text{mg/L}$,$d_f=2.35$)

2. 不同 d_a、J 对 $\varepsilon_{\text{inter}}$ 和 $\varepsilon_{\text{intra}}^{\text{real}}$ 的影响

以受力平衡、质量守恒以及泥层的塌缩效应为理论基础表征膜表面泥饼层的动态形成过程。在不同条件下(J、MLSS、Q_a),由 d_a、d_f 和表 4.8 的参数值对膜表面污泥层的孔隙率 $\varepsilon_{\text{intra}}^{\text{real}}$ 和 $\varepsilon_{\text{inter}}$ 计算 $\varepsilon_{\text{intra}}$。采用 $n=6$ 的立方体堆叠模型,$\varepsilon_{\text{inter}}$(不可压缩颗粒间孔隙率)取 0.476 4,对于未发生塌缩($d_{\text{rel}}=1$)的膜表面污泥层,$\varepsilon_{\text{inter}}$ 取值也为 0.476 4。然而,塌缩效应使得泥层的 $\varepsilon_{\text{inter}}$ 远小于 0.476 4。例如,在 $d_f=2.35$、$J=9.5$ L/($m^2 \cdot h$),d_a 取值分别为 40 μm 和 10 μm 时,对应的 $\varepsilon_{\text{inter}}$ 分别为 0.366 7 和 0.022 8,相较于其初始值 0.476 4 分别减小了 23.02% 和 95.21%。另外泥饼层塌缩使得污泥絮体的体积减小,这导致絮体内孔隙率 $\varepsilon_{\text{intra}}^{\text{real}}$ 下降。在 $d_f=2.35$、$J=9.5$ L/($m^2 \cdot h$)条件下,d_a 分别取 40 μm 和 20 μm 时,絮体内初始孔隙率 $\varepsilon_{\text{intra}}$ 对应的值为 0.985 5 和 0.964 3。在上述条件下,当泥饼层塌缩效应发生且局部通量达 9.5 L/($m^2 \cdot h$)时,在 d_a 分别为 40 μm 和 20 μm 的条件下,絮体内孔隙率 $\varepsilon_{\text{intra}}^{\text{real}}$ 分别降低了 2.02% 和 39.05%,与污泥絮体间 $\varepsilon_{\text{inter}}$ 变化程度相比小了 3~10 倍。以上数据说明,由泥饼层塌缩造成的絮体间孔隙率的减小程度远大于絮体内孔隙率的下降比例,这是由于絮体间孔隙的尺寸大于絮体内孔隙的尺寸,在拖曳力作用下大孔隙的塌缩度高于小孔隙的塌缩度。此外,随着 J 的提高,小粒径絮体的孔隙率 $\varepsilon_{\text{intra}}^{\text{real}}$ 和 $\varepsilon_{\text{inter}}$ 的减小速率明显高于大粒径的污泥絮体(图 4.26),说明随着 d_a 的降低,d_{rel} 对 J 的敏感度上升;同样,在 J_1 较高时,粒径 d_a 的大小能对泥饼层孔隙率和 d_{rel} 值产生更大的影响。

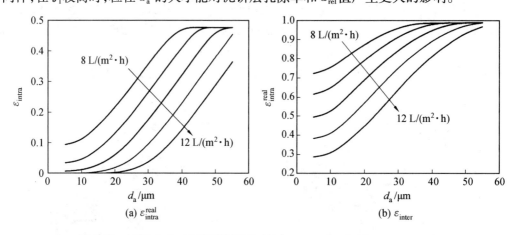

图 4.26　不同 d_a 和 J 下泥饼层孔隙率($d_f=2.35$,$d_a=0.05$ μm,$c=0.25$)

为进一步验证模型的有效性,对模拟得出的 $\varepsilon_{\text{cake}}$ 值与 CLSM 直接测定的膜表面泥饼层孔隙率 $\varepsilon_{\text{cake}}^{\text{CLSM}}$ 值进行比较(表 4.11)。根据第 4.6.1 节介绍的短时间过滤试验,对处于不同 TMP 下的泥饼层孔隙率进行测定分析。可以明显发现,TMP 为 10 kPa 时对应的泥饼层孔隙率与 TMP 为 30 kPa 时相比更高,对泥饼层的 CLSM 观测孔隙率与模型计算获得的孔隙率进行相关性分析,求得对应的相关系数 r 和标准偏差 RMSE 分别为 0.978 和 0.025。可以看到,模型计算的孔隙率可以较好地拟合由 CLSM 观测获取的孔隙率。

表 4.11　泥饼层孔隙率模拟值与试验值的比较(d_f=2.35，d_a^c=53.3 nm，J=3.7 L/(m²·h))

TMP/kPa	ε_{cake}(试验测定值)	ε_{cake}(模拟值)
5.6	0.812	0.782 5
6.7	0.683	0.667 4
7.3	0.622	0.642 7
8.0	0.618	0.614 8
9.1	0.566	0.533 9
16.0	0.488	0.465 0

3. 不同 d_f 与 μ_s 对 ε_{cake} 的影响

在 MBR 中,污泥絮体形态学参数 d_f 是对絮体孔隙率产生影响的重要参数之一,污泥的形状规则度及结构密实度都与 d_f 值呈正相关性。ε_{intra} 受到参数 d_f 的影响,而 ε_{inter} 受到参数 μ_s 的影响。在不同 d_{rel} 条件下,由 $\varepsilon_{intra}^{real}$ 和 ε_{inter} 可对泥饼层的 ε_{cake} 值进行计算,如图 4.27(a)所示。可以看出,ε_{cake} 随着 d_{rel} 的减小而降低;在低 d_f 区域时,ε_{cake} 与 d_f 之间关系不明显,在高 d_f 区域,ε_{cake} 随着 d_f 的增加而降低。此外,污泥黏度对混合液的过滤性能有重要影响,通过长期试验观测,发现污泥黏度随污泥沉降性的变化而变化,且污泥沉降性能的恶化将导致污泥黏度的增加。如前文所示,处于正常状态的活性污泥,污泥絮体较为密实,其 DSVI 值和混合液黏度范围分别为(114±33) mL/g、1.1×10^{-3} ~ 1.3×10^{-3} Pa·s;处于膨胀状态的活性污泥,污泥絮体较为松散,其 DSVI 和混合液黏度范围分别为(486 ± 294) mL/g、1.9×10^{-3} ~ 2.4×10^{-3} Pa·s。当 J=8 L/(m²·h)、d_a=23.3 μm 时,不同 μ_s 和 d_f 情况下的泥饼层孔隙率 ε_{cake} 如图 4.27(b)所示。ε_{cake} 值对参数 μ_s 的敏感度高于 d_f,当 μ_s 由 1.0×10^{-3} Pa·s 上升至 5.0×10^{-3} Pa·s 时,对于 d_f=2 的污泥絮体,其絮体的泥饼层

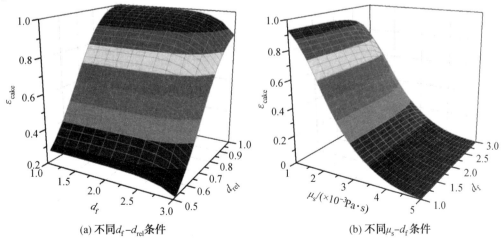

(a) 不同 d_f-d_{rel} 条件　　　　　(b) 不同 μ_s-d_f 条件

图 4.27　不同 d_f-d_{rel} 条件下以及不同 μ_s-d_f 条件下的 ε_{cake} 值
(d_a=23.3 μm,J=8 L/(m²·h))

孔隙率从 0.926 5 减小到 0.003 6；当 d_f 从 1.0 上升到 3.0 时，在 μ_s 为 1.5×10^{-3} Pa 情况下，絮体泥饼层孔隙率从 0.788 7 减小到 0.615 4。所以，当系统内发生污泥膨胀时，虽然其 d_f 值减小引起了 ε_{intra} 的上升，但与此同时混合液黏度增加使 ε_{inter} 减小，而由 ε_{inter} 的减小所导致的 ε_{cake} 的下降效应超过了 ε_{intra}，从而加剧了膜表面泥饼层引发的膜污染，使膜清洗周期缩短。

分别模拟 MBR Ⅰ 和 MBR Ⅱ 的膜表面泥层污染过程，其 $\varepsilon_{intra}^{real}$、$\varepsilon_{inter}$、$\varepsilon_{cake}$、$r_c$ 以及 R_c 的变化如图 4.28 所示。在模拟过程中 MBR Ⅰ 和 MBR Ⅱ 中 μ_s 分别为 1.1×10^{-3} Pa·s 和 2.1×10^{-3} Pa·s；相应的膜表面泥层的 $\bar{d}_a^c$ 分别为 23.3 μm 和 35.7 μm；相应的 d_f 分别为 2.35 和 1.98。对于 MBR Ⅰ 来说，$\varepsilon_{intra}^{real}$、$\varepsilon_{inter}$、$\varepsilon_{cake}$ 在 22 d 内分别由 0.906 6、0.260 3、0.930 9 减小到 0.507 5、0.006 7、0.510 8；r_c 和 R_c 分别增加到 22.87×10^{12} m/kg 和 15.11×10^{12} m^{-1}。对于 MBR Ⅱ 来说，$\varepsilon_{intra}^{real}$、$\varepsilon_{inter}$、$\varepsilon_{cake}$ 在 4 d 内分别由 0.929 1、0.270 3、0.948 3 减小到 0.503 8、0.005 3、0.506 4；r_c 和 R_c 分别增加到 19.93×10^{12} m/kg 和 23.67×10^{12} m^{-1}。

可以看出，虽然膨胀污泥的 $\bar{d}_a^c$ 值上升、d_f 减小，造成其 $\varepsilon_{intra}^{real}$ 值较正常污泥更高，但膨胀污泥 μ_s 值的上升造成泥饼层拖曳力的提高，进而引起泥饼层塌缩度提高，最终造成泥饼层孔隙率急剧下降，阻力上升。正常污泥和膨胀污泥的膜表面泥饼层的模拟结果进一步证实了控制 MBR 系统中活性污泥性质的重要意义。

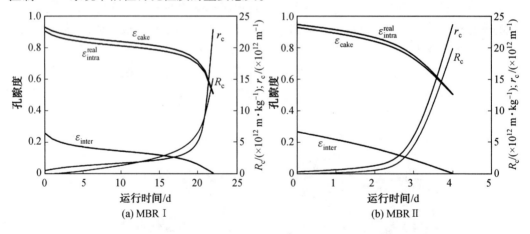

(a) MBR Ⅰ　　　　　　　　(b) MBR Ⅱ

图 4.28　膜表面泥层污染过程中 $\varepsilon_{intra}^{real}$、$\varepsilon_{inter}$、$\varepsilon_{cake}$、$r_c$ 与 R_c 的变化

4.6.3　MBR 膜孔堵塞过程模拟研究

Wang 和 Tarabar 在对胶体物质膜过滤过程进行研究时，提出了包括完全堵塞、中间堵塞和标准堵塞三种用于描述不同阶段膜孔堵塞情况的经验模型，但很难对各经验模型的适用范围进行界定，例如由标准堵塞转变至中间堵塞的边界情况。Li 和 Wang 通过将膜孔污染比阻乘以滤液体积来直接描述膜孔阻力，虽然能够一定程度上简化膜孔堵塞模型，但是忽略了膜表面泥饼层对有机污染物的过滤作用，造成试验值和模拟值之间差距较大。所以，以泥饼层截留污染物为基础建立方程是对膜孔堵塞情况进行表征的关键所在。

MBR Ⅰ 和 MBR Ⅱ 中 R_p 与 ε_m 随系统运行时间的变化如图 4.29(a) 所示。R_p 的模拟

值能较好地拟合试验值（MBR Ⅰ：$r = 0.902$；MBR Ⅱ：$r = 0.657$）。在初始过滤阶段，膜表面未形成完整的泥饼层，胶体及溶解性物质直接进入膜孔，导致 ε_m 快速降低，同时此阶段中 R_p 对 $(R_p + R_c)$ 起到了决定性影响：在 12 d，MBR Ⅰ 中 ε_m 下降到 0.473 7，R_p 上升到 1.89×10^{12} m^{-1}，R_p 在 $(R_p + R_c)$ 中占比为 51.2%。在 2 d，MBR Ⅱ 中 ε_m 下降到 0.588 7，R_p 上升到 2.5×10^{11} m^{-1}，R_p 在 $(R_p + R_c)$ 中占比为 57.4%。在泥饼层阻力不断上升的同时，进入膜孔的胶体及溶解性物质由于泥饼层的预过滤作用而变少，ε_m 的降低速率变小。对于 MBR Ⅰ 来说，在 13 ~ 22 d R_p 上升了 1.16×10^{12} m^{-1}，ε_m 减小了 3.4%；对于 MBR Ⅱ 来说，13 ~ 22 d R_p 上升了 2.4×10^{11} m^{-1}，ε_m 减小了 1.9%。

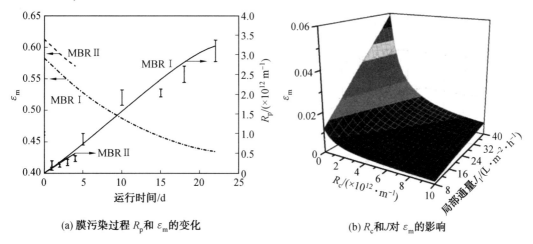

(a) 膜污染过程 R_p 和 ε_m 的变化　　　　　(b) R_c 和 J 对 ε_m 的影响

图 4.29　膜污染过程 R_p 和 ε_m 随系统运行时间的变化及 R_c、J 对 ε_m 的影响

膜孔污染速率的影响因素包括膜表面泥饼层阻力以及反应器内溶解性、胶体类物质浓度等，外膜的局部通量也会对膜孔污染速率产生重要影响。在 $J = 8$ L/($m^2 \cdot h$) 时，计算获得不同 R_c 条件下 ε_m 的变化规律及其相应的 J_1，如图 4.29(b) 所示。泥饼层阻力的上升和塌缩度的提升使得泥饼层能够对更多的溶解性及胶体类物质进行截留，造成 ε_m 变化速率降低。但同时 ε_m 降低导致 J_1 增大，反之又加快了 ε_m 的下降速率。当 J_1 发生较小变化时，其对 ε_m 变化造成的影响小于 R_c 的作用，则 ε_m 变化速率降低；当 J_1 发生较大变化时，其对 ε_m 变化造成的影响大于 R_c 的作用，则 ε_m 迅速减小。因此，在改变系统操作条件（如 Q_a、J 等）可控制膜表面泥层的形成速率以减缓膜孔污染速率，同时还需考虑膜通量的变化引起的污染速率的改变。过滤初期的膜孔污染在任何 Q_a 条件均表现出一致的趋势，究其原因是胶体和溶解性物质主要通过 Browning 扩散运动进行传输，而由 Q_a 改变所导致的剪切力的变化不会影响活性污泥中的胶体和溶解性物质。此外，相比于膜表面泥层污染只需经过简单的物理清洗便可恢复，膜孔污染需要经过反冲洗、化学清洗等复杂的过程才可恢复通量，频繁的化学清洗将导致膜的使用寿命下降、投资运行成本上升，而通过运行参数调控等方法延长系统运行周期的同时减少膜孔污染，降低膜化学清洗频率，是实现 MBR 更为高效运行的有利方式。

4.6.4　MBR 运行参数对膜污染的影响与优化

通常,黏度高的污泥混合液在低 Q_a、高 MLSS 以及高膜通量条件下,将引起膜污染的加剧;相反,黏度低的污泥混合液在高 Q_a、低 MLSS 以及低膜通量条件下,将缓解膜污染速率。在本小节中,将扩展 ASM3-SMP 模型和膜污染模型相结合,考察系统运行参数 SRT、HRT 和 Q_a 以及活性污泥性质(μ_s、d_f)对膜污染的影响,分析系统内各运行参数对膜污染的影响效果,例如活性污泥性质(μ_s、d_f)、SRT、HRT 和 Q_a,如图 4.30 所示。

当 SRT = 30 d,Q_a = 1.2 m³/h 时,膜污染速率随着 HRT 的增加(3 ~ 15 h)而减缓,如图 4.30(a)所示。当选定反应器容积和膜组件数量后,HRT 与膜通量呈现负相关,即 HRT 越短,则膜通量越高。综合考虑试验测量结果和模型模拟,可知膜通量是影响过膜压力 TMP 增长速率的重要因素。高膜通量间接降低了曝气引起的反应器内紊流度,而垂直于膜表面方向的高污泥混合液输送速率提高了泥饼层累积量,对膜污染有加剧作用。除此以外,提高膜通量在特定 SRT 情况下会导致反应器内 MLSS 上升,加快了单位时间内膜表面泥饼层的形成速率,同时也促使微生物絮体释放出大量的胶体和溶解性物质,从而加剧膜孔堵塞污染。然而系统在低通量条件下运行必然会造成能量的浪费。因此,为保障出水水质,结合试验研究结果以及考虑系统的经济运行,HRT 较优的控制范围为 7 ~ 9 h。

当 HRT = 7.8 h、Q_a = 1.2 m³/h 时,膜污染速率随着 SRT 的延长(10 ~ 100 d)而加剧,如图 4.30(b)所示。MLSS 的提高是 SRT 延长的结果,当混合液中可黏附在膜表面的污泥所占的比例保持不变时,MLSS 的提高则加快了单位时间内膜表面泥饼层形成速率,从而引起了膜污染速率的加剧。同时,在相同 Q_a 条件下,MLSS 的提高降低了传氧速率,使得混合液黏度增加且 SMP 含量提高,膜表面泥饼层的孔隙度下降,且初期膜孔污染速率加快。MBR 作为代谢平衡技术的典型工艺,SRT 较短情况下体现不出其污泥产率低等优点。因此,综合考虑污泥产率及膜污染速率,SRT 较优的控制范围为 20 ~ 40 d。

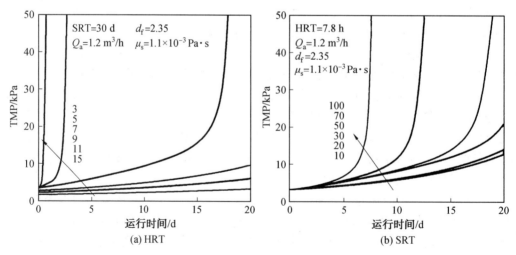

图 4.30　系统参数对 TMP 增长速率的影响

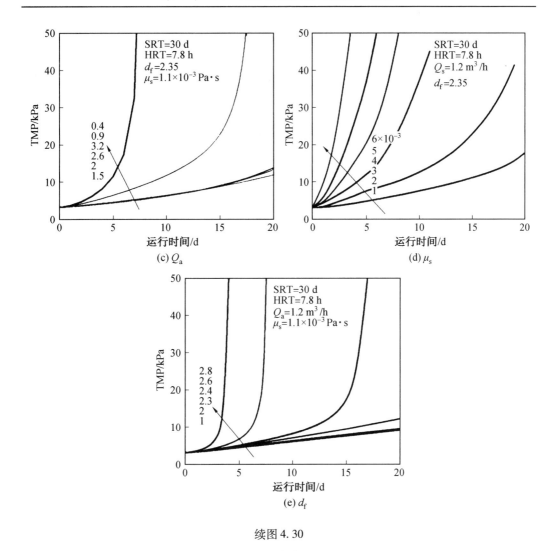

续图 4.30

　　当 SRT = 30 d、HRT = 7.8 h 时,膜污染速率先随着曝气量 Q_a 的增加(0.4 ~ 1.5 m³/h)
而降低,但随着曝气量 Q_a 的持续增加(2 ~ 32 m³/h)膜污染速率反而加快,如图 4.30(c)
所示。当曝气量 Q_a 从 0.4 m³/h 上升到 3.2 m³/h 时,可黏附于膜表面的污泥絮体的临界
粒径由 82.9 μm 降低至 11.0 μm,从而减小了泥饼层的累积量,提高了泥饼层比阻。由于
膜表面泥饼层阻力为单位膜表面积泥饼层累积量与泥饼层比阻的乘积,调整曝气量 Q_a,
单位面积膜表面泥饼层的累积量的降低与泥饼层比阻的增加在一定程度上可以部分相互
抵消。当曝气量从 0.4 m³/h 上升到 1.5 m³/h 时,泥饼层累积量是最主要的因素,使膜污
染速率减小;而当曝气量上升到 3.2 m³/h 时,泥饼层比阻的增加是最主要的因素,膜污染
速率上升。此外,混合液中的胶体以及溶解性物质的浓度会随着曝气强度的提高而上升,
这些物质的反向扩散与布朗运动密切相关,提升曝气强度只会对惯性提升以及剪切诱导
作用有所加强,而无法影响布朗作用的强度,因此提升曝气强度后反而加剧了胶体物质以
及溶解性物质在膜表面的累积,提高膜污染速率。根据上述的模拟结果,从控制膜表面泥

饼层污染的角度确定较佳的曝气量为 $1.2 \sim 1.8 \ \mathrm{m^3/h}$。此外,曝气量的进一步增加可能改变了污泥絮体的尺寸以及分形维数,从而影响了膜表面泥饼层的比阻以及形成速率。高曝气量使得污泥絮体尺寸变小,可黏附在膜表面上污泥絮体所占的比例增加,同时泥饼层比阻变大,使得在相同 MLSS 条件下粒径小的污泥絮体引起的膜污染更加严重。在本节构建的方程中,没有进一步考虑絮体尺寸、形态与曝气量的关系,而合理表征曝气量和泥饼层污染速率的关系可能成为日后研究的重点。

当 $SRT = 30 \ \mathrm{d}$、$HRT = 7.8 \ \mathrm{h}$、$Q_a = 1.2 \ \mathrm{m^3/h}$ 时,污泥混合液黏度 μ_s 与污泥絮体分形维数 d_f 对膜污染的影响如图 4.30(d) ~ (e)所示,其主要体现在对膜表面泥饼层孔隙率的改变。μ_s 的增加使得气液上升流速与系统内的紊流度有所减小,同时降了絮体与膜表面的黏附强度,从而减小了泥饼层孔隙率,为了保证出水通量不变而使得局部通量增加,且泥饼层累积量提高,最终在膜表面形成厚实、结构紧密的污泥层,引发了严重的膜污染。分形维数 d_f 对泥饼层絮体内孔隙率有较大影响,从而对膜表面泥饼层比阻造成影响,d_f 值越小则膜污染速率越缓慢。除此以外,在 $d_f \geqslant 2.4$ 的条件下,膜污染速率快速上升,这是因为 d_f 越高,泥饼层越密实,阻力也更大。因此较低的 μ_s 和 d_f 能够缓解膜污染速率。

根据以上分析,通过多元回归方法构建系统运行参数(HRT、SRT、Q_a)和活性污泥性质(μ_s、d_f)与膜污染速率之间的关系,如式(4.48)所示。

$$\frac{\Delta \mathrm{TMP}}{V_w} \propto \mathrm{SRT}^{1.52} \cdot \mathrm{HRT}^{-3.26} \cdot d_f^{1.931} \cdot (-0.18 Q_a^3 + 2.856 Q_a^2 - 14.5 Q_a + 24.80)$$

$$(4.48)$$

式中　$\Delta \mathrm{TMP}$——运行周期内 TMP 的变化量;

　　　V_w——产水量。

式(4.48)体现了所考察的因素对膜污染的影响程度。一方面可对 HRT 及 Q_a 进行调节来直接控制膜污染速率,另一方面对反应器内活性污泥的性质进行控制(如较低的污泥黏度、良好的污泥絮体形态)也具有减缓膜污染速率的作用。此外,国内外研究者依据试验结果分析系统操作参数对膜污染的影响,其中 J、MLSS、Q_a 这三个因素被认为会对膜污染产生重要影响,符合本研究中的模拟结果。通常,在膜分离系统中膜污染问题是不可避免的,但可通过改变操作条件减缓膜污染速率,如减小膜通量、增加曝气量以及降低污泥浓度等手段减少膜表面泥饼层的累积量。

模型在实际应用中必然存在一些局限性,其适用推广性还需进一步验证,这是由多方面原因构成的。首先,MBR 的微生物特性在一定范围内动态变化,然而在数值模拟过程中,为了降低模型的复杂性、计算量以及微生物的复杂性、不可预测性,忽略了系统中微生物特性的变化。例如,尽管在运行过程中有机负荷稳定在 $0.14 \ \mathrm{kg \ COD/(kg \ SS \cdot d)}$,但污泥混合液黏度并不能保持恒定不变,而黏度是影响泥饼层形成速率的重要因素。其次,污泥絮体粒径分布与污泥浓度、紊流剪切强度密切相关。絮体平均粒径随着 MLSS 以及 G 的变化规律可表示为:$\bar{d} = (\mathrm{MLSS} \cdot G^{-0.6})^b$,其中 $b(>1)$ 是与絮体结构有关的常数。在低污泥浓度时,高曝气剪切力将导致絮体粒径变小,依据过滤理论,由小粒径污泥絮体形成的泥饼层过滤阻力高于大粒径的污泥絮体形成的泥饼层。相反,在高污泥浓度时,低曝气剪切力产生的污泥絮体粒径较大,反而降低了泥饼层过滤阻力。因此,污泥浓度和曝气强度的调整可能会改变污泥絮体的尺寸,从而影响泥饼层阻力及相应 TMP 的变化;然而所构建的模型中并未考虑系统操作条件对污泥絮体尺寸的影响。第三,由于缺乏紊流条件下的膜表面剪切强度与曝气强度的研究,参照的膜表面剪切强度与曝气强度的关系式是基于层流并且膜表面的剪切强度均匀分布的假设得到的。事实上,强曝气条件下产生的实际紊流剪切强度低于按关系式计算所得的剪切强度,因此对膜污染的预测存在一定的误差。第四,由于在膜表面上截留的污泥絮体、溶解性物质和胶体之间相互耦合,加强了泥饼层的污染效果,但模型中忽略了膜表面污泥絮体和截留污染物之间的作用,进而导致模拟值与测试值之间存在误差。尽管构建的膜污染模型存在一定的局限性,但利用该模型评估 MBR 的系统参数仍能为减缓膜污染、优化 MBR 运行提供技术支持。

4.7　本章小结

MBR 集膜的高效分离和生物处理技术于一体,其在微生物作用下对营养物质进行生物转化降解并利用膜装置实现固体和液体的高效分离,是最具潜力的污水高效处理及资源化再生利用技术,然而膜污染问题限制着 MBR 的进一步推广应用。本章探讨了 SMP 在 MBR 的生成降解机制与过滤性能;结合图像分析技术和 ARX 模型实现了污泥形态学参数的识别和污泥膨胀的有效预测;建立了膜孔污染与膜表面泥饼层污染的分析模型,为减缓膜污染提供技术支撑。结论如下:

(1)确定了基于生成-水解-利用途径的 SMP 生成代谢模型。UAP 和 BAP 均具有生物可降解性且其数均分子量 M_n 均大于 20 ku,表明其无法被微生物直接利用,因此 UAP/BAP 的胞外酶水解是其被进一步利用的第一阶段。此外,考察了 UAP 和 BAP 的膜污染潜能,UAP 的 MFI-UF 指数高于 BAP,且 BAP 和 UAP 的过滤模式分别为泥饼层过滤型($R^2 = 0.988$)和完全堵塞型($R^2 = 0.997$),进一步证实微生物利用底物产生的 UAP 的膜污染潜能高于微生物衰亡阶段产生的 BAP。

(3)考察了活性污泥丝状菌膨胀对膜污染的影响并探讨了 EPS-膜体系间 XDLVO 作用能。膜表面的粗糙度极大地改变了 EPS-膜体系间的相互作用能,在正向凸起半球体周围存在高度吸附带导致污染物易于沉积。相比光滑膜表面,粗糙膜表面上 BS-EPS 的临界膜通量降低率高于 NS-EPS,证实了丝状菌膨胀污泥的膜污染潜能高于正常污泥。此外,开发了污泥絮体图像分析程序,并构建了形态学参数与 DSVI 变化的 ARX 模型,AR(或 R)、EFLI/FAI 和 FF 的组合是 ARX 模型的最佳输入参数,且延迟时间 nk 偏离零值,实现了污泥沉降性能变化提前预测功能。

(4)构建膜孔污染及膜表面泥饼层污染模型:分别基于膜表面泥饼层对污染的截留构建膜孔污染模型以及基于质量守恒、受力平衡、塌缩效应构建膜表面泥层污染模型。在泥饼层塌缩过程中,$\varepsilon_{\text{inter}}$ 的变化程度显著高于 $\varepsilon_{\text{intra}}^{\text{real}}$,且 r_c 随着絮体尺寸的增加以及 d_f 的下降而减小。在短时间的过滤试验中,塌缩泥饼层的模拟孔隙率以及泥饼层的比阻与试验测定值具有良好的拟合度。此外,考察系统参数对膜污染的影响,结果表明膜通量是影响膜污染速率的最重要因素,而由泥饼层形成引起的膜污染可通过降低污泥浓度、提高曝气量以及降低膜通量实现有效的控制。

本章参考文献

[1] HAMEDI H, EHTESHAMI M, MIRBAGHERI S A, et al. Current status and future prospects of membrane bioreactors (MBRs) and fouling phenomena: A systematic review[J]. Canadian Journal of Chemical Engineering, 2019, 97(1): 32-58.

[2] MENG F G, ZHANG S Q, OH Y, et al. Fouling in membrane bioreactors: An updated review[J]. Water Research, 2017, 114: 151-180.

[3] LI X Y, WANG X M. Modelling of membrane fouling in a submerged membrane bioreactor[J]. Journal of Membrane Science, 2006, 278(1-2): 151-161.

[4] BUSCH J, CRUSE A, MARQUARDT W. Modeling submerged hollow-fiber membrane filtration for wastewater treatment[J]. Journal of Membrane Science, 2007, 288(1): 94-111.

[5] 张自杰, 周帆. 活性污泥生物学与反应动力学[M]. 北京: 中国环境科学出版社, 1989.

[6] ANDREWS J F. Control strategies for the anaerobic digestion process[J]. Water and Sewage Works, 1975, 122(3): 62.

[7] 卢培利, 张代钧, 刘颖, 等. 活性污泥法动力学模型研究进展和展望[J]. 重庆大学学报(自然科学版), 2002(3): 109-114.

[8] DOLD P L, EKAMA G A, MARAIS G. A general-model for the activated-sludge process[J]. Progress in Water Technology, 1980, 12 (6): 47-77.

[9] LU S, IMAI T, UKITA M, et al. A model for membrane bioreactor process based on the concept of formation and degradation of soluble microbial products[J]. Water Research, 2001, 35(8): 2038-2048.

[10] LU S, IMAI T, UKITA M, et al. Modeling prediction of membrane bioreactor process with the concept of soluble microbial product[J]. Water Science and Technology, 2002, 46(11-12): 63.

[11] LEE Y, CHO J, SEO Y, et al. Modeling of submerged membrane bioreactor process for wastewater treatment[J]. Desalination, 2002, 146(1-3): 451-457.

[12] AHN Y, CHOI Y, JEONG H, et al. Modeling of extracellular polymeric substances and soluble microbial products production in a submerged membrane bioreactor at various srts[J]. Water Science and Technology, 2006, 53(7): 209.

[13] JIANG T, MYNGHEER S, DE PAU W, et al. Modelling the production and degradation of soluble microbial products (SMP) in membrane bioreactors (MBR)[J]. Water Research, 2008, 42(20): 4955-4964.

[14] WINTGENS T, ROSEN J, MELIN T, et al. Modelling of a membrane bioreactor system for municipal wastewater treatment[J]. Journal of Membrane Science, 2003, 216(1-2): 55-65.

[15] CHO J, AHN K H, SEO Y, et al. Modification of Asm No. 1 for a submerged membrane bioreactor system: Including the effects of soluble microbial products on membrane fouling[J]. Water Science and Technology, 2003, 47(12): 177-181.

[16] TENG J H, SHEN L G, HE Y M, et al. Novel insights into membrane fouling in a membrane bioreactor: Elucidating interfacial interactions with real membrane surface[J]. Chemosphere, 2018, 210: 769-778.

[17] ZHAO L H, WANG F Y, WENG X X, et al. Novel indicators for thermodynamic prediction of interfacial interactions related with adhesive fouling in a membrane bioreactor [J]. Journal of Colloid and Interface Science, 2017, 487: 320-329.

[18] CHEN W, WESTERHOFF P, LEENHEER J A, et al. Fluorescence excitation-Emission matrix regional integration to quantify spectra for dissolved organic matter[J]. Environmental Science and Technology, 2003, 37(24): 5701-5710.

[19] WANG H, PARK M, LIANG H, et al. Reducing ultrafiltration membrane fouling during potable water reuse using pre-ozonation[J]. Water Research, 2017, 125: 42-51.

[20] RICHARD BOWEN W, SHARIF A O. Hydrodynamic and colloidal interactions effects on the rejection of a particle larger than a pore in microfiltration and ultrafiltration membranes[J]. Chemical Engineering Science, 1998, 53(5): 879-890.

[21] HWANG K J, LIU H C. Cross-flow microfiltration of aggregated submicron particles[J]. Journal of Membrane Science, 2002, 201(1-2): 137-148.

[22] ANTELMI D, CABANE B, MEIRELES M, et al. Cake collapse in pressure filtration [J]. Langmuir, 2001, 17(22): 7137-7144.

[23] MANDELBROT B B. The fractal geometry of nature[M]. NewYork: WH Freeman, 1983.

[24] WEN H, LEE D. Strength of cationic polymer-flocculated clay flocs[J]. Advances in Environmental Research, 1998, 2: 390-396.

[25] JIN B, WILÉN B M, LANT P. A comprehensive insight into floc characteristics and their impact on compressibility and settleability of activated sludge[J]. Chemical Engineering Journal, 2003, 95(1-3): 221-234.

[26] PARK P K, LEE C H, LEE S. Permeability of collapsed cakes formed by deposition of fractal aggregates upon membrane filtration[J]. Environmental Science and Technology, 2006, 40(8): 2699-2705.

[27] LI X, WANG X. Modelling of membrane fouling in a submerged membrane bioreactor [J]. Journal of Membrane Science, 2006, 278(1-2): 151-161.

[28] WANG F L, TARABARA V V. Pore blocking mechanisms during early stages of membrane fouling by colloids[J]. Journal of Colloid and Interface Science, 2008, 328(2): 464-469.

第5章　能源回收同步利用的 MBR-MFC 组合工艺

5.1　微生物燃料电池研究现状

5.1.1　微生物燃料电池概述

1. 微生物燃料电池的发展

微生物燃料电池(Microbial Fuel Cell, MFC)起源于 20 世纪初,1911 年 Potter 教授首次发现酵母 *Saccharomyces cerevisae* 和细菌如 *Bacillus coli.* 能够产生电能。随后该领域沉寂达 50 多年之久,直到 20 世纪 90 年代初,研究者们才逐渐开展了在 MFC 领域的研究。在早期研究中,研究人员认为电子要在 MFC 中被传递至电极,需通过化学中介体或电子穿梭体。直至 1999 年,人们才发现即使不添加中介体 MFC 也能产电,这也成为 MFC 领域研究中的重大发现。Kim 等人研究发现,MFC 可应用于处理乳酸废水和淀粉工业废水。随着研究的深入,大量研究结果表明,MFC 有多种产生生物电能的机制,其能够利用的材料及构型也多种多样。2003 年,Rabaey 等人在不添加化学中介体的情况下,仅利用葡萄糖为底物,实现 MFC 功率密度提高两个数量级的突破,这一进展使得 MFC 受到了广泛关注。

此后,MFC 开始由实验室规模研究过渡至实际应用研究,其首要目标是实现 MFC 在处理生活污水、工业废水以及强化脱氮等污水处理中的可放大技术。如果能有效回收污水中的全部化学能,将足以运转一个污水处理厂。

目前能源问题成为人类不得不面对的实际问题,许多新兴产能方式相应发展。MFC 作为细菌产电领域的一种新颖的产能方式,从经济角度考量是可行的。MFC 相关研究刚刚起步,其电池材料还比较昂贵,如果能解决这一问题,该技术的竞争力将大幅提升。研究者们利用大量新方法设计 MFC 以应对以上情况,目前已经获得了很好的成果。

2. 微生物燃料电池的工作原理

阳极微生物是微生物燃料电池中的生物催化剂,有机物(如葡萄糖、乳酸盐等)被催化氧化而产生电子和质子;系统的外电路将电子传递至阴极;质子直接到达阴极或者经分隔材料(如盐桥或质子交换膜等)到达阴极;阴极微生物以电子、质子与电子受体(氧气、铁氰化钾或锰酸盐等)为原料,发生还原反应,使有机物被降解并产生电能。图 5.1 为微生物燃料电池原理图。以底物为葡萄糖的 MFC 为例,电极反应为

阳极反应:

$$C_6H_{12}O_6 + 6H_2O \longrightarrow 6CO_2 + 24H^+ + 24e^-$$

$$\tag{5.1}$$

阴极反应：

$$6O_2 + 24H^+ + 24e^- \longrightarrow 12H_2O \tag{5.2}$$

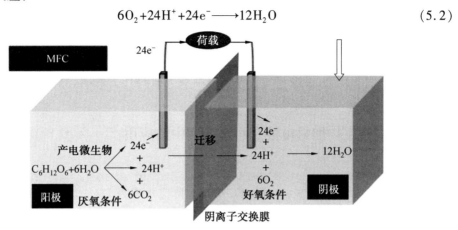

图 5.1　微生物燃料电池原理图

3. 微生物燃料电池的构型

反应器的构型设计对 MFC 产电性能的影响非常重要，为提高 MFC 的产电性能，研究者们越来越关注新型反应器构型的开发。传统 MFC 反应器有双室 MFC 和单室 MFC。盐桥或质子交换膜等作为分隔材料，将双室 MFC 的两个阳极室隔开。有机物在阳极发生氧化反应时，分隔材料只允许产生的质子通过并到达阴极，以防止氧气向阳极扩散。单室 MFC 阴极的一侧直接与空气接触，另一侧与质子交换膜连在一起，其具体构型也有多种，如立方体反应器、平板形 MFC、管状阴极等。单室 MFC 可以实现连续稳定的污水处理及产电。

除了上述传统构型外，研究者们开发了多种新式 MFC 构型。He 等人将网状玻璃碳作为阳极，阴阳两极由质子交换膜分隔开来，阴极在膜上，由网状玻璃碳和铁氰化钾溶液构成，蔗糖作为底物，功率密度可达到 170 mW/m²，库仑效率为 0.7% ~ 8.1%。Junyeong 等采用漂浮阴极 MFC 处理有机废水，阳极底部置于水环境中，反应器电流为 0.25 mA，处理 5 d 后 COD 由原来的 1 700 mg/L 降低至 230 mg/L。此后，研究者们开始分析 MFC 堆栈技术解决单个 MFC 产电电压较低的可能性，发现实现 MFC 堆栈的主要障碍为反向电压。李顶杰等通过串、并联的方法研究了 5 个 MFC 的堆栈，研究结果表明，串联电压和功率密度可分别达到 1.186 V 和 18.83 mW/m²，而并联电流和功率密度可分别达到 3 mA 和 22.66 mW/m²。Oh 和 Logan 的研究表明，底物消耗是产生反向电压的原因之一，单个电池输出电压的变化将快速改变电池组的总功率，这可能是由生物学系统的频繁波动对电池功率产生负面影响所致。

4. 微生物燃料电池的特点

与其他消耗有机物产能的工艺相比，MFC 在操作上和功能上具有很多优势。

(1)将化学能直接转化为电能，具有高效转化率。

(2)装置运行的温度条件较为宽松，能够在常温甚至低温情况下高效运行。

(3)由于 MFC 运行过程中除产生 CO_2 外，几乎不产生其他气体，故不需要专门的气体处理装置。

（4）不需要额外的能源输入。

（5）作为代替能源应用前景广泛，可在产电设施匮乏的地域进行应用，增加了能源的多样性。

（6）底物来源广泛，可以利用多种有机物或无机物作为底物，利用污水、污泥作为底物来源可同时达到去除污染物的目的。

5.1.2　微生物燃料电池在污水处理中的应用

1. 污水处理

自 20 世纪 90 年代以来，利用 MFC 处理实际废水成为 Logan 教授和其他研究者们的研究重点，并开发出了新型 MFC 以用于市政和工业废水处理，他们通过改进反应器构型、优化操作模式等手段实现了 MFC 的低成本及高效运行。2014 年，Logan 教授设计了一种用于城市污水处理的微生物燃料电池——厌氧流化膜生物反应器（MFC-AFMBR），解决了微生物燃料电池处理污水出水水质不合格的问题。该设备在常温下连续运行 50 d，进水流量设置为 16 L/(m^2·h)、进水 COD 保持在 210 mg/L 左右，水力停留时间设定为 9 d。试验表明，9 d 后出水 COD 可下降至约 16 mg/L，去除率达 92.5%；总电能输出功率密度达 0.018 6 kWh/m^3，接近于微生物燃料电池的产电功率（0.019 7 kWh/m^3）；该设备无须膜清洗和反冲洗，简化了操作流程，降低了运行成本。

Min 等设计了新型浸没式 MFC（SMFC），利用该装置在厌氧环境下对城市污水进行处理，电压可维持在 0.428 V 左右，最大输出功率密度达 218 W/m^2。试验结果表明，SMFC 能够有效降解污水中的污染物，同时具有优异的产电能力。与传统微生物燃料电池比较，SMFC 不需要特殊的厌氧室（阳极），可在只使用厌氧反应器或厌氧环境（沉淀物）的基础上进行产电。

Miyahara 等设计的堆栈微生物燃料电池（CE-MFCs）在传统 CE-MFCs 的基础上进行改进，使其更适用于污水处理。试验采用 COD 约为 500 mg/L 的合成废水为基质进行研究，废水的主要成分包括淀粉、蛋白质、酵母、植物油和清洁剂。装置在 240 d 内运行平稳，去除 COD 的效率超过 80%，电能的最大输出功率达到 150 mW/m^2，库伦效率为 20%。

2. 污水脱氮

与传统活性污泥法相比，MFC 遵循的脱氮原理与其基本相同，并且有所延伸。传统活性污泥法主要依靠反硝化细菌通过反硝化作用产生 N_2 排出系统外从而实现脱氮。在反硝化过程中异养菌需要有机碳源才能进行反硝化作用。在 MFC 中进行以阳极有机物为电子供体的反硝化作用，NO_3^--N 在阴极处与电子、质子发生反应被还原，去除水体中的氮，该过程不受有机碳源的控制，避免了传统反硝化在有机碳源不充足的情况下脱氮效率明显下降的问题，为污水脱氮开辟了新路径。

目前的研究表明 MFC 的阳极和阴极都可以进行脱氮，其中阴极脱氮的相关研究较多，机理也基本一致，阳极在体系中主要参与降解有机物的过程，阴极接收经外接负载转移过来的电子，通过阳离子交换膜的质子与电子在阴极结合，在阴极反硝化菌的催化作用下完成脱氮。此外,研究人员们还对反应器形态设计和氮去除的影响因素、MFC 同步硝化反硝化的机理以及反应器构型等方面进行了研究。

有研究发现,MFC 在处理养猪废水时阳极出现氨氮损失,但进一步研究表明氨氮并不是产电所用的底物,单室空气阴极中的氨氮损失主要是氨挥发,双室 MFC 则主要由 NH_4^+ 通过阳离子交换膜扩散到阴极所致。Clauwaert 等利用阴极生物将硝酸盐完全还原为 N_2,在反硝化系统中实现的最大输出功率密度为 8 W/m³ NCC,输出电压为 0.214 V,硝酸盐的去除速率为 0.146 kg NO_3^-–N/(m³NCC·d)。Zhang 构造了双阴极 MFC,在这个系统中实现了同步硝化反硝化,TN 去除率达到了 90%。梁鹏等研究了双筒型微生物燃料电池生物阴极反硝化,最终发现当 COD 质量浓度较高时反硝化速率在通电和断电的情况下没有明显区别,当 COD 质量浓度低于 30 mg/L,通电时的反硝化速率远远高于断电时反硝化的速率。Xie 等构建了一个好氧、厌氧耦合 MFC,废水先进入好氧 MFC,经处理后再进入厌氧 MFC,好氧 MFC 和厌氧 MFC 之间同时设置回流,系统最终对 COD、氨氮、TN 均有较高的去除率,均超过 97%,好氧 MFC 和厌氧 MFC 的功率密度分别达到了 14 W/m³ 和 7.2 W/m³,在对有机碳和氮同步去除的同时实现产能。Zhu 等构建三室(阴极–阳极–阴极)MFC 实现了氢自养反硝化,其阴极室内以葡萄糖为基质产氢,同时将氢气通入另一阴极室完成生物反硝化,NO_3^-–N 去除速率可达到 20 mg/(L·d),系统最大功率密度为 118.43 mW/m³。Wu 等利用构建的 EAM–MFC 系统处理 C/N 为 2.8 左右的氨氮废水,该系统采用曝气导电生物膜作为生物阴极,在阴极实现了同步硝化反硝化脱氮,TN 去除率达 80.81%,系统最大功率密度为 4.2 W/m³。

5.1.3　微生物燃料电池在污泥处理中的应用

Dentel 等对通过 MFC 处理污泥并产电的可行性进行了研究,通过使用 MFC,获得的最大电流为 60 μA,电压为几百毫伏。Scott 等人在以污泥作为基质、电极材料使用碳布的基础上获得的最大电流密度为 5 mW/m²,可在 3 个月内保持连续平稳运行,对多糖的去除率达 95%。污泥中有机物的很大一部分为 EPS,其组成成分为多糖、蛋白质、核酸、脂类和腐殖酸等。产电微生物无法直接利用 EPS。EPS 等复杂有机物被附着在阳极表面的生物膜并水解为小分子物质,产电微生物进而对其进行后续利用。

产电性能通常被作为主要的研究对象,很少有人对 MFC 处理过程中污泥性质如何变化进行研究。姜珺秋的研究表明,在 MFC 的处理过程中,生物有机质(EBOM)所包含的亲水性酸类物质增加了 48%～64.5%,疏水性酸减少了 32%～14.5%,去除溶解性有机碳的效率达到了 36.8%,芳香性物质则减少了 65.7%,MFC 系统中实现了芳香性蛋白质类物质和溶解性微生物副产物的去除。值得注意的是,污泥在经过 MFC 的 5 d 处理后,TCOD 去除率为 19.2%,高于传统厌氧消化的 11.3%,因此 MFC 作为污泥处理单元更高效。Rulkens 认为,为了确保产电菌在 MFC 系统中顺利地生长、更新和迭代,抑制反应器中传统微生物的氧化过程是必须进行的。郑峣对污泥在 MFC 基质中的变化规律进行了研究,发现经过 330 h 的处理后污泥 TCOD 降低了 69%,同时,多糖和蛋白质的去除效果相比传统厌氧消化得到了很大的提升。

限于污泥中并非全部的有机物都能被生物降解并被用于产电,MFC 技术应用于大规模污泥处理还需很长一段时间才能够实现。可通过预处理,例如物理、化学或生物过程,来提高有机物的利用率,而且在反应器中应注重抑制传统微生物氧化过程,污泥中如果包含有毒有机物或大量无机物等情况也需要考虑在内。

5.2 利用电场控制 MBR 膜污染的研究现状

膜污染的电场控制是指膜污染的发生在电场力或电絮凝作用下得到减缓的方法。该方法省去了化学药剂额外投加的步骤,能量来源为清洁电能,运行过程中不会产生二次污染。该方法实施过程中可根据需要选择合适的电极材料、电压强度和电场方式,并且易于实现电场施加及调节的自动化控制。近年来电场控制膜污染也受到了国内外学者的广泛关注。

5.2.1 电场施加情况下的膜污染控制原理

1. 电场力减缓膜污染

在 MBR 中,胶体和悬浮颗粒物质大多带负电荷。施加电场后负电性物质能够在电场力驱动下做定向运动。基于该原理,通过将电极布设于合理的位置并施加适当的电场强度,能够使 MBR 中膜表面的污染物质在电场力的作用下远离膜表面,同时电场力作用会使混合液中的污染物聚集于膜表面以及向膜孔运动的速度变慢,从而实现减缓膜污染的目的。该方法主要有两种电场施加形式,一种是将阴、阳两极布置在膜的两侧,使电场穿过膜材料;另一种是直接利用导电材料作为膜材料,膜组件可在体系中同时发挥过滤介质和电池阴极的作用,再另外布置阳极电极,使电场介于膜和阳极之间,如图 5.2 所示。

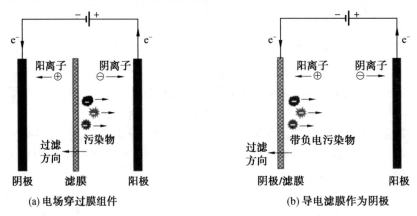

(a) 电场穿过膜组件　　　　　(b) 导电滤膜作为阴极

图 5.2　利用电场力控制膜污染装置的结构示意图

2. 电絮凝减缓膜污染

电絮凝控制膜污染的原理是,阳极由铁、铝等可溶性电极制成,通入电流后阳极失去电子同时释放出大量的 Al^{3+} 或 Fe^{3+}/Fe^{2+} 等阳离子,经一系列水解、聚合等化学反应,溶液中的阳离子形成羟基络合物、多核羟基络合物或氢氧化物等絮凝剂物质,通过胶体双电层压缩、吸附-电中和、吸附架桥以及沉析物网捕等絮凝作用使污泥混合液中的胶体物质和微生物细胞等带电微粒之间产生凝聚作用,产生的絮凝体粒径较大,更易于沉淀。电絮凝减缓膜污染原理示意图如图5.3所示。在 MBR 中利用电絮凝技术可以吸附 SMP 和 EPS 等胶体物质,同时使污泥粒径增大,改善污泥的沉降性、脱水性和过滤性,从而达到减缓膜污染的目的。

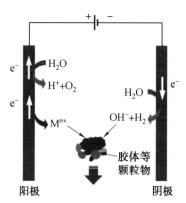

图5.3　电絮凝减缓膜污染原理示意图

3. 电场作用下的微生物效应

研究发现,微生物的代谢活动、生理机能、细胞形态和表面特性等都可能受到电场力作用的影响。Luo 等人研究发现微生物细胞表面疏水性在 20 mA 电流的作用下会受到增强,同时细胞形状更倾向于扁平化发展;40 mA 电流可以使细胞表面电荷量增加。还有研究表明一定的电场刺激作用能够提高微生物降解底物的活性。Alshawabkeh 等人研究发现,在施加 0.57～1.14 V/cm 强度的电场后,好氧活性污泥对 COD 的降解速率得到显著提升。Liu 等证明电场作用下的厌氧污泥具有更强的 COD 去除能力和脱色能力,污泥抗冲击性能也得到提高,同时发现电场作用有效提高了生物种群的多样性。Costa 等人的研究表明,弱电场强度(<10 mV/cm)下电刺激作用会促进微生物细胞的代谢过程,提高细胞膜的通透性,从而促进有机物的降解并降低膜污染。MBR 中施加电场必然会导致一系列的微生物效应从而影响污泥混合液的性质,进而对膜污染产生直接或间接的影响。

5.2.2　电场膜过滤工艺中的电极布置形式

电场膜过滤工艺中的电极布置形式主要分为两种,一种形式为阴阳两电极布置于膜两侧,使电场横穿过膜材料;另一种形式为利用具有导电性的膜材料作为电极,使电场位于导电膜与另一个电极之间,如图5.2所示。通常,第一种电场布置形式主要应用于板式或管式的膜组件。在实际实施过程中,可以将膜组件的支撑材料作为阴极,其通常采用不锈钢材料,同时将阳极布置在进水一侧,使膜表面的污染物质在电场力的作用下脱离膜表面。钛是最好的阳极材料之一,为了提高其抗腐蚀性能,可以在钛电极表面镀一层铂或其他贵金属。贵金属的使用将导致成本的提高,因此,寻找廉价和抗腐蚀的电极材料成为该工艺商业化应用需解决的重要问题。当过滤系统中膜材料采用金属、碳以及其他导电性材料时,可采用第二种电场布置形式,即将膜作为电极。这种形式具有结构简单、电阻小、能耗低等优点。但是该方法只适用于导电性膜材料,适用范围受到局限。

5.2.3　电场膜污染控制技术在 MBR 中的应用

电场强化膜分离过程主要基于电场作用下带电胶体或颗粒物质产生定向移动的原理,使膜污染物质脱离膜表面,从而提高膜过滤性能,增强膜分离效率。20 世纪 30 年代,研究者将电泳技术引入传统压力过滤系统,形成的组合工艺主要应用于蛋白质和噬菌体的浓缩以及污水中泥沙、藻类、染料和油类等物质的分离。40 多年后电场被应用于膜分离工艺中膜污染的控制。1977 年 Henery 首次将直流电场引入错流膜过滤系统,以强化膜分离的效率。关于电场膜污染控制技术的应用及系统研究起步较晚,目前还处于实验室研究阶段。2007 年 Chen 等人首次研发了利用电场控制膜污染的新型 MBR,将电极板安置在中空纤维膜组件两端并施加 $0 \sim 20$ V/cm 的直流电场,研究发现在电场的作用下颗粒物电泳迁移增强,膜表面污染层变薄,膜过滤阻力随着电压的增大而降低,在固定的 MBR 操作条件下,存在一个使膜通量达到最大的最优电场强度。同样,为了减缓中空纤维膜的膜污染问题,冉商等人将柱状钛合金阳极与环状不锈钢阴极布置于环状中空纤维膜组件两侧,研究了一种新型的中空纤维膜组件,施加 60 V 电压后有效缓解了腐殖酸在膜表面的沉积,电场存在下,膜表面形成的泥饼层与无电场存在相比结构也更加疏松。电絮凝作用能够增大污泥絮体的粒径大小,显著改善污泥的沉降性和脱水性能,是抑制 MBR 中膜污染的有效途径。2010 年,Bani-Melhem 等人研发了基于电絮凝作用的浸没式膜生物电化学反应器(SMEBR),该装置的中空纤维膜组件位于圆柱形反应器的中心,圆柱形的铁网阳极和阴极均围绕于膜组件外侧,铁阳极在电流的作用下发生电解反应,释放出大量的 Fe^{2+} 或 Fe^{3+},这些离子作为絮凝剂与污泥絮体发生一系列的絮凝作用,从而导致污泥混合液性质发生变化,研究结果表明在 SMEBR 中电絮凝的作用下,污泥絮体 Zeta 电位由 -30.5 mV 提升到 -15.3 mV,污泥比阻降低了 40%,膜污染速率降低了 16.3%。

除中空纤维膜组件以外,平板膜是 MBR 中较常用的膜组件形式,也有研究者将电场施加到板式膜生物反应器中。2010 年,Akamatsu 等人将阴阳两电极分别布装在平板膜的两侧,研究了电场对错流膜生物反应器中膜污染的影响,研究发现电场强度为 6 V/cm 时可使活性污泥有效脱离膜表面,采用 90 s 开/90 s 关的间歇电场施加模式,在提高膜通量的同时降低了电能消耗量。2012 年 Akamatsu 等人研发了一种膜-碳布装置,可作为板式膜组件用于浸没式 MBR 中,同时对其施加电场进行膜污染控制,该试验中施加的电场强度为 50 V/cm 和 33 V/cm,采用 4 min 开/4 min 关的间歇模式,结果发现,膜通量呈周期性变化,并且周期性与电场变化周期保持一致,说明电场的作用能有效提高膜通量。

电场膜污染控制技术在 MBR 中的应用尚处于初期研究阶段,目前还面临许多问题。理论上膜污染控制效果与电场强度呈正相关关系,但采用高强度电场长期运行不仅会导致大量的能量消耗,还会对微生物造成不可逆的危害作用。研究发现,当施加电场强度过高时,在阻抗作用下会产生剧烈的电流热效应且高的电流密度会破坏细胞膜结构,从而抑制微生物活性和代谢作用;同时电极反应可能产生有害物质,例如可溶性金属离子和游离氯,这些都会对微生物造成不可逆的杀害作用;此外,可溶性阳极释放出的大量金属阳离子可能形成金属氧化物,长期运行时金属氧化物会大量附着在膜表面,堵塞膜孔,形成严重的无机污染。结合上述问题,低强度电场施加对 MBR 中膜污染的控制研究更富意义。

5.2.4　低电场膜污染控制技术

大量学者研究发现,对微生物施加低强度电场不但对其活性和生长没有抑制作用,反而具有促进效果。Alshawabkeh 等人研究了电场对好氧活性污泥 COD 去除能力的影响,结果发现,0.57 V/cm 的低强度电场提高了污泥的 COD 去除效率。Huang 等人发现,在施加电流不大于 2 mA 的情况下,好氧颗粒污泥中 *Actinobacteria*、*Bacteroidia*、*Betaproteobacteria*、*Nitrospira* 细菌得到富集,系统的硝化能力得到有效提高。因此,较低强度的电场用于 MBR 膜污染的控制,不仅能够有效降低能耗,还有可能通过电刺激作用提高细菌的代谢活性,促进污染物的降解,从而提高污水处理效率。Zhang 等人研究了 0.28 mA/cm^2 的低密度电流对膜污染的影响,结果表明在低电场的作用下,膜表面形成了更加疏松的泥饼层,很容易在曝气扰动的作用下脱离膜表面,同时电絮凝的作用有效降低了污泥中 SMP 浓度,这些对膜污染的减缓都有积极影响。Liu 等人将铜丝阴极和不锈钢网阳极分别安置在平板膜的两侧,在两电极之间施加 0.036 V/cm 的低电场,研究发现污泥活性得到提高,EPS 产生量有所降低,膜过滤周期得到有效延长。以上研究均证实了低强度电场控制 MBR 膜污染的可行性,相比高强度的电场条件,利用低强度电场控制膜污染节约能耗并且解决了高强度电场对微生物的危害问题。低强度电场下电场力作用对膜污染控制的贡献相对较小,因此推断电流对微生物的刺激作用而引起的污泥性质变化可能是膜污染得以控制的另一个主要原因。但是,目前关于低电场对污泥性质和膜污染趋势影响机理的研究还鲜有报道。

5.3　MBR-MFC 工艺现状及发展趋势

5.3.1　MBR-MFC 工艺研究进展

微生物燃料电池(MFC)作为一种生物电化学装置,可以利用微生物作为催化剂,在氧化有机和无机基质的同时产电。以污水作为基质时,不但能够对污水中有机物进行降解,还可以将化学能转化为电能回收利用。相比于传统的厌氧发酵等技术,MFC 可直接将有机物所含的化学能转化成清洁的电能,而无须进一步分离、提纯和转化,具有环保、经济和易操作等优点,其污水处理能力与能量回收潜力具有巨大的发展前景。当 MFC 用作处理污水的生物反应单元时,与能量回收效率相比,有机物的去除效率和出水水质更重要。但 MFC 受到有效体积和生物量的限制,很难实现有机物高效处理和出水达标,因此在实际应用时还需额外补充后续处理工艺。为了对 MFC 的污水处理效果进行提升,Logan 在 2008 年出版的 *Microbial Fuel Cells* 一书中首次提出结合 MBR 和 MFC 的想法,他列举了 MFC 和 MBR 的两种结合方式,第一种方式是以 MBR 作为 MFC 出水的深度处理工艺来实现生物处理与膜过滤,从而获得达标排放的废水;第二种方式是将 MFC 的阴极充当 MBR 的膜过滤组件,受限于当时的试验环境,无法通过试验验证这些想法。2011 年,Wang 等人首次设计出一种新型的 MBR-MFC 耦合系统,该系统中 MFC 完全浸没在 MBR 的好氧活性污泥中,MFC 的阴极和 MBR 的膜材料均由不锈钢网组成,出水先经过 MFC

处理,然后再由 MBR 的好氧污泥对其进行深度的降解和膜过滤,有效降低出水浊度,实现了废水达标排放的目的。Ge 等人将中空纤维膜组件直接安装在管状空气阴极 MFC 的阳极室中,利用膜的过滤截留能力进一步对 MFC 处理后的污水进行处理,当水力停留时间设置为 15 ～ 36 h 时,该系统的 COD 去除率约为 90%,并且出水浊度小于 1 NTU。

以上 MFC 和 MBR 的耦合工艺实现了产电和较好的污水处理效果,但 MFC 产生的电能并没有被有效利用,在 MFC 技术研究过程中如何实现电能的有效回收和利用是一个需要解决的问题。如果可以将 MFC 厌氧处理过程产生的电能应用到控制 MBR 的膜污染,将会开辟一条新的有效途径拓展 MFC 的实际应用。Wang 等人发现在 MFC 和 MBR 的组合工艺中,以 MFC 阴极作为膜过滤材料,在其产电的过程中产生的 H_2O_2 可以从原位角度较为明显地控制膜污染。Liu 等人同时将不锈钢网、导电有机物等一系列的导电多孔材料作为 MBR 中的板式过滤膜和 MFC 阴极材料,通过电斥力减缓污染物质沉积在膜表面的过程。当前众多研究证明在合适的反应器构型和运行条件下可将 MFC 与 MBR 耦合,并利用 MFC 厌氧处理过程产生的电能对 MBR 的膜污染进行有效控制。

5.3.2　MBR-MFC 工艺目前存在的问题

目前绝大多数的 MBR-MFC 工艺只是 MFC 与 MBR 的简单组合,没有实现将 MFC 产生的电能利用在 MBR 中,仅有少数研究者将 MFC 产生的电能用于 MBR 中的膜污染控制。MBR-MFC 工艺存在以下几方面的问题:

(1)膜组件同时作为 MFC 的阴极,使得膜组件与阴极之间不具备相互独立性,不利于膜组件的离线清洗。

(2)使用导电板式膜或生物动态膜作为过滤介质,此类膜组件通量低,结构和实际操作复杂,难以保证长期运行条件下的稳定性,不利于实际应用。

(3)在长期低强度电场的刺激作用下,污泥混合液中微生物的活性和代谢必然会受到影响,从而致使污泥性质发生改变,然而现有的 MBR-MFC 工艺运行时间都比较短,并且关于低电场对活性污泥性质的影响研究甚少。

(4)在 MBR-MFC 工艺中,低强度电场产生的电场力对膜污染的减缓作用有限,膜污染的控制并非电场力单一因素作用下的结果,现有的 MBR-MFC 工艺研究对低强度电场作用下的膜污染控制机理缺乏深入的解析。

5.3.3　MBR-MFC 工艺发展趋势

与板式膜相比,中空纤维膜具有装填密度大、比表面积高、成本低和清洗简单等优点,目前,大规模污水处理工程绝大多数采用不导电的有机中空纤维膜组件,如何在不改变现有中空纤维膜反应器构造和膜组件的前提下,直接将 MFC 耦合其中并进行膜污染的控制,是实现 MBR-MFC 工艺实际应用亟待解决的问题。同时,关于系统中低强度电场对污泥性质的影响及膜污染控制机理等内容进行深入研究,可以为低强度电场膜污染控制方法提供理论基础,对 MBR-MFC 工艺的推广应用具有重要意义,即采用 MFC 产生的低强度电场改善污泥性质和减缓 MBR 膜污染的发生是 MBR-MFC 工艺一个具有潜力的发展方向。

5.4　MBR-MFC 工艺设计

5.4.1　MBR-MFC 设计

1. MBR-MFC 工艺

MFC 采用单室空气阴极构型,以碳布为电极,阳极碳布无防水处理,阴极碳布经 30% 防水处理,涂有四层聚四氟乙烯(PTFE),Pt 载量为 0.5 mg/cm²,两极面积均为 25 cm²。反应器长为 4 cm,反应器截面为 51 mm×51 mm,反应器容积为 100 mL。传统 MBR、MBR-MFC 工艺的膜组件采用聚偏氟乙烯中空纤维膜组件,上端为出水端,下端封口,中空纤维膜的内外径分别为 2 mm 和 1.4 mm,膜孔径为 0.1 μm,膜面积为 0.1 m²。膜组件位于反应器中间,在膜组件的下方安装曝气条。MBR 尺寸为 0.225 m×0.113 m×0.43 m(长×宽×高),有效体积为 8 L。反应器内污泥混合液温度为(20±2)℃,维持 DO 为 3~5 mg/L。MBR 中的剩余污泥通入 MFC 中进行处理,MFC 处理后的污泥回流至 MBR,MFC 和 MBR 的组合系统即为 MBR-MFC 工艺。MBR 中的剩余污泥通入开路运行的 MFC 中进行处理,处理后的污泥回流至 MBR,该组合系统即为厌氧污泥回流-MBR 工艺,作为对照系统。传统 MBR、厌氧污泥回流-MBR 和 MBR-MFC 工艺装置图如图 5.4 所示。

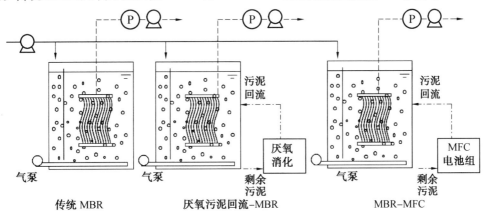

图 5.4　传统 MBR、厌氧污泥回流-MBR 和 MBR-MFC 工艺装置图

2. 改进型 MBR-MFC 耦合工艺

改进型 MBR-MFC 耦合工艺结构示意图如图 5.5 所示,该系统中 MFC 的厌氧阳极室和阴极浸没在传统的一体式中空纤维膜生物反应器的活性污泥中,膜组件(PVDF,膜面积为 0.2 m²,膜孔径为 0.04 μm)固定在阳极室和阴极之间,MFC 的阳极和阴极均由 4 根碳纤维刷连接组成,碳纤维刷用钛丝和碳纤维丝控制而成(直径为 2.5 cm,长为 12 cm),阳极室面向阴极的一侧采用阳离子交换膜作为分隔材料,阳极室有效体积为 240 mL,MBR 的有效体积为 12 L。曝气管铺设在反应器底部,曝气量为 0.25 m³/h,使系统溶解氧质量浓度维持在 2~4 mg/L。

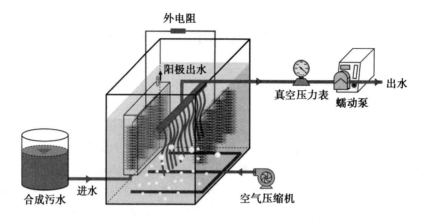

图 5.5　改进型 MBR-MFC 耦合工艺结构示意图

5.4.2　MBR-MFC 系统运行参数设计

1. MBR-MFC 工艺

MBR 接种污泥为哈尔滨太平污水处理厂二沉池剩余污泥。运行前系统在模拟生活污水环境下培养 10 d,为接种提供稳定的出水性质。反应器内污泥混合液温度为(20 ± 2) ℃,维持 DO 在 3~5 mg/L,进水为模拟生活污水,其组成见表 5.1。$ZnCl_2$、$FeSO_4\cdot7H_2O$、$Pb(NO_3)_2$ 和 $MnSO_4\cdot4H_2O$ 作为微量元素每周加一次。两个膜组件为恒流过滤,膜通量为 8 L/($m^2\cdot h$),间歇出水为 8 min 开/2 min 关,HRT 为 10 h。当 TMP 达到 30 kPa 时,进行化学清洗(质量分数为 0.5% 的 NaClO 溶液浸泡 2~8 h)。

表 5.1　模拟生活污水组成

名称	质量浓度/($mg\cdot L^{-1}$)
葡萄糖	227
淀粉	227
$NaHCO_3$	254
尿素	33
KH_2PO_4	15
K_2HPO_4	20
$MgSO_4\cdot7H_2O$	51
$CaCl_2$	12
$(NH_4)_2SO_4$	121
$ZnCl_2$	0.13
$FeSO_4\cdot7H_2O$	17

MFC 阳极用厌氧生物反应器污泥接种,直到能够连续稳定产电,反应器温度为(20 ± 2) ℃。传统 MBR 每天排泥 200 mL,SRT 为 40 d。厌氧污泥回流-MBR 由 10 个无负载的

MFC 与 1 个 MBR 组成。MBR 每天排泥 400 mL,剩余污泥静置 2 h 去除 DO 后作为 MFC 的进泥,多余的泥排放。同时将 MFC 的出泥 200 mL 回流至 MBR 中。无负载 MFC 的运行周期为 5 d。2 个无负载 MFC 为 1 组,共 5 组,每天更换一组,各组交替进、出泥。

2. 改进型 MBR-MFC 耦合工艺

改进型 MBR-MFC 耦合工艺研究中采用哈尔滨太平污水处理厂二沉池回流泵房污泥作为 MBR 好氧池接种污泥,系统接种和正常运行期间的进水均为人工模拟生活污水,其组成见表 5.2 所示。人工模拟生活污水的 COD 质量浓度约为 400 mg/L,氨氮和总氮的质量浓度均为 40 mg/L,总磷的质量浓度约为 11 mg/L,pH 为 6 ~ 8。

在运行过程中,25 mL/min 流量的污水通过底部进水管流入阳极室,经过阳极室厌氧处理后,由顶部出水管流入 MBR 中进行好氧污泥处理,最后经膜的过滤排出系统外,系统的水力停留时间为 8 h。系统通过蠕动泵抽吸出水,出水流量为 31.2 mL/min,采用 8 min 开/2 min 关的间歇抽吸模式,保持膜通量为 7.5 L/$(m^2 \cdot h)$,真空压力表连接于蠕动泵和膜组件之间用于监测 TMP 变化情况,当 TMP 高于 30 kPa 时,取出膜组件进行物理清洗和化学清洗以恢复膜过滤性能。在 MBR-MFC 接种和正常运行的同时,以 5 Ω 的外接电阻连接在阴极和阳极之间。采用另外一个开路的 MBR-MFC 作为对照系统(C-MBR)。每天监测两个系统的污泥浓度并确定排泥量,以维持两组系统污泥浓度在同一水平(8 000 ~ 9 000 mg/L)。MFC 阳极接种污泥采用实验室培养的厌氧污泥,接种期间采用连续流运行方式,进水流量控制在 0.01 L/h,远低于稳定运行时的系统流量,电压在接种约 30 d 后基本达到稳定状态。待稳定运行 10 d 后,系统进水流量改为 1.5 L/h。

表 5.2　人工模拟生活污水组成　　　　　　　　mg/L

成分	质量浓度	成分	质量浓度
葡萄糖	200	$FeSO_4 \cdot 7H_2O$	2.5
淀粉	200	$CuSO_4$	0.3
NH_4Cl	151	$ZnSO_4 \cdot 7H_2O$	0.5
$NaHCO_3$	300	$MnSO_4 \cdot 7H_2O$	0.3
KH_2PO_4	47	NaCl	0.3
$MgSO_4$	40	$CoCl_2 \cdot 6H_2O$	0.4
$CaCl_2$	12	$Na_2MoO_4 \cdot 2H_2O$	1.3

5.5　MBR-MFC 工艺运行效果及 EPS 特性研究

本书设计的 MBR-MFC(图 5.4)的工艺特点是将 MBR 剩余污泥作为 MFC 进泥,随后 MFC 出泥回流至 MBR 中。本节内容还探究了 MFC 污泥处理效果、MBR-MFC 的工艺运行效果、MFC 污泥回流对 MBR 中 EPS 浓度和特性的影响以及 MBR-MFC 工艺的经济效益。

5.5.1　MFC 与传统厌氧消化的污泥处理效果

由于污泥组成和来源的不同,污泥性质也存在很大的区别。而且经 MFC 处理后,污泥的浓度及组成发生变化,将处理后的污泥再回流至 MBR 中,必将引起 MBR 中污泥性质的改变,进而影响膜污染情况。本小节的主要任务是研究 MFC 的污泥处理效果。在试验中,MBR 的剩余污泥静置 2 h 后进入 MFC 作为底物,电路设置 1 000 Ω 的外阻,以传统厌氧消化作为对照组(MFC 不接外阻),研究 MBR-MFC 运行 5 d 后的出泥变化情况。此部分内容将为 MFC 与 MBR 的进一步耦合及 MBR-MFC 的运行效果研究提供理论基础。

1. MFC 产电特性

(1)电压输出特性。

利用 MBR 剩余污泥作为底物,外阻为 1 000 Ω,MBR-MFC 运行一个周期中 MFC 的电压随时间的变化如图 5.6 所示。13 h 后电压升至 0.3 V 以上,运行 30 h 后达到最大值(0.4 V)并保持 20 h 的时长,随后电压缓慢下降,运行 70 h 降至 0.28 V,此后电压维持在 0.28 V 左右直到 120 h。最大功率密度为 54.2 mW/m³。整个运行过程中 MFC 都能够持续稳定产电,这可能是由于污泥中非溶解态有机物的水解速率与 MFC 中产电微生物利用溶解性有机物产电的速率达到平衡,使溶解性有机物保持在相对稳定的范围内,进而输出较为稳定的电压。

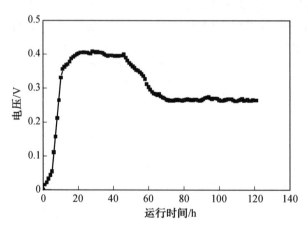

图 5.6　MFC 的电压随时间的变化

根据一个周期内 MFC 电压变化和 TCOD 变化,可计算一个周期内 MFC 的库仑效率为 1.5% 左右。More 等人通过双室污泥 MFC 计算得到库仑效率为 1.8% 左右。不难看出污泥 MFC 的库仑效率远不及利用污水作为底物的库仑效率。

(2)极化曲线。

极化曲线表示电池电压与极化电流或电流密度之间的关系,可通过测量不同电阻条件下电路两端达到稳定后的电压获得。首先将外阻升至 5 000 Ω 并稳定约 1.5 h,当电阻两端的电压基本稳定后记录电压值,然后逐渐降低外阻到 20 Ω,每个外阻值停留 2 min,待电压稳定读取对应外电压值,最后再依次增加外阻到 5 000 Ω。由此得到两组电阻从最大值至最小值对应的电压值极化数据。两组数值取平均,以电压为纵坐标,电流为横坐标作图,得到电压极化曲线。按以上步骤测定得到电压极化曲线,如图5.7所示。随着电流的增加,电压逐渐减小,且电流与电压之间基本呈线性关系。该 MFC 的电压–电流线性归化方程为:$y = -343.65x + 548.28$(相关系数 $R^2 = 0.990\ 2$)。根据电压极化曲线的斜率值等于微生物燃料电池的内阻值,可得该 MFC 内阻为 343.65 Ω。

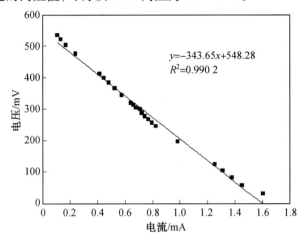

图 5.7　电压极化曲线

(3)功率密度曲线。

功率密度曲线用来表示功率密度与电流密度之间的关系,由电压极化数据计算得出。单室污泥 MFC 的功率密度曲线如图5.8所示。

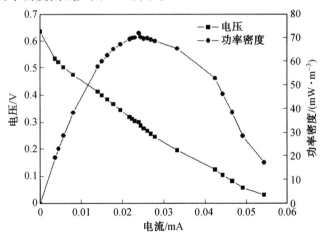

图 5.8　单室污泥 MFC 的功率密度曲线

从图中可知,随着外电路电阻值的减小,电流和电流密度逐渐增大,功率密度也随之增大,但增至最大值后功率密度会随电流密度的继续增大而迅速降低。这是由于外电阻分压与外电阻阻值呈正相关,分压随阻值的降低而减小,当外电阻降低到远小于内阻后外电路近似于发生短路,导致输出功率急剧降低。本试验条件下得到的 MFC 最大输出功率为 60.706 mW/m³。

2. 污泥性质比较

经 MFC 处理后,污泥及其上清液的性质会发生变化。本试验选取了若干表征污泥性质的典型指标来了解 MFC 的处理效果,如污泥浓度、TCOD 和粒径等。

(1)污泥浓度的变化。

污泥浓度是污泥的最基本特征,毛细脱水时间、黏度、胞外聚合物等其他的污泥特征都与污泥浓度紧密相关。VSS/SS 可用来反映污泥活性,其值越高,污泥活性越高。由表 5.3 可知,经 5 d 处理后厌氧消化污泥和 MFC 出泥的 MLSS 和 MLVSS 都降低,VSS/SS 由 0.92 分别降低到 0.83 和 0.85,可见经两种手段处理后污泥活性基本一致。厌氧消化和 MFC 处理的污泥干重去除率分别为 11.54% 和 22.50%。MFC 中污泥干重的下降几乎达到厌氧消化的 2 倍,这表明 MFC 可实现一定程度的污泥减量化。

表 5.3 MFC 与厌氧消化处理后污泥浓度的变化

项目	原污泥	厌氧消化污泥	MFC 处理后污泥
MLSS/$(mg \cdot L^{-1})$	8 490	7 988	7 388
MLVSS/$(mg \cdot L^{-1})$	7 810	6 630	6 280
VSS/SS	0.92	0.83	0.85
污泥干重/mg	849	751	658
去除率/%	—	11.54	22.50

(2)污泥 TCOD 的变化。

剩余污泥中的有机物含量很高,通常可达总固体含量的 60% 以上,根据调查我国剩余污泥中有机物含量呈逐渐增加的趋势。剩余污泥是一种很有潜力的生物质能源。厌氧消化工程中污泥厌氧产气,实现了 TCOD 的降低。MFC 利用污泥中的有机质产电,以电能的形式回收有机物中的化学能,有机物也在运行过程中被降解去除。有机物的去除效果由 TCOD 的变化来表征。

表 5.4 MFC 与厌氧消化处理后 TCOD 的变化

项目	原污泥	厌氧消化污泥	MFC 处理后污泥
TCOD/$(mg \cdot L^{-1})$	11 679.2	10 593.03	10 059.8
去除率/%	—	10.03	15.86

如表 5.4 所示,经过 5 d 的处理,厌氧消化和 MFC 处理后污泥的 TCOD 去除率分别为 15.86% 和 10.03%。由此可知,在 MFC 的处理过程中,厌氧消化 TCOD 去除率为 10.03%,产电菌则去除了另外 5.83% 的 TCOD,并利用这些有机物产电。但 MFC 仅去除了很小一部分的有机物,大量的生物质能源还残留在污泥中未得到有效利用,这可能是因为大部分的有机物以很难被 MFC 中的微生物利用的形式存在于系统中。

当 MFC 开路时,氧化污泥中的有机物是厌氧细菌而非阳极微生物。在阳极表面产甲烷菌生长为多层的生物膜。He 等人证实,产甲烷菌的生长将造成底物负荷超过最大电子转移速率。闭合回路下的 MFC 污泥处理包括如下步骤:首先厌氧发酵会将污泥中的大分子有机物水解为小分子物质,然后进一步被水解为单糖、氨基酸、甘油和脂肪酸等,最后这些可溶性的水解产物将被阳极微生物利用并产电,完成有机物的去除和污泥的稳定化。与厌氧消化相比,MFC 可作为加速有机物去除和污泥稳定化的一种处理工艺。

(3)污泥粒径的变化。

原污泥、厌氧消化后污泥及 MFC 处理后污泥的粒径分布如图 5.9 所示。从表面积平均粒径和体积平均粒径可以看出,与原污泥($92.993~\mu m$、$173.712~\mu m$)相比,厌氧消化后污泥($84.234~\mu m$、$161.762~\mu m$)和 MFC 处理后污泥($84.192~\mu m$、$154.312~\mu m$)的粒径均减小。经计算,原污泥、厌氧消化后污泥和 MFC 处理后的污泥 DSI 值分别为 0.996、1.114和1.056。污泥絮体由微生物、EPS、高价阳离子和无机颗粒借助物理化学作用组合构成,厌氧消化和 MFC 处理过程中此类作用可能受到影响,引起污泥絮体的解体及污泥平均粒径的减小。Lim 研究表明较大的污泥颗粒粒径所引起的膜污染程度相应较低。Bizi 等发现,除泥饼层孔隙率外,DSI 对比阻也有重要的作用,泥饼层孔隙率越大、DSI 越低,过滤性能越好。Bai 等研究表明,错流微滤系统中小于 50 μm 的颗粒对比阻的贡献较大,并导致了较大的泥饼层阻力。结合这些报道可知,厌氧消化和 MFC 处理后的污泥粒径变化属于较为不利的影响,但经过污泥回流后这些粒径条件的污泥是否会对 MBR 中污泥造成影响,以及造成什么程度的影响等不能判断,尚需进一步考察与研究。

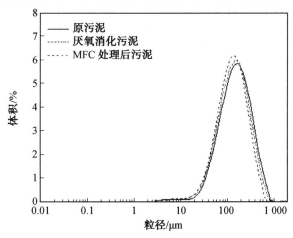

图 5.9　原污泥、厌氧消化后污泥及 MFC 处理后污泥的粒径分布

(4)污泥 EPS 浓度及组分的变化。

①EPS 质量浓度。通过分析经过 MFC 和厌氧消化处理污泥的 EPS 质量浓度及组成变化,解析产电菌对污泥的特殊降解作用。经过 MFC 5 d 处理和厌氧消化对照装置 5 d 处理,污泥 EPS 质量浓度变化结果如图 5.10 与表 5.5 所示,由图 5.10 和表 5.5 可知,TB-EPS质量浓度占胞外聚合物总量的 77.5% ~86.3%,是微生物胞外聚合物的主要成分,EPS 质量浓度排序为 TB-EPS >LB-EPS > S-EPS。

经 MFC 及厌氧消化处理,污泥的 S-EPS 质量浓度分别增加了 6.16 与 7.10 倍,LB-EPS 质量浓度分别降低了 21.6% 与 11.2% ,TB-EPS 质量浓度分别降低了 20.7% 与

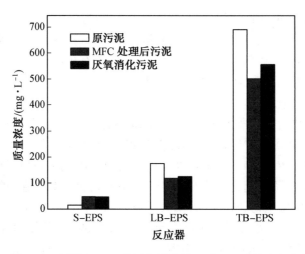

图 5.10 污泥经 MFC 及厌氧消化处理后 EPS 质量浓度变化

12.2%。这可能是因为无外加基质条件下微生物会优先利用 S-EPS 中易降解的多糖等有机物,S-EPS 的有机物浓度降低到一定程度后,结合态 EPS 中的大分子有机物及难降解物质分解成小分子有机物和较易降解的物质溶于水中,从而导致结合态 EPS 质量浓度降低而 S-EPS 质量浓度升高。与经厌氧处理的污泥相比,MFC 处理后污泥的 LB-EPS 和 TB-EPS 质量浓度更低,说明存在产电菌的 MFC 较厌氧消化反应器更利于污泥降解。

表 5.5　EPS 质量浓度变化对比分析　　　　　　　　　　　　mg/L

项目	S-EPS	LB-EPS	TB-EPS
原污泥	9.3	95.1	661.6
MFC 处理后污泥	66.8	74.7	531.6
厌氧消化污泥	75.6	84.5	581.8

②EPS 组分。污泥中 EPS 的主要成分为多糖和蛋白质。为进一步研究对比 MFC 与厌氧消化对污泥的降解作用,考察处理前后 EPS 中多糖和蛋白质质量浓度的变化,如表 5.6 及图 5.11 所示,其中 p/c 表示蛋白质与多糖的质量浓度比值。

表 5.6　EPS 组成变化分析

污泥来源	S-EPS			LB-EPS			TB-EPS		
	多糖 /(mg·L⁻¹)	蛋白质 /(mg·L⁻¹)	p/c	多糖 /(mg·L⁻¹)	蛋白质 /(mg·L⁻¹)	p/c	多糖 /(mg·L⁻¹)	蛋白质 /(mg·L⁻¹)	p/c
原污泥	4.97	4.36	0.88	32.78	62.32	1.90	203.88	457.76	2.25
MFC 处理后污泥	29.95	36.86	1.23	25.58	49.12	1.93	154.86	376.78	2.43
厌氧消化污泥	45.22	30.36	0.67	30.92	53.58	1.73	175.5	406.3	2.32

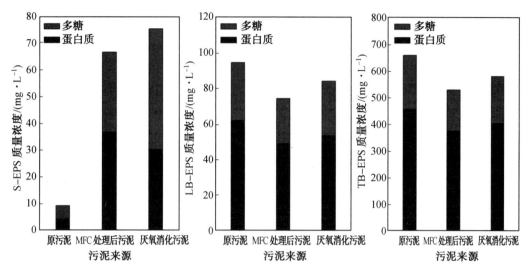

图 5.11　污泥经 MFC 及厌氧消化处理后 EPS 质量浓度及组成变化

经 MFC 及厌氧消化处理后,污泥 S–EPS 中蛋白质和多糖质量浓度均大幅度增加,与厌氧消化相比 MFC 处理后的污泥 S–EPS 中多糖质量浓度较低,蛋白质质量浓度较高。LB–EPS 和 TB–EPS 中的多糖与蛋白质质量浓度均是厌氧污泥高于 MFC 污泥。这主要是由于结合态的 EPS 在微生物的代谢作用下大量转化为 S–EPS,因多糖生化降解性高于蛋白质,S–EPS 中多糖被大量降解,蛋白质存在相对程度上的累积。相较于厌氧消化,污泥结合态 EPS 转化为 S–EPS 的速率及多糖的降解速率由于产电菌在 MFC 中的存在而进一步提高,这也促成 S–EPS 中蛋白质累积量增加。

S–EPS 和结合态 EPS 分别作为污泥上清液和污泥沉积液中的有机物成分,在膜污染中有着重要影响。大量研究表明结合态 EPS 对膜污染的贡献高于溶解态有机物,污泥的过滤性能随结合态 EPS 质量浓度增加而降低。研究者们发现,MBR 膜表面的泥饼层主要由微生物的结合态 EPS 组成,运行过程中结合态 EPS 逐渐在膜表面积累,其在混合液中的浓度也增大,而使混合液黏度增加,最终导致膜阻力增加。研究表明,结合态 EPS 是 MBR 在次临界通量条件下运行时出现膜污染的主要因素之一。虽然污泥经 MFC 处理后 S–EPS 质量浓度有所增加,但是 LB–EPS、TB–EPS 质量浓度显著降低,将 MFC 处理后的污泥回流至 MBR 有利于降低 MBR 污泥中 EPS 的浓度,改变 EPS 有机物组成,从而减缓膜污染发生。

3. 营养物质比较

经 MFC 与厌氧消化处理过程后,上清液物质浓度及组成和剩余污泥的物化性质发生改变。将处理后的污泥回流至 MBR 中,会对 MBR 中污泥性质及污染物负荷产生影响,进而影响污水处理效果。对 MFC 与厌氧消化处理过程中营养物质变化情况的研究,将为下一步探究组合工艺污水处理过程中的作用机理提供理论基础。从运行 5 d 的 MFC 系统与厌氧消化系统中分别取样,4 000 r/min 离心 5 min 后取上清液,经 0.45 μm 的滤膜过滤,测定 SCOD、TOC、含氮污染物和磷等指标,以分析 MFC 与厌氧消化处理后污泥上清液中营养物质变化情况。

（1）SCOD 的变化。

测定原污泥、厌氧消化污泥和 MFC 处理后污泥的上清液（简称 MFC 污泥）中的 SCOD、TOC 值，结果如图 5.12 和图 5.13 所示。原污泥 SCOD 质量浓度为 55 mg/L，经过 5 d 处理后，污泥中的非溶解态有机物被水解为溶解态有机物，使 SCOD 质量浓度升高，导致厌氧消化污泥与 MFC 污泥的 SCOD 上升到 571 mg/L 和 616 mg/L。厌氧消化中，这部分 SCOD 被系统中作为主体的产甲烷菌利用，在 MFC 中，产电菌利用这些物质产电，电池电压逐渐升高并达到稳定。MFC 污泥的 SCOD 略高于厌氧消化污泥，分析原因可能是大分子有机物在 MFC 中被更有效地水解，产电菌能以更高的速率代谢利用污泥中的溶解态有机物，使 SCOD 从污泥中进一步溶出。如图 5.14 所示，原污泥 TOC 质量浓度为 8.98 mg/L，经过 5 d 处理后厌氧消化污泥与 MFC 污泥的 TOC 分别为 93.48 mg/L 和 116.92 mg/L。TOC 的变化趋势与 SCOD 相同。

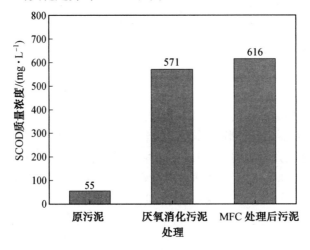

图 5.12　MFC 与厌氧消化处理后 SCOD 质量浓度的变化

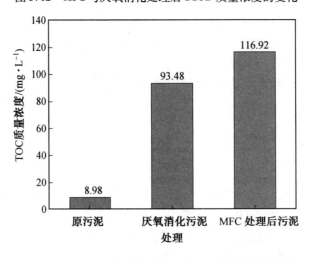

图 5.13　MFC 与厌氧消化处理后 TOC 质量浓度的变化

厌氧消化污泥和 MFC 污泥回流至 MBR 中，会增加 MBR 的有机负荷。增加的这部分

COD 主要由糖类、氨基酸、核酸以及腐殖酸等有机物质组成,其可生化性较好,此后还需进一步考察有机负荷增加对 MBR-MFC 工艺出水水质的影响。

（2）多糖的变化。

测定原污泥、厌氧消化污泥和 MFC 污泥上清液中的多糖质量浓度,结果如图 5.14 所示。经厌氧消化系统和 MFC 系统处理 5 d 后,污泥上清液多糖质量浓度由 5.585 mg/L 分别升至 20.465 mg/L 和 21.989 mg/L。分析多糖的质量浓度升高可发现,多糖在污泥处理过程中由非溶解态转变为溶解态。由蛋白质和多糖构成的胞外聚合物（EPS）是污泥絮体中有机组分的重要组成部分。EPS 可通过水解为小分子可溶性有机物,进而被 MFC 利用。系统运行的开始阶段,EPS 中的多糖被快速水解并溶出,进入上清液使得质量浓度迅速升高;系统运行一定时间后,EPS 中的多糖被微生物利用的速率与从 EPS 中溶出的速率基本保持一致,上清液中多糖质量浓度稳定在某一水平;随着时间的进一步推移,上清液中多糖的质量浓度逐渐下降,导致 MFC 产电电压下降。由于 MFC 产电微生物利用多糖速率大于厌氧消化中产甲烷菌的利用速率,因此 MFC 处理后污泥上清液多糖质量浓度高于厌氧消化系统。

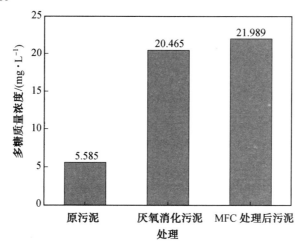

图 5.14　MFC 与厌氧消化处理后多糖质量浓度的变化

（3）蛋白质的变化。

测定原污泥、厌氧消化污泥和 MFC 污泥的上清液中的蛋白质质量浓度,结果如图 5.15 所示。经厌氧消化系统和 MFC 系统处理 5 d 后,污泥上清液中蛋白质质量浓度由 8.084 mg/L 分别升至 25.959 mg/L 和 25.147 mg/L。上清液中蛋白质质量浓度的上升说明非溶解态的蛋白质在污泥处理过程中部分转变为溶解态。其变化规律与多糖相似,但是厌氧消化系统和 MFC 系统出泥上清液中的蛋白质质量浓度基本一致,说明蛋白质在两组系统中最终水解速率与利用速率基本一致,MFC 中作为碳源被产电菌优先利用的是多糖,而不是蛋白质。

（4）氮的变化。

测定原污泥、传统厌氧消化污泥和 MFC 污泥的上清液中的氮质量浓度,结果如图 5.16 所示。经厌氧消化系统和 MFC 系统处理 5 d 后,污泥上清液中氨氮的质量浓度由原

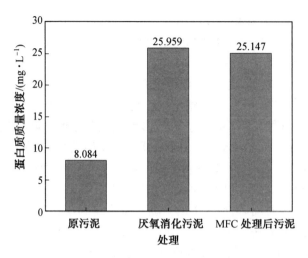

图 5.15　MFC 与厌氧消化处理后蛋白质质量浓度的变化

污泥的 3.33 mg/L 分别升高至 25.26 mg/L 和 25.18 mg/L;亚硝态氮的质量浓度降低至
0.1 mg/L;硝态氮的质量浓度由原污泥的 27.40 mg/L 分别降低至 2.64 mg/L 和
1.42 mg/L;而 TN 的质量浓度由原污泥的 25.56 mg/L 分别升高至 31.46 mg/L 和
32.84 mg/L。由 TN 变化可知含氮物质发生了由非溶解态向溶解态的转化。MFC 与厌氧
消化处理后污泥上清液中氨氮的显著变化说明,处理过程中大量蛋白质水解为氨氮并释
放到上清液,MFC 与厌氧消化对蛋白质的水解作用基本一致。系统中硝态氮质量浓度的
下降说明 MFC 和厌氧反硝化装置同样可以起到脱氮的作用。综上所述,经过厌氧消化和
MFC 处理后的污泥上清液中含有大量的氨氮和溶解性蛋白质,这种污泥回流 MBR 后增
加了污水的生物处理难度。

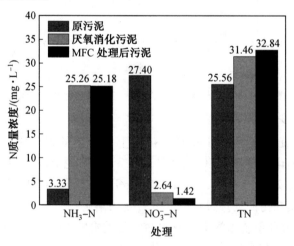

图 5.16　MFC 与厌氧消化处理后上清液中氮的质量浓度变化

(5)磷的变化。

测定原污泥、厌氧消化污泥和 MFC 污泥的上清液中磷的质量浓度,结果如图5.17所
示。污泥上清液中的磷质量浓度经厌氧消化系统和 MFC 系统处理 5 d 后显著提升。相

较于原污泥中的 3.2 mg/L,厌氧消化和 MFC 处理后上清液的磷质量浓度分别提高到 59.80 mg/L和 58.32 mg/L。MFC 处理污泥过程中释放大量的磷,将处理后污泥回流至 MBR 中将增加污水的生物处理难度。MBR 工艺的除磷效果较差,需考察污泥回流对 MBR 出水水质的影响。

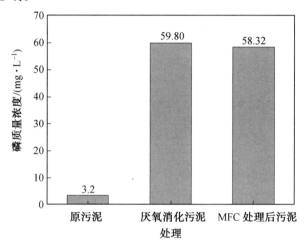

图 5.17　MFC 与厌氧消化处理后上清液中磷的质量浓度变化

5.5.2　MBR-MFC 工艺运行效果

本部分试验在 MFC 污泥处理工艺的研究基础上,初步考察 MBR-MFC 工艺的污水处理效果、膜污染情况和污泥性质。MBR-MFC 工艺中,静置 2 h 后的 MBR 剩余污泥作为 MFC 进泥,污泥经 MFC 处理 5 d 后再回流到 MBR 中。

1. 污水处理效果

污水处理工艺的处理效果是最受关注的工艺特征。MFC 处理与厌氧消化处理会引起 EPS 浓度及组成的改变、污泥中营养物质的释放。与传统 MBR 工艺比较,处理后污泥回流会增加组合工艺中 MBR 的处理负荷,可能会影响污水处理效果。本部分试验将 MBR-MFC 与传统 MBR 及厌氧污泥回流-MBR 进行对照,研究 MBR-MFC 的污水处理效果。

(1)有机物处理效果。

传统 MBR、厌氧污泥回流-MBR 和 MBR-MFC 的进出水及上清液中 COD 质量浓度测定结果如图 5.18 和图 5.19 所示。图 5.18 显示,在 430 mg/L 左右 COD 质量浓度的进水下,MBR-MFC 稳定地运行,出水 COD 质量浓度约为 30 mg/L,去除率达到 94% 左右,与传统 MBR 出水去除率(95%)基本一致;厌氧污泥回流-MBR 出水的 COD 质量浓度约为 43 mg/L,去除率约为 90%,不及 MBR-MFC 出水的处理效果。由图 5.19 可知,MBR-MFC 上清液中 COD 质量浓度约为 61 mg/L,明显低于厌氧污泥回流-MBR 上清液(约 74 mg/L),略高于传统 MBR 上清液(约 55 mg/L)。由上清液中 COD 的质量浓度可计算生物降解去除率,由出水中的 COD 质量浓度可计算 MBR 的总去除率。传统 MBR、厌氧污泥回流-MBR 和 MBR-MFC 的生物降解去除率分别为 87%、86% 和 82%,与三组系统的总去除率相差约 8%,原因在于膜和泥饼层的截留或吸附可去除部分 COD。

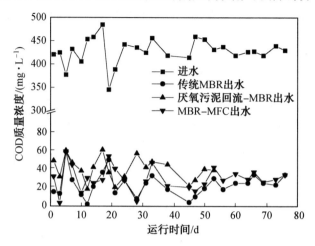

图 5.18　进出水 COD 质量浓度测定结果

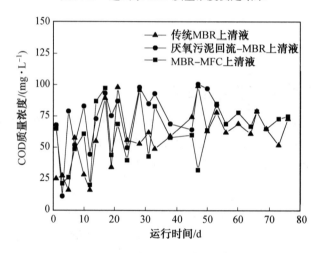

图 5.19　上清液中 COD 质量浓度测定结果

　　在本研究中,传统 MBR、厌氧污泥回流-MBR 和 MBR-MFC 的有机物体积负荷基本一致,分别为 1.032 kg COD/(m³ · d)、1.046 kg COD/(m³ · d) 和 1.047 kg COD/(m³ · d),但污水处理效果却存在明显差异。相较于传统 MBR,MBR-MFC 的出水 COD 质量浓度略微增加,而厌氧污泥回流-MBR 明显增加。厌氧污泥回流-MBR 的处理效果较差,可能的原因包括:厌氧处理过程中,一些生物难降解物质如 SMP 等被释放出来并回流到 MBR;厌氧污泥回流可能导致 MBR 中污泥活性变差,COD 降解速率下降,由比耗氧速率的测定结果也可印证;厌氧污泥回流使得 MBR 中污泥黏度上升,对传质过程产生影响进而影响有机物去除效率。MBR-MFC 与传统 MBR 的出水 COD 基本一致,明显优于厌氧污泥回流-MBR,可能是由于与厌氧消化相比,MFC 中产电菌对组成 EPS 的多糖和蛋白质的降解均有明显的促进作用;MFC 可看作加速的厌氧消化,与厌氧消化相比出泥中有机物的可生化性更高;MFC 污泥回流并没有影响 MBR 中的污泥活性,污泥的比耗氧速率未受到影响。

由图 5.20 和图 5.21 可知,传统 MBR、厌氧污泥回流-MBR 和 MBR-MFC 的出水 TOC 平均值分别为 2.84 mg/L、5.08 mg/L 和 3.40 mg/L,三组系统的 TOC 总去除率分别为 96.1%、93.5% 和 95.1%;三组系统中上清液的 TOC 分别为 8.98 mg/L、12.18 mg/L 和 10.82 mg/L,生物去除率分别为 87.7%、83.2% 和 85.1%。生物去除率和总去除率相差 8.4% ~ 10%,其变化趋势与 COD 基本一致。结合后面关于污泥活性的分析,可发现 MBR-MFC 的污泥活性略低于传统 MBR,但未能影响出水水质,而厌氧污泥回流-MBR 的污泥活性降低程度较大,对出水水质产生了影响。

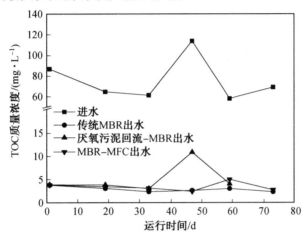

图 5.20　进水和出水中 TOC 质量浓度变化情况

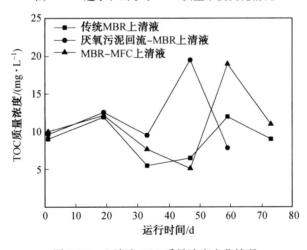

图 5.21　上清液 TOC 质量浓度变化情况

(2)氮处理效果。

传统 MBR、厌氧污泥回流-MBR 和 MBR-MFC 的进出水及上清液中 NH_3-N 质量浓度测定结果如图 5.22 和图 5.23 所示。

由图 5.22 可知,传统 MBR、厌氧污泥回流-MBR 和 MBR-MFC 的出水氨氮平均值分别为 3.33 mg/L、4.50 mg/L 和 3.88 mg/L,氨氮去除率分别为 89.1%、84.9% 和 87.3%。

由此可知,相比传统 MBR,MBR-MFC 的氨氮去除效果几乎未受到影响,而厌氧污泥回流-MBR 略微下降。

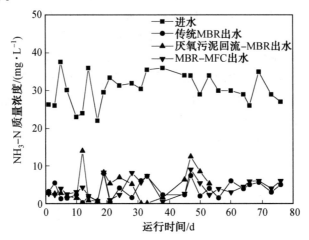

图 5.22　进水和出水中 NH$_3$-N 质量浓度测定结果

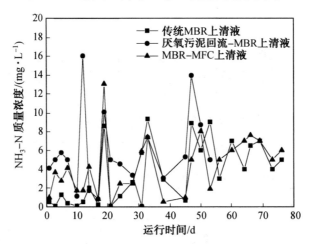

图 5.23　上清液中的 NH$_3$-N 质量浓度测定结果

由图 5.23 可知,三组系统中上清液的氨氮质量浓度变化与出水中氨氮质量浓度的变化基本一致,原因是膜和泥饼层对氨氮基本没有截留作用,微生物的硝化作用主要承担了氨氮的去除作用。通过对 MFC 与厌氧消化污泥处理效果的研究可知,经 MFC 和厌氧消化单元处理后污泥混合液的氨氮质量浓度有所升高,污泥回流操作将增加 MBR 的处理负荷。MBR-MFC 与厌氧污泥回流-MBR 在氨氮去除效果上的差异,分析原因可能是两种组合工艺中的污泥活性不同,导致氨氧化速率的不同,从后面污泥活性测定试验中也可得到证实。

传统 MBR、厌氧污泥回流-MBR 和 MBR-MFC 的出水及上清液中硝态氮质量浓度测定结果如图 5.24 和图 5.25 所示。

由图 5.24 和图 5.25 可知,传统 MBR、厌氧污泥回流-MBR 和 MBR-MFC 的出水硝态氮平均值分别为 27.4 mg/L、28.5 mg/L 和 28.0 mg/L。MBR-MFC 出水中硝态氮质量浓

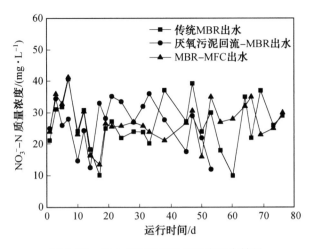

图 5.24　出水中硝态氮质量浓度测定结果

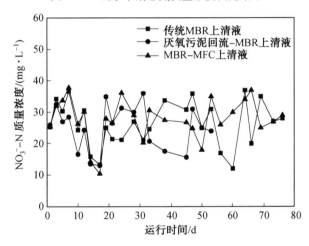

图 5.25　上清液中硝态氮质量浓度测定结果

度与传统 MBR 相近,但厌氧污泥回流-MBR 略有增加,三组系统上清液中的硝态氮质量浓度变化与出水基本一致。通过对 MFC 与厌氧消化污泥处理效果的研究可知,经 MFC 和厌氧消化单元处理后污泥混合液的氨氮质量浓度有所升高,污泥回流操作将增加 MBR 的处理负荷。但 MBR-MFC 与厌氧污泥回流-MBR 在出水硝态氮的差异,分析原因可能是两种组合系统的污泥活性不同,引起反硝化速率的不同,后面污泥活性分析部分也对此进行了证实。

传统 MBR、厌氧污泥回流-MBR 和 MBR-MFC 的进出水及上清液中 TN 质量浓度测定结果如图 5.26 和图 5.27 所示。

由图 5.26 可知,三组系统的进水 TN 平均值为 39 mg/L,传统 MBR、厌氧污泥回流-MBR 和 MBR-MFC 的出水 TN 平均值分别为 25.56 mg/L、27.88 mg/L 和 26.69 mg/L,其 TN 去除率分别为 34.2%、27.8% 和 31.1%。与传统 MBR 相比,厌氧污泥回流-MBRTN 去除率仅轻微降低,而 MBR-MFC 几乎不受影响,此差异是由污泥活性不同所引起的。由图 5.27 可知,上清液中 TN 的变化规律与出水基本一致。

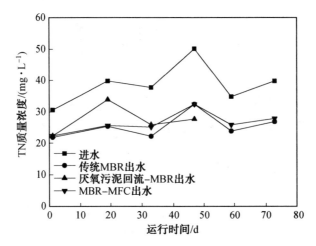

图 5.26　进出水中 TN 质量浓度测定结果

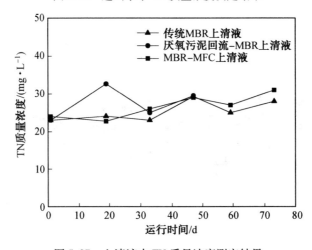

图 5.27　上清液中 TN 质量浓度测定结果

（3）磷处理效果。

传统 MBR、厌氧污泥回流-MBR 和 MBR-MFC 的进出水及上清液中磷质量浓度测定结果如图 5.28 和图 5.29 所示。

由图 5.28 可知,三组系统的进水中磷平均质量浓度为 4.81 mg/L,传统 MBR、厌氧污泥回流-MBR 和 MBR-MFC 的出水磷平均质量浓度分别为 3.17 mg/L、3.40 mg/L 和 3.22 mg/L,其去除率分别为 33.0%、29.2% 和 31.6%。与传统 MBR 相比,厌氧污泥回流-MBR 和 MBR-MFC 的磷处理效果变化不大。由图 5.29 可知,上清液中的变化规律与出水基本一致。

2. 膜污染趋势及阻力

（1）膜污染趋势分析。

试验在与传统 MBR 和厌氧污泥回流-MBR 的对比下,考察分析 MBR-MFC 中 MFC 污泥回流对 MBR 膜污染的影响。三组系统中的 MBR 大小结构和操作条件完全一致。

本试验中三组系统操作方式均采用恒通量出水模式,在出水管线上设置精密真空压

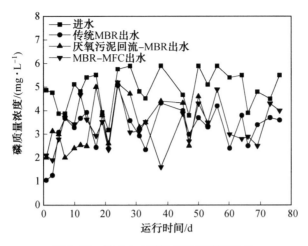

图 5.28　进出水中磷质量浓度测定结果

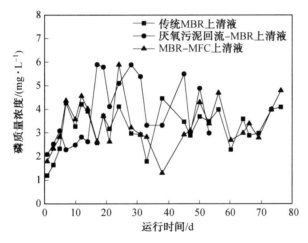

图 5.29　上清液中磷质量浓度测定结果

力表以测定过膜压力 TMP。通过 TMP 的大小和变化趋势表征膜污染情况。当 TMP 升至 30 kPa 或以上时,运行周期结束,取出膜组件用 NaClO 进行化学清洗后再继续下一周期。本试验中厌氧污泥回流-MBR、MBR-MFC 和传统 MBR 分别连续稳定运行了 51 d、92 d 和 70 d,期间三组系统 MBR 膜组件的 TMP 变化情况如图 5.30 所示。51 d 内厌氧污泥回流-MBR 完整运行了四个周期,时长分别为 21 d、10 d、9 d 和 9 d;70 d 内传统 MBR 完整运行了两个周期,时长均为 35 d;92 d 内 MBR-MFC 完整运行了两个周期,时长分别为 45 d 和 47 d。试验结果表明厌氧污泥的回流一定程度上加速了 MBR 膜污染的发生,MFC 处理后污泥回流则在一定程度上减缓了膜污染现象。

各反应系统同时启动,因此 TMP 曲线在第一个周期的起点相同,但因各系统的运行周期时长不同,后几个周期各系统的起点均不相同。为了便于研究比较,将厌氧污泥回流-MBR 的第四个运行周期与传统 MBR 及 MBR-MFC 在第二个运行周期(在此周期厌氧污泥和 MFC 污泥回流比较充分)的 TMP 曲线平移至同一起点,绘制新的 TMP 变化曲线,如图 5.31 所示。由图可以看出,厌氧污泥回流-MBR 的 TMP 从周期运行开始就呈指数形式急剧上升,而 MBR-MFC 和传统 MBR 的类似 TMP 变化出现在曲线的第 3 阶段,表示在厌氧污泥回流–MBR 中,短时间内大量污泥吸附在膜的表面生成了黏着、厚重、结实的泥饼层,导致膜组件被严重污染。

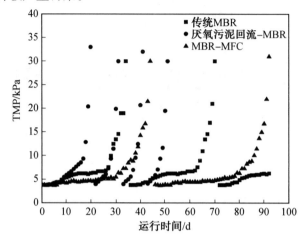

图 5.30　三组系统连续运行多周期的 TMP 变化曲线

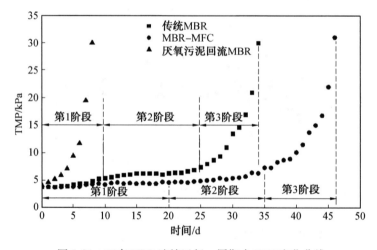

图 5.31　三套 MBR 连续运行一周期内 TMP 变化曲线

从图 5.31 中可发现,MBR–MFC 和传统 MBR 的 TMP 的变化基本经历了三个阶段,两组系统的各阶段时长存在一定差异。

①第 1 阶段(传统 MBR:1 ~ 10 d,MBR–MFC:1 ~ 20 d),即初期阶段。

运行开始,两组系统中反应器 TMP 迅速升至 3.8 kPa 左右并保持稳定,随后两组系统 TMP 出现缓慢上升,表现出斜率很小的线性变化趋势,且两组系统曲线在 1 ~ 10 d 内近似重合。10 d 后传统 MBR 进入第 2 阶段,而 MBR–MFC 的第 1 阶段则持续 23 d。

运行初始,膜表面快速吸附污泥 EPS 导致 TMP 快速增加,之后 EPS 等污染物进一步堵塞部分膜孔,TMP 也相应缓慢增加,同时在膜表面形成浓差极化。在这个阶段部分活性污泥和一些胶体物被膜截留,在膜面积聚形成松散的泥饼层,引发初期膜污染现象。运行初始剩余污泥受到 MFC 处理作用不充分,MBR–MFC 和 C–MBR 内污泥性质无明显差别,膜污染趋势基本一致,TMP 变化情况也大致相同。MBR–MFC 的第 1 阶段持续时长是

C-MBR 的两倍,这是因为 MFC 污泥回流作用随运行时间的延长而逐渐充分,对 MBR 污泥的改善作用也逐渐明显,从而膜组件的初期污染得到减缓。

②第 2 阶段(传统 MBR:10~25 d,MBR-MFC:20~35 d),即中期阶段。

此阶段内,MBR-MFC 和传统 MBR 的 TMP 呈线性或弱指数趋势快速增长。两组系统在此阶段的持续时间相当,均在 15 d 左右。MBR-MFC 的 TMP 由 4.7 kPa 升高至 6.3 kPa,传统 MBR 的 TMP 由 5.3 kPa 升高至 6.9 kPa,两组系统的 dTMP/dt 均为 0.107 kPa/d,TMP 增长速率与初期阶段相比有了明显提高。

此阶段 MBR 过滤阻力大幅度增高,可能是由于污泥中 EPS 等黏性物质在膜表面形成凝胶层的原因。在本试验中反应器采用固定的曝气强度,初期阶段所形成的泥饼层在中期阶段不会脱落,污泥中 EPS 等污染物继续在膜表面附着,此前堵塞不完全的膜表面和膜孔处也覆盖大量污染物,使得膜孔堵塞更加严重并引发形成凝胶层。

③第 3 阶段(MBR 传统:25~35 d,MBR-MFC:35~47 d),即后期阶段。

此阶段中两组系统中 TMP 呈指数形式急剧增加,出现透膜压力跃升现象,TMP 增长速率发生突跃。两组系统在该阶段后程 TMP 均达到 30 kPa 以上,此时急需将膜组件取出并进行化学清洗,以恢复膜过滤性能。

随着系统的运行,有机污染物和微生物不断吸附堆积在膜表面,泥饼层增厚压紧。部分泥饼层中的微生物因溶解氧不足而死亡,裂解释放出大量的蛋白质和多糖等有机物质,进一步堵塞膜孔。此外,污泥中金属离子会和阴离子在膜表面聚合生成水垢,也是膜过滤阻力增加的原因之一。在以上原因的共同作用下两组系统 TMP 急剧上升。此阶段中,传统 MBR 和 MBR-MFC 的 TMP 增长速率 dTMP/dt 分别为 2.31 kPa/d 和 1.9 kPa/d,说明 MFC 处理后污泥在一定程度上能减缓泥饼层的形成。

通过上述对 TMP 变化趋势的分析可知,MFC 污泥回流可以在一定程度上缓解 MBR 的初期膜孔污染、凝胶层及泥饼层的生成。推测这或许是因为 MFC 污泥回流使 MBR 中污泥性质发生改变,或是使得膜污染物质的含量、结构和组成发生变化,最终导致膜污染现象的减缓。因此将在后文继续探讨 MFC 污泥回流对 MBR 中污泥性质的影响。

(2)膜污染阻力分析。

试验使用孔径为 0.1 μm 的聚偏氟乙烯中空纤维帘式膜组件。由于 MBR-MFC 和传统 MBR 的 MBR 中污泥混合液性质存在差异,污泥混合液各组分与膜之间作用的机理也不相同,进而造成两组系统在膜污染程度和阻力分布情况上的不同,试验结果见表 5.7。

表 5.7　两组系统中膜阻力分析

反应器	R_t		R_m			R_c		R_f	
	$/\times10^{12}$ m^{-1}	$/\times10^{12}$ m^{-1}	/%		$/\times10^{12}$ m^{-1}	/%	$/\times10^{12}$ m^{-1}	/%
传统 MBR	16.59	0.97	7.42		14.78	85.69	0.90	5.43
MBR-MFC	12.33	0.91	7.36		10.93	88.62	0.49	4.01

膜的总阻力(R_t)为膜固有阻力(R_m)、泥饼层阻力(R_c)、膜孔堵塞及不可逆污染阻力(R_f)的和。由表 5.7 可见,两组系统反应器中膜污染均以 R_c 为主(85.69%~88.62%),远高于 R_m 和 R_f 所占比例。可以发现,膜阻力上升的主要原因是泥饼层的形成。相较于传

统 MBR,MBR-MFC 中 R_c 与 R_f 都更低。MBR-MFC、传统 MBR 的 R_f 平均增速分别为 $1.04 \times 10^{10} \, \mathrm{m}^{-1}/\mathrm{d}$、$2.57 \times 10^{10} \, \mathrm{m}^{-1}/\mathrm{d}$,这与 TMP 的上升速度差异相似,说明 MFC 污泥回流能有效抑制 MBR 膜孔堵塞及不可逆污染的发生。

3. 膜表面污染物形态及组成分析

为深层次探索 MFC 污泥回流对 MBR 膜污染的影响,采用原子力显微镜及扫面电镜观察 MBR-MFC 与传统 MBR 的污染膜表面的污染物形态以及膜孔堵塞情况,对吸附堵塞在膜表面及膜孔内的多糖和蛋白质进行定量分析,采取 FTIR 方法、EDX 技术分析膜表面污染物的主要官能团及主要元素。此部分内容为 MFC 污泥回流减缓 MBR 膜污染提供了进一步的理论依据。

(1)膜表面形态分析。

①扫描电镜图像分析。采用干净膜丝作为对比,观察 MBR-MFC 与传统 MBR 在运行结束后洗去泥饼层的膜表面扫描电镜图,结果如图 5.32 所示。

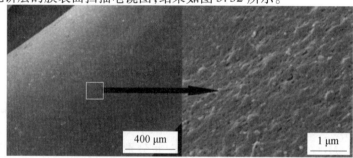

　　　　(a1) 干净膜丝1　　　　　　　　(a2) 干净膜丝2

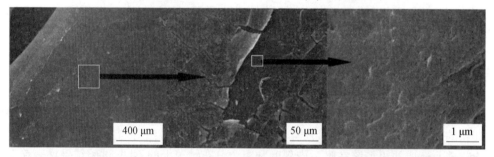

(b1) MBR-MFC 中污染后膜丝1　(b2) MBR-MFC 中污染后膜丝2　(b3) MBR-MFC 中污染后膜丝3

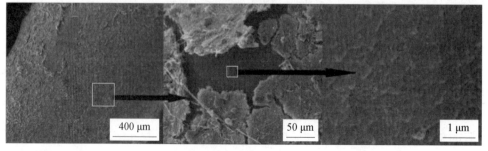

(c1) 传统MBR 中污染后膜丝1　(c2) 传统MBR 中污染后膜丝2　(c3) 传统MBR 中污染后膜丝3

图 5.32　膜表面扫描电镜图片

　　由图 5.32(a1)和(a2)可以看出干净膜丝表面光滑,具有大量的孔隙结构;由图
5.32(b2)和(c2)可以看出在膜污染后 MBR-MFC 和传统 MBR 的膜丝表面均被污染物附
着,且传统 MBR 中的膜污染层比 MBR-MFC 中的膜污染层更加厚实致密。图 5.32(b3)
和(c3)显示了掀起膜污染层后裸露的膜表面,与图 5.32(a2)的干净膜丝相比,可看到
MBR-MFC 和传统 MBR 膜表面均有严重的膜孔堵塞,膜孔结构明显减少。图 5.32(b3)
中尚能观察到一些膜孔结构,而图 5.32(c3)中膜孔结构基本上被污染物堵塞,说明传统
MBR 中膜孔堵塞比 MBR-MFC 中严重,这与此前的膜阻力分析结果一致。这可能是由
MFC 污泥回流导致 MBR 中 S-EPS 的蛋白质浓度及 LB-EPS 浓度大幅下降,从而膜表面
的污染物吸附量降低。

　　②原子力显微镜分析。为进一步研究膜表面污染物的附着情况及膜表面粗糙程度,
以干净的膜丝作为对照,使用表面原子力显微镜观察 MBR-MFC 与传统 MBR 中的被污染
膜丝,扫描范围为 10 μm×10 μm,观察结果如图 5.33。

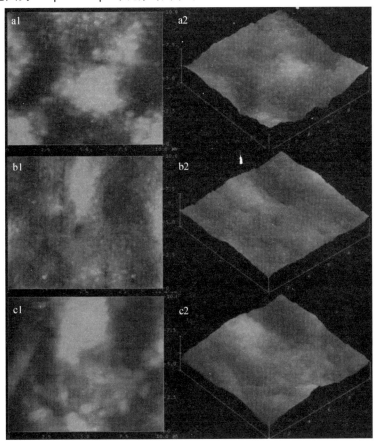

图 5.33　MBR-MFC 及传统 MBR 中污染膜丝与干净膜丝 AFM 对照图
(a1)干净膜丝;(b1)、(b2)MBR-MFC 中污染后膜丝;(c1)、(c2)传统 MBR 中污染后膜丝
(a1)、(b1)、(c1)为膜表面平面图;(a2)、(b2)、(c2)为三维立体图

　　图 5.33 左侧为膜表面平面图,右侧为三维立体图,其中(a1)与(a2)为干净的膜丝,
(b1)与(b2)为 MBR-MFC 中的污染膜丝,(c1)与(c2)为传统 MBR 中的污染膜丝。从图

中可以看出,污染后的膜表面形态与干净膜表面存在明显差异,后者平整规则,前者则能看出存在明显的污染物覆盖,尤其是传统 MBR 中污染膜丝表面形态粗糙且不规则。

膜表面粗糙度是膜过滤过程中的重要参数之一,可能对膜污染物质的吸附程度具有影响。膜表面粗糙度对照分析见表5.8,可以发现干净膜丝表面粗糙程度较低,R_a 和 R_{ms} 分别为 63.593 nm 和 79.480 nm;在 MBR-MFC 中污染膜丝的 R_a 和 R_{ms} 分别为 59.488 nm 和 77.062 nm,粗糙程度比干净膜丝略低,这或许是因为低分子量有机物吸附沉积在膜表面的凹陷结构或膜孔中,导致膜表面变得光滑,膜表面粗糙度下降;传统 MBR 中污染膜丝的 R_a 和 R_{ms} 分别为 130.71 nm 和 163.30 nm,相比干净膜丝而言粗糙度明显较高,原因可能是膜表面和膜孔内大分子量有机物的污染所造成。

表5.8　膜表面粗糙度对照分析 nm

膜丝	R_a(平均面粗糙度)	R_{ms}(均方根粗糙度)	平均高度
干净膜丝	63.593	79.480	511.29
MBR-MFC 污染膜丝	59.488	77.062	571.70
传统 MBR 污染膜丝	130.71	163.30	913.21

(2)膜表面污染物分析。

①膜污染物组成分析。运行周期结束后小心取出 MBR-MFC 和传统 MBR 的膜组件(注意不要碰掉膜丝表面的泥饼层),用蒸馏水冲下膜表面的泥饼层并稀释泥饼层至 500 mL;分别剪掉两组系统膜组件的 10 cm 膜丝,放入含 10 mL 蒸馏水的试管内,在 80 ℃ 的水浴锅中加热试管 30 min 以提取膜孔堵塞污染物,测定其中的多糖和蛋白质含量,以表征膜孔堵塞的污染情况。对冲洗液中污泥浓度进行测定以比较两组系统膜组件上悬浮性颗粒的沉积情况。本研究中,膜表面上胞外聚合物的吸附情况可由冲洗液中的溶解性 EPS 表征,由此测定了冲洗液中 S-EPS 的多糖和蛋白质含量。膜表面污染物成分分析见表5.9。

表5.9　膜表面污染物成分分析 mg/m²

污染物	SS	泥饼层 EPS			膜孔堵塞		
		多糖	蛋白质	总量	多糖	蛋白质	总量
MBR-MFC	17 145	35.36	20.26	55.62	3.07	2.80	5.87
传统 MBR	29 248	51.04	33.68	84.72	5.74	10.93	16.67

由表5.9可知,泥饼层 EPS 中的蛋白质和多糖含量远高于膜孔堵塞污染物,说明胞外聚合物在膜表面积累对膜污染的贡献大于堵塞在膜孔造成的贡献;传统 MBR 中膜孔堵塞污染物的多糖和蛋白质含量比 MBR-MFC 更高,总量比后者高 1.84 倍,说明经 MFC 单元处理后的回流污泥能够一定程度地延缓膜孔堵塞污染,这与前文中膜阻力分析的结果相同。传统 MBR 中泥饼层的 EPS 含量高于 MBR-MFC 29.10 mg/m²,说明 MFC 污泥回流能减弱 EPS 在膜表面的吸附。MBR-MFC 膜表面上的污泥颗粒沉积量比传统 MBR 低,原因可能是 MFC 污泥回流降低了 MBR 中膜表面污染物的黏度,从而减弱了污泥颗粒在膜

表面的进一步沉积与吸附。EPS 在膜表面及膜孔中的沉积情况与污泥中结合态 EPS 和 S-EPS 存在对应关系,MBR-MFC 中污泥的 S-EPS 与 TB-EPS 含量均高于传统 MBR,只有 LB-EPS 明显低于传统 MBR,这表示 LB-EPS 的大幅下降是 MBR-MFC 中 EPS 在膜表面及膜孔中吸附沉积作用减弱的主要原因之一。

②FTIR 分析。FTIR 是一种测定膜污染物质官能团、鉴定膜污染物质种类的有效技术手段,在本试验中分别测定了 MBR-MFC 和传统 MBR 中泥饼层、膜孔及膜表面的污染物红外光谱图。运行周期结束取出两组系统中的膜组件,刮下泥饼层,50 ℃下烘干后进行红外光谱分析,研究 MFC 污泥回流对膜组件上泥饼层污染物的影响,结果如图 5.34 所示。两组系统泥饼层的红外吸收特性相似,在 1 660 cm⁻¹、1 550 cm⁻¹ 和 1 100 cm⁻¹ 处均有明显的特征吸收峰,表示两组系统中泥饼层污染物的主要有机组分都是蛋白质和多糖。传统 MBR 泥饼层所得的多糖和蛋白质的吸收峰比 MBR-MFC 更大,说明 MFC 污泥回流导致构成 MBR 中泥饼层污染物的蛋白质与多糖含量减少。同时还发现泥饼层污染物的红外谱图与污泥中结合态 EPS 的红外谱图相似,而与 S-EPS 的差别较大,由此判断结合态 EPS 是造成膜污染的主要因素。由于 TB-EPS 紧密附着在细胞表面,不与膜表面直接接触,因此认为 LB-EPS 是结合态 EPS 中造成膜污染的主要成分,可推测 LB-EPS 中蛋白质和多糖含量的减少与膜污染有着重要关系。

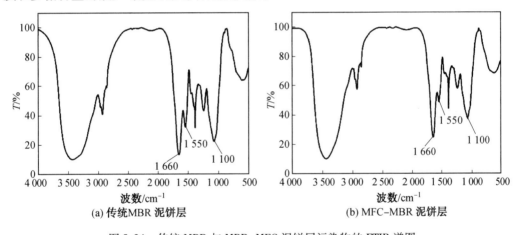

图 5.34　传统 MBR 与 MBR-MFC 泥饼层污染物的 FTIR 谱图

为了进一步研究两组系统膜污染物质的差异,将洗去泥饼层的膜在 50 ℃烘干,测定膜孔污染物的红外光谱图,结果如图 5.35 所示。由两组系统的膜孔污染物均得到了多糖(1 100 cm⁻¹)和蛋白质(1 660 cm⁻¹ 与 1 550 cm⁻¹)的吸收峰,说明膜孔污染物的主要有机成分均为多糖和蛋白质。但不同于泥饼层污染物的是,膜孔污染物中 1 100 cm⁻¹ 处多糖的吸收峰大于 1 660 cm⁻¹ 和 1 550 cm⁻¹ 处蛋白质的吸收峰,说明在膜孔及膜表面污染物中多糖含量高于蛋白质,这主要是由于多糖的分子量较小,相对于蛋白质更容易进入膜孔中。传统 MBR 中膜孔污染物的多糖和蛋白质的吸收峰强度均高于 MBR-MFC,说明 MFC 污泥回流使得膜孔污染物的含量尤其是蛋白质的含量降低,从而减缓膜孔及膜表面污染的发生,这与此前阻力分析 MBR-MFC R_f 显著降低的结果相一致。膜污染初期膜表面蛋白质黏附量的减少会减缓随后污染物在其上的继续黏附,这可能是 MFC 污泥回流能减缓

MBR 膜孔堵塞污染的主要原因。

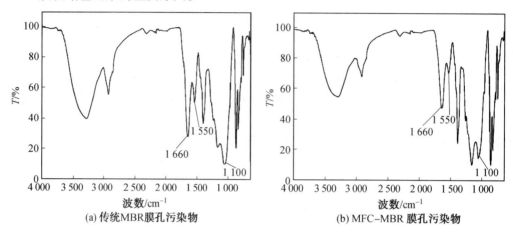

图 5.35　传统 MBR 与 MBR-MFC 中膜孔污染物的 ATR-FTIR 谱图

③EDX 分析。能量色散 X 射线光谱仪（Energy Dispersive X-ray Spectroscopy，EDX）通过分析试样发出元素特征 X 射线的波长和强度来测定试样所含的元素及相对含量。为进一步研究膜表面污染物成分,采用 EDX 技术对膜污染物进行元素分析,结果如图 5.36 和表 5.10 所示。

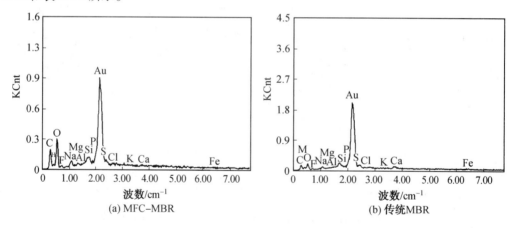

图 5.36　膜表面污染物 EDX 分析图

　　图中 Au 元素的存在是由于 SEM 观察膜表面形态时的镀金操作。由表 5.10 可知,两组系统膜表面主要有 C、N、O、F、Fe、Na、Mg、Al、Si、P、S、Cl、K、Ca 以及 Fe 元素,其中 F 元素来源于 PVDF 膜材料,其他元素主要来自于污泥絮体、胞外聚合物和沉淀物。虽然 Mg、Al、Si、Fe 等元素的相对含量较小,但相比有机物质,金属元素对膜污染的形成贡献更大,无机金属结垢造成的膜通量下降比膜污染更严重,且通过化学清洗也很难恢复。无机污染主要通过化学沉淀和生物沉淀两种途径形成,一方面浓差极化现象导致某些溶解性无机盐浓度高于其饱和浓度时,会生成吸附在膜表面的沉淀（例如 Ca^{2+}、Mg^{2+}、Al^{3+}、Fe^{3+}、CO_3^{2-}、SO_4^{2-}、PO_4^{3-}、OH^-）;另一方面某些微生物聚合物含有可电离的官能团,例如 COO^-、CO_3^{2-}、SO_4^{2-}、PO_4^{3-}、OH^- 等,它们与某些金属阳离子结合便会产生沉淀。由表 5.10 中 C、O、

S、P 等元素的存在可推测 Mg、Al、Si、Ca、Fe 等元素可能会以硫酸盐、碳酸盐、磷酸盐、氢氧化物、氧化物的形式沉积到膜表面。

表 5.10　膜表面污染物成分的 EDX 分析结果

工艺	元素质量分数/%												
	C	N	O	F	Na	Mg	Al	Si	P	S	Cl	K	Ca	Fe
MBR-MFC	37.1	10.9	26.4	2.05	3.1	1.3	1.3	3.8	12.0	1.9	1.2	0.5	0.7	1.3
传统 MBR	29.3	17.0	16.1	3.2	3.6	1.5	1.9	4.0	8.4	1.2	1.2	0.9	4.5	4.7

由表 5.10 可知,两组系统中膜表面上 Mg、Al、Si 元素的含量差异较小,MBR-MFC 膜表面上 P 元素含量比传统 MBR 多,其主要原因是 MFC 厌氧环境下聚磷菌大量释放 P 元素,MFC 污泥回流至 MBR 后导致反应器内 P 元素含量较高,在膜表面浓差极化的情况下这些磷酸盐易与无机金属离子反应并沉淀到膜表面,产生无机污染。从表 5.10 还可以看出,Si、Ca、Fe 元素构成的无机盐在膜表面沉积是造成传统 MBR 膜表面无机污染的主要因素,而 MBR-MFC 膜表面上 Si、Ca、Fe 等污染物元素含量相比传统 MBR 明显降低,说明 MFC 污泥回流可以在一定程度上减弱膜表面的无机性污染。这可能是由于 MFC 污泥回流降低了 MBR 中胞外聚合物含量,引起微生物聚合物可电离官能团的浓度降低,因此降低了无机沉淀的生成量。

4. 污泥性质

MBR-MFC 将 MFC 处理后的污泥回流至 MBR 中,会使得 MBR 内的活性污泥在浓度、组成和性质上产生变化。研究污泥组成和性质变化对膜污染产生的影响是解释 MBR-MFC 膜污染控制机理的重要内容。

(1)污泥浓度的变化及表观污泥产率。

传统 MBR、厌氧污泥回流-MBR 和 MBR-MFC 中污泥浓度及 VSS/SS 测定结果如图 5.37 所示。

传统 MBR、厌氧污泥回流-MBR 和 MBR-MFC 的污泥浓度都从 7 212 mg/L 处以不同速率开始上升,最后稳定在某一水平。传统 MBR 污泥质量浓度最终稳定在 10 000 mg/L 左右,MBR-MFC 的污泥质量浓度稳定在 9 700 mg/L 左右。三组系统的 VSS/SS 在 0.88~0.92 范围内波动,整个运行周期内均较为稳定,表明反应器内没有明显的无机物积累。

利用表观污泥产率来衡量三组系统内污泥的增长情况。生物处理系统中污泥浓度由污泥增长和内源性呼吸决定。污泥产率计算公式如下:

$$Y_{\mathrm{C-MBR}} = \frac{(\mathrm{VSS_{MBRt}} - \mathrm{VSS_{MBRs}}) \times V_{\mathrm{MBR}} + \sum_{j=s}^{t}(\mathrm{VSS_{MBRj}} \times V_{Dj})}{QT(\rho_{\mathrm{inf}} - \rho_{\mathrm{eff}})} \tag{5.3}$$

$$Y_{\mathrm{MBR'}} = \frac{(\mathrm{VSS_{MBRt}} - \mathrm{VSS_{MBRs}}) \times V_{\mathrm{MBR}} + \sum_{j=s}^{t}(\mathrm{VSS_{MBRj}} - \mathrm{VSS_{ANj}}) \times V_{Hj} + \sum_{j=s}^{t}(\mathrm{VSS_{MBRj}} \times V_{Dj})}{QT(\rho_{\mathrm{inf}} - \rho_{\mathrm{eff}})}$$

$$(5.4)$$

$$Y_{T'} = \frac{(VSS_{MBRt} - VSS_{MBRs}) \times V_{MBR} + (VSS_{ANt} - VSS_{ANs}) \times V_{AN} + \sum_{j=s}^{t} (VSS_{MBRj} \times V_{Dj})}{QT(\rho_{inf} - \rho_{eff})}$$

$$(5.5)$$

$$Y_{MBR''} = \frac{(VSS_{MBRt} - VSS_{MBRs}) \times V_{MBR} + \sum_{j=s}^{t} (VSS_{MBRj} - VSS_{MFCj}) \times V_{Hj} + \sum_{j=s}^{t} (VSS_{MBRj} \times V_{Dj})}{QT(\rho_{inf} - \rho_{eff})}$$

$$(5.6)$$

$$Y_{T''} = \frac{(VSS_{MBRt} - VSS_{MBRs}) \times V_{MBR} + (VSS_{MFCt} - VSS_{MFCs}) \times V_{MFC} + \sum_{j=s}^{t} (VSS_{MBRj} \times V_{Dj})}{QT(\rho_{inf} - \rho_{eff})}$$

$$(5.7)$$

式中　　Y_{C-MBR}、$Y_{MBR'}$ 和 $Y_{MBR''}$——传统 MBR、厌氧污泥回流 – MBR、MBR – MFC 的污泥产率;

　　　　$Y_{T'}$ 和 $Y_{T''}$——厌氧污泥回流 – MBR 和 MBR – MFC 的污泥产率,kg VSS/kg COD;

　　　　VSS_{MBRj}、VSS_{ANj} 和 VSS_{MFCj}——MBR、污泥厌氧和 MFC 在第 j 天的污泥浓度,kg VSS/L;

　　　　V_{MBR}、V_{AN} 和 V_{MFC}——MBR、厌氧污泥和 MFC 的体积,L;

　　　　V_{Dj}——第 j 天系统排放掉的剩余污泥体积,L。每日进入污泥厌氧反应器和 MFC 的污泥体积,与回流至 MBR 中的污泥体积相当,用 V_{Hj} 表示,L。

　　　　ρ_{inf} 和 ρ_{eff}——进、出水的 COD 质量浓度,kg/L。

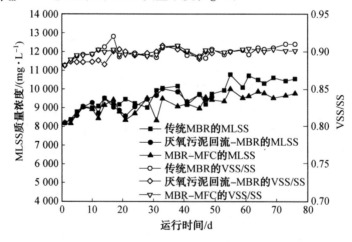

图 5.37　三组系统的污泥浓度和 VSS/SS 的变化

　　三组系统的污泥产率变化如图 5.38 所示。从图 5.38 可以看出,三组系统在运行后期污泥产率较稳定,传统 MBR 的污泥产率 Y_{C-MBR} 为 0.273 kg VSS/kg COD$_{removed}$,厌氧污泥回流–MBR 和 MBR–MFC 的污泥产率分别为 0.248 kg VSS/kg COD$_{removed}$ 和 0.229 kg VSS/kg COD$_{removed}$,其中两组合系统中 MBR 的污泥产率分别为 0.265 kg VSS/kg COD$_{removed}$ 和

0.261 kg VSS/kg COD$_{removed}$。相比于传统 MBR,厌氧污泥回流和 MFC 污泥回流均引起系统的污泥产率降低,其中 MFC 污泥回流的降低程度更明显。从系统总污泥产率和反应器污泥产率的变化情况可以看出,MBR-MFC 具有一定的污泥减量效果,其主要原因是 MFC 的污泥处理。剩余污泥的处理与处置费用占污水处理厂总体运行费用的 25% ~ 40% 甚至 60%,这已经成为污水处理厂的重要限制因素之一。MBR-MFC 所具有的污泥减量特征展现出较好的经济效益,有着巨大的发展前景。

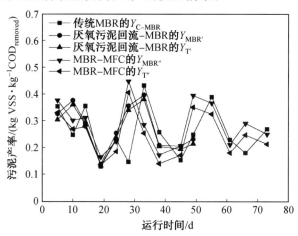

图 5.38　三组系统的污泥产率变化情况

(2)污泥的沉降性能。

MFC 污泥回流会改变 MBR 中的污泥性质。沉降性能是污泥最主要的性质之一,它不仅影响后续污泥处理单元,还与 MBR 的膜污染密切相关。MBR 中污泥的沉降性能较差,故选用 DSVI 来评价其沉降性能,三组系统的污泥 DSVI 变化情况如图 5.39 所示。从图中可见,传统 MBR 的污泥 DSVI 为 105 mL/g MLSS,MBR-MFC 中 MBR 污泥 DSVI 为 100 mL/g MLSS,而厌氧污泥回流-MBR 中 MBR 污泥的下沉降能力明显变差,DSVI 47 d 时达到 146 mL/g MLSS。这是由 MFC 出泥与厌氧消化出泥的性质存在差异而造成。有关研究表明,SVI 与 EPS 总浓度具有较强关联性,高浓度 EPS 与污泥的压缩性呈负相关。在空间上 EPS 延伸至细菌表面外,阻碍细菌近距离接触;EPS 还可能产生致密的凝胶层,阻碍水的脱去。超微结构研究表明,污泥絮体中的 EPS 结构复杂且保持大量水分。污泥的沉降性与污泥浓度、菌群结构、污泥颗粒径分布相关,由本试验的具体情况,推测 DSVI 的差异可能是由菌群结构和污泥粒径分布的差异引起的,同时对 EPS 浓度及组成也产生影响。

(3)污泥的脱水性能。

污泥的脱水性能可通过毛细吸收时间(Capillary Suction Times,CST)和污泥比阻 (Specific Resistance to Filtration,SRF)来表征。CST 主要表现污泥絮体中弱结合水的脱去难度,主要受污泥絮体的物理、化学性质影响。一般情况下,常态化 CST 和比阻越小,污泥脱水性能越好。Neyens 等研究表明,EPS 往往与污泥脱水性能的下降相关,原因是 EPS 中羟基等负电性官能团引起的结合水增加,对污泥脱水产生严重影响。

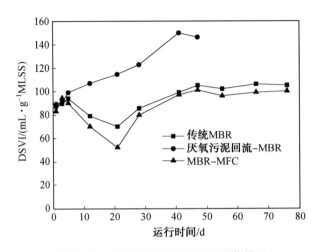

图 5.39　三组系统污泥的 DSVI 变化情况

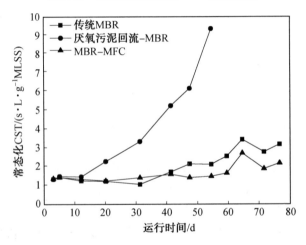

图 5.40　三组系统污泥的常态化 CST 变化

从图 5.40 可以看出,0~40 d 传统 MBR 与 MBR-MFC 污泥的常态化 CST 基本相同,后期 MBR-MFC 污泥的常态化 CST 明显低于传统 MBR,运行结束时传统 MBR 和 MBR-MFC 的污泥的常态化 CST 分别为 3.2 s·L/g MLSS、2.2 s·L/g MLSS。说明 MBR-MFC 的污泥脱水性能更佳。而厌氧污泥回流-MBR 污泥的常态化 CST 从 12 d 就开始迅速上升,在 54 d 升至 9.3 s·L/g MLSS。

从图 5.41 可以看出,0~40 d 传统 MBR 与 MBR-MFC 污泥的 SRF 基本一致,后期 MBR-MFC 污泥的 SRF 明显低于传统 MBR,终点时传统 MBR 和 MBR-MFC 的污泥的 SRF 分别为 $8×10^{11}$ m/kg、$3.82×10^{11}$ m/kg,说明 MBR-MFC 的污泥脱水性能更佳。而厌氧污泥回流-MBR 污泥的 SRF 从 12 d 开始就快速上升,54 d 达到 $1.60×10^{12}$ m/kg。MBR-MFC 污泥的脱水能力相较于传统 MBR 提高近 50%,厌氧污泥回流-MBR 的污泥脱水性能发生一定程度的下降。

相关研究表明,CST 可作为预测第二阶段膜污染速率的可靠指标并用于监测 MBR 的运行,比阻可作为评价污泥过滤性能的指标。污泥过滤性能会对膜清洗需求,特别是平均

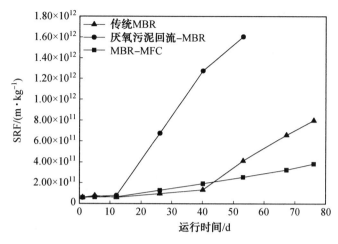

图 5.41　三组系统污泥的比阻的变化

清洗周期,产生一定的影响。本研究中三组系统污泥的 SRF 与常态化 CST 呈相似的变化规律,且 MBR-MFC 测得的污泥常态化 CST 和 SRF 较小,污泥混合液的过滤性能和脱水性能较好,其影响也与此前研究中 TMP 的变化趋势一致。厌氧污泥回流-MBR 测得的污泥 SRF 与常态化 CST 在 12 d 后迅速升高,可能是由于污泥回流充分后 MBR 中污泥性质发生改变,如结合态 EPS 中 LB-EPS 含量升高,污泥黏度提高,污泥粒径减小等。

（4）压缩性。

大量研究表明 TMP 跃升是 MBR 运行过程中发生的重要问题,一般被认为由泥饼层压实而造成。压缩性是污泥混合液的重要性能,压缩系数越高,污泥越容易压缩。传统 MBR、厌氧污泥回流-MBR 和 MBR-MFC 的污泥压缩系数分别为 0.94、0.99 和 0.90。由此可以看出,相比于传统 MBR,MBR-MFC 的污泥压缩性较小,这可能是 MBR-MFCMBR 中污泥的颗粒化,使泥饼层的结构更加坚固,不易被压实。

（5）黏度。

黏度作为表征污泥流变性的指标,体现了污泥混合液中黏性物质的相对含量,与胞外聚合物等直接相关。污泥黏度较大会导致氧传递效率下降并影响溶解氧浓度,进而影响膜污染状况。在微生物新陈代谢过程中多糖、蛋白质等大量黏性物质被分泌释放,会引起污泥混合液黏度的升高。

由图 5.42 可以看出,随运行时间的增加,传统 MBR 中污泥混合液的黏度不断上升,于 77 d 升高至 2.7 mPa·s;厌氧污泥回流-MBR 的污泥混合液黏度与传统 MBR 的变化趋势近似,随时间增加迅速升高,53 d 达 2.3 mPa·s;而 MBR-MFC 的污泥混合液黏度得到了有效控制,80 d 内黏度基本维持在 2 mPa·s 左右。多项研究表明,黏度升高的主要原因包括污泥浓度增加、胞外聚合物积累和丝状菌过度繁殖等。黏度所表征的污泥流变性会影响系统水力学分布、膜表面的质量传递和压力损失,进而影响过滤效果。流变性还会在混合、曝气和渗透液体的抽吸等方面影响系统的能耗变化,从而影响运行成本。考虑到本研究中污泥浓度的变化不大,不足以引发黏度的较大变化,传统 MBR 和厌氧污泥回流-MBR 中污泥黏度的显著升高应该是胞外聚合物积累和丝状菌过度繁殖的结果,而

MFC 污泥回流有效地抑制了这两个因素的影响。污泥黏度的变化趋势与膜污染的变化趋势一致,这可能是由于黏性物质容易沉积在膜表面,且较大的污泥黏度会降低气液上升流速,使膜表面受到的冲刷,最终加剧膜污染。

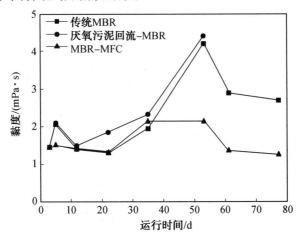

图 5.42　污泥混合液动力学黏度的变化曲线

(6)污泥活性。

SOUR 是表征污泥新陈代谢活性的重要参数。为分析 MFC 污泥回流对 MBR 污泥活性的影响,在外加葡萄糖(COD 500 mg/L)、淀粉(COD 500 mg/L)、NH$_4$Cl(20 mg N/L)和 NaNO$_2$(20 mg N/L)的条件下测定了传统 MBR、厌氧污泥回流-MBR 和 MBR-MFC 内异养菌和自养菌的耗氧速率,测定内源呼吸速率时无外加基质。反应器运行 20 d 后污泥的比耗氧速率比较稳定,取 5 次测定的平均值,结果见表 5.11。

表 5.11　三组系统的比耗氧速率　　　　　　　　　　mg O$_2$/(g VSS·h)

MBR	氨氧化速率	亚硝酸盐氧化	内源呼吸	葡萄糖异养	淀粉异养
传统 MBR	13.814	16.413	13.910	54.827	23.527
厌氧污泥回流-MBR	7.763	9.054	9.973	44.340	20.866
MBR-MFC	11.820	12.855	12.008	50.303	21.221

由表 5.11 可以看出,相较于传统 MBR,MBR-MFC 中污泥比耗氧速率的各项指标仅轻微降低,原因可能是 MBR-MFC 负荷较高,惰性有机物在 MBR 中的累积对微生物的新陈代谢产生影响,结合出水水质可知处理效果所受影响不大,证明了 MBR-MFC 处理污水的可行性。测定结果表明厌氧污泥回流-MBR 的各项指标比传统 MBR 显著降低,出水水质也有明显变化。造成厌氧污泥回流-MBR 与 MBR-MFC 之间存在差异的原因可能包括:厌氧污泥回流-MBR 的污泥黏度较高,影响了氧气传递及污染物的传递和去除;代谢产物等惰性物质在反应器中积累,降低了微生物的生长速率,进而降低了比耗氧速率。比耗氧速率与 COD、氮的去除效果的变化一致,从微生物新陈代谢的方面对污水处理效果做出了解释。相关研究表明,污泥活性与污泥絮体的比阻有很强的相关性,较低的活性会导致膜污染恶化,这是由于污泥活性与 EPS 的组成有较大相关性(EPS 中蛋白质/多糖含

量越高,污泥活性越差)。

(7)粒径分布。

传统 MBR、厌氧污泥回流-MBR 和 MBR-MFC 中污泥粒径分布测定结果如图 5.43 所示。

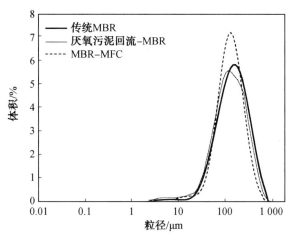

图 5.43　三组系统中污泥粒径分布情况

由图 5.43 可知,厌氧消化和 MFC 处理后污泥粒径变小,污泥回流到 MBR 中使 MBR 污泥的粒径呈变小趋势。传统 MBR、厌氧污泥回流-MBR 和 MBR-MFC 的污泥表面积平均粒径分别为 92.993 μm、84.397 μm、84.285 μm;污泥体积平均粒径分别为 185.712 μm、162.573 μm、155.496 μm。传统 MBR、厌氧污泥回流-MBR 和 MBR-MFC 的污泥 DSI 分别为 0.996、1.034 和 0.908。MFC 出泥中低于 50 μm 的颗粒占 11.78%,这种污泥回流到 MBR 使 MBR 中低于 50 μm 的颗粒比例从 9.25% 降低至 8.24%。厌氧消化污泥中低于 50 μm 的颗粒占 11.70%,这种污泥回流到 MBR 使 MBR 中低于 50 μm 的污泥颗粒从 9.25% 升高至 10.15%。MBR 工艺中小于 50 μm 的颗粒对膜污染具有重要作用。尽管 MBR-MFC 的平均粒径较小,但粒径小于 50 μm 的污泥占比却较低,对膜污染影响有限,厌氧污泥回流-MBR 的污泥粒径特点却相反。除此之外,MBR-MFC 中污泥的粒径分布变窄,有利于调节污泥混合液的过滤性能,厌氧污泥回流-MBR 在此方面也具有相反特征。

(8)相对疏水性。

接触角是表征污泥混合液相对疏水性的指标,可利用它计算污泥的表面张力、表面自由能量等表面热力学性质。试验使用水、甲酰胺和二碘甲烷作为测试液体对样品接触角进行测定。

表面 i 的总表面张力 γ_i 可以分为非极性的范德瓦耳斯表面张力 γ_i^{LW} 与极性的水合作用项 γ_i^{AB} 两部分。本试验中污泥和液体的总表面自由能表达式如式(5.8)和式(5.9)所示。其中,B 代表污泥,L 代表液体。

$$\gamma_B = \gamma_B^{LW} + \gamma_B^{AB} \tag{5.8}$$

$$\gamma_L = \gamma_L^{LW} + \gamma_L^{AB} \tag{5.9}$$

试验中污泥的表面张力和参数可根据式(5.10)计算：

$$(1+\cos\theta)\gamma_L = 2\left((\gamma_B^{LW}\gamma_L^{LW}))^{\frac{1}{2}} + (\gamma_B^+\gamma_L^-)^{\frac{1}{2}} + (\gamma_B^-\gamma_L^+)^{\frac{1}{2}}\right) \tag{5.10}$$

式中　θ——污泥与液滴之间的接触角；

γ^+ 和 γ^-——电子受体(Lewis 酸)和电子供体(Lewis 碱)，关系式如式(5.11)所示。

$$\gamma^{AB} = 2\sqrt{\gamma^+\gamma^-} \tag{5.11}$$

对污泥与三种液体(已知 γ_L^+、γ_L^-、γ_L^{LW})之间的接触角进行测定，可得到污泥的热力学参数 γ_B^+、γ_B^-、γ_B^{LW}，从而计算出热力学参数 γ_B^{AB} 和 γ_B。该试验中选取的三种液体为水(极性)、二碘甲烷(非极性)和甲酰胺(极性介于前两者之间)。污泥和液体之间的总的表面张力可按照以下三个公式计算：

$$\gamma_{BL} = \gamma_{BL}^{LW} + \gamma_{BL}^{AB} \tag{5.12}$$

$$\gamma_{BL}^{LW} = \left(\sqrt{\gamma_B^{LW}} - \sqrt{\gamma_L^{LW}}\right)^2 \tag{5.13}$$

$$\gamma_{BL}^{AB} = 2\left(\sqrt{\gamma_B^+\gamma_B^-} + \sqrt{\gamma_L^+\gamma_L^-} - \sqrt{\gamma_B^+\gamma_L^-} - \sqrt{\gamma_B^-\gamma_L^+}\right) \tag{5.14}$$

污泥与水之间的界面吸附自由能(ΔG_{adh})可通过式(5.15)得到，用来表征污泥的物化性质。若某过程的自由能(ΔG_{adh})变化值为负，可据此判定该过程能自发进行。其中，ΔG_{BL}^{LW} 表示范德瓦耳斯作用自由能；ΔG_{BL}^{AB} 表示 Lewis 酸-碱水合作用自由能。

$$\Delta G_{adh} = \Delta G_{BL}^{LW} + \Delta G_{BL}^{AB} = -2\gamma_{BL}^{LW} - 2\gamma_{BL}^{AB} \tag{5.15}$$

该试验采用的三种测试液体(超纯水、二碘甲烷和甲酰胺)的表面张力值见表5.12。分别测定三组系统的反应器污泥与三种液体的接触角，并由此计算 γ_B^+、γ_B^-、γ_B^{LW} 和 ΔG_{adh}，结果见表5.13。

表5.12　三种测试液体的表面张力值　　mJ/m²

测试液体	γ_L	γ_L^{LW}	γ_L^{AB}	γ_L^+	γ_L^-
超纯水	72.8	21.8	51.0	25.5	25.5
二碘甲烷	50.8	50.8	0.0	0.0	0.0
甲酰胺	58.0	39.0	19.0	2.3	39.6

表5.13　污泥混合液的接触角及界面吸附自由能　　mJ/m²

反应器	水	二碘甲烷	甲酰胺	γ_B^{LW}	γ_B^+	γ_B^-	γ_B^{AB}	γ_B	$\gamma_B^{LW}/\gamma_B^{AB}$
传统 MBR	64.736	35.705	42.138	41.700	0.586	12.589	5.435	47.135	7.673
厌氧污泥回流-MBR	63.113	31.704	43.246	43.504	0.238	15.070	3.788	47.292	11.483
MBR-MFC	60.578	39.373	42.747	39.926	0.513	17.559	6.004	45.929	6.650

反应器	ΔG_{BL}^{AB}	ΔG_{BL}^{LW}	ΔG_{adh}
传统 MBR	-25.731	-30.470	-56.201
厌氧污泥回流-MBR	-21.309	-34.965	-56.274
MBR-MFC	-14.896	-31.242	-46.138

微生物表现出单极的表面（γ_B^- 比 γ_B^+ 大），γ_B^- 是很重要表面热力学参数，能够反映微生物表面的物理化学性质。它受到脂肪酸、蛋白质、胞体外聚合物等大分子物质的影响。当污泥表面存在亲水性基团如 RCOH 和 RCOO$^-$ 等时，可使 γ_B^- 显著增加；而当污泥表面存在疏水性基团如—H ═CH—等，可使 γ_B^- 显著降低。传统 MBR、厌氧污泥回流-MBR 和 MBR-MFC 的污泥 γ_B^- 分别是 12.589 mJ/m^2、15.070 mJ/m^2 和 17.559 mJ/m^2，说明与另外两组系统污泥相比，MBR-MFC 污泥的 EPS 含有更多的亲水性基团，污泥的亲水性更高。

与传统 MBR 污泥 47.135 mJ/m^2 的表面张力相比，MBR-MFC 污泥的表面张力降至 45.929 mJ/m^2，厌氧污泥回流-MBR 系统轻微上升。$\gamma_B^{LW}/\gamma_B^{AB}$ 能够表征微生物的相对疏水性的变动。由表 5.13 可知，传统 MBR、厌氧污泥回流-MBR 和 MBR-MFC 系统的污泥 $\gamma_B^{LW}/\gamma_B^{AB}$ 值分别为 7.673、11.483 和 6.650。与传统 MBR 相比，MBR-MFC 系统的 γ_B^{LW} 和 γ_B^{AB} 向亲水性变化，厌氧污泥回流-MBR 系统的 γ_B^{LW} 和 γ_B^{AB} 向疏水性变化。

污泥与液体的界面吸附自由能（ΔG_{adh}）为 ΔG_{BL}^{LW} 和 ΔG_{BL}^{AB} 之和，ΔG_{adh} 的物理意义是污泥与污泥彼此吸附过程中自由能的变化值，微生物表面的亲、疏水性也可用 ΔG_{adh} 来评估。当 $\Delta G_{adh}<0$ 时，微生物之间更容易吸附，表现出疏水性特征；当 $\Delta G_{adh}>0$ 时，微生物更容易和水结合，表现出亲水性特征。微生物亲水性较强时会在水中形成单一分散的微生物悬浮液而并非絮体。MBR-MFC 系统污泥的 ΔG_{adh}（-46.138 mJ/m^2）明显低于传统 MBR（-56.201 mJ/m^2）和厌氧污泥回流-MBR（-56.274 mJ/m^2），可以发现，MBR-MFC 系统中污泥向亲水性变动，有利于延缓膜污染发生。

传统 MBR、厌氧污泥回流-MBR 和 MBR-MFC 的污泥水接触角分别为 64.736°、63.113° 和 60.578°，由此也可知 MBR-MFC 污泥的疏水性发生明显下降，与上文分析一致。污泥的水接触角还与出水悬浮物浓度（ESS）具有较强的负相关性，说明污泥的亲、疏水性对污泥絮凝作用影响很大。接触角由污泥的 EPS 组成、表面电荷和粒径分布决定，三组系统反应器的污泥疏水性的不同可能是由污泥在上述特征的差异导致。

（9）分形维数。

为了深入分析 MBR-MFC 的污泥改性情况，研究了传统 MBR、厌氧污泥回流-MBR 和 MBR-MFC 中污泥絮体的形态结构特征。

利用 Matlab 7.0（The Mathworks, INC）软件进行图像处理及分析。首先将图片转换为二值图，然后计算分形维数。图 5.44 为三组系统污泥絮体的 RGB 图片及二值图。

选取每个系统的 8 张反应器污泥照片进行处理，得出二值图后导入 Matlab，计算周界分形维数（D_p）、圆度（R）、形状系数（FF）和三维纵横比（AR）等分形维数。

①周界分形维数。周界分形维数可以表征污泥絮体的轮廓分形特征，正方形或圆形等规则图形的周界分形维数是 1。周界分形维数由污泥絮体的边界周长-面积的关系求出，关系式如式（5.16）所示。

$$P \sim A^{\frac{D_p}{2}} \tag{5.16}$$

式中　P——絮体周界曲线的长度；

A——絮体平面图形的面积；

D_p——污泥絮体的周界分形维数。作周长和面积的双对数，斜率的两倍即为周界

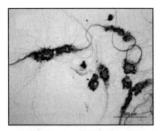
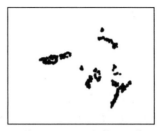

(a) 传统MBR污泥絮体的RGB图片　　　　(b) 传统MBR污泥絮体的二值图

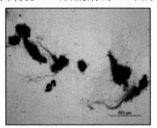

(c) 厌氧回流污泥–MBR污泥絮体的RGB图片　　(d) 厌氧回流污泥–MBR污泥絮体的二值图

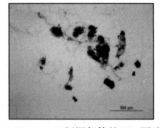

(e) MBR–MFC污泥絮体的RGB图片　　　　(f) MBR–MFC污泥絮体的二值图

图 5.44　三组系统污泥絮体的 RGB 图片及二值图

分形维数。

②圆度。圆度定义为污泥絮体面积与同等长度的圆的面积之比,关系式如式(5.17)所示。用以表征污泥絮体形状与圆的相似程度。

$$R = \frac{4 \times A}{\pi L^2} \tag{5.17}$$

式中　A——污泥絮体平面图形的面积;

　　　L——污泥絮体长度;

　　　R——圆度。

任意图形的圆度在 0~1 范围内,圆度越高,R 越趋近 1。

③形状系数。形状系数是絮体面积与等周长的圆的面积的比值,表征絮体与圆的偏差,关系式如式(5.18)所示。

$$FF = \frac{4\pi A}{P^2} \tag{5.18}$$

式中　A——污泥絮体平面图形的面积;

　　　P——絮体周界曲线的长度;

　　　FF——絮体的形状系数。

④三维纵横比。三维纵横比(AR)能够表征污泥絮体的伸展程度,关系式如式(5.19)所示。

$$AR = 1 + \frac{4}{\pi}\left(\frac{L}{W} - 1\right) \tag{5.19}$$

式中　L——污泥絮体的长度;

　　　W——污泥絮体的宽度。

AR 越大,污泥絮体的延伸程度越大,形态越不规整。

从显微成像和粒径分布可以看出,相比另外两个系统,传统 MBR 的污泥絮体具有更大的粒径和更不规则的絮体结构。相关研究表明,随着污泥絮体粒径变大,密度变小,孔隙率也逐渐增加。将二值图导入 Matlab 可以计算出絮体周长和面积,其计算结果基于像素点。三组系统的污泥的周界分形维数如图 5.45 所示。三组系统所得数据均具有很高的线性关系($R^2 = 0.973\ 7$、$0.982\ 2$、$0.983\ 1$)。可以看出,同组系统内污泥絮体的结构是近似的,因此污泥絮体面积和絮体直径表征的絮体结构可作为典型的分形指标。

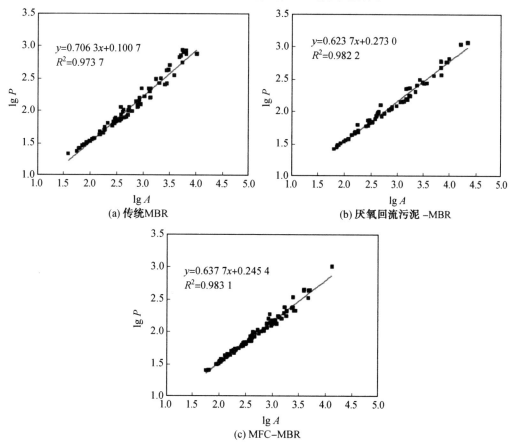

图 5.45　三组系统的污泥的周界分形维数

表 5.14　三组系统的污泥的分形维数

反应器	D_P	R	FF	AR
传统 MBR	1.412 6	0.626 8	0.708 0	1.790 3
厌氧污泥回流-MBR	1.247 4	0.655 0	0.762 6	1.785 7
MBR-MFC	1.275 4	0.685 7	0.814 5	1.687 3

从图 5.45 和表 5.14 可以看出,传统 MBR 污泥絮体的周界分形维数($D_P=1.412$ 6)大于厌氧污泥回流-MBR($D_P=1.247$ 4)和 MBR-MFC($D_P=1.275$ 4),这表明 MBR-MFC 的污泥絮体形状较为规则,传统 MBR 和厌氧污泥回流-MBR 的污泥絮体结构较为不规则和松散。这可能是由于传统 MBR 和厌氧污泥回流-MBR 的污泥为微膨胀污泥,丝状菌构成活性污泥絮体的骨架,其他细菌通过 EPS 吸附在丝状菌上形成絮体。污泥絮体中存在静电作用、氢键、疏水相互作用、空间位阻和丝状菌的架桥作用等作用力。当缺少丝状菌时,污泥絮体较为细碎并逐渐导致膜孔堵塞。丝状菌过多时会延伸到絮体外部形成架桥作用。在架桥作用、EPS 黏结和相对疏水作用下,污泥絮体变大的同时带电量也增加,进而导致污泥絮体不规则松散的形态。丝状菌过多也可能会加快系统膜污染。

三组系统的污泥粒径分布在前面已分析过。传统 MBR 和厌氧污泥回流-MBR 的污泥絮体粒径较大,而 MBR-MFC 较小。一般情况下较大粒径的污泥有利于膜过滤过程。但该试验中 MBR-MFC 的膜污染较轻,说明絮体粒径只是影响膜污染的一个因素,絮体性质等其他因素不可忽视。故探明污泥絮体分形特征对膜污染的影响十分必要。

由表 5.14 可知,MBR-MFC 中污泥絮体的圆度(0.685 7)最大,其次是厌氧污泥回流-MBR(0.655 0)和传统 MBR(0.626 8),说明 MBR-MFC 污泥絮体形状与圆最为接近,颗粒化程度较高。相关研究表明 FF 和 AR 是评价活性污泥的沉降性能的合适指标。由表 5.14 可知,传统 MBR、厌氧污泥回流-MBR、MBR-MFC 的 FF 值分别为 0.708 0、0.762 6、0.814 5,AR 值分别为 1.790 3、1.785 7、1.687 3。MBR-MFC 的 FF 值最大,AR 值最小,表明 MBR-MFC 的污泥絮体更加规则,沉降性能较好,有利于减缓膜污染发生。

5.5.3　MBR-MFC 工艺中污泥 EPS 浓度组成及特性研究

活性污泥中有机物构成复杂,包括微生物、微生物代谢产物以及悬浮胶体等。很多试验表示,EPS 是 MBR 膜污染的重要影响因素,EPS 在反应器中的累积会加速反应器中 TMP 的升高,导致膜的过滤性能下降,从而加速膜污染进程。

MBR 中污泥 EPS 主要来自细胞荚膜、细胞代谢产物和细胞自溶作用,多糖和蛋白质是其主要成分。MFC 中含有大量产电菌和厌氧细菌,产电菌的产电和代谢活动过程能够导致污泥 EPS 的含量降低及部分转变为可溶解产物,还会引发污泥中细胞自溶,由此污泥 EPS 性状产生改变。本节以传统 MBR 作为对照,研究 MBR-MFC 中 MFC 污泥回流对 MBR 内污泥 EPS 浓度及组成的影响,通过分子量分布、三维荧光光谱图和红外光谱图分析等方面探索两组系统中污泥 EPS 特性,为 MBR-MFC 的膜污染控制机制研究提供更深层理论根据。

1. MFC 作用对 EPS 浓度组成的影响

(1)耦合系统中 S-EPS 质量浓度及组成变化。

①S-EPS 质量浓度变化研究。图 5.46 为连续运行 80 d 的 MBR-MFC 与传统 MBR 中污泥 S-EPS 质量浓度变化。由图可知,运行前期 S-EPS 质量浓度产生较大波动,可能由两组系统在运行前期不太稳定所导致。随着运行时间增加系统趋于稳定,波动性也逐渐减缓。初始阶段中两组系统的 S-EPS 质量浓度相差不大,变化趋势保持一致。连续运行 30 d 后,两组系统 S-EPS 质量浓度变化趋势开始出现差异,此后 MBR-MFC 中 S-EPS 质量浓度变化曲线大致保持在传统 MBR 之上,两者质量浓度差保持在 2 mg/L 左右。

初始阶段 MBR-MFC 的污泥 S-EPS 变化趋势与传统 MBR 基本保持一致,这主要由于两组系统 MBR 接种了相同污泥,且两组系统采取相同的运行条件;另外,此时 MBR-MFC 内的污泥尚未被 MFC 充分作用,MFC 污泥回流影响有限。随着运行时间增加,MFC 作用和回流越来越充分,回流污泥对 MBR 内 S-EPS 质量浓度的影响越来越明显。MFC 处理后的污泥 S-EPS 质量浓度增加了 6.16 倍,耦合系统中 MFC 污泥回流会在一定程度上提高 MBR 中的 S-EPS 质量浓度,表现为 MBR-MFC 中 S-EPS 质量浓度高于传统 MBR。

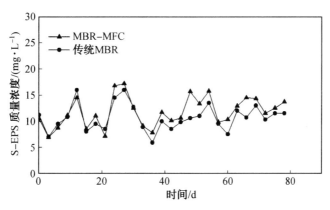

图 5.46　MBR-MFC 与传统 MBR 中污泥 S-EPS 质量浓度变化

②S-EPS 组成变化分析。图 5.47 为 MBR-MFC 与传统 MBR 中污泥 S-EPS 组成对比图。由图可知,S-EPS 中多糖质量浓度远高于蛋白质质量浓度,说明多糖是 S-EPS 的主要成分。MBR-MFC 和传统 MBR 的 S-EPS 质量浓度分别为 12.2 mg/L、10.4 mg/L;S-EPS 中蛋白质质量浓度分别为 4.1 mg/L、4.35 mg/L;多糖质量浓度分别为 8.1 mg/L、6 mg/L。MBR-MFC 中 S-EPS 多糖质量浓度高于传统 MBR,蛋白质质量浓度低于后者,说明 MFC 降解污泥会导致耦合系统 MBR 中污泥的 S-EPS 质量浓度增大以及 S-EPS 中蛋白质质量浓度降低。

(2)耦合系统中结合态 EPS 含量及组成变化。

胞外聚合物是 MBR 膜污染的重要影响因素。结合态 EPS 对污泥黏度、Zeta 电位、污泥脱水性等污泥性质都有影响。结合态 EPS 主要由多糖和蛋白质组成,其中多糖易于降解,蛋白质的生物降解性较差。有研究表明,膜污染现象随结合态 EPS 中 p/c 值的增大而更加严重。结合态 EPS 属于高分子黏性物质,能黏附在膜表面形成致密凝胶层,对膜

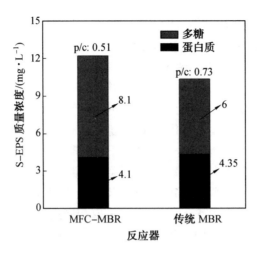

图 5.47　MBR-MFC 与传统 MBR 中污泥 S-EPS 组成对比图

的渗透性能造成严重影响。有学者研究了 LB-EPS 和 TB-EPS 对膜污染的影响,结果表明 LB-EPS 对膜污染的贡献较大,这主要是由于 LB-EPS 含量的增加会引起 EPS 流动性的增强,从而使其更容易进入膜孔中引发膜孔堵塞。LB-EPS 也对污泥的絮凝性质和脱水性能具有负面影响,过多的 LB-EPS 可能会降低微生物细胞间的附着能力从而使污泥絮体结构发生恶化,影响泥水分离。本节讨论了 MFC 污泥回流对 MBR 中结合态 EPS 含量及组成的影响,为膜污染机理研究提供相关依据。

①LB-EPS 含量的变化分析。MBR-MFC 和传统 MBR 稳定运行 80 d,在此期间 MBR 内污泥 LB-EPS 含量随时间的变化如图 5.48 所示。

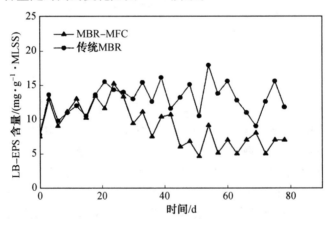

图 5.48　MBR-MFC 与传统 MBR 中污泥 LB-EPS 含量变化

由图可知,两组系统 MBR 内 LB-EPS 的含量变化过程大致可分为两个阶段:前期阶段和后期阶段。前期阶段为运行的前 25 d,该阶段中两组系统 LB-EPS 的含量及变动趋势基本相同,这主要是因为两组系统接种了同种污泥,且在此阶段中 MFC 污泥回流不充分,两组系统内污泥性质差异较小。这一阶段中 LB-EPS 含量基本保持增长趋势,这可能是由于系统接种前污泥活性较低,相应产生的 LB-EPS 也较少,系统接种后污泥活性逐渐恢复,LB-EPS 的生成量相应增加。运行 25 d 后为后期阶段,此阶段中 MFC 污泥回流的影响逐渐显现。MBR-MFC 中 LB-EPS 的含量在 25 d 达到最大值,为 15.2 mg/(g·MLSS),其后则逐渐降低,50 d 后含量保持在 6.7 mg/(g·MLSS)左右;传统 MBR 的 LB-EPS 含量在 25 d 后保持在 12 mg/(g·MLSS)左右。此阶段 MBR-MFC 中 LB-EPS 含量均低于传统 MBR,由此说明,MFC 污泥回流可大幅度降低 MBR 污泥的 LB-EPS 含量,与MFC 污泥回流对 MBR 污泥 S-EPS 的影响正好相反。

②LB-EPS 组成的变化分析。研究中对比了 MBR-MFC 和传统 MBR 稳定运行后污泥 LB-EPS 的组成情况,以进一步分析 MFC 回流对 LB-EPS 的影响,结果如图 5.49 所示。

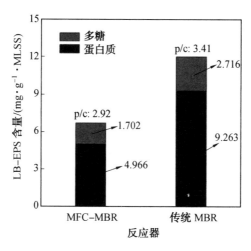

图 5.49　MBR-MFC 与传统 MBR 中污泥 LB-EPS 组成对比图

由图可知,LB-EPS 中蛋白质的含量远高于多糖含量,说明蛋白质是污泥 LB-EPS 的主要组成成分。从图中还可以看出,相较于传统 MBR 12 mg/(g·MLSS) 的 LB-EPS 含量,稳定运行的 MBR-MFC 中 LB-EPS 含量明显降低,只有 6.7 mg/(g·MLSS);MBR-MFC 的 LB-EPS 中多糖含量与传统 MBR 的 2.716 mg/(g·MLSS)相比降至 1.702 mg/(g·MLSS),降低比例为 37.3%;LB-EPS 中蛋白质含量与传统 MBR 的 9.263 mg/(g·MLSS)相比降至 4.966 mg/(g·MLSS),降低比例为 46.4%。传统 MBR 中 LB-EPS 的 p/c 值为 3.41,MBR-MFC p/c 值降至 3.41。上述结果说明 MBR-MFC 中 MFC 污泥回流能够使 MBR 污泥的 LB-EPS 含量及 LB-EPS 中蛋白质占比下降。

③TB-EPS 含量的变化分析。研究表明,虽然 TB-EPS 存在于 EPS 内层,不与膜表面直接接触,但在一定条件下 TB-EPS 和 LB-EPS 之间能发生相互转化,TB-EPS 含量与膜污染也呈较好的线性关系。因此研究反应器内 TB-EPS 含量及组成的变化规律对明确膜污染机理提供一定的帮助。图 5.50 为 MBR-MFC 与传统 MBR 中污泥 TB-EPS 含量变化。由图 5.50 可知,两组系统反应器的 TB-EPS 含量在运行过程中未出现明显变化,TB-EPS 含量均保持在 70~100 mg/(g·MLSS)内波动。运行初期两组系统中 TB-EPS 含量基本一致,随运行时间增加 MFC 污泥回流的作用逐渐显现,可以看到 MBR-MFC 中 TB-EPS 含量逐渐高于传统 MBR,这可能是由于 MFC 污泥回流后 MBR 中污泥的部分 LB-

EPS 转化成为 TB-EPS。

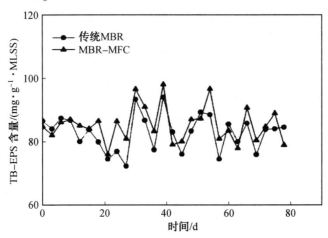

图 5.50 MBR-MFC 与传统 MBR 中污泥 TB-EPS 含量变化

④TB-EPS 组成的变化分析。研究对比了 MBR-MFC 和传统 MBR 中 TB-EPS 的组成情况,结果如图 5.51 所示。可以看出两组系统 MBR 中 TB-EPS 含量及组成差异较小。与传统 MBR 相比,MBR-MFC 中 TB-EPS 含量增加了 3.58 mg/(g·MLSS),增加比例为 4.3%;蛋白质增加了 3.06 mg/(g·MLSS),增加比例为 4.8%;多糖增加了 0.52 mg/(g·MLSS),增加比例为 2.7%;综合影响下引起 MBR-MFC 中 TB-EPS 的 p/c 值略高于传统 MBR。上述结果表明 MFC 污泥回流对 MBR 中 TB-EPS 含量及组成无明显影响。

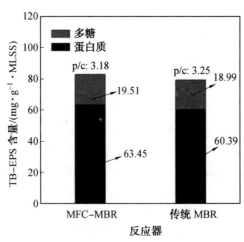

图 5.51 MBR-MFC 与传统 MBR 中污泥 TB-EPS 组成对比图

2.耦合系统中污泥 EPS 特性研究

(1)分子量分布特性研究。

通过凝胶排阻色谱法可以测定有机物的分子量分布特性。凝胶过滤色谱以多孔凝胶物质为固定相,当待测样品流经色谱柱时,大分子量物质不能进入凝胶孔洞而是沿着凝胶胶粒间的空隙流出,从而先被洗脱出来;小分子量物质能够进入凝胶孔洞并被强制停留,随着流动相冲洗时间的增加而逐渐依次洗脱出来。分子量分布图中波峰的位置可反映物质分子量的大小,其波峰高度可反映该分子量物质的含量。

①MFC 作用对污泥 S-EPS 分子量分布的影响。待系统运行稳定后,从 MBR-MFC、传统 MBR 以及 MFC 中取出污泥并提取其中的 S-EPS,0.45 μm 膜过滤后进行凝胶过滤色谱测定,结果如图 5.52 所示。

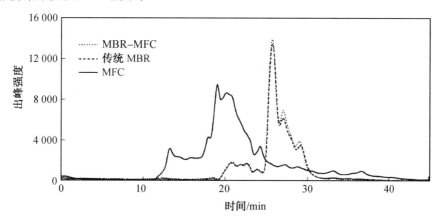

图 5.52　MBR-MFC、传统 MBR 以及 MFC 中 S-EPS 的分子量分布

由图 5.52 可知,MFC 内污泥 S-EPS 在 13 min 和 20 min 处出现两个明显峰,MBR-MFC 污泥与传统 MBR 污泥的 S-EPS 分子量分布类似,在 21 min 和 26 min 处出现两个明显峰。结果说明 MFC 处理 5 d 后的污泥特性包括 S-EPS 中大分子量物质增多,小分子量物质减少;但与传统 MBR 相比,MFC 污泥回流并未使 MBR-MFC 污泥中 S-EPS 的分子量分布情况发生明显变化,这可能是由于回流污泥中大分子量物质在 MBR 微生物的作用下发生降解,重新转为小分子量物质。

②MFC 作用对污泥 LB-EPS 分子量分布的影响。待系统运行稳定后,从 MBR-MFC、传统 MBR 以及 MFC 中取出污泥并从中提取 LB-EPS,经 0.45 μm 膜过滤后进行凝胶过滤色谱的测定,结果如图 5.53 所示。由图 5.53 可知,LB-EPS 的出峰较多,说明其中含多种分子量的有机物;传统 MBR 中污泥的 LB-EPS 在 21 min、34 min 和 36 min 处明显出峰;MFC 中污泥的 LB-EPS 主要在 21 min 和 34 min 处出峰,36 min 处无峰;MBR-MFC 中污泥的 LB-EPS 出峰情况与 MFC 类似,主要在 21 min 和 34 min 出峰,36 min 出峰较弱。相对于传统 MBR 的污泥,经 MFC 处理后污泥 LB-EPS 的各个峰值均明显降低,尤其是36 min 处,说明经 MFC 处理后 LB-EPS 中各分子量有机物浓度降低,LB-EPS 平均分子量有所增大。MBR-MFC 所得的各峰高度大大低于传统 MBR,在 36 min 处出峰基本消失,说明 MBR-MFC 中污泥的 LB-EPS 平均分子量相对传统 MBR 有所增加。以上结果说明

MFC 污泥回流降低了 MBR-MFC 污泥中 LB-EPS 的有机物含量,增加了 LB-EPS 的平均分子量。

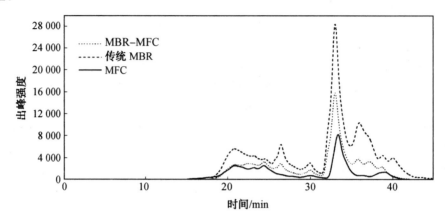

图 5.53　MBR-MFC、传统 MBR 及 MFC 中 LB-EPS 的分子量分布

③MFC 作用对污泥 TB-EPS 分子量分布的影响。待系统运行稳定后,从 MBR-MFC、传统 MBR 以及 MFC 中取出污泥并从中提取 TB-EPS,经 0.45 μm 膜过滤后进行凝胶过滤色谱的测定,结果如图 5.54 所示。

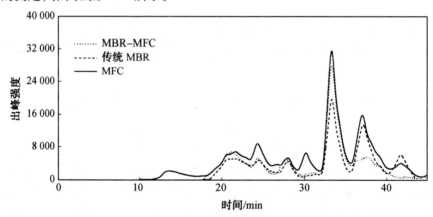

图 5.54　MBR-MFC、传统 MBR 及 MFC 中 TB-EPS 的分子量分布

由图 5.54 可知,TB-EPS 出峰较杂,MFC 处理后污泥的 TB-EPS 分子量分布与传统 MBR 中 TB-EPS 相似,在 33 min 和 37 min 处有两个主要出峰,其他出峰不明显;MBR-MFC 中 TB-EPS 在 33 min 处存在一个主要出峰,此处出峰较高且高于传统 MBR,在 37 min处的出峰较低并低于传统 MBR。这可能是由于 MFC 污泥回流至 MBR 后 TB-EPS 的小分子量物质被再次结合为大分子量物质,引起 MBR-MFC 中 TB-EPS 的有机物平均分子量的增大。

(2)红外光谱特性研究。

①MFC 污泥回流对污泥 S-EPS 红外光谱特性的影响。红外光谱图存在官能团区和指纹区的区域划分。官能团区处于 4 000～1 300 cm⁻¹ 的高频区域,原则上此区域内的每个吸收峰均可找到对应的官能团。1 300 cm⁻¹ 以下的低频区域为指纹区,吸收峰数目较多

且多数无明确的归属物,可以利用此区域内的吸收峰了解有机化合物分子的具体特征。结合红外谱图的官能团区和指纹区信息,对污泥有机组分结构进行分析鉴定。图 5.55 为传统 MBR、MBR-MFC 及 MFC 中污泥 S-EPS 的 FTIR 谱图。

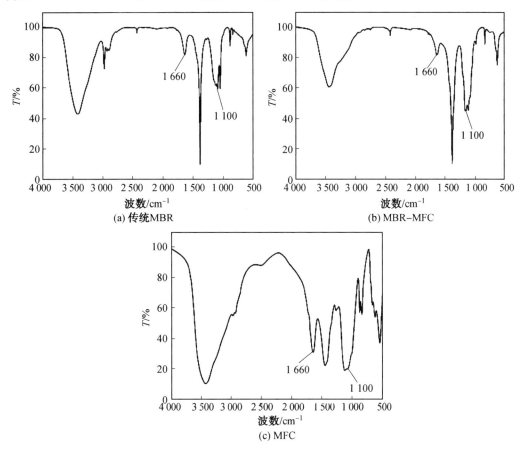

图 5.55　传统 MBR、MBR-MFC 及 MFC 中污泥 S-EPS 的 FTIR 谱图

研究中主要考察了三个主要典型特征峰的变化情况,分别是 1 660 cm^{-1}处,由酰胺类化合物的 C ≕O 伸缩振动(酰胺Ⅰ带)所产生的吸收峰;1 550 cm^{-1}处,由酰胺类化合物的 N—H 弯曲振动(酰胺Ⅱ带)所产生的吸收峰;1 100 cm^{-1}处,由乙醇、醚和碳水化合物的 C—O 伸缩振动所产生的吸收峰。1 660 cm^{-1} 和 1550 cm^{-1}处出现吸收峰表示蛋白质的存在,1 100 cm^{-1}出现吸收峰表示多糖物质的存在。

从图 5.55 可看出,传统 MBR、MBR-MFC 及 MFC 中污泥 S-EPS 的 FTIR 谱图都在 1 660 cm^{-1}和 1 100 cm^{-1}处出现特征峰,表明蛋白质和多糖的存在。与传统 MBR 和 MBR-MFC 相比,MFC 中污泥 S-EPS 的多糖和蛋白质吸收峰较高,说明经 MFC 处理后,污泥 S-EPS 中的蛋白质和多糖浓度有所升高。MBR-MFC 中污泥 S-EPS 的多糖吸收峰大于传统 MBR,蛋白质吸收峰无显著差异,这说明污泥回流对 MBR-MFC 中 S-EPS 的蛋白质浓度影响不大,但使得 S-EPS 的多糖浓度增高,进而导致 MBR-MFC 中 S-EPS 的 p/c 值低于传统 MBR。

②MFC 污泥回流对污泥 LB-EPS 红外光谱特性的影响。图 5.56 为传统 MBR、MBR-MFC 及 MFC 中污泥 LB-EPS 的 FTIR 谱图。由图可以看出三个反应器内污泥的 LB-EPS 都在 1 660 cm^{-1} 和 1 100 cm^{-1} 处出现明显的特征峰,表明了蛋白质和多糖的存在。

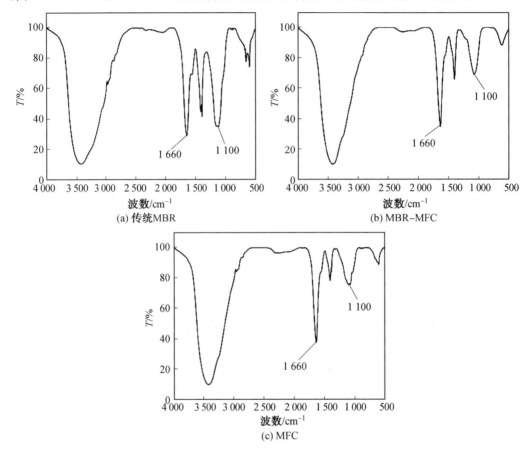

图 5.56　传统 MBR、MBR-MFC 及 MFC 中污泥 LB-EPS 的 FTIR 谱图

MFC 和 MBR-MFC 中污泥 LB-EPS 的各吸收峰强度均低于传统 MBR,说明污泥经 MFC 处理后 LB-EPS 的多糖和蛋白质有所减少;MFC 污泥回流使 MBR-MFC 中 LB-EPS 的多糖和蛋白质浓度低于传统 MBR。原因可能是污泥经 MFC 处理后 LB-EPS 浓度大幅度降低,处理污泥充分回流至 MBR 导致 MBR-MFC 污泥中 LB-EPS 浓度的降低;另外,MBR-MFC 内 LB-EPS 可能发生向 S-EPS 和 TB-EPS 的转化,也会引起 LB-EPS 浓度降低。

④MFC 污泥回流对污泥 TB-EPS 红外光谱特性的影响。图 5.57 为传统 MBR、MBR-MFC 及 MFC 中污泥 TB-EPS 的 FTIR 谱图。由图可知三个反应器内污泥的 TB-EPS 谱图和 LB-EPS 谱图情况相似,在 1 660 cm^{-1}、1 550 cm^{-1} 和 1 100 cm^{-1} 处出现的明显特征峰说明蛋白质和多糖的存在。与 MBR-MFC 中污泥相比,MFC 中污泥 TB-EPS 的多糖和蛋白质的吸收峰强度略低,说明污泥经 MFC 处理后 TB-EPS 浓度有所降低。MBR-MFC 中污泥 TB-EPS 的多糖和蛋白质的吸收峰均高于传统 MBR,说明 MFC 污泥回流使 MBR-MFC

中污泥 TB-EPS 浓度升高,原因可能是 MFC 污泥回流后 MBR-MFC 中部分 LB-EPS 转化为 TB-EPS,或是细胞死亡裂解释放大分子有机物而导致的 TB-EPS 浓度升高,考虑到出现了 LB-EPS 浓度降低的现象,前者的贡献可能更多。

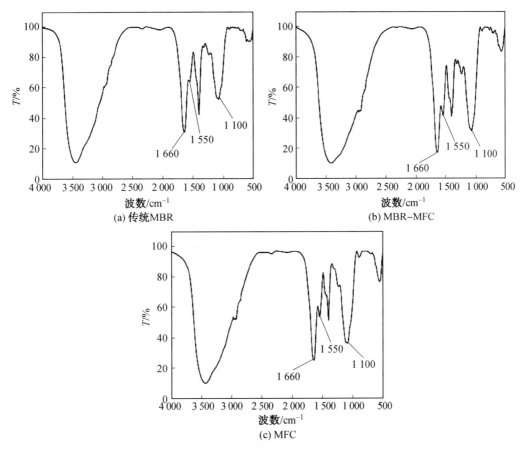

图 5.57　传统 MBR、MBR-MFC 及 MFC 中污泥 TB-EPS 的 FTIR 谱图

(3)三维荧光特性研究。

在污泥 SMP 及 EPS 中含有大量具有荧光性的物质,如芳香性结构物质、不饱和脂肪酸以及各种官能团。有机物具有的荧光特性在光谱中以不同的峰位置和峰强度体现。相关研究表明荧光光谱能反映蛋白质、富里酸、腐殖酸以及溶解性微生物产物等有机化合物的特性。三维荧光光谱图一般分为 Ⅰ ~ Ⅴ5 个区域,其中每个区域代表某一类有机物质,如图 5.58 和表 5.15 所示。

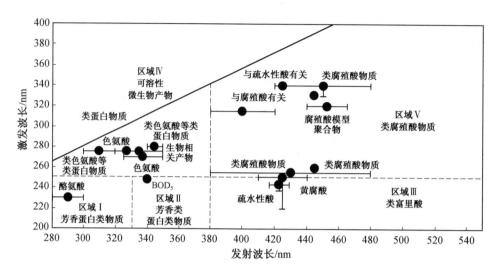

图 5.58 有机物在三维荧光谱图中的区域位置示意图

表 5.15 三维荧光谱图中的区域划分

项目	区域Ⅰ	区域Ⅱ	区域Ⅲ	区域Ⅳ	区域Ⅴ
有机物	芳香蛋白类物质	芳香蛋白类物质	类富里酸物质	可溶解性微生物产物	类腐殖酸物质
激发波长/nm	200~255	200~275	200~255	250~335	250~380
发射波长/nm	280~335	335~380	380~540	280~380	380~540

①MFC 污泥回流对污泥 S-EPS 荧光特性的影响。待 MBR-MFC 和传统 MBR 稳定运行后,取出其中相同体积的污泥并提取 S-EPS,扫描三维荧光光谱图,结果如图 5.59 所示。

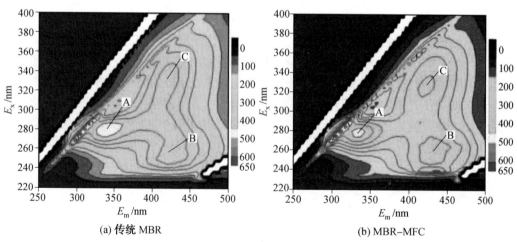

图 5.59 传统 MBR 与 MBR-MFC 中 S-EPS 的荧光光谱图(彩图见附录)

由图 5.59 可知,MBR-MFC 和传统 MBR 污泥 S-EPS 的荧光光谱图形状相似,均有 3 个明显的特征峰,表 5.16 中列出了各峰的位置及峰强度。结合图 5.58、表 5.15、表 5.16 可知,两组系统内 S-EPS 所得的 A 峰中心位置均位于区域Ⅳ($\lambda_{ex}/\lambda_{em}$:250~335/280~380 nm),这类峰是由高激发波长类色氨酸物质产生,为类蛋白质荧光;B 峰中心位置均位于区域Ⅲ($\lambda_{ex}/\lambda_{em}$:200~255/380~540 nm),这类峰由富里酸类物质产生;C 峰位置均位于区域Ⅴ($\lambda_{ex}/\lambda_{em}$:250~380/380~540 nm),这类峰由类腐殖酸类物质产生。以上结果说明 MBR-MFC 和传统 MBR 的污泥 SMP 中均含有类色氨酸、类富里酸及类腐殖酸三类荧光性物质。

表 5.16　两组系统内污泥 S-EPS 荧光特性分析

反应器	荧光峰 A		荧光峰 B		荧光峰 C	
	E_x/E_m	强度	E_x/E_m	强度	E_x/E_m	强度
MBR-MFC	280/334	471.34	255/434	370.39	330/424	358.26
传统 MBR	280/340	493.71	250/430	429.09	330/422	422.33

一般来说,三维荧光谱图中峰强越大,则该峰对应的荧光性物质浓度越高。与传统 MBR 相比,MBR-MFC 内 S-EPS 所得的 A 峰、B 峰、C 峰强度分别降低了 4.5%、13.7%、15.2%,说明 MFC 处理及对 MBR 的污泥回流,引起了 MBR-MFC 中 S-EPS 的色氨酸类蛋白质、腐殖酸及富里酸浓度的降低,且腐殖酸和富里酸浓度降低程度更大,这与红外光谱分析结果一致。虽然 MBR-MFC 中污泥 S-EPS 总浓度比传统 MBR 高,但 S-EPS 的蛋白质浓度低于传统 MBR。

荧光光谱中峰位置的变化反映的是荧光物质化学结构的变化,荧光峰红移的背后通常是羰基、羧基、羟基、烷氧基以及氨基等难降解荧光官能团的增加;荧光峰的蓝移通常由 π 电子体系的变化如芳香环的减少,共轭键和脂肪链的断裂,以及羰基、羟基和氨基等官能团的消减等现象导致。从表 5.16 中可以看出,与传统 MBR 相比,MBR-MFC 所得的荧光峰 A 发射波长发生 4 nm 蓝移,B 峰激发波长出现 5 nm 红移,发射波长发生 4 nm 红移,C 峰发射波长出现 2 nm 红移。由特征峰仅发生轻微红移或蓝移可知,MFC 污泥回流未造成 MBR-MFC 的 S-EPS 中荧光性物质的化学结构发生显著变化。

②MFC 污泥回流对污泥 LB-EPS 荧光特性的影响。待 MBR-MFC 和传统 MBR 运行稳定后,取出其中相同体积的污泥并提取 LB-EPS,0.45 μm 膜过滤后,稀释 75 倍进行三维荧光光谱测定,其污泥 LB-EPS 的三维荧光谱如图 5.60 所示,表 5.17 列出了各峰位置及强度。

从图 5.60 可以看出,传统 MBR 中污泥的 LB-EPS 具有 4 个明显的特征峰,分别为 A$_1$ 峰、A$_2$ 峰、B 峰和 C 峰。MBR-MFC 只得到 A$_1$ 峰、A$_2$ 峰和 B 峰,没有明显 C 峰出现。A$_1$ 峰的中心位置位于 270~285/320~350 nm 范围内,为高激发波长类色氨酸物质产生的荧光峰;A$_2$ 峰中心位置为 220~230/320~350 nm 范围内,为低激发波长类色氨酸产生的荧光峰。A$_1$ 峰和 A$_2$ 峰均为类蛋白质荧光峰。B 峰的中心位置位于 200~255/280~335 nm 范围内,为酪氨酸类蛋白质产生的荧光峰;C 峰的中心位置位于 250~380/380~540 nm 范

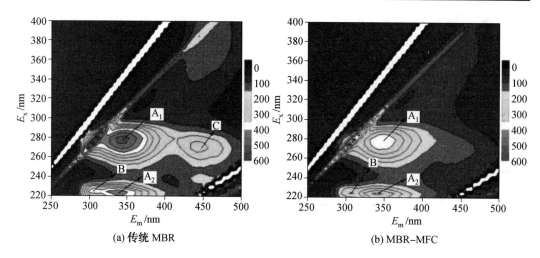

图 5.60　MBR-MFC 与传统 MBR 中 LB-EPS 的荧光光谱图(彩图见附录)

围内,为腐殖酸类物质产生的荧光峰。由此可知 LB-EPS 中存在色氨酸、酪氨酸及腐殖酸类物质。由表 5.17 可知,与传统 MBR 相比,MBR-MFC 中污泥 LB-EPS 所得的 A_1 峰、A_2峰、B 峰和 C 峰分别降低了 30.59%、18.36%、32.88% 和 48.42%,说明污泥经 MFC 处理后对 MBR-MFC 的回流,引起 MBR-MFC 中 LB-EPS 的荧光类物质浓度大大降低。

表 5.17　两组系统内污泥 LB-EPS 荧光特性分析

系统	荧光峰 A_1		荧光峰 A_2		荧光峰 B		荧光峰 C		$I(A_1)$
	E_x/E_m	强度	E_x/E_m	强度	E_x/E_m	强度	E_x/E_m	强度	$/I(A_2)$
MBR-MFC	280/348	398.07	225/340	360.79	225/306	253.81	270/430	138.14	1.10
MBR	280/340	519.82	225/338	441.95	225/312	378.16	270/444	267.82	1.18

从表 5.17 中可以看出,两组系统所得谱图中各位置峰的激发光波长保持一致,且与传统 MBR 相比,MBR-MFC 所得的 A_1 峰和 A_2 峰分别红移了 8 nm 和 2 nm,A_1 峰的明显红移说明色氨酸类蛋白质的结构因氧化作用发生了变化,例如蛋白质的某些官能团的消失(羰基、羧基和氨基)、某些共轭基团的减少或稠环芳香烃分解为小分子以及芳香环数量的减少。B 峰和 C 峰分别蓝移了 6 nm 和 14 nm,这与羰基、羧基、羟基、烷氧基以及氨基等难降解荧光官能团的增加有关。以上结果说明 MFC 处理后污泥回流对 MBR-MFC 内 LB-EPS 中高激发波长色氨酸、酪氨酸类蛋白质、腐殖酸类物质的结构产生明显影响。

荧光峰 A_1 与生物易降解组分具有紧密联系,该峰强度的降低表明易降解组分含量的减少。$I(A_1)/I(A_2)$ 值作为有机物的荧光特性之一,其值越低代表难降解物质比例越高。MBR-MFC 中污泥 LB-EPS 的 A_1 峰强度和 $I(A_1)/I(A_2)$ 均低于传统 MBR,说明 MFC 处理污泥回流降低了 MBR-MFC 的 LB-EPS 中易降解组分比例。

③MFC 污泥回流对污泥 TB-EPS 荧光特性的影响。待 MBR-MFC 和传统 MBR 运行稳定后,取出其中相同体积的污泥并提取 TB-EPS,0.45 μm 膜过滤后,稀释 500 倍进行三维荧光光谱测定,其污泥 LB-EPS 的三维荧光谱如图 5.61 所示,表 5.18 列出了各峰位置及峰强度。

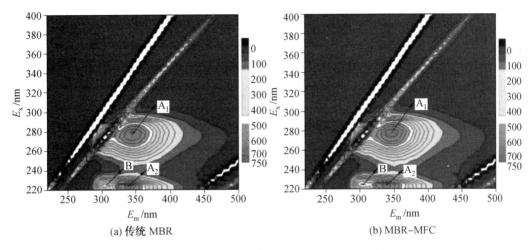

(a) 传统 MBR　　　　　　　　　　　　(b) MBR-MFC

图 5.61　MBR-MFC 与传统 MBR 中 TB-EPS 的荧光光谱图(彩图见附录)

由图 5.61 可知,两组系统的 TB-EPS 具有相似的荧光特性,主要含有 A$_1$峰、A$_2$峰及 B 峰 3 个显著的特征峰,A$_1$峰由高激发波长的色氨酸产生,A$_2$峰由低激发波长的色氨酸产生,B 峰由酪氨酸产生。

由表 5.18 可知,MBR-MFC 的 TB-EPS 所得谱图中 A$_1$峰、A$_2$峰和 B 峰的强度分别比传统 MBR 所得谱图中各峰高 4.9%、2.1% 和 5.1%,各峰位置基本保持一致,I(A$_1$)/I(A$_2$)值也相差不大,说明 MFC 处理后污泥回流使 MBR-MFC 中 TB-EPS 的荧光性物质浓度略有增加,但是对其结构组成没有明显的影响。

表 5.18　两组系统内污泥 TB-EPS 荧光特性分析表

反应器	荧光峰 A$_1$		荧光峰 A$_2$		荧光峰 B		I(A$_1$)/I(A$_2$)
	E$_x$/E$_m$	强度	E$_x$/E$_m$	强度	E$_x$/E$_m$	强度	
MBR-MFC	280/348	686.87	225/338	689.35	225/306	510.63	0.10
传统 MBR	280/346	654.75	225/338	674.88	225/304	485.93	0.97

5.5.4　MBR-MFC 工艺的经济效益分析

MBR-MFC 主要面向传统 MBR 膜污染严重、运行费用高等问题,在污泥处理的同时回收电能,实现了污泥的资源化利用;另外,MBR-MFC 具有一定的污泥减量效果。MBR-MFC 迎合目前城市污水污泥处理的迫切要求,为城市污水污泥的资源化利用提供了技术依据,具有非常好的发展前景。

两种生物处理技术结合而成的 MBR-MFC,实现了膜污染的有效控制,延长了膜清洗周期(35% 左右)和膜组件的使用寿命,从而降低了 MBR 的运行成本。污泥后续处理成本与污泥量及污泥性质有关,脱水性尤其关键。MBR-MFC 的污泥产率为 0.229 kg VSS/kg COD$_{removed}$,较传统 MBR0.273 kg VSS/kg COD$_{removed}$的污泥产率降低了 16.12%,污泥减量可降低约 16% 的处理费用。MBR-MFC 的污泥的脱水性能较传统 MBR 提升了近 1/2,大大降低了后续污泥处理的难度和成本。MFC 在处理污泥的同时能够回收电能,MFC 最大输出功率密度是 72.02 mW/m²。未来 MFC 工艺的产电性能将得到进一步提高,可能发展达到维持污水处理厂运行的水准。

5.6 改进型 MBR-MFC 耦合系统污水处理效能及膜污染控制研究

在前人研究成果的基础上,本课题组研究构建了实现优质出水和低膜污染的改进型 MBR-MFC 耦合系统(图 5.5)。研究内容主要包括改进型 MBR-MFC 耦合系统的电化学性能、污水处理效果、污泥减量效率和膜污染情况,分析了耦合系统中长期低电场作用对污泥性质的影响,解析了低电场作用下的膜污染控制机理。为了表述方便,在本节内容中以"MBR-MFC"指代"改进型 MBR-MFC 耦合系统",与 5.5 节中的 MBR-MFC 并不相同。

5.6.1 改进型 MBR-MFC 耦合系统的运行效能

在改进型 MBR-MFC 耦合工艺中,MFC 从污水中回收的电能可被原位利用在 MBR 中来控制膜污染。同时,长期微电场可以激发微生物活性,提高污染物去除效率,加强污水处理效果。本节以 C-MBR 作为对照系统,深入研究分析改进型 MBR-MFC 耦合系统的污水处理效果、污泥减量效能和膜污染情况。

1. 改进型 MBR-MFC 耦合系统污水处理效能

(1)COD 处理效果分析。

研究中考察了改进型 MBR-MFC 耦合系统和 C-MBR 的 COD 去除能力,结果如图 5.62 和表 5.23 所示。在长期运行过程中,改进型 MBR-MFC 和 C-MBR 的 COD 去除率分别为 94.8% 和 90.6%,两组系统都具有较高的 COD 处理效率,且与 C-MBR 相比,MBR-MFC 的 COD 去除效率提高了 4.2%。

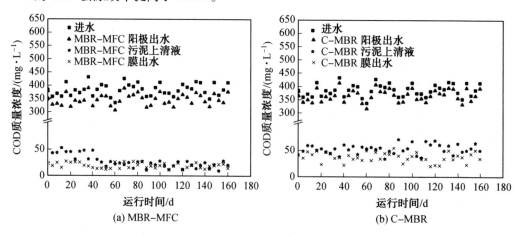

图 5.62　MBR-MFC 与 C-MBR COD 处理效果

两组系统进水 COD 质量浓度为(383.4±22.7) mg/L。与 C-MBR 阳极室相比,MBR-MFC 阳极室对污水 COD 的去除率由 5.4% 提升至 9.8%,COD 降解量提高了 81.5%,这主要是由于 C-MBR 处于开路状态,阳极室对 COD 的去除主要来自于传统厌氧细菌的降解作用,而处于闭合回路状态的 MBR-MFC,阳极室除了普通的厌氧细菌还存在大量的产电菌,一部分 COD 被产电菌降解并以电能的形式回收,同时产电菌的同化作用也会消耗一定量的 COD,此外电流的刺激作用也可能使阳极室细菌活性得到提高,从而提升阳极的 COD 降解效率。

表 5.19　MBR-MFC 与 C-MBR COD 处理效果对比分析　　　　　　　mg/L

项目	MBR-MFC	C-MBR
进水 COD 质量浓度	383.4±22.7	383.4±22.7
阳极出水 COD 质量浓度	345.8±20.91	362.6±22.65
污泥上清液 COD 质量浓度	27.6±6.70	51.40±8.72
出水 COD 质量浓度	19.8±4.90	35.9±8.90

污水经过阳极室后进入 MBR 曝气池中,污水中有机物被好氧污泥进一步降解,研究发现 MBR-MFC 和 C-MBR 内好氧污泥对 COD 的降解率分别为 83.0% 和 81.2%,MBR-MFC 污泥上清液 COD 平均质量浓度仅为 C-MBR 污泥上清液 COD 质量浓度的 53.7%。由图 5.62 可以看出,在 160 d 的运行期间 C-MBR 的污泥上清液中 COD 质量浓度变化不大,在 51 mg/L 上下波动,而对于 MBR-MFC,前 60 d 的时间内污泥上清液中 COD 质量浓度由 50 mg/L 降低到 22 mg/L 左右,并在此后的 100 d 内保持在 20 mg/L 左右。这说明 MBR-MFC 中微电场的刺激作用可能一定程度上提高了污泥的 COD 降解活性。为了进一步证明微电场对污泥活性的刺激作用,后续测定了 MBR-MFC 和 C-MBR 中活性污泥的比耗氧速率,具体结果及讨论见于后文。

污水经过好氧活性污泥处理后,再经过膜的过滤作用实现出水。通过表 5.19 可以计算出,MBR-MFC 和 C-MBR 中膜截留作用导致的 COD 去除量分别为 7.8 mg/L 和 15.5 mg/L,MBR-MFC 中 COD 的膜截留量比 C-MBR 减少了 49.7%。在 MBR 中,污泥上清液的 COD 质量浓度越高,膜表面泥饼层形成越快,而 C-MBR 中污泥上清液 COD 质量浓度明显高于 MBR-MFC,这可能导致 C-MBR 中形成较厚的泥饼层,从而增强了膜的截留作用;此外,过滤过程中膜表面泥饼层也会对 COD 进行降解,从而导致 COD 质量浓度的降低。因此严重的膜污染可能是导致 C-MBR 中 COD 膜截留量高于 MBR-MFC 的主要原因。

(2)氨氮处理效果分析。

氨氮(NH_4^+-N)质量浓度是评价水质的重要指标,为了考察 MBR-MFC 与 C-MBR 的氨氮处理效能,测定了两组系统中进水、阳极出水、污泥上清液以及出水的氨氮质量浓度,结果如图 5.63 和表 5.20 所示。MBR-MFC 与 C-MBR 的出水 NH_4^+-N 质量浓度均低于 3 mg/L,去除率分别为 97.5% 和 94.1%,说明两组系统均具有良好的氨氮处理效能。

在阳极室中,氨氮的去除主要是由于厌氧细菌自身生理需求所摄取的量,因此两组系统阳极室的 NH_4^+-N 去除效果没有明显差别,并且由于停留时间较短,两组系统阳极室对 NH_4^+-N 的去除效率较低,均为 5% 左右。MBR-MFC 中好氧活性污泥对 NH_4^+-N 的去除量为 31.7 mg/L,相比 C-MBR 活性污泥对 NH_4^+-N 的去除量(29.0 mg/L)提高了 9.3%。在两组系统中污泥浓度保持同一水平,污泥浓度差异并非导致 NH_4^+-N 去除效果差异的原因,推测这可能是由于 MBR-MFC 中微电场环境对好氧污泥中的硝化细菌活性起到了刺激作用,提高了氨氧化效率,从而使氨氮去除效率得以提升。微电场对硝化细菌细菌氨氧化活性的促进作用将在后文中进行进一步的分析。

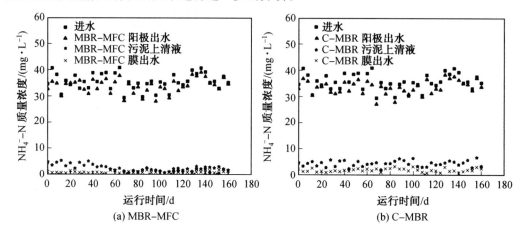

图 5.63　MBR-MFC 与 C-MBR NH_4^+-N 处理效果

表 5.20　MBR-MFC 与 C-MBR NH_4^+-N 处理效果对比分析　　　　　mg/L

项目	MBR-MFC	C-MBR
进水 NH_4^+-N 质量浓度	35.6±3.1	35.6±3.1
阳极出水 NH_4^+-N 质量浓度	33.9±2.8	33.8±2.6
污泥上清液 NH_4^+-N 质量浓度	2.3±0.6	4.8±1.1
出水 NH_4^+-N 质量浓度	0.9±0.4	2.1±0.8

在膜过滤过程中,污泥会在膜表面逐渐附着积累形成泥饼层,上清液中的氨氮进一步地去除,当泥饼层较厚时,含有的细菌数量较多,对污泥上清液中氨氮的去除能力较强。在表 5.20 中,污泥上清液与出水之间的 NH_4^+-N 质量浓度降低是由膜过滤过程导致的,可以看出,MBR-MFC 中污泥混合液经膜过滤后,上清液 NH_4^+-N 质量浓度降低了 1.4 mg/L,而 C-MBR 降低了 2.7 mg/L。推测 MBR-MFC 内膜表面泥饼层污染程度比 C-MBR 轻,这一点将在后文中进行证明。

（3）总氮去除效果分析

MBR-MFC 与 C-MBR 总氮(TN)处理效果如图 5.64 和表 5.21 所示。本研究中人工合成污水中的含氮物质只有氨氮,因此进水 TN 质量浓度等于进水氨氮质量浓度。MBR-MFC 的 TN 去除率为 50.8%,相比 C-MBR 的 TN 去除率(37.9%)提高了 12.9%。两组系统进水中的 TN 以氨氮形式存在,因此厌氧阳极室对进水中的 TN 没有显著的去除效果,仅为 4% 左右。MBR-MFC 的曝气池对 TN 的去除率为 42.9%,比 C-MBR 的曝气池对 TN 的去除率提高了 15.1%。在两组系统中好氧污泥会摄取一定量的含氮物质用于自身的细胞增殖,这是好氧污泥处理系统的总氮去除效能的来源之一;此外在两组系统的曝气池中还存在碳纤维刷阴极,运行过程中污泥会大量附着在碳刷上形成生物膜,当生物膜增厚到一定程度,由于氧气垂向传输受阻,生物膜内层会形成厌氧环境并存在反硝化菌,异养的反硝化菌会利用混合液中的有机物作为电子供体,将 NO_3^- 和 NO_2^- 还原成 N_2,从而达到氮的去除效果。对于 MBR-MFC 来说,除了异养的反硝化菌,阴极生物膜内层还可能存在自养的反硝化菌,能够利用阳极从污水中回收并传导到阴极的电子进行 NO_3^- 和 NO_2^- 的还原,在产生电能的同时,还能达到 TN 去除效果的提升;此外,电流的存在还能刺激阴极反硝化的活性,从而促进反硝化作用的进行,这些都是 MBR-MFC TN 去除效果高于 C-MBR 的原因。

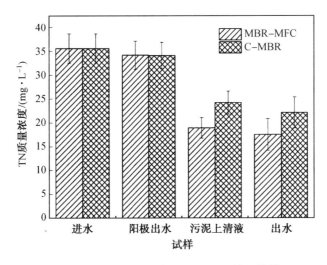

图 5.64　MBR-MFC 与 C-MBR TN 处理效果

表 5.21　MBR-MFC 与 C-MBR 体系 TN 处理效果能力对比　　　　　　mg/L

项目	MBR-MFC	C-MBR
进水 TN 质量浓度	35.6±3.07	35.6±3.07
阳极出水 TN 质量浓度	34.2±2.94	34.1±2.78
污泥上清液 TN 质量浓度	18.9±2.15	24.2±2.45
出水 TN 质量浓度	17.5±3.32	22.1±3.24

MBR 运行过程中膜表面泥饼层厚度增加到一定程度后,内层环境会转换成厌氧状态,在污水透过膜的过程中,泥饼层内层的厌氧反硝化菌会将污水中的 NO_3^- 和 NO_2^- 还原,泥饼层越厚,膜过滤过程对 TN 的去除效果越明显。从表 5.21 中可以看出,MBR-MFC 中膜过滤过程对 TN 的去除量为 1.4 mg/L,C-MBR 的膜过滤过程对 TN 的去除量为 2.1 mg/L,这进一步印证了上文推测,即 C-MBR 的膜表面泥饼层污染较严重,其膜过滤过程对污水中污染物的去除效果高于 MBR-MFC。

(4)污泥对特征污染物的降解活性。

上述污水处理效率分析结果显示,与 C-MBR 相比,MBR-MFC 中好氧活性污泥对

COD 和氨氮的去除效能得到一定程度的提升。有研究证明适当的电流刺激作用能够提高微生物的底物降解活性,本研究中为了考察 MBR-MFC 中电流对污泥活性的影响,测定了两组系统中好氧污泥的比耗氧速率(SOUR),结果如图 5.65 所示。

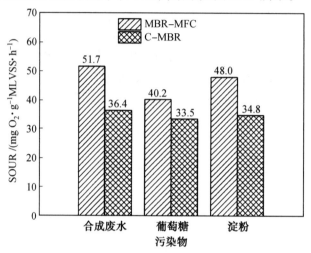

图 5.65　MBR-MFC 与 C-MBR 污泥的比耗氧速率

当以合成废水为底物时, MBR - MFC 中污泥的比耗氧速率(SOUR$_{合成废水}$)为 51.7 mgO$_2$/(g MLVSS · h),比 C-MBR 提高了 42.0% 。说明 MBR-MFC 中污泥对废水的降解活性较 C-MBR 得到了提高。分别以葡萄糖和淀粉作为底物,测定两组系统污泥的比耗氧速率。结果发现,与 C-MBR 相比,MBR-MFC 中好氧污泥以葡萄糖为底物测定的比耗氧速率(SOUR$_{葡萄糖}$)和以淀粉为底物测定的比耗氧速率(SOUR$_{淀粉}$)分别提高了 20% 和 37.9% ,说明在低电场的刺激下,MBR-MFC 中好氧污泥对 COD 的降解活性得到了一定的增强。此外发现,MBR-MFC 中好氧污泥的 SOUR$_{合成废水}$ 提高程度高于 SOUR$_{葡萄糖}$ 和 SOUR$_{淀粉}$ 的提高程度。在系统处理合成废水过程中,除葡萄糖和淀粉被氧化的过程会消耗氧气,氨氮物质被氧化的过程也会消耗氧气,只有在氨氮物质氧化的耗氧速率 (SOUR$_{氨氮}$)也得到较大提升的情况下,才能使污泥 SOUR$_{合成废水}$ 提高的程度高于 SOUR$_{葡萄糖}$ 和 SOUR$_{淀粉}$ 提高的程度。由此推测,在 MBR-MFC 中低电场的刺激作用下,污泥的氨氧化活性也得到了有效提升。

(5)COD 物质平衡与污泥产率分析。

为了进一步分析 MBR-MFC 中 COD 的降解途径,研究了 MBR-MFC 和 C-MBR 运行过程中的 COD 物料平衡,结果如图 5.66 和表 5.22 所示。在 C-MBR 中,原水进入阳极室后,普通厌氧过程消耗的 COD 为进水的 5.4% ;而对于 MBR-MFC 而言,除了普通厌氧过程导致的 5.4% 的 COD 消耗,还有 0.3% 的 COD 被产电菌转化为电能,4.1% 的 COD 被产电菌及电刺激作用下普通微生物的代谢作用所消耗。污水经过阳极室处理后进入 MBR 曝气池中,曝气池中 COD 的去除主要有三个途径:微生物的矿化作用、微生物的同化作用(剩余污泥)和膜过滤作用。

在图 5.66 中,矿化作用和剩余污泥流向的总 COD 是污泥混合物中由于微生物代谢去除的 COD 总量。MBR-MFC 和 C-MBR 中微生物代谢分别去除了 11 456.0 mg/d 和

11 207.6 mg/d 的 COD。如上所述,微电场的影响使 MBR-MFC 曝气池中微生物活性变强,所以与 C-MBR 相比,由 MBR-MFC 中微生物代谢去除的 COD 量稍多。

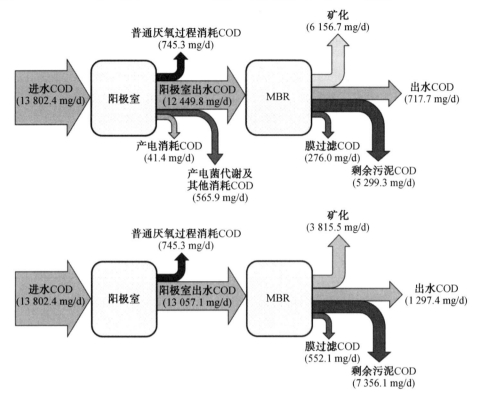

图 5.66　MBR-MFC 与 C-MBR 中 COD 物料平衡分析

表 5.22　MBR-MFC 与 C-MBR 中 COD 物料平衡对比分析　　　　　　　　%

系统	进水	去除					排放	
		阳极去除			MBR 中矿化	膜过滤	出水	剩余污泥
		普通厌氧过程消耗	产生电能	产电菌代谢及其他				
MBR-MFC	100	5.4	0.3	4.1	44.6	2.0	5.2	38.4
C-MBR	100	5.4	—	—	27.9	4.0	9.4	53.3

在 C-MBR 曝气池的微生物代谢过程中,进水中 27.9% 的 COD 被矿化,53.3% 的 COD 用于微生物的增殖,最终以剩余污泥的形式排出系统。而对于 MBR-MFC 曝气池,进水中 44.6% 的 COD 被矿化,仅有 38.4% 的 COD 以剩余污泥的形式被排出系统外。这说明 MBR-MFC 中具有较强活性的微生物虽然能够去除更多的 COD,但是大部分 COD 被微生物矿化,只有少部分 COD 用于微生物的增殖,因此与 C-MBR 相比,MBR-MFC 能实现一定的污泥减量效果。

为了进一步考察 MBR-MFC 的污泥减量效能,分析了两组系统运行过程中的污泥产率。在系统运行的 90 ~ 110 d 时间内,每天监测 MBR-MFC 和 C-MBR 的进水 COD 质量浓度,污泥上清液 COD 质量浓度、出水 COD 质量浓度、MLVSS,并记录每天的排泥量,最后计算出两组系统的污泥产率,结果见表 5.23。MBR-MFC 和 C-MBR 的污泥产率分别为 0.23 kg VSS/kg $COD_{removed}$ 和 0.31 kg VSS /kg $COD_{removed}$,与传统活性污泥法相比(0.5 kg VSS/kg $COD_{removed}$),MBR-MFC 与 C-MBR 分别能够实现 54% 和 38% 的污泥减量效果。MBR 工艺具有较高的污泥浓度,污泥有机负荷低,系统中微生物处于高度内源呼吸状态,因此相比传统活性污泥法,MBR-MFC 与 C-MBR 污泥产量较低,均能够实现一定的污泥减量效果。此外,MBR-MFC 的污泥产量相比 C-MBR 降低了 28%,这说明 MBR-MFC 中污泥减量效果得到了提升,其原因可能是 MBR-MFC 曝气池中微电场的刺激作用增强了微生物的内源呼吸速率。为了证明这一推断,测定了两组系统污泥在不添加任何底物的蒸馏水环境中的比耗氧速率,结果显示 MBR-MFC 的好氧污泥在蒸馏水中的比好氧速率为 31.0 mg O_2/(g MLVSS · h),较 C-MBR(24.1 mg O_2/(g MLVSS · h)提高了 28.6%,这说明内源呼吸速率的提升可能是导致 MBR-MFC 污泥减量效果提升的原因之一。

表 5.23　MBR-MFC 与 C-MBR 中污泥产率分析

项目	MBR-MFC	C-MBR
污泥产率/(kg VSS · kg^{-1} $COD_{removed}$)	0.23	0.31
污泥产量/(mg MLVSS · d^{-1})	5 299.3	7 356.1
污泥减量效果/%	28.0	—

2. 改进型 MBR-MFC 耦合工艺膜污染状况分析

(1)过膜压力增长情况分析。

在恒定通量操作条件下,TMP 会随着膜阻力的增加而升高,因此 TMP 增长曲线可以直观反映膜污染的趋势。MBR-MFC 和 C-MBR 运行过程中的 TMP 增长曲线如图 5.67 所示。运行过程中,当 TMP 高于 30 kPa 时取出膜组件,用次氯酸钠溶液进行化学清洗后再次装入系统中,进入下一个膜过滤周期。由图 5.67 可以看出,在 130 d 内 MBR-MFC 经历了两个过滤周期,而 C-MBR 则经历了四个过滤周期,说明在 MBR-MFC 中膜过滤周期得到有效延长,膜清洗频率有所降低。C-MBR 的四个膜污染周期为 29 ~ 35 d,而 MBR-MFC 的两个膜污染周期分别为 60 d 和 70 d。在系统运行后期,两组系统的污泥性质趋于稳定,将 MBR-MFC 第二个过滤周期和 C-MBR 第四个过滤周期的 TMP 增长情况进行比较分析,如图 5.68 所示。

从图 5.68 中可以看出,MBR-MFC 和 C-MBR 稳定后过滤周期时长分别为 31 d 和 70 d,MBR-MFC 的 TMP 平均增长速率为 0.44 kPa/d,较 C-MBR(1.03 kPa/d)降低了 57.28%,说明 MBR-MFC 中膜污染进程得到了有效减缓。MBR 中膜污染过程分为两个阶段,即 TMP 稳定增长阶段和 TMP 跃升阶段,第一阶段 TMP 的增长主要是膜孔阻塞以及泥饼层的逐渐形成所导致的,第二阶段的 TMP 突跃主要是膜表面大量泥饼层的形成致使局部膜通量增大,并超过临界通量所导致的,此外泥饼层的坍塌也是引起第二阶段 TMP

突跃的原因之一。MBR-MFC 与 C-MBR 不同阶段的 TMP 增长情况对比分析见表 5.24。

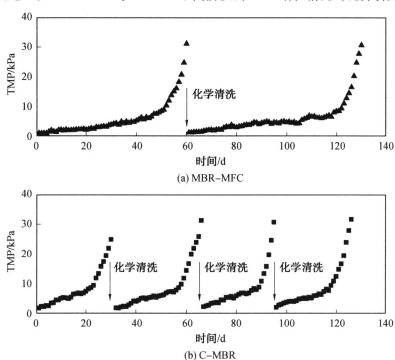

(a) MBR-MFC

(b) C-MBR

图 5.67　MBR-MFC 和 C-MBR 中 TMP 增长曲线

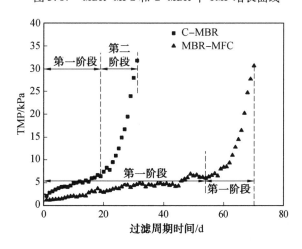

图 5.68　MBR-MFC 和 C-MBR 中 TMP 变化对比分析

表 5.24　MBR-MFC 与 C-MBR TMP 增长情况分析

反应器	第一阶段		第二阶段	
	时间/d	TMP 增长速率/$(kPa \cdot d^{-1})$	时间/d	TMP 增长速率/$(kPa \cdot d^{-1})$
MBR-MFC	53	0.12	17	1.85
C-MBR	19	0.34	12	2.12

从表 5.24 可以看出,MBR-MFC 膜污染的第一阶段和第二阶段的运行时间分别是 C-MBR的2.79倍和1.42倍,TMP 增长速率分别比 C-MBR 降低了64.71%和12.74%,这表明 MBR-MFC 中微电场的引入对两个阶段的膜污染均具有减缓作用。在 MBR-MFC 中,微电场的存在能够使系统中带负电的膜污染物质在电场力的作用下发生定向移动,从而减缓污染物在膜孔和膜表面的吸附积累。另外,低电场环境会影响微生物的生理特性,从而使污泥性质发生一系列的变化,进而对膜污染情况产生一定的影响。MBR-MFC 中的膜污染减缓机理将在后文深入分析。

(2)膜污染阻力分析。

对 MBR-MFC 和 C-MBR 中污染后的膜进行膜阻力分析,结果见表 5.25。在过滤周期结束时,MBR-MFC 与 C-MBR 的膜污染总阻力 R_t 分别为 105.53×10^{11} m^{-1} 和 129×10^{11} m^{-1},泥饼层阻力分别为 99.07×10^{11} m^{-1} 和 123.37×10^{11} m^{-1},泥饼层阻力 R_c 分别占总阻力的93.88%和95.55%,说明在两组系统中膜污染阻力均以泥饼层阻力为主。MBR-MFC 的泥饼层阻力相对较小,说明泥饼层污染较轻。R_c 平均增长率反映了泥饼层污染的形成快慢,MBR-MFC 的 R_c 平均增长速率相比 C-MBR 降低了64.32%,这进一步证明了 MBR-MFC 中微电场的引入对泥饼层污染的减缓作用。

表 5.25　膜污染阻力对比分析

项目	MBR-MFC	C-MBR
$R_t/(\times 10^{11}$ $m^{-1})$	105.53	129.12
$R_m/(\times 10^{11}$ $m^{-1})$	2.81	2.26
$R_f/(\times 10^{11}$ $m^{-1})$	3.65	3.49
$R_c/(\times 10^{11}$ $m^{-1})$	99.07	123.37
R_t平均增长率$/(\times 10^{11}$ $m^{-1} \cdot d^{-1})$	1.51	4.17
R_f平均增长率$/(\times 10^{11}$ $m^{-1} \cdot d^{-1})$	0.05	0.11
R_c平均增长率$/(\times 10^{11}$ $m^{-1} \cdot d^{-1})$	1.42	3.98

MBR-MFC 的膜孔污染阻力 R_f(3.65×10^{11} m^{-1})略高于 C-MBR(3.49×10^{11} m^{-1})。膜孔污染主要是由溶解性和胶体污染物在膜孔内的吸附沉积作用而导致的,由于 MBR-MFC 膜过滤周期长于 C-MBR,经过膜孔的膜污染物质的数量更多,膜孔被污染的概率更大,这可能是导致 MBR-MFC 中膜孔污染阻力高于 C-MBR 的原因。在 MBR-MFC 中,R_f 的平均增长速率较 C-MBR 降低了54.55%,这说明虽然 MBR-MFC 具有较高的膜孔阻力,但从膜孔阻力平均增长速率的角度分析,MBR-MFC 对膜孔污染的形成速度具有明显的减缓作用。以上膜阻力分析结果与 TMP 增长曲线分析结果一致,均证明了 MBR-MFC 中微电场的引入能够有效地抑制膜孔堵塞和泥饼层的形成。

5.6.2　改进型 MBR-MFC 耦合系统中低电场对污泥性质的影响

由上节研究结果可知,MBR-MFC 中低电场的刺激作用有效提高了污泥中微生物的底物降解活性,降低了污泥产率。而微生物代谢行为的变化,必然会导致污泥混合液性质的变化。污泥混合液是膜生物反应器的主体部分,对系统运行效能和膜污染特征起着至关重要的作用。污泥混合液主要由上清液和污泥絮体两部分构成,SMP 是上清液中的主要物质,EPS 是由微生物分泌的包裹在污泥絮体外周的有机聚合物。SMP 和 EPS 是微生物代谢过程中产生的,与微生物的代谢行为紧密相关。污泥絮体是形成泥饼层的主要物质,污泥的粒径、形态和表面特性等性质对 MBR 中的泥饼层污染具有重要影响。因此,本节着重研究了 MBR-MFC 内长期低电场作用对 SMP 和 EPS 特性的影响,考察了 MBR-MFC 污泥混合液的基本性质的变化,其中包括污泥沉降性、过滤性、脱水性、以及丝状菌生长情况,分析了 MBR-MFC 中长期低电场作用对污泥絮体表面特性、聚集性、絮体粒径分布以及形态特征的影响,为后文中膜污染减缓机理的分析探讨提供了理论基础。

1. SMP 特性研究

(1)SMP 浓度与组成分析。

大量研究表明,在 MBR 中,SMP 的质量浓度、组成与特性和膜污染具有密切关系。在 160 d 的运行过程中,MBR-MFC 和 C-MBR 中 SMP 的质量浓度变化如图 5.69 所示。从图中可以看出,运行过程中 C-MBR 内 SMP 质量浓度没有明显的变化趋势,保持稳定的上下波动状态,对于 MBR-MFC 而言,在运行过程的前 90 d 中,SMP 质量浓度具有明显的下降趋势,并在 90 d 以后趋于稳定,MBR-MFC 的 SMP 平均质量浓度为(24.3 ± 5.7) mg/L,较 C-MBR 中 SMP 平均质量浓度((38.7±4.9) mg/L)下降了 37.4%,这说明 MBR-MFC 能够有效降低 SMP 中有机物的质量浓度,这一方面可能是由于 MBR-MFC 阳极的 COD 降解率高于 C-MBR 的阳极,这导致 MBR-MFC 曝气池中好氧污泥的有机负荷略低于 C-MBR,有机负荷降低在一定程度上会引起 SMP 产生量的减少。

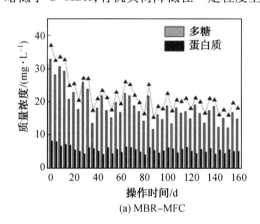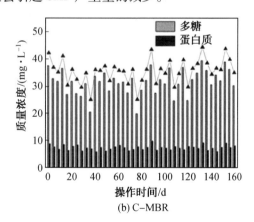

图 5.69　MBR-MFC 与 C-MBR 运行过程中 SMP 质量浓度变化

C-MBR 的 SMP 中蛋白质和多糖的质量浓度分别为 7.20 mg/L 和 31.52 mg/L,而 MBR-MFC 的 SMP 中蛋白质和多糖的质量浓度分别为 5.51 mg/L 和 18.75mg/L,较 C-MBR 分别降低了 23.5% 和 40.5%,这说明在 MBR-MFC 中 SMP 的蛋白质和多糖均有效地降低。还可以发现,MBR-MFC 中 SMP 多糖的降低幅度大于蛋白质,这可能是多糖的可降解性高于蛋白质,多糖比蛋白质更容易被微生物降解利用,导致 MBR-MFC 中 SMP 的蛋白质浓度(PN)与多糖(PS)浓度的比值(PN/PS)增高,通过计算发现,MBR-MFC 中

SMP 的 PN/PS 值(0.29)较 C—MBR(0.23)增高了 26.1%。大量研究证明 SMP 是 MBR 中造成不可逆膜污染的关键膜污染物,因此 MBR—MFC 中 SMP 浓度的降低是膜污染减缓的原因之一。还有研究发现,与浓度相比,SMP 中有机物的组成,即 PN/PS 值与膜污染关系更密切,然而,目前关于 PN/PS 值与膜污染关系的研究并未达成一致的结论。一些学者认为 SMP 中多糖是导致膜孔堵塞的主要物质,因此 PN/PS 值越高,不可逆膜污染越轻,PN/PS 值提高,有利于控制 MBR 膜污染;而另一些学者认为 SMP 中蛋白质的质量浓度与膜污染具有更明显的正相关关系,PN/PS 值越高,膜污染越严重,因此不能单纯从 SMP 质量浓度和 PN/PS 值的角度确定 MBR—MFC 中 SMP 性质的变化与膜污染的关系,有必要将 MBR—MFC 和 C—MBR 的 SMP 提取出来,对其进行膜污染潜力的分析,这将在后文进行分析论述。不同的运行环境对 SMP 的特性也具有一定的影响,为了进一步研究 MBR—MFC 耦合系统中低电场作用对 SMP 性质的影响,下文中分别利用 EEM 和 FTIR 技术分析两组系统中 SMP 的荧光特性和官能团特征。

(2)SMP 荧光特性分析。

MBR—MFC 与 C—MBR 中 SMP 的三维荧光光谱图 5.70 所示,可以看出,在两组系统 SMP 的 EEM 谱图中主要存在 A、B、C 和 D 四个特征峰,A 峰的激发波长/发射波长(E_x/E_m)范围为 270 nm/334 ~ 336 nm,代表色氨酸类蛋白质,B 峰的 E_x/E_m 范围为 230 nm/336 ~ 338 nm,代表芳香性蛋白质,C 峰的 E_x/E_m 范围为 330 ~ 335 nm/414 ~ 420 nm,代表腐殖酸类物质,D 峰的 E_x/E_m 范围为 280 ~ 285nm/4 166 ~ 422nm,代表富里酸类物质。MBR—MFC 和 C—MBR 系统 SMP 的荧光峰位置与强度见表 5.26。

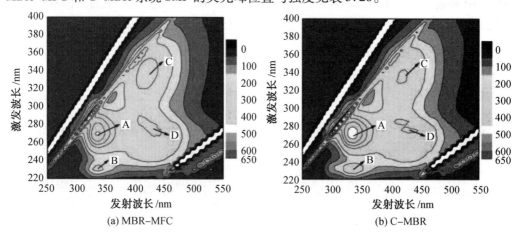

图 5.70　MBR—MFC 与 C—MBR 中 SMP 的三维荧光光谱图(彩图见附录)

表 5.26　MBR—MFC 与 C—MBR 中 SMP 的荧光光谱参数

反应器	A 峰		B 峰		C 峰		D 峰	
	E_x/E_m	强度	E_x/E_m	强度	E_x/E_m	强度	E_x/E_m	强度
MBR—MFC	270/336	456.7	230/336	221.4	335/420	337.9	280/422	313.4
C—MBR	270/334	482.4	230/338	263.8	330/414	307.8	285/416	319.3

由表5.26 中可以发现,与 C-MBR 相比,MBR-MFC 中 SMP 的色氨酸类蛋白质与芳香性蛋白质的荧光峰强度分别降低了5.3% 和16.1% ,这说明在 MBR-MFC 中电场的刺激作用下,色氨酸类蛋白质与芳香性蛋白质能够得到更有效的降解。此外还可以看出,两组系统中 SMP 的富里酸荧光强度没有明显区别,但是 MBR-MFC 中 SMP 的腐殖酸荧光强度比 C-MBR 升高了9.8% ,这说明在 MBR-MFC 中色氨酸类蛋白质与芳香性蛋白质降解的同时伴随着腐殖酸积累。蛋白质具有较大的分子量,在过滤过程中容易被膜截留,从而吸附在膜表面造成膜孔的堵塞。

(3)SMP 红外光谱分析。

傅里叶红外光谱(FTIR)能够有效识别有机物的官能团特征,利用 FTIR 技术能够从物质结构的角度分析 MBR-MFC 和 C-MBR 中 SMP 的组成,两组系统中 SMP 的 FTIR 谱图如图5.71 所示。

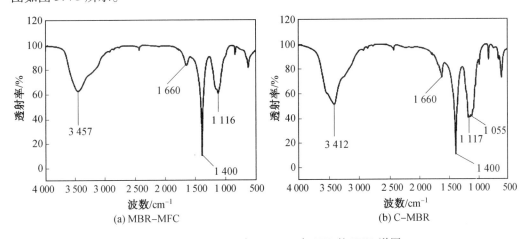

图 5.71　MBR-MFC 与 C-MBR 中 SMP 的 FTIR 谱图

从图中可以看出,两组系统中的 SMP 在3 400 ~ 3 500 cm^{-1} 范围内均具有较宽的吸收峰,该处的吸收峰是羟基 O—H 的伸缩导致的;1 660 cm^{-1} 处的吸收峰是酰胺 I 的 C =O 基团伸缩振动导致的,是氨基酸的一级结构峰,MBR - MFC 和 C - MBR 的 SMP 在1 660 cm^{-1} 均具有明显的吸收峰,说明两组系统 SMP 中都含有蛋白质类物质;1 730 cm^{-1} 和1 400 cm^{-1} 处的吸收峰分别是由羧基官能团中 C =O 的伸缩振动和 O—H 的弯曲振动导致的,该类吸收峰是羧酸类物质的特征峰,两组系统中的 SMP 均表现出较明显的羧酸特征峰,这可能是由腐殖酸和富里酸的存在导致的;两组系统的 SMP 在1 000 ~ 1 150 cm^{-1} 范围内具有较强的吸收峰,该处吸收峰是多糖的 C—O 基团伸缩振动导致的,说明两组系统 SMP 中均存在多糖类物质。此外还可以发现,相比 C-MBR,MBR-MFC 中 SMP 的多糖和蛋白质的吸收峰明显减弱,这进一步证明 MBR-MFC SMP 中的多糖和蛋白质浓度降低。

2. EPS 特性研究

EPS 是微生物底物降解和细胞溶解过程中释放并结合在细胞周围的有机聚合物,此外污水中本来存在的一些有机物也有可能被 EPS 吸附而成为其中的一部分。EPS 与微生物的代谢过程紧密相关,对污泥絮体的物理化学性质,如絮体形态结构、表面带电性、絮凝性、脱水性等具有重要的影响。因此在 MBR 中,EPS 含量与特性与膜污染有密切的关系。根据与细胞结合的紧密程度以及位置分布情况,EPS 可以分为两种,分别是位于内层的与细胞紧密结合的 EPS(TB-EPS)和位于外层的松散结合的 EPS(LB-EPS)。

(1)EPS 含量与组成分析。

在 160 d 的运行过程中,每隔 4 d 提取 MBR-MFC 和 C-MBR 中污泥的 LB-EPS 和 TB-EPS,并对其含量和组成进行对比分析,结果如图 5.72 和表 5.27 所示。从图中可以看出,MBR-MFC 和 C-MBR 中的 LB-EPS 呈现出明显不同的变化趋势,在运行的前 80 d,MBR-MFC 中污泥的 LB-EPS 含量由最开始的 21.9 mg/g VSS 逐渐降低到 12.0 mg/g VSS,并在后续的 80 d 运行时间内,逐渐趋于稳定。对于 C-MBR 而言,污泥 LB-EPS 含量在前 100 d 呈现较稳定的上下波动状态,在运行后期表现出略微升高的趋势。

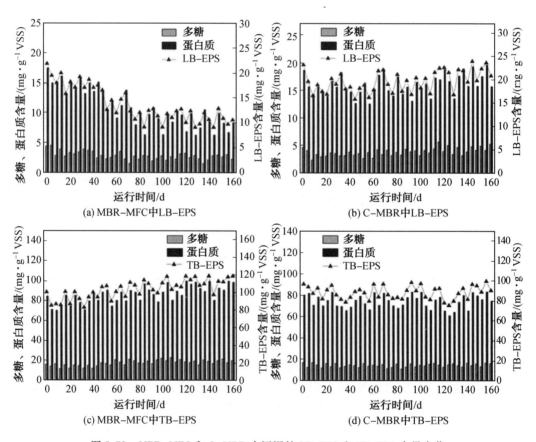

图 5.72   MBR-MFC 和 C-MBR 中污泥的 LB-EPS 和 TB-EPS 含量变化

表 5.27　MBR-MFC 与 C-MBR 中 LB-EPS 和 TB-EPS 含量与组成

EPS	组成	MBR-MFC	C-MBR
LB-EPS	多糖	2.79 ± 0.68	3.60 ± 0.73
	蛋白质	10.87±3.19	15.92±1.88
	PN/PS	3.90	4.42
	总含量	13.66±3.56	19.52±2.26
TB-EPS	多糖	17.61±2.88	14.26±1.63
	蛋白质	86.22±8.57	74.25±6.23
	PN/PS	4.90	5.21
	总含量	103.83±10.32	88.51±6.54

由表 5.27 中可以看出,在 160 d 的运行时间中,MBR-MFC 中污泥 LB-EPS 的平均含量为($13.66±3.56$) mg/g VSS,与 C-MBR($19.52±2.26$ mg/g VSS)相比下降了 30.0%,这说明 MBR-MFC 耦合系统中低电场作用能够有效削减系统中污泥的 LB-EPS 含量。大量研究表明,在营养物质缺乏的情况下,EPS 会作为微生物的有机碳源被微生物降解利用。LB-EPS 松散地结合在污泥絮体的外层,很容易脱离絮体进入上清液转换成溶解性的有机物从而被微生物利用。在 MBR-MFC 中微电场刺激作用提高了微生物的底物降解活性,加之阳极室更高的 COD 去除效率,导致 MBR-MFC 中污泥上清液的 COD 质量浓度比 C-MBR 降低了 41.3%,MBR-MFC 中微生物处于底物更加匮乏的状态,这可能会促进微生物对 LB-EPS 的降解,从而导致污泥 LB-EPS 含量降低。当外界刺激作用导致污泥絮体结构和代谢特性发生变化时,LB-EPS 和 TB-EPS 之间是可以进行相互转化的。有研究发现,对 SBR 系统施加密度小于 0.01 mA/cm^2 的直流电流的情况下,好氧污泥颗粒结构变得更加密实。在本研究中 MBR-MFC 的电流密度为 0.025 mA/cm^2,在电流的刺激作用下,污泥絮体的密实度可能也会增加,这可能会导致外层松散结合的 LB-EPS 向内层紧密结合的 TB-EPS 转化。这一推测将会在后文中进行论证。此外分析污泥 LB-EPS 的组成发现,MBR-MFC 中 LB-EPS 的蛋白质与多糖含量比值 PN/PS 为 3.90,比 C-MBR(4.42)下降了 11.8%,说明 MBR-MFC 中电场的作用不仅对 LB-EPS 含量产生影响,还在一定程度上改变了 LB-EPS 的组成。

从图 5.72 中还可以看出,MBR-MFC 中 TB-EPS 的变化趋势与 LB-EPS 明显不同,在 160 d 的运行过程中,MBR-MFC 中 TB-EPS 含量呈逐渐上升的趋势,并在运行后期逐渐趋于稳定,而 C-MBR 中 TB-EPS 含量虽然上下波动,但是总体保持比较稳定的状态,没有明显的变化趋势。与 C-MBR 相比,MBR-MFC 中 TB-EPS 平均总含量提高了 17.3%,多糖和蛋白质的含量分别提高了 23.5% 和 16.1%,多糖含量升高的幅度大于蛋白质,这导致蛋白质和多糖含量的比值 PN/PS 相对下降了 6.0%。结合总体分析,MBR-MFC 中电场的刺激作用能够导致污泥 TB-EPS 含量的提升。

TB-EPS 位于 EPS 的内层,在过滤过程中并没有机会与膜表面进行接触,而 LB-EPS 则位于污泥絮体的最外层,能够实现与膜表面的直接接触。LB-EPS 是导致不可逆膜污染的主要物质,并且其 PN/PS 值越高,膜污染程度越严重,然而膜污染速率与 TB-EPS 没有直接关系。综上,MBR-MFC 中 LB-EPS 含量和 PN/PS 值的降低可能是膜污染得以减缓的原因之一,TB-EPS 含量的升高对膜污染不会产生明显的影响。

(2)EPS 荧光特性分析。

为了进一步考察 MBR-MFC 中 EPS 特性的变化情况,用三维荧光光谱技术分析对比了 MBR-MFC 和 C-MBR 中 EPS 的荧光特性,结果如图 5.73 和表 5.28 所示。

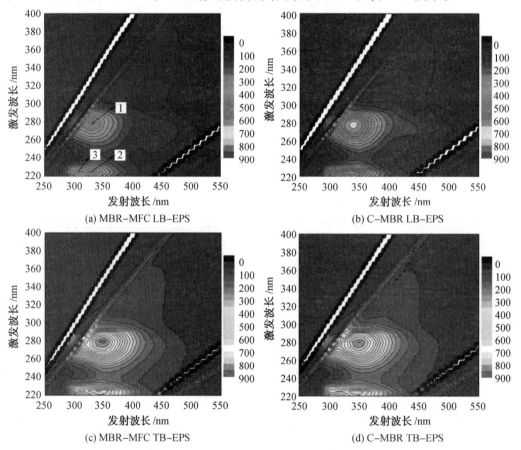

图 5.73　MBR-MFC 和 C-MBR 中 LB-EPS 和 TB-EPS 的三维荧光光谱图(彩图见附录)

表 5.28　MBR-MFC 与 C-MBR 中 EPS 的荧光光谱参数

EPS	系统	1峰		2峰		3峰	
		E_x/E_m	强度	E_x/E_m	强度	E_x/E_m	强度
LB-EPS	MBR-MFC	280/330	509.1	225/326	517.4	225/308	468.4
	C-MBR	280/340	666.6	225/336	646.2	225/310	587.2
TB-EPS	MBR-MFC	280/350	875.7	225/342	615.3	225/304	636.4
	C-MBR	280/350	852.9	225/342	596.5	225/304	540.3

两组系统中的 LB-EPS 和 TB-EPS 均含有 1、2 和 3 三个荧光特征峰,其中峰 1 为色

氨酸蛋白质的特征峰,峰 2 为芳香性蛋白质的特征峰,峰 3 为酪氨酸蛋白质的特征峰。两组系统中的 LB-EPS 和 TB-EPS 均没有明显的腐殖酸和富里酸的特征峰。对比两组系统中 LB-EPS 的荧光光谱发现,MBR-MFC 中 LB-EPS 的色氨酸蛋白质、芳香性蛋白质和酪氨酸蛋白质荧光峰强度相比 C-MBR 分别降低了 23.6%、19.9% 和 20.2%,这说明 MBR-MFC 中 LB-EPS 的色氨酸蛋白质、芳香性蛋白质和酪氨酸蛋白质含量有效降低。观察荧光峰的峰位置发现,两组系统中 LB-EPS 的酪氨酸类蛋白质峰位置比较接近,但是色氨酸类蛋白质与芳香性蛋白质的峰位置则明显不同,与 C-MBR 相比,MBR-MFC 中 LB-EPS 的色氨酸类蛋白质与芳香性蛋白质的荧光峰位置在发射波长上发生了 10 nm 的蓝移,这与芳香基团的分解或大分子物质破碎为小分子物质的过程有关,由此可以看出,在 MBR-MFC 中 LB-EPS 中的部分有机物可能被微生物分解利用。两组系统中的 TB-EPS 荧光峰强度明显高于 LB-EPS,说明 TB-EPS 中荧光性物质含量高于 LB-EPS。此外还发现,MBR-MFC 中 TB-EPS 的三个荧光峰略高于 C-MBR,但是荧光峰位置没有发生明显的变化,这说明 MBR-MFC 中 TB-EPS 的荧光性物质浓度得到了一定程度的提高。

(3)EPS 红外光谱分析。

利用 FTIR 技术进一步分析两组系统中 EPS 的官能团特征,结果如图 5.74 所示。从图中可以看出两组系统中 LB-EPS 和 TB-EPS 具有相同的官能团种类,与 SMP 相比,EPS 中除了多糖、羧酸和蛋白质的一级结构特征峰外,在 1 550 ~ 1 560 cm^{-1} 范围内还出现了较明显的吸收峰,这主要是酰胺基的 N—H 键弯曲振动导致的,是蛋白质的二级结构峰。与 C-MBR 相比,MBR-MFC 中 LB-EPS 的蛋白质和多糖的吸收峰强度均明显减弱,这进一步证明了 MBR-MFC 中 LB-EPS 浓度的降低。两组系统中 TB-EPS 的蛋白质、多糖和羧酸类物质的吸收峰强度高于 LB-ESP,说明 TB-EPS 中有机物的浓度高于 LB-EPS。MBR-MFC中 TB-EPS 的蛋白质和多糖的吸收峰强度高于 C-MBR,这说明在 MBR-MFC 中,TB-EPS 的有机物含量得到了提升。

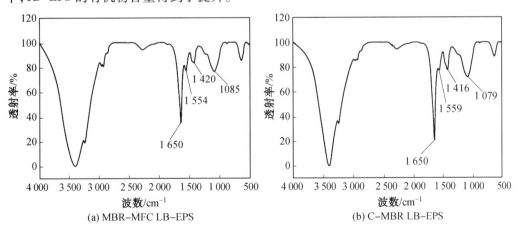

图 5.74　MBR-MFC 与 C-MBR 中 LB-EPS 和 TB-EPS 的 FTIR 谱图

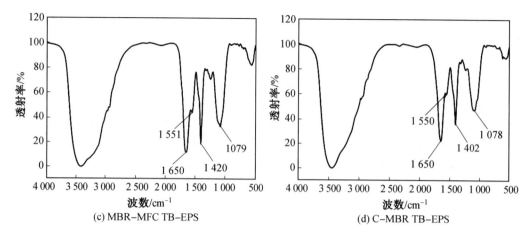

(c) MBR-MFC TB-EPS 　　　　　　　　　(d) C-MBR TB-EPS

续图 5.74

3. 污泥沉降性、过滤性和脱水性研究

（1）污泥沉降性分析。

污泥的沉降性是评价污泥性质的重要指标，污泥平均体积指数（SVI）是最常用的衡量污泥沉降性的参数。在 160 d 的运行时间中，MBR-MFC 和 C-MBR 中污泥的 SVI 变化曲线如图 5.75 所示。由图中可以看出，运行过程中两组系统内污泥的 SVI 值逐渐升高并在 100 d 以后趋于稳定。MBR-MFC 的污泥平均 SVI 值为 147.9 mL/g，较 C-MBR（214.5 mL/g）降低了 31.0%，表明 MBR-MFC 中的污泥具有更好的沉降性。

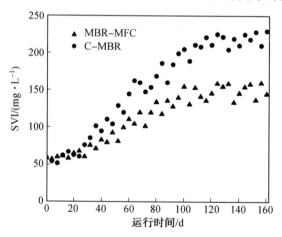

图 5.75　MBR-MFC 和 C-MBR 中污泥的 SVI 变化曲线

两组系统中污泥 SVI 值逐渐增加可能与丝状菌的增殖有关，对两组系统污泥絮体进行显微镜观察，结果如图 5.76 所示。

由图 5.76 可以发现，两组系统污泥中均有丝状菌的存在，但 C-MBR 中丝状菌数量明显多于 MBR-MFC。丝状菌是污泥絮体的骨架，能够促进污泥絮体的形成，然而当丝状菌数量增长时，大量的丝状结构会伸出污泥絮体外，使得污泥絮体之间相互缠绕，引起污泥絮体粒径增大，絮体结构变得松散，污泥絮体密度下降，严重时导致污泥膨胀的发生。

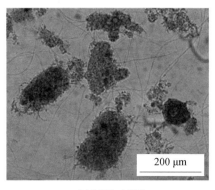
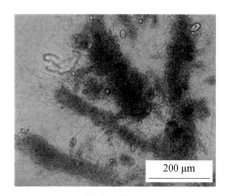

(a) MBR-MFC　　　　　　　　　　　　(b) C-MBR

图 5.76　MBR-MFC 和 C-MBR 中污泥絮体的显微镜观察图

MBR-MFC 中可以看到密实的颗粒状的污泥絮体,而在 C-MBR 中污泥絮体呈长条状,絮体之间缠绕在一起,没有明显界限,且污泥絮体结构较为松散。测定两组系统中的污泥絮体孔隙率发现,MBR-MFC 中污泥孔隙率为 0.75,较 C-MBR 污泥的孔隙率(0.87)降低了 13.8%,这进一步证明 MBR-MFC 中的污泥絮体具有更加密实的结构。可以推断,MBR-MFC 中污泥沉降性相对于 C-MBR 的提升可能是由于微电场的作用抑制了丝状菌的大量增殖,从而有效控制了污泥膨胀的发生。两组系统中丝状菌的定量表征与分析将在后文中进行详细论述。

(2)污泥过滤性能和脱水性分析。

虽然 MBR-MFC 实现了较好的污泥减量效果,但系统仍然会有剩余污泥产生,这些剩余污泥还需要进一步的处理与处置。污泥脱水是实现污泥减容的重要步骤,为污泥的运输和后续进一步的处理与利用创造条件。污泥的过滤脱水性能的好坏直接关系到污泥脱水的难易以及脱水效果。由上节可知,MBR-MFC 中污泥的沉降性能得到改善,证明在 MBR-MFC 中能实现较好的泥水分离效果。污泥比阻和毛细吸水时间是表征污泥过滤脱水性最常用的参数,因此为了进一步研究 MBR-MFC 中污泥的过滤脱水性能,试验中以 C-MBR 为对比,分析考察了 MBR-MFC 中污泥的比阻(SRF)以及毛细吸水时间(CST),MBR-MFC 与 C-MBR 中污泥过滤脱水性能分析见表 5.29。

表 5.29　MBR-MFC 与 C-MBR 中污泥过滤脱水性能分析

系统	比阻/($\times 10^{12}$m·kg^{-1})				可压缩系数	CST/s
	10 kPa	20 kPa	30 kPa	40 kPa		
MBR-MFC	1.97	2.96	3.53	4.41	0.56	20.91
C-MBR	2.29	4.24	5.30	7.67	0.84	31.46

本研究中为了计算污泥的压缩系数,测定了 10 kPa、20 kPa、30 kPa 和 40 kPa 四个压力下的污泥比阻值。由表中可以看出,MBR-MFC 中污泥在四个压力下的比阻较 C-MBR 均显著降低,分别降低了 14.0%、30.2%、33.4% 和 42.5%,这说明 MBR-MFC 耦合系统中低电场作用能有效提高污泥的过滤脱水性能。此外还测定了两组系统中污泥的 CST,

结果发现 MBR-MFC 污泥的 CST 值明显较小,这进一步证明了 MBR-MFC 在污泥脱水性能上的改善效果。相比 TB-EPS,LB-EPS 与污泥的脱水性能具有更密切的关系,LB-EPS 中含有大量的结合水,LB-EPS 浓度的增加会提高污泥絮体中结合水含量,使污泥孔隙率增大,密度降低,导致污泥脱水性能变差。前文已经指出,MBR-MFC 中 LB-EPS 浓度相比 C-MBR 降低了 30.6%,并且测定两组系统中污泥结合水含量发现 MBR-MFC 污泥的结合水含量(12.1 g/g TSS)相比 C-MBR(16.5 g/g TSS)降低了 26.7%,因此 LB-EPS 含量降低是 MBR-MFC 中污泥结合水含量降低、脱水性能提高的主要原因之一。大量研究发现,当污泥处在一定强度的电场环境中时会发生电渗作用,引起结合水含量降低和污泥孔隙率减小。在 MBR-MFC 中,污泥絮体处于阳极和阴极形成的电场中,污泥絮体孔隙中的结合水可能会在电渗的作用下部分去除,从而使污泥脱水性能得到提高。相比于 C-MBR,MBR-MFC 中 SMP 的蛋白质和多糖浓度分别降低了 23.5% 和 40.5%,MBR-MFC 中 SMP 中蛋白质和多糖浓度的削减对污泥过滤性能的提升也具有促进作用。

对比分析不同压力下的比阻值发现,随着操作压力的升高,污泥比组值增大,这主要是由于随着压力的增大泥饼被压实,压力越大泥饼的压实程度越高,渗透率降低,比阻升高。可以看出,随着压力的增大,MBR-MFC 中污泥的比阻降低程度逐渐增大,这可能是由于 MBR-MFC 中污泥的压缩性低于 C-MBR,压力增大对污泥比阻的影响小于 C-MBR。为了定量分析两组系统中污泥的可压缩性,将压力值和不同压力下的比阻进行线性拟合,获得污泥的可压缩系数 s,MBR-MFC 中污泥的可压缩系数为 0.56,比 C-MBR 降低了 33.3%,这说明 MBR-MFC 中形成的泥饼层不容易被压缩,具有更高的透水性。在 MBR 中膜过滤的后期阶段,泥饼层的坍塌是导致 TMP 急剧上升的原因之一,因此 MBR-MFC 污泥可压缩系数的降低,能够有效地抑制泥饼层坍塌,减缓泥饼层污染的发生。

4. 丝状菌生长情况分析

丝状菌的存在对活性污泥处理系统中污泥絮体的形成起着关键性的作用,丝状菌可以作为絮体骨架结构,使细菌黏附其上进行生长繁殖,进而形成结构密实的污泥絮体。如果丝状菌过少,则很难形成较大的污泥絮体,导致污泥沉降性能差,上清液浑浊;如果丝状菌过度繁殖,则形成的污泥絮体结构松散,形状不规则,严重时会导致污泥膨胀及污泥沉降性恶化。在 MBR 中,丝状菌过量繁殖也是导致膜污染加剧的重要因素,丝状菌极易黏附在膜表面形成致密的不透水的泥饼层,此外过量的丝状菌还会导致污泥 EPS 含量的增加,污泥表面疏水性增强,表面负电荷量增加,这些都会导致 MBR 中膜污染加剧。

本研究中利用丝状菌长度/污泥絮体面积(EFLI/FAI)对两组系统中丝状菌的数量进行定量表征,分析 MBR-MFC 中电场作用对污泥中丝状菌生长的影响。先利用扫描电子显微镜对两组系统中污泥絮体进行观察,如图 5.77 所示,可以清晰地发现两组系统中均含有丝状菌,丝状菌的存在使得两组系统中均能形成明显的污泥絮体。可以看出,MBR-MFC 中形成的污泥絮体形状偏向于球形并且结构致密,而 C-MBR 中的污泥絮体则呈长条状,形状不规则,结构松散,这主要是两组系统中的丝状菌数量差异导致的。

将两组系统中污泥絮体进行染色观察,获得显微镜图像,利用 Matlab 软件对图像进行处理计算得出污泥絮体的 EFLI/FAI 值,结果显示,MBR-MFC 中污泥絮体的 EFLI/FAI 值为 0.32±0.06,较 C-MBR(0.68±0.11)降低了 52.9%,这说明 MBR-MFC 中长期的微

(a) MBR-MFC　　　　　　　　　　　　　　(b) C-MBR

图 5.77　MBR-MFC 和 C-MBR 中污泥絮体的 SEM 图像

电场作用能够有效抑制丝状菌的过量增殖。众多研究表明,污泥 LB-EPS 的浓度与污泥黏度密切相关,污泥 LB-EPS 浓度增加会导致污泥黏度增加。MBR-MFC 中相对较低的污泥 LB-EPS 浓度可能导致了其较低的污泥黏度。测定两组系统中污泥的黏度发现,MBR-MFC 中平均污泥黏度((1.12±0.23) mPa·s)较 C-MBR((1.48±0.28) mPa·s)降低了 24.3%。污泥的黏度直接影响系统中氧气的传递效率,污泥黏度的升高对溶解氧传递效率有抑制作用。在本研究中两组系统的曝气量保持一致,但是 MBR-MFC 的平均溶解氧质量浓度为(3.5±0.89) mg/L,高于 C-MBR 的(2.1±0.71) mg/L,推断可得 MBR-MFC 中相对较高的溶解氧质量浓度可能是较低污泥黏度所导致的,而 MBR-MFC 中相对较高的溶解氧质量浓度有助于抑制丝状菌的过量生长。

5. 污泥表面性质及聚集性分析

(1)污泥表面特性分析。

污泥的表面特性如相对亲疏水性和表面电荷,对污泥的沉降性、脱水性、聚集性以及污泥絮体与膜表面的黏附强度等都具有重要的影响。之前的研究结果表明,MFC 的耦合导致 MBR-MFC 中污泥 EPS 的浓度、组成以及特性都发生了明显的变化。EPS 包裹在污泥絮体的外侧,EPS 性质的变化直接影响着污泥的表面特性,因此在试验中测定了 MBR-MFC 与 C-MBR 中污泥的 Zeta 电位与接触角,并根据接触角计算了污泥的表面张力和表面能参数,表征了污泥絮体的亲疏水性。MBR-MFC 和 C-MBR 中污泥絮体的接触角见表 5.30。

表 5.30　MBR-MFC 和 C-MBR 中污泥的接触角　　　　　　　　　　　　(°)

系统	$\theta_水$	$\theta_{甲酰胺}$	$\theta_{二碘甲烷}$
MBR-MFC	67.48±4.60	53.49±3.7	47.94±2.45
C-MBR	72.29±4.23	47.25±2.11	43.56±1.72

从表中可以看出,MBR-MFC 中微电场的作用降低了污泥与水的接触角,增大了污泥与甲酰胺和二碘甲烷的接触角。MBR-MFC 与 C-MBR 中污泥的表面张力与 Zeta 电位见表 5.31。在两组系统的污泥表面张力组分中,电子供体组分(γ^-)远远高于电子受体组分

（γ^{+}），这说明两组系统中污泥絮体均表现出较强的电子供体特征。两组系统的污泥表面 Zeta 电位均为负值，说明污泥絮体表面带负电荷，与 C-MBR 相比，MBR-MFC 中污泥的 Zeta 电位绝对值降低了 6.6%，表明 MBR-MFC 中污泥表面负电荷较少。研究发现，EPS 中含有某些阴离子基团，如羧酸和磷酸，这些基团会发生电离作用从而使 EPS 成负电性，因此 EPS 含量的降低，会在一定程度上导致污泥絮体表面负电性减弱。LB-EPS 位于污泥絮体的最外层，因此与 TB-EPS 相比，LB-EPS 更大程度上决定了污泥絮体的表面特性。前文已经证明，MBR-MFC 中的 LB-EPS 浓度较 C-MBR 降低了 30.6%。综上推断，相对较低的 LB-EPS 浓度可能是 MBR-MFC 中污泥絮体表面 Zeta 电位绝对值较低的主要原因之一。

表 5.31　MBR-MFC 与 C-MBR 中污泥表面张力与 Zeta 电位

系统	表面张力/(mJ·m^{-2})					Zeta/mV
	γ^{LW}	γ^{+}	γ^{-}	γ^{AB}	γ^{TOT}	
MBR-MFC	35.42	0.24	15.86	3.86	39.28	-18.3
C-MBR	37.78	0.95	7.52	5.35	43.13	-19.6

污泥絮体的亲疏水性可以通过污泥絮体之间的黏聚自由能（ΔG_{coh}）进行定量表征。污泥絮体之间的理夫绪兹-凡德瓦尔力（Lifshitz-van der Waals）作用能（LW 能）（ΔG_{121}^{LW}）、路易斯酸碱对作用能（AB 能）（ΔG_{121}^{AB}）和静电力作用能（EL 能）（ΔG_{121}^{EL}）之和构成了 ΔG_{coh}，当 $\Delta G_{coh}<0$ 时，污泥表面呈疏水性；当 $\Delta G_{coh} \geq 0$ 时，污泥表面则呈亲水性。MBR-MFC 与 C-MBR 污泥絮体的黏聚自由能见表 5.32。在 MBR-MFC 和 C-MBR 中，污泥的 ΔG_{coh} 均为负值，说明污泥絮体表面均呈现出较强的疏水性，MBR-MFC 污泥的 ΔG_{coh} 绝对值比 C-MBR 降低了 45.8%，说明 MBR-MFC 中污泥絮体的表面疏水性明显降低。在 EPS 中蛋白质是疏水性的有机物，相对来说多糖则偏向于亲水性，因此 EPS 蛋白质含量的减少可能会降低污泥表面疏水性。污泥的 LB-EPS 位于絮体最外层，相比内层的 TB-EPS，污泥的表面特性更大程度上取决于 LB-EPS。与 C-MBR 相比，MBR-MFC 中污泥的 LB-EPS 浓度下降了 30.6%，并且 PN/PS 值有效降低，这会在一定程度上引起污泥絮体表面疏水性的减弱。

表 5.32　MBR-MFC 与 C-MBR 中污泥的黏聚自由能　　　　　　　mJ/m^{2}

系统	ΔG_{121}^{LW}	ΔG_{121}^{AB}	ΔG_{121}^{EL}	ΔG_{coh}
MBR-MFC	-3.29	-19.50	0.10	-22.69
C-MBR	-4.36	-37.60	0.12	-41.84

（2）污泥聚集性分析。

与 C-MBR 相比，MBR-MFC 中污泥絮体具有较低的表面负电性和较少的 LB-EPS 含量，为了更准确地解析 MBR-MFC 内污泥的聚集性，研究中对两组系统内污泥细胞的相互作用过程进行能量分析。根据 XDLVO 理论，将污泥絮体与污泥絮体之间的相互作用看成球体与球体之间的相互作用，从而获得污泥絮体之间作用过程中相互作用能与絮体间距离的关系曲线,如图 5.78 所示。从图中可以看出 LW 能和 AB 能为负值,表现为吸引能,而 EL 能为正值,表现为排斥能。当间距为 50 nm 时,污泥絮体之间互相受到一个较微弱的吸引作用;当间距变小时,两絮体之间的吸引能逐渐增大,并在 12.5 nm 左右达到最大值;当间距进一步减小时,污泥絮体之间的吸引能开始变小,当距离减小为 7.8 nm 左右时,污泥絮体之间的作用能变为 0 kT;随着间距的继续减小,污泥絮体之间的作用开始变为排斥作用,排斥能随着间距的减小而增大,并在 4.3 nm 处达到最大值;随后排斥能随着距离的减小而减小,在 3.3 nm 处絮体之间的作用能变为零;随后,絮体之间的作用变为吸引能,并随着距离的减小吸引能逐渐增大。

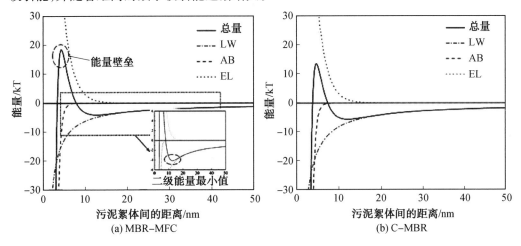

图 5.78　MBR-MFC 和 C-MBR 中污泥絮体之间的相互作用能曲线

在间距大于 3.3 nm 范围的总作用能曲线上,存在一个排斥能的最大值和吸引能的最大值,也称为能量壁垒和二级能量最小值,这两个值对污泥的聚集性能的表征具有重要意义。能量壁垒表示污泥絮体相互接触时需要足够的能量克服这个壁垒,能量壁垒越大,说明污泥絮体越不容易聚集在一起。对比两个系统,MBR-MFC 中污泥的第一能量壁垒为 18.4 kT,比 C-MBR(13.6 kT)提高了 35.3%,这说明 MBR-MFC 的污泥更不容易聚集在一起。二级能量最小值代表着污泥絮体的分散能力,也就是污泥细胞从絮体表面解吸附的能力,MBR-MFC 和 C-MBR 中污泥的二级能量最小值分别为 4.1 kT 和 5.6 kT。在污泥细胞相互接近的过程中,细胞之间呈斥力之前,首先经历吸引力作用,在吸引力作用范围时,会形成松散的不稳定的污泥絮体结构,这个絮体结构很容易在外力的作用下被破坏。二级能量最小值越高,分散絮体结构需要的外部能量越高,污泥絮体聚集能力越强。与 C-MBR 相比,MBR-MFC 中污泥具有较高的能量壁垒和较低的二级能量最小值,证明 MBR-MFC 中污泥的聚集能力弱于 C-MBR 的污泥。这说明在 MBR-MFC 中 LB-EPS 含量的减小对污泥聚集性的减弱程度大于污泥 Zeta 电位负值减小对污泥聚集性的促进程度,最终导致 MBR-MFC 中污泥聚集性的减弱。污泥的聚集性直接影响着污泥絮体粒径与形态特征,因此在下文中将进一步研究 MBR-MFC 中污泥的粒径分布与形态变化情况。

6. 污泥絮体粒径与形态变化研究

（1）污泥絮体粒径分析。

在 MBR 中，污泥絮体粒径是重要的污泥性质指标，絮体粒径对污泥在膜表面的沉积具有重要影响。在 160 d 运行过程中，MBR-MFC 与 C-MBR 中污泥絮体平均粒径变化情况如图 5.79 所示。

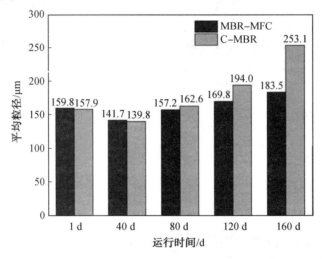

图 5.79　MBR-MFC 与 C-MBR 中污泥絮体平均粒径变化情况

可以看出，随着系统运行时间的延长，两组系统中污泥絮体粒径整体呈上升趋势，并且在前 80 d 的运行期间，两组系统中污泥粒径相差不大，后 80 d 的运行期间 MBR-MFC 中污泥粒径明显小于 C-MBR。前文中证明，相较于 C-MBR，MBR-MFC 能实现污泥 LB-EPS 的削减和污泥聚集性降低，这些都会引起 MBR-MFC 中污泥絮体粒径小于 C-MBR。丝状菌是污泥絮体的骨架，对污泥絮体体积增大起着关键作用，从图 5.77 中可以看出，MBR-MFC 中丝状菌的数量明显少于 C-MBR，这也是导致 MBR-MFC 中污泥絮体粒径小于 C-MBR 的原因之一。

进一步考察两组系统中污泥絮体粒径分布情况（160 d），结果如图 5.80 所示。MBR-MFC 耦合系统中污泥平均粒径为 183.5 μm，较 C-MBR 中污泥平均粒径降低 27.5%。MBR-MFC 中污泥粒径分布在 2 ~ 448 μm 范围内，而 C-MBR 中污泥粒径分布在 3 ~ 2 000 μm 范围内，这表明在 MBR-MFC 中污泥絮体粒径分布范围变窄，污泥粒径可能更加均匀。计算两组系统污泥粒径的 DSI 发现，MBR-MFC 的污泥 DSI 为 0.73，较 C-MBR 的 1.13 降低了 35.4%，这说明在 MBR-MFC 中污泥粒径变小的同时粒径均匀性得到有效提高。虽然有学者证明，污泥粒径越小，越容易在膜表面积累导致膜污染，但是本试验中 MBR-MFC 的膜污染情况并没有加剧，反而得到了明显的控制，这除了与 SMP 和 LB-EPS 的下降以及丝状菌的抑制有关，还可能与污泥粒径均匀性的提高有关。膜表面泥饼的阻力及可压缩性与污泥的分散性指数 DSI 有关，DSI 越低，粒度均匀性越高的污泥絮体形成的泥饼层阻力越小，泥饼越不容易被压缩，因此 MBR-MFC 中污泥的均匀化可能是泥饼层污染得以减缓的原因之一。

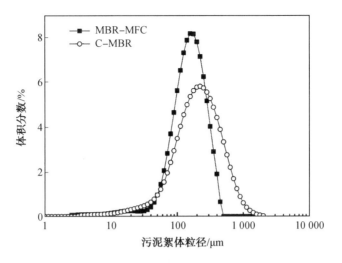

图 5.80　MBR-MFC 与 C-MBR 中污泥絮体粒径分布

（2）污泥絮体形态分析。

为了研究两组系统中污泥絮体的形态特征，用碱性美兰将污泥絮体染色后，在显微镜下观察并获得絮体图像，再利用 Matlab 将图像转化成二值图（图 5.81），使用图像分析软件可以获得絮体的面积、周长、特征长度与特征宽度，计算出污泥絮体的形态学参数（表 5.33）。

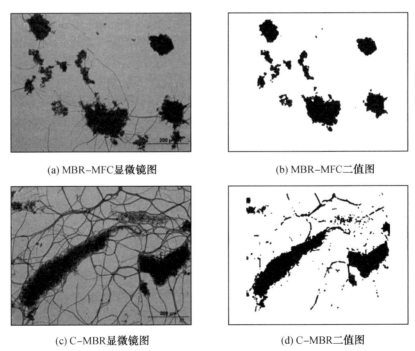

(a) MBR-MFC显微镜图　　　　　　　(b) MBR-MFC二值图

(c) C-MBR显微镜图　　　　　　　(d) C-MBR二值图

图 5.81　两组系统中染色后污泥絮体显微镜图与二值图

表 5.33 MBR-MFC 与 C-MBR 中絮体圆度(R_o)形状因子(FF)和三维纵横比(AR)

系统	R_o	FF	AR
MBR-MFC	0.54±0.10	0.38±0.09	1.57±0.31
C-MBR	0.34±0.08	0.23±0.06	2.43±0.52

在两组系统稳定运行阶段,MBR-MFC 和 C-MBR 中污泥絮体的平均 R_o 值分别为 0.54±0.10 和 0.34±0.08,说明 MBR-MFC 污泥絮体的 R_o 值比 C-MBR 更趋近于 1,絮体外形趋向于球形,这可能是由丝状菌数量不同而导致的。由图 5.81 中可以看出,两组系统的污泥絮体中均含有丝状结构,而 C-MBR 中的丝状结构明显多于 MBR-MFC,这可能是丝状菌的生长在 MBR-MFC 中微电场的作用下受到了一定的抑制。此外,MBR-MFC 中污泥絮体的 FF 值和 AR 值比 C-MBR 更接近于 1,这说明 MBR-MFC 中的污泥絮体表面粗糙度降低,絮体向外界的延伸程度降低,絮体形状更加规则。有学者研究发现,污泥絮体与膜表面的吸附行为和污泥絮体的形态特征有直接的关系,形状越规则、表面粗糙度越低、越趋近于球形的污泥絮体,越不容易在膜表面黏附积累。因此 MBR-MFC 中污泥絮体的规则化与球形化,可能是泥饼层污染得以控制的重要原因之一。

5.6.3 改进型 MBR-MFC 耦合系统中的膜污染控制机理研究

在 MBR 长期运行过程中,膜污染会导致系统运行和维护成本的增加,目前仍是限制 MBR 广泛实际应用的瓶颈问题。本研究将 MFC 与 MBR 高效地耦合在一起,开发了一种新型的 MBR-MFC 耦合系统(图 5.6),该系统避免了额外能耗,在提高污水处理效能的同时实现了膜污染的有效控制。在 MBR-MFC 中,电场力的作用是减缓膜污染的原因之一,此外,在长期的低电场作用下,污泥性质的改善也可能是膜污染得以控制的主要因素。为了深入解析 MBR-MFC 中的膜污染控制机理,有必要将系统中导致膜污染的关键膜污染物提取出来进行膜污染行为与特性的分析。

SMP 和 LB-EPS 是导致膜孔堵塞和凝胶层污染的关键物质。MBR-MFC 不仅会改变 SMP 和 LB-EPS 的浓度和组成,还会对 SMP 和 LB-EPS 中有机物的官能团组成和荧光特性产生影响,SMP 和 LB-EPS 特性的变化必然会引起膜污染特性的改变。因此本节将 MBR-MFC 与 C-MBR 中的 SMP 和 LB-EPS 提取出来,通过序批式过滤试验进行膜污染潜力的分析,利用 CLSM 和 AFM 对污染层进行结构和形态的分析,通过 XDLVO 理论计算分析污染物与膜表面之间的作用能,解析 MBR-MFC 中膜孔污染的减缓机理。

MBR 运行过程中,污泥絮体会不断在膜表面吸附积累形成泥饼层,MBR-MFC 中污泥絮体的表面特性、结构和形态发生了一系列的变化,这些变化会对污泥絮体在膜表面的吸附特性产生直接的影响。因此本节利用 XDLVO 理论分析了污泥絮体与干净膜、SMP 污染膜、EPS 污染膜以及泥饼层之间的物理化学关系,利用 CLSM 对泥饼层进行观察,获得了泥饼层的结构特征参数,分析了 MBR-MFC 中泥饼层污染的减缓机理。

1. 电场力对膜污染的抑制

在 MBR-MFC 中,阳极和阴极之间能形成 0.09 V/cm 的电场,系统中膜表面上附着的带负电的颗粒物会受到远离膜表面方向的电场力,电场力足够大的情况下颗粒物会从膜表面脱离,因此电场力对膜表面污染物具有类似于反冲洗的作用。电场力导致的等值

反冲洗通量 $J_{反冲洗}$ 可以根据式(5.20)和式(5.21)进行计算。

$$J_{反冲洗} = \frac{Q}{A} = v \tag{5.20}$$

$$v_{p} = \frac{\varepsilon \zeta}{\mu} E \tag{5.21}$$

式中　Q——反冲洗水流量(m^3/s)；

　　　　A——膜面积(m^2)；

　　　　v——反冲洗水流速(m/s)；

　　　　v_{p}——电泳速度(m/s)；

　　　　ε——电解质介电常数；

　　　　ζ——颗粒 Zeta 电位(V)；

　　　　μ——混合液黏度(Ps·s)；

　　　　E——电场强度(V/cm)。

　　根据式(5.14)计算得到 MBR-MFC 中电场作用下带电颗粒物质的电泳速度为 $(1.10\pm0.03)\times10^{-7}$ m/s。假设电泳速度等于反冲洗水流速度,则电场力对膜表面污染物的驱动作用,相当于通量为 0.396 L/(m^2·h)的反冲洗作用。MBR-MFC 中膜出水通量为 7.5 L/(m^2·h),系统中 0.09 V/cm 强度的内电场作用所造成的等值反冲洗通量为出水通量的 5.3%,因此电场作用造成的反冲洗效果能够在一定程度上减缓 TMP 的升高。

　　在 MBR-MFC 中,膜表面的泥饼层和结合比较松散的凝胶层污染物会在曝气造成的剪切力作用下脱离膜表面,与曝气作用相比,电场力对膜表面污染物的去除作用很微弱,但是在电场力的作用下,膜污染物始终具有脱离膜表面的趋势,这可能会使得膜表面污染物的结合比较松散,这些在膜表面松散附着的污染物会更容易在曝气的作用下脱离膜表面。

　　由前述研究结果可知,与没有电场作用的 C-MBR 相比,MBR-MFC 的 TMP 平均增长速率降低了 57.28%,说明在 MBR-MFC 中膜污染速率显著降低,而电场力所造成的等值反冲洗通量仅为出水通量的 5.3%,很明显,电场力对膜表面污染物的驱动作用肯定不是耦合系统中膜污染显著减缓的主要原因。前期研究证明,在 MBR-MFC 中长期的低电场作用下,污泥混合液中 SMP 和 LB-EPS 的浓度和组成均发生了明显变化,并且污泥的理化性质也得到了一定程度的改善,这必然会引起 SMP、LB-EPS 和污泥絮体膜污染特性的变化,从而影响系统的膜污染情况。由此推测耦合系统中关键膜污染物的膜污染潜力变化可能是导致膜污染受到有效抑制的主要原因。为了进一步解析 MBR-MFC 中膜污染的减缓机理,有必要对 SMP、LB-EPS 及污泥絮体进行膜污染潜力研究。

2.SMP 膜污染潜力分析

　　(1)SMP 过滤特性分析。

　　大量研究表明,污泥混合液中的溶解性有机物是引起 MBR 前期膜污染的主要物质,SMP 则是溶解性有机物的代表性物质。为了研究 MBR-MFC 对 SMP 的污染特性的影响,研究中将 MBR-MFC 和 C-MBR 中的 SMP 提取出来,进行恒压死端过滤试验(操作压力为 10 kPa),为了避免质量浓度差异造成的影响,试验前将样品稀释到相同 TOC 质量浓度。MBR-MFC 与 C-MBR 中 SMP 过滤通量变化曲线如图 5.82 所示。

　　由图 5.82 中可以看出,MBR-MFC 中 SMP 的通量下降曲线接近于一条直线,通量下

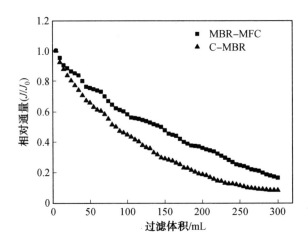

图 5.82 MBR-MFC 与 C-MBR 中 SMP 过滤通量变化曲线(J 为通量,J_0 为初始通量)

降速度变化不大,而 C-MBR 中 SMP 导致的通量下降速度随着过滤体积的增加呈现逐渐减缓的趋势,且在整个过滤过程中,C-MBR 中 SMP 组的相对通量始终低于 MBR-MFC 的 SMP,在过滤终点,C-MBR 中 SMP 的通量下降比例为 91.7%,MBR-MFC 中 SMP 的通量下降比例为 83.5%。由此可以看出 MBR-MFC 能够降低 SMP 的膜污染潜力。

图 5.83 为 MBR-MFC 与 C-MBR 的 SMP 在过滤过程中的阻力变化曲线。在两组系统 SMP 的过滤过程中,阻力随着过滤体积的增加而逐渐升高,并且 C-MBR 中 SMP 的过滤阻力始终高于 MBR-MFC 中 SMP。值得注意的是,两组系统 SMP 的过滤阻力增加速率随着过滤体积的增加而逐渐增大,这有可能是随着过滤的进行,SMP 中有机物逐渐在膜表面或膜孔壁上吸附形成一层污染层,而有机物在污染层上的吸附速率大于在干净膜上的吸附速率,从而导致膜污染加速和膜阻力增加速率的提升。

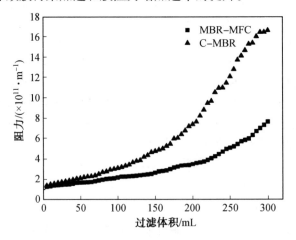

图 5.83 MBR-MFC 与 C-MBR 的 SMP 在过滤过程中的阻力变化曲线

过滤试验结束后,对污染后的膜进行阻力分析,结果见表 5.34。C-MBR SMP 过滤后膜的总阻力为 $16.61 \times 10^{11} \text{m}^{-1}$,MBR-MFC SMP 过滤后膜的总阻力为 $7.65 \times 10^{11} \text{m}^{-1}$,相比 C-MBR 下降了 53.9%。MBR-MFC SMP 与 C-MBR SMP 过滤试验中,膜孔堵塞阻力分别

占总阻力的 69.93% 和 80.07%,泥饼层阻力仅占总阻力的 28.82% 和 19.27%,这说明 SMP 过滤试验中膜通量下降主要是由膜孔堵塞引起的。

表5.34　MBR-MFC 与 C-MBR 中 SMP 污染后膜阻力分析结果

项目	MBR-MFC	C-MBR
$R_t/(\times 10^{11}\,\mathrm{m}^{-1})$	7.65(100%)	16.61(100%)
$R_m/(\times 10^{11}\,\mathrm{m}^{-1})$	0.10(1.31%)	0.11(0.66%)
$R_f/(\times 10^{11}\,\mathrm{m}^{-1})$	5.35(69.93%)	13.30(80.07%)
$R_c/(\times 10^{11}\,\mathrm{m}^{-1})$	2.20(28.82%)	3.20(19.27%)

(2)模型模拟 SMP 过滤进程。

为了进一步分析两组系统中 SMP 在过滤过程中的膜污染机理,利用四种过滤模型对两组系统中 SMP 的过滤数据进行线性拟合分析,结果如图 5.84 所示。

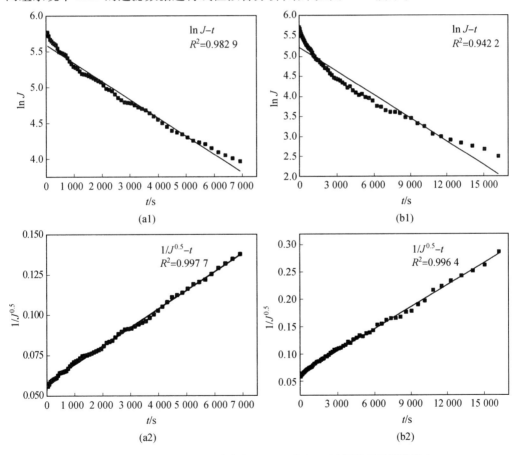

图 5.84　(a)MBR-MFC 和(b)C-MBR 中 SMP 过滤机理的线性拟合
(1)完全膜孔堵塞模型;(2)标准膜孔堵塞模型;(3)中间膜孔堵塞模型;(4)滤饼过滤模型

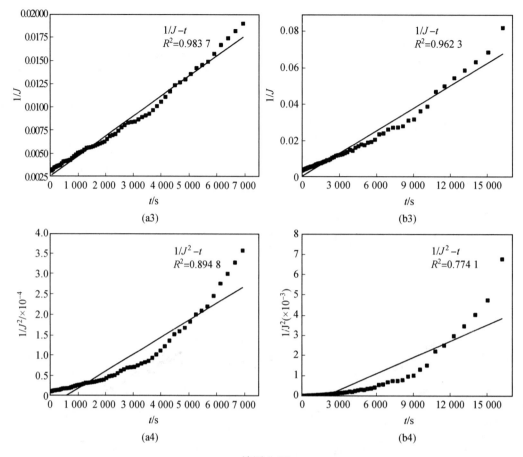

续图 5.84

　　在恒压死端过滤过程中,膜通量的下降是污染物在膜孔或膜表面的吸附积累导致的,该过程主要涉及四种膜污染机理,可以通过四种经典过滤模型进行表征,包括完全膜孔堵塞模型、标准膜孔堵塞模型、中间膜孔堵塞模型以及滤饼过滤模型。如图 5.84 所示,直线为试验数据对相应过滤模型的拟合结果,根据决定系数 R^2 衡量拟合的程度。可以看出,MBR-MFC 与 C-MBR 中 SMP 的过滤过程与泥饼层过滤模型拟合度较低(R^2 分别为0.894 8 和 0.774 1),不太符合泥饼层过滤模型。两组系统中 SMP 的过滤过程与其他三种过滤模型都具有较高的拟合度(R^2 高于 0.94),尤其是标准膜孔堵塞模型,MBR-MFC SMP 和 C-MBR SMP 的过滤过程与标准堵塞模型决定系数分别为 0.997 7 和 0.996 4,这说明对于两组系统 SMP 的过滤过程,最可能的膜污染机理是标准膜孔堵塞。

　　标准膜孔堵塞是指所过滤溶液中微粒的尺寸小于膜孔径,微粒很容易进入膜孔,吸附沉积在膜孔内壁上导致膜孔体积减小,从而引起通量的下降。对两组系统中 SMP 的粒径进行分析,如图 5.85 所示。

　　由两个系统的 SMP 粒径分布结果可知,MBR-MFC 和 C-MBR 的平均 SMP 粒径分别为 128.8 nm 和 115.1 nm,C-MBR 的平均 SMP 粒径比 MBR-MFC 小,这可能是由于MBR-MFC的SMP中蛋白质物质所占比例相对较高,多糖的尺寸小于蛋白质,所以 SMP

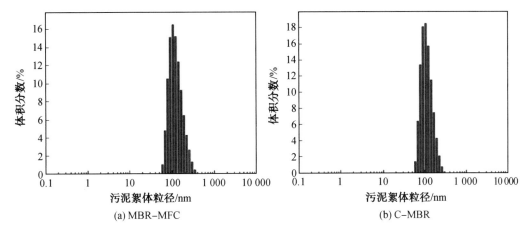

图 5.85　MBR-MFC 与 C-MBR 中 SMP 的粒径分布

粒径相对较大。在 MBR-MFC 和 C-MBR 中,两组系统 SMP 中粒径小于膜孔($0.22~\mu m$)的微粒的体积分数分别为 95.5% 和 98.9%,这表示两组系统中 SMP 物质可以很轻松进入膜孔,并在膜孔内吸附沉积,最终引起标准膜孔堵塞。

(3)SMP 组分膜截留情况。

SMP 过滤过程中膜污染主要是污染物在膜孔内壁和膜表面上的吸附积累导致的,污染物在膜上的吸附量直接影响膜污染的程度。研究中通过分析初始 SMP 溶液和滤液中蛋白质与多糖的质量浓度,计算出膜对蛋白质和多糖的截留量,进而研究 MBR-MFC 和 C-MBR 中 SMP 的初始蛋白质和多糖在膜上的吸附特性。

由表 5.35 可以看出,MBR-MFC 中 SMP 的初始蛋白质和多糖质量浓度分别为 2.47 mg/L 和 8.36 mg/L,C-MBR 中 SMP 的蛋白质和多糖质量浓度分别为 2.08 mg/L 和 9.57 mg/L,两组系统 SMP 中的有机物以多糖为主,MBR-MFC 中 SMP 的 PN/PS 值为 0.30,高于 C-MBR 的 0.22。滤膜对 C-MBR 中 SMP 的蛋白质和多糖截留率分别为 27.95% 和 32.37%,而对 MBR-MFC 中 SMP 的蛋白质和多糖截留率相对较低,分别为 15.75% 和 25.37%,这说明 MBR-MFC 降低了 SMP 在膜上的吸附效率。值得注意的是,两组系统 SMP 经过滤后膜上所截留的蛋白质和多糖的比值分别为 0.18 和 0.19,均低于初始 SMP 溶液的 PN/PS 值,这说明在过滤过程中 SMP 中的多糖比蛋白质更容易吸附在膜孔内壁上造成膜孔堵塞。

表 5.35　滤膜对 MBR-MFC 与 C-MBR 中 SMP 组分的截留量

	组分	MBR-MFC 中 SMP	C-MBR 中 SMP
	PN/PS	0.30	0.22
蛋白质	初始蛋白质质量浓度/$(mg \cdot L^{-1})$	2.47	2.08
	蛋白质截留量/$(\mu g \cdot cm^{-2})$	9.29	13.89
	截留率/%	15.75	27.95

续表 5.35

组分		MBR–MFC 中 SMP	C–MBR 中 SMP
	PN/PS	0.30	0.22
多糖	初始多糖质量浓度/(mg·L^{-1})	8.36	9.57
	多糖截留量/(μg·cm^{-2})	50.66	73.99
	截留率/%	25.37	32.37

（4）SMP 污染膜的 FTIR 分析。

SMP 中除了主要物质蛋白质和多糖以外,还包含其他的有机组分,如腐殖酸、富里酸等物质,在过滤过程中,这些有机物也会在膜上吸附积累,造成膜污染,因此为了进一步分析 SMP 中有机物在膜上的吸附情况,利用 FTIR-ATR 技术对干净膜和 SMP 污染后的膜进行官能团识别,结果如图 5.86 所示。从图 5.86 可以看出,干净膜在 1 725 cm^{-1}、1 400 cm^{-1}、1 179 cm^{-1} 和 1 070 cm^{-1} 处有明显的吸收峰,1 725 cm^{-1} 处的吸收峰是由羧酸中 C=O 键的伸缩振动导致的,1 400 cm^{-1} 处的吸收峰是由羧基中 O—H 键的弯曲振动或醇类物质 C—O 键的伸缩振动导致的,1 179 cm^{-1} 处的吸收峰是由羧基中 C—O 键的变形导致的,1 070 cm^{-1} 处的吸收峰则是由糖类等物质 C—O 键的伸缩振动导致的。SMP 污染后的滤膜在 1 400 cm^{-1} 和 1 179 cm^{-1} 处的羧酸基团的吸收峰明显增强,这可能是腐殖酸和富里酸类物质在膜表面上吸附积累导致的,并且在 1 070 cm^{-1} 处的多糖物质的吸收峰也

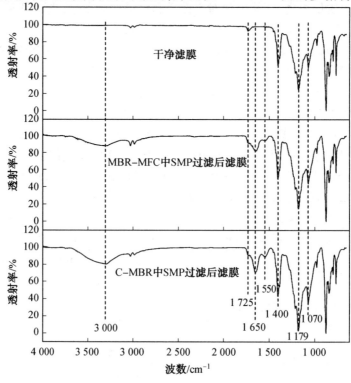

图 5.86　干净滤膜、MBR–MFC 和 C–MBR 中 SMP 污染后滤膜的 FTIR 谱图

有所增强,证明了多糖物质在膜表面的吸附。此外,SMP 污染后的膜在 3 300 cm^{-1}、1 650 cm^{-1} 和 1 550 cm^{-1} 处出现了新的吸收峰。3 300 cm^{-1} 处的吸收峰是由 O—H 键的伸缩导致的,说明含有 O—H 官能团的有机物在膜上得到积累;1 650 cm^{-1} 和 1 550 cm^{-1} 处的吸收峰分别是由酰胺基 C ═O 键的伸缩和 N—H 键的弯曲振动导致的,分别为蛋白质的一级结构和二级结构特征峰,证明了 SMP 过滤过程中蛋白质物质在膜上的吸附积累。C-MBR SMP 经过滤后,滤膜上的蛋白质、多糖和羧酸类物质的吸收峰明显强于 MBR-MFC SMP,这进一步证明了 C-MBR 的 SMP 中有机物更容易在膜上吸附沉积。SMP 与膜表面之间的相互作用能对 SMP 的吸附起着重要的作用,后文将利用 XDLVO 理论对 SMP 与膜之间的相互作用进行研究。

（5）SMP 与膜表面相互作用关系。

XDLVO 理论可以定性和定量地预测污染物在膜表面上的黏附,为 MBR 中的膜污染现象提供合理的解释。此部分内容为利用 XDLVO 方法研究 MBR-MFC 与 C-MBR 中 SMP 与膜表面间的关系能,对 MBR-MFC 中膜污染控制机理进行深入解析。

①SMP 与膜的表面特性。SMP 与膜表面的表面参数对 SMP 与膜之间的关系能具有重要影响,为了分析 SMP 与膜表面的关系能,首先测定了 MBR-MFC 与 C-MBR 中的 SMP、干净膜以及 SMP 过滤后膜的接触角,结果见表 5.36。与 C-MBR 中 SMP 相比,MBR-MFC 中 SMP 与水的接触角没有明显变化,但是与二碘甲烷和甲酰胺的接触角有所增加。此外,SMP 污染后的膜与干净膜相比,与纯水的接触角增大,与甲酰胺和二碘甲烷的接触角减小,说明 SMP 的吸附作用能够增加膜表面与水的接触角,减小与二碘甲烷和甲酰胺的接触角。利用接触角数据可以计算出材料的表面张力和黏聚自由能 ΔG_{coh},见表 5.37。

表5.36　干净膜、MBR-MFC 和 C-MBR 中 SMP 以及 SMP 污染后膜的接触角　　　　（°）

项目		$\theta_{水}$	$\theta_{甲酰胺}$	$\theta_{二碘甲烷}$
干净膜		49.22 ± 3.71	45.76 ± 3.35	44.22 ± 3.25
MBR-MFC	SMP	63.32 ±3.99	33.55 ±1.58	32.33 ±1.63
	SMP 污染膜	61.04 ± 4.05	37.97 ± 1.23	36.70 ± 2.36
C-MBR	SMP	63.29 ±4.16	31.49 ±1.14	30.47 ±0.84
	SMP 污染膜	60.09 ± 3.64	33.02 ± 0.98	32.48 ± 1.42

表5.37　干净膜、MBR-MFC 和 C-MBR 中 SMP 以及污染膜表面张力和黏聚自由能　mJ/m^2

项目		γ^{LW}	γ^{+}	γ^{-}	γ^{AB}	γ^{TOT}	ΔG_{coh}
干净膜		37.43	0.10	35.27	3.82	41.24	12.69
MBR-MFC	SMP	43.23	1.32	10.35	7.39	50.62	−35.76
	SMP 污染膜	41.23	0.90	14.52	7.25	48.48	−26.34
C-MBR	SMP	44.02	1.45	9.67	7.49	51.51	−37.47
	SMP 污染膜	43.17	1.15	13.37	7.83	51.00	−29.28

　　从表 5.37 中的数据可以看出,干净膜、SMP 和过滤完 SMP 的膜表面均具有较高的电子供体组分和较低的电子受体组分,表现出较强的电子供体特征。如前所述,黏聚自由能 ΔG_{coh} 可以用来定量表征材料的亲疏水性,正值表示亲水表面,负值表示疏水表面。本研究中序批式过滤试验使用的是亲水性的 PVDF 膜,计算得出干净膜表面的 ΔG_{coh} 为 12.69,说明膜材料具有较强的亲水性;两组系统中 SMP 的 ΔG_{coh} 均为负值,说明 SMP 表现为疏水性;可以看出过滤完 SMP 后膜的 ΔG_{coh} 由正值变为负值,这说明 SMP 的吸附作用会导致膜表面疏水性增强。MBR-MFC 中 SMP 的 ΔG_{coh} 绝对值略低于 C-MBR,说明 MBR-MFC 能够在一定程度上降低 SMP 的疏水性。

　　②SMP 与膜表面的黏附自由能。黏附自由能 ΔG_{adh} 是指相互接触的两个不同材料之间的相互作用能,SMP 与膜表面的黏附自由能对 SMP 在膜上的吸附沉积起着关键作用。MBR-MFC 与 C-MBR 中 SMP 与膜表面的黏附自由能见表 5.38。根据 XDLVO 理论,黏附自由能由 LW 能(ΔG_{123}^{LW})、AB 能(ΔG_{123}^{AB})和 EL 能(ΔG_{123}^{EL})构成。由表中可以看出,当 SMP 与膜接触时,静电力作用能远远小于 LW 能和 AB 能,可以忽略不计。两组系统中 SMP 与干净膜以及污染后的膜之间黏附自由能均为负值,表示 SMP 与干净膜及污染后的膜之间具有显著的吸引作用。表 5.38 数据显示,在两组系统中 SMP 与污染膜之间的 ΔG_{adh} 高于与干净膜之间的 ΔG_{adh},说明相比于干净膜,SMP 更容易黏附在 SMP 污染后的膜表面上,也就是说膜表面上 SMP 污染层的形成会进一步加剧后续污染的发生。与 C-MBR 相比,MBR-MFC 中 SMP 与干净膜和污染膜之间的 ΔG_{adh} 均有所降低,说明 MBR-MFC 能够相对减弱 SMP 与膜表面之间的黏附作用,从而减缓膜污染的发生。

表 5.38　MBR-MFC 与 C-MBR 中 SMP 与膜表面的黏附自由能　　　　mJ/m²

来源	膜类型	ΔG_{123}^{EL}	ΔG_{123}^{AB}	ΔG_{123}^{EL}	ΔG_{adh}
MBR-MFC 中 SMP	干净膜	−5.52	−10.39	0.07	−15.85
	SMP 污染膜	−6.67	−24.69	0.12	−31.25
C-MBR 中 SMP	干净膜	−5.70	−11.51	0.08	−17.13
	SMP 污染膜	−7.47	−26.15	0.11	−33.52

　　③SMP 与膜表面的关系能曲线。本节利用 SMP 与膜之间的关系能曲线分析 SMP 向膜表面靠近过程中关系能的变化趋势,关系能曲线如图 5.87 所示。

　　从图 5.87 中可以发现,关系能曲线存在一个能量壁垒和一个二级能量最小值,这两个极值对 SMP 与膜表面的作用过程具有重要影响。能量壁垒是指 SMP 需要有足够高的能量克服这个壁垒才能与膜表面实现接触,在 SMP 靠近膜表面的过程中,如果 SMP 没有足够的能量克服能量壁垒,则停留在二级能量最小值的位置,与膜表面微弱的结合,除非 SMP 有足够高的能量克服二级能量最小值,才能脱离膜表面,因此二级能量最小值衡量的是 SMP 从膜表面解吸附的能力。对于 SMP 与干净膜的接近过程而言,SMP 在 50 nm 处受到比较弱的吸引能,随着距离的缩小,吸引能逐渐增大,并在 11 nm 左右处达到极大值,也就是二级能量最小值;当距离小于 6.5 nm 时,静电斥力作用能开始占主导地位,

SMP 与膜之间的作用由吸引转变成排斥,随着距离的减小,排斥能逐渐增大,在 4 nm 左右处达到最大值。

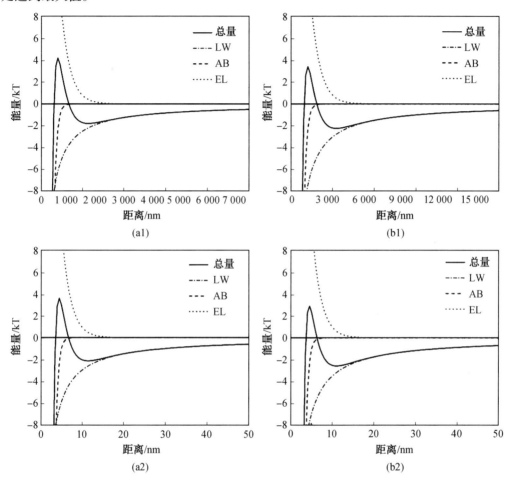

图 5.87　(a)MBR-MFC 和(b)C-MBR 中 SMP 与(1)干净膜和(2)污染膜之间的关系能曲线

由表 5.39 中可以看出,MBR-MFC 的 SMP 与干净膜之间的能量壁垒为 4.21 kT,比 C-MBR 的 SMP 与干净膜的能量壁垒(3.41 kT)提高了 23.5%,这说明当位于膜表面附近时,MBR-MFC 中 SMP 需要克服更大的排斥能才能与膜表面接触,与 C-MBR 的 SMP 相比,MBR-MFC 中的 SMP 更不容易在膜表面黏附。此外,在向干净膜表面靠近时,MBR-MFC 中的 SMP 具有较低的二级能量最小值,这说明当 SMP 受膜表面吸引作用停留在二级能量最小值位置附近时,MBR-MFC 中的 SMP 更容易在外力的作用下脱离膜表面,而 C-MBR 中的 SMP 由于具有较高的二级能量最小值,与膜表面结合得更加结实,不容易在外力的作用下脱离膜表面。以上结果说明 MBR-MFC 中的 SMP 更不容易与膜表面黏附,并且当受到吸引力作用在膜表面附近微弱结合时,MBR-MFC 中的 SMP 更容易在外力的作用下脱离膜表面而实现解吸附。

表 5.39 SMP 与膜之间的能量壁垒和二级能量最小值

来源	膜类型	能量壁垒/kT	二级能量最小值/kT
MBR-MFC 中 SMP	干净膜	4.21	-1.79
	SMP 污染膜	3.71	-2.13
C-MBR 中 SMP	干净膜	3.41	-2.24
	SMP 污染膜	2.91	-2.57

在 SMP 过滤过程中,膜污染发生比较迅速,SMP 与干净膜的吸附作用主要发生在膜过滤的初期阶段,此后时间中发生 SMP 与污染层之间的吸附,因此 SMP 与污染层之间的关系能也对膜污染程度具有重要影响。由图 5.87 可以看出,SMP 与污染膜之间的关系能曲线也存在能量壁垒和二级能量最小值,出现的位置和 SMP 与干净膜之间的关系能曲线相似,分别在 4 nm 和 11 nm 左右处。如表 5.39 中数据显示,MBR-MFC 中 SMP 与污染膜表面接近过程中,经历的能量壁垒为 3.71 kT,比 C-MBR 中 SMP 与污染膜之间的能量壁垒提高了 27.5%,这表明当与污染后的膜表面接触时,MBR-MFC 中的 SMP 需要克服的排斥能大于 C-MBR 中 SMP 需要克服的排斥能,因此 MBR-MFC 中的 SMP 更不容易黏附在污染后的膜表面上。MBR-MFC 中的 SMP 与污染膜之间的二级能量最小值比 C-MBR 的 SMP 降低了 17.1%,这说明 MBR-MFC 中与膜表面污染层结合的 SMP 更容易在外部力量的作用下脱离膜表面。以上分析表明,MBR-MFC 能够有效提高 SMP 与膜表面的能量壁垒,降低二级能量最小值,从而减弱 SMP 在膜上的黏附作用。

3. LB-EPS 膜污染潜力分析

EPS 是 MBR 中引起膜污染的主要物质,TB-EPS 紧密结合在 EPS 内层位置,不能与膜表面产生直接的作用,因此对膜污染影响不大,而 LB-EPS 松散结合于 EPS 的外层,在膜过滤过程中能直接与膜表面发生接触,对膜污染进程具有重要影响。上述研究结果已经证明,MBR-MFC 不仅能够实现污泥 LB-EPS 浓度降低,还能改变其组成与特性,这些都会对 MBR-MFC 的膜污染情况产生影响,因此为了更直观地研究 MBR-MFC 对 LB-EPS 膜污染潜力的影响,本节将 MBR-MFC 与 C-MBR 中的 LB-EPS 提取出来,进行过滤试验,研究膜通量变化情况以及膜表面污染层形态结构,并利用 DXLVO 理论对 LB-EPS 与膜表面之间的关系能进行分析。

(1)LB-EPS 过滤特性分析。

用恒压死端过滤装置对两组系统的 LB-EPS 进行序批式过滤,研究其过滤特性。过滤前两组系统 LB-EPS 稀释到相同 TOC 质量浓度(10 mg/L),以排除质量浓度不同造成的影响。MBR-MFC 与 C-MBR LB-EPS 过滤膜通量变化曲线如图 5.88 所示。

由图 5.88 可见,在过滤前期两组系统 LB-EPS 造成的膜通量下降非常迅速,当滤液收集到 50 mL 时,MBR-MFC 的 LB-EPS 和 C-MBR 的 LB-EPS 分别导致了 64% 和 75% 的膜通量下降。在随后的过滤过程中,膜通量下降速度明显减缓,膜通量逐渐趋于稳定,当滤液体积达到 300 mL 时,MBR-MFC 的 LB-EPS 和 C-MBR 中 LB-EPS 中膜相对通量分别为 0.19 和 0.09,MBR-MFC 的 LB-EPS 造成了 80.6% 的膜通量下降,而 C-MBR 中

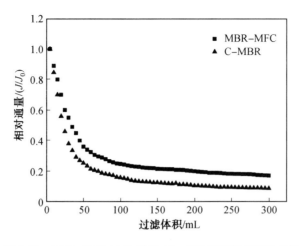

图 5.88　MBR-MFC 与 C-MBR LB-EPS 过滤通量变化曲线

LB-EPS 造成的膜通量下降率达 91.2%,由此可以看出 MBR-MFC 能够降低 LB-EPS 的膜污染潜力。

(2)LB-EPS 的滤膜截留情况。

滤膜对 MBR-MFC 中 LB-EPS 和 C-MBR 中 LB-EPS 的截留情况见表 5.40。

表 5.40　滤膜对 MBR-MFC 与 C-MBR 中 LB-EPS 组分的截留量

	组分	MBR-MFC 中 LB-EPS	C-MBR 中 LB-EPS
	PN/PS	3.84	4.33
蛋白质	初始蛋白质质量浓度/$(mg \cdot L^{-1})$	11.57	14.62
	蛋白质截留量/$(\mu g \cdot cm^{-2})$	173.80	278.28
	截留率/%	62.89	79.69
多糖	初始多糖质量浓度/$(mg \cdot L^{-1})$	3.01	3.38
	多糖截留量/$(\mu g \cdot cm^{-2})$	14.00	19.53
	截留率/%	19.47	24.08

由表 5.40 可见,MBR-MFC 的 LB-EPS 中蛋白质和多糖的质量浓度分别为 11.57 mg/L 和 3.01 mg/L,C-MBR 的 LB-EPS 中蛋白质和多糖的质量浓度分别为 14.62 mg/L 和 3.38 mg/L,两组系统的 LB-EPS 以蛋白质为主,与 C-MBR 相比,MBR-MFC 的 LB-EPS 中蛋白质和多糖浓度的比值 PN/PS 降低了 11.32%,MBR-MFC 的 LB-EPS 中蛋白质的相对浓度有所降低。MBR-MFC 的 LB-EPS 过滤后,滤膜表面污染层中蛋白质和多糖的含量分别为 173.80 $\mu g/cm^2$ 和 14.00 $\mu g/cm^2$,滤膜对蛋白质和多糖的截留率分别为 62.89% 和 19.47%;C-MBR 中 LB-EPS 过滤后,滤膜表面污染层中蛋白质和多糖的含量分别为 278.28 $\mu g/cm^2$ 和 19.53 $\mu g/cm^2$,滤膜对蛋白质和多糖的截留率分别为 79.69% 和 24.08%。滤膜对 C-MBR 的 LB-EPS 的截留作用相对较高,说明 MBR-MFC 中 LB-EPS 在膜上的吸附沉积作用得到减弱,此外发现,滤膜对 LB-EPS 中蛋白质的截留效果大大高于对多糖的截留效果,这表明 LB-EPS 中蛋白质比多糖更容易吸附在膜

表面形成污染层,MBR-MFC 的 LB-EPS 中相对较低的 PN/PS 值有助于减缓 LB-EPS 过滤过程中膜表面污染层的形成。

(3)膜表面污染层结构性质。

LB-EPS 过滤试验结束后,利用激光共聚焦扫描显微镜(CLSM)分析膜表面污染层的组成和结构特征。首先利用 CLSM 对染色后的污染膜进行分层扫描,获得各断面的扫描图像,各扫描断面的叠加图如图 5.89 所示。利用 Image-Pro Plus 6.0 图像分析软件对扫描图像进行分析,计算出污染层的孔隙率,结果见表 5.41。

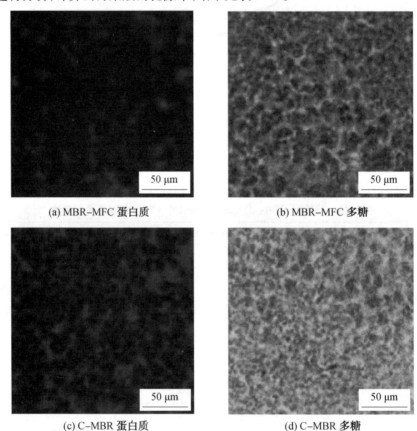

(a) MBR-MFC 蛋白质

(b) MBR-MFC 多糖

(c) C-MBR 蛋白质

(d) C-MBR 多糖

图 5.89　两组系统中 LB-EPS 污染后膜表面蛋白质和多糖的 CLSM 图像

表 5.41　MBR-MFC 与 C-MBR 中 LB-EPS 污染后膜表面污染层的体积和结构参数

污染层	孔隙率	体积/($\times 10^5\ \mu m$)	平均厚度/μm
MBR-MFC 中 LB-EPS 形成的污染层	0.38	2.23	5.57
C-MBR 中 LB-EPS 形成的污染层	0.29	3.33	8.32

由表 5.41 可见,MBR-MFC 中 LB-EPS 形成的污染层孔隙率为 0.38,比 C-MBR 中

LB-EPS 形成的污染层的孔隙率(0.29)提高了 31.0%,同时,与 C-MBR 中 LB-EPS 形成的污染层相比,MBR-MFC 中 LB-EPS 形成的污染层厚度和体积明显降低。可以看出,污染层孔隙率的增大和膜表面污染物含量的减少是 MBR-MFC 中 LB-EPS 过滤试验中膜污染程度低于 C-MBR 的主要原因之一。

(4)LB-EP 和膜表面相互作用关系。

LB-EPS 与膜表面之间的关系能是 LB-EPS 在膜上吸附的主要驱动力,关系能的大小决定了 LB-EPS 与膜表面黏附作用的强弱,同时也可能对污染层结构产生影响,因此为了进一步解析 MBR-MFC 中膜污染得以控制的原因,对 MBR-MFC 与 C-MBR 中 LB-EPS 与膜表面之间的相互作用关系进行研究。

①LB-EPS 表面性质。干净膜、MBR-MFC 和 C-MBR 中 LB-EPS 以及 LB-EPS 污染后膜的接触角见表 5.42。与 C-MBR 中 LB-EPS 相比,MBR-MFC 中 LB-EPS 与水的接触角减小,与甲酰胺和二碘甲烷的接触角略有增大。此外,LB-EPS 污染后的膜的接触角与干净膜的接触角有明显差异,这说明 LB-ESP 在膜表面的吸附沉积改变了膜的表面性质。

表 5.42　干净膜、MBR-MFC 和 C-MBR 中 LB-EPS 以及 LB-EPS 污染后膜的接触角　　(°)

项目		$\theta_{水}$	$\theta_{甲酰胺}$	$\theta_{二碘甲烷}$
干净膜		49.22 ± 3.71	45.76 ± 3.35	44.22 ± 3.25
MBR-MFC	LB-EPS	63.87±4.12	32.65±1.97	28.64±1.32
	LB-EPS 污染膜	60.77±3.97	33.56±2.01	29.74±1.86
C-MBR	LB-EPS	66.75±4.68	32.13±1.84	26.84±1.29
	LB-EPS 污染膜	63.88±4.08	33.66±1.57	28.34±1.55

利用接触角数据可以计算出物质的黏聚自由能 ΔG_{coh},结果见表 5.43。本研究利用 ΔG_{coh} 对物质的亲疏水性进行定量表征,ΔG_{coh} 负值的绝对值越大,疏水性越强。与 C-MBR 中 LB-EPS 相比,MBR-MFC 中 LB-EPS 的 ΔG_{121}^{LW}、ΔG_{121}^{AB} 和 ΔG_{121}^{EL} 分别减小 5.0%、20.9% 和 20%,MBR-MFC 中 LB-EPS 的 ΔG_{coh} 比 C-MBR 中 LB-EPS 的 ΔG_{coh} 降低了 17.6%,说明 MBR-MFC 能够降低污泥 LB-EPS 的疏水性。此前已经证明 MBR-MFC 中污泥絮体的表面疏水性有效地降低,LB-EPS 包裹在污泥絮体的最外层,LB-EPS 的亲疏水性对污泥絮体的的亲疏水性具有直接关系,推测 MBR-MFC 中 LB-EPS 疏水性的降低可能是导致污泥絮体表面疏水性降低的主要原因。在前文 SMP 疏水性的分析中发现,与 C-MBR 相比,MBR-MFC 中具有较高 PN/PS 值的 SMP,却具有较低的疏水性,因此不能单纯利用 PN/PS 值的变化解释 SMP 和 LB-EPS 疏水性的变化。MBR-MFC 的 SMP 及 LB-EPS 疏水性的降低是多方面影响的结果,具体的影响机理有待在以后的课题中进一步地研究。

表 5.43　干净膜、MBR-MFC 和 C-MBR 中 LB-EPS 及 LB-EPS 污染膜的黏聚自由能　mJ/m²

系统	膜分类	ΔG_{121}^{LW}	ΔG_{121}^{AB}	ΔG_{121}^{EL}	ΔG_{coh}
MBR-MFC	LB-EPS	−8.18	−30.89	0.08	−38.99
	LB-EPS 污染膜	−7.91	−23.67	0.07	−31.51
C-MBR	LB-EPS	−8.61	−37.34	0.10	−45.85
	LB-EPS 污染膜	−8.25	−30.49	0.09	−38.65

②LB-EPS 和膜表面的黏附自由能。相关研究发现 EPS 表面疏水性的降低,会减弱其在膜表面的吸附作用,为了研究 MBR-MFC 中 LB-EPS 在膜表面吸附特性的变化,对 MBR-MFC 中 LB-EPS 及 C-MBR 中 LB-EPS 与膜表面的黏附自由能进行分析。MBR-MFC 中 LB-EPS 和 C-MBR 中 LB-EPS 与膜表面的黏附自由能见表 5.44。LB-EPS 与膜之间黏附作用的大小可以通过 LB-EPS 与膜之间的黏附自由能强弱进行比较。表中数据显示两组系统中 LB-EPS 与干净膜和污染膜之间的 ΔG_{adh} 都是负值,这表明,当 LB-EPS 与膜表面接触时会受到一个显著的吸引作用。两组系统中 LB-EPS 与干净膜之间的 ΔG_{adh} 均低于与污染膜之间的 ΔG_{adh},这表明 LB-EPS 与污染膜之间拥有更强的黏附作用。当与干净膜接触时,与 C-MBR 中 LB-EPS 相比,MBR-MFC 中 LB-EPS 的 ΔG_{123}^{LW}、ΔG_{123}^{AB} 和 ΔG_{123}^{EL} 分别减少了 2.5%、28.1% 和 36.4%,这使得 MBR-MFC 中 LB-EPS 与干净膜之间的 ΔG_{adh} 降低 21.0%;当与污染后的膜表面接触时,与 C-MBR 中 LB-EPS 相比,MBR-MFC 中 LB-EPS 的 ΔG_{123}^{LW}、ΔG_{123}^{AB} 和 ΔG_{123}^{EL} 分别减少了 4.6%、19.5% 和 20.0%,这使得 MBR-MFC 中 LB-EPS 与污染膜之间的 ΔG_{adh} 减少 16.6%。显而易见,MBR-MFC 可以减少 LB-EPS 与膜之间的黏附自由能,使 LB-EPS 在膜表面吸附沉积更加困难,由此降低了 LB-EPS 的膜污染潜力。

表 5.44　MBR-MFC 和 C-MBR 中 LB-EPS 与膜表面的黏附自由能　　　　mJ/m²

系统	膜分类	ΔG_{123}^{EL}	ΔG_{123}^{AB}	ΔG_{123}^{EL}	ΔG_{adh}
MBR-MFC 中 LB-EPS	干净膜	−5.86	−11.48	0.07	−17.27
	LB-EPS 污染膜	−8.04	−27.41	0.08	−35.37
C-MBR 中 LB-EPS	干净膜	−6.01	−15.97	0.11	−21.87
	LB-EPS 污染膜	−8.43	−34.07	0.10	−42.40

(5)LB-EPS 污染膜表面形态。

膜表面形态对污染物与膜表面之间的相互作用具有重要影响,大量研究发现,与光滑的膜表面相比,污染物更容易吸附到粗糙的膜表面。研究中利用原子力显微镜对干净膜与 LB-EPS 污染后的膜表面形态进行观察,如图 5.90 所示。利用 Version 5.30r3sr3 软件对所得的图像进行分析,获得膜表面粗糙度参数,见表 5.45。

图 5.90 显示,MBR-MFC 中 LB-EPS 与 C-MBR 中 LB-EPS 污染后的膜呈现出不同的表面形态。从表 5.45 中数据可以看出,两组系统中 LB-EPS 污染膜的均方差粗糙度

(R_{ms})与平均粗糙度(R_a)均高于干净膜,表明 LB-EPS 在膜表面的吸附会导致膜表面粗糙度的增加。被 MBR-MFC 中 LB-EPS 污染后膜的 R_{ms} 和 R_a 分别为 114.80 nm 和 92.45 nm,低于 C-MBR 中 LB-EPS 污染后膜的 R_{ms}(143.42 nm)和 R_a(108.09 nm)。与干净膜对比发现,C-MBR 中 LB-EPS 污染膜的表面被大量污染物覆盖,并且具有较多的大凸起,MBR-MFC 中 LB-EPS 污染膜的表面上覆盖的污染物比较少,并且大的凸起也比较少。MBR-MFC 中 LB-EPS 污染膜表面粗糙度相对较低,能够减小污染物与膜表面的接触面积,从而减少污染物与膜表面接触的机会,减弱污染物膜表面的吸附积累。

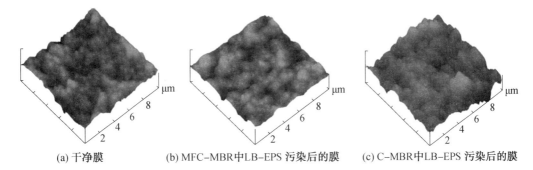

(a) 干净膜　　　　(b) MFC-MBR 中 LB-EPS 污染后的膜　　　　(c) C-MBR 中 LB-EPS 污染后的膜

图 5.90　干净膜与 LB-EPS 污染后的膜表面 AFM 图像

表 5.45　干净膜与 MBR-MFC 和 C-MBR 中 LB-EPS 污染后膜表面粗糙度参数　　　　nm

项目		均方差粗糙度 R_{ms}	平均粗糙度 R_a
干净膜		99.22	79.19
LB-EPS 污染膜	MBR-MFC	114.80	92.45
	C-MBR	143.42	108.09

4. 耦合系统对泥饼层形成的抑制

在 MBR 中,SMP 和 EPS 造成的膜污染形式主要是膜孔堵塞和凝胶层覆盖,不可逆膜污染阻力仅占污染膜总阻力的 10% 以下,而泥饼层阻力占污染膜总阻力的 80% 以上,因此泥饼层的形成是导致 MBR 运行过程中膜污染的主要原因。泥饼层的形成是由于混合液中的污泥絮体在膜表面上的吸附沉积导致的,污泥絮体的形态、大小、表面特性等对泥饼层的形成具有重要影响,前文的研究中证明与 C-MBR 相比,MBR-MFC 中的污泥絮体性质发生了一系列的变化,如絮体密实度增加、粒径减小、粒径均匀性提高、圆度和规则度增加、表面负电性降低以及疏水性降低,这些变化都会对污泥絮体在膜表面的黏附趋势产生影响。此部分研究中利用 XDLVO 理论研究 MBR-MFC 与 C-MBR 中污泥絮体与膜表面之间的关系能,并分析两组系统中泥饼层结构差异,对 MBR-MFC 对泥饼层污染的影响进行深入解析。

(1)泥饼层污泥表面性质。

MBR-MFC 和 C-MBR 中污泥絮体及泥饼层污泥的接触角见表 5.46,可以看出 MBR-MFC 中污泥絮体及泥饼层污泥与水的接触角低于 C-MBR,与甲酰胺和二碘甲烷的接触角高于 C-MBR。在两组系统中,泥饼层与三种液体的接触角都低于污泥絮体。由接触角数据可以计算出污泥絮体和泥饼层污泥的表面张力以及黏聚自由能 ΔG_{coh}，见表 5.47。

表 5.46　MBR-MFC 与 C-MBR 中污泥絮体和泥饼层污泥的接触角　　　　　（°）

项目	系统	$\theta_水$	$\theta_{甲酰胺}$	$\theta_{二碘甲烷}$
污泥絮体	MBR-MFC	67.48 ± 4.60	53.49 ± 3.7	47.94 ± 2.45
	C-MBR	72.29± 4.23	47.25± 2.11	43.56± 1.72
泥饼层污泥	MBR-MFC	66.58±4.12	42.42±1.91	42.39±1.44
	C-MBR	70.72±4.79	38.93±1.35	39.34±1.24

表 5.47　MBR-MFC 与 C-MBR 中污泥絮体和泥饼层污泥的表面张力和黏聚自由能　mJ/m²

项目		γ^{LW}	γ^{+}	γ^{-}	γ^{AB}	γ^{TOT}	ΔG_{coh}
干净膜		37.43	0.10	35.27	3.82	41.24	12.69
污泥絮体	MBR-MFC	35.42	0.24	15.86	3.86	39.28	−22.69
	C-MBR	37.78	0.95	7.52	5.35	43.13	−41.84
泥饼层污泥	MBR-MFC	38.39	1.15	10.70	7.02	45.41	−32.84
	C-MBR	39.94	1.80	5.77	6.45	46.39	−44.59

与污泥絮体一样，两组系统泥饼层污泥的表面张力组成中，电子供体组分（γ^{-}）明显高于电子受体组分（γ^{+}），这说明泥饼层污泥也表现出较强的电子供体特征。研究中利用黏聚自由能 ΔG_{coh} 对物质亲疏水性能进行定量表征。两组系统中污泥絮体和泥饼层的 ΔG_{coh} 均为负值，说明污泥絮体和泥饼层表面均表现为疏水性。ΔG_{coh} 负值的绝对值越大，表示疏水性越强，由此判断 MBR-MFC 中污泥絮体的疏水性低于 C-MBR 中的污泥絮体，与 MBR-MFC 中泥饼层相比 C-MBR 中泥饼层也具有较低的疏水性。此外可以发现，两组系统中泥饼层比污泥絮体表现出更强的疏水性，这说明疏水性的污泥更容易在膜表面吸附沉积形成泥饼层，因此 MBR-MFC 中污泥表面疏水性的降低，可能有助于减缓膜上泥饼层的形成。

（2）泥饼层形成过程中的关系能分析。

①污泥絮体与膜表面及泥饼层的黏附自由能。在 MBR 运行初期，少量的污泥絮体会与干净的膜表面接触，驱动力是污泥絮体与干净膜之间的关系能，该阶段膜污染成因为 SMP 和 EPS 造成膜孔堵塞以及凝胶层覆盖。在 SMP 和 EPS 引发膜污染的过程中，污泥絮体会在 SMP 和 EPS 形成的污染层上进行吸附沉积，该过程的驱动力主要是污泥絮体与 SMP 和 EPS 污染后膜表面之间的关系能。在膜过滤后期，膜表面泥饼层的积累主要是污泥絮体在泥饼层上的进一步吸附导致的，而这一过程的驱动力主要是污泥絮体与泥饼层之间的关系能。因此在 MBR 中膜表面泥饼层的形成，主要涉及污泥絮体与干净膜、SMP 和 EPS 污染膜以及泥饼层之间的吸附作用。为了解析 MBR-MFC 对泥饼层形成的影响，对 MBR-MFC 和 C-MBR 中污泥絮体与干净膜、SMP 污染膜、LB-EPS 污染膜以及泥饼层之间的黏附自由能 ΔG_{adh} 进行分析，结果见表 5.48。

表 5.48　MBR-MFC 和 C-MBR 中污泥絮体与干净膜、SMP 污染膜、
LB-EPS 污染膜以及泥饼层之间的黏附自由能　　　　mJ/m²

系统	膜分类	ΔG_{123}^{EL}	ΔG_{123}^{AB}	ΔG_{123}^{EL}	ΔG_{adh}
MBR-MFC	干净膜	−3.71	−1.98	0.08	−5.62
	SMP 污染膜	−4.49	−20.07	0.11	−24.45
	LB-EPS 污染膜	−5.10	−21.96	0.08	−26.98
	泥饼层	−3.91	−24.73	0.10	−28.54
C-MBR	干净膜	−4.28	−14.58	0.07	−18.79
	SMP 污染膜	−5.63	−29.71	0.12	−35.21
	LB-EPS 污染膜	−6.00	−33.99	0.11	−39.89
	泥饼层	−4.88	−38.68	0.11	−43.44

由表 5.48 可以看出,两组系统中污泥絮体与泥饼层之间的黏附自由能最大,其次是 LB-EPS 污染膜,再次是 SMP 污染膜,最后是干净膜。这说明 SMP、LB-EPS 以及泥饼层对膜的污染作用提高了滤膜与污泥絮体之间的吸引作用,从而促进泥饼层的进一步形成。与 C-MBR 相比,MBR-MFC 中污泥絮体与干净膜、SMP 污染膜、LB-EPS 污染膜以及泥饼层之间的黏附自由能分别降低了 70.1%、30.6%、32.4% 和 34.3%,这说明 MBR-MFC 能够有效降低污泥絮体在膜表明的吸附作用,从而减缓泥饼层污染。

②污泥絮体与膜表面及泥饼层的关系能曲线。

MBR-MFC 与 C-MBR 中污泥絮体与膜表面及泥饼层之间关系能曲线如图 5.91 所示。两组系统中污泥絮体在与干净膜、SMP 污染膜、LB-EPS 污染膜以及泥饼层接近过程中的关系能曲线均存在一个二级能量最小值和一个能量壁垒,MBR-MFC 中污泥絮体与干净膜、SMP 污染膜、LB-EPS 污染膜以及泥饼层之间对应的能量壁垒分别为 66.14 kT、29.42 kT、16.15 kT 和 26.70 kT,C-MBR 中污泥絮体与干净膜、SMP 污染膜、LB-EPS 污染膜以及泥饼层之间对应的能量壁垒分别为 26.11 kT、17.08 kT、8.63 kT 和 20.56 kT,MBR-MFC 中污泥絮体与干净膜、SMP 污染膜、LB-EPS 污染膜以及泥饼层之间对应的二级能量最小值分别为 −9.93 kT、−11.92 kT、−14.17 kT 和 −10.23 kT,C-MBR 中污泥絮体与干净膜、SMP 污染膜、LB-EPS 污染膜以及泥饼层之间对应的二级能量最小值分别为 −11.57 kT、−15.56 kT、−17.04 kT 和 −13.00 kT。与 C-MBR 相比,MBR-MFC 中污泥絮体与干净膜、SMP 污染膜、LB-EPS 污染膜以及泥饼层之间对应的能量壁垒均明显升高,而二级能量最小值则明显降低。较高的能量壁垒说明 MBR-MFC 中污泥絮体在向膜表面靠近形成泥饼层的过程中所需要克服的排斥能高于 C-MBR 中排斥能,较低的二级能量最小值说明黏附在膜表面的污泥絮体更容易在外力的作用下脱离膜表面。以上分析表明,MBR-MFC 能够减缓污泥絮体在膜表面的吸附以及在泥饼层上的进一步积累,使 MBR-MFC 中泥饼层污染得到有效减缓。

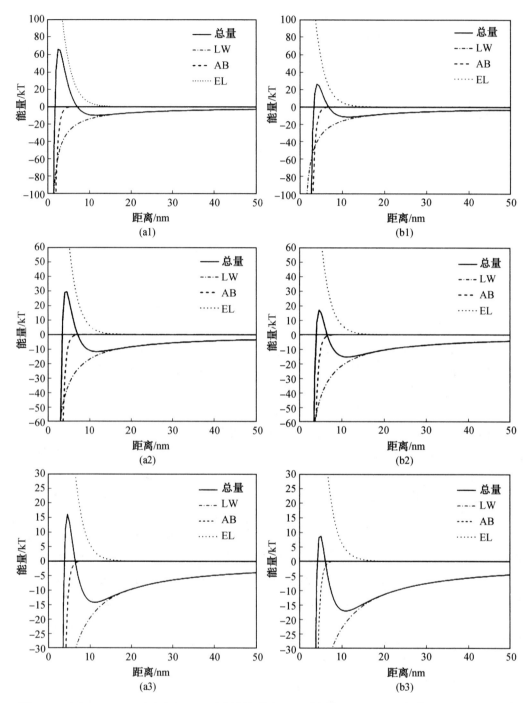

图 5.91 （a）MBR-MFC 与（b）C-MBR 中污泥絮体与（1）干净膜、（2）SMP 污染膜、（3）LB-EPS 污染膜及（4）泥饼层之间的关系能曲线

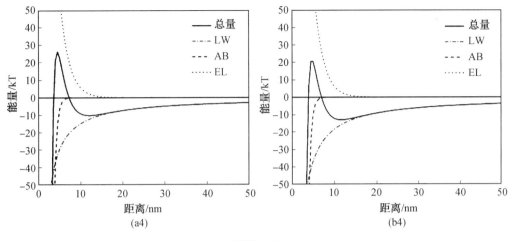

续图 5.91

（3）泥饼层结构与形态。

前面研究的结果证明了 MBR-MFC 中污泥的可压缩性降低,絮体粒径均匀性提高,这些都可能会对泥饼层结构产生影响,此外 MBR-MFC 中污泥絮体和泥饼层之间黏附自由能的降低也可能对泥饼层结构产生影响,絮体与泥饼层之间吸引作用的减弱可能会导致泥饼层结构更加松散,孔隙率升高。研究中利用 SEM 和 CLSM 对两组系统中膜表面泥饼层的形态结构进行观察分析,泥饼层的 SEM 图像如图 5.92 所示。从图中可以看出,MBR-MFC中的泥饼层污染物的结构比较松散,孔隙率比较大,而 C-MBR 中的泥饼层结构密实,孔隙率相对较低。

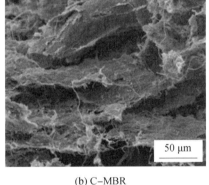

(a) MBR-MFC　　　　　　　　　　　　(b) C-MBR

图 5.92　MBR-MFC 与 C-MBR 中膜表面泥饼层的 SEM 图像

为了对两组系统中泥饼层的孔隙率进行定量表征,利用 CLSM 对泥饼层进行分层扫描,并对扫描图片进行分析,计算出泥饼层污染物的综合光学密度（IOD）和孔隙率。CLSM 分层扫描图像如图 5.93 所示,综合光学密度与孔隙率见表 5.49。利用综合光学密度可以对荧光物质的含量进行半定量分析,可以发现 MBR-MFC 泥饼层中蛋白质和多糖物质的综合光学密度分别比 C-MBR 降低了 19.6% 和 28.8%,这说明 MBR-MFC 膜表面泥饼层中有机物的积累明显低于 C-MBR。此外 C-MBR 中泥饼层的孔隙率为 0.35,

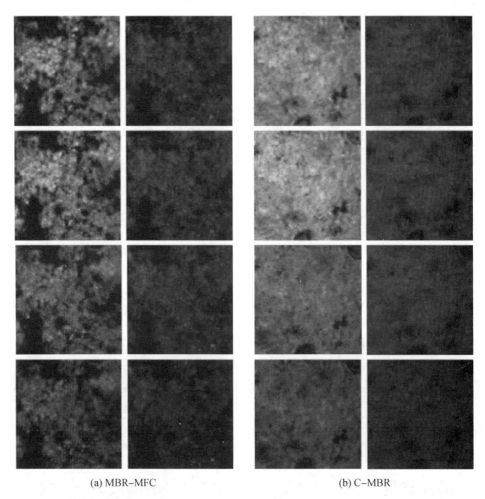

(a) MBR-MFC　　　　　　　　　(b) C-MBR

图 5.93　MBR-MFC 和 C-MBR 中膜表面泥饼层中污染物的 CLSM 图像
（彩图见附录,绿色代表蛋白质,蓝色代表多糖）

MBR-MFC 中泥饼层的孔隙率为 0.51,相比 C-MBR 提高了 31.4% 。MBR-MFC 中膜表面泥饼层的污染物含量减少及孔隙率增大,能够有效改善泥饼层的渗透性。

表 5.49　MBR-MFC 与 C-MBR 的膜表面泥饼层中污染物 CLSM 图像的综合光学密度与孔隙率

项目	MBR-MFC	C-MBR
蛋白质 IOD	2 362 393	2 939 106
多糖 IOD	1 837 046	2 581 449
孔隙率	0.51	0.35

5.7　本章小结

本章先后构造了 MBR-MFC 组合工艺和改进型 MBR-MFC 耦合工艺,分析了两种工艺的污水处理成果及污泥减量成果,讨论了 MFC 对混合液中污泥特性和膜表面泥饼层中污泥特性的影响以及低电场对膜污染的控制。研究发现,组合工艺具有较好的污水处理效果和污泥减量能力,组合工艺系统内污泥混合液的特性得以改善,主要膜污染物的污染潜力有所降低,MBR-MFC 中的膜孔堵塞和泥饼层污染可以得到有效控制,所得结论如下。

(1) MBR-MFC 污泥减量效果几乎是厌氧消化的 2 倍,MBR-MFC 运行效果良好稳定,COD 去除率为 94% 左右,与传统 MBR(去除率 95% 左右)基本一致,而厌氧污泥回流-MFC 系统的 COD 去除率为 90% 左右,明显低于 MBR-MFC 的处理效果。从传统 MBR、厌氧污泥回流-MBR 和 MBR-MFC 的出水氨氮、硝态氮和 TN 的质量浓度可以看出,MBR-MFC 的去除效果几乎不受影响,厌氧污泥回流-MBR 的去除效果轻微降低。传统 MBR、厌氧污泥回流-MBR 和 MBR-MFC 的磷去除率分别为 33.0%、29.2% 和 31.6%。MBR-MFC 可有效控制两个阶段的膜污染,系统总污泥产率为 0.229 kg VSS/kg $COD_{removed}$,MBR-MFC 的污泥沉降性能有一定的提高,与传统 MBR 相比约低 5 mL/g MLSS。

(2) MBR-MFC 中 MFC 污泥回流使 MBR 膜运行周期由 35 d 延长至 47 d,大大提高了膜的过滤性能,降低了膜污染的速率,有效减缓了膜污染。与传统 MBR 相比 MBR-MFC 中 R_f 的平均增长速率由 2.57×10^{10} m^{-1}/d 降低至 1.04×10^{10} m^{-1}/d,通过膜表面污染物分析发现传统 MBR 的膜表面及膜孔污染均比 MBR-MFC 严重。MFC 污泥回流对 MBR 中 TB-EPS 的浓度和组成无显著影响,但是使 S-EPS 质量浓度升高 1.8 mg/L,LB-EPS 含量降低 5.5 mg/g MLSS,同时 S-EPS 和 LB-EPS 中 p/c 均有所降低,这也是 MFC 回流能减缓 MBR 膜污染的主要原因之一。

(3) MBR-MFC 具有良好的污水处理效能与污泥减量效果。当外电阻为 5 Ω 时,MBR-MFC 的输出电压为 25.4 mV,在阴、阳两极之间形成的内电场为 0.09 V/cm。与 C-MBR 相比,MBR-MFC 中活性污泥的比耗氧速率提升了 42.0%,对 COD、NH_4^+-N 和 TN 的去除效率分别提升了 4.2%、3.4% 和 12.9%。MBR-MFC 的污泥减量效果与传统活性污泥法相比提高了 54%,污泥产量与 C-MBR 相比减小了 28%。此外,与 C-MBR 相比,MBR-MFC 中 TMP 的增长速率减小了 57.28%,MBR-MFC 对膜污染实现了有效的抑制。

(4) MBR-MFC 中 SMP 和 EPS 的特性受到低电场作用的影响。与 C-MBR 相比,MBR-MFC 中的 SMP 和 LB-EPS 的浓度分别下降了 37.4% 和 30.6%,TB-EPS 浓度提高了 17.3%。受到低电场作用的影响,MBR-MFC 中 SMP 和 EPS 的组成也发生改变,SMP 的 PN/PS 值比 C-MBR 中 SMP 提高了 26.1%,LB-EPS 和 TB-EPS 的 PN/PS 值比 C-MBR 分别下降了 11.8% 和 6.0%,且蛋白质类物质的荧光峰强度在 SMP 和 LB-EPS 中都明显下降。MBR-MFC 中污泥混合液理化性质得到改善,与 C-MBR 相比,MBR-MFC 中的污泥 SVI 值和 CST 分别减小了 31.0% 和 33.5%,污泥的沉降性和过滤性显著增强,污泥的 EFLI/FAI 值比 C-MBR 减小了 52.9%,对丝状菌的过量增殖有所抑制。与 C-MBR 中污泥相比,改进 MBR-MFC 中污泥的黏聚自由能 ΔG_{coh} 减小了 45.8%,污泥表面疏水性和聚集性都减小;污泥粒径减小 27.5%,絮体粒径均匀性得到了提高,污泥絮体的 R_0、FF 和 AR 都更接近 1,污泥形状越来越表现出规则化和球形化。研究了 MBR-MFC 对泥饼层形成的影响,发现与 C-MBR 相比,MBR-MFC 中污泥絮体与干净膜、SMP 污染膜、LB-EPS 污染膜以及泥饼层之间的黏附自由能分别降低了 70.1%、30.6%、32.4% 和 34.3%,在与膜表面和泥饼层靠近的过程中,MBR-MFC 中的污泥絮体会经历更高的能量壁垒和更低的二级能量最小值,表明改进 MBR-MFC 能够减缓污泥絮体在膜表面和泥饼层上吸附积累。

(5) MBR-MFC 可以有效降低 SMP 和 LB-EPS 的膜污染潜力。与 C-MBR 中的 SMP 相比,MBR-MFC 的 SMP 过滤导致的膜通量下降量减小了 8.2%;SMP 污染后膜阻力减小了 53.9%;膜对改进 MBR-MFC 中 SMP 的蛋白质和多糖的截留率依次下降了 12.2% 和 9.0%。计算 SMP 与干净膜及 SMP 污染后膜的关系能,与 C-MBR 中的 SMP 相比,MBR-MFC 的 SMP 与干净膜及污染膜的能量壁垒更高,二级能量最小值更低,表明 MBR-MFC 中 SMP 与膜表面之间较难发生黏附作用,SMP 的膜污染潜力显著降低。与 C-MBR 中的 LB-EPS 相比,改进 MBR-MFC 中 LB-EPS 过滤引起的膜通量下降量减小了 10.6%;膜对 MBR-MFC 中 LB-EPS 的蛋白质和多糖的截留率分别减小了 13.8% 和 4.6%;MBR-MFC 中 LB-EPS 形成的污染层孔隙率升高了 31.0%,污染层阻力减小了 45.6%。与 C-MBR 中的 LB-EPS 相比,MBR-MFC 中 LB-EPS 与干净膜及污染膜之间的黏附自由能相应减小了 21.0% 和 16.6%,表明 MBR-MFC 中 LB-EPS 与膜之间的黏附作用相对较小,减小了 LB-EPS 的膜污染潜力。

本章参考文献

[1] POTTER M C. Electrical effects accompanying the decomposition of organic compounds [J]. Proceedings of the Royal Society of London Series B, 1911, 84(571): 260-276.

[2] KIM H J, HYUN M S, CHANG I S, et al. A microbial fuel cell type lactate biosensor using a metal-reducing bacterium, Shewanella putrefaciens[J]. Journal of Microbiology and Biotechnology, 1996, 9(3): 365-367.

[3] KIM B H, PARK D H, SHIN P K, et al. Mediator-less biofuel cell[P]. U.S. Patent: 5976719, 1999.

[4] RABAEY K, LISSENS G, SICILIANO S D, et al. A microbial fuel cell capable of converting glucose to electricity at high rate and efficiency[J]. Biotechnology Letters, 2003, 25(18): 1531-1535.

[5] LOGAN B E, AELTERMAN P, HAMELERS B, et al. Microbial fuel cells: Methodology and technology[J]. Environmental Science and Technology, 2006, 40(17): 5181-5192.

[6] HE Z, MINTEER S D, ANGENENT L T. Electricity generation from artificial wastewater using an upflow microbial fuel cell[J]. Environmental Science and Technology, 2005, 39(14): 5262-5267.

[7] AN J, KIM D, CHUN Y, et al. Floating-type microbial fuel cell (FT-MFC) for treating organic-contaminated water[J]. Environmental Science and Technology, 2009, 43(5): 1642-1647.

[8] 李顶杰，何辉，卢翠香，等. 串/并联微生物燃料电池的性能[J]. 过程工程学报，2009，9(2)：338-343.

[9] OH S E, LOGAN B E. Voltage reversal during microbial fuel cell stack operation[J]. Journal of Power Sources, 2007, 167(1)：11-17.

[10] GUL H, RAZA W, LEE J,et al. Progress in microbial fuel cell technology for wastewater treatment and energy harvesting [J]. Chemosphere, 2021, 281：130828.

[11] REN L J, AHN Y, LOGAN B E. A two-stage microbial fuel cell and anaerobic fluidized bed membrane bioreactor (MFC-AFMBR) system for effective domestic wastewater treatment[J]. Environmental Science and Technology, 2014, 48：4199-4206.

[12] MIN B, ANGELIDAKI I. Innovative microbial fuel cell for electricity production from anaerobic reactors[J]. Journal of Power Sources, 2008, 180：641-647.

[13] MIYAHARA M, HASHIMOTO K, WATANABE K. Use of cassette-electrode microbial fuel cell for wastewater treatment[J]. Journal of Bioscience and Bioengineering, 2013, 115(2)：176-181.

[14] CLAUWAERT P, RABAEY K, AELTERMAN P, et al. Biological denitrification in microbial fuel cells[J]. Environmental Science & Technology, 2007, 41(9)：3354-3360.

[15] ZHANG F, HE Z. Simultaneous nitrification and denitrification with electricity generation in dual-cathode microbial fuel cells[J]. Journal of Chemical Technology and Biotechnology, 2012, 87(1)：153-159.

[16] 梁鹏，张玲，黄霞，等. 双筒型微生物燃料电池生物阴极反硝化研究[J]. 环境科学，2010，31(8)：1932-1936.

[17] XIE S, LIANG P, CHEN Y, et al. Simultaneous carbon and nitrogen removal using an oxic/anoxic-biocathode microbial fuel cells coupled system[J]. Bioresource technology, 2011,102(1)：348-354.

[18] ZHU C Y, WANG H L, YAN Q, et al. Enhanced denitrification at biocathode facilitated with biohydrogen production in a three-chambered bioelectrochemical system (BES) reactor[J]. Chemical Engineering Journal, 2017, 312：360-366.

[19] WU Y, YANG Q, ZENG Q N. Enhanced low C/N nitrogen removal in an innovative microbial fuel cell (MFC) with electroconductivity aerated membrane (EAM) as biocathode[J]. Chemical Engineering Journal, 2017,316：315-322.

[20] DENTEL S K, STROGEN B, CHIU P. Direct generation of electricity from sludges and other liquid wastes[J]. Water Science Technology, 2004, 50(9)：161-168.

[21] SCOTT K, MURANO C. A study of a microbial fuel cell battery using manure sludge waste[J]. Journal of Chemical Technology and Biotechnology, 2007, 82(9)：809-817.

[22] 姜珺秋. 超声-微生物燃料电池处理污泥性能及有机物组分变化[D]. 哈尔滨：哈尔滨工业大学，2010.

[23] RULKENS W. Sewage sludge as a biomass resource for the production of energy：Overview and assessment of the various options[J]. Energy & Fuels, 2008, 22(1)：9-15.

[24] 郑峣. 剩余污泥微生物燃料电池的产电性能及基质变化研究[D]. 长沙: 湖南大学, 2010.

[25] SHEN Y, BADIREDD Y, APPALA R. Acritical review on electric field-assisted membrane processes: Implications for fouling control, water recovery, and future prospects [J]. Membranes, 2021, 11(11): 820.

[26] LUO Q, WANG H, ZHANG X, et al. Effect ofdirect electric current on the cell surface properties of phenol-degrading bacteria[J]. Applied and Environmental Microbiology, 2005, 71(1): 423-427.

[27] ALSHAWABKEH A N, SHEN Y, MAILLACHERUVU K Y. Effect of DC electric fields on COD in aerobic mixed sludge processes[J]. EnvironmentalEngineering Science, 2004, 21(3): 321-329.

[28] LIU Y, ZHANG Y, QUAN X, et al. Effects of an electric field and zero valent iron on anaerobic treatment of azo dye wastewater and microbial community structures[J]. Bioresource Technology, 2011, 102(3): 2578-2584.

[29] DA COSTA R E, LOBO-RECIO M A, BATTISTELLI A A, et al. Comparative study on treatment performance, membrane fouling, and microbial community profile between conventional and hybrid sequencing batch membrane bioreactors for municipal wastewater treatment[J]. Environmental Science and Pollution Research, 2018, 25(32): 32767-32782.

[30] HENRY J D, LAWER L F, KUO C H A. A solid/liquid separation process based on cross flow and eIectrofiltration[J]. AIChE Journal, 1977, 23: 851-859.

[31] CHEN J, YANG C, ZHOU J, et al. Study of the influence of the electric field on membrane flux of a new type of membrane bioreactor[J]. Chemical Engineering Journal, 2007, 128: 177-180.

[32] 冉商, 邓慧萍, 纯赵, 等. 附加电场对中空纤维膜污染的减缓作用[J]. 中国环境科学, 2009, 29(1): 1-5.

[33] BANI-MELHEM K, ELEKTOROWICZ M. Performance of the submerged membrane electro-bioreactor (SMEBR) with iron electrodes for wastewater treatment and fouling reduction[J]. Journal of Membarne Science, 2011, 379: 434-439.

[34] AKAMATSU K, LU W, SUGAWARA T, et al. Development of a novel fouling suppressionsystem in membrane bioreactors using an intermittent electric field[J]. Water Research, 2010, 44: 825-830.

[35] AKAMATSU K, YOSHIDA Y, SUZAKI T, et al. Development of a membrane-carbon cloth assembly for submerged membrane[J]. Separation and Purification Technology, 2012, 88: 202-207.

[36] HUANG W, WANG W, SHI W, et al. Use low direct current electric field to augment nitrification and structural stability of aerobic granular sludge when treating low COD/NH_4^+-N wastewater[J]. Bioresource Technology, 2014, 171: 139-144.

[37] ZHANG J, SATTI A, CHEN X, et al. Low-voltage electric field applied into MBR for fouling suppression: Performance and mechanisms[J]. Chemical Engineering Journal, 2015, 273: 223-230.

[38] LIU L, LIU J, GAO B, et al. Minute electric field reduced membrane fouling and improved performance of membrane bioreactor[J]. Separationand Purification Technology, 2012, 86(86): 106-112.

[39] KASIPANDIAN K, SAIGEETHA S, SAMROT A V, et al. Bioelectricity production using microbial fuel cell—a review[J]. Biointerface Research in Applied Chemistry, 2021, 11(2): 9420-9431.

[40] LOGAN B E. Microbial fuel cells[M]. New York: Wiley, 2008.

[41] WANG Y, SHENG G, LI W, et al. Development of anovel bioelectrochemical membrane reactor for wastewater treatment[J]. Environmental Science and Technology, 2011, 45: 9256-9261.

[42] GE Z, PING Q, HE Z. Hollow-fiber membrane bioelectrochemical reactor for domestic wastewater treatment[J]. Journal of Chemical Technology and Biotechnology, 2013, 88: 1584-1590.

[43] WANG Y, LI W, SHENG G, et al. In-stu utilization of generated electricity electrochemical membrane bioreactor to mitigate membrane fouling[J]. Water Research, 2013, 47: 5794-5800.

[44] LIU J, LIU L, GAO B, et al. Integration of bio-electrochemical cell in membrane bioreactor for membrane cathode fouling reduction through electricity generation[J]. Journal of Membrane Science, 2013, 430: 196-202.

[45] LIU J, LIU L, GAO B, et al. Integration of microbial fuel cell with independent membrane cathode bioreactor for power generation, membrane fouling mitigation and wastewater treatment[J]. International Journal of Hydrogen Energy, 2014, 39(31): 17865-17872.

[46] MORE T T, GHANGREKAR M M. Improving performance of microbial fuel cell with ultrasonication pre-treatment of mixed anaerobic inoculum sludge[J]. Bioresource Technology, 2010, 101(2): 562-567.

[47] HE Z, MINTEER S D, ANGENENT L T. Electricity generation from artificial wastewater using an upflow microbial fuel cell[J]. Environmental Science and Technology, 2005, 39(14): 5262-5267.

[48] LIM A L, BAI R. Membrane fouling and cleaning in microfiltration of activated sludge wastewater[J]. Journal of Membarne Science, 2003, 216(1-2): 279-290.

[49] BIZI M. Filtration characteristics of a mineral mud with regard to turbulent shearing[J]. Journal of Membarne Science, 2008, 320(1-2): 533-540.

[50] BAI R, LEOW H F. Microfiltration of activated sludge wastewater-the effect of system operation parameters[J]. Separation and Purification Technology, 2002, 29(2): 189-

198.

[51] CHEN W, WESTERHOFF P, LEENHEER J A, et al. Fluorescence excitation-emission matrix regional integration to quantify spectra for dissolved organic Matter[J]. Environmental Science and Technology, 2003, 37(24): 5701-5710.

第6章 AnMBR 工艺

6.1 AnMBR 工艺技术概述

6.1.1 AnMBR 工艺结构及发展历史

厌氧消化技术是一种被广泛应用的污水处理技术,由于其投资和运行的费用较低,产生的能量和副产物可回收,逐渐成为污水处理领域研究的热点方向。厌氧消化过程会生成一定量的温室气体,但通过科学的管理可以有效减少其对周围环境产生二次污染。MBR 是活性污泥法与膜过滤技术的结合,是现阶段极具发展潜力的技术。与传统活性污泥法相比,MBR 具有较小的占地面积、较高的出水质量、较低的污泥产率及容易控制 SRT等优势。厌氧膜生物反应器(AnMBR)作为厌氧处理技术和膜生物反应器的耦合系统,同时具备二者的优点,可以完全保留厌氧过程中生长缓慢的微生物,从而实现大分子有机物的降解,同时膜的截留可以提高出水水质。本章将对 AnMBR 的结构、操作条件、影响因素、膜污染问题以及耦合工艺进行逐一论述。

1. AnMBR 的结构

将厌氧活性污泥法和固液分离膜过滤过程结合是 AnMBR 的最基本特征。根据膜组件和厌氧生物反应器的相对位置不同可将 AnMBR 分为压力外部错流式、内部真空淹没式及外部真空淹没式三种构型,如图 6.1 所示。

在压力外部错流式 AnMBR 中,膜组件处于厌氧反应器之外,膜组件清洗和膜组件更换比较简便,但外部泵需要提供较高的流速(2～4 m/s)实现污泥循环,通过高速冲刷膜表面降低膜污染,同时为混合液提供较高的过滤压力。将膜以真空下运行替代直接压力,且膜组件直接放置于液体中,通常称为浸入式、浸没式或淹没式。在内部真空淹没式 An-MBR 中,膜组件淹没于厌氧生物反应器中,通过外部真空泵对膜组件的抽吸作用实现膜过滤。此种构型的 AnMBR,泵的能耗比其他构型更低,但是清洗或更换膜组件操作较为复杂,为延长系统运行周期,需要将生成的沼气从反应器顶部循环至膜的底部,通过气泡冲刷作用产生的剪切力降低膜污染速率。在外部真空淹没式 AnMBR 中,膜组件淹没于外置反应器中,通过外部真空泵对膜组件的抽吸作用实现膜过滤,同时设置污泥回流泵将浓缩后的污泥回流至厌氧生物反应器中。

2. AnMBR 的发展历史

1978 年,Grethlein 首先将 MBR 与厌氧活性污泥法相耦合,采用压力外部错流式厌氧膜生物反应器处理化粪池出水,结果显示,反应器内 MLSS 升高,BOD 的去除率为85%～95%,氮的去除率达到72%。首种销售的 AnMBR 由奥利弗(Dorr-Oliver)发明于

20 世纪 80 年代初,当时取名为 MARS 系统,被用于处理高浓度乳清加工废水。该系统由两部分构成,分别为一个完全混合式厌氧生物反应器和起到过滤作用的外部错流式膜组件。该系统进行中试调试后,受限于当时高昂的膜组件价格,实际应用范围不大。

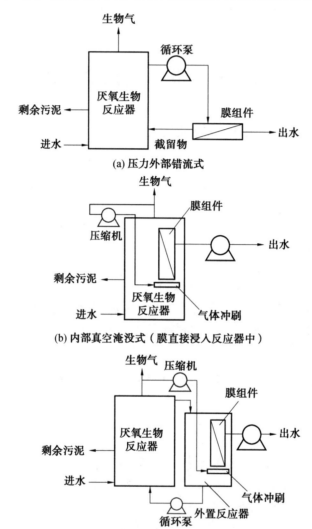

图 6.1　AnMBR 构型的示意图

日本水复兴 90 项目(Japan's Aqua Renaissance 90 project)对膜技术的发展产生了重要的影响。该项目自 1985 年开展了各种 AnMBR 的工业废水和生活污水处理研究:在膜配置方面,考虑了毛细聚合物膜以及陶瓷膜等多种类型;对不同种类中空纤维的配置形式进行测试,包括管状和板状;对 AnMBR 中悬浮及黏附的总生物量进行了研究。利用中试 AnMBR 对废水处理效果进行研究时发现其可去除废水中超过 90% 的 COD,废水中含有污泥、脂肪/油、小麦淀粉、纸浆等。1987 年在南非,厌氧消化超滤(ADUF)系统用于工业废水的处理。ADUF 与 MARS 系统间具有相似的配置,根据中试和全面的测试结果可知,

ADUF 对 COD 的去除效率高于 90%。20 世纪 90 年代后,世界范围内开展了较多的 An-MBR 研究,研究内容涉及多个方面,包括膜材料、膜污染表征以及膜清洗和污染物处理。目前,越来越多的学者针对 AnMBR 反应器工艺设计以及工程应用进行了深入研究。

3. AnMBR 优缺点

相比于传统厌氧处理及好氧 MBR,AnMBR 存在明显优点,见表 6.1。AnMBR 综合了传统厌氧处理及 MBR 的优点,主要包括保留全部的生物量、具有较高质量的出水水质、较低的污泥产率、生成可利用的生物能和较小的占地面积等。一般来说,外置式的 AnMBR 可直接利用水流动力来控制膜污染,膜组件更换较为简便且通量较高,但频繁的膜清洗导致运行费用较高。外置式反应器中循环泵需要在高流速及高压力条件下操作,能耗显著高于浸没式反应器。浸没式 AnMBR 能耗低且膜清洗方式简单,由此浸没式 MBR 的使用规模更加广泛。

表 6.1　传统好氧处理、传统厌氧处理、好氧 MBR 和 AnMBR 比较

特征	传统好氧处理	传统厌氧处理	好氧 MBR	AnMBR
有机物去除率	高	高	高	高
出水水质	高	中等到劣质	优质	高
有机负荷率(OLR)	中等	高	高到中等	高
污泥产率	高	低	高到中等	低
占地面积	高	高到中等	低	低
生物量保留	从低到中等	低	全部	全部
营养物需求	高	低	高	低
碱度需求	低	工业废水需要高	低	高到中等
能量需求	高	低	高	低
温度敏感度	低	低到中等	低	低到中等
启动时间	2～4 周	2～4 月	1 周内	2 周内
生物能回收	否	是	否	是
处理方式	全规模	理论上前处理	全规模	全规模或前处理

4. AnMBR 膜材料构成及分类

AnMBR 中膜组件所用的膜材料可分为三类:金属膜、无机膜(陶瓷)和聚合物膜。陶瓷膜的反冲洗效果较好,可较好地控制膜分离中的浓差极化带来的影响,既有较高的耐腐蚀性,又有抗污染阻力的特征。在早期研究中,主要使用陶瓷管式膜作为 AnMBR 的膜组件,同时也尝试用金属膜作为 AnMBR 的膜组件。金属膜在水力性能、抗冲击负荷、抗氧化和耐高温等方面的能力均优于聚合物膜,由膜污染导致的膜通量下降也能更简单地恢复。但是,聚合物膜的使用成本明显低于陶瓷膜及金属膜。随着污水处理系统的经济适用性逐渐成为关注的要点,尤其将膜组件用于商业应用时,由于聚合物膜具有低廉的价格,研究者和商业界也在近些年更关注聚合物膜的研究与应用。聚偏氟乙烯(PVDF)和

聚醚砜(PES)是聚合膜的主要材质,占总产品约90%的市场,包括90%以上的商业应用。在某些情况下 AnMBR 中膜组件也使用其他材料,例如聚乙烯(PE)、聚砜(PSF)以及聚丙烯(PP)。由于疏水膜的膜污染速率较高,而亲水膜表面上的污染物一般可回流到污泥混合液中,因此将亲水膜的表面性质和疏水性聚合物的优异性质相结合才能得到理想的膜组件。研究者近年来为降低膜表面污染尝试了多种技术使膜改性,包括光化学技术、低温等离子体技术以及化学技术等方法,然而,其中绝大部分的膜表面改性的研究都在好氧系统中进行,实际上在厌氧系统中也可以利用以上膜改性方法,它们在主体上是相似的。

膜组件外形结构有三大类,分别为平板(板或框架)、中空纤维和管式。因为中空纤维结构相比于其他两种类型具有装填密度高以及包装成本低的优势,所以被普遍应用于 MBR。同时,板式膜组件具有较好的稳定性,对有缺陷的膜也易于清洗和更换,优点较为明显,在科研中尤为适用。管式膜组件具有膜污染速率低,易于清洗、更换或插入膜组件的优势,但受到投资和泵运输的成本较高、堆积密度较低等劣势的限制。商用好氧 MBR 的孔径大多数在超滤(UF)到微滤(MF)之间,厌氧膜也同样在两者之间。直观地说,膜孔径的大小会影响膜通量,且膜通量与毛孔通量呈正相关关系。

6.1.2　AnMBR 工艺在废水处理中的应用

1. AnMBR 处理不同废水的效果

难降解有机物一般不包含于合成废水中,挥发性脂肪酸、纤维素、淀粉、酵母、葡萄糖、胨以及糖等都可用作合成废水的底物。通常一些新方向的试验或膜污染的测试通过合成废水来完成。最近,很多浸没式 MBR 的研究都选择处理合成废水。膜污染是 AnMBR 研究的主要内容之一,因此将合成废水作为处理对象是合理的。合成废水的 OLR 会因研究目的不同而不同。

大量的废水随着高速的工业化而不断产生,工业废水主要来自于食品加工、医药、纺织、造纸、石油、化工、制革和制造业等行业。工业废水无法通过单一方法达到完全处理,传统工艺是使用物理、化学以及生物过程等来进行综合处理。利用厌氧方法处理纸浆和造纸废水已经非常普遍,厌氧处理工艺中约9%用于处理造纸工业废水。Xie 等人通过浸没式 AnMBR 在(37 ± 1) ℃下对造纸废水进行处理,其 OLR 在 $1 \sim 24$ kg COD/$(m^3 \cdot d)$ 范围内,COD 去除率为93% ~ 99%。食品加工废水的主要特性为有机物质量浓度(1 000 ~ 85 000 mg COD/L)和悬浮固体质量浓度(50 ~ 17 000 mg/L)较高。食品加工废水中的有机物可生物降解性较高,通过厌氧方法进行处理是比较合理的,用于处理食品和其相关废水的厌氧反应装置占全球厌氧反应装置总数量的76%。大量有关 AnMBR 处理食品加工废水的研究表明,AnMBR 可以减少活性污泥流失并具有较高的出水水质。

厌氧过程通常用于处理工业或高浓度废水,较少用于处理城市污水。在选定的运行条件下任何结构的 AnMBR 均可去除废水中85%以上的 COD 及99%以上的 TSS。An-MBR 对常见污染物的去除效率显著高于 UASB,甚至不亚于好氧 MBR。不同于对 COD 和 TSS 较好的去除效果,一般来说 AnMBR 几乎不具有对总氮(TN)和总磷(TP)的去除能力。究其原因,存在缺氧或好氧区是去除氮和磷过程中需满足的条件。仅经 AnMBR 处理过的生活废水用于农业灌溉是很好的再利用方式,但绝大部分情况下还需要对 AnMBR

处理后的出水进行深度处理。AnMBR 处理市政污水的单位资金成本约为 800 美元/（m³·d），与全规模的好氧 MBR 花费相当，但 AnMBR 所需的运行成本仅为具有相同处理能力的好氧 MBR 的 1/3。除此以外，收集厌氧反应过程中生成的沼气带来的收益足够抵消 AnMBR 的运行成本。根据成本敏感分析可得，AnMBR 整个生命周期成本受膜通量、膜价格以及膜使用寿命等膜参数影响。若能显著提高膜性能，使用 AnMBR 处理市政污水是极具发展前景的技术。

除此之外，AnMBR 也用于处理含有高浓度固体的废液和渗滤液等。

2. AnMBR 处理效果影响条件

（1）运行条件

AnMBR 的性能与运行参数紧密关联，涉及的主要运行参数有：温度、水力停留时间（HRT）、污泥停留时间（SRT）和有机负荷率（OLR）等。

①温度。厌氧反应器通常在中温（35 ℃）或高温（55 ℃）的情况下运行。一般来说，处理较高浓度有机废水时维持中温或高温所需的热量可完全由生成的甲烷提供，但是对于市政废水等有机物含量较低的废水，维持反应器中温或高温所需要的能量高于厌氧过程生成甲烷产生的能量，因此厌氧法处理市政废水常在环境温度下运行。很多研究表明，虽然低温条件下所需的 SRT 比适温情况多一倍，且有机物水解速率在低温条件下显著降低，但技术上在低温条件下运行厌氧系统存在可行性，膜可将缓慢生长的微生物截留，维持足够的生物量进而提高厌氧消化的性能和稳定性。

② HRT 和 SRT。优化 AnMBR 操作条件的两个主要参数是 HRT 和 SRT。系统运行成本在一定程度上受 HRT 的影响。HRT 的高低与反应器的大小以及系统运行成本呈现正相关性，SRT 与污水处理过程中的污泥产率呈现负相关性。许多研究人员研究了 AnMBR 中 HRT 对出水水质的影响。Chu 等人对比研究了 HRT 在不同温度下对膜耦合 EGSB 反应器出水水质的影响，结果显示在温度高于 15 ℃时，HRT 和 COD 去除率之间不存在关联。但是当温度为 11 ℃时，HRT 与 COD 去除率呈正相关关系，表明 HRT 在温度较低时对处理效果的影响较为显著。AnMBR 中的 SRT 一般介于 25 ~ 335 d 之间，并且可由污泥损耗率的改变来调整。SRT 的变化会改变生物相关产物（BAPs）浓度，S-EPS（溶解性胞外聚合物）中部分由 BAPs 组成，所以 SRT 的变化会对 S-EPS 的浓度造成影响，较长的 SRT 会导致出水 COD 浓度升高。

③OLR。AnMBR 的优势之一是抵抗有机负荷波动的能力强。AnMBR 处理市政污水的 OLR 为 0.3 ~ 12.5 kg COD/（m³·d）之间变化。Wen 等人利用外置式 AnMBR 对 OLR 在 0.5 ~ 12.5 kg COD/（m³·d）之间变化的废水进行处理时，获得了较高质量的出水。Kalogo 等人研究表明，AnMBR 出水的 COD 基本不随着 OLR 的波动而波动，较为稳定。AnMBR 的出水水质与传统厌氧工艺相比更稳定，且 OLR 变大会使厌氧过程中沼气的生成量显著升高。

（2）污泥特性。

污泥特性，如部分缓慢生长的细菌及其营养需求，主要取决于反应器种类以及运行条件，会对 AnMBR 处理效果起到决定性作用。有文献表明在 AnMBR 中，以丙酸盐作为基质的微生物几近失活，究其原因可能是产氢菌和产甲烷菌在高剪切条件下细胞裂解，导致种间氢转移距离增加。在对污泥浓度如何影响 AnMBR 出水水质进行分析时,发现污泥质量浓度在 6.4~9.3 g MLSS/L 范围内时,出水 COD 相对稳定。还有研究发现,在 An-MBR 处理废水中,与污泥混合液的污泥相比,膜表面黏附的污泥产甲烷活性较低,膜表面黏附污泥对污染物去除率的影响较小。

(3)反应器的设计及膜的位置。

反应器结构形式和膜组件相对位置对 AnMBR 的处理效果也会产生一定影响。目前,连续搅拌釜式反应器(CSTR)是 AnMBR 的主要设计形式,这是因为 CSTR 的结构基本都是外部错流 MBR,这种形式使得反应器的设计和组装较为简单。该结构需要混合液保持高速流动状态,无论膜的位置如何,高速水流都使混合液完全混合。除此以外,也有人利用上流式厌氧污泥床(UASB)耦合外置错流膜构成 AnMBR 反应器。研究者们对两相 MBR 的设计结构进行探索,得出膜组件可放置在第一阶段的酸化反应器后,或者第二阶段的产甲烷反应器后,或者同时分别放置在两个反应器后。

6.1.3　AnMBR 工艺发展趋势及目前存在问题

近些年来,科研工作者和行业从业者对 AnMBR 给予了较大关注。除了具有较低的污泥产率、较高的进水负荷等特点,AnMBR 可产生能源性气体,有利于实现污水处理与能源再生利用。从运行效果、适用对象、经济性等方面分别对 AnMBR、高效厌氧反应器以及好氧 MBR 三种工艺进行比较,结果表明污水处理使用 AnMBR 具有可行性。未来的重点研究方向为浸没式 AnMBR 的开发与应用,与外置式 AnMBR 相比,浸没式 AnMBR 能耗较低、占地较小的特点更适应于未来污水处理的发展需求。

膜污染是 AnMBR 所面临的最大挑战,相比于好氧 MBR,由于 AnMBR 中存在多种厌氧微生物,对运行条件有极高要求,其膜污染速率更快且难以控制。由于厌氧条件下无法通过曝气对膜污染进行控制,亟须开发新的膜污染控制方法,如由厌氧过程中产生的生物气冲刷膜表面延缓膜污染。除此以外,AnMBR 中含有多种类型的微生物以及复杂的代谢产物,这在一定程度上增加了对其膜污染机理研究的难度。AnMBR 工艺的广泛应用,还需要对 AnMBR 的膜污染特性和机理进行深入研究,并对反应器的设计结构、运行方式、膜材料等方面进行优化,寻找对 AnMBR 膜污染有效的控制途径。

6.2　AnMBR 工艺设计

试验中使用两组浸没式 MBR,分别为好氧 MBR 和真空淹没式 AnMBR。两组反应器结构和大小相同,有效容积为 7.2 L,由有机玻璃制成。反应器的膜组件采用聚乙烯中空纤维膜(日本,三菱),膜孔径为 0.4 μm,膜面积为 0.08 m^2。膜组件的下方安装了两排微孔曝气管,好氧 MBR 由空气压缩机(中国,海利)供氧,同时利用曝气冲刷避免膜表面泥饼层过度沉积;AnMBR 中产生的气体由真空气泵(德国,KNFB_50)循环,充分混合系统内的混合液并防止膜表面累积过厚的泥饼层,利用排水法对过剩的气体进行收集。同一个进水系统为两组 MBR 供水,利用蠕动泵控制进出水的流量,蠕动泵采用间歇运行方式(开 8 min/关 2 min)。出水端安装压力变送器,实时监测 TMP。试验装置结构示意图如

图 6.2 所示。

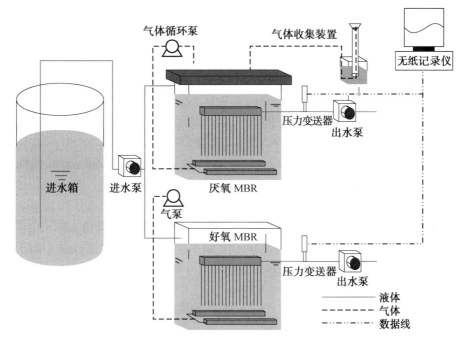

图 6.2　好氧 MBR 和真空淹没式 AnMBR 的结构示意图

6.3　AnMBR 和好氧 MBR 运行效果比较

　　AnMBR 是一种新型的厌氧水处理技术,既有 MBR 工艺高效的水处理效果,又有厌氧技术低能耗、低污泥产量、可产生沼气能源等优势。近年来,国内外相关研究将 AnMBR 工艺应用在高浓度有机废水的处理中,取得了较好的处理效果,但将其应用于城市生活污水等有机物浓度相对较低的废水处理的报道却很少,这是由于 AnMBR 运行的苛刻条件,以及其中复杂的微生物结构和膜污染阻碍了相关研究的开展。目前针对好氧 MBR 工艺及其污染特性和机理的相关研究已经取得了一定的成果,如果能够充分发掘对于好氧 MBR 工艺的相关成果,在此基础上再对 AnMBR 进行研究,可有效降低 AnMBR 工艺的研究难度,能够对 AnMBR 内膜污染特性与污染机理有更深层次的了解。为了深入地研究 AnMBR 工艺,探讨 AnMBR 处理城市生活污水的可行性,推动其应用与发展,本节以好氧 MBR 为参照,在相同的运行条件下对比研究 AnMBR 与好氧 MBR 对城市生活污水中 COD、N、P 等污染物的去除效果,同时对比 AnMBR 与好氧 MBR 的膜污染特性,包括膜过滤特性、膜表面污染物组成与形态结构等方面,还初步分析了 AnMBR 与好氧 MBR 膜污染差异的主要原因,为 AnMBR 膜污染过程的深入研究提供了有效的支撑。

6.3.1　处理效果比较

1. COD 去除效果的比较

为保证厌氧微生物的生物量充足,同时确保试验的可比性,AnMBR 与好氧 MBR 均采取不排泥处理,SRT 为 280 d。试验分为三个阶段,其对应的 HRT 分别为 14 h、10 h 和 6 h。AnMBR 与好氧 MBR 出水中 COD 的变化及去除率效果如图 6.3 所示。可以看出,与好氧 MBR 相比,AnMBR 的处理效果较差,但二者出水 COD 质量浓度均在 100 mg/L 以下。AnMBR 的 COD 平均去除率为 84.4%,处理效果能够与 UASB、EGSB 等高效厌氧反应器的处理效果持平。在 HRT 为 10 h 时,好氧 MBR 出水 COD 为 34 mg/L,去除率达到 94%,而 AnMBR 出水 COD 为 49 mg/L,去除率为 90%,均达到城镇污水处理厂污染物排放一级 A 标准。有分析表明:由于膜的截留作用,AnMBR 中的厌氧微生物能够全部被截留在反应器内,从而保证了系统的微生物量充足,并且一些未被厌氧微生物完全降解的有机物被截留在膜表面或泥饼层上,因此 AnMBR 出水中 COD 质量浓度较低。由于厌氧微生物的代谢速率较低,最终出水处理效果仍略低于好氧 MBR。

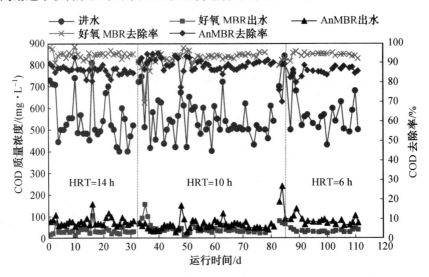

图 6.3　反应器出水 COD 的变化及去除率

进一步比较不同 HRT 下 COD 的去除效果可知,好氧 MBR 对 COD 的去除率没有明显变化,都约为 95%,而 AnMBR 在不同 HRT 下情况则不同:在 HRT 为 10 h 阶段下,An-MBR 的 COD 去除效果最佳,其去除率高达 90%,AnMBR 对 COD 的去除效率在 HRT 的增加(HRT=14 h)或降低(HRT=6 h)情况下都有所下降,去除率分别为 85% 和 73%。对此结果进行分析,好氧 MBR 的有机负荷随着 HRT 的减小而升高,好氧 MBR 含有较高的微生物量,所以具有较高的有机物代谢能力,同时加上膜的截留作用,使 COD 的去除效率没有明显变化。而 AnMBR 因为其厌氧污泥由 IC 工艺获得,原有机负荷较高,在试验的第一阶段中,大量微生物因为 HRT 较大,有机负荷相对较低而摄入有机物不足,导致微生物活性降低,微生物的内源呼吸作用增强且微生物的衰亡率上升,释放的有机物增加(图

6.4),致使上清液中有机物浓度上升,由于膜对有机物的截留能力有限,所以即使具有较长的 HRT,AnMBR 也无法得到较高的 COD 去除率;在 HRT 由 14 h 下降至 10 h 时,进水有机负荷增加,降低了微生物的内源呼吸作用且促进了微生物生长,导致 AnMBR 上清液的有机物浓度明显减小,加上膜的截留作用,所以此阶段 AnMBR 具有最佳的 COD 降解效果;当 HRT 为 6 h 时,有机负荷升高,厌氧微生物代谢作用相对较弱,反应器内有机物未完全被微生物降解,部分小分子有机物(如挥发酸等)直接透过膜,使得 AnMBR 出水的 COD 质量浓度较高,AnMBR 对 COD 的处理效果下降。

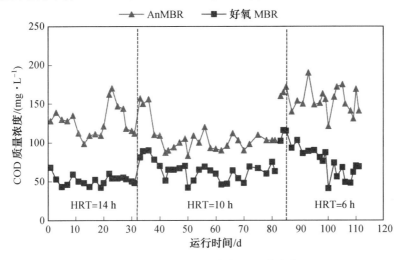

图 6.4　MBR 上清液 COD 的变化

2. 脱氮除磷效果的比较

好氧 MBR 和 AnMBR 的脱氮效果比较如图 6.5 所示。由图可知,在好氧 MBR 中,出水 NH_4^+-N 质量浓度不足 0.1 mg/L,氨氮去除率为 99.5%,几乎所有的进水 NH_4^+-N 都被氧化为 NO_3^--N。这是由于好氧 MBR 的膜能够将硝化细菌全部截留,使得系统内有很强的硝化能力。虽然在 AnMBR 内的水处理过程中没有发生硝化作用,但其上清液和出水的 NH_4^+-N 质量浓度分别为 23.4 mg/L 和 19.4 mg/L,处于较低水平,这是因为厌氧微生物在代谢与自身生长过程中消耗部分氨氮,导致氨氮质量浓度降低。可以看出,当 HRT=10 h,厌氧微生物具有较高的生物活性,相应的代谢作用较强,氨氮的利用量较高,去除效率较高;当 HRT=14 h 和 6 h 时,微生物的代谢活性有所下降,氨氮的利用量也降低。

进一步对比分析 AnMBR 的上清液及出水中不同种类的含氮化合物,与出水相比,上清液中 NH_4^+-N 和 NO_3^--N 质量浓度均较高,而 NO_2^--N 质量浓度过低无法比较。分析认为,在 AnMBR 中,膜表面的氧气浓度随着污泥积累量的提升而变得更低,从而形成良好的厌氧条件,由于进水中含微量的氧气,因此由混合液到膜表面逐渐形成缺氧、厌氧的环境。另外,由于膜表面和泥饼层对有机质以及厌氧微生物的截留作用,使它们在膜表面富集,最终在膜表面与泥饼层之间形成适宜厌氧、缺氧微生物生存的环境。于是在 AnMBR 运行过程中,上清液中的 NH_4^+-N、NO_3^--N 和 NO_2^--N 等会发生同步硝化反硝化、厌氧氨氧化等复杂的反应,使氮最终以 N_2 的形式排出系统。对 AnMBR 中产生的气体进行成

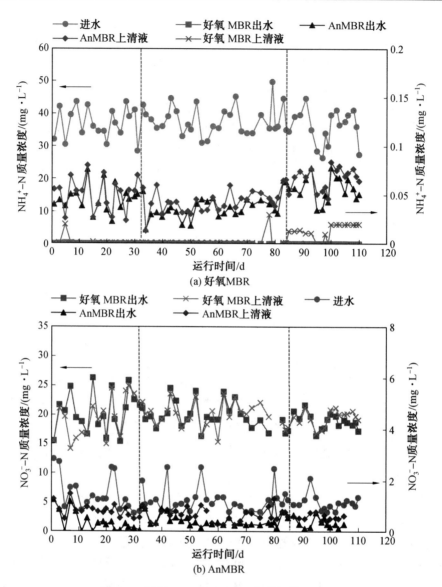

图 6.5   好氧 MBR 和 AnMBR 的脱氮效果比较

分分析发现,N_2 体积分数为 2%,一定程度上印证了上述推论。Hu 和 Stuckey 在浸没式 AnMBR 处理低浓度有机废水试验中,也获得了相似的结果。这表明在 AnMBR 中能够形成有利于微生物脱氮作用的环境,从而实现脱氮的效果。由于试验进水的 NO_3^--N 和 NO_2^--N 质量浓度较低,因此在本试验中并不能够表现出明显的生物脱氮作用,关于此处的脱氮机理还有待于更深入的研究。目前,国内外有学者利用外置式 AnMBR 进行同步硝化反硝化或厌氧氨氧化的研究,但对于浸没式 AnMBR 的相关研究还很少,如果能够利用 AnMBR 完成对 COD 和 N 的同步去除,将会推动 AnMBR 工艺更加广泛地应用。

3. 除磷效果的比较

好氧 MBR 和 AnMBR 的除磷效果比较如图 6.6 所示。总体来说,AnMBR 的除磷效果优于好氧 MBR,其中好氧 MBR 出水中磷的去除率为 13% ~28%,仅在系统启动初期对正磷酸盐有一定的去除效果,之后出水正磷酸盐质量浓度则与进水质量浓度基本持平。虽然常规的单级好氧 MBR 中聚磷菌的含量较高,但是该反应器对磷的去除率较低,这是由于缺少厌氧阶段,不能生成足够的胞内碳能源储存物(PHA),使得聚磷菌没有足够的能量固定混合液中的磷,所以上清液中磷无法转移到污泥中。经过 AnMBR 处理后的出水中,正磷酸盐质量浓度仅为 4.3 mg/L,去除率达 50%。根据王暄等关于厌氧条件下吸收磷酸盐的研究,可以推测在厌氧条件下,磷的去除是由于厌氧微生物降解糖原过程中需要消耗磷酸盐。李金页等的研究认为,厌氧反应器中微生物的同化作用是去除混合液中磷酸盐的主要途径。郭夏丽认为,厌氧反应器中磷的去除是由于微生物将磷酸盐还原为磷化氢(PH_3)。全面分析本试验研究结果,认为 AnMBR 具有一定的除磷能力,厌氧微生物能够在摄入有机物时吸收一定量的磷酸盐,同时混合液中较高浓度的 NH_4^+-N、CO_3^{2-} 为化学沉淀和生物沉降提供了反应环境,在化学沉淀和生物沉降的共同作用下,混合液中磷聚集成盐沉淀或络合物后在膜的截留下沉积在膜表面,从而降低了水相中磷的浓度。综上,AnMBR 具有比好氧 MBR 更好的除磷效果,能够有效去除污水中的磷,改变了单级 MBR 工艺难以除磷的缺陷,极大地提升了 AnMBR 的技术优势。

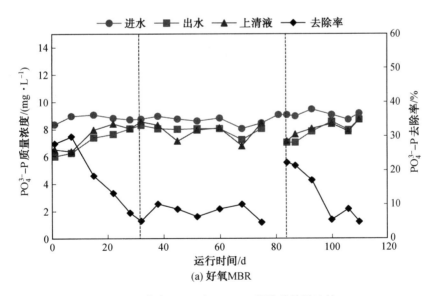

图 6.6　好氧 MBR 和 AnMBR 的除磷效果比较

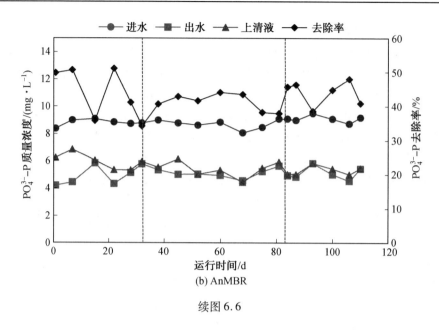

(b) AnMBR

续图 6.6

6.3.2　膜过滤特性的比较

1. TMP 的变化规律

在恒定的膜通量下,MBR 的膜污染情况可以由 TMP 的变化进行表征。好氧 MBR 和 AnMBR 的 TMP 变化情况如图 6.7 所示。总体上看,与好氧 MBR 相比,AnMBR 的 TMP 增长速度一直较快,几乎不存在稳定期(第二阶段除外),膜污染过程呈现两段式变化,而好氧 MBR 的膜污染过程是典型的三段式类型。在第一阶段 HRT 为 14 h 情况下,AnMBR 运行 10 d 时,反应器的 TMP 为 2.8 kPa,在 10 ~ 15 d 迅速上升至 30 kPa,且在 15 d 出现了严重的膜污染现象;而好氧 MBR 在 35 d 时的膜污染程度还保持在较低水平,其 TMP 为 7.5 kPa。当第二阶段 HRT 下降到 10 h 时,AnMBR 的膜污染速率较上一阶段有所下降,可以持续运行 25 d,并且存在一定时间的稳定(42 ~ 53 d、70 ~ 79 d),TMP 在稳定期内只增加 2 kPa,之后也发生 TMP 的跃迁现象;好氧 MBR 的第二阶段开始于运行的 36 d,HRT 的降低导致膜通量的上升,TMP 存在短暂的跃迁现象,接着则进入缓慢增长阶段,72 d 以后,TMP 增长加速,并在 78 d 上升至 31 kPa;在第三阶段,HRT 由 10 h 减小至 6 h,AnMBR 的膜污染速率显著上升且高于第一阶段(HRT = 14 h),反应器持续运行 10 d 就发生了严重的膜污染,其 TMP 曲线呈现两段式,不存在稳定期,这与第一阶段(HRT = 14 h)的变化趋势相似;好氧 MBR 的膜污染速率有所上升,稳定运行了 30 d。

分析认为,由于 AnMBR 混合液中有机物含量较高,促使 AnMBR 迅速发生膜污染,且在 HRT 较高的条件下,进水负荷较低,厌氧微生物的代谢作用受到抑制,内源呼吸作用较强,大量的 SMP、EPS 等物质被释放出来,进一步加快了膜污染的发生。根据结果可知,当 HRT 为 10 h 时,厌氧微生物生长加快,进水负荷增加,进水中的有机物多数被微生物摄入用于自身生长与代谢活动,因此膜污染的程度有所缓解,HRT 为 10 h 的运行时间长于 HRT 为 14 h 的运行时间。而当 HRT 降低至 6 h 时,由于厌氧微生物代谢较慢,大量有机

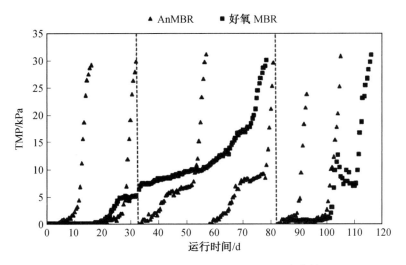

图 6.7　好氧 MBR 和 AnMBR 的 TMP 变化情况

物质没有被完全降解,从而导致膜的过滤阻力升高,膜污染进一步加重。

2.膜通量的变化规律

膜通量决定了混合液中污染物迁移到膜表面的速率,因此控制膜通量恒定的情况下,污染物的迁移速率几乎不变。据此,有学者提出了临界通量的概念,认为存在一个通量值,当实际通量小于该值时,膜污染几乎不会发生,而当实际通量大于该值时,膜污染就会发生。可以根据该理论来对 MBR 的运行进行指导。根据实践可知,当实际通量处于次临界通量的状态下时,能够实现对膜污染的缓解。本研究对 AnMBR 与好氧 MBR 的临界通量进行了比较,如图 6.8 所示。研究发现二者临界通量都在 $10 \sim 12$ L/($m^2 \cdot$ h)之间,但是根据 TMP 的变化规律,可知 AnMBR 的临界通量略低于好氧 MBR。由于对于临界通量的测试是在短时间内完成的,因此引起两组系统存在差异的原因可能是两组系统内污泥性质的不同。

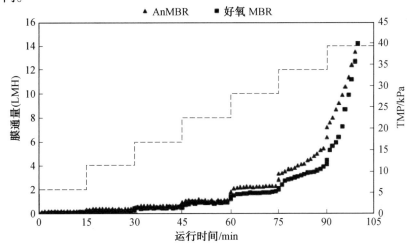

图 6.8　好氧 MBR 和 AnMBR 临界膜通量的测定结果

在 MBR 运行过程中,恒流蠕动泵控制出水,但膜通量会受膜污染的影响而不断下降,且趋势与 TMP 的增长趋势几乎一致(图 6.9)。分析可知,在试验的第三阶段,好氧 MBR 和 AnMBR 的初始通量在低 HRT 的影响下均超过了临界通量,此时污染物向膜表面的迁移作用因受较大膜通量的影响而速度加快,膜污染加剧。由此可得,较高的膜通量会增加膜污染的速率,而 AnMBR 的膜通量较高,因此也一定程度地促进了膜污染的发生。进一步分析发现,在试验的第一阶段中,AnMBR 的运行通量比第二阶段小,且在临界通量以下,依然存在严重的膜污染;而好氧 MBR 的膜通量与膜污染呈正相关性。综上可知,在临界通量的条件下运行可以对膜污染进行控制,但因为在 AnMBR 中微生物环境较为复杂,膜污染也受到污泥性质、微生物代谢产物等复杂因素的影响,为降低 AnMBR 中膜污染速率,需要对膜通量大小以及复杂的微生物因素等方面进行充分考虑。

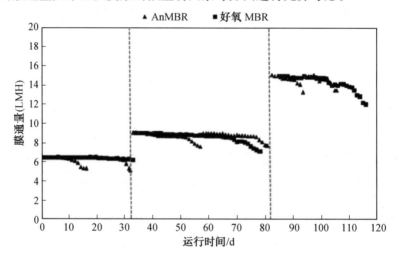

图 6.9 好氧 MBR 和 AnMBR 膜通量的变化

3. 膜阻力分析

试验研究了好氧 MBR 和 AnMBR 在不同阶段的运行过程中,膜受到污染后的膜阻力状况,结果见表 6.2。由表可知,虽然好氧 MBR 和 AnMBR 的膜污染速度有明显差异,且各个阶段的膜污染速率也不尽相同,但膜阻力的主要来源却是相同的,均为膜表面的泥饼层阻力,而膜孔堵塞带来的阻力都比较小。由此可知,膜表面泥饼层的污染是造成好氧 MBR 和 AnMBR 膜污染的主要污染类型,进而可以推测,泥饼层的迅速形成与发展会导致膜污染的迅速发生。分析认为,在污泥特性、有机物浓度等因素的影响下,AnMBR 膜表面泥饼层的积累速度较快,使得膜阻力快速升高的同时,也对有机物吸附聚集于膜表面上及堵塞膜孔的过程产生阻碍作用,因此虽然 AnMBR 中含有较高浓度的有机物,但膜孔堵塞并不严重。一般认为,在短期试验过程中,泥饼层污染是可逆的,而膜孔堵塞引发的膜阻力上升则是不可逆的,若能对膜表面泥饼层的产生进行较好的控制,既能够延缓膜污染,又能够利用泥饼层的截留作用对膜起到保护作用,从而有效延长 AnMBR 的运行时间。

表 6.2　好氧 MBR 和 AnMBR 膜阻力分析

阻力/ ($\times 10^{13}\,m^{-1}$)	第一阶段		第二阶段		第三阶段	
	好氧 MBR	AnMBR	好氧 MBR	AnMBR	好氧 MBR	AnMBR
R_m	—	0.02(1.0%)	0.02(1.4%)	0.02(1.0%)	0.01(0.4%)	0.01(0.7%)
R_c	—	2.00(98.5%)	1.36(96.5%)	1.89(98.4%)	2.66(98.5%)	1.47(98.6%)
R_f	—	0.01(0.5%)	0.03(2.1%)	0.01(0.6%)	0.03(1.1%)	0.01(0.7%)
R_t	—	2.03(100%)	1.41(100%)	1.92(100%)	2.70(100%)	1.49(100%)

注:R_m 为新膜阻力,R_c 为泥饼层阻力,R_f 为膜孔堵塞阻力,R_t 为总阻力。

6.3.3　膜表面形态的观察和分析

试验中分别通过扫描电子显微镜、X 射线能谱、原子力显微镜和傅里叶红外光谱等方法观测了膜表面泥饼层的形态、元素、结构以及物质组成,进一步对好氧 MBR 和 AnMBR 的膜污染特性进行研究。

1. 泥饼层的结构和形态

扫描电子显微镜下观测到好氧 MBR 和 AnMBR 的膜表面泥饼层结构如图 6.10(a)、(b)所示,可以看出,AnMBR 泥饼层的分布相对更均匀,厚度更小,结构紧密,观察不到明显的突出或凹陷部分;而好氧 MBR 泥饼层厚度较大,分布不均,且有较大的污泥絮体与清晰的孔隙。

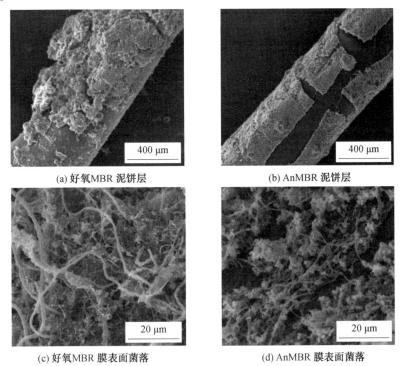

(a) 好氧MBR 泥饼层　　　　　　　(b) AnMBR 泥饼层

(c) 好氧MBR 膜表面菌落　　　　　(d) AnMBR 膜表面菌落

图 6.10　泥饼层结构扫描电镜照片

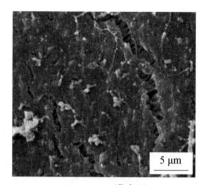

(e) 好氧MBR 膜表面（水洗后）　　　　　　　　(f) AnMBR 膜表面

续图 6.10

对泥饼层进行进一步放大观察,如图 6.10(c)、(d)所示,发现大量的短杆菌、球菌与少量丝状菌,这些细菌与污泥颗粒相结合共同形成 AnMBR 的泥饼层;大量互相交缠的大粒径丝状菌存在于好氧 MBR 的泥饼层中。分析认为:微生物种群类型影响膜表面泥饼层的形态,好氧污泥絮体的结构基础是丝状菌,当丝状菌被截留在膜表面上时,相互交缠并组成立体网格式结构可对混合液中污染物产生支撑和固定效果,同时丝状菌不断繁殖使得泥饼层厚度逐渐增加且结构变得越来越不规则。而 AnMBR 膜表面截留的污泥絮体,具有体积较小、形态较为规则的特点,这是因为厌氧反应器中微生物种群主要由粒径较小的球菌和杆菌组成,污泥絮体层叠覆盖在膜表面,随着冲击作用而逐渐被压实,并且填满泥饼层中的孔隙,使得泥饼层致密且均匀。

对物理清洗后的膜表面进行进一步的放大观察,如图 6.10(e)、(f)所示。水力冲洗作用能够去除膜表面的绝大多数污染物,能够清晰地看到,好氧 MBR 膜的膜孔只有少量的细菌细胞与污泥絮体残留,而 AnMBR 膜表面上残留一层分布均匀的污染物,多数膜孔仍被堵塞,能够观察到膜表面有一层污泥层覆盖。结果表明,与好氧 MBR 相比,AnMBR 的膜表面泥饼层与膜的结合强度更高,且结合力在膜表面纵向上分布不均匀,其中最外层的污染物质能够被简单的物理作用清洗掉,但内层的泥饼层结合紧密,仅通过水力冲刷难以冲洗掉。分析认为,在 AnMBR 膜表面污染形成过程中,首先会在膜表面形成一层紧密、均匀分布的泥饼层,该层的结合力较强,气流和水流的冲刷难以对其去除,导致膜的过水性能快速减小,因此在运行的初级阶段 AnMBR 会发生 TMP 的迅速升高,同时该泥饼层的存在会导致膜表面的亲疏水性与带电性发生变化,使得混合液中微生物代谢产物、污泥絮体与胶体等污染物质更易沉积在膜表面,引起膜污染速率升高,并导致 AnMBR 膜污染的迅速发生。好氧 MBR 中即使具有较厚的泥饼层,但由于丝状菌蓬松且纠缠相连的特性,使得形成的泥饼层呈现立体结构,透水性更好,孔隙率也相对更高,因此好氧 MBR 的膜污染相对更加缓慢。

2. 膜表面粗糙度分析

通过原子力显微镜深入观测泥饼层的形态和结构,如图 6.11 所示。可以看出,AnMBR 和好氧 MBR 的膜表面经过污染后形态明显不同。其中,AnMBR 的泥饼层起伏较小,厚度更薄,难以观察到孔隙的存在;而好氧 MBR 有起伏更大且厚度更高的泥饼层,能够观察到孔隙的存在。测算 AFM 图像的表面粗糙度,见表6.3,发现 AnMBR 的泥饼层的平均粗糙度(R_a)以及均方根粗糙度(R_q)最低,好氧 MBR 膜表面的粗糙度高于 AnMBR,新膜表面具有最大的粗糙度。通常认为膜表面的粗糙度与透水性之间有正相关关系,虽然 AnMBR 的泥饼层较薄,但比较平整且有规则,具有较低的孔隙率,因此 AnMBR 泥饼层透水率较差,膜污染的速率更高。这也从另一角度说明 AnMBR 膜表面泥饼层的形态和结构很大程度上导致了其膜污染速率的跃升。

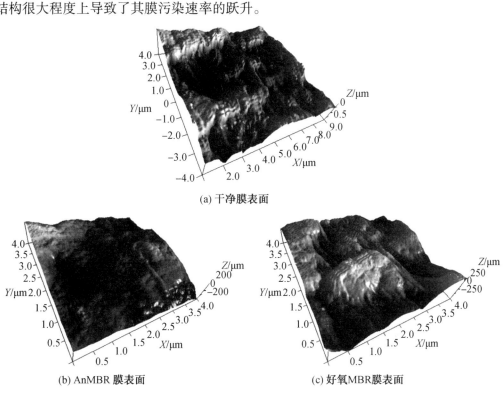

(a) 干净膜表面

(b) AnMBR 膜表面　　　　　　　　(c) 好氧MBR膜表面

图 6.11　干净膜表面、AnMBR 膜表面、好氧 MBR 膜表面的 AFM 三维照片

表 6.3　膜表面粗糙度分析　　　　　　　　　　　　　　nm

分析项目	干净膜表面	AnMBR 膜表面	好氧 MBR 膜表面
R_a	130.913	67.230 8	107.063
R_q	161.887	88.885	132.152

注:R_a 为平均粗糙度;R_q 为均方根粗糙度。

3. 膜表面污染物分析

利用 EDX 技术分析好氧 MBR 和 AnMBR 膜表面污染物的元素组成,结果见表6.4。由此可知好氧 MBR 和 AnMBR 膜表面污染物的元素组成基本相同,元素含量有微小的差异。可以看出相较于好氧 MBR,AnMBR 膜表面污染物中 Ca、Mg、Si、Al、P 等元素的含量略高。

表 6.4　膜表面污染物的元素组成分析　　　　　　　　　　　　%

元素种类	元素质量分数	
	好氧 MBR	AnMBR
C	38.26	37.01
N	15.52	14.69
O	28.80	31.92
Na	02.44	2.00
K	0.97	1.02
Mg	0.60	1.05
Al	1.03	1.66
Si	2.53	6.74
P	5.32	2.69
S	4.13	0.50
Ca	0.47	0.70

一些研究关注于无机污染物对膜污染的影响,如 An 等人发现在 AnMBR 的膜表面中含有较高的无机污染物,Choo 等利用 AnMBR 处理乙醇废水时发现,$MgNH_4PO_4 \cdot 6H_2O$(鸟粪石)会同污泥絮体一起在膜表面积累,影响膜污染速率。由此推测,AnMBR 中较高浓度的 CO_3^{2-}、PO_4^{3-}、NH_4^+ 等离子会与 Ca、Mg、Al 等元素发生化学沉淀或生物聚合作用,形成能够在膜表面积累的结晶化合物,例如磷酸盐、碳酸盐等,这也解释了试验中 AnMBR 对混合液中磷的处理效率高于好氧 MBR 的现象。已有研究表明膜表面泥饼层的性质和结构与无机污染物紧密相关,从本试验来看,因为进水中没有加入 Al、Mg、Si、Ca 等元素,所以与 C、N、O 等元素相比,它们在膜表面污染物中含量较低,这意味着在好氧 MBR 和 AnMBR 内造成膜污染的主要原因仍然是有机污染。

通过 FTIR 描述膜表面污染物中存在的有机官能团,好氧 MBR 和 AnMBR 泥饼层污泥的 FTIR 谱图如图 6.12 所示。可以看出,好氧 MBR 和 AnMBR 的泥样具有相似的红外吸收峰,这表明好氧 MBR 和 AnMBR 膜表面污染物具有相似的官能团,其中 O—H 键的伸缩振动对应的吸收峰在 3 300 cm^{-1} 处;C—H 键对应的伸缩振动对应的吸收峰为 2 925 cm^{-1} 处;蛋白质二级结构中的酰胺 I 和酰胺 II 对应的吸收峰在图中比较明显,分别位于 1 654.3 cm^{-1} 和 1 540 cm^{-1} 处,这意味着蛋白质类物质是膜污染物的组成部分;多糖类化合物中官能团伸缩产生的吸收峰在 1 071 cm^{-1} 处。另外,在 FTIR 谱图的指纹区(1 000 cm^{-1})能明显观察到 AnMBR 泥饼的吸收峰更加复杂,说明 AnMBR 的膜表面上具有更多种类的污染物质。综上可知,好氧 MBR 与 AnMBR 中的主要膜污染成分是蛋白质和多糖,蛋白质的吸收峰强度远低于多糖的吸收峰强度,这意味着膜污染物中蛋白质所占比例高于多糖。还可观察到 AnMBR 测得的吸收峰数目高于好氧 MBR,且二者的吸收峰频率与强度有些许不同,推测产生吸收峰细微差异的原因是 AnMBR 中某些金属离子在厌氧微生物作用下与混合液中的有机物络合,对官能团结构与键能强度产生影响。

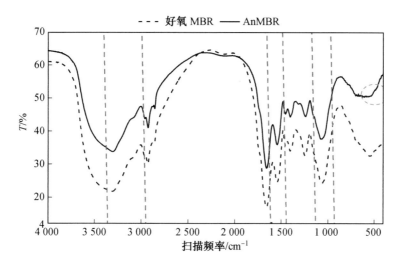

图 6.12　好氧 MBR 和 AnMBR 泥饼层污泥的红外光谱图

6.4　AnMBR 膜污染机理探讨

近年来,国内外围绕好氧 MBR 的膜污染问题开展了大量的研究,虽然产生了不同观点,但一致认为泥饼层污染在好氧 MBR 的膜污染中起着重要作用。一些学者认为可逆污染包括泥饼层污染,可以通过减缓有机物沉积降低泥饼层污染来延缓膜污染;也有学者认为,通过水力冲洗泥饼层方式延缓膜污染的效果较差,因此泥饼层不断累积,造成膜的过水面积下降,使得膜污染加剧。本节从污泥特性和微生物代谢产物两个角度出发,研究二者如何影响泥饼层的形成和结构,进而提出 AnMBR 膜污染的动态过程,并对如何减缓 AnMBR 膜污染提供解决方法。

6.4.1　污泥性质对膜污染的影响

1. 污泥浓度对膜污染的影响

泥饼层的主要成分为污泥,污泥浓度会影响饼层的形成,有研究表明膜污染速率在污泥浓度过高或过低的情况下均会增加。试验中用相同的污泥浓度同时启动好氧 MBR 和 AnMBR,运行过程中污泥浓度变化如图 6.13 所示。由于好氧微生物生长代谢速率更高,好氧 MBR 的污泥浓度一直高于 AnMBR。综合考虑泥饼层污泥的形态并忽略其他因素的影响,污泥沉积于膜表面的概率与系统中污泥浓度呈正相关关系,即污泥浓度的增加会形成更厚的泥饼层。但不同污泥浓度下的表现差异只能说明膜表面上截留的污泥量增多导致泥饼层厚度有所上升,不能够解释泥饼层的生成速度与结构组成,因此需要对影响泥饼层生成速度与结构组成的因素进行进一步分析。

2. 污泥粒径对膜污染的影响

(1)小颗粒污泥对泥饼层形成的影响。

通常来说在好氧 MBR 的膜污染研究中,会单独研究污泥粒径这一重要影响因素。通常认为,小颗粒污泥(<10 μm)会率先被膜表面吸附,且难以被气流水流冲刷掉,对于膜污染具有较大的影响。

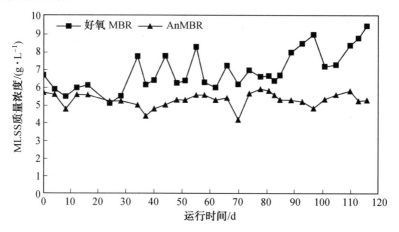

图 6.13　好氧 MBR 和 AnMBR 中污泥浓度的变化情况

好氧 MBR 和 AnMBR 原泥的粒径分布如图 6.14(a)所示。AnMBR 原泥的粒径分布显示两个不同区间,并且尺寸不足 10 μm 的污泥颗粒占比很大;与 AnMBR 原泥的粒径分布相比,好氧 MBR 原泥具有较大的尺寸且曲线类型与正态分布相似,多数污泥的粒径保持在 100 μm 附近。分析认为,试验中好氧 MBR 污泥和 AnMBR 污泥的粒径分布的显著差别主要是厌氧微生物和好氧微生物的不同形态导致的,好氧微生物主要由体积较大的丝状菌组成,厌氧微生物主要由粒径较小的球菌杆菌组成,这使得好氧 MBR 中原泥絮体粒径普遍高于 AnMBR 中的原泥粒径。经过一段时间的运行后,分别对好氧 MBR 与 AnMBR 的混合液污泥粒径进行分析,结果如图 6.14(b)所示,可以看出 AnMBR 混合液的污泥粒径曲线整体发生了向右的偏移,即粒径分布中小粒径颗粒所占比例减小,大粒径颗粒所占比例增大,大部分污泥粒径处于 10 ~ 100 μm 且颗粒污泥的总体含量下降;好氧 MBR 中混合液的污泥粒径分布总体上变化很小,可以观察到粒径低于 10 μm 的污泥颗粒含量下降。进一步对膜表面泥饼层的污泥粒径分布进行比较,结果如图 6.14(c)所示,可以看出,无论是好氧 MBR 还是 AnMBR,其泥饼层污泥的粒径均小于原泥与混合液污泥。

为更好地反映污泥粒径的变化情况,对污泥粒径累计百分数进行了计算,结果见表 6.5。由表可知,在厌氧原泥中小颗粒(<10 μm)污泥占 24.09%,远高于好氧 MBR 原泥中的 2.03%。随着运行时间的延长,AnMBR 污泥的粒径逐渐增大,>10 ~ 100 μm 的污泥占 62.41%。好氧 MBR 污泥也展现出相同的规律,其中粒径大于 100 μm 的污泥占比超过一半。在泥饼层中,无论是 AnMBR 还是好氧 MBR,所含小颗粒污泥均多于原泥和混合液中,分别为 39.3% 和 11.73%。Lin 等人在研究 AnMBR 处理纸浆废水时也发现了相似的规律。结合膜污染特性的相关内容,可以推测:在运行初始阶段,AnMBR 原泥中尺寸较小的颗粒污泥占比较高,较小的污泥颗粒快速地沉积在 AnMBR 的膜表面,使得运行初期 AnMBR 膜表面形成一层难以通过气流与水流冲刷掉的泥饼层,降低了膜的过水面积,提高了膜阻力,使 AnMBR 的 TMP 迅速升高;随着运行时间的延长,由于连续生物气的冲刷作用,厌氧污泥颗粒结构遭到破坏,大颗粒的污泥被分解为小颗粒,并且快速地吸附到膜

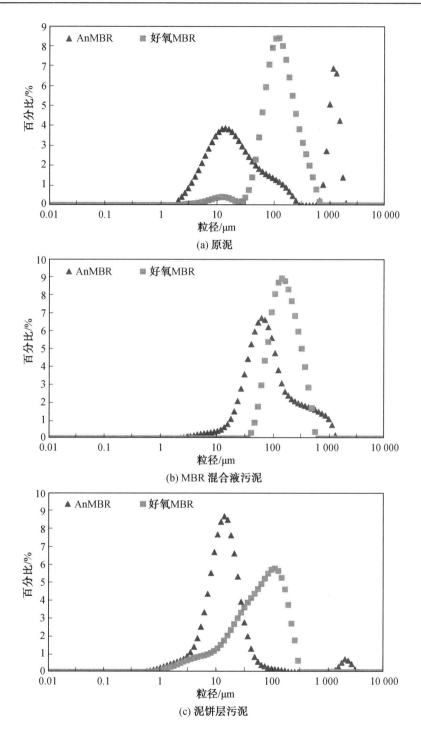

(a) 原泥

(b) MBR 混合液污泥

(c) 泥饼层污泥

图 6.14　泥饼层污泥的粒径分布情况

表面,使得膜污染程度加深。而好氧 MBR 中,由于持续存在的曝气条件,污泥逐渐适应了曝气环境,污泥粒径受曝气的影响并不大,好氧微生物释放的 EPS 有助于污泥絮体之间的互相黏结,使得污泥絮体粒径有所增大,因此在运行后期,好氧 MBR 中的小颗粒污泥几乎消失,取而代之的是大颗粒的污泥絮体,这些污泥絮体沉积在膜表面后容易受到水力与气流作用的影响而脱落,对膜污染的影响不大,TMP 的上升速率缓慢。综上所述,AnMBR 的膜表面泥饼层形成速度快的主要原因是原泥中小粒径的污泥占比较高。

表 6.5　污泥粒径累积百分数　　　　　　　　　　　　　%

粒径/μm	原泥		MBR 混合液污泥		泥饼层污泥	
	好氧	厌氧	好氧	厌氧	好氧	厌氧
≤10	2.03	24.09	0	2.60	11.73	39.3
>10~100	43.5	42.41	26.65	62.41	55.45	57.4
>100~1 000	54.47	13.53	63.35	31.39	32.82	0.5
>1 000	0	19.97	0	2.6	0	2.8

(2)小颗粒污泥对膜过滤特性的影响。

对好氧 MBR 和 AnMBR 中混合液污泥与泥饼层污泥的比阻进行了对比,如图 6.15 (a)所示。从图中可以发现好氧 MBR 和 AnMBR 混合液污泥比阻相差不大,分别为 $3.84×10^{12}$ m/kg 和 $2.46×10^{12}$ m/kg;但泥饼层污泥比阻差异较大,相差了近 10 倍,AnMBR 中泥饼层的污泥比阻远高于混合液污泥比阻,好氧 MBR 中两者差异没有这么大。这表明好氧 MBR 和 AnMBR 混合液污泥的过滤性能及膜污染程度差别不大,进一步印证了泥饼层对膜污染有较大影响。为探究 AnMBR 泥饼层污泥比阻较大的原因,采用离心的方式将好氧 MBR 和 AnMBR 泥饼层污泥中的大颗粒与小颗粒进行分离,大颗粒与小颗粒污泥的比阻如图 6.15(b)所示。在好氧 MBR 和 AnMBR 的泥饼层中,小颗粒污泥的比阻分别为 $4.35×10^{13}$ m/kg 和 $2.43×10^{14}$ m/kg,大颗粒污泥差异不大。此结果说明小颗粒污泥是导致 AnMBR 的膜表面泥饼层污泥比阻较大的决定性因素,进而影响了膜的过滤特性以及膜污染速率。分析认为其原因在于:一方面,小颗粒污泥有更大的比表面积,可以从混合液中吸附更多的有机物,这使得小颗粒污泥具有更高的黏性,并使得透过膜的阻力升高,AnMBR 的小颗粒污泥含量高于好氧 MBR,表现为 AnMBR 存在更高的污泥比阻;另一方面,AnMBR 膜表面泥饼层的小颗粒污泥比例较高,使 AnMBR 中污泥均匀且致密地沉积在膜表面上形成孔隙率较小的泥饼层,即使厚度较小,但相较于好氧 MBR 泥饼层,其透水性明显更低,引起 AnMBR 的 TMP 增长较快,膜污染也更加迅速。

3. 污泥黏度对膜污染的影响

污泥黏度会影响膜表面流体的湍流状态,影响膜表面泥饼层的形成,从而影响膜污染的速率。试验中对好氧 MBR 和 AnMBR 中污泥的黏度进行检测,结果如图 6.16 所示。由图可知,AnMBR 污泥在工艺运行初期,相比好氧 MBR 污泥具有更大的黏度,而随着运行时间的延长,AnMBR 中污泥黏度下降,好氧 MBR 中污泥黏度上升。通常认为,污泥黏度越大,膜污染程度越严重。在好氧 MBR 中,由于污泥龄较长,微生物的代谢活性会逐渐降低,在此过程中会分泌大量的多糖、蛋白质等黏性物质,使得污泥的黏度不断升高,膜表面流体的湍流程度减弱,对膜的冲刷力下降,导致污染物更容易在膜表面沉积,造成膜污染速率迅速上升。对污泥黏度与过膜压力进行相关性分析,好氧 MBR 污泥黏度与 TMP

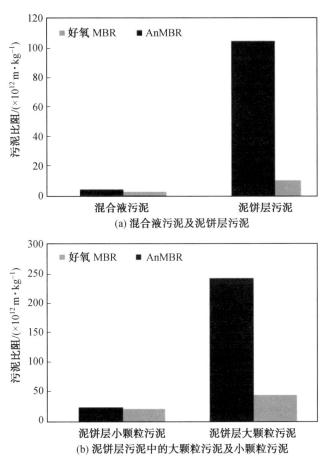

图 6.15　好氧 MBR 和 AnMBR 污泥比阻比较

的皮尔逊相关指数 r_p 为 0.694,这表明好氧 MBR 中污泥黏度与膜污染程度具有较强的正相关性,黏度越大,膜污染越严重。由此可以推断,AnMBR 中黏度的降低对延缓膜污染有所帮助。分析认为,AnMBR 中的污泥黏度下降,提高了系统中混合液的湍流程度,同时污泥在膜表面上的附着力降低,使得污染物更容易从膜表面脱落,这抑制了 AnMBR 膜表面泥饼层的形成,因此 AnMBR 的膜表面泥饼层较薄,这也解释了 AnMBR 存在一定时期膜污染进程稳定的原因。关于厌氧污泥黏度下降的原因,一定时期后为何 AnMBR 中的污染速率仍然较快等问题,将会在后面章节进行讨论。

6.4.2　微生物代谢产物对膜污染的影响

溶解性有机物(SMP)和污泥胞外聚合物(EPS)是两种主要的微生物代谢产物,在 MBR 中复杂的微生物作用下,它们可以相互转化,所以 SMP 和 EPS 对膜污染的影响是相互联系和制约的。目前,关于微生物代谢产物如何改变膜污染速率的相关研究已较为成熟,但关于 EPS 和 SMP 如何影响 AnMBR 膜污染的相关研究还较少。通常认为,微生物代谢产物是通过膜孔堵塞、形成凝胶层及改变污泥性质等方式影响膜污染的速率。在6.4.1节的研究中发现,在 AnMBR 中膜孔堵塞和凝胶层形成对膜污染的影响并不大,膜污染的

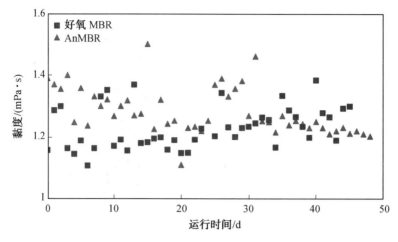

图 6.16　好氧 MBR 和 AnMBR 中污泥黏度的变化

主要影响来自于泥饼层污染。SMP 和 EPS 是膜表面泥饼层形成的重要影响因素,因此在本小节的研究中,利用傅里叶红外光谱(FTIR)、体积排阻色谱(SEC)、三维荧光光谱(EEM)以及荧光显微成像等技术描述了 SMP 和 EPS 的组成和特性,探究了它们对泥饼层的形成和膜污染速率的影响。

1. SMP 对膜污染的影响

好氧 MBR 和 AnMBR 上清液中的 SMP 质量浓度随时间的变化如图 6.17 所示。

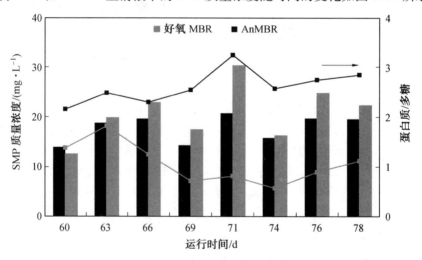

图 6.17　好氧 MBR 和 AnMBR 上清液中的 SMP 质量浓度随时间的变化

由图 6.17 可知,AnMBR 中上清液的 SMP 质量浓度低于好氧 MBR,但 COD 的情况却恰好相反。分析认为出现这种现象的原因在于,好氧微生物和厌氧微生物具有不同的代谢过程,以至于在 AnMBR 的上清液中可能含有大量大分子聚合物,0.45 μm 滤膜对大分子聚合物的截留作用,使滤液中测得的有机物浓度较低。但也有研究认为,这部分大分子聚合物也会对膜污染造成影响,后续将进一步对这部分有机物进行研究。

好氧 MBR 和 AnMBR 上清液中 SMP 的多糖和蛋白质质量浓度见表 6.6。可以看出,

AnMBR 上清液中 SMP 具有较高浓度的蛋白质和较低浓度的多糖,SMP 的蛋白质与多糖之比(PN/PS)较高,其值随着 MBR 的运行而逐渐上升(图 6.17),这表明在 AnMBR 中,每处理单位体积的污水,上清液中残留的蛋白质含量都高于多糖。分析认为:微生物的代谢特征与该结果紧密相关,厌氧微生物首先通过产酸发酵摄入有机物底物,这一阶段主要以糖代谢为主,代谢产物为挥发性有机酸等小分子物质,这一阶段降解很少的蛋白质,因此上清液中蛋白质浓度高于多糖浓度。对比分析 AnMBR 上清液中 SMP 与 TMP 的相关性,可得 SMP、SMP 的多糖与 TMP 对应的皮尔逊相关系数较低,分别为 0.213 和 0.204,这说明 SMP、SMP 的多糖对 TMP 的影响不明显;而蛋白质、PS/PN 与 TMP 之间有很强的相关性,皮尔逊相关系数分别为 0.645 和 0.677,由此得出,AnMBR 上清液中 SMP 的蛋白质浓度与膜污染特性密切相关。Meng 等人的研究表明:蛋白质分子表面一般带正电且疏水性较强,容易吸附在污泥颗粒上,使得污泥絮体表面所带负电减少,进而更易沉积在膜表面。根据本试验的结果,得出以下推论:虽然 AnMBR 的上清液中 SMP 浓度较低,但其蛋白质浓度较高,大量蛋白质分子与污泥絮体的结合,使污泥絮体负电性降低,黏性升高,促使污泥沉积到膜表面,加速泥饼层的形成,使 AnMBR 的膜污染加剧。

表 6.6　好氧 MBR 和 AnMBR 上清液中 SMP 的多糖和蛋白质质量浓度　　　　mg/L

运行时间/d	好氧 MBR 上清液		AnMBR 上清液	
	多糖质量浓度	蛋白质质量浓度	多糖质量浓度	蛋白质质量浓度
60	5.3	7.3	4.4	9.5
63	7.0	12.8	5.4	13.4
66	10.2	12.7	6.0	13.7
69	10.2	7.3	4.0	10.3
71	16.7	13.6	4.9	15.8
74	10.4	5.9	4.4	11.4
76	13.0	11.7	5.3	14.5
78	10.5	11.8	5.1	14.5

利用三维荧光光谱(EEM)对水样中的蛋白质进行表征,能够反映 MBR 中蛋白质的迁移路径与转化情况。上清液、进出水的 EEM 谱图如图 6.18 所示。由图可知,在进水中 A(酪氨酸类蛋白质)、B(色氨酸类蛋白质)、C(腐殖酸类物质)三个特征峰的位置(E_x/E_m)分别为 230/338 nm、280/334 nm、340/418 nm。根据各峰峰强与出峰位置可知,与好氧 MBR 上清液和进水相比,AnMBR 上清液中的蛋白质质量浓度更高,且在蛋白质结构上也有一定差异。分析认为:在 MBR 的上清液中,蛋白质主要来自于微生物的代谢产物,由于厌氧微生物和好氧微生物的代谢方式存在差异,所分泌的蛋白质结构也就有所不同;由于厌氧微生物的代谢作用以糖代谢为主,因此在 AnMBR 上清液中会有大量蛋白质积累。好氧 MBR 的出水 EEM 谱图中没有明显的 A 峰与 B 峰,这表明好氧 MBR 对蛋白质有显著的降解和截留效果;虽然在 AnMBR 出水中仍能检测出 A 峰与 B 峰,但强度相较于上清液已经明显降低,且在 E_x 方向上出现了 5 nm 和 10 nm 的蓝移,说明上清液中的芳香环化

合物、稠环芳烃等大分子蛋白质已经被降解为小分子蛋白质,长链、共轭基团等结构遭到破坏转化成短链结构,羟基、氨基、羧基等特定官能团也消失。AnMBR 中蛋白质的去除和转换途径有三种:首先,分子量较小的蛋白质会直接通过膜表面泥饼层的空隙或膜孔而随出水外排;其次,部分大分子蛋白质会被微生物所利用,生成较小分子的蛋白质后也能够通过膜孔排出;最后,另一部分未被有效降解的大分子蛋白质被膜截留下来,对膜污染产生较大的影响。除此以外,代表腐殖酸类物质的 C 峰在整个过程中变化不大,有研究证实,虽然微生物对腐殖酸类物质的处理率较低,但由于腐殖酸类物质是可以直接通过膜孔的小分子物质,可忽略其对膜污染速率的影响。

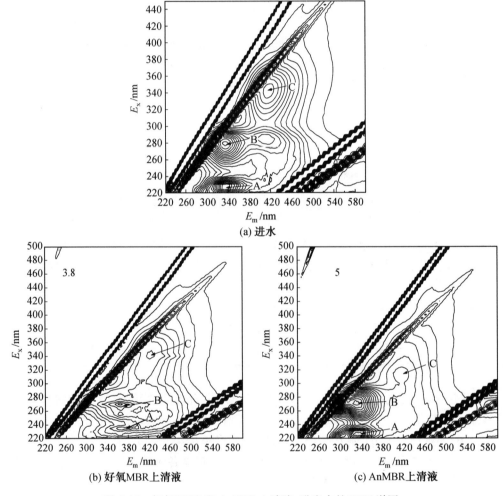

图 6.18　好氧 MBR 和 AnMBR 上清液、进出水的 EEM 谱图

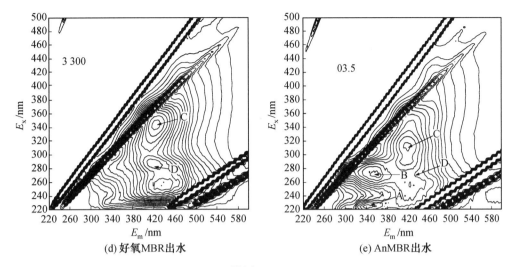

(d) 好氧MBR出水　　　　　　　　　(e) AnMBR出水

续图 6.18

　　为了验证上清液中蛋白质在泥饼层中的沉积作用,利用 FTIR 技术测定泥饼层上清液的有机物组成,如图 6.19 所示。好氧 MBR 和 AnMBR 泥饼层上清液的谱图中存在的吸收峰基本相似,蛋白质类物质的吸收峰强度高于多糖类物质。泥饼层上清液 SMP 含量见表 6.7,可以明显观察到 AnMBR 泥饼层上清液中的蛋白质浓度更高,这说明蛋白质类物质极大地影响着泥饼层的形成。另外,根据图 6.19 可以明显观察到好氧 MBR 和 An-MBR 的泥饼层上清液中对应蛋白质类物质的吸收峰位置差异。图中横坐标对应 1 453 cm⁻¹ 和 1 388 cm⁻¹ 处的两组吸收峰分别表示好氧 MBR 和 AnMBR 的泥饼层上清液中的氨基酸类物质,两组吸收峰对应的扫描频率相差较大,说明其对应的氨基酸在结构上有很大不同。分析认为,由于 AnMBR 中微生物利用污泥中某些金属离子参与自身代谢过程,这些金属离子也会与有机物的部分官能团发生络合反应,改变了官能团结构与键能强度,导致红外吸收峰的位置发生偏移。总体来看,好氧 MBR 和 AnMBR 的泥饼层中的

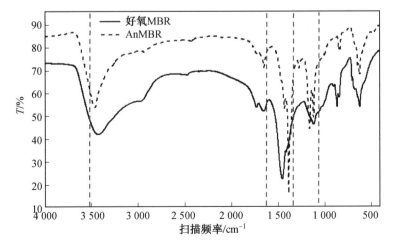

图 6.19　泥饼层上清液的 FTIR 谱图

蛋白质类物质在结构上相差较大,多糖类物质在结构上较为相似,这进一步证实了蛋白质对膜污染过程的重要影响。

表 6.7　泥饼层上清液 SMP 的含量　　　　　　　　　　　　　　　　g/g MLSS

分析项目	好氧 MBR	AnMBR
SMP	28.1	27.5
蛋白质	18.6	21.2
多糖	9.5	6.3

　　试验中通过体积排阻色谱(SEC)方法以紫外和示差检测器测量样品中的蛋白质、多糖的分子量,从而表征水样中的有机物分子量分布。AnMBR 上清液中的蛋白质与多糖的分子量分布如图 6.20 所示,相较于多糖,蛋白质类物质的分子量明显更大,一般在 8 ~ 17 min 出峰,而多糖在 25 min 之后出峰。进一步分析可知,AnMBR 上清液和出水中多糖类物质的分子量差别不大,说明多糖类物质可随出水直接排出,不会对膜污染产生较大的影响;相比于上清液,出水中缺少了一些大分子蛋白质(8 min 位置的峰),在混合液的污泥 EPS 与泥饼层污泥的上清液中可观察到这部分蛋白质分子的存在,并且在泥饼层上清液中,8 min 位置的峰的相对强度是所有样品中最高的,该结果表明小分子蛋白质可以透过膜孔而排出,大分子蛋白质则被膜或泥饼层截留,对膜污染产生影响。分析认为,由于 SMP 中蛋白质尺寸大,结构复杂,难以透过膜孔与泥饼层孔隙,且容易吸附其他物质或与

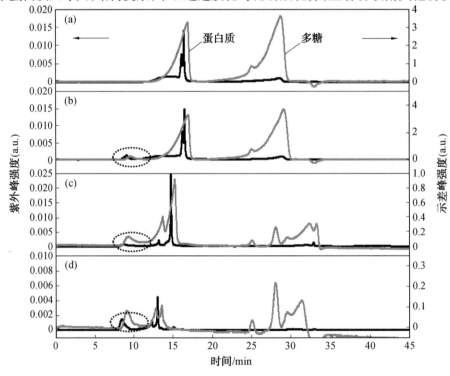

图 6.20　AnMBR 中蛋白质和多糖的分子量变化情况

污泥絮体相结合,进而沉积在泥饼层表面,使得泥饼层更加致密,孔隙率变低,黏度和吸附性增强,造成膜的通透性迅速降低,膜污染速率迅速升高。此外,对混合液 EPS 与泥饼层上清液 SMP 的分子量分布进行对比分析,可以观察到二者 SEC 谱图相似性较高,表明二者分子量比较相近,由此可以推测,混合液污泥 EPS 中的部分有机物已转移至泥饼层上清液中,并在一定程度上改变了泥饼层的性质与结构,为进一步证明该推论,需对 EPS 进行深入分析和表征。

综上,在厌氧微生物的代谢特性影响下,蛋白质物质会在 AnMBR 中大量积累,使污泥疏水性升高,表面负电性降低,极大地增加了膜表面泥饼层的形成速度,同时使得沉积的泥饼层变得更黏稠与致密,透水性显著下降,促使膜污染较为快速地发生。另外,EPS 中部分有机物会迁移转化到泥饼层上清液中,进一步改变泥饼层的结构与性质,因此需要对 EPS 进行进一步的表征与分析。

2. EPS 对膜污染的影响

EPS 是污泥絮体结构的主要组成成分,为微生物提供天然屏障,可以减小外界环境变化对微生物的影响。大量研究显示,污泥性质与 EPS 含量紧密相关,因而 EPS 也会很大程度上影响膜污染的情况。试验对比分析了好氧 MBR 和 AnMBR 污泥的 EPS 含量,如图 6.21 所示。由图可以看出 AnMBR 污泥的 EPS 含量低于好氧 MBR 污泥,并且在系统的持续运行下一直处于降低的趋势。一些学者在研究剪切力对污泥颗粒的作用时,发现厌氧污泥颗粒较好氧污泥颗粒具有更不稳定的结构,容易遭到破坏。结合本试验的结果可知,在 AnMBR 中,污泥颗粒受到了曝气剪切力的作用而遭到了破坏,使得大颗粒污泥解体,形成小颗粒污泥,大颗粒污泥表面附着的部分 EPS 成分在污泥解体过程中回到了混合液中,使得 AnMBR 污泥 EPS 含量降低。孟凡刚认为,污泥的 EPS 含量很大程度上影响了污泥黏度,EPS 含量与污泥黏度呈正相关性。

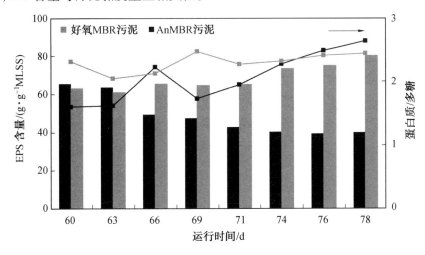

图 6.21　好氧 MBR 和 AnMBR 混合液污泥 EPS 含量比较

试验中研究了 EPS 和污泥黏度之间的相关性,如图 6.22 所示。结果表明,在好氧 MBR 和 AnMBR 中,EPS 与黏度之间均呈显著正相关(皮尔逊相关系数分别为 0.841 和

0.694)。由此可以看出,混合液污泥黏度的下降和 EPS 含量的降低有明显的关系,且对于缓解膜污染有一定的积极作用。此外还可以推测,由于 AnMBR 污泥中初始 EPS 含量较高,污泥黏度较大,因此在初期容易在膜表面形成污泥层,加上较高的污泥黏度和较强的与膜结合的能力,导致经过物理水力清洗后膜表面仍残留一层致密泥饼层。

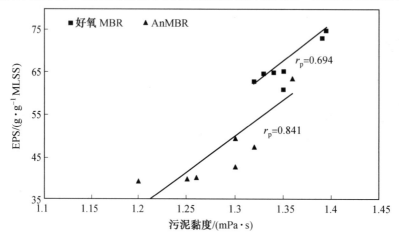

图 6.22　污泥 EPS 与污泥黏度的相关性

　　为了进一步验证该推论的准确性,在试验中将泥饼层从垂直于膜表面的方向上分为内外两侧(距膜表面 1~2 mm 的泥饼层为内侧泥饼层,距膜表面超过 2 mm 的泥饼层为外侧泥饼层),对两侧的 EPS 与污泥比阻进行分析,结果如图 6.23 所示。由图可知,垂直方向上好氧 MBR 泥饼层的 EPS 与比阻呈升高的趋势,也就是说,外侧泥饼层污泥的 EPS 及比阻相比内侧更高。分析认为:在好氧 MBR 的运行初始阶段,虽然小颗粒污泥容易积累在膜表面,但在 EPS 含量和污泥黏度均较低的条件下,泥饼层黏度也较小,污泥比阻较低,而随着系统的运行,混合液污泥中的 EPS 含量不断升高,膜表面污泥黏稠度也越来越高,泥饼层更加致密,污泥比阻不断升高,使得膜污染愈发严重。在 AnMBR 中,表现为内侧泥饼层 EPS 高于外侧,内侧比阻与外侧相差不大,分析其原因:内侧污泥比阻较高是沉积在膜表面的颗粒污泥粒径较小以及 EPS 的作用,外侧泥饼层中虽然 EPS 含量较少,但上清液中蛋白质类物质的浓度较高,这部分物质可能会引起膜孔堵塞,使得泥饼层透水性能变差,因此污泥比阻较高。综上,在好氧 MBR 中,系统运行初期的膜污染程度较弱,在运行后期由于泥饼层大量积累会引起较为严重的膜污染;在 AnMBR 中,运行初期所形成的泥饼层会对膜的过滤性能产生较大的影响,随着系统的运行 EPS 含量逐渐降低,使得泥饼层污染也有所降低。

　　上述研究表明,在 AnMBR 中,降低 EPS 含量可以有效降低膜污染速率,但试验结果表明,AnMBR 的膜污染速率仍很高。为了探究其原因,试验分析了 AnMBR 泥饼层污泥中 EPS 质量浓度的变化情况(图 6.24),从图中可看到泥饼层污泥 EPS 的总量变化并不显著,但随着运行时间的延长 EPS 中的蛋白质质量浓度不断上升。分析认为,返回混合液的 EPS 尤其是蛋白质类物质,会迅速积累在膜表面泥饼层上,在泵的抽吸作用下更加紧密地附着在泥饼层上,进而成为泥饼层 EPS 的组成部分。这也解释了混合液污泥中

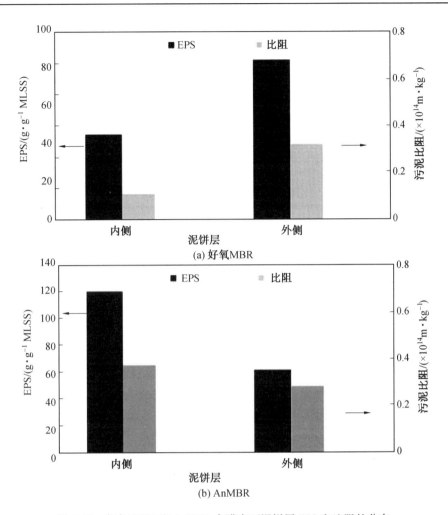

(a) 好氧MBR

(b) AnMBR

图 6.23　好氧 MBR 和 AnMBR 中膜表面泥饼层 EPS 和比阻的分布

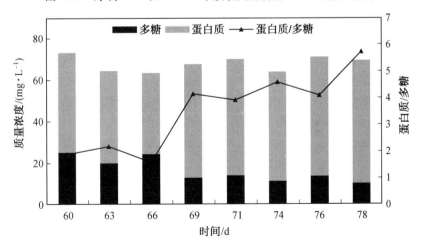

图 6.24　AnMBR 泥饼层污泥 EPS 质量浓度的变化

EPS 和泥饼层上清液 SMP 的分子量分布较为相似的原因,混合液污泥中 EPS 和泥饼层上清液 SMP 都主要来自于污泥颗粒解体释放于混合液的 EPS,部分 EPS 紧密附着于膜表面泥饼层成为泥饼层上清液 SMP 的组成部分,而与污泥相结合的 EPS 成为混合液污泥中 EPS。

为深度探究 AnMBR 泥饼层结构较为致密的机理,对好氧 MBR 和 AnMBR 膜表面泥饼层污泥的 EPS 含量进行比较,见表 6.8。由表可知,与好氧 MBR 的泥饼层污泥相比,AnMBR 的泥饼层污泥中蛋白质含量较高,EPS 和多糖含量较低,这说明 AnMBR 泥饼层污泥中蛋白质/多糖的值较大,单位质量的厌氧泥饼层污泥中蛋白质含量远高于多糖。

表 6.8 好氧 MBR 和 AnMBR 泥饼层污泥 EPS 含量比较

分析项目	好氧 MBR	AnMBR
EPS/($g \cdot g^{-1}$ MLSS)	71.5	69.2
蛋白质/($g \cdot g^{-1}$ MLSS)	56.6	58.9
多糖/($g \cdot g^{-1}$ MLSS)	14.9	10.3
蛋白质/多糖	3.80	5.72

分析认为,蛋白质与多糖的亲疏水性和所带电荷均有所不同,EPS 中蛋白质的含量与污泥表面负电性呈负相关性,与疏水性呈正相关性,因此 AnMBR 中厌氧泥饼层与污泥颗粒之间比较容易结合,同时污泥和膜表面之间也容易互相结合,导致泥饼层的结构更加紧密,从而加剧了膜污染。另外,通过荧光显微镜对泥饼层中蛋白质和多糖进行观测可知,与好氧 MBR 相比,AnMBR 的膜表面泥饼层的蛋白质含量更高(图 6.25),在好氧 MBR 泥饼层中有较多的 EPS;EPS 在好氧 MBR 泥饼层中集中分布,而在 AnMBR 中分布均匀。Yun 等人的研究也得到类似结论,在其研究中发现,相较于好氧 MBR,AnMBR 的泥饼层污泥具有更低的 EPS 含量,但分布十分均匀,这使得膜污染速率急速增加。本试验结果也说明,虽然 AnMBR 泥饼层污泥所含 EPS 较好氧 MBR 较少,但 EPS 分布较为均匀,会引发泥饼层孔隙率的下降,膜的过水阻力升高,更易造成膜污染。

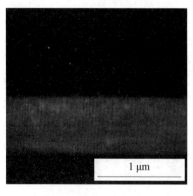
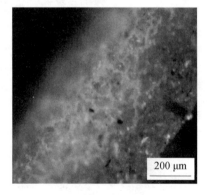

(a) 好氧MBR膜表面蛋白质的分布　　　(b) AnMBR膜表面蛋白质的分布

图 6.25 好氧 MBR 和 AnMBR 膜表面蛋白质和多糖的分布

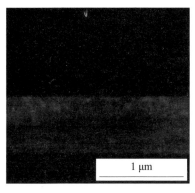 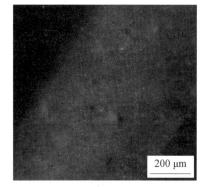

(c) 好氧MBR膜表面多糖的分布　　　　　(d) AnMBR膜表面多糖的分布

续图6.25

6.4.3　AnMBR 膜污染过程推测和控制建议

1.污染动态过程的推测

在 AnMBR 中,由于膜表面泥饼层的快速形成及发展,以及泥饼层均匀致密的结构,导致膜污染迅速发生。深入分析好氧 MBR 和 AnMBR 污泥的性质和其中的微生物代谢产物,发现尺寸较小的污泥颗粒与浓度较高的蛋白质类物质的存在对 AnMBR 中泥饼层的产生与紧密排布起到了重要的作用,这也是促使膜污染快速发生的重要原因。推测在AnMBR 中,膜污染的形成过程由泥饼层的形成、发展以及压实三个阶段组成。

(1)泥饼层的形成。

首先发生的是泥饼层的形成。在 AnMBR 运行初期,大量具有高黏度与高 EPS 含量的小颗粒污泥会在膜表面迅速沉积,进而与膜表面紧密结合,此时水力和气流的冲击都难以将其冲掉,最终在膜表面形成一层透水性差、结构致密的泥饼层。泥饼层的形成使得膜阻力升高,导致 TMP 迅速升高。需注意的是,膜表面泥饼层的黏度较大,且会对膜表面的亲疏水性和所带电荷产生一定影响,加强了污染物向膜表面的附着作用,这极大地增加了膜污染的速率。

(2)泥饼层的发展。

在 AnMBR 中,大颗粒污泥随着系统的运行而不断被破坏,形成较小颗粒的污泥,并且吸附到膜表面上,促进了泥饼层的形成与发展。在污泥颗粒破碎的同时,会有大量的EPS 释放到混合液中,使得污泥黏度有所降低,新形成的泥饼层和膜表面的结合难度升高;且由于黏度的降低,促进了膜表面流体的湍流,此时污染物的吸附与脱落处于平衡状态,对泥饼层的快速发展产生阻碍作用,使过膜压力处于稳定时间较短的缓慢增长阶段,膜污染进程得到了一定缓解。

(3)泥饼层的压实。

EPS 的大量释放导致 AnMBR 上清液中的有机物快速增多,由于厌氧微生物首先以糖类为主进行代谢,因此蛋白质类物质的浓度逐渐上升。蛋白质分子一般带有正电且疏水性较强,较易附着于带负电的污泥表面,增大了污泥黏性,造成污泥富集于泥饼层中;同时,蛋白质类物质受泵的抽吸力作用而积累在泥饼层中,在填补泥饼层表面孔隙的同时,还能进入泥饼层深处对其内部的孔隙进行填堵,使得过水阻力大幅上升,进而引起膜阻力快速升高,膜污染程度迅速变大。

2. AnMBR 膜污染控制的建议

目前对于 AnMBR 的研究刚刚起步,反应器的结构与膜污染的控制方法均借鉴于好氧 MBR 的相关研究成果,本试验仍使用传统结构的 MBR,通过气体冲刷减缓膜污染。但结果显示,在 AnMBR 中,采取连续曝气的方式会在破坏污泥结构的同时使得小颗粒污泥与有机物浓度快速升高,不利于产甲烷菌的发育,这会引发反应器的产能效率下降,处理效果变差,且运行成本也会升高,所以通过传统的曝气方式控制膜污染对 AnMBR 来说并不合适。经过研究总结,对 AnMBR 的膜污染控制提出如下建议。

(1)利用搅拌控制膜污染。

若要充分发挥 AnMBR 的优势,需要在系统中保持较高剪切力的同时避免厌氧污泥颗粒的破碎。在传统的曝气方式中,虽然能产生较高的剪切力,但是会发生污泥解体现象,相比之下搅拌作用更为合适。目前对于一些 SBR 工艺的研究表明,在搅拌作用下厌氧污泥颗粒同样可以保证较高的活性和稳定性,因此可考虑通过搅拌控制 AnMBR 的膜污染。现阶段国内外已有研究利用膜自身的旋转作用来进行膜污染的控制,也有利用搅拌桨进行膜污染控制的研究,效果不尽相同。关于如何实现 AnMBR 的搅拌,以及适用于怎样的反应器等问题,还有待进一步研究。

(2)改变膜组件的位置。

本研究表明,泥饼层的快速累积是导致 AnMBR 膜污染速率升高的主要原因,想要解决这个问题,就需要尽可能地避免膜和污泥之间的接触,将膜组件置于高浓度污泥外。目前已有研究指出膜组件高度影响好氧 MBR 膜污染,膜组件高度影响气液两相分布、壁面剪切力、湍流黏度和液相流速等进而影响污泥与膜表面的接触,但却鲜有对 AnMBR 膜污染的相关研究。Wen 等人将膜组件设置在 UASB 的最上层,系统处理效果得到明显提高,膜污染速率得到减缓。Lin 等设计的 AnMBR 中将膜组件置于反应器上部,通过污泥沉降性来分离膜组件和污泥。此外,通过膜组件外置也可以降低膜污染发生的速率,提高 An-MBR 的处理效果,还兼具运行费用较低以及占地较小等优势。

(3)引入先进的控制和预测手段。

目前好氧 MBR 膜污染的相关研究已有 20 余年,已经研发出了许多能有效控制膜污染的技术手段,如超声技术、添加吸附剂等技术,将这些技术引入 AnMBR 中可能也会有很好的效果。近年来,国内外开展关于电流控制膜污染的相关研究,利用电絮凝作用进行膜污染控制也取得了不错的效果,但尚未涉及 AnMBR,可以想象,电流的引入会对 An-MBR 内微生物生存环境产生较大的影响,可能会产生意想不到的效果。另外,应用微纳米传感技术、图像传感技术等技术能够对 AnMBR 中膜污染进行监控预测并观测其形成过程,进而通过膜污染的前端控制实现运行风险与成本的降低。

6.5　AnMBR 新型耦合工艺系统

6.5.1　AnMBR-FOMBR 耦合工艺系统

与其他污水处理技术相比,AnMBR 在普通厌氧处理的基础上实现了处理效果的改善,但对氨氮和磷的去除率较低。正向渗透(FO)是一种以浓缩驱动溶液和原水间的化学势差作为分离驱动力的渗透性驱动膜过程,半渗透 FO 膜在截留溶质的同时还允许水透过膜。FO 相较于纳滤和反渗透膜存在无须液压、对污染物能够实现高效去除、较低的膜污染倾向等优势。其中,FO 最大的优势在于高效去除痕量物质、大分子物质、氨氮、磷以及多种离子等。本试验在 AnMBR 基础上耦合 FOMBR,利用 FOMBR 对 AnMBR 的出水进行深度处理,以获得更好的出水效果。

AnMBR-FOMBR 耦合工艺装置示意图如图 6.26 所示。其中,FOMBR 的进水是 AnMBR 的出水。FOMBR(长为 150 mm,宽为 95 mm,高为 220 mm)总容积为 2.4 L,使用平板三乙酸醋酸纤维膜(美国 HTI 公司生产),膜面积为 0.014 m²,通过液位继电器对 FOMBR 的进水进行控制。将曝气装置安装于 FOMBR 底部,反应器溶解氧由外置的空气压缩机供给。使用 1.0 mol/L NaCl 作为 FOMBR 驱动池侧的驱动液,在生物反应器池侧接种好氧活性污泥。

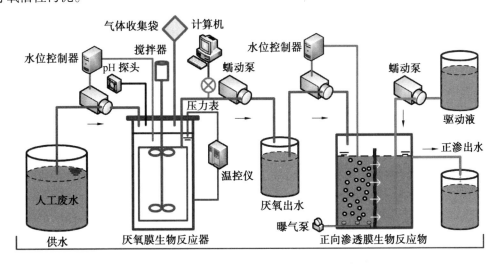

图 6.26　AnMBR-FOMBR 耦合工艺装置示意图

1. AnMBR-FOMBR 耦合工艺系统污水处理效果分析

AnMBR-FOMBR 耦合工艺系统污水处理效果见表 6.9。进水 TOC 为 216.15 mg/L,在 35 ℃ 与 25 ℃下耦合系统对 TOC 的去除率分别为 95.4% 和 95.7%;进水总氮质量浓度为 50.70 mg/L,在 35 ℃ 和 25 ℃下对总氮的去除率分别为 60.3% 和 70.0%;进水氨氮质量浓度为 36.10 mg/L,在 35 ℃ 和 25 ℃下耦合系统对氨氮的去除率分别达到 98.0% 和 98.3%;进水磷质量浓度为 4.88 mg/L,在 35 ℃ 和 25 ℃下耦合系统对磷的总去除率分别为 85.4% 和 93.5%。

由此可见,AnMBR 的处理效果受温度的影响较大,35 ℃ 时的处理效果优于 25 ℃ 时,同时 AnMBR 与 FOMBR 的最优运行条件不同。两组耦合系统的出水水质相近且达到较高水平,都能够实现对于有机污染物和氮、磷营养盐的高效去除,由此可以说明 AnMBR-FOMBR 耦合工艺具有一定的可行性。

表 6.9　AnMBR-FOMBR 耦合工艺系统污水处理效果

项目	进水质量浓度 /(mg · L^{-1})	35 ℃组合系统		25 ℃组合系统	
		出水质量浓度 /(mg · L^{-1})	去除率/%	出水质量浓度 /(mg · L^{-1})	去除率/%
TOC	216.15	9.99	95.4	9.35	95.7
TN	50.70	20.12	60.3	15.22	70.0
NH_4^+-N	36.10	0.73	98.0	0.60	98.3
$PO_4^{3-}-P$	4.88	0.713	85.4	0.316	93.5

若将该系统在污水处理厂中进行实际应用,必须进行中试试验及调试,基于本研究的试验结果,综合能耗和处理效果等因素进行考虑,认为常温条件下耦合系统的适用性更强。这是因为在污水处理厂中,污水量较大且处于流动状态,采取加热的方式进行升温是不可行的,将 AnMBR 在常温下运行能够降低能耗。但在常温 AnMBR 中易发生膜污染,因此需要控制系统的运行参数,如延长 HRT 以及缩短 SRT 等,来降低膜污染的速率,而在常温下 FOMBR 具有较低的膜污染速率。

2. AnMBR-FOMBR 耦合工艺系统中 EPS 膜污染机制分析

EPS 组成结构较为复杂,包括溶解性 EPS (S-EPS)、松弛结合 EPS (LB-EPS) 以及紧密结合 EPS (TB-EPS),各种 EPS 对于 AnMBR 膜污染的影响也不尽相同,目前关于不同种 EPS 的污染行为研究少之又少。Lin 等人认为,混合液污泥与泥饼的特性存在差异,深入分析混合液污泥和泥饼的特性能够促进膜污染控制技术的发展。笔者也认为,探究泥饼及混合液 EPS 的膜污染行为,可作为研究 AnMBR 膜污染机理的基础。

FOMBR 是一种创新的 MBR 污水回用技术,它结合了活性污泥水处理法和渗透膜截留作用,既拥有 MBR 工艺的优势,所需能耗又较低,但该技术中膜污染速率极快,难以保持长时间的稳定运行,限制了其在实际中的运用。在 MBR 中污泥混合液与膜的相互作用是引发膜污染的诱因。在固定的膜材质和操作条件下,污泥混合液直接影响膜污染的速率。而污泥混合液中包含胶体物质、有机物质、各种盐以及细胞和污泥絮体等,这个复杂系统中的每种组分都可能影响膜污染。

AnMBR 对于 N、P 的去除效果较差,而正向渗透具有较强的污染物截留作用,基于以上两点,设计了 AnMBR-FOMBR 耦合系统。为进一步探究 AnMBR 膜污染机理,将 An-MBR 维持在 35 ℃ 条件下持续运行一年后,研究其中 EPS 的膜污染特性。设计序批式过滤试验,对比分析泥饼与混合液 S-EPS、LB-EPS 和 TB-EPS 的膜污染行为,利用 XDLVO 理论,分别对污染物与污染物之间和污染物与膜之间的关系能进行测算,通过傅里叶红外光谱(FTIR)与三维荧光光谱(EEM)表征污染物的特征,利用原子力显微镜(AFM)表征污染膜表面形态特征,同时使用激光共聚焦显微镜(CLSM)观察经染色处理后的污染膜,计算其孔隙率。

与其他膜过滤过程的膜污染相似,正向渗透过程的膜污染也是由于膜表面溶解性物质及胶体粒子的沉积与膜孔堵塞所引起的。膜的性能会受到膜污染影响,会出现膜通量减小,出水水质恶化以及维护费用的升高。在 MBR 中,S–EPS、B–EPS 与其他膜污染物及污染膜之间存在复杂的相互关系,是膜污染的主要物质。相比于 C–MBR 膜污染的研究,较少有 FOMBR 中膜污染形成过程的研究。

试验解析 AnMBR 中 S–EPS、LB–EPS 和 TB–EPS 污染机制,深入研究 AnMBR 中关键污染物 EPS 的膜污染机理,利用三维荧光光谱分析 FOMBR 的内外部污染情况,并探究其污染发生的机制。研究表明,在 AnMBR 中,对于 S–EPS、LB–EPS 和 TB–EPS 的污染行为,污泥混合液中 LB–EPS 是导致膜通量减少的主要因素(87.8%),而泥饼 EPS 的膜污染则主要由 S–EPS 贡献(93.6%)。混合液中 LB–EPS 贡献总 EPS 污染阻力的 40.8%,泥饼中 S–EPS 贡献总 EPS 污染阻力的 50.2%。在污泥混合液中,有 77.6% 的 LB–EPS 会在膜的作用下被截留,泥饼中则有 89.5% 的 S–EPS 被截留。泥饼中 S–EPS 的能量壁垒值最低,而在混合液中能量壁垒值最小的则为 LB–EPS。EPS 和膜之间较低的能量壁垒导致 EPS 率先附着在膜表面上,进而加剧了膜污染。泥饼层中 EPS 和混合液中 EPS 引起的膜污染层结构有明显差别,对比污染膜的粗糙度,发现混合液中 EPS 污染膜的粗糙度值排序为 TB–EPS < S–EPS < LB–EPS,而泥饼中 EPS 污染膜表面粗糙度近似相等,由较高污染行为的 EPS 形成孔隙率较低的污染层。

探究有机组分对 EPS 膜污染的影响,发现 EPS 中疏水性中性有机物(HPO–N)的含量对污染层的结构有较大影响,在混合液 EPS 中,HPO–N 的含量排序为 LB–EPS > S–EPS > TB–EPS,在泥饼层 EPS 中,含量排序则为 S–EPS > TB–EPS > LB–EPS。降低 HPO–N 的含量,可以减缓 AnMBR 膜污染的速率。分析 FOMBR 的外部污染层结构特征,可得 M–FOMBR(与 35 ℃ AnMBR 耦合)和 P–FOMBR(与 25 ℃ AnMBR 耦合)的外部污染层中主要污染物是蛋白质,M–FOMBR 中 B–EPS 的纳米粒度低于 P–FOMBR,在 P–FOMBR 中大粒径 EPS 构成的外部污染层具有较大的孔隙率。M–FOMBR 和 P–FOMBR 过滤性能存在差异,二者所形成的泥饼层结构也不相同。解析 FOMBR 内部污染与膜通量下降之间的关系,发现 P–FOMBR 的膜污染程度较低,同时其内部污染程度也较轻。M–FOMBR 和 P–FOMBR 中内部污染物主要是腐殖酸类物质,P–FOMBR 中腐殖酸类物质的荧光强度低于 M–FOMBR,表明其腐殖酸类物质含量较少,这与 M–FOMBR 和 P–FOMBR 间的膜通量关系一致。

6.5.2　AnMBR+MFC 耦合工艺系统

AnMBR 工艺既保留了传统厌氧工艺进水负荷高、能耗低、污泥产量小、可产生清洁能源等优点,还结合了膜过滤技术处理效果好、SRT 长等特点,从根本上解决厌氧微生物流失的问题,从而明显提升了污水处理效果。但相比于好氧 MBR,AnMBR 具有苛刻的运行条件以及更为复杂的膜污染机理,这在很大程度上限制了 AnMBR 工艺的推广。目前,

MBR 的膜污染控制方式正在向多元化、经济化发展,除了传统的化学混凝、曝气冲刷、水流剪切等方式,电化学控制作为一种无二次污染、易人工控制的膜污染控制方法逐渐进入人们的视线。目前已有研究表明,该方式在膜污染控制方面具有显著效果。

　　面临全球能源与资源紧缺的现状,许多废水废物开始被用作微生物燃料电池(MFC)的阳极基质,从而对污水实现无害化与稳定化处理并从中获取能量,这是 MFC 最重要的发展方向之一,但这种类型 MFC 的缺点是污水处理效果较差且污泥易流失。因此本研究中将膜过滤加入双室 MFC 的阴极,使得耦合工艺兼具实用性和经济性。MFC-AnMBR 以传统双极室 MFC 为原型。阳极室有效体积为 180 mL,阴极室有效体积为 153 mL,中间采用阳离子交换膜(浙江千秋)隔开。两室均由有机玻璃制成,电极材料由碳刷与不锈钢网制成(20 目),膜组件(日本三菱)放置在阴极不锈钢网中间,构成简单的膜过滤系统。进水由底部连续流入阳极,起到混流作用。阳极出水则通过两室之间的流通孔溢流进入阴极,同时硝态氮作为电子受体连续流入。阳极采用磁力搅拌器进行混匀,阴极利用循环曝气(氮气)达到混流,其混合液经膜过滤间歇出水(时间继电器控制)。利用压力变送器与无纸记录仪监测与 TMP 的变化情况。利用蠕动泵实现 MFC-AnMBR 进水与出水的流量控制,试验装置的具体结构如图 6.27 所示。

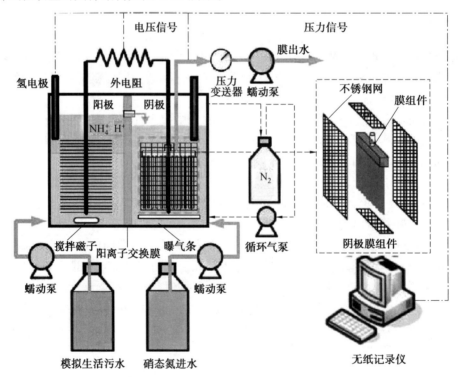

图 6.27　AnMBR-MFC 耦合工艺系统装置图

1. AnMBR-MFC 耦合工艺系统运行效果

　　在考察水力负荷、外电阻以及阴极硝氮浓度对 AnMBR-MFC 耦合工艺系统出水效果、产电性能及膜污染特性的影响时,研究发现:

（1）随着水力负荷的下降,COD 与氨氮的去除率均明显上升。在水力负荷为 1.59 kg/(m³NCC·d)时,系统的 COD 与氨氮去除率分别高达 89.56% 与 59.38%,出水中 COD 与氨氮质量浓度分别降至 41.47 mg/L 与 7.9 mg/L,达到污水排放一级 A 标准。但由于低水力负荷不能为生物反硝化提供足够的碳源,阴极硝氮的去除率仅为 39.10%。膜运行周期随着水力负荷的减小而增加,推测认为高水力负荷带来的不利影响远远大于电场的缓解作用。对系统产电性能的分析表明,高水力负荷可以提供充足基质,功率密度也相应较大,但库仑效率仅为 3.5%～5.5%。

（2）减小外电阻会显著影响阳极 COD 的去除效果。当外阻由 500 Ω 降低到 50 Ω 时,阳极 COD 的去除率由 46.64% 升高到 60.26%,阴极膜截留作用使系统整体的 COD 降解率维持在 88%～91%。氨氮在阳极的去除率相差不大,约为 22%～30%,但在 100～500 Ω 条件下阴极氨氮去除率(59%～69%)稍高于 50 Ω(41.17%),这主要是由质子传递增强导致阴极碱度降低所引起。阴极电阻的减小导致反硝化速率的增大,当电阻为 50 Ω 时,获得的反硝化速率为 14.15 g·N/(m NCC·d)。此外,较小的电阻促进库仑效率的增加,当电阻为 50 Ω 时,阳极库仑效率为 5.23%,阴极硝态氮库仑效率为 91.86%。因此推测,较大的电流密度不利于异养反硝化菌的生长。值得一提的是,系统功率密度在外阻为 100 Ω 时达最大值,达到 0.40 W/m³NCC。很多研究表明,当外阻与内阻相当时,MFC 所获得功率密度最大,100 Ω 的外阻正好接近当时系统的内阻(128.95 Ω)。

（3）阴极进水硝氮质量浓度的升高使阳极 COD 的降解率有所提升,经过阴极膜组件的过滤作用,出水 COD 在 32～46 mg/L 的范围内浮动,这说明耦合工艺系统具有一定的稳定性。氨氮的去除率与硝氮质量浓度之间的关系在试验结果中没有明确体现,出水氨氮的去除率维持在 60% 左右,但硝氮去除率随其质量浓度增大而降低,并产生了亚硝氮的积累。当硝态氮质量浓度为 40 mg/L 时,系统的电化学性能达到最佳,COD 与氨氮的库仑效率分别为 4.99% 与 98.66%,功率密度为 0.46 W/m³NCC。

2. AnMBR+MFC 耦合工艺系统膜污染特征及机制解析

考察开路和闭路系统在短期以及长期过滤试验(水力负荷为 6.29 kg/(m³NCC·d),外接电阻 100 Ω,硝氮质量浓度为 30 mg/L)中的膜污染特性,研究发现:

（1）短期过滤试验中,开路系统膜污染速率高于闭路系统,其膜污染差异主要是由污染物在膜表面的沉积速率不同引起的。阴极负电子与带负电的污染物(污泥颗粒、SMP 和 EPS 等)之间产生静电排斥力,从而有效抑制这些污染物向膜表面的运动和沉积,这也解释了在测定两组系统临界通量时,系统在闭路条件下临界通量较高的原因。长期过滤试验中,在闭路条件下,系统运行了约 275 h 后发生严重膜污染(TMP>30 kPa);而在开路条件下运行的系统仅运行了 140 h 就发生严重膜污染。详细分析表明,闭路状态运行明显减少了膜的初期污染,使膜缓慢污染的阶段得以延长,从而有效缓解了膜污染的进程。

（2）试验比较了闭路和开路条件下两组系统长期运行过程中阴极混合液性质的变化。闭路时阴极混合液 Zeta 电位从 -24.5 mV 逐渐降到 -21.4 mV;开路条件下的 Zeta 电位却呈现上升趋势,从最初的 -24.5 mV 上升到 -28.1 mV。根据 DLVO 理论,Zeta 电位越低,污泥絮体越不稳定,越容易絮凝,对污泥粒径的测定结果也表明了这一点。闭路和开路条件下阴极室污泥的 EPS 含量没有明显的差异,并且整体呈现上升趋势,进一步分析表明,闭路状态下蛋白质含量高于开路,多糖则相反,由此推测闭路系统阴极室污泥 EPS 中较高的蛋白质含量使得污泥 Zeta 电位降低,提高了污泥的絮凝性,造成污泥颗粒粒径相对较大,从而有效降低了膜污染速率。另外,开路系统中 SMP 的上升速率明显高于闭路,根据对分子量分布及三维荧光光谱图的分析,推测这主要是由于闭路状态下阳极产电菌可以将 SMP 中的蛋白质大分子作为产电基质,将其降解为容易被阴极菌利用的小分子,但开路时蛋白质没有经历如上的代谢过程,因此会在阴极产生积累。

(3)闭路状态下 AnMBR+MFC 耦合工艺系统的膜污染控制机理如下:①阴极不锈钢网与污泥颗粒直接的排斥力,这主要表现为 MFC 内的电场中,带负电物质会产生与氢离子相反运行方向的迁移,并且这种驱动力会随着污泥颗粒表面带电性的增大而增大,这在一定程度上抵消了膜抽吸阻力;②长期运行条件下 MFC 阴极进水及阴极内部的特殊生物电化学环境对阴极混合液产生改性作用,增大了污泥粒径,减少了 SMP 中的蛋白质类物质,从而有利于膜污染的缓解。

6.6　本章小结

本章对比分析了好氧 MBR 和 AnMBR 对模拟生活污水的处理效果,探讨了污泥特性和微生物代谢产物对两种 MBR 泥饼层形成与污染物沉积过程的影响,剖析了 AnMBR 膜污染的过程,提出了减缓 AnMBR 膜污染速率的具体措施,主要结论如下:

(1)在三个 HRT 的条件下,AnMBR 均保持了较高的 COD 去除率,当 HRT=10 h 时,COD 的去除率为 90%,出水 COD 质量浓度为 49 mg/L,达到中水回用标准;好氧 MBR 的 COD 去除率高达 94%,对有机物去除效果优于 AnMBR。AnMBR 可增加系统内微生物总量,增强对有机物的降解效果,但厌氧条件下会不断产生气体,在气体冲刷作用下污泥颗粒发生解体使得产甲烷菌的活性下降,部分有机物得不到微生物充分降解而直接截留在膜表面。同时,AnMBR 膜表面厌氧环境良好,菌落复杂,有利于 NH_4^+-N、NO_3^--N 及 NO_2^--N 间脱氮反应的进行,促进了系统的脱氮效能。除此以外,由于厌氧微生物摄取磷酸盐以及磷酸盐在膜表面的沉积,AnMBR 获得了良好的除磷效果。

(2)在三个 HRT 的条件下,AnMBR 的膜污染速率均高于好氧 MBR,AnMBR 最长稳定运行周期为 25 d(HRT=10 h),运行通量对膜污染速率产生决定性影响。通过 EDX 元素分析得知,好氧 MBR 和 AnMBR 膜表面的污染物成分相似,蛋白质和多糖是膜表面污染物的主要有机成分。但在 AnMBR 膜表面,更易形成结构致密的泥饼层,使得 AnMBR 膜污染速率更高。

(3)AnMBR 中尺寸较小的颗粒污泥和蛋白质类微生物代谢产物是影响膜污染速率的主要因素,其污染过程可以分为三个阶段:①粒径较小的厌氧污泥较高的含量及较高的黏性会率先在膜表面积累,形成污染物分布均匀且致密的泥饼层,使得膜疏水性和带电性发生变化,促使污染物沉积在膜表面;②随着 AnMBR 运行时间的延长,其污泥黏度不断下降,污泥吸附于膜表面的能力也同步减小,降低了膜表面污染物的沉积速度,AnMBR 的 TMP 趋向于稳定;③粒径较大的颗粒污泥解体使大量 EPS 返回污泥混合液中,导致 An-

MBR 中上清液 SMP 不断积累,大量蛋白质类物质沉积在泥饼层表面甚至进入深层孔隙中,不断压实泥饼层,使得泥饼层的过水阻力迅速上升,造成严重的膜污染。

(4)传统的曝气冲刷不仅无法减缓 AnMBR 膜污染,还会使 AnMBR 的处理效果变差,同时造成运行成本大幅上涨。可通过改变膜组件的位置、优化反应器的结构以及预测和模拟膜污染的动态过程等方法减轻 AnMBR 膜污染。

本章参考文献

[1] LUO G, WANG W, ANGELIDAKI I. Anaerobic digestion for simultaneous sewage sludge treatment and CO biomethanation: Process performance and microbial ecology[J]. Environmental Science and Technology, 2013, 47(18): 10685-10693.

[2] WALLACE J M, SAFFERMAN S I. Anaerobic membrane bioreactors and the influence of space velocity and biomass concentration on methane production for liquid dairy manure [J]. Biomass and Bioenergy, 2014, 66: 143-150.

[3] 黄霞,曹斌,文湘华,等. 膜-生物反应器在我国的研究与应用新进展[J]. 环境科学学报, 2008, 28(3): 416-432.

[4] MELIN T, JEFFERSON B, BIXIO D, et al. Membrane bioreactor technology for wastewater treatment and reuse[J]. Desalination, 2006, 187(1): 271-282.

[5] VINARDELL S, ASTALS S, PECES M, et al. Advances in anaerobic membrane bioreactor technology for municipal wastewater treatment: A 2020 updated review[J]. Renewable and Sustainable Energy Reviews, 2020,130:109936.

[6] LEI Z, YANG S M, LI Y Y, et al. Application of anaerobic membrane bioreactors to municipal wastewater treatment at ambient temperature: A review of achievements, challenges, and perspectives[J]. Bioresource Technology, 2018, 267: 756-768.

[7] STUCKEY D C. Recent developments in anaerobic membrane reactor[J]. Bioresource Technology, 2012, 122: 137-148.

[8] VYRIDES I, STUCKEY D. Saline sewage treatment using a submerged anaerobic membrane reactor (SAMBR): Effects of activated carbon addition and biogas-sparging time [J]. Water Research, 2009, 43(4): 933-942.

[9] GRETHLEIN H E. Anaerobic digestion and membrane separation of domestic wastewater [J]. Journal (Water Pollution Control Federation),1978,50(4):754-763.

[10] ROSS W, BARNARD J, LE ROUX J, et al. Application of ultrafiltration membranes for solids-liquids separation in anaerobic digestion systems:The ADUF process[J]. Water SA, 1990, 16(2): 85-91.

[11] XIE K, LIN H, MAHENDRAN B, et al. Performance and fouling characteristics of a submerged anaerobic membrane bioreactor for kraft evaporator condensate treatment[J]. Environmental Technology, 2010, 31(5): 511-521.

[12] ERSU C, ONG S. Treatment of wastewater containing phenol using a tubular ceramic

membrane bioreactor[J]. Environmental Technology, 2008, 29(2): 225-234.

[13] HILAL N, OGUNBIYI O O, MILES N J, et al. Methods employed for control of fouling in MF and UF membranes: A comprehensive review[J]. Separation Science and Technology, 2005, 40(10): 1957-2005.

[14] LIN H, CHEN J, WANG F, et al. Feasibility evaluation of submerged anaerobic membrane bioreactor for municipal secondary wastewater treatment[J]. Desalination, 2011, 280(1): 120-126.

[15] VERRECHT B, MAERE T, NOPENS I, et al. The cost of a large-scale hollow fibre MBR[J]. Water Research, 2010, 44(18): 5274-5283.

[16] ABUABDOU SMA, AHMAD W, AUN NC, et al. A review of anaerobic membrane bioreactors (AnMBR) for the treatment of highly contaminated landfill leachate and biogas production: Effectiveness, limitations and future perspectives[J]. Journal of Cleaner Production, 2020, 255:120215.

[17] WU Z Y, LIU Y, YAO J Q, et al. The materials flow and membrane filtration performance in treating the organic fraction of municipal solid waste leachate by a high solid type of submerged anaerobic membrane bioreactor[J]. Bioresource Technology, 2021, 329: 124927.

[18] ÁNGEL R, ANTONIO J B, JUAN B G, et al. A semi-industrial scale AnMBR for municipal wastewater treatment at ambient temperature: Performance of the biological process[J]. Water Research, 2022, 215: 118249.

[19] CHU L B, YANG F L, ZHANG X W. Anaerobic treatment of domestic wastewater in a membrane-coupled expended granular sludge bed (EGSB) reactor under moderate to low temperature[J]. Process Biochemistry, 2005, 40(3): 1063-1070.

[20] WEN C, HUANG X, QIAN Y. Domestic wastewater treatment using an anaerobic bioreactor coupled with membrane filtration[J]. Process Biochemistry, 1999, 35(3): 335-340.

[21] KALOGO Y, VERSTRAETE W. Development of anaerobic sludge bed (ASB) reactor technologies for domestic wastewater treatment: Motives and perspectives[J]. World Journal of Microbiology and Biotechnology, 1999, 15(5): 523-534.

[22] HU A Y, STUCKEY D C. Treatment of dilute wastewaters using a novel submerged anaerobic membrane bioreactor[J]. Journal of Environmental Engineering, 2006, 132(2): 190-198.

[23] 王暄, 季民, 王景峰, 等. 厌氧-好氧周期循环条件下厌氧磷吸收现象[J]. 天津大学学报, 2006, 39(2): 214-218.

[24] 李金页. 废水厌氧生物除磷技术的基础研究[D]. 杭州: 浙江大学, 2008.

[25] 郭夏丽. 厌氧生物除磷技术的基础研究[D]. 杭州: 浙江大学, 2005.

[26] AN Y, WANG Z, WU Z, et al. Characterization of membrane foulants in an anaerobic non-woven fabric membrane bioreactor for municipal wastewater treatment[J]. Chemical

Engineering Journal, 2009, 155(3): 709-715.

[27] CHOO K H, LEE C H. Membrane fouling mechanisms in the membrane coupled anaerobic bioreactor[J]. Water Research, 1996, 30(8): 1771-1780.

[28] LIN H, LIAO B Q, CHEN J, et al. New insights into membrane fouling in a submerged anaerobic membrane bioreactor based on characterization of cake sludge and bulk sludge [J]. Bioresource Technology, 2010, 102(3): 2373-2379.

[29] MENG F, ZHANG H, YANG F, et al. Effect of filamentous bacteria on membrane fouling in submerged membrane bioreactor[J]. Journal of Membrane Science, 2006, 272 (1-2): 161-168.

[30] 孟凡刚. 膜生物反应器膜污染行为的识别与表征[D]. 大连: 大连理工大学, 2007.

[31] YUN M A, YEON K M, PARK J S, et al. Characterization of biofilm structure and its effect on membrane permeability in MBR for dye wastewater treatment[J]. Water Research, 2006, 40(1): 45-52.

[32] WEN C, HUANG X, QIAN Y. Domestic wastewater treatment using an anaerobic bioreactor coupled with membrane filtration[J]. Process Biochemistry, 1999, 35(3-4): 335-340.

[33] LIN H, LIAO B Q, CHEN J, et al. New insights into membrane fouling in a submerged anaerobic membrane bioreactor based on characterization of cake sludge and bulk sludge [J]. Bioresource Technology, 2011, 102(3): 2373-2379.

[34] QIU G L, ZHANG S, SHANKARI D, et al. The potential of hybrid forward osmosis membrane bioreactor (FOMBR) processes in achieving high throughput treatment of municipal wastewater with enhanced phosphorus recovery[J]. Water Research, 2016, 105: 370-382.

[35] ABHAMID N H, WANG D K, YE L A, et al. Chieving stable operation and shortcut nitrogen removal in a long-term operated aerobic forward osmosis membrane bioreactor (FOMBR) for treating municipal wastewater[J]. Chemosphere, 2020, 260:127581.

[36] ARDAKANI M N, GHOLIKANDI G B. Microbial fuel cells (MFCs) in integration with anaerobic treatment processes (AnTPs) and membrane bioreactors (MBRs) for simultaneous efficient wastewater/sludge treatment and energy recovery-A state of the art review [J]. Biomass & Bioenergy, 2020, 141(17):105726.

第7章　基于群体感应淬灭的 MBR 膜污染控制技术

7.1　微生物群体感应及其在 MBR 控制中的研究现状

7.1.1　微生物群体感应研究概况

伴随着膜技术在饮用水及废水处理行业的高速发展,膜反应器内微生物与微生物之间的联络通信及相关群体感应(Quorum Sensing,QS)原理也成为研究热点。近年来,基于群体感应淬灭的 MBR 膜污染控制技术在膜污染控制领域备受关注。该技术可通过干扰膜系统内细菌的群体感应路径来阻止编码信号分子的基因表达,从而有效抑制胞外聚合物(EPS)的分泌,减少膜表面泥饼层,实现膜污染的有效控制。

1. 微生物群体感应及信号分子

微生物群体感应是指细菌在新陈代谢过程中分泌某种信号分子(signal molecule),细菌本身也具有检测其浓度来感知周围菌群密度的能力,并以此为依据调节自身及群体行为,常见行为包括生物发光、致病性表达、抗生素分泌、生物膜形成等。换句话说,微生物能够通过群体感应来感知群体密度,协调自身及群体行为。

微生物群体感应系统依据信号分子的种类可分为以下几种:

(1)以酰基高丝氨酸内酯(Acyl Homoserine Lactone,AHL)为信号分子的群体感应(对应革兰氏阴性菌)。

(2)以寡肽类物质为信号分子的群体感应(对应革兰氏阳性菌)。

(3)第二类信号分子(Autoinducer-2,AI-2)调控的群体感应。

在信号分子的研究过程中,AHL 是首先被发现和完整表征的(图7.1),AHLs 分子由一个决定调控功能的酰胺链和特征结构高丝氨酸内酯环组成。研究报道过的包含 LuxI/LuxR 同源蛋白或能够分泌 AHL 的微生物见表7.1,可以看出基于 AHL 的群体感应系统是广泛存在的。

革兰氏阳性菌类别中存在众多群体感应系统,其中以寡肽为信号分子的群体感应系统主要有:通过群体感应控制孢子形成的 *Bacillus subtilis* 和通过群体感应控制致病性表达的 *Staphylococcus aureus*。

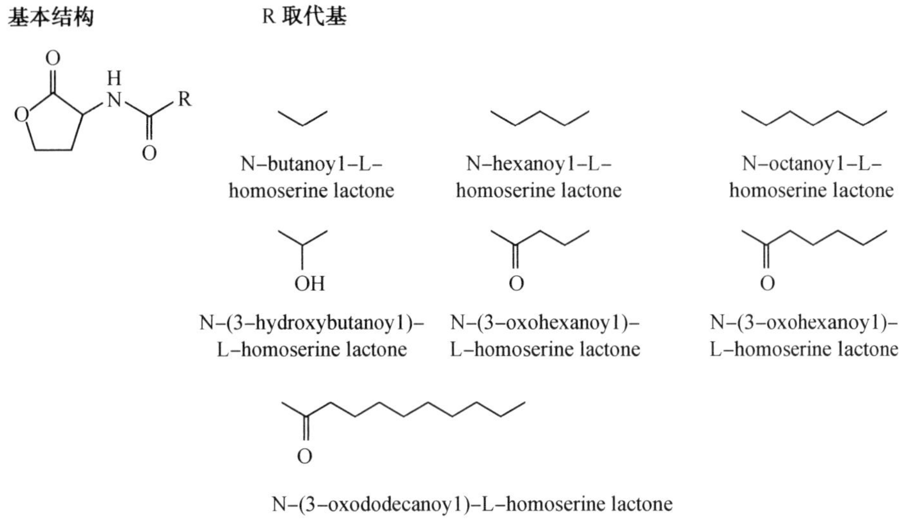

基本结构　　　　　　R 取代基

N–butanoy1–L–
homoserine lactone

N–hexanoy1–L–
homoserine lactone

N–octanoy1–L–
homoserine lactone

N–(3–hydroxybutanoy1)–
L–homoserine lactone

N–(3–oxohexanoy1)–
L–homoserine lactone

N–(3–oxohexanoy1)–
L–homoserine lactone

N–(3–oxododecanoy1)–L–homoserine lactone

图 7.1　不同 AHL 的分子结构

表 7.1　包含 LuxI/LuxR 同源蛋白或能够分泌 AHL 的微生物

微生物	LuxI/LuxR 同源蛋白	信号分子	目标基因或功能
Acidovorax facilis			
Aeromonas hydrophila	AhyI/AhyR	C4–HSL	丝氨酸蛋白酶、金属蛋白酶的合成
Aeromonas salmonicida	AsaI/AsaR	C4–HSL	*aspA*(蛋白酶)
Agrobacterium tumefaciens	TraI/TraR	3–oxo–C8–HSL	*tra、trb*(Ti 质粒结合转移)
Burkholderia cepacia	CepI/CepR	C8–HSL	蛋白酶及铁载体合成
Chromobacterium violaceum	CviI/CviR	C6–HSL	紫色素、氰化氢、抗生素、蛋白酶及几丁质酶的合成
Enterobacter aglomerans	EagI/EagR	3–oxo–C6–HSL	不详
Erwinia Carotovora	(a) ExpI/ExpR (b) CarI/CarR	3–oxo–C6–HSL	(a)胞外酶合成 (b)碳青霉烯类抗生素合成
Erwinia hrysanthemi	ExpI/ExpR	3–oxo–C6–HSL	*pecS*(果胶酶合成)
Erwinia stewartii	EsaI/EsaR	3–oxo–C6–HSL	胞外多糖合成,有毒性
Frateuria sp.			
Lysobacter brunescens			
Pantoea stewartii	EsaI/EsaR	3–oxo–C6–HSL	胞外多糖合成
Pseudomonas aereofacience	PhzI/PhzR	C6–HSL	*phz*(吩嗪抗生素合成)

续表7.1

微生物	LuxI/LuxR 同源蛋白	信号分子	目标基因或功能
Pseudomonas aeruginosa	(a) LasI/LasR (b) Rh1I/Rh1R	(a) 3-oxo-C12-HSL (b) C4-HSL	(a) *lasA*、*lasB*、*aprA*、*toxA*（蛋白酶毒性因子），生物膜形成 (b) *lasB*、*rhlAB*（鼠李糖脂），*rpoS*（稳定期）
Ralstonia solanacearum	SolI/SolR	C6-HSL,C8-HSL	未知
Rhizobium etli	RaiI/RaiR	多种，未确定	控制结瘤数
Rhizobium leguminosarum	(a) RhiI/RhiR (b) CinI/CinR	(a) C6-HSL (b) 3-OH-7-cis-C14-HSL	(a) *AhiABC*（根际基因）及稳定期 (b) 群体感应级联调节
Rhodobacter sphaeroides	CerI/CerR	7,8,-cis-C14-HSL	阻止细菌团聚
Serratia liquefaciens	SwrI/SwrR	C4-HSL	游动性细胞分化（蛋白酶）
Sphingomonas sp.			
Shinella fusca			
Stenotrophomonas			
Vibrio fischeri	LuxI/LuxR	3-oxo-C6-HSL	*luxICDABE*（生物荧光）

作为一种呋喃基硼酸二酯类化合物，AI-2 由 LuxS 酶首先合成 4,5-二羟基-2,3-乙酰基丙酮（4,5-Dihydroxy-2,3-Pentanedione，DPD），再通过自发重排形成不同的 DPD 衍生物，最终得到不同的 AI-2。与 AHL 的发现经历相似，第二类信号分子 AI-2 也是在 *Vbrio harveyi* 中被首先发现；与 AHL 的其他相似之处是，它也控制着 *Vbrio harveyi* 的荧光发光。两类信号分子之间的差别在于，AI-2 不仅在革兰氏阴性菌中存在，而且在很多革兰氏阳性菌中也存在，不同菌种中 AI-2 的合成蛋白（LuxS）、生物合成途径、合成中间产物及信号结构本身都是几乎一样的。因此在部分报道中，研究人员认为大多数微生物之间主要通过 AI-2 信号分子维持群体感应。

2. 微生物群体感应与生物膜

与此同时，生物膜的形成也受到微生物群体感应的调控。在 1999 年，Davies 等人首先发现了信号分子可以影响 *Pseudomonas aeruginosa* 生物膜的形成，这一报道也成为"群体感应调控生物膜形成"研究的开山之作，自此大量相关报道开始出现在国际期刊上。值得注意的是，这些研究中大多采用以信号分子合成基因的突变株对比野生型在形成生物膜方面的情况。在不同菌种的试验中，研究人员发现野生型在初期黏附或后期生物膜成熟阶段优于突变株，甚至也有研究表明野生型在形成生物絮体方面优于突变株。这些研究结果指出野生型相比突变株具有更强的适应能力。

上述系列报道为水处理领域提供了全新的思路，开启了崭新的研究方向。生物膜普遍存在于各种不同的水处理工艺中，例如滴滤池、流化生物膜反应器、纳滤反渗透系统、

MBR 等,并且对工艺净水效果的影响巨大。总的来说,生物膜带来的影响具有两面性:一方面,生物膜能发挥降解污染物的重要作用,去除水中的污染物质;另一方面,生物膜因素影响下的 MBR 膜污染严重阻碍了工艺正常运行,增加了生产运行成本。这种生物污染的形成原因主要是 MBR 膜孔尺寸小于微生物及菌胶团的尺寸,导致它们被截留在膜表面,或在膜孔中积累,经过一定时间的生长与繁殖后形成多层生物膜(即泥饼层),造成膜的正常功能受阻,而微生物生理代谢活动所分泌的胞外聚合物具有一定的黏性增强作用,从而进一步加剧了膜污染。因此,若能够从群体感应角度彻底掌握生物膜形成规律,通过控制群体感应有效调控水处理系统中生物膜的形成,根据需要强化或削弱生物膜的形成,可以解决很多水处理中面临的棘手问题。

综上所述,微生物群体感应在水处理领域有着极大的研究价值和广阔的应用前景,值得科研人员投入更多精力进行深入研究。

3. 微生物群体感应淬灭

部分微生物通过群体感应调控的群体行为对人类产生了不利影响,包括致病性表达、生物膜形成等,因此在医药领域及其他工程应用领域,科研技术人员通过抑制群体感应(群体感应淬灭,quorum quenching)来抑制细菌致病性表达或生物膜的形成。Staffan Kjelleberg 团队在研究中发现澳洲海洋红藻(*Delisea pulchra*)能够抑制微生物群体感应,科研人员也从澳洲海洋红藻中筛选出可以抑制群体感应的卤化呋喃。利用抑制群体感应避免负面影响的研究还有很多,在 Dong 等人的研究中,信号分子降解酶基因(*AiiA*)被成功克隆到烟草中,形成的转基因作物能够很好地抑制 *Erwinia carotovora* 的致病性表达(由 AHL 型群体感应控制)。Amelie Cirou 和 Stephane Uroz 等人把能够分泌信号分子降解酶(Lactonase,qsdA)的菌株(*Rhodococcus erythropolis*)从土壤中筛选出来,并进一步将其应用于控制马铃薯的黑胫病,具有非常好的效果。

7.1.2　MBR 中的微生物群体感应及其控制

如 7.1.1 节中所述,生物膜在水处理领域中扮演着十分重要的角色。在 MBR 工艺中,生物膜会逐渐积累、黏附在滤膜表面,进而形成严重的膜污染,膜污染会造成跨膜压差上升和膜通量减小。MBR 工艺中针对膜污染的生物控制方法指的是利用微生物的生命活动来实现对膜表面及膜孔中关键污染物的消耗,同时利用群体感应效应避免膜表面生物膜的生长。生物控制法常用的微生物包括蛭弧菌及红斑瓢体虫、颤蚓等寡毛类动物,通过直接投加微生物或外置捕食单元的方法将微型后生动物投放至系统中,对引起膜污染的 SMP、EPS 等关键膜污染物进行摄入。生物法具有低能耗、低成本、环境友好、二次污染小等优势。另外,还可以通过投加特定物质来实现对群感效应的干扰,从而抑制生物膜的生成。在发现生物膜形成会受到群体感应调控时,研究人员还未将它和膜污染问题联系起来,直到 10 年之后(图 7.2),Chung-Hak Lee 团队发现了群体感应也存在于 MBR 中,并发现 MBR 中群体感应信号分子浓度与跨膜压差的增长之间存在较好的相关性,他们发现膜污染能通过采用酰基酶降解信号分子的方式进行控制。这一创新性的发现为 MBR 膜污染控制提供了一个全新的思路,从此开启了调节微生物群体感应控制 MBR 膜污染问题的先例。

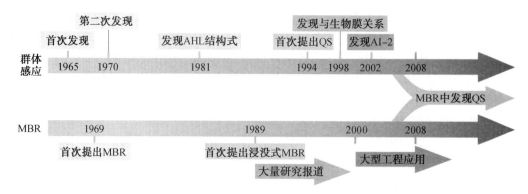

图 7.2　群体感应及 MBR 工艺的发展

（AHL:信号分子;QS:群体感应;AI-2:第二类信号分子）

　　研究人员后来根据这一发现做了大量的相关工作,有科研人员采用不同的固定化方式将酰基酶固定在膜表面或载体中来控制膜污染,并取得了良好的效果。Yu 等将酰基酶应用于 MBR 的膜污染控制中,并系统考察了不同因素(如温度、HRT、硝化抑制剂等)的影响,结果表明酰基酶在各试验条件下均实现了良好的膜污染控制效果。Zhu 等采用氧化石墨烯及酰基酶对 PVDF 膜进行改性,结果表明改性后膜材料表面生物量仅为改性前的 16%,实现了对生物膜形成的良好抑制。但这一类方案存在不可忽视的缺点:酰基酶的价格十分昂贵,成本问题限制了这一技术在水处理行业的进一步推广应用。后来,研究人员发现很多群体感应信号分子存在于 MBR 中,并影响细菌降解过程。Ham 等从 MBR 中分离得到一种肠球菌(*Enterococcus species*) HEMM-1,发现该细菌能够有效降解 AHLs 并可减少膜表面细菌及活性污泥生物膜。为了提升群体感应的作用效果,研究者们人工筛选出这些特定的信号分子降解菌,并采用不同的微生物固定化技术将其固定后,投入 MBR 中,这一廉价可行的措施同样取得了良好的膜污染控制效果,并解决了信号分子降解菌的流失和效率低等问题。

　　虽然微生物群体感应淬灭技术在 MBR 中得到了一定应用,但仍需要复杂的固定化前处理用以克服细菌流失和效率低的问题,这一处理步骤使得该技术具有较高的操作门槛,限制了微生物群体感应淬灭技术的工程应用。此外,微生物群体感应淬灭技术用于 MBR 中膜污染控制的理念刚被提出来不久,相关研究内容比较缺乏,技术发展水平仍处于起步探索阶段,还存在很多问题有待进一步解决。

7.2　运行参数对 MBR 中微生物群体感应及膜污染的影响

　　MBR 源于 20 世纪 60 年代,由 Dorr-Oliver 公司研发并投入应用。但是初期的 MBR 工艺处理成本较高,难以普及应用。随着水资源问题的愈发严重,MBR 工艺因其能够实现污水回用而得到越来越高的关注,在不断地研究中,MBR 的实际应用价值也被不断挖掘开发出来。在 MBR 工艺的运行中,膜污染问题是一个亟待解决的难题,膜污染的存在导致 MBR 工艺运行维护工序更复杂、处理成本更高且使用寿命缩短,制约着 MBR 工艺的发展与应用。此外,膜污染还受到许多因素的影响,包括污水成分、混合液特征、水力条件等。在 MBR 工艺运行中,膜污染物质大多数来自于活性污泥混合液,活性污泥混合液的污泥浓度、黏度、表面电荷、粒径及分布、沉降性等性质都会对膜的污染程度产生影响。SRT 指的是污泥在反应器中停留的平均时间,会直接影响生物反应器中的污泥负荷(Food/ Microorganism ratio,F/M ratio),从而影响反应器中的生物量、生物种群分布、MBR 处理效能等。SRT 被认为是影响 MBR 中膜污染的最重要的运行参数之一,在实际生产工艺中需要严格控制,SRT 提出时间较早,各国学者对 MBR 中 SRT 对膜污染的影响已进行了深入研究,并得到了较为统一的结论:混合液污泥浓度(Mixed Liquid Suspended Solids,MLSS)会随着 SRT 的延长而增大,污泥负荷随之减小;MBR 中的膜污染在一定 SRT 范围内(2~50 d)会随着 SRT 延长而减轻,学者们普遍认为其主要原因是:在较短 SRT 情况下,MBR 中微生物分泌胞外聚合物(Extracellular Polymeric Substances,EPS)及溶解性有机物(Soluble Microbial Products,SMP)的活动更加活跃,EPS 和 SMP 在污泥混合液中的浓度更高,因此易引起严重的膜污染和通量下降问题。

在 MBR 中,微生物分解有机污染物,同时也会释放出一些溶解性产物,即 SMP。SMP 的分子量集中在 1~10 ku 的范围内,其中大分子量的物质会通过吸附作用附着在膜表面形成凝胶层,小分子量的物质则会在膜孔内聚集,两者均通过不同形式引起膜污染。胞外聚合物 EPS 也是导致膜污染的重要污染物,其相对分子质量通常在 10 000 u 以上,主要由多糖、核酸、蛋白质、腐殖酸等组成。胞外聚合物能够彼此之间相互作用形成絮体基质,将细胞包裹在絮体所组成的三维结构中并起到保护作用。可以按照 EPS 的空间位置将其分为溶解性 EPS 与固着性 EPS 两类,其中溶解性 EPS 主要以胶体态或溶解态分散存在,而固着性 EPS 则紧密贴附在细胞壁上。溶解性 EPS 主要溶解于污泥混合液中,对膜污染的影响是通过对污泥的絮凝性和脱水性的影响进行的,而固着性 EPS 是构成泥饼层的重要组成成分。当溶解性 EPS 含量过大时,会降低细胞之间的黏附作用,导致污泥结构遭到破坏,严重影响污泥的絮凝性和脱水性,进而加剧膜污染。两种 EPS 会对污泥的絮凝性、脱水性、黏度等性质产生一定的影响,都是 MBR 研究中不可忽视的因素。

正如上文所述,微生物间的群体感应现象广泛存在于 MBR 中,群体感应现象对膜污染影响的相关研究也被广泛报道。此外,有研究表明群体感应菌群(分泌信号分子)及群体感应淬灭菌群(降解信号分子)大量存在于污水处理生物反应器中。两类菌群的相互竞争作用会影响反应器中信号分子的浓度,因此群体感应的强度和膜污染的程度是息息相关的,这是进一步研究时需要秉承的规律。

另外,SRT 能够极大地影响 MBR 中的微生物性质(生物量及种群分布)。试验证明 SRT 可能会影响 MBR 中群体感应菌群及群体感应淬灭菌群的组成、丰度分布及群体感应淬灭菌群的新陈代谢活动,并通过改变群体感应强度的方式来影响膜污染的程度,这一规律对控制 MBR 的运行状态具有巨大的作用。还可以利用微生物的群体感应效应来实现对泥饼层的抑制和优化,从而抑制膜污染,这种方法是基于如下研究:研究人员发现微生物会分泌一种称为自体诱导(AI)或群体感应(QS)信号的分子,这种分子会控制微生物的生物量及生物膜的形成,因此通过对群体感应效应淬灭行为的增强来实现对泥饼层形成的抑制是可行的。

本节内容通过试验探究 SRT 是否会影响 MBR 中的群体感应菌群及群体感应淬灭菌

群的群落分布、MBR 中的群体感应强度是否会受到 SRT 影响等问题,进而考察利用 SRT 调控群体感应来影响膜污染的可能性。为了更好地解释相关现象,在试验过程中还监控了 SRT 对 MBR 中 EPS 及 SMP 的影响,以探究群体感应与 EPS 及 SMP 之间的联系,从机理上分析相关规律。此外,还希望通过本节的研究内容验证 MBR 群体感应的存在性及其对膜污染的影响。

7.2.1 SRT 对 MBR 净水效能及膜污染的影响

为进行本节相关内容的研究,试验构建了三个 MBR,并将其 SRT 分别控制在 4 d (MBR1)、10 d(MBR2)和 40 d(MBR3),MBR 运行参数见表 7.2。

表 7.2 MBR 运行参数

反应器运行参数	数值
反应器有效体积/L	1.6
膜通量/$(L \cdot m^{-2} \cdot h^{-1})$	13.35
膜面积/cm^2	192
水力停留时间/h	5.9
污泥停留时间 SRT/d	4、10、40
混合液污泥浓度 MLSS/$(mg \cdot L^{-1})$	$535 \pm 103(SRT = 4\ d)$ $1\ 262 \pm 83(SRT = 10\ d)$ $6\ 245 \pm 242(SRT = 40\ d)$
曝气强度/$(L \cdot min^{-1})$	0.8

1. SRT 对 MBR 净水效能的影响

正式试验开始前,活性污泥被接种进各 MBR 中并进一步驯化 2 个月,直到获得稳定的处理效果和稳定的微生物种群分布。驯化期结束后,正式试验开始,试验期间对各 MBR 的出水水质进行了连续监测。

如图 7.3 所示,MBR2(SRT = 10 d)及 MBR3(SRT = 40 d)的出水中 COD 质量浓度均低于《城镇污水处理厂污染物排放标准》(GB 18918—2002)的一级 A 排放标准 (50 mg/L)。但当 SRT 为 4 d 时(MBR1),出水的 COD 质量浓度为(44.86 ± 7.48)mg/L, 并不能完全满足一级 A 排放标准。试验结果表明,SRT 越长,出水 COD 质量浓度越低。三组 MBR 的 COD 去除效能差异可归因于不同 SRT 的 MBR 内污泥浓度不同。如表 7.2 所示,当 SRT 过短(4 d)时,MBR1 污泥质量浓度最小(MLSS =(535 ± 103)mg/L),从另一方面来说,MBR1 中污泥负荷较大,从而影响了 MBR1 对 COD 的降解效果。

进一步考察了三组 MBR 对氨氮的去除效果。试验期间各 MBR 出水中的氨氮质量浓度如图 7.4 所示,与出水中 COD 质量浓度趋势类似,MBR2 与 MBR3 的出水氨氮质量浓度均低于 MBR1。值得注意的是,MBR2 与 MBR3 未能充分保证出水氨氮质量浓度达到一级 A 排放标准(5 mg/L),在 28 d,三个反应器的出水氨氮质量浓度都有一定程度的突增 (分别为(25.2 ± 0.5)mg/L、(10.3 ± 0.5)mg/L 和(5.1 ± 0.2)mg/L)。结合试验期间

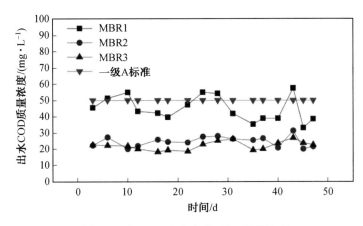

图 7.3　各 MBR 出水中的 COD 质量浓度

温度变化图可知,这一现象是试验期间温度骤降所导致。MBR1 出水中的氨氮质量浓度不能达到一级 A 排放标准,这是由于硝化细菌的世代周期较长,MBR1 的 SRT 过短,因此反应器中硝化细菌过少或完全被排出,极大地影响了硝化效果,使得 MBR1 的出水氨氮质量浓度较高。因此可以得出结论,SRT 与 MBR 的处理效果呈正相关,温度对氨氮处理效果的影响更为显著。

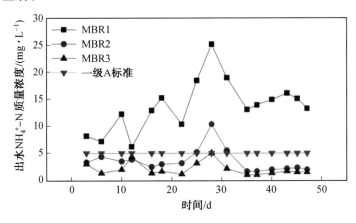

图 7.4　各 MBR 出水中的氨氮质量浓度

2. SRT 对 MBR 中膜污染的影响

本节试验还考察了各 MBR 中膜污染的情况。如图 7.5 所示,SRT 与膜污染呈现负相关关系。当 SRT 为 4 d 时,MBR1 中膜污染周期仅为 3 ~ 4 d;当 SRT 上升至 10 d 时,膜污染周期为 5 ~ 13 d;当 SRT 为 40 d 时,MBR3 中膜污染周期最长,延长至 35 d。结果表明,SRT 越长,膜污染越轻。这一试验现象和过往报道中的研究结果一致。由图 7.6 可知,试验进行到 28 d 左右时,各 MBR 达到相同跨膜压差需要的污染时间明显缩短,意味着膜污染变得更严重。其中,MBR1 从 3 ~ 5 d 缩短到 2 ~ 3 d;MBR2 从 8 ~ 13 d 缩短至 5 ~ 6 d;值得注意的是,此时 MBR3 中也出现了首次跨膜压差陡增。正如上文所述,这一现象可以也可以归因于温度的陡降(图 7.6),有研究表明,低温会显著加剧膜污染,使得 MBR 的跨膜压差迅速提升。

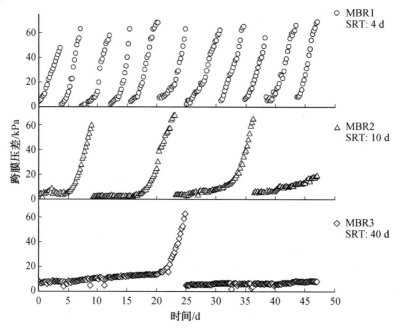

图 7.5　各 MBR 中跨膜压差的变化

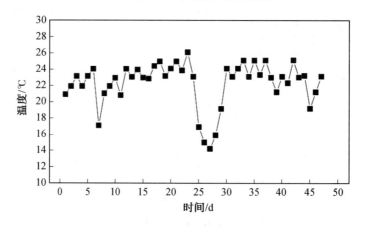

图 7.6　试验期间的室内温度变化

当试验进行到 47 d 时整个试验结束,将膜组件从各个 MBR 中取出,进行染色预处理后利用共聚焦荧光显微镜观察各 MBR 中膜表面生物膜。如图 7.7 所示,生物膜中主要包含微生物细胞(绿色部分)和多糖类物质(红色部分)。从图中可以发现,MBR1 中的生物污染最为严重,膜表面生物膜中黏附的细胞及分泌出的多糖类物质较多,MBR2 和 MBR3 的膜表面生物量及多糖含量明显较少。特别是 MBR3 中,在显微镜下几乎没有观察到微生物及多糖黏附。结果表明,SRT 的增长与 MBR 中生物污染程度呈负相关,SRT 越长,MBR 的膜表面生物污染(微生物细胞和多糖类物质)越少。

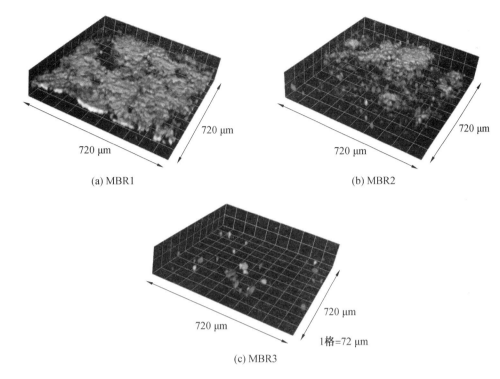

(a) MBR1

(b) MBR2

(c) MBR3

图 7.7 各 MBR 中膜表面生物膜的共聚焦荧光显微镜图片(47 d,放大倍数 100 倍,彩图见附录)

7.2.2 SRT 对 MBR 中微生物群体感应的影响

如上文所述,SRT 会影响生物反应器中的群落组成与分布,那么 SRT 就可能会影响群体感应菌群及群体感应淬灭菌群的分布,进而对反应器中的群体感应效果产生影响。基于以上推测,本节对不同 SRT 下的 MBR 中微生物群落及反应器中群体感应效果进行了研究。

1. SRT 对 MBR 中群体感应菌群及群体感应淬灭菌群群落结构的影响

采用 16S rRNA 基因靶向测序对三个 MBR 中微生物的群落结构进行了系统性的分析,结果见表 7.3,三个 MBR 中的污泥样品分别获得有效序列 20 470、20 644 及 26 997 条。三个 MBR 所得样品的稀释曲线(97% 相似水平下)如图 7.8 所示,当样品的序列数接近 20 000 时,操作分类单元(OTU)数趋于平坦,增加较缓,这一现象表明本次测序能够充分反映样品中微生物群落结构信息。此外,三个样品的测序深度(coverage,表 7.3)均达到 99% 以上,从另一方面说明了本次测序能够充分涵盖样品中的群落结构信息,保证了结果的可靠性。在 97% 的相似水平下,MBR1、MBR2、MBR3 所得样品中所含的 OTU 数分别为 436、482、486 个。结果表明,样品的 Chao1 指数及 ACE 指数随着 SRT 的增加而增大,这说明 SRT 越长,MBR 中微生物群落的丰度越大。

表 7.3　相似水平为 97% 下样品测序信息及多样性指数

样品名称	序列数/条	多样性指数					
		OUT	ACE	Chao1	Coverage	Shannon	Simpson
MBR1	20 470	436	509	525	0.995 554	4.138	0.043 2
MBR2	20 644	482	536	549	0.997 037	3.986	0.051 7
MBR3	26 997	486	558	553	0.995 108	4.345	0.027 0

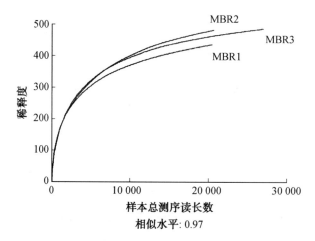

图 7.8　相似水平为 97% 下样品的稀释曲线

图 7.9 为三个 MBR 内微生物群落结构的变化情况。本研究将所有鉴定出的细菌分为四类:群体感应淬灭菌(即信号分子降解菌,QQ)、群体感应菌(QS)、既能分泌 AHL 又能降解 AHL 的菌及既不分泌 AHL 也不降解 AHL 的菌(即对群体感应无贡献菌,QQ&QS/None)、群体感应功能不明的菌(Unknown)。如图 7.9 所示,几乎所有鉴别出的丰度较大的菌属均能被归为前三类,即反应器中丰度较大的菌属均已在前人的研究中被筛分出纯菌,并仔细分析过其信号分子的分泌及降解能力,为本研究提供了极大的便利。群体感应淬灭菌(QQ)主要包括 *Chryseobacterium*、*Stenotrophomonas*、*Cloacibacterium*、*Acinetobacter*、*Comamonas*、*Delftia*、*Variovorax*、*Dyella*,另外还有属于 Comamonadaceae 科的而在属水平上未被鉴别出的序列,其丰度也较大。可以清楚地看到 *Chryseobacterium*(0.05%、1.32%、9.73%)、*Stenotrophomonas*(0.22%、8.37%、20.44%)及 *Dyella*(0%、0.03%、3.17%)均满足丰度随 SRT 增大而急剧增大的趋势,*Comamonadaceae_unclassified*(4.46%、8.48%、8.90%)及 *Delftia*(0.37%、1.13%、1.48%)也满足上述趋势。剩下的其他属虽不完全满足这一趋势但它们的丰度较前面的菌属小。因此可以得出结论,SRT 与 MBR 中主要的群体感应淬灭菌丰度呈正相关关系,随着 SRT 的增长,主要的群体感应淬灭菌丰度有所增加。在群体感应菌属中可以看到,丰度最大的 *Aeromonas*(4.60%、0.19%、3.52%)及 *Xanthomonadaceae_unclassified*(8.14%、0.56%、0.75%)基本满足随 SRT 增加丰度减小的趋势。此外,对群体感应无贡献的菌属其丰度变化与 SRT 的变化并无十分一致的关联。

值得注意的是,*Thermomonas*(16.29%、9.13%、4.84%)虽然并未被检测出能够分泌或降解 AHL,但却是形成生物膜的主要菌属之一,其丰度也随 SRT 增大有明显的减小趋势。由此可以得出结论,SRT 与 MBR 中主要的群体感应菌(AHL 分泌菌)丰度呈负相关关系,随着 SRT 的增大,主要的群体感应菌(AHL 分泌菌)的丰度减小。

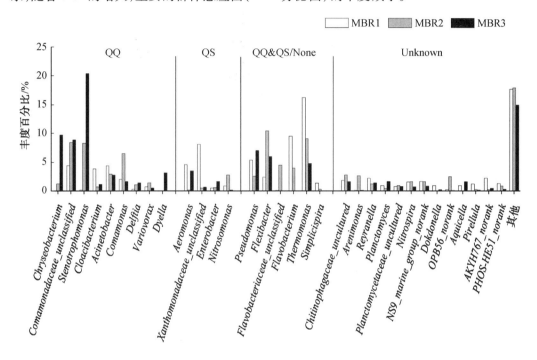

图7.9　分类水平为属下 MBR 内微生物群落结构变化(丰度低于1%被归为其他)

进一步分析图7.9中的数据,将各样品中的菌属丰度按照以上四类分类后求和得到总的群体感应淬灭菌、群体感应菌、群体感应无贡献菌及群体感应作用未知菌的丰度,并比较这四类菌的丰度相对大小。如图7.10所示,群体感应淬灭菌的丰度与 MBR 的 SRT 呈正相关(MBR1:16.30%,MBR2:31.06%,MBR3:50.05%),SRT 最短(4 d)的 MBR1 中群体感应菌的丰度(14.23%)明显大于另外两个 MBR 中的群体感应菌丰度(MBR2:4.17%,MBR3:6.25%)。此外,可以看出 MBR 中的群体感应淬灭菌的丰度明显大于群体感应菌的丰度,因此 MBR 中群体感应的强度会受到一定抑制,不可能大规模地形成生物膜。综合以上试验结果可以得出结论,SRT 与 MBR 中群体感应淬灭菌的丰度呈正相关,与群体感应菌的丰度呈负相关,SRT 越长,群体感应淬灭菌的丰度越大,群体感应菌的丰度越小。

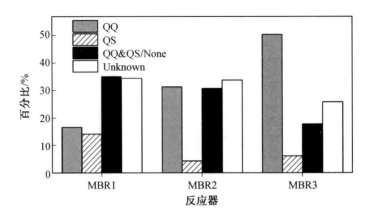

图 7.10　群体感应淬灭菌（QQ）、群体感应菌（QS）、群体感应无贡献
菌（QQ&QS/None）及群体感应作用未知菌（Unknow）的丰度分布

2. SRT 对 MBR 中活性污泥降解信号分子效能的影响

由上节试验结果可知，MBR 中群体感应菌的丰度明显小于群体感应淬灭菌，说明
MBR 的污泥中应该存在较好的信号分子降解效能。前人已经报道过活性污泥对 AHL 的
降解效能。为了评估 SRT 对 MBR 中活性污泥降解信号分子效能的影响，本节试验将监
控不同 SRT 下 MBR 中信号分子的浓度及其变化规律，如图 7.11 所示。

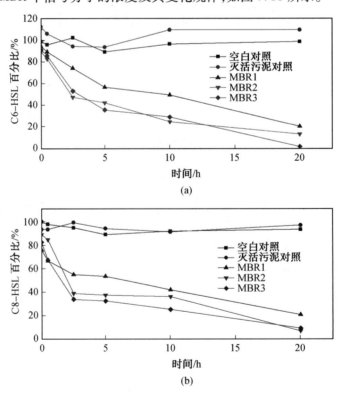

图 7.11　不同停留时间的 MBR 中污泥对不同信号分子的降解曲线
（信号分子初始浓度为 200 nmol/L，污泥浓度 $OD_{600} = 0.5$）

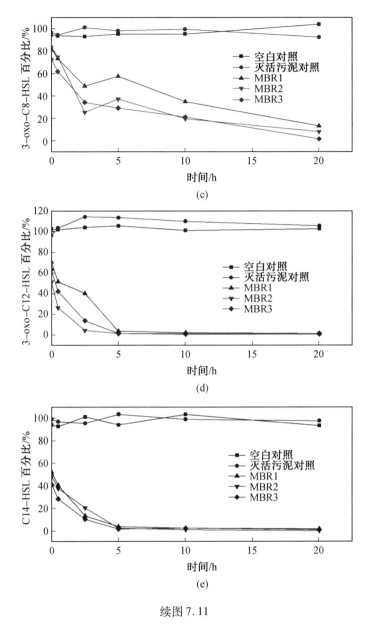

续图 7.11

　　试验选用了 5 种信号分子(C6-HSL、C8-HSL、3-oxo-C8-HSL、3-oxo-C12-HSL、C14-HSL),它们的初始浓度均为 200 nmol/L。本试验中通过吸光度调节污泥浓度,使得 600 nm 处吸光度为 0.5。试验开始后,考察 20 h 内的信号分子降解效率。如图 7.11 所示,空白对照及预先煮沸的灭活污泥对照各种信号分子均无明显差别,说明信号分子本身不会降解也不会被活性污泥吸附;而各种信号分子均被三个 MBR 中取出的活性污泥降解。试验结果表明,活性污泥能有效降解信号分子。由结果进一步发现,活性污泥对不同信号分子的降解效率是不同的,活性污泥对短链 AHL 的降解效能不及对长链 AHL 的降解效能,这一试验结果与已有的报道一致;SRT 与 AHL 的降解效率成正比,SRT 越长,活性污泥对 AHL 的降解效率越高。

　　为了更清晰地分析不同 SRT 下的污泥对各类 AHL 的降解效率,对各降解曲线进行一级反应动力学拟合。拟合曲线的相关性系数 R^2 见表 7.4,可以看出,拟合曲线的相关系数均大于 0.85,说明拟合结果较好。通过拟合曲线可以计算出各种信号分子在不同 SRT 下污泥的降解过程中的半衰期。如图 7.12 所示,长链信号分子在活性污泥中的半衰期更短,即更容易被降解,其中 C8-HSL((5.74±0.25) h、(4.44±0.52) h、(3.53±0.62) h)、3-oxo-C8-HSL((5.27±0.87) h、(3.48±0.12) h、(3.10±0.01) h)、C14-HSL((0.64±0.01) h、(0.61±0.05) h、(0.49±0.10) h)三种信号分子完全符合随 SRT 增大,半衰期缩短的规律,剩下的 C6-HSL((7.94±0.72) h、(4.28±0.24) h、(4.67±0.74) h)及 3-oxo-C12-HSL((1.74±0.12) h、(0.58±0.10) h、(0.93±0.21) h)也表现出在更短 SRT 的污泥中半衰期更长,降解更慢。

表 7.4　各污泥样品对各信号分子的降解曲线的一级动力学拟合的相关性系数(R^2)

反应器	C6-HSL	C8-HSL	3-oxo-C8-HSL	3-oxo-C12-HSL	C14-HSL
MBR1	0.967 9	0.855 3	0.907 0	0.915 7	0.943 8
MBR2	0.945 5	0.855 4	0.873 2	0.996 5	0.939 1
MBR3	0.947 3	0.877 6	0.860 2	0.904 2	0.911 0

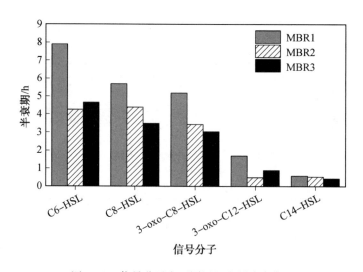

图 7.12　信号分子在不同污泥中的半衰期

　　综上所述,支链越长的信号分子越易于被活性污泥降解;SRT 与活性污泥对信号分子的降解能力呈正比,随着 SRT 的增大,活性污泥对信号分子的降解能力更强;与此同时,SRT 越长,MBR 中群体感应淬灭菌丰度越大,群体感应菌丰度越小。

3. SRT 对 MBR 中信号分子浓度的影响

　　为了研究 SRT 对 MBR 中信号分子浓度的影响,在试验过程中对不同时间下各 MBR 中的信号分子质量浓度进行了检测。如图 7.13 所示,C6-HSL 和 C8-HSL 在三个 MBR 中均被检测出来。试验结果再一次表明,群体感应淬灭菌更易于降解污泥中群体感应菌分泌出的长链信号分子,但对降解污泥中群体感应菌分泌出来的短链信号分子存在一定困难,因此反应器中长链 AHL 的质量浓度较低,甚至被完全降解。

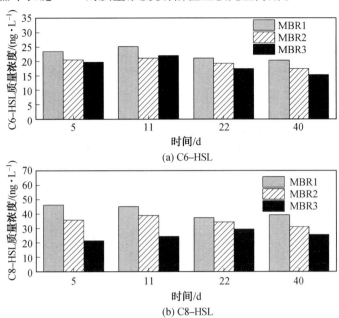

(a) C6-HSL

(b) C8-HSL

图 7.13　试验期间 MBR 中的 C6-HSL 和 C8-HSL 质量浓度

综合上述试验结果可以得出结论,SRT 与群体感应淬灭菌丰度呈正相关关系,和群体感应菌丰度呈负相关关系,在较长的 SRT 下 MBR 中群体感应淬灭菌丰度更大、群体感应菌丰度更小;SRT 与污泥对信号分子的降解性能呈正相关关系,与信号分子质量浓度呈负相关关系,长 SRT 下污泥对信号分子的降解性能更好且反应器中信号分子质量浓度也相应更低。长 SRT 下 MBR 中的群体感应更弱,可以认为这一结论与 MBR 在长 SRT 下膜污染更轻的结论密切相关。

7.2.3　SRT 对 MBR 中 SMP 及 EPS 的影响

1. SRT 对 MBR 中 SMP 的影响

为了考察 SRT 对 MBR 中 EPS 和 SMP 质量浓度的影响规律,在试验期间同时对各 MBR 中的 SMP 进行了间歇性的取样检测,结果如图 7.14 所示。

整个试验期间 SMP 的总质量浓度(即 TOC 质量浓度)与 SRT 呈负相关,SRT 越长的 MBR 中 SMP 总质量浓度越低。SMP 蛋白质质量浓度也与 SRT 呈负相关,SRT 越长的 MBR 中 SMP 蛋白质质量浓度越低。MBR1 中 SMP 蛋白质质量浓度均高于其他两个 MBR。与 SMP 总量及蛋白质质量浓度的变化规律相似,SMP 多糖质量浓度和 SRT 呈负相关,SRT 越长的 MBR 中,SMP 多糖质量浓度越低。已有研究表明,在超滤过滤过程中,部分 SMP 能够被膜截留,并在膜表面或膜孔内部形成膜污染,SMP 质量浓度和膜污染呈正相关,即 SMP 质量浓度越高,膜污染程度越深。

大量研究表明,微生物通过群体感应控制黏性有机物的分泌量,并进一步控制生物膜的形成。然而,目前将反应器中溶解性有机物(即 SMP)与群体感应信号分子浓度联系起

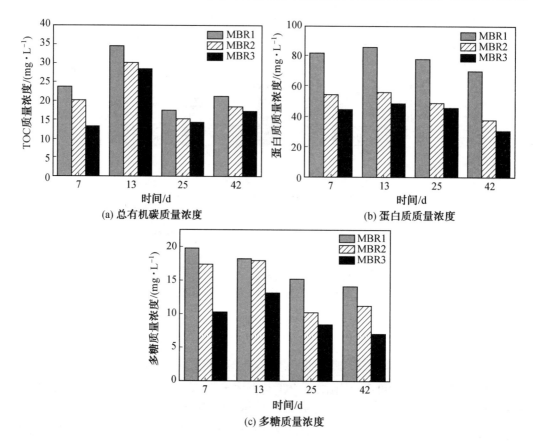

图 7.14　MBR 中 SMP 的质量浓度

来的研究还未见报道,但这一内容在群体感应淬灭技术应用于控制膜污染方面具有重大意义。本研究中将 SMP 中多糖与蛋白质的质量浓度与 MBR 中检测到的 C6-HSL 及 C8-HSL 等信号分子质量浓度进行线性回归分析,其相关性如图 7.15 所示。可以看到两种信号分子与 SMP 中蛋白质质量浓度均有较好的相关性,相关性分别为 0.701 8(C6-HSL)和 0.713 3(C8-HSL);C6-HSL 与 SMP 中多糖质量浓度也具有较好的相关性,相关性系数为 0.684 9。这一结果说明,MBR 中微生物群体感应的强度会影响 SMP 的分泌,进而对膜污染产生影响。

通过平行因子分析法分析(Parallel Factor Analysis,PARAFAC),对各 MBR 中 SMP 的三维荧光光谱样品进行组分分离。SMP 中各荧光组分的质量浓度变化如图 7.16 所示,可以明显地看到三个 MBR 中 SMP 荧光组分的含量与其 TOC、蛋白质、多糖的质量浓度变化规律一致,即各荧光组分的质量浓度均和 SRT 呈负相关,SRT 长的 MBR 中,SMP 的各荧光组分质量浓度相应降低。

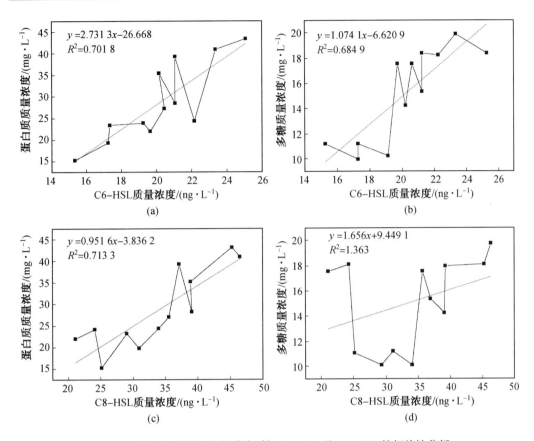

图7.15　SMP 中多糖与蛋白质分别与 C6-HSL 及 C8-HSL 的相关性分析

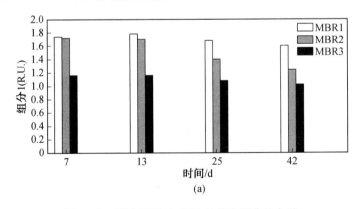

图7.16　不同 MBR 中 SMP 的荧光组分的含量

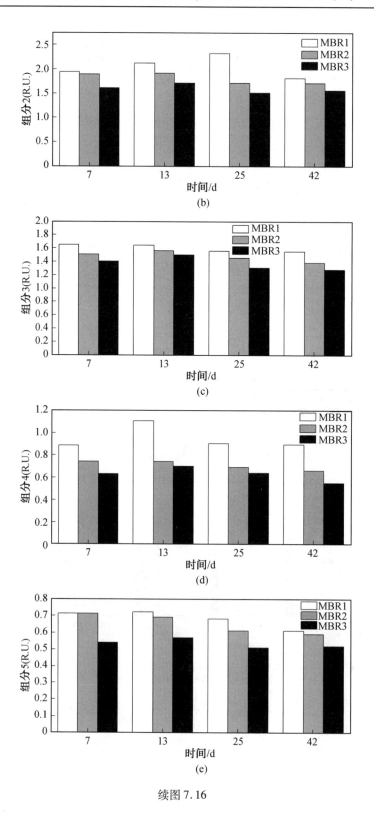

续图 7.16

2. SRT 对 MBR 中 EPS 的影响

为了研究 SRT 对 MBR 中 EPS 的影响,试验过程中三个 MBR 中的 EPS 也被定期提取并检测。如图 7.17 所示,三个 MBR 中 EPS 的总量(即 TOC 含量)、蛋白质含量及多糖含量均和 SRT 呈负相关,SRT 越长的 MBR 中,EPS 总量越少,EPS 蛋白质含量越少,EPS 多糖含量越少。可以看出,不同 SRT 下,各试验组中 EPS 的区分度要大于 SMP 的区分度。这一现象与国内外报道过的研究结果完全一致。SRT 和 MLSS 呈正相关,与污泥负荷呈负相关,与 EPS 呈负相关,与同时释放至液体中的 SMP 也呈负相关,也就是说 SRT 越长的 MBR 中,MLSS 越高,污泥负荷越低,EPS 含量越低,SMP 含量也越低,在以前的研究中,这被归结为 SRT 影响膜污染的主要途径。SRT 与混合液中的 EPS 及 SMP 之间形成一定的联系,改变 SRT 可以对 MBR 膜污染产生有效影响。

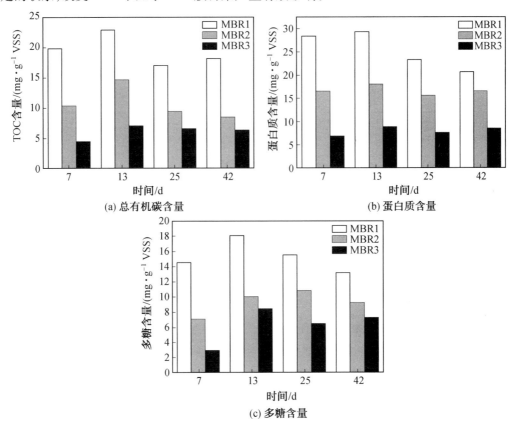

图 7.17　MBR 中 EPS 的含量

近年来越来越多的研究报道称 EPS 的分泌受到微生物群体感应的影响和调控,这些研究表明反应器中的信号分子浓度与 EPS 含量存在很好的相关性,即 MBR 中 EPS 含量随着信号分子浓度的变化而变化。因此在本研究中,对 MBR 中信号分子的质量浓度与 EPS 含量进行了相关性分析,分析结果如图 7.18 所示。可以看到 MBR 中 C8-HSL 与 EPS 中蛋白质及多糖的含量都具有较好的相关性,相关系数分别达到了 0.893 3 和 0.731 3,C6-HSL 与信号分子的相关性较差。MBR 中活性污泥通过 C8-HSL 调控群感应较其他信号分子更有效,与此处 C8-HSL 与 EPS 中多糖、蛋白质含量相关性更好的结论具有一致性。此外,EPS 的分泌与生物膜的形成密切相关,并会影响附着在膜表面的生物量,甚至影响跨膜压差。因此可认为,SRT 通过调节 MBR 中微生物的种群分布,调控群体感应强度即信号分子浓度,从而影响 EPS 的分泌,最终影响膜污染。

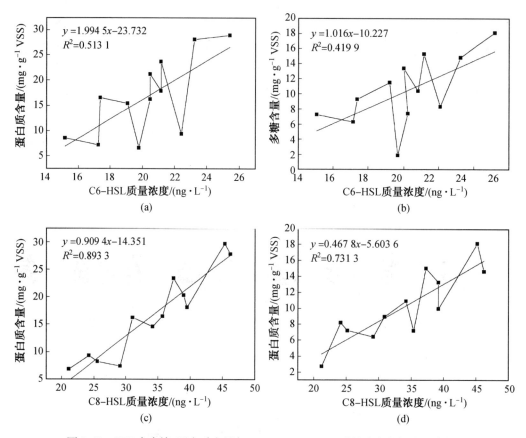

图 7.18　EPS 中多糖、蛋白质含量与 C6-HSL、C8-HSL 质量浓度的相关性分析

　　三个 MBR 中 EPS 的各荧光组分含量如图 7.19 所示。EPS 中各荧光组分含量也与 SRT 呈负相关,同时也与总含量(TOC)、蛋白质及多糖含量呈负相关,即 SRT 越长的 MBR 中,各荧光组分含量也越低,总含量、蛋白质及多糖含量也越低。试验结果显示,组分 1 及组分 5 为荧光蛋白质组分,其含量与 EPS 中总蛋白质的含量变化趋势一致。组分 2、组分 3 及组分 4 为腐殖质类荧光组分,其中组分 2 可认为是反应器中生物代谢产生的腐殖酸类荧光物质,而组分 3、组分 4 可认为是来自进水(小区生活污水)中的难降解的腐殖酸类物质。组分 2 在短 SRT 的 MBR 中生成得更多,等量的组分 3、组分 4 被进水带入 MBR 中,但其在短 SRT 的 MBR 中被降解得更少。

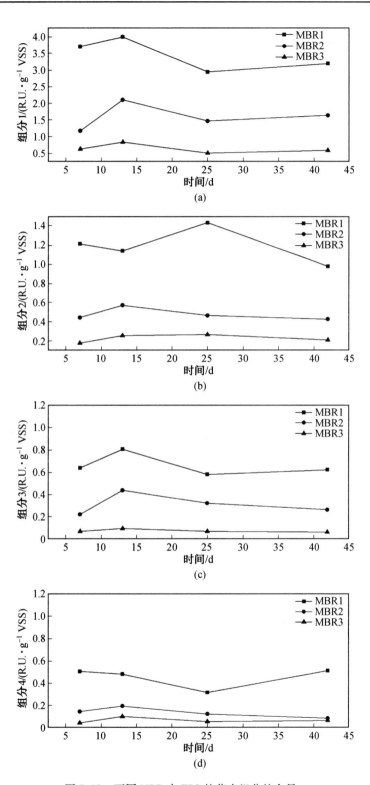

图 7.19　不同 MBR 中 EPS 的荧光组分的含量

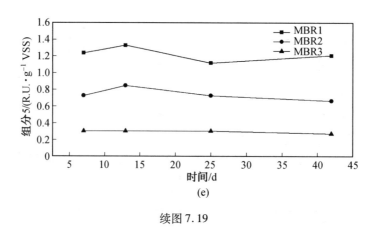

续图 7.19

综上所述,本节通过研究不同 SRT(4 d、10 d、40 d)下 MBR 中的膜污染情况、群体感应强度及 SMP 和 EPS 分泌情况,得出了以下结论:

(1)过短的 SRT(4 d)下 MBR 的出水中 COD、氨氮质量浓度不能达到国家一级 A 标准。在本研究所考察的 SRT 范围内(4～40 d),MBR 中的膜污染与 SRT 呈负相关关系,即随着 SRT 的增大膜污染显著减轻。

(2)在本研究考察的 SRT 范围内(4～40 d),MBR 中的群体感应淬灭(AHL 降解)菌群丰度与 SRT 呈正相关关系,随着 SRT 的增大,MBR 中的群体感应淬灭(AHL 降解)菌群丰度增大。MBR 中的群体感应(AHL 生成)菌群丰度与 SRT 呈负相关关系,随着 SRT 的增大,群体感应(AHL 生成)菌群丰度减小。MBR 中的活性污泥对长链 AHL 的降解能力强于对短链 AHL 的降解能力,其对 AHL 的降解效能随 SRT 的增大而增强,MBR 中的AHL 质量浓度也随 SRT 增大而减小。此外,活性污泥通过信号分子 C8－HSL 对群体感应的调控更为灵敏有效。

(3)在本研究考察的 SRT 范围内(4～40 d),SRT 与 MBR 中 SMP 质量浓度及 EPS 含量呈负相关关系,随 SRT 的增大,MBR 中 SMP 及 EPS 的总量及各成分含量均显著降低。与此同时,EPS 中的蛋白质及多糖含量与 C8－HSL 质量浓度有很好的相关性。

(4)本节揭示了 SRT 影响 MBR 的途径,即 SRT 的变化会影响 MBR 中的群体感应菌群分布,从而影响信号分子的分泌和降解平衡,进而影响 EPS 及 SMP 的分泌,最终影响MBR 中的膜污染。

(5)本节的研究不仅证明了 MBR 中微生物群体感应现象的存在,并且证实了微生物群体感应与 MBR 中的膜污染的密切关系。

7.3 基于微生物群体感应淬灭机理的新型膜污染控制技术

基于上节内容可知,微生物群体感应现象存在于 MBR 中,且群体感应与 MBR 中膜污染存在紧密关联,通过各种微生物群体感应淬灭措施来控制 MBR 中的膜污染也成为相关研究的热点。前人试验证明,酰基转移酶能够有效降解信号分子 AHL,因此被最先应用于群体感应的控制中,其应用方式也从直接投加逐渐发展到预先固定化于载体或膜表面。

然而酰基转移酶的价格较为昂贵,这限制了其进一步的应用。此后研究者们筛选出了具有降解信号分子能力的功能菌株,并将其应用于 MBR 的群体感应淬灭及膜污染控制中。这种方法不仅取得了良好的膜污染控制效果,而且也更为经济实用。直接投加于反应器中的功能菌株由于不适应环境很容易迅速死亡,而细菌固定化技术虽能克服上述问题,但操作步骤复杂,且会一定程度上限制功能细菌对 AHL 的降解效能。更好更方便的微生物群体感应淬灭技术还有待进一步开发研究。

　　除了功能细菌固定化技术之外,生物刺激(biostimulation)也经常被应用于生物工程中。生物刺激指的是向系统中加入特殊营养物质或碳源以原位刺激功能细菌的生长从而达到调控目的。在农作物环境学研究领域,有学者采用生物刺激的方式来实现群体感应的淬灭。研究表明,马铃薯在种植中会受到果胶杆菌(*Pectobacterium*)的威胁导致黑胫病,极大地影响马铃薯的产量。果胶杆菌是通过群体感应机理触发黑胫病的。研究人员采用一种化学结构与 AHL 十分类似的化学物质——γ-己内酯(Gamma-Caprolactone,GCL,图7.20),从土壤中富集出了群体感应淬灭细菌(GCL 本身不能触发群体感应),并进一步把GCL 投加到马铃薯水培系统中,原位富集了大量的 AHL 降解细菌,成功地控制了马铃薯的黑胫病。

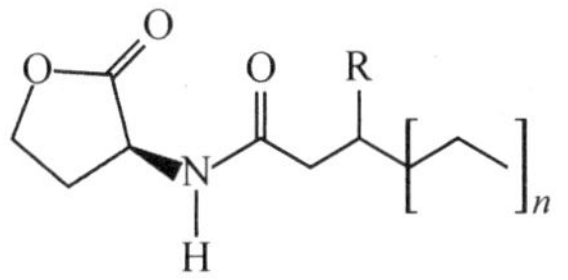

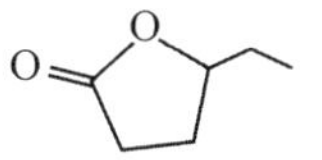

图 7.20　信号分子 AHL 及 γ-己内酯的化学结构式

　　将生物刺激技术应用于 MBR 中的群体感应淬灭仍然存在以下问题需要进一步研究:①GCL 是否能像从土壤中富集出群体感应淬灭菌(QQ)一样从活性污泥中富集出 QQ 菌;②在污水处理系统的环境中(生物量极大,其他碳源基质极其复杂),GCL 是否也能像在水培环境中(生物量少,基本无碳源)一样有效地刺激 QQ 菌的生长;③生物刺激措施是否能够像控制黑胫病一样最终成功控制 MBR 中的膜污染。本节将针对以上问题进行深入的研究和探讨。

7.3.1　GCL 对群体感应淬灭菌的富集

　　采用以 GCL 为单一碳源的培养基(M9 培养基)以 1:100 的体积比接种活性污泥,在30 ℃下进行富集。经过三次转接富集后,所得的菌液(称为 GCL 富集菌)对 AHL 的降解效率和 AHL 在 GCL 富集菌及活性污泥中的半衰期如图 7.21 和图 7.22 所示。

　　大部分 AHL(C8-HSL、3-oxo-C12-HSL、C14-HSL)浓度在短时间内迅速下降,说明其能够在短时间(<1 h)内被快速降解,3-oxo-C8-HSL 基本被降解完全需要较长的时间,C6-HSL 更难被降解。这一试验现象与前面得到的活性污泥对 AHL 降解效率的试验结果一致(图 7.21),即短链的 AHL 更难被降解。值得注意的是,这与 Cirou 等人(即马铃薯

黑胫病的研究团队)的研究结果不一致,这可能是由于 Cirou 等人的研究中,GCL 富集菌来源于土壤细菌,最终的富集菌组成与本研究有所不同;另外 Cirou 等人进行的 GCL 富集菌降解 AHL 试验采用的 C6 – HSL 初始浓度为 25 μmol/L,远高于本研究中采用的 200 nmol/L。AHL 在活性污泥中的降解满足一级动力学模型,即 AHL 浓度越高,AHL 的降解速率越大,降解速率与 AHL 浓度呈正相关关系;结果表明,AHL 降解试验中 AHL 的初始投加浓度将极大地影响 AHL 的降解速率。同样对 AHL 在 GCL 富集菌中的降解进行一级反应动力学拟合,结果发现各拟合的相关性系数都较高(表 7.5,均大于 0.860 0)。

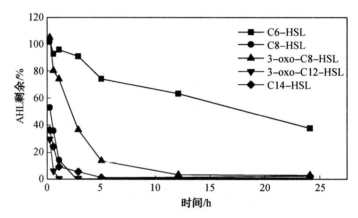

图 7.21　GCL 富集菌对 AHL 的降解
（AHL 初始浓度为 200 nmol/L,菌液浓度 $OD_{600} = 0.5$）

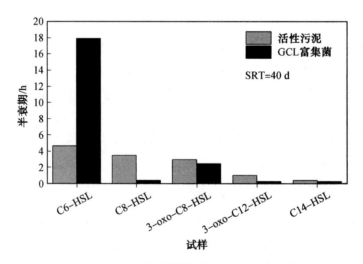

图 7.22　AHL 在 GCL 富集菌及活性污泥中的半衰期

表 7.5　GCL 富集菌对各信号分子的降解曲线的一级动力学拟合的相关性系数(R^2)

信号分子	一级动力学拟合 R^2
C6-HSL	0.951 3
C8-HSL	0.934 8
3-oxo-C8-HSL	0.966 9
3-oxo-C12-HSL	0.917 1
C14-HSL	0.866 5

采用 Illumina Miseq 平台进行高通量扩增测序,分析 GCL 富集前后微生物的群落结构变化。由表 7.6 可见,活性污泥样品及 GCL 富集菌样品分别获得有效序列 25 839 和 18 478 条。样品的稀释曲线(97% 相似水平下)如图 7.23 所示,当样品的序列数接近 20 000时,OTU 数增速减缓,结果表明本次测序能够充分反映样品中微生物群落结构信息。在97% 的相似水平下,活性污泥样品及 GCL 富集菌样品中所含的 OTU 数分别为 403 及 65 个,这表明富集过程中很多菌被淘汰,富集后细菌群落分布更为单一。经 GCL 富集后样品的 Chao1 指数及 ACE 指数明显减小,说明富集后微生物群落的丰度减小。GCL 富集后,Shannon 指数减小而 Simpson 指数变大,表明富集后微生物的群落多样性有所减小。

表 7.6　相似水平为 97% 下样品测序信息及多样性指数

样品名称	序列数/条	多样性指数				
		OUT	Ace	Chao1	Shannon	Simpson
活性污泥	25 839	403	449	440	4.11	0.035 7
GCL 富集菌	18 478	65	93	74	1.8	0.246 7

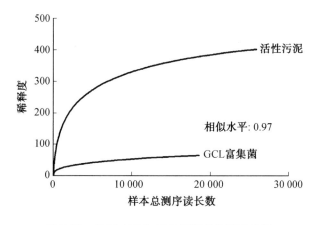

图 7.23　相似水平为 97% 下样品的稀释曲线

分类水平为属下,GCL 富集前后微生物群落结构的变化如图 7.24 所示。结果显示,富集后 *Rhodococcus* 及 *Pseudomonas* 的丰度显著增加。这两个属中的细菌均有很好的AHL 降解能力,这一现象在以往也有大量报道。但值得注意的是,*Pseudomonas* 属中也包含了能够生成 AHL 的菌种。结合前面 GCL 富集菌较好的 AHL 降解能力,可认为在本研究中选择性富集了 *Pseudomonas* 属中具有 AHL 降解能力的菌种。

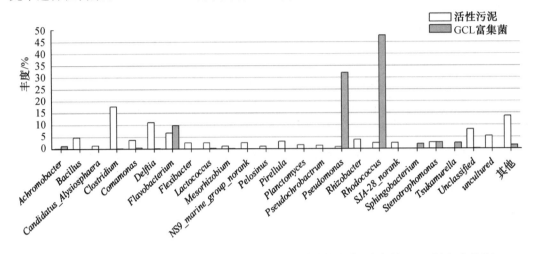

图 7.24　分类为水平为属下 GCL 富集前后微生物群落结构变化(丰度低于 1% 被归为其他)

进一步通过聚合酶链式反应(PCR)对 GCL 富集菌中的 AHL 降解功能基因进行鉴定。根据已报道的文献,选择 11 对 AHL 降解功能基因的引物进行了 PCR 试验。*qsdA* 的 PCR 产物的凝胶电泳结果如图 7.25 所示。GCL 富集菌中的 *qsdA* 与报道过的 *qsdA* 基因的核苷酸序列对比如图 7.26 所示。

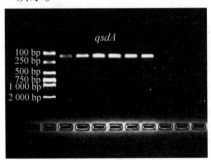

图 7.25　*qsdA* 的 PCR 产物的凝胶电泳结果(以 GCL 富集菌的 DNA 为模板)

经过研究,仅 *Rhodococcus* 中的 *qsdA* 基因能够被鉴定出来。以 GCL 富集菌为模板的 *qsdA* 的 PCR 扩增产物被克隆入大肠杆菌感受态细胞,提取质粒,对 *qsdA* 进行核苷酸测序,并与已报道的 *qsdA* 基因进行了对比。如图 7.26 所示,本研究中的 GCL 富集菌中的 *qsdA* 与 Uroz Stephane 等人筛选出的 *Rhodococuss erythropolis* W2 中 *qsdA* 基因的相似度为 100%,与 Lee 等人筛选出的 *Rhodococcus* sp. BH4 中 *qsdA* 基因的相似度为 99%。由于 *Pseudomonas* 中的群体感应淬灭基因(即 *PA0305* 及 *pvdQ*)并未被检测出,且其他群体感应淬灭基因也并未被鉴定出,因此可以认为 GCL 富集菌中的 AHL 降解能力来自于 qsdA 酶的作用。基于此结果,后续试验中可以通过实时定量 PCR(qPCR)表征 *qsdA* 基因的浓度,进而用以表征污泥或细菌中群体感应淬灭的活性。

qsdA 是一种内酯酶,它能催化水解 AHL 中及 GCL 中的内酯环(图 7.27)以此达到使

图 7.26　GCL 富集菌中的 *qsdA* 基因与报道过的 *qsdA* 基因的核苷酸序列对比

图 7.27　qsdA 酶催化降解 AHL 的机理

AHL 失去触发群体感应能力的功能。在试验过程中采用 UPLC-MS/MS 检测了 GCL 富集菌降解 AHL 过程中的产物——酰基高丝氨酸(C8-HSL)的浓度变化。如图 7.28 所示,在 AHL 被降解的同时,产物 C8-HSL 并未累积,这说明在 AHL 降解过程中 C8-HSL 被迅速降解或被微生物同化。由于 AHL 被 GCL 富集菌的内酯酶水解形成 C8-HSL 后,酸性条件下 C8-HSL 的内酯环会闭合再次形成 AHL,恢复群体感应活性,由此可见,GCL 富集菌能够将 AHL 降解产物进一步降解同化,这一过程更有利于控制群体感应。此研究内容揭示了 GCL 富集菌防止群体感应细菌再次形成新的信号分子的机理,GCL 富集菌不仅分解了 AHL,而且将其产物进一步消耗。

　　综合以上研究结果可以得出结论,GCL 能够很好地富集活性污泥中的群体感应淬灭菌(即 AHL 降解菌),其中最主要的功能细菌为 *Rhodococcus*,主要是通过 qsdA 酶将 AHL 中的内酯环水解以实现 AHL 降解,且 GCL 富集菌能够进一步将 AHL 降解产物分解或同化,以防止其在酸性条件下再次闭环形成 AHL。

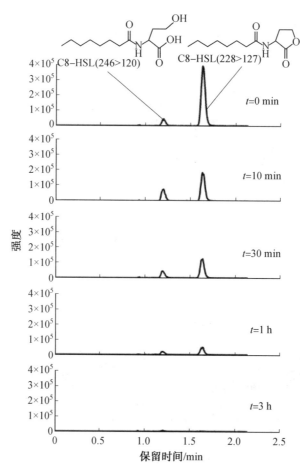

图 7.28　GCL 富集菌的内酯环酶活性

（C8-HSL 初始浓度为 20 μmol/L, GCL 富集菌浓度 OD$_{600}$ = 0.5）

7.3.2　群体感应淬灭菌在污水处理环境中的适应性

为了考察加入活性污泥中的 GCL 富集菌是否仍具有 AHL 降解效果, 同时考察活性污泥中是否存在会抑制 GCL 富集菌 AHL 降解活性的其他细菌, 试验中将 GCL 富集菌与活性污泥混合后, 进一步考察对 AHL 的降解能力。如图 7.29 所示, GCL 富集菌在 1 h 内将 20 μmol/L C8-HSL 降解完毕, GCL 富集菌 1∶1 与活性污泥混合后需要 3 h 才能将 AHL 完全降解, GCL 富集菌 1∶4 与活性污泥混合后需要 5 h 才能完全降解 AHL, 而单独的活性污泥在 12 h 内仅降解了 80% 的 AHL。试验结果表明, AHL 降解效率和活性污泥的浓度呈负相关关系, GCL 富集菌与活性污泥混合后其 AHL 降解效率下降, 但仍高于活性污泥对 AHL 的降解效率。

为了考察污水环境中 GCL 富集菌 AHL 降解活性的持久性及稳定性, 在试验中将与活性污泥 1∶1 混合的 GCL 富集菌在生活污水培养基中培养, 并于特定时间进行取样（0 h、28 h、52 h 和 76 h）, 取样后及时进行 AHL 降解试验。

如图 7.30 所示, 随着培养时间的延长, 混合菌的 AHL 降解速率逐渐降低, 下降的幅

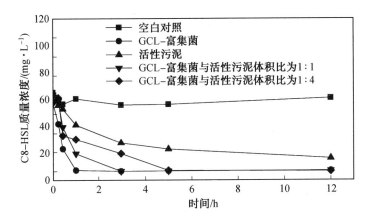

图 7.29　GCL 富集菌与污泥混合后对 AHL 的降解效果
（C8-HSL 初始浓度为 20 μmol/L，细菌浓度 OD$_{600}$=0.5）

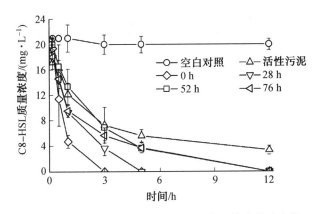

图 7.30　AHL 降解效能在污水环境中的稳定性

度越来越小，最终到达稳定状态，即便如此也仍高于活性污泥对 AHL 的降解速率。这一结果表明，若将 GCL 富集菌投加到活性污泥中，其 AHL 降解效果会变差，且会随着运行时间的延长越来越差。由此可知，仅投加 GCL 富集菌可能不足以获得稳定的微生物群体感应控制效能，有必要采取维持功能菌丰度及活性的措施（如生物刺激方式）以获得更稳定的微生物群体感应控制效能。

7.3.3　原位刺激群体感应淬灭菌措施应用于膜污染控制

1. 生物刺激措施对 MBR 中膜污染的影响

本节试验考察了 MBR 中微生物群体感应的淬灭效果及膜污染的控制效果，试验中构建了 4 个 MBR，具体运行参数见表 7.7。对 4 个 MBR 采取不同的群体感应控制措施，操作方式见表 7.8。试验分为两个阶段，第 1 阶段中，MBR1 为空白对照反应器，其余 MBR 中试验初始阶段接种等量的 GCL 富集菌，此外向 MBR4 中连续投加 100 mg COD/L 的 GCL。由于第 1 阶段向 MBR4 中投加 GCL 的量较大，对反应器中的污泥负荷影响较大，为解决过大的 GCL 投加量削弱工程实用参考价值的不足，进一步设计了第 2 阶段的对照试验。

表 7.7　MBR 运行参数

反应器参数	取值
反应器体积/L	1.2
膜通量/(L·m^{-2}·h^{-1})	15
膜面积/cm^2	130
水力停留时间/h	6.15
SRT/d	30
混合液污泥浓度/(mg·L^{-1})	5 300 ~ 6 200
曝气强度/(L·min^{-1})	0.8
pH	6.5 ~ 7.5
运行温度/℃	约 25

表 7.8　向 MBR 中投加 GCL 富集菌及 GCL 的具体方式

阶段	MBR1	MBR2	MBR3	MBR4
第 1 阶段	不接种功能菌	向 MBR2 ~ 4 中接种 GCL 富集菌		
	—	—	—	连续投加 GCL (100 mg COD/L)
第 2 阶段	不混合		MBR2 ~ 4 污泥混合后 重新均分至 MBR2 ~ 4 中	
	—	连续投加 GCL (10 mg COD/L)	连续投加 GCL (100 mg COD/L)	连续投加葡萄糖 (100 mg COD/L)

第 2 阶段开始前,先将各 MBR 中的污泥完全混合再重新分配到 3 个反应器中。这样第 1 阶段 MBR4 中驯化的群体感应淬灭菌就被平均分配到 3 个 MBR 中。然后向 MBR2 的进水中连续投加少量(10 mg COD/L)的 GCL,以考察其膜污染控制效果。为了排除反应器之间的差异,第 2 阶段的试验中将 MBR3 作为控制组,即向其进水中连续投加 100 mg COD/L的 GCL,而将上一阶段的控制组 MBR4 作为本阶段的对照组,向其进水中加入 100 mg COD/L 的葡萄糖,从而使 MBR3 与 MBR4 的污泥负荷一致,以更好地对比群体感应淬灭对膜污染的影响。综上,通过第 2 阶段试验考察更小的 GCL 投量下(MBR2)的群体感应控制效果及膜污染控制效果,同时对比污泥负荷相同情况下(MBR3 与 MBR4)群体感应淬灭的膜污染控制效果。

试验过程中对群体感应淬灭 MBR 的出水中残留 GCL 质量浓度进行定期检测,结果表明各试验组中 GCL 质量浓度均低于检测限(5 μg/L)。

如上文所述,在 MBR 进入正式运行阶段前,设置一定时间的适应期,适应期的出水水质均不纳入考核范围。适应期结束后进入正式试验阶段。运行过程中的跨膜压差 (Transmembrane Pressure,TMP)通过压力传感器及单片机装置记录下来,如图 7.31 所示。

第 1 阶段中,空白对照 MBR1 的污染周期为 2 ~ 3 d,而在 MBR2 及 MBR3 中第一个污染周期被进一步延长。结果表明,向 MBR2 和 MBR3 中投加的 GCL 富集菌对膜污染起到了缓解作用。但是在第一个污染周期之后,MBR2 及 MBR3 中的污染周期反而被迅速缩短,这一结果和对照组 MBR1 中的膜污染情况相当。膜污染控制效果的迅速下降可能是由于投加入 MBR2 和 MBR3 中的 AHL 降解功能细菌迅速死亡造成的。另外,MBR4 中由于投加了群体感应淬灭菌同时又佐以生物刺激措施(即连续投加 GCL),其膜污染周期被极大地延长(19 d)。以上结果表明,投加 GCL 富集菌能够起到控制膜污染的作用,但其稳定性和持久性不佳,配合生物刺激措施后,能够获得稳定的膜污染控制效果。

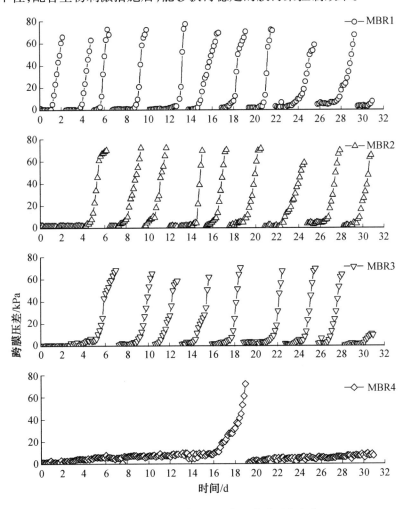

图 7.31　第 1 阶段各 MBR 中的跨膜压差变化

　　第 2 阶段各 MBR 中跨膜压差的变化如图 7.32 所示。各反应器的跨膜压差的变化十分相似,在第一个污染周期之后膜污染非常严重。同样,这可能是第 2 阶段中 MBR4 中的群体感应淬灭菌迅速死亡,导致膜污染控制效能迅速衰减。向 MBR4 进水中投加的葡萄糖虽然影响了反应器的污泥负荷但并未对膜污染造成影响。向 MBR3 中投加大量 GCL后获得了与第 1 阶段试验一致的效果,反应器的污染周期被显著延长(14 d);而投加较少量 GCL 的 MBR2 膜污染相对较轻(污染周期为 6 ~ 9 d)。

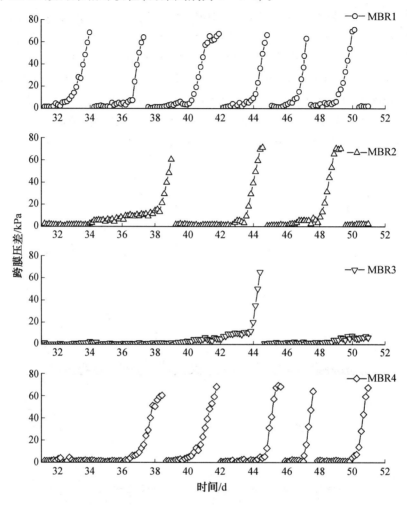

图 7.32　第 2 阶段各 MBR 中的跨膜压差变化

以上试验结果表明,生物刺激措施获得的膜污染控制效果是由于对群体感应的控制而非改变反应器的污泥负荷。仅向 MBR 中投加 GCL 富集菌并不能获得持久的膜污染控制效果,为了获得长期稳定的膜污染控制效果,投加 GCL 富集菌需要结合生物刺激措施。

试验进行 51 d 时,将膜组件从 MBR3 及 MBR4 中取出,并对膜丝表面的生物膜进行染色及脱水干燥的前处理后,利用 CLSM 和 SEM 对两个膜的污染情况进行表征,结果如图 7.33 和图 7.34 所示。从图 7.33 可以看出,运行时间较长的 MBR4 的膜上黏附的微生物细胞(绿色部分)以及生物膜中产生的多糖(红色部分)都远多于 MBR3。图 7.34 的扫描电镜结果显示,与 MBR3 相比,MBR4 的膜表面附着了一层更加明显的生物膜。以上结果表明,群体感应淬灭措施能够有效防止 MBR 中微生物向膜表面黏附,并进一步控制膜表面生物膜生长,从而实现膜污染的有效抑制。

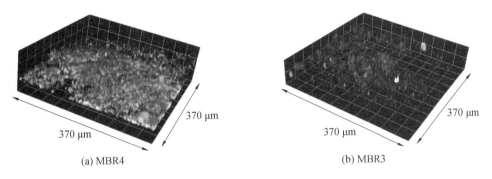

(a) MBR4   (b) MBR3

图 7.33 试验终点时 MBR4 及 MBR3 中的膜表面生物膜的共聚焦荧光显微镜照片
（彩图见附录；绿色为细胞；红色为多糖类物质；放大倍数为 200 倍）

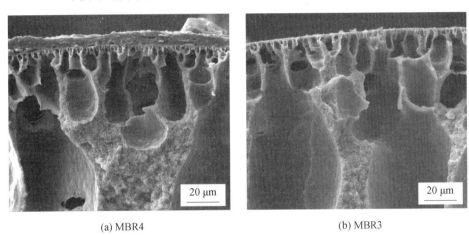

(a) MBR4   (b) MBR3

图 7.34 试验终点时 MBR4 及 MBR3 中膜表面生物膜的扫描电镜表征（放大倍数为 1 000 倍）

2. 生物刺激措施对 MBR 出水水质的影响

为了考察试验过程中不同 MBR 的出水水质情况，监测了出水的 COD 和氨氮质量浓度，结果如图 7.35 和图 7.36 所示。各反应器出水中的 COD 和氨氮质量浓度差别很小，均能够满足一级 A 标准，这表明微生物群体感应淬灭措施并没有显著影响出水水质。

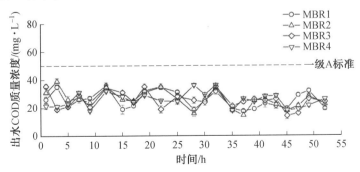

图 7.35 试验过程中 MBR 出水中 COD 质量浓度

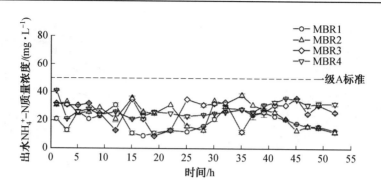

图 7.36　试验过程中 MBR 出水中氨氮质量浓度

3. 生物刺激措施对 MBR 中群体感应的控制

为了检测 MBR 中受群体感应淬灭影响的微生物的活性,试验利用定量 PCR(qPCR) 检测了 4 个反应器中的 qsdA 基因在反应器正式运行过程中的浓度变化趋势。如图 7.37 所示,第 1 阶段初始接种 GCL 富集菌进一步强化了 qsdA 的浓度。但运行 3 d 后,MBR2 及 MBR3 中的 qsdA 浓度持续下降,并与 MBR1 保持相同水平。这一结果验证了前文中关于 群体感应淬灭功能菌迅速死亡的推测。与此同时,MBR4 中的 qsdA 急剧地增加,并且其 浓度在第 1 阶段试验中一直保持在较高的水平。

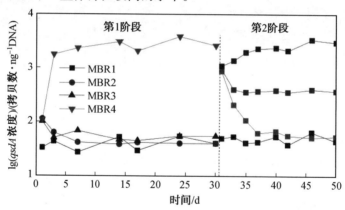

图 7.37　试验过程中 MBR 中的 qsdA 基因的浓度

第 2 阶段试验开始时,活性污泥经过混合重新分配后,MBR2 ~ 4 中的 qsdA 浓度均高 于空白对照组 MBR1。MBR4 中连续投加额外的葡萄糖,但 MBR4 中 qsdA 浓度迅速下降 至与 MBR1 相同的水平。在 MBR2 及 MBR3 中由于采用了额外的生物刺激手段,其 qsdA 浓度始终保持在较高水平。MBR3 中 qsdA 浓度相对 MBR2 中较多,可归因于 MBR3 中的 GCL 投量更大。

综上,在本节试验中连续投加 GCL 的操作下,MBR 中群体感应淬灭基因长时间维持 在较高水平,从而保持了较高较持久的群体感应淬灭活性,获得了较好的膜污染控制效 果。

试验过程中还通过定期检测各 MBR 中的信号分子质量浓度来考察不同试验条件对 各信号分子的影响。如图 7.38 所示,各 MBR 中仅有 C6-HSL 和 C8-HSL 信号分子被检测到。4 个 MBR 中的 C6-HSL 信号分子质量浓度并无显著区别,表明活性污泥及 GCL 富集菌对 C6-HSL 信号分子的降解效果较弱,因此体系中 C6-HSL 信号分子质量浓度始终较高,这一结果也说明 C6-HSL 信号分子难以调控群体感应。C6-HSL 与 EPS 的分泌相关性不好,可以认为活性污泥中的细菌无法很好地通过调控 C6-HSL 信号分子的质量浓度来控制群体感应。另外,C8-HSL 信号分子在四个 MBR 中的质量浓度差异较为明显,在第 1 阶段,MBR4 中的 C8-HSL 信号分子质量浓度明显低于其他反应器;在第 2 阶段,MBR3 中的 C8-HSL 信号分子质量浓度最低,MBR2 其次。结果表明,微生物群体感应淬灭措施有效地减少了 MBR 中信号分子 C8-HSL 的质量浓度。

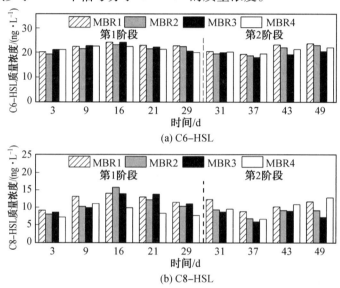

图 7.38　试验过程中 MBR 中 AHL 的质量浓度

4.生物刺激措施对 MBR 中 EPS 的影响

EPS 中主要包含了蛋白质类物质和多糖类物质,试验过程中从 4 个 MBR 中定期取污泥提取 EPS,并测定其中蛋白质及多糖含量。如图 7.39 所示,EPS 中蛋白质与多糖的含量在试验过程中的变化趋势基本一致。第 1 阶段中,MBR4 中 EPS 的蛋白质类物质及多糖类物质含量最低,而其他 3 个 MBR 中 EPS 的蛋白质类物质及多糖类物质含量区别不大。第 2 阶段中,MBR3 中 EPS 的蛋白质类物质及多糖类物质含量最低;MBR2 中的 EPS 含量其次。可以看出,MBR 中 EPS 含量与膜污染情况具有较强的相关性(图 7.40)。

以上结果表明,生物刺激能够显著增加 MBR 中的 AHL 降解基因,进一步降低了反应器中的 AHL 质量浓度(图 7.38),并且控制了 EPS 的分泌,从而缓解了膜表面生物膜形成,最终有效地控制了 MBR 中的膜污染。值得注意的是,这一过程并未对 MBR 的 COD 及氨氮去除效果造成任何不利影响。

采用三维荧光光谱仪测定各 EPS 样品的荧光特性,并进一步用平行因子分析法对所得数据进行分析。从样品中检测出了 5 个荧光组分,MBR 中 EPS 的 EEM 各组分的变化情况如图 7.41 所示。可以看出,各荧光组分的变化与 EPS 含量的变化是完全同步的,这一结果再次说明了微生物群体感应淬灭措施能有效抑制 MBR 中 EPS 的分泌。

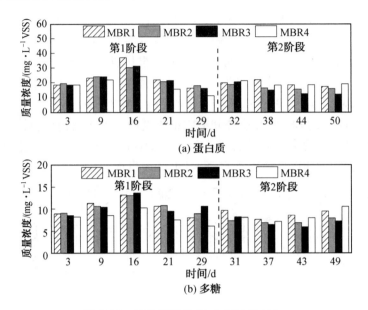

(a) 蛋白质

(b) 多糖

图 7.39　试验期间 MBR 中 EPS 的变化

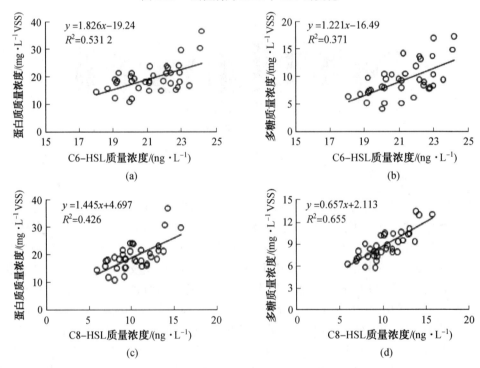

图 7.40　反应器中 AHL(C6-HSL、C8-HSL)质量浓度与 EPS(蛋白质、多糖)含量相关性分析

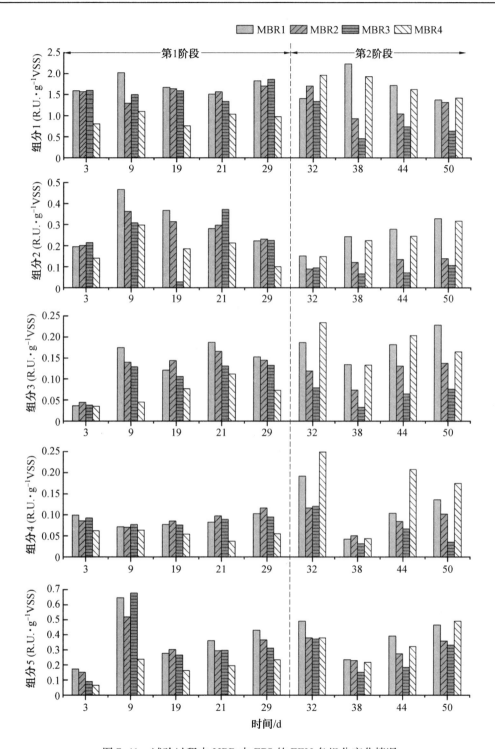

图 7.41　试验过程中 MBR 中 EPS 的 EEM 各组分变化情况

5. 生物刺激措施对 MBR 中污泥形态的影响

在试验的第 2 阶段,MBR 中出现了肉眼可见的颗粒化的污泥,后续曝气剪切力增大进一步促进了污泥的颗粒化。当试验进行 46 d 时,取出部分污泥并用相机及显微镜进行观察。如图 7.42 及图 7.43 所示,MBR1 及 MBR4 中的活性污泥形成的颗粒更大更密实,MBR2 及 MBR3 中的污泥颗粒则较小且更为松散。试验结果表明,微生物群体感应淬灭措施对 MBR 的膜污染有很好的控制效果,另外还影响了反应器中污泥的颗粒化。

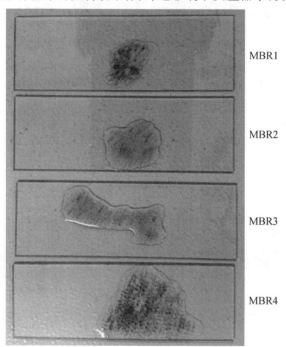

图 7.42　MBR 中污泥的照片(46 d)

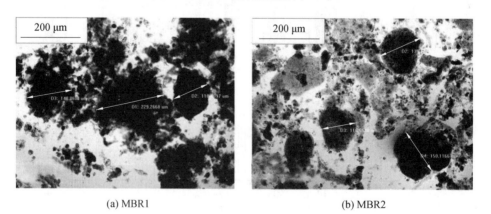

(a) MBR1　　　　　　　　　　　　　　　(b) MBR2

图 7.43　MBR 中的污泥的显微镜镜检(46 d)

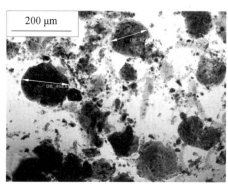
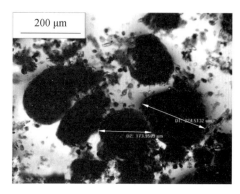

(c) MBR3　　　　　　　　　　　　　　　(d) MBR4

续图 7.43

本节参考应用于马铃薯培植中的微生物群体感应淬灭措施,提出了应用于 MBR 的膜污染控制措施,该措施简单可行,具有较强的可操作性。根据试验结果可以得出以下结论:

(1)GCL 能够很好地富集活性污泥中的群体感应淬灭菌,其中最主要的功能细菌为 *Rhodococcus*。GCL 富集菌有很好的 AHL 降解效能,其主要通过 *Rhodococcus* 的 qsdA 酶将 AHL 中的内酯环水解以实现 AHL 的降解。

(2)向 MBR 中直接投加 GCL 富集菌能暂时地抑制群体感应,达到良好的膜污染控制效果,但这一作用稳定性较差,效果不持久。

(3)向 MBR 中投加 GCL 富集菌后增加生物刺激措施能够有效维持反应器中 AHL 降解基因 *qsdA* 的含量,降低反应器中信号分子 C8-HSL 的质量浓度,从而抑制 EPS 的分泌,进而减轻微生物在膜表面的黏附,最终持久有效地控制膜污染。

(4)微生物群体感应淬灭措施能有效地控制膜污染,同时没有明显影响到 MBR 对污染物质(COD、氨氮)的去除。

7.4　微生物群体感应淬灭技术对 MBR 中硝化作用的影响

污水处理反应器中的硝化作用主要是由亚硝化细菌与硝化细菌共同作用实现。亚硝化细菌先将氨氮氧化成亚硝态氮,然后再由硝化细菌将亚硝态氮氧化为硝态氮。整个硝化过程中亚硝化作用是速率限制步骤。实现亚硝化的微生物包括氨氧化细菌及氨氧化古菌,其中亚硝化单胞菌(*Nitrosomonas*)及亚硝化球菌(*Nitrosococcus*)是被广泛研究的亚硝化细菌。

有研究报道亚硝化单胞菌(*Nitrosomonas europaea*)能够分泌信号分子 AHL(C6-HSL、C8-HSL、C10-HSL),群体感应与该类菌生物膜的形成存在密切关系,且外源投加的信号分子能够促进饥饿处理后亚硝化单胞菌亚硝化活性的复苏。但是,该研究并未指出外源投加信号分子能够直接促进亚硝化活性,而是仅报道了信号分子对经历饥饿后的亚硝化细菌的活性复苏有影响。可以推测群体感应可能并不会对常规情况下亚硝化细菌活性产生十分显著的影响,不利条件下(如饥饿处理后)亚硝化细菌的活性会受群体感应的明显调控。

本节主要探讨在不利条件下微生物群体感应淬灭对 MBR 中硝化作用的影响,考虑的不利条件包括:短水力停留时间、硝化抑制剂存在以及低温条件。

7.4.1   短水力停留时间下群体感应淬灭对 MBR 中硝化作用的影响

1. 微生物群体感应淬灭对活性污泥去除氨氮效率的影响

首先考察了常规条件下(30 ℃,150 r/min,溶解氧质量浓度大于 5 mg/L)信号分子及 QQ 功能菌对活性污泥的氨氮去除效率的影响。如图 7.44 所示,向活性污泥中投加 AHL 及 QQ 功能菌对其氨氮去除效率产生了一定影响,投加 AHL 后活性污泥混合液中氨氮质量浓度下降较快。

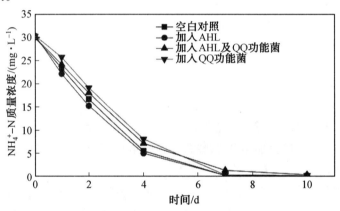

图 7.44   信号分子及信号分子降解细菌对活性污泥氨氮去除效率的影响
(AHL 投加质量浓度:C6-HSL 1 mg/L;C8-HSL 1 mg/L)

为了进一步分析 AHL 及 QQ 功能菌对活性污泥氨氮去除效率影响的显著性,对各个试验组的数据进行了动力学拟合(表 7.9)。拟合结果表明,氨氮的去除能够很好地满足零级动力学模型,去除效率与底物浓度无关。进一步计算出了各种操作情况下的氨氮半衰期,如图 7.45 所示,加入 AHL 与空白对照组的氨氮半衰期并无显著区别;加入 QQ 功能菌与同时加入 AHL 和 QQ 功能菌组的氨氮半衰期也无明显区别。这说明向活性污泥中加入信号分子不能显著提升氨氮去除效果。对比投加 QQ 功能菌组和空白对照组,发现两组的氨氮去除半衰期差异显著,即降解活性污泥中的信号分子会抑制其对氨氮的去除效率。试验结果说明微生物群体感应会促进亚硝化活性,从而促进氨氮的去除。

表 7.9   氨氮去除曲线的零级动力学拟合的相关性系数(R^2)

零级动力学拟合	R^2
空白对照	0.992
加入 AHL	0.985
加入 AHL 与 QQ 功能菌	0.999
加入 QQ 功能菌	0.998

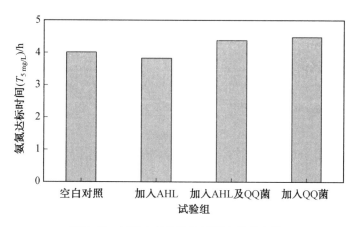

图 7.45　氨氮在各种操作情况下的半衰期

2. 短水力停留时间下微生物群体感应淬灭对 MBR 中膜污染的控制作用

本小节对短水力停留时间下微生物群体感应淬灭对 MBR 中膜污染的控制作用进行探究。研究中设计构建了一套实验室小试试验,其中包括两套 MBR,MBR1 作为空白对照反应器,MBR2 中采取微生物群体感应控制措施,也就是说 MBR2 从污泥驯化期就开始投加 GCL 富集菌,正式运行后向 MBR2 的进水中投加 47.5 mg/L 的 GCL。其余运行参数见表 7.10。两 MBR 接种活性污泥后先经过 2 个月的驯化期,再开展正式试验。

表 7.10　MBR 运行参数

反应器参数	数值
反应器体积/L	1.2
膜通量/$(L \cdot m^{-2} \cdot h^{-1})$	14.5
膜面积/cm^2	210
水力停留时间/h	3.94
SRT/d	30
混合液污泥浓度/$(mg \cdot L^{-1})$	5 600 ~ 6 500
曝气强度/$(L \cdot min^{-1})$	0.8
pH	6.5 ~ 7.5
运行温度/℃	约 25

图 7.46 为试验过程中 MBR 跨膜压差的变化趋势,空白对照 MBR1 的污染周期仅有 12 ~ 16 d,而采取群体感应控制措施的试验组 MBR2 的污染周期增加到 56 d。试验结果表明,在较短的水力停留时间下采取群体感应淬灭措施仍能取得很好的膜污染控制效果。

试验过程中测定了 MBR 内 AHL 降解基因 *qsdA* 的浓度,试验结果如图 7.47 所示。MBR1 中 *qsdA* 保持在低浓度水平,MBR2 中的 *qsdA* 浓度始终维持在较高水平,这是因为在正式试验前的污泥驯化期时,MBR2 中就采取了群体感应淬灭措施,这极大地刺激了反应器中 AHL 降解细菌的生长与繁殖,从而使 *qsdA* 基因一直在较高浓度条件下表达。高

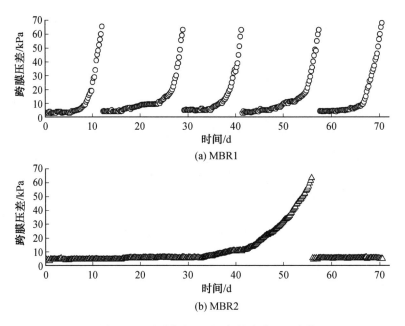

(a) MBR1

(b) MBR2

图 7.46　试验期间 MBR 中的跨膜压差变化

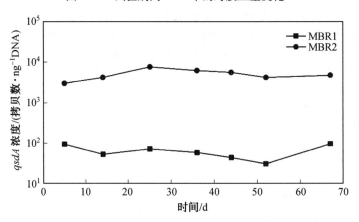

图 7.47　MBR 中 qsdA 基因的浓度变化

浓度的 qsdA 基因表明 MBR2 中可能存在大量 qsdA 内酯环水解酶。内酯环水解酶降解信号分子,从而控制 MBR2 中的微生物群体感应,因此 MBR2 中的生物污染控制效果较好。

　　MBR 中信号分子的质量浓度如图 7.48 所示。两 MBR 中 C6-HSL 的质量浓度在 (10.31 ± 0.05) ~ (25.31 ± 1.6) ng/L 之间波动变化,但值得注意的是,两 MBR 中的 C6-HSL信号分子质量浓度无显著差异,MBR2 中的 C8-HSL 信号分子质量浓度明显低于 MBR1。

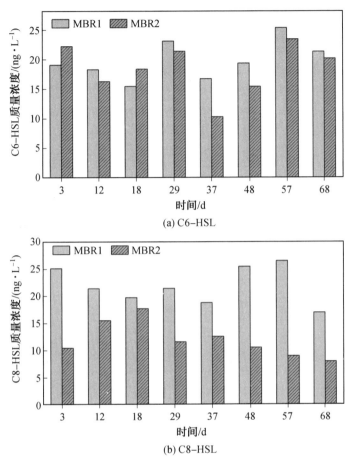

(a) C6-HSL

(b) C8-HSL

图 7.48　试验期间 MBR 中信号分子质量浓度变化

　　MBR 中 SMP 质量浓度变化情况如图 7.49 所示。可以清楚地看到 MBR2 中的 SMP 总质量浓度(即 TOC)及其中的蛋白质、多糖质量浓度都少于 MBR1,这说明 MBR2 采取的微生物群体感应淬灭措施有效地减少了反应器中的 SMP 质量浓度,MBR 中的微生物群体感应会对 SMP 的分泌产生影响。

　　试验中利用三维荧光激发发射光谱对 SMP 中的荧光物质进行了表征,并利用平行因子分析法对 EEM 结果进行分析。从样品中检测出了 5 种荧光组分,其中组分 1 和组分 5 为蛋白质类荧光组分,而组分 2、组分 3、组分 4 为腐殖酸类荧光组分,这 5 种荧光组分的含量变化如图 7.50 所示。除了组分 5 在两 MBR 中区分度不明显,其他组分在 MBR2 中的含量均明显小于 MBR1 中的含量。SMP 中荧光组分的含量与 SMP 中 TOC 及 SMP 蛋白质、SMP 多糖的质量浓度变化趋势一致,均随着运行时间的增加而减少。由此结果可知,本研究中所采取的微生物群体感应淬灭措施对 MBR 中 SMP 各成分分泌的抑制作用不具有特异性。

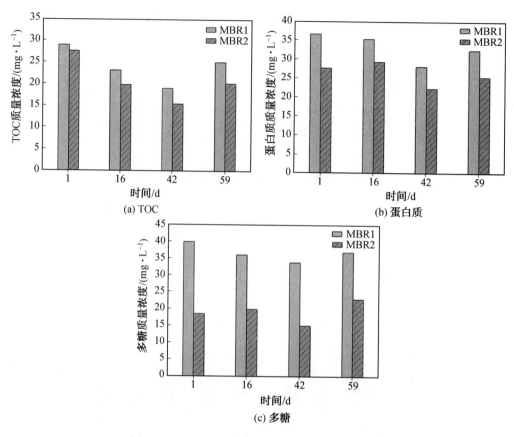

图 7.49　试验期间 MBR 中的 SMP 质量浓度变化

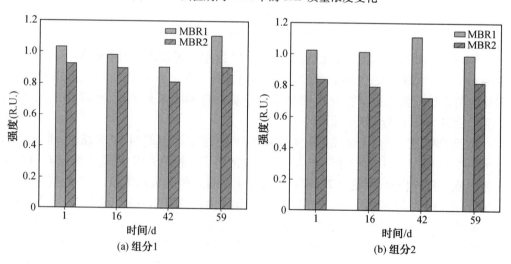

图 7.50　MBR 中的 SMP 中荧光组分的含量变化

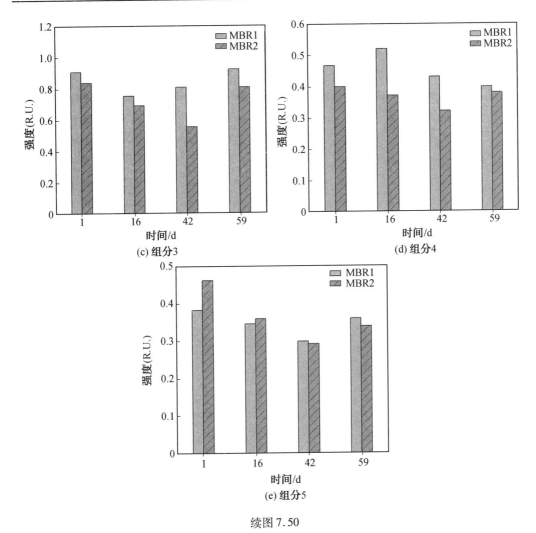

续图 7.50

为了考察不同试验条件下污泥 EPS 的变化规律,在试验过程中对两组 MBR 污泥进行间歇性取样,并提取其中的 EPS 进行分析。两组 MBR 中 EPS 的含量变化情况如图 7.51 所示。两组 MBR 中的 EPS 含量在整个试验过程中变化不大,且 MBR2 中总 EPS 含量及其中蛋白质类物质和多糖类物质含量均显著低于 MBR1。

图 7.52 为两 MBR 中 EPS 的各荧光组分的含量变化。可以明显看出,MBR2 中 EPS 的各荧光组分的含量均少于 MBR1,其变化趋势与 EPS 总量及 EPS 中蛋白质类物质、多糖类物质含量变化趋势一致。由此可知,微生物群体感应淬灭措施对 EPS 各荧光组分分泌的抑制不具有选择性。

以上试验结果表明,在较短水力停留时间下,微生物群体感应淬灭措施仍然能够很好地控制 MBR 中 EPS 和 SMP 的分泌,进而实现良好的膜污染控制效果。

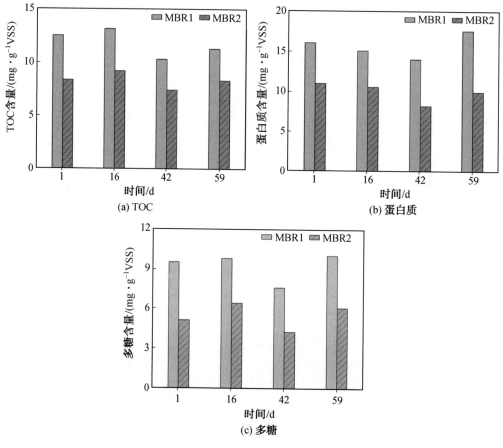

图 7.51　MBR 中 EPS 含量的变化

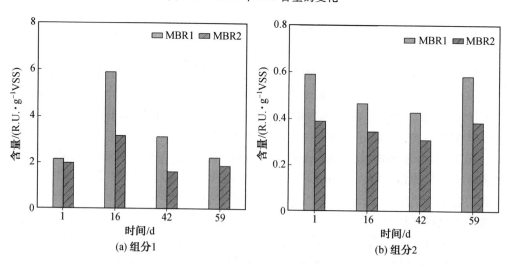

图 7.52　MBR 中的 EPS 中荧光组分的含量变化

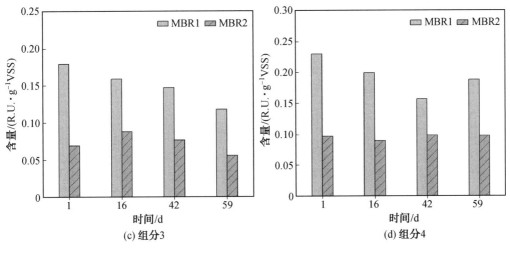

(c) 组分3　　　　　　　　　　　　(d) 组分4

续图 7.52

3. 短水力停留时间下微生物群体感应淬灭对 MBR 中氨氮去除效果的影响

上述试验结果表明,较短水力停留时间下群体感应淬灭仍能够很好地控制 MBR 中的膜污染。短水力停留时间下群体感应淬灭有可能会影响 MBR 中的硝化作用。试验中连续测定了两组 MBR 出水中的氨氮质量浓度,结果如图 7.53 所示。空白对照 MBR1 的出水中氨氮质量浓度在长时间运行过程中保持平稳,但 MBR2 的出水氨氮质量浓度则远远高于 MBR1。此外,在整个试验过程中,MBR2 的出水氨氮质量浓度变化更大,部分时段并未达到一级 A 标准(< 5 mg/L)。由于本试验阶段实验室中安装了空调,室温一直控制在 25 ℃左右,所以 MBR2 中出水氨氮质量浓度的波动并不是由温度变化引起的。综上可知,在短水力停留时间下,微生物群体感应淬灭会恶化 MBR 中的硝化效果。

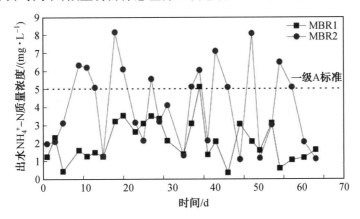

图 7.53　试验期间 MBR 出水中氨氮质量浓度的变化

此外,在试验期间对两 MBR 中亚硝化细菌(AOB)的浓度进行了 qPCR 绝对定量检测。试验期间的室温变化如图 7.54 所示,ABO 浓度变化如图 7.55 所示,试验期间两 MBR 中的 AOB 浓度并无显著差异。这表明,虽然群体感应淬灭措施影响了 MBR 的硝化功能,但是并没有减少反应器内的亚硝化细菌数量。因此,微生物群体感应淬灭仅对亚硝化细菌的活性产生了一定程度的抑制。

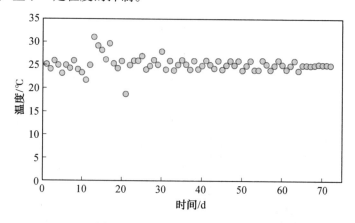

图 7.54 试验期间的室温变化

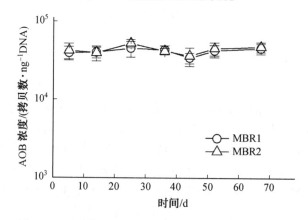

图 7.55 试验期间 MBR 中氨氧化细菌(AOB)浓度变化

7.4.2 存在硝化抑制剂时群体感应淬灭对 MBR 中硝化作用的影响

各类硝化抑制剂广泛存在于市政污水处理厂进水中,往往微量的此类化学物质就能严重地抑制硝化作用。实验室中最常采用的硝化活性抑制剂为烯丙基硫脲(Allylthiourea,ATU),其能够有效抑制氨单加氧酶(Ammonia Monooxygenase,AMO)的活性从而抑制亚硝化,但 ATU 不会抑制其他异养细菌的活性,因此 ATU 被广泛地应用于硝化活性的研究中。本节将考察 ATU 及另外两种硝化抑制剂(甲醇和乙腈)存在的情况下微生物群体感应淬灭对 MBR 中硝化的影响。本节试验分别在三角瓶和 MBR 中进行。三角瓶试验过程中,向装有活性污泥的三角瓶中投加不同的硝化抑制剂及 QQ 功能菌,并监测反应体系中污染物的浓度变化情况。

1. 存在硝化抑制剂时微生物群体感应淬灭对活性污泥去除氨氮效率的影响

如图 7.56 所示,三角瓶试验结果显示 5 mg/L 的 ATU 试验组氨氮质量浓度较高,说明 ATU 能够显著地抑制氨氮去除;向反应体系中加入 AHL 后,氨氮去除速度加快;加入 QQ 功能菌后氨氮去除得到了一定的抑制。可以看到在 ATU 存在的情况下,群体感应对氨氮去除的影响比常规情况下更为显著。

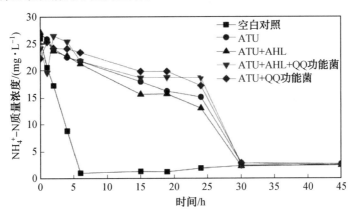

图 7.56　ATU 存在时 QQ 功能菌对活性污泥氨氮去除效率的影响
（ATU 质量浓度：5 mg/L；AHL 质量浓度：C6-HSL 1 mg/L，C8-HSL 1 mg/L）

图 7.56 中 AHL 及 QQ 功能菌影响下的氨氮质量浓度变化曲线并不符合零级或一级动力学模型。但是结果表明，当试验进行 24 h 之后，各试验组的氨氮去除速率明显提升，这是由于 ATU 能够被活性污泥中的异养菌降解。ATU 在活性污泥中的降解曲线如图 7.57 所示。可以看到，在 24 h 处 ATU 基本被降解完全，因此在之后的时间里 ATU 对硝化的抑制作用被解除，硝化速率迅速增加到原来水平。综上所述，氨氮的去除不仅与体系中 AHL 浓度有关，还与不断降低的硝化抑制剂 ATU 质量浓度有关。

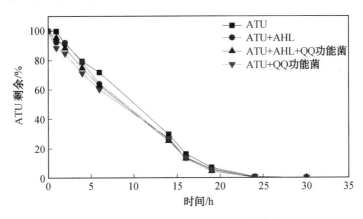

图 7.57　ATU 在活性污泥中的降解曲线

试验也考察了甲醇作为硝化抑制剂存在时群体感应淬灭对活性污泥去除氨氮效率的影响。如图 7.58 所示，当反应体系中存在 24.7 mmol/L 的甲醇时，氨氮质量浓度相对较高，说明氨氮的去除受到较大程度的抑制；当向存在甲醇的体系中加入信号分子 AHL 时，氨氮去除效率有所提升；向同时存在甲醇和 AHL 的体系中加入 GCL 富集菌（QQ 功能菌）时，AHL 的硝化提升效果消失，且该体系的硝化效果比仅有甲醇的体系更差。试验结果表明，硝化抑制剂甲醇存在时，群体感应能够极大地促进氨氮去除，而群体感应淬灭会使氨氮去除效果变差。

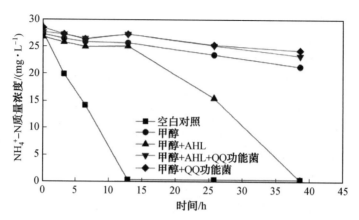

图 7.58　甲醇存在时 QQ 功能菌对活性污泥氨氮去除效率的影响
（甲醇浓度：24.7 mmol/L；AHL 质量浓度：C6—HSL 1 mg/L,C8—HSL 1 mg/L）

　　此外,试验还考察了乙腈作为硝化抑制剂存在于反应体系中时,群体感应及群体感应淬灭对活性污泥去除氨氮效果的影响。如图 7.59 所示,向活性污泥体系中加入乙腈后,不仅对氨氮去除存在抑制作用,体系中氨氮的质量浓度随时间延长还会升高。这是因为乙腈会被体系中的异养菌降解,降解过程中会产生氨氮。值得注意的是,当反应体系中存在信号分子时,体系中氨氮的质量浓度反而有所降低,这可能是信号分子促进了硝化从而促进了氨氮的去除,即由乙腈降解生成的氨氮被亚硝化细菌转化。当反应体系中还同时存在 QQ 功能菌时,体系中氨氮质量浓度上升速度更快,这可能是由于群体感应淬灭抑制了硝化作用,乙腈降解生成的氨氮更难被亚硝化菌转化,造成氨氮的大量积累。基于上述分析,乙腈在活性污泥中的降解途径如图 7.60 所示。

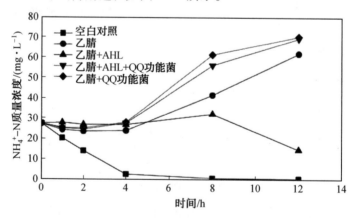

图 7.59　乙腈存在时 QQ 功能菌对活性污泥氨氮去除效率的影响
（乙腈浓度：23.9 mmol/L,AHL 质量浓度：C6—HSL 1 mg/L,C8—HSL 1 mg/L）

$$H_3C—C\equiv N \longrightarrow H_3C—\overset{\overset{\textstyle O}{\|}}{C}—NH_2 \longrightarrow H_3C—\overset{\overset{\textstyle O}{\|}}{C}—OH + NH_3$$

乙腈　　　　　　　　乙酰胺　　　　　　　　乙酸　　　氨氮

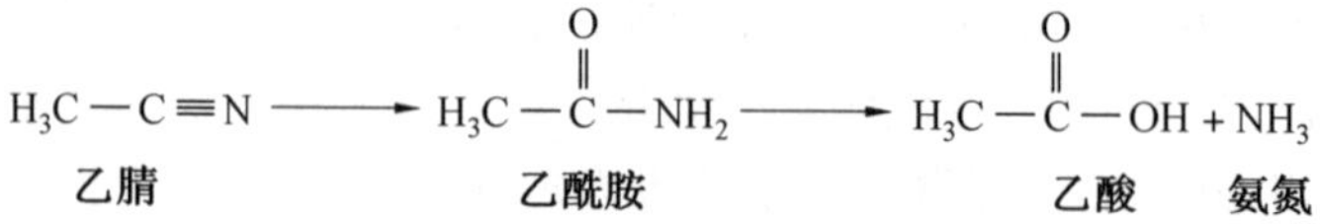

图 7.60　乙腈在活性污泥中的降解途径

综合以上试验结果,可以得出结论,当存在硝化抑制剂时,微生物群体感应对硝化有一定的促进作用,而群体感应淬灭则使硝化抑制作用更为显著。

2. 存在硝化抑制剂时微生物群体感应淬灭对 MBR 中氨氮去除效果的影响

由于甲醇和乙腈并不经常出现在污水处理厂进水中,而 ATU 被广泛用作硝化抑制剂的标准模型物质进行研究。所以在接下来的实验室小试研究中,考察直接向反应器中投加 ATU(以模拟间歇性突发硝化抑制情况)时群体感应淬灭对 MBR 中硝化作用的影响。有研究报道,ATU 的半硝化活性抑制质量浓度为 1.2 mg/L(IC_{50},即当 ATU 的质量浓度为 1.2 mg/L 时,亚硝化菌的活性将会被抑制一半),0.1 mg/L 以上的 ATU 即会造成显著的硝化抑制,而普通污水处理厂进水中硝化抑制剂质量浓度能够达到 0.2 mg/L ATU 当量。接下来的 MBR 小试试验中,首先投加了质量浓度为 1 mg/L 的 ATU。MBR 水力停留时间调回 6.15 h,更换回膜面积为 130 cm² 的膜组件,稳定 2 周后开始试验。向 MBR 中加入 1 mg/L 的 ATU 后,出水中的氨氮质量浓度变化如图 7.61 所示。两 MBR 的出水氨氮质量浓度都急剧增大,采取了群体感应控制措施的 MBR2 中出水氨氮质量浓度更高,氨氮去除效果更差。由于投加的 ATU 会随着出水被排出反应器,另外还有一部分 ATU 会被反应器中的异养细菌降解,反应器中 ATU 的质量浓度会不断降低,如图 7.61(c)所示。两组系统中的 ATU 质量浓度并无明显差距,因此群体感应淬灭并没有影响 ATU 的降解。在 ATU 被完全排出(或降解)后,两 MBR 的出水氨氮质量浓度又恢复到相同水平。这是因为 ATU 对硝化的抑制是可逆的,当体系中的 ATU 消失之后,硝化活性能够迅速恢复。1 mg/L 的 ATU 对 MBR 中的硝化抑制作用显然过于强烈,两 MBR 出水中氨氮质量浓度最高时超过 20 mg/L。如此高浓度当量的硝化抑制剂并不会经常出现在市政污水处理厂的进水中,因此在接下来的试验中考察了受到低浓度(0.1 mg/L)ATU 的冲击下,微生物群体感应淬灭对 MBR 中硝化的影响,如图 7.62 所示。

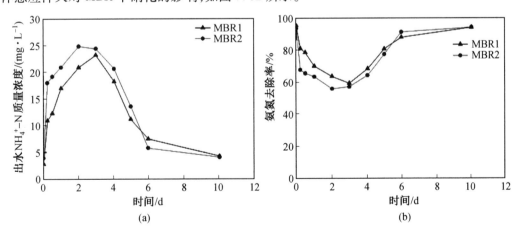

图 7.61　1 mg/L 的 ATU 及群体感应淬灭对 MBR 中的硝化抑制

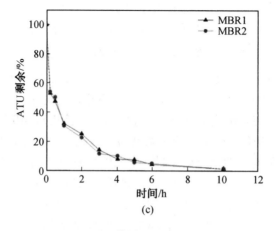

(c)

续图 7.61

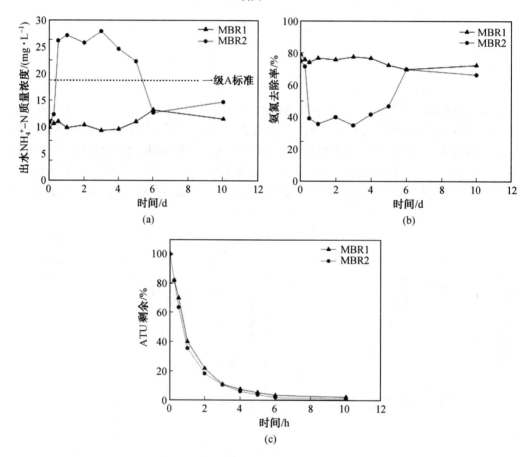

图 7.62 0.1 mg/L 的 ATU 及群体感应淬灭对 MBR 中的硝化抑制

如图 7.62 所示,向 MBR 中加入 0.1 mg/L 的 ATU 后,空白对照 MBR1 的出水中氨氮质量浓度无显著变化,采取了群体感应淬灭措施的 MBR2 出水中氨氮质量浓度明显升高,质量浓度超过氨氮的一级 A 排放标准。由图 7.62(c)可以看到两 MBR 中的 ATU 质量浓度持续下降,两 MBR 的 ATU 质量浓度并不存在明显差距。这说明群体感应淬灭措施并未显著影响活性污泥中 ATU 的降解效果,两 MBR 出水中氨氮的质量浓度差异仅来自群体感应淬灭造成的影响。

7.4.3 低温下微生物群体感应淬灭对 MBR 中硝化作用的影响

温度也是影响硝化作用的重要因素,本小节将考察较低温度条件下,微生物群体感应淬灭措施对 MBR 硝化作用的影响。

1. 低温下微生物群体感应淬灭对活性污泥去除氨氮效率的影响

首先考察了 10 ℃下,活性污泥对氨氮去除效果受信号分子和信号分子降解菌的影响。如图 7.63 所示,在 10 ℃条件下,向 MBR 中投加信号分子轻微减少了出水中的氨氮质量浓度。与此同时,QQ 功能菌显著延缓了活性污泥的氨氮去除速率,影响程度明显大于常温时的试验结果。由此可知,相比常温条件,在低温条件下,微生物群体感应淬灭措施在削弱硝化作用方面具有更明显的作用。

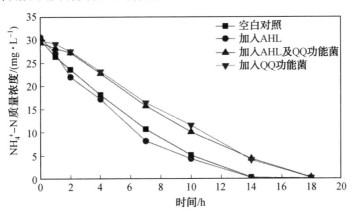

图 7.63 10 ℃下群体感应及群体感应淬灭对活性污泥去除氨氮效率的影响
(信号分子质量浓度:C6-HSL 1 mg/L;C8-HSL 1 mg/L)

10 ℃下氨氮去除曲线的零级动力学拟合的相关性系数(R^2)见表 7.11。结果表明,零级动力学模型对氨氮去除曲线有较强的拟合度。根据氨氮去除拟合曲线计算出氨氮在各操作条件下的半衰期。如图 7.64 所示,低温条件下投加信号分子后氨氮去除半衰期相比空白对照组更短;加入 AHL 及 QQ 功能菌的试验组的氨氮半衰期明显比加入 QQ 功能菌试验组的氨氮去除半衰期要短得多。值得注意的是,加入 QQ 功能菌试验组的氨氮去除半衰期相比空白对照组显著增长,且此效应比常温下更为显著。

表 7.11 10 ℃下氨氮去除曲线的零级动力学拟合的相关性系数

零级动力学拟合	R^2
空白对照	0.993 5
加入 AHL	0.972 3
加入 AHL 与 QQ 功能菌	0.990 5
加入 QQ 功能菌	0.995 2

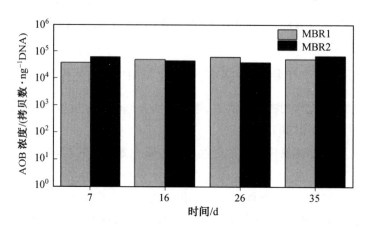

图 7.64　氨氮在各操作情况下的半衰期

由以上试验结果可以得出结论,活性污泥对氨氮的去除效率会受到群体感应淬灭的影响,在低温条件下(10 ℃)受到明显的抑制。为进一步研究低温下 MBR 中群体感应淬灭对硝化作用的影响,本小节试验中设计搭建了两套完全一样的反应器,分别为空白对照组 MBR1 以及采取群体感应淬灭措施的 MBR2。考虑到本阶段试验的 MBR 在低温条件下运行,MBR 出水通量被减小到 9 L/(m² · h),水力停留时间也相应增长到 6.35 h,其他运行参数见表 7.12。

表 7.12　MBR 运行参数

反应器参数	数值
反应器体积/L	1.2
膜通量/(L · m⁻² · h⁻¹)	9
膜面积/cm²	210
水力停留时间/h	6.35
SRT/d	30
混合液污泥浓度/(mg · L⁻¹)	5 400 ~ 6 200
曝气强度/(L · min⁻¹)	0.8
pH	6.5 ~ 7.5
运行温度/℃	10

试验期间实时记录两 MBR 中的跨膜压差,其变化趋势如图 7.65 所示。在低温条件下减小膜通量、增长水力停留时间后,空白对照组 MBR1 中的膜污染周期较短,仅为 5 ~ 7 d。采取了群体感应淬灭措施的 MBR2 的膜污染周期显著增长至 19 d。还可以看到,采取微生物群体感应淬灭措施的 MBR2 中的跨膜压差曲线拐点处压差更大(MBR2 中为 20 ~ 25 kPa,MBR1 中为 10 kPa 左右)。试验结果表明,低温下采用微生物群体感应淬灭措施的 MBR 能够实现很好的膜污染控制效果。

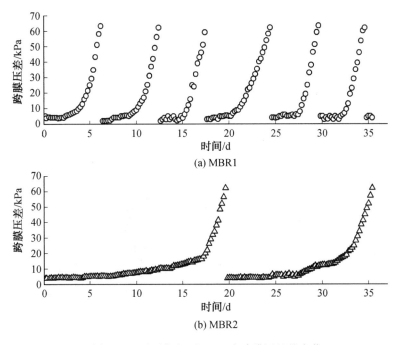

(a) MBR1

(b) MBR2

图 7.65　试验期间两 MBR 中跨膜压差的变化

　　为了考察不同试验条件下 MBR 中信号分子的质量浓度变化规律,在试验过程中对信号分子进行定期检测。结果如图 7.66 所示,两 MBR 中只有 C6-HSL 和 C8-HSL 两种信号分子被检测到。同时,两 MBR 中 C6-HSL 信号分子质量浓度差异不显著,MBR1 中 C8-HSL信号分子的质量浓度明显高于 MBR2 中的质量浓度。这与前面得到的结论一致,即微生物群体感应淬灭措施在低温下仍然能很好地降解 MBR 中的信号分子,但其对 C6-HSL 的降解效果不如对 C8-HSL 的降解效果,因此 MBR2 中 C8-HSL 信号分子的质量浓度更低。此外,MBR 中群体感应信号分子的质量浓度与膜污染情况具有很好的相关性,即信号分子质量浓度越小(图 7.66),MBR 中膜污染越轻(图 7.65),MBR 中膜污染程度

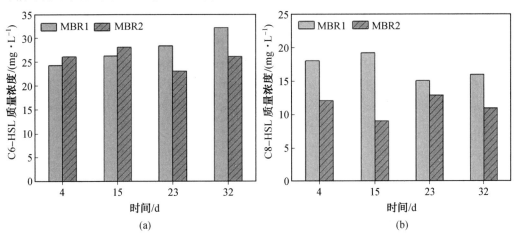

(a)

(b)

图 7.66　试验期间 MBR 中的信号分子质量浓度

和信号分子质量浓度呈正相关关系。

试验期间 MBR 中的 AHL 降解基因 *qsdA* 浓度变化情况如图 7.67 所示。MBR2 中的 *qsdA* 浓度明显高于 MBR1，这是由于外源投加的 GCL 刺激了反应器中的 AHL 降解功能菌的生长。对比低温下的空白对照 MBR 中 *qsdA* 的浓度与 7.2 节及常温下 MBR 中 *qsdA* 的浓度可以发现，低温（10 ℃）下 MBR 中 *qsdA* 的浓度更大。这可能是由于 *Rhodococcus* 菌属在低温下仍有很好的适应性及活性。

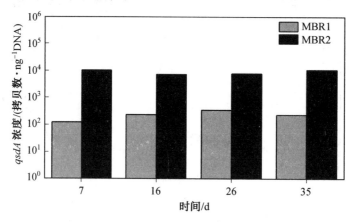

图 7.67　试验期间 MBR 中的 AHL 降解基因 *qsdA* 浓度变化

试验期间 MBR 中的 SMP 变化如图 7.68 所示。可以看出 MBR2 中 SMP 的总量、蛋白质类物质及多糖类物质质量浓度均低于 MBR1，这与常温下得到的试验结果一致。图 7.69 为 MBR 中 SMP 的荧光组分的变化，其中组分 1 和组分 5 为蛋白质类荧光物质，组分 2、组分 3 及组分 5 为腐殖酸类荧光物质，组分 4 为陆源腐殖质类物质，主要来自 MBR 的进水；组分 2 为生物代谢产生的腐殖质类物质，可以认为其由 MBR 中产生。MBR2 中的组分 1、组分 3 和组分 5 含量均少于 MBR1，两组系统中组分 2 和组分 4 的含量几乎相同。腐殖质较多糖、蛋白质更难被生物降解，在低温情况下（10 ℃）反应器中微生物对腐殖质的代谢更慢。

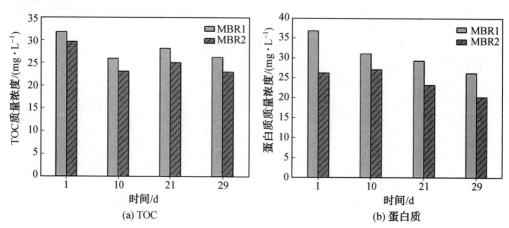

图 7.68　试验期间 MBR 中的 SMP 变化

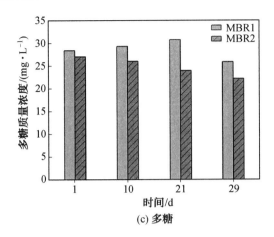

(c) 多糖

续图 7.68

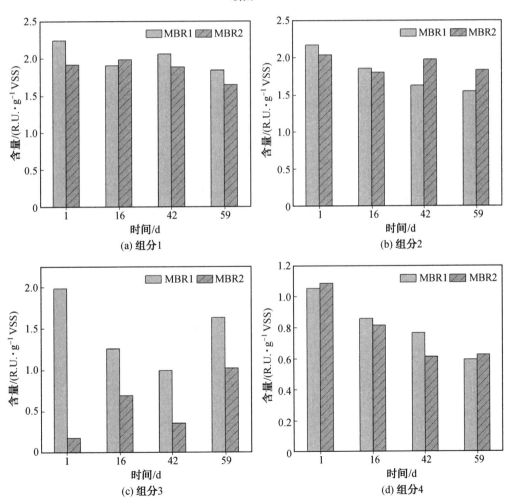

图 7.69　MBR 中 SMP 的荧光组分的变化

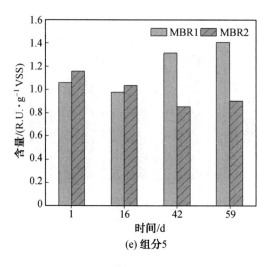

(e) 组分5

续图7.69

试验过程中两 MBR 中 EPS 含量的变化情况如图 7.70 所示。MBR2 中 EPS 的总量（即 TOC）、EPS 中蛋白质类物质含量及多糖类物质含量均远低于 MBR1。对比常温下的试验数据可以发现，相较于常温条件，低温下活性污泥会分泌更多的 EPS，但微生物群体感应淬灭措施能够有效抑制活性污泥中 EPS 的分泌。图 7.71 为 MBR 中 EPS 的荧光组分含量的变化。MBR2 中 EPS 的各荧光组分含量均低于 MBR1，与两 MBR 的 EPS 总含量差异相同。

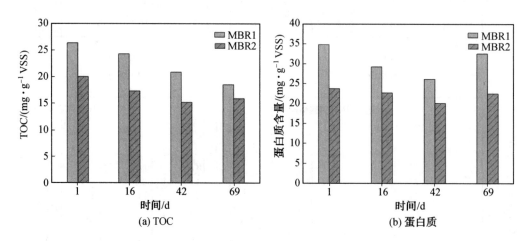

图 7.70　试验期间 MBR 中的 EPS 变化

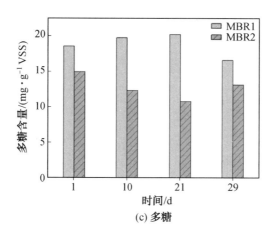

(c) 多糖

续图 7.70

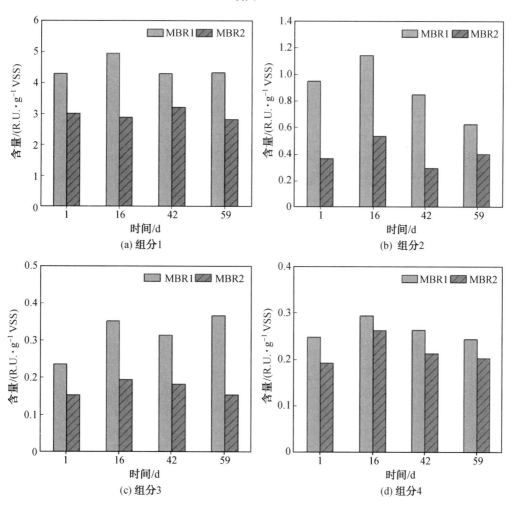

图 7.71　MBR 中 EPS 的荧光组分含量的变化

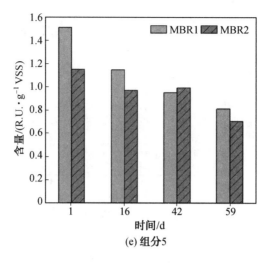

(e) 组分5

续图 7.71

综合以上研究结果可得,在低温下微生物群体感应淬灭措施能够有效促进 MBR 中信号分子降解菌的生长,提高 MBR 中 *qsdA* 的浓度,减少信号分子的质量浓度,进而减少活性污泥中 EPS 及 SMP 的分泌,对膜污染产生有效抑制作用。

2. 低温下微生物群体感应淬灭对 MBR 中氨氮去除效果的影响

为了考察低温条件下群体感应淬灭措施对 MBR 氨氮去除效果的影响,在试验过程中对两 MBR 出水定期取样并进行氨氮质量浓度的检测。如图 7.72 所示,MBR1 的出水氨氮质量浓度在 8 mg/L 左右,未能满足一级 A 标准(GB 18918—2002)。在 MBR2 中引入群体感应淬灭措施,从其出水氨氮质量浓度变化趋势可以看出,群体感应淬灭措施削弱了MBR 的氨氮去除效果,使其出水氨氮质量浓度在多数时间明显高于一级 A 标准的规定质量浓度。可以认为,微生物群体感应淬灭措施使 MBR 中硝化作用更为脆弱,低温对其的抑制更为显著。

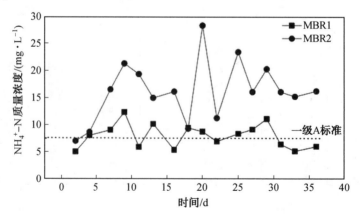

图 7.72　MBR 出水中氨氮质量浓度的变化

为了研究群体感应淬灭措施下硝化作用恶化的原因,对试验期间 MBR 中的亚硝化细菌(AOB)浓度进行 qPCR 绝对定量,结果如图 7.73 所示。可以看出,群体感应淬灭措施未对 MBR 中 AOB 的浓度造成显著的影响。因此可知,微生物群体感应淬灭仅仅削弱了亚硝化活性,而并未使亚硝化细菌减少。

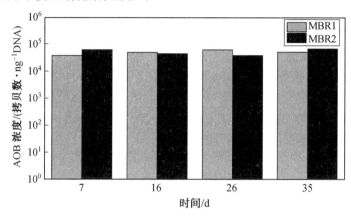

图 7.73　MBR 中亚硝化细菌浓度变化

综合以上,为考察群体感应淬灭措施的适用条件,本节试验中进一步研究了各种不利于硝化作用的情况下,微生物群体感应淬灭措施对 MBR 中硝化作用的影响。根据所得试验结果可得出以下结论:

(1)较短水力停留时间下,微生物群体感应淬灭措施仍能够有效控制 MBR 中的膜污染,但是对 MBR 中的硝化作用产生了一定的抑制影响。

(2)微生物群体感应淬灭措施使 MBR 中的硝化作用更脆弱,特别是在受到硝化抑制剂的冲击时,硝化作用受到的抑制效果将更为显著。

(3)微生物群体感应淬灭措施在低温条件下仍然能够有效控制 MBR 中的膜污染。

7.5　本章小结

本章通过对 MBR 中微生物群体感应的表征,研究了 SRT 对 MBR 中群体感应的影响,提出了基于生物刺激的群体感应淬灭措施,考察了其对膜污染的控制效果,探讨了群体感应淬灭措施对 MBR 硝化作用的影响。主要得到了以下结论:

(1)SRT 会显著影响 MBR 中群体感应菌的种群分布,影响 MBR 中活性污泥对 AHL 的降解效率及 MBR 中信号分子质量浓度,进而影响 EPS、SMP 分泌,从而对膜污染产生影响。在本研究考察的 SRT 范围内(4 ~ 40 d),随着 SRT 的升高,MBR 中的群体感应淬灭(AHL 降解)菌群丰度增大,群体感应(AHL 生成)菌群丰度减小。MBR 中活性污泥对 AHL 的降解效能随 SRT 的升高而增强,MBR 中 AHL 质量浓度也随之减小。随着 SRT 的升高,MBR 中 SMP、EPS 及其各成分含量均明显降低,膜污染程度显著减轻。

(2)对不同 SRT 下 MBR 中群体感应菌及群体感应淬灭菌群分布的分析、信号分子质量浓度检测及膜污染情况的分析表明,MBR 中存在微生物群体感应,且控制着 MBR 中生物膜的形成及 EPS 和 SMP 的分泌,与膜污染有着密切的联系。

(3)活性污泥经 GCL 单一碳源培养基富集后有很好的 AHL 降解能力,其中最主要的功能细菌为 *Rhodococcus*,主要通过 *Rhodococcus* 产生的 qsdA 酶将 AHL 中的内酯环水解以实现 AHL 的降解。

（4）基于原位群体感应淬灭菌刺激的微生物群体感应淬灭措施能够成功地控制 MBR 中的膜污染。向 MBR 中投加 GCL 富集菌后再向进水中连续投加 4.75 mg/L 的 GCL（生物刺激措施）能够有效维持反应器中 AHL 降解基因 *qsdA* 的含量，降低反应器中信号分子 C8-HSL 的质量浓度，从而抑制 EPS 的分泌，实现对 MBR 膜污染的高效控制。

（5）在本研究的试验条件下，微生物群体感应淬灭措施对 MBR 中的硝化作用并无显著影响。在低温、存在硝化抑制剂等不利于硝化的条件下，群体感应淬灭措施仍能很好地控制膜污染，但同时也给 MBR 的污染物去除效果带来负面影响，比如会使 MBR 中的硝化作用更加脆弱，使其更易受到不利条件的影响。

本章参考文献

［1］ LEE K, KIM Y W, LEE S, et al. Stopping autoinducer-2 chatter by means of an indigenous bacterium（acinetobacter sp DKY-1）: A new antibiofouling strategy in a membrane bioreactor for wastewater treatment［J］. Environmental Science and Technology, 2018, 52 (11): 6237-6245.

［2］ DAVIES D G, PARSEK M R, PEARSON J P, et al. The involvement of cell-to-cell signals in the development of a bacterial biofilm［J］. Science, 1998, 280(5361): 295-298.

［3］ GIVSKOV M, DE NYS R, MANEFIELD M, et al. Eukaryotic interference with homoserine lactone-mediated prokaryotic signalling［J］. Journal of Bacteriology, 1996, 178 (22): 6618-6622.

［4］ DONG Y H, WANG L H, XU J L, et al. Quenching quorum-sensing-dependent bacterial infection by an N-acyl homoserine lactonase［J］. Nature, 2001, 411(6839): 813-817.

［5］ CIROU A, DIALLO S, KURT C, et al. Growth promotion of quorum-quenching bacteria in the rhizosphere of Solanum tuberosum［J］. Environmental Microbiology, 2007, 9(6): 1511-1522.

［6］ CIROU A, RAFFOUX A, DIALLO S, et al. Gamma-caprolactone stimulates growth of quorum-quenching Rhodococcus populations in a large-scale hydroponic system for culturing Solanum tuberosum［J］. Research in Microbiology, 2011, 162(9): 945-950.

［7］ CIROU A, MONDY S, AN S, et al. Efficient biostimulation of native and introduced quorum-quenching Rhodococcus erythropolis populations is revealed by a combination of analytical chemistry, microbiology, and pyrosequencing［J］. Applied and Environmental Microbiology, 2012, 78(2): 481-492.

［8］ TANNIÈRES M, BEURY-CIROU A, VIGOUROUX A, et al. A metagenomic study highlights phylogenetic proximity of quorum-quenching and xenobiotic-degrading amidases of the AS-family［J］. PLoS One, 2013, 8(6): e65473.

［9］ UROZ S, D'ANGELO-PICARD C, CARLIER A, et al. Novel bacteria degrading N-acylhomoserine lactones and their use as quenchers of quorum-sensing-regulated functions of plant-pathogenic bacteria[J]. Microbiology, 2003, 149(8): 1981-1989.

[10] UROZ S, OGER P, CHHABRA S, et al. N-acyl homoserine lactones are degraded via an amidolytic activity in *Comamonas* sp. strain D1[J]. Archives of Microbiology, 2007, 187 (3):249-256.

[11] YEON K M, CHEONG W S, OH H S, et al. Quorum sensing: A new biofouling control paradigm in a membrane bioreactor for advanced wastewater treatment[J]. Environmental Science and Technology, 2008, 43(2): 380-385.

[12] 张海丰, 于海欢. 基于群体淬灭理论膜生物反应器减缓膜污染研究进展[J]. 硅酸盐通报, 2015, 1(3): 764-769.

[13] YEON K M, LEE C H, KIM J. Magnetic enzyme carrier for effective biofouling control in the membrane bioreactor based on enzymatic quorum quenching[J]. Environmental Science and Technology, 2009, 43(19): 7403-7409.

[14] YU H R, QU F S, ZHANG X L, et al. Effect of quorum quenching on biofouling and ammonia removal in membrane bioreactor under stressful conditions[J]. Chemosphere, 2018, 199: 114-121.

[15] ZHU Z Y, WANG L, LI Q Q. A bioactive poly (vinylidene fluoride)/graphene oxide@ acylase nanohybrid membrane: Enhanced anti-biofouling based on quorum quenching [J]. Journal of Membrane Science, 2018, 547: 110-122.

[16] SONG X N, CHENG Y Y, LI W W, et al. Quorum quenching is responsible for the underestimated quorum sensing effects in biological wastewater treatment reactors [J]. Bioresource Technology, 2014, 171(1): 472-476.

[17] HAM S Y, KIM H S, CHA E, et al. Mitigation of membrane biofouling by a quorum quenching bacterium for membrane bioreactors [J]. Bioresource Technology, 2018, 258: 220-226.

[18] KIM S R, OH H S, JO S J, et al. Biofouling control with bead-entrapped quorum quenching bacteria in membrane bioreactors: physical and biological effects[J]. Environmental Science and Technology, 2013, 47(2): 836-842.

[19] KIM S R, LEE K B, KIM J E, et al. Macroencapsulation of quorum quenching bacteria by polymeric membrane layer and its application to MBR for biofouling control[J]. Journal of Membrane Science, 2015, 473(1): 109-117.

[20] TRUSSELL R S, MERLO R P, HERMANOWICZ S W, et al. The effect of organic loading on process performance and membrane fouling in a submerged membrane bioreactor treating municipal wastewater[J]. Water Research, 2006, 40(14): 2675-2683.

[21] TAN C H, KOH K S, XIE C, et al. Community quorum sensing signalling and quenching: Microbial granular biofilm assembly[J]. Npj Biofilms and Microbiomes, 2015, 1 (1): 15006.

[22] TAN C H, KOH K S, XIE C, et al. The role of quorum sensing signalling in EPS production and the assembly of a sludge community into aerobic granules[J]. The ISME

Journal, 2014, 8(6): 1186-1197.

[23] 冯丹丹. 污泥停留时间对 MBR 处理污水效果影响与膜污染因素的研究[D]. 哈尔滨: 哈尔滨工业大学, 2009.

[23] KIM J H, CHOI D C, YEON K M, et al. Enzyme-immobilized nanofiltration membrane to mitigate biofouling based on quorum quenching[J]. Environmental Science and Technology, 2011, 45(4): 1601-1607.

[24] BURTON E O, READ H W, PELLITTERI M C, et al. Identification of acyl-homoserine lactone signal molecules produced by nitrosomonas europaea strain Schmidt[J]. Applied and Environmental Microbiology, 2005, 71(8): 4906-4909.

[25] PAGGA U, BACHNER J, STROTMANN U. Inhibition of nitrification in laboratory tests and model wastewater treatment plants[J]. Chemosphere, 2006, 65(1): 1-8.

[26] KÖNIG A, RIEDEL K, METZGER J W. A microbial sensor for detecting inhibitors of nitrification in wastewater[J]. Biosensors and Bioelectronics, 1998, 13(7-8): 869-874.

[27] MARGESIN R, FONTEYNE P A, REDL B. Low-temperature biodegradation of high amounts of phenol by *Rhodococcus* spp. and basidiomycetous yeasts[J]. Research in Microbiology, 2005, 156(1): 68-75.

第8章 菌藻共生 MBR 污水处理工艺

8.1 菌藻共生 MBR 污水处理技术现状

8.1.1 菌藻共生污水处理技术的原理、应用与发展趋势

1. 菌藻共生污水处理技术的原理

菌藻共生系统(ABS)是一种将细菌与微藻结合的污水处理技术,因其具有曝气能耗低、CO_2 排放量少、脱氮除磷效果好、生物质资源化程度高等优点引起了众多科学家的高度关注,这也为解决传统脱氮除磷技术中存在的问题提供了新思路。

(1)微藻脱氮除磷的基本原理。

通常情况下,微藻是一种单细胞的自养微生物,它可利用光能将无机碳(CO_2、碳酸盐及碳酸氢盐等)及含氮、磷元素的无机营养物质合成细胞内物质,以维持细胞的正常生长。

目前,光合作用这一自养代谢过程被认为是微藻处理废水的主要机制。大量研究表明,微藻可以去除污水处理厂初沉池出水、二级处理出水及污泥消化液中的氮、磷物质。在除磷方面,人们普遍认为无机磷酸盐(PO_4^{3-}、HPO_4^{2-} 和 $H_2PO_4^-$)是藻类吸收最优选的磷形式。此外,某些藻类具有过量摄取磷元素的功能,并将磷元素以多聚磷酸盐的形式储存在细胞内,从而实现污水中总磷的深度去除;在脱氮方面,微藻可以消耗多种溶解的有机氮,例如氨基酸、尿素、嘌呤、嘧啶、甜菜碱、酵母提取物、蛋白胨,以及多肽和蛋白质。微藻利用氮的优先顺序是 $NH_4^+ > NO_3^- > NO_2^- >$ 尿素。同时,微藻同化的氮进一步转化为蛋白质、核糖核酸(RNA)和脱氧核糖核酸(DNA),它们分别占微藻细胞氮质量的 70% ~ 90%、10% ~ 15% 和 1% ~ 2%。影响微藻脱氮除磷的关键因素主要有藻种类型、N/P 值、光能、碳源、重金属以及其他环境条件等。

①藻种类型。污水处理效果由于藻类和污水特性的不同而表现出较大差异,其中小球藻和栅藻在生活污水中生长良好,并在氮、磷去除方面效果突出。有研究表明,利用小球藻(*Chlorella zofingiensis*)处理生活废水,TP 和 TN 的去除率分别可达 80% ~ 90% 和 80%;利用斜生栅藻(*Scenedesmus obliquus*)处理市政污水,其 TP 和 TN 去除率可达 70% ~ 95%。不同种藻类处理同一含氮、磷废水效果对比见表 8.1,由表中可以看出,不同类型的藻对氮、磷的去除具有较大的差异,尤其是在对氮的去除方面。其中,多棘栅藻的脱氮除磷效果最好,其次为四尾栅藻,氮、磷去除效果均在 90% 以上;淡水小球藻和普通小球藻的除氮效果较差,分别为 51.41% 和 52.38%,但均对磷具有较好的去除能力,去除率达到了 96% 以上。此外,相较于单一的微藻,混合微藻在废水脱氮除磷方面表现出更高的优势,在 Chen 等人的研究中,相较于单一藻种栅藻(*Scenedesmus* sp. 336)和小球藻(*Chlo-*

rella sp. 1602),混合的栅藻和小球藻(接种比为 1∶1)对废水中氮、磷的去除效果更好。藻类还可以根据它们的大小对其进行分类,分为微藻和大型藻类。微藻是较为微观的,通常是单细胞的,需借助显微镜进行观察;而大型藻类是多细胞的,肉眼可见。在废水处理应用上,微藻历来被认为优于大型藻类。

表 8.1 不同种藻类处理同一含氮、磷废水效果对比

	TN 质量浓度			TP 质量浓度		
藻种	初期/ (mg·L^{-1})	末期/ (mg·L^{-1})	去除率/ %	初期/ (mg·L^{-1})	末期/ (mg·L^{-1})	去除率/ %
椭圆小球藻		12.01	59.96		0.17	91.51
多棘栅藻		2.03	93.25		0.05	97.26
斜生栅藻	30.00	6.12	79.61	2.00	0.07	96.74
淡水小球藻		14.58	51.41		0.04	97.83
普通小球藻		14.28	52.38		0.07	96.61
四尾栅藻		2.18	92.74		0.05	97.40

②N/P 值。在污水处理过程中,为了确保获得最佳的氮、磷去除率,废水中 N/P 值至关重要。不平衡的 N/P 值将导致一种必需营养元素过早耗尽,从而降低藻类的生长和另一种营养元素的去除效率。淡水微藻在非典型氮磷比的情况下,仍然能够生长并有效地处理废水。针对不同的微藻藻种,其所需要的 N/P 值也不尽相同,最适范围在 8~45 g TN/g TP 之间变化。

③光能。光能是微藻生长及微藻去除营养物质效果的另一关键因素。充足的光能有利于提高藻类生长速率和生物量积累程度,从而在藻类自养代谢过程中提高营养物质的去除效果。前期研究已从光照强度、光照时间和发光波长等方面分别考察了光源相关参数变化对微藻代谢过程的影响,在小球藻($Chlorella\ kessleri$)培养过程中,连续光照条件下对应的 NO_3^--N 去除效果明显优于间歇光照;与单一光照相比,红蓝混合光照(最佳比例为 3∶7 的蓝光和红光)会促进栅藻的生长,提高废水中营养物质的去除率;在利用小球藻($Chlorella\ kessleri$ 和 $Chlorella\ protothecoides$)处理污水时,较高的光照强度和较长的光照时间可增强藻类总体生物量和细胞内脂质含量,并提高氮、磷和 COD 的去除效率。由此可见,光照强度的增加、光照时间的延长和单色光向混合色光的转变均体现了光能的增大利于藻类的代谢,氮、磷去除效果也随之改善。然而,有研究表明:光能的持续增大不仅会带来更高的能耗和处理成本,也不利于藻类的长期生长代谢。藻类的生产力与光强有密切的关系,生产力随光强的变化分为三个阶段:第一阶段为上升阶段,即藻类的光合作用随光强的增加而增加最终达到最大值,对应的光强称为最适光强;第二阶段为稳定阶段,在光强超过最适光强后的一定范围内,藻类光合作用随光强的变化很小,处于稳定的高光合作用状态,在这一范围内的光强称为饱和光强;第三阶段为下降阶段,光强超过饱和光强后,藻类的生产力随光强的增强而减弱,这种现象称为光抑制。

④碳源。微藻能够利用 CO_2 和带电阴离子 HCO_3^- 进行光合作用,而不是仅仅以存在于

高 pH 条件下的 CO_3^{2-} 作为碳源。与溶液中的 HCO_3^- 相比,微藻会优先利用水中溶解的 CO_2,HCO_3^- 则需要转化为 CO_2 后才可以被藻类吸收固定。对于大多数浮游生长的藻类,增加 CO_2 浓度会显著提高生长速率,直到浓度变得过高并对生长产生负面影响。向藻液中补充 CO_2 能显著提高微藻细胞的比生长速率和整体生物量产率、细胞对 CO_2 至生物质的转化效率及细胞对 CO_2 的固定速率。充足的 CO_2 含量是微藻正常生长增殖的基础,CO_2 可提高细胞对氮源的消耗,甚至导致培养后期出现氮匮乏现象。此外,当溶液中 C/N 过高时,多余的 CO_2 依然会被藻类吸收,并以碳水化合物和脂类的形式储存于微藻细胞体内,引起微藻细胞中叶绿素和蛋白质比例的下降。

⑤金属离子。藻类生长的过程中,需要添加一些金属离子,使得藻类能够正常生长。例如,微藻可以主动吸收 Ca^{2+} 和 Mg^{2+} 用于自身细胞壁的合成和叶绿素的形成,适度浓度的 Ca^{2+} 可以通过促进光合作用来促进微藻的生长、细胞分裂和细胞活性。同时,微藻需要 B、Co、Cu、Fe、Mo、Mn、Zn 等重金属作为酶促反应和细胞代谢的微量元素,而其他重金属如 AS、Cd、Cr、Pb、Hg 等对微藻具有毒性。此外,由于毒物兴奋效应,较低的毒性重金属浓度能刺激微藻的生长和代谢。

⑥其他环境条件。在微藻生长代谢过程中,环境条件的变化对微藻生长情况和营养物质去除效果也均有重要影响。有研究据报道,大多数淡水微藻的最适 pH 范围在 7 ~ 9 之间;环境温度对污水中微藻的生产力和处理效率也有显著影响,大多数微藻能够在 10 ~ 30 ℃ 之间的温度下生存,最适温度范围相对较窄,通常为 15 ~ 25 ℃ 季节变化带来的环境条件变化影响巨大,藻类对环境的适应性尤为重要。此外,水体中溶解氧浓度也是一个关键因素,当微藻所处环境的溶解氧浓度较高时,会使微藻产生光氧化损伤,对微藻的正常生长繁殖产生影响,进而导致微藻脱氮除磷的效率降低。

(2)菌藻共生系统脱氮除磷基本原理。

ABS 系统去除氮、磷的机制本质上是菌藻协同生长的作用效果,其过程主要分为两步:藻类的光合作用和细菌的分解作用。

正如前文所述,细菌和微藻可相互利用彼此的代谢产物,菌藻共生系统脱氮除磷机理如图 8.1 所示。

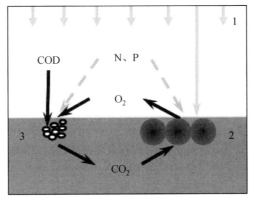

图 8.1　菌藻共生系统脱氮除磷机理
1—自然光;2—微藻;3—细菌

作为光合生物,藻类通过光合作用产生 O_2 并同化水体中溶解的 CO_2,同时藻类产生的 O_2 可以被好氧细菌用来将水体中的多种有机污染物分解为 CO_2、H_2O 及其他小分子物质;而细菌呼吸产生的 CO_2 可以被藻类同化,促进藻类光合作用的进行,这可以使细菌和藻类之间形成一种有益的循环。在自然界中微藻和细菌分别是水体中 O_2 和 CO_2 的主要来源,二者形成了紧密的共生关系,彼此依存,互相促进,协同生长。在微藻和细菌协同生长代谢的过程中,可利用氮、磷元素合成自身所需物质,值得注意的是,生长状态良好的藻类会过量摄取磷元素,实现强化去除水体中营养物质的作用。因此,ABS 系统中细菌与微藻种群间的平衡与稳定生长是其发挥脱氮除磷作用的关键。

(3)菌藻共生系统的分类及发展。

①稳定塘(Stabilization Pond,SP)系统。SP 系统是一种利用水体自净过程实现污染物去除的污水处理设施。污水流入 SP 系统后,经过物理、化学与生物作用,污染物浓度得以降低,并基本恢复或完全恢复到污染前的水平。SP 系统中藻类随水中光照强度变化呈分层分布,上层光照充足,以藻类和好氧细菌居多,DO 充足,是好氧反应发生的场所;随着水体深度增加,光照减少,水中 DO 浓度也随之下降,从水面至水底依次形成了好氧层、兼性层和厌氧层。在好氧层,藻类光合作用产生的 O_2 被好氧细菌利用,分解有机物,释放 CO_2,然后被藻类利用产生 O_2,在此循环的过程中,微生物在合成自身生长代谢所需物质时摄取同化氮、磷元素,实现污水中氮、磷的部分去除,同时好氧的硝化细菌将 NH_4^+ 转化为 NO_3^-;在兼性层,反硝化细菌可将好氧层产生的 NO_3^- 转化为 N_2 释放至大气中,最终彻底去除污水中的 TN;在厌氧层,部分难降解有机物可经过厌氧发酵过程被分解为小分子有机物,进而被微生物利用。另外,随着微生物的生长代谢,死亡微生物不断沉积,SP 系统底部可能存在严格厌氧条件,可将部分有机物发酵为 CH_4 等气体溢出。经过上述一系列污染物去除和转化过程,污水在 SP 系统中可实现有效净化。SP 系统因具有基建投资和运转费用低、维护和维修简单、便于操作、能有效去除污水中的有机物、无须污泥处理等优点,被广泛应用于污水的深度处理。

然而,由于 SP 系统中人工干预措施较少,污水在 SP 系统内缓慢流动,经过较长时间停留才能有效降解污染物,因此 SP 系统存在有机负荷低、占地面积大等缺点。其次,由于 SP 工艺无排泥措施,经过一段时间运行,塘内会形成污泥淤积现象,影响池内容积。除此之外,SP 工艺运行过程中必需的环境条件如光照、温度等均为自然条件,导致 SP 系统出水效果极易受气候条件影响,出水水质不稳定。更重要的是,SP 系统出水中携带大量悬浮藻类,致使出水 COD 较高,易引发出水二次污染。鉴于以上缺点,SP 系统在我国的应用受到很大程度限制,其中正常运行、间断运行和停止使用的情况各占 1/3。

②高效氧化塘(High Rate Algal Pond,HRAP)系统。相对于稳定塘,HRAP 系统是一种强化污水自然净化过程的高效污水处理设施,其使用历史已超过 60 年,被广泛应用于废水(污水、农业、工业)治理,至今仍是国外使用较多的处理方法之一。HRAP 工艺的最初目的主要是去除水中的有机质和营养物质,利用自然光促进藻类增殖,进而产生有利于细菌等微生物生长和繁殖的环境,形成更为有效的菌藻共生系统,达到对有机碳及营养物质等污染物的去除。Oswald 等人的开拓性研究为 HRAP 工艺的发展奠定了基础,为促进 HRAP 系统中微藻生长,塘的深度较浅,控制在 0.3 ~ 0.6 m,以便塘内的微藻细胞更多

地吸收光能;此外,利用连续搅拌装置均匀混合污水与藻类,促进物质交换,提高藻类摄取氮磷速度,同时,还可以起到调节 DO、均衡塘内温度的作用。基于上述参数设置,HRAP 的 HRT 缩短为 4~10 d,是普通氧化塘的 1/10~1/7,污水处理效率大大提高。HRAP 不仅可以实现污水中有机物的去除,而且产生的菌藻共生生物质可以以生物燃料和其他增值产品的形式进行回收。根据所处理废水类型和环境条件的不同,可将收获的菌藻生物质转化为颜料、营养品、肥料、脂质以及家禽和鱼饲料等。另外,可将菌藻生物质进行后续厌氧消化,产生如 CH_4 和 H_2 等燃料。在经济层面和技术层面上,传统的好氧活性污泥工艺或厌氧技术一直存在高能耗需求和低营养物质去除效果的双重限制,与之相比,HRAP 工艺不仅表现出较低的需氧量(藻类光合作用产生氧气)和高效的营养物去除效果,还具有资源和能源回收的潜质,因此,菌藻协同处理污水被认为是废水处理方面未来的重点发展方向之一。然而,最近的研究结果表明,从菌藻生物质中回收资源的成本,在经济上的可行性仍有待考察。尽管 HRAP 一直具有显著的有机物质和营养物质去除效果,但菌藻生物质的收集(捕获)仍然是该技术的主要限制因素之一。微藻细胞的不良沉降性大大增加了生物质收获成本,被认为是利用菌藻共生系统回收资源在经济可行性方面的关键限制因素,当精细化学品如色素和营养制品被提取生产时,菌藻生物质的回收成本(包括收获、提取和净化阶段)可能增至生物质总生产成本的 60%。截至目前,虽然许多研究集中在开发生物量采集方法,包括离心、过滤、超滤、化学絮凝和浮选过程,但是,这些收获方法均消耗较高成本,无法适用于大规模的微藻生物质收获,资源回收也受到阻碍。

③菌藻细胞固定化技术。菌藻细胞固定化技术是将微藻和细菌的活细胞利用物理或化学的方法与固态支持物相结合或限制在特定空间范围内,形成菌藻凝胶系统,该系统既能与液相有效分离,又能保持微生物的活性。细胞固定方式主要有载体结合法、共价结合法、交联法及包埋法,其中包埋法因具有操作简单、固定细胞活性高及固定化载体强度高等优点,研究和应用更为广泛。固定化载体主要分为三类:天然高分子凝胶载体如海藻酸钠、琼脂、角叉莱胶等,有机高分子凝胶载体如聚乙烯醇、聚丙烯酰胺、聚矾、硅胶、光硬化树脂等和复合载体。根据待处理污水的类型与微生物属性,可选取适宜的载体进行细胞固定。菌藻细胞固定化技术在微生物种类的选择调控方面极大地增强了人工可操作性,可选择一种或数种性能优良或具有协同作用的微藻和细菌进行固定,强化菌藻共生关系,增强污水处理性能,缩短污水处理时间,降低固液分离难度。严清等人利用海藻酸钠载体固定小球藻和细菌净化污水,结果表明:在去除 NH_4^+-N 和 $PO_4^{3-}-P$ 的效能方面,固定化菌藻>固定化小球藻>固定化细菌,固定化菌藻对 NH_4^+-N 和 $PO_4^{3-}-P$ 的去除率分别达到 97.09% 和 88.69%。然而,菌藻细胞固定化技术在实际应用中仍存在许多问题,在操作难度、载体选择及处理成本等方面仍需进一步研究。首先是菌藻细胞固定化方法往往不具有广泛适用性,与此同时在固定化过程中,细菌和微藻种类的变化都会增加固定化载体和方法的选择及实施难度,不利于该技术的广泛应用推广;其次是菌藻细胞固定化方法对污水中悬浮固体的处理效果欠佳,微生物固定化载体成型后大多呈球状,比表面积较小,无明显吸附、网捕等性质,对污水中悬浮性污染物的处理效果较差。此外,微生物载体颗粒在废水处理过程中会产生破裂、微生物逸出等情况,造成悬浮物污染。再者就是固定化载体造价较高,增加了该技术在污水处理中的成本。目前菌藻细胞固定化技术多研究纯

藻、纯菌单一固定或某几种细菌微藻的混合固定,其对含有多种混合污染物的生活污水适应性与去除效果较差,面对这种情况,菌藻细胞固定化技术在载体选择方面对维持甚至促进微生物细胞活性的要求更高,增加了该技术的处理成本。

(4)传统 ABS 系统存在的主要问题。

对上述以菌藻共生系统为核心技术去除污水中污染物的现有成果进行总结,可以发现传统菌藻共生系统主要存在以下问题:

①污染物的去除效率较低,污水处理单元占地面积大。在以菌藻共生系统为核心的传统工艺中,菌藻共生系统发挥作用的主导者为自养型的微藻,即只有微藻首先通过光合作用产生 O_2 后,菌藻共生系统才能发挥作用,进而去除水体中的污染物质,因此菌藻共生系统的污染物处理效率与微藻的生长增殖速率息息相关。然而,由于微藻细胞的尺寸较大,其增殖速率通常较低,如假单胞菌(*Pseudomonas* sp.)的增殖速率可达到 $0.4 \sim 0.8 \text{ h}^{-1}$,在各类微藻中生长代谢相对较快的小球藻(*Chlorella*)也仅仅具有 0.2 h^{-1} 的增殖速率,这两个例子也可以看出细菌的增殖速率比微藻快(假单胞菌增殖速率是小球藻的 $2 \sim 4$ 倍)。细菌增殖速率高导致微藻停留时间短,不能满足微藻光合作用和生长。微藻的生长速率限制 O_2 的产生速率,从而限制了细菌的生长速率,与之对应的,细菌的生长速率受限反过来限制了 CO_2 的产生速率,不利于微藻对无机碳源的利用,最终导致菌藻共生系统对污染物的处理速率较低。

②悬浮微藻沉降性差,易引起藻类流失和出水二次污染。微藻细胞体积小、运动性强、表面带负电荷,导致微藻细胞的聚集性和沉降性较差,其沉降速率仅为 $0.001 \sim 0.026 \text{ m/h}$,这导致微藻收获困难,有研究表明,收获微藻的成本可能占设备总成本的 90% 以上和运营设施总生产成本的 20% ~ 30%。同时,微藻周围附着的细菌细胞密度往往较低,并未形成相互联系作用的群落结构,对菌藻系统的沉降性作用甚微。

针对传统 ABS 系统在实际运行过程中存在的缺陷,以菌藻共生污泥与菌藻共生生物膜为技术基础的新型 ABS 系统相关研究逐渐展开。菌藻共生污泥即将活性污泥与微藻生物质按一定比例混合,在一定控制条件下经过人工培养,微藻细胞与活性污泥均匀黏附形成的统一絮凝体,称为菌藻共生污泥(Microalgal-Bacterial Aggregates,MABAs),也称为活性藻类;菌藻共生生物膜(Microalgal-Bacterial Biofilm,MABB)即为将细菌和微藻等微生物利用胞外聚合物(Extracellular Polymeric Substances,EPS)黏附在载体填料上形成稳定的菌藻共生微生物群落。

MABAs 与 MABB 均具有高有机物和营养物质去除效果的特点,且二者在泥水分离、生物质回收、共生系统内部传质等方面还表现出与传统 ABS 系统截然不同的优势,这为 MABAs 与 MABB 应用于高效污水处理工艺提供了一定可能,也为提高菌藻共生系统污染物的处理效率提供了新思路。

2. MABAs 的研究现状

MABAs 是结合了微藻和细菌的生物联合体,作为一种新兴的废水处理技术,满足了追求可持续社会生物经济循环的诉求。与传统的活性污泥工艺相比,MABAs 具有更低的能量需求、更高的营养物质去除率和资源回收的前景。

（1）MABAs 的主要优势。

MABAs 系统中，微藻附着在活性污泥颗粒表面，并迅速形成藻泥颗粒，极大地缩短了微藻与细菌之间的距离，从而提高物质交换的效率，同时，该系统对含有高浓度 NH_4^+-N 的废水具有较强的耐受能力，对营养物的去除率较高。在 MABAs 的操作过程中，EPS 的特性是不可忽视的。EPS 作为 MABAs 的主要组成部分，在微藻与细菌的共生相互作用中发挥着重要作用。一方面，由于 EPS 的包裹作用，运行参数的变化间接作用于微生物，导致相关反应和影响存在一段滞后期；另一方面，EPS 作为微生物的一种副产品，是微生物适应环境变化的一种方式。同时，在菌藻共生活性污泥中，细菌产生的 EPS 可有效黏附微藻细胞，使菌藻共生絮凝体的粒径增至 100~5 000 μm，远超过分散的微藻生物质絮体尺寸（5~50 μm），使共生絮体具有优良的沉降特性。此外，MABAs 不仅具有活性污泥的优点，也含有多种原生动物和后生动物，丰富了系统中的微生物结构与种类。这些微型动物的生长活动促进了 MABAs 絮体结构的多孔性，有助于菌、藻与周围环境之间的物质交换。

①MABAs 可促进微藻细胞有效沉降，无须额外添加絮凝剂。沉降速度（V_s）是表征 MABAs 沉降性能的关键参数，同时在以 MABAs 为主的污水处理工艺中，V_s 也是设计和参数优化过程中需要重点考虑的参数。由于 MABAs 中微生物结构和种类更加复杂，其沉降速率的研究结果并不统一，研究表明分散微藻细胞的沉降速率为 0.001~0.026 m/h；Gärdes 等人发现当 MABAs 中海链藻（*Thalassiosira weissflogii*）和异养细菌（*Heterotrophic bacteria*）占优势时，絮凝体沉降速率可达 2 m/h；Arcila 和 Buitrón 的研究发现，利用生活污水培养的 MABAs 絮体的沉降速率可高达 8.3 m/h。与此相比，将化学絮凝剂投加到分散藻液中，可以实现藻类的有效沉降，如在小球藻（*Chlorella vulgaris*）液中分别添加壳聚糖、硫酸铝、阳离子淀粉或采用铝阳极的电絮凝法进行处理，小球藻细胞沉降速率可增至 1.4~21.6 m/h。以上研究表明，MABAs 絮体的形成增强了微藻的絮凝沉降性能，微藻细胞沉降速率提升了 3 个数量级，而且 MABAs 絮体的沉降速率并不逊色于添加化学絮凝剂后的效果。

②MABAs 可促进微藻生物质资源回收效率。在污水处理过程中，MABAs 形成的絮凝体可以为后续生物质回收工艺节约化学回收成本，同时，与添加化学药剂相比，污泥吸附法改善微藻沉降性能具有良好的环境友好性，没有残留化学絮凝物对微藻或水体造成潜在污染。在这方面，Van Den Hende 等人的研究成果表明：MABAs 具有较大孔隙结构（约 200 μm），通过简单压滤过程即可使 MABAs 有效脱水，实现系统中 MABAs 的有效回收，其回收效率可达到 79%~99%。压滤后形成的生物质泥饼层含有 12%~21% 的干物质，根据处理废水类型不同，可直接用于生产虾及家禽饲料、植物肥料或经过厌氧消化生产 CH_4 和 H_2。

③MABAs 絮体具有良好的传质特性。在污水处理工艺中，有机物氧化分解产生的 CO_2 可作为微藻生长的有效无机碳源。在 MABAs 絮体中，细菌种群和微藻种群彼此黏附，共同生长，其中起黏合作用的 EPS 的主要成分是水，约占 EPS 总量的 95%。物质在 EPS 结合水中的扩散系数仅比自由水中低 15%，分子量小于 1 000 u 的不带电分子可在 EPS 中自由扩散，几乎不受传质阻力限制。因此，CO_2 和 O_2 在 EPS 中的扩散系数与其在自

由水中扩散系数十分接近,描述了分子在具有一定厚度的 EPS 中的传质时间。

$$t_D = \frac{\delta^2}{D} \tag{8.1}$$

式中,D 为分子在 EPS 中的扩散系数。

如上所述,CO_2 和 O_2 在 EPS 中的扩散系数值略低于其在自由水中扩散系数。以微藻细胞和细菌细胞之间的 EPS 厚度为距离,利用式(8.1)来评估底物扩散时间范围。通过研究发现,当 EPS 厚度低于 10 μm 时,CO_2 和 O_2 在 EPS 中的传质时间小于 0.5 s,可认为是瞬时完成扩散;当 EPS 厚度增至 50 μm 时,CO_2 的传质时间为 1.5 ~ 4.5 s,O_2 的传质时间为 1.25 ~ 3.5 s。综上所述,在 MABAs 絮体中,基本不会存在底物的传质限制。

(2)MABAs 的主要影响因素。

①反应器运行模式。SBR 是常用的 MABAs 反应系统。SBR 系统通过间歇式曝气和排水,可有效选择具有良好聚集和沉降效果的 MABAs,而没有形成共同絮凝体的其他微生物(微藻细胞)则通过排水被淘汰。目前,已有报道表明,利用 MABAs 在 SBR 系统中处理生活污水时,相应 HRT 可缩短至 1.4 ~ 8 d;当将培养成熟的 MABAs 用于启动生物反应器时,HRT 可缩短至 16 h,这为菌藻共生系统在污水处理工艺中的高效应用提供了可能。不过,SBR 模式并非唯一培养 MABAs 的方法,在实验室条件下利用 HRAP 系统处理市政废水,经过 10 d 的间歇运行后再切换至连续流运行模式,经过一个月左右,可培养出 MABAs;在 HRT 为 6 ~ 10 d 时,该菌藻活性污泥系统的 COD 去除率为 78% ~ 91%,总氮去除率为 70% ~ 99%。

②光照强度影响。光照是 MABAs 系统通过光合作用分解水体营养物质的关键因素,光照强度不仅影响微藻生产力及活性,还可影响藻类 EPS 的产生。微藻在低光强下可以提高有机质(AOM)的形成速率。AOM 和细菌 EPS 浓度的增加有助于藻类和细菌的聚集,从而改善其沉降特性。Arcila 和 Buitrón 认为太阳辐射小于 3 800 Wh/($m^2 \cdot d$)有利于 MABAs 的形成;在以城市废水为基质进行的室外试验中,发现 MABAs 中栅藻作为优势种群时(> 90%),太阳辐射从(5 027 ± 178) μmol/($m^2 \cdot s$)减少至(2 257±76) μmol/($m^2 \cdot s$)可促进 EPS 含量的提升;但是在 MABAs 中,微藻产生的 EPS 含量和黏性远低于细菌群落产生的 EPS,细菌产生的 EPS 则是影响 MABAs 稳定形成和沉降的关键。其他研究也证实 MABAs 的废水处理过程的可适应光强度范围从 200 μmol/($m^2 \cdot s$)达到 600 μmol/($m^2 \cdot s$)(包含人工的 LED 光或太阳辐射)。总体来看,高光强度可能会阻碍微藻产生 EPS,但在较宽泛范围的光强度下(200 ~ 2 257 μmol/($m^2 \cdot s$)),依然可形成稳定的 MABAs,MABAs 的整体稳定性和沉降性受光照的影响程度较小。因此,光照强度对于 MABAs 的主要影响仍表现在对微藻生长的活性方面,应以微藻活性变化为主来调控光照强度。

③系统共混强度影响。系统中扰动、混合强度是废水处理过程中影响 MABAs 形成的重要参数之一。根据 Tiron 等人的研究结果,高强度的混合方式有利于细菌和微藻细胞聚集,在 SBR 中采用高达 150 r/min 的混合速率可形成稳定且沉降性良好的 MABAs。然而,这些研究者没有提供叶轮几何形状的细节来估计输入功率(P/V)。过度搅拌可能会导致微藻细胞受损,微藻细胞在较高的水力扰动强度($>10\ W/m_{水}^3$)下会遭到破坏,进而破

坏 MABAs 的结构。P/V 通过影响 MABAs 直径对 MABAs 生物质的沉降性及 CO_2/O_2 的传质效果产生影响。因此,P/V 对 MABAs 尺寸和性能的影响已发展为一个重要的研究领域,需要进行系统的研究。

④二价阳离子影响。二价阳离子如钙离子(Ca^{2+})和镁离子(Mg^{2+})的存在可以通过与两种生物细胞表面的电荷中和作用来促进微藻和细菌细胞的聚集,因为与二价阳离子结合后的细胞表面比不结合的细胞表面疏水,细胞间更加容易聚集到一起。Ca^{2+} 和 Mg^{2+} 连接在多糖和 EPS 蛋白质链之间的多个交联键处,由此 MABAs 絮体具有一致性和稳定性。针对微生物聚集体的形成机制已经进行了广泛研究,人们普遍认为二价阳离子是 EPS 凝胶化所必需的物质,这个过程有利于细胞聚集体的结构稳定性。Powell 和 Hill 通过进行试验发现,大约70%的微藻生物质样品在形成 MABAs 时,Ca^{2+} 和 Mg^{2+} 的质量浓度可分别达到 80 g/m^3 和 190 g/m^3。

⑤无机碳/有机碳影响。已有研究证实,水体中有机碳源(如葡萄糖)与无机碳源(如 HCO_3^-)的比例越高,具有潜在毒性的丝状蓝细菌的增殖可能会被抑制,MABAs 的形成趋势就越强。不同碳源对好氧颗粒形成及维持稳定性的影响已被广泛讨论,但尚未针对 MABAs 进行相关研究。碳源对 MABAs 形态、稳定性和沉降的影响值得研究。Van Den Hende 等人的研究表明无机碳与有机碳的浓度比会影响 MABAs 的特征和性质,以 $KHCO_3$ 为无机碳源,蔗糖为有机碳源,控制无机碳质量浓度分别为 84 g/m^3、42 g/m^3 和 0 g/m^3 以及蔗糖质量浓度分别为 0 g/m^3、42 g/m^3 和 84 g/m^3 时,在无机和有机碳质量浓度分别为 84 g/m^3 和 0 g/m^3 下获得的 MABAs 沉降性缓慢且总氮去除效果较差;在无机碳质量浓度为 0 g/m^3、有机碳质量浓度为 84 g/m^3 下获得的 MABAs 具有良好的沉降特性,且总氮去除效果有所提高。因此为了提高 MABAs 的性能,必须严格控制污水中的无机碳(如碳酸氢盐)浓度。

3. MABB 的研究现状

(1)MABB 的生长特性及主要优势。

微藻和细菌等微生物在填料上附着生长形成菌藻共生生物膜的过程可理解为微生物与填料之间的相互作用过程。一般情况下,系统中悬浮的微生物在填料上生长为稳定生物膜的过程大致可分为三个步骤,分别为迁移运输过程、附着过程和生长过程。

①悬浮微生物向填料表面的运动迁移过程。微生物向载体表面的运动过程按照作用力的不同可分为主动运输和被动运输两种方式。主动运输指的是微生物借助扩散作用和水力动力等定向力向载体表面移动的情况,主动运输是微生物向填料表面迁移的主导力量。水体中悬浮的微生物与填料表面具有微生物细胞浓度差,在扩散作用下,液相微生物有向填料表面运动的趋势;同时在水力扰动作用下,填料表面环境与液相环境相比较为稳定,有利于微生物的附着;另外对于微藻而言,藻类趋光性是藻类向表面受光照填料移动的主要动力,也是微藻细胞向填料表面运动的主要作用力。被动运输主要指微生物在布朗运动、重力及沉降作用等非定向力的作用下向载体表面移动的情况,微生物的布朗运动等被动运输方式增大了微生物与填料表面的接触概率,从而有利于微生物在填料表面的进一步附着。

②微生物在填料表面的附着过程。微生物运送至填料表面后直接与填料接触,通过一系列物理、化学作用,微生物可附着在填料表面。在微生物与填料接触过程的初期,微生物与填料之间首先形成可逆附着状态,这实际上是一个附着与脱附的双向过程,即在系统各种外力作用下,液相中附着在填料表面的微生物可再回到液相中。不可逆附着过程是可逆附着过程的延续,即随着微生物在填料表面持续不断地附着和脱离,给予微生物与填料表面充分的接触时间,微生物自身会分泌出黏性的胞外物质,使得微生物能黏附在填料表面,不易被中等大小的水力剪切力冲刷掉,从而形成不可逆附着状态。实际上,微生物可逆与不可逆附着过程的区别可通过观察是否有微生物聚合物参与微生物与填料表面的相互作用判断。虽然不可逆过程是微生物在填料上附着的关键,但可逆附着过程是微生物在填料上附着的基础,二者的作用均不可忽视。

③附着微生物的生长。经过不可逆附着过程后,微生物在填料表面可长期稳定附着,在填料表面获得长期稳定的生存环境。在此基础上,微生物即可利用周围环境提供的营养物质进一步代谢增殖,逐渐形成微生物群落,并发展成稳定的生物膜。

下面将阐述 MABB 的脱氮除磷优势。在菌藻共生生物膜中,藻类的同化吸收作用是主要的氮、磷去除方式,其次是钙、镁离子对磷元素造成的沉淀作用。共生生物膜中微藻细胞中氮、磷元素所占的比例分别为细胞干重的 2.9% ~7.5% 和 0.3% ~2%,微藻细胞中氮、磷比例也会随废水中氮、磷浓度的升高而有所提高。微藻细胞对磷元素的过量吸收,会导致细胞中含磷量的显著变化。此外,菌藻共生生物膜在生长过程中的不同阶段具有不同的氮、磷去除能力。一般情况下,共生生物膜在生长阶段初期氮、磷去除能力较差,这主要是由于生物膜生长初期尚未建立完整的生物膜结构,其中微生物对环境还存在不适应。随着生物膜生长速率的加快,氮、磷去除能力也随之提高。有研究表明,藻类生物膜氮、磷去除效率与藻类的生产力正相关,而藻类的死亡和生物膜的脱落会导致氮、磷去除能力有所降低。总而言之,利用生长良好、稳定的菌藻共生生物膜处理污水时可取得良好效果。大量研究表明,相比于 MABAs 絮体中的菌藻微生物,菌藻共生系统在填料上长成的生物膜具有以下特性:菌藻共生生物膜可提高微生物的丰富度,提高共生系统的适应性;共生生物膜可促进附着藻类生长,提高共生系统氮、磷的去除效果;共生生物膜可促进慢生菌生长,提高共生系统硝化作用效果。

(2)影响 MABB 形成的主要因素。

影响 MABB 生长代谢的因素与 MABAs 类似,即主要为光照、共混强度、二价阳离子影响等。通过研究发现,MABB 适宜的具体参数范围与活性污泥中有所不同。另外大量研究表明,载体填料的表面性质和材料组成在促进微生物的吸附和生物膜的生成方面发挥重要作用,因此填料性质也是影响 MABB 生长繁殖的另一重要因素。

①微藻种类影响。微藻种类的选择是影响 MABB 形成的关键因素。不同微藻种类的特性和行为也不尽相同,这导致有的微藻更适合生长在固体表面,而有的微藻更适合悬浮生长。有研究证明,谷皮菱形藻(*Nitzschia palea*)比斜生栅藻(*Scenedesmus obliquus*)更具有黏附性,具有较高的生物质生产力和强大的生物膜形式。有些微藻种类不具有形成单一物种生物膜的能力,其在形成生物膜的同时需要其他附着微生物的辅助。

②光照强度影响。微藻生物膜与细菌生物膜对光照的需求是完全不同的,细菌生物

膜生长不需要光照来维持,而微藻生物膜生长对光照的依赖性极高。在生物膜中,微藻接受光照的情况不同于活性污泥中的微藻,这主要是由于 MABAs 絮体具有统一的沉降性和悬浮性,其中的微藻细胞接受的光照程度基本相同。而在生物膜系统中,光源在由水面入射至反应器底部时,填料表面接受的光照强度也随水深逐渐降低,因此填料上生长的生物膜所接受的光能即由强减弱。在反应器上层,填料接受较多光能,且由于生物膜厚度相对于活性污泥较薄,其中微藻在接受过量光能的情况下产生"光抑制"现象,影响生长代谢速率;而在反应器下层,光照的不足直接限制微藻生长。此外,Hill 和 Larsen 研究了不可见光与可见光和紫外光照射下菌藻共生生物膜之间的差异,结果表明其生物膜中微藻组成不同。Hultberg 等人测试了另一个参数,他们研究了不同颜色光照射下对小球藻生物膜形成的影响,发现与红光、黄光和绿光相比,白、蓝、紫三种光照射下会导致生物膜形成的速度更快。

③水体扰动影响。MABB 的形成在很大程度上取决于水体的扰动程度。形成的生物膜浸入水体中为微生物正常的生命活动提供营养,因此水体必须在足够的速度下扰动,以便为微生物提供营养并去除废物。但水体在高速扰动下会造成较强的剪切应力,可能会损坏已形成的生物膜,液体介质的湍流也会导致细胞从已经形成的 MABB 上脱离,从而降低生物膜厚度。研究表明,水体扰动造成的剪切力是影响生物膜厚度及生物膜量的主要原因之一。在填料的支撑和阻挡作用下,菌藻共生生物膜受到的水力冲击远小于悬浮态 MABAs,即菌藻共生生物膜可承受较强的水体扰动和水力冲击。随着水体扰动强度的增大,水力剪切力对生物膜的冲刷作用随之增大,这会造成生物膜的大量脱落。这一作用并非对生物是单纯不利的,过厚的生物膜会导致生物膜内部微生物无法摄取足够的营养物质而发生内源呼吸作用,造成微生物活性的降低;同时,生物膜的持续增长会造成生物膜内部形成厌氧层,厌氧微生物生成的 H_2S、CH_4、NH_3 等气体溢出时会造成生物膜的松动和微生物附着力的降低。因此,生物膜在自身生长过程中的脱落行为有利于生物膜的更新与微生物活性的维持,水体剪切力可促进这一循环,有助于维持生物膜的活性。在实际应用过程中,水力剪切力的大小需要进行有效评估与准确设置,才能在不影响生物膜整体含量的情况下,维持生物膜的活性。Johnson 和 Wen 发现,当附着培养系统保持静止时,微藻细胞无法牢固附着在载体材料上。而在培养开始时,低流速有利于细胞附着;此后改为高流速,以便为微藻提供进一步生长所需的营养。

④悬浮微生物浓度影响。对于特定的反应系统,系统中悬浮微生物的浓度和微生物与填料之间的接触频率呈正相关,即随着悬浮微生物(或悬浮污泥)浓度的增加,微生物更易于接触并吸附至填料上,有利于加快微生物向填料的扩散速度,从而促进微生物在填料上的附着。当污泥浓度增大到临界值(MLSS> 30 mg/L)后,微生物在填料上的附着速度趋于稳定,不会随污泥浓度增加而继续增大。

⑤填料性质影响。用于微藻附着形成 MABB 的填料有很多种,包括玻璃、聚苯乙烯泡沫、细棉布、聚氨酯泡沫、蛭石、黄麻、聚酯、纸板、聚乳酸、玻璃纤维、棉管、棉绳等。在选择填料时,需要对所选择的填料进行测试,一般情况下,测试主要包括耐用性和可重复性以及使用成本和细胞附着程度这几部分。一般从以下两个方面分析填料对 MABB 形成的影响。

a. 填料比表面积的影响。填料的表面纹理是影响微藻和细菌附着效果的重要因素之一。粗糙或多孔的表面通常更利于微生物细胞附着，这本质上是由于粗糙表面增加了填料本身的比表面积和粗糙度。比表面积的增大增加了微生物与填料的接触频率，较为复杂粗糙的表面结构也有利于减缓液相剪切力对微生物的冲击。与光滑的普通钢片相比，具有微米级尺寸凸起的表面更利于细胞的黏附。然而，填料表面粗糙度的增加虽提高了生物膜的黏附性与牢固程度，却也为生物膜从填料上剥落回收及生物膜的二次利用增加了难度。因此，在藻类生物质资源化潜能受到越来越多的关注时，如聚氨酯泡沫、丝瓜络和尼龙海绵等粗糙多孔材料的使用日益受到限制。

b. 填料材质组成的影响。填料的材质组成是影响微藻、细菌附着程度的另一关键因素。大量研究针对各种各样的材料展开分析，其中包括天然高分子有机物、人工合成有机物、无机金属等。研究表明，填料的材质和表面性质对于微生物在填料上的吸附速率有显著影响，对稳定生长的生物膜则无明显影响。与其他影响因素相比，填料的材料特性对藻类生物膜的形成影响较小。

⑥其他环境因素的影响。温度对 MABB 的物种组成、微藻生长速度产生一定的影响。微藻生物膜系统比悬浮培养系统更容易受到温度的影响，因为与后者相比，MABB 的水量相当低，而在悬浮培养系统中，较大的水介质对温度的变化起到了一定的缓冲作用。此外，pH 也会影响 MABB 的形成。生物膜作为一种新的微环境，其 pH 与周围环境不同。Katarzyna 等人发现，pH 的变化可以在生物膜的不同膜层被发现。不同的 pH 会影响细胞外代谢物的成分，在 pH 较低时，氨基的解离被增强，羧基的解离受到抑制，这会导致微藻细胞表面负电荷减弱，进而导致微藻黏附增加。Sekar 等人研究了 pH 对微藻黏附性的影响，结果表明两栖菱形藻在 pH≥7 时具有更好的黏附性。

4. MABAs 和 MABB 在应用过程中存在的问题

MABAs 和 MABB 的研究与发展提高了 ABS 系统的泥水分离效果与有机物降解速率，对 ABS 系统的广泛应用起到了推动作用。然而二者在应用过程中仍面临一些问题使得微生物的良性生长受到抑制，不利于 MABAs 和 MABB 的长期稳定运行及氮、磷去除。

①微藻相对含量较低。在菌藻协同处理生活污水过程中，微藻在生长增殖时可同化吸收氮、磷元素合成自身所需物质，这一过程对共生系统去除污水中氮、磷有显著促进作用。因此 ABS 系统中微藻含量的增加，有利于促进其脱氮除磷效果。而在 MABAs 和 MABB 形成和运行过程中微藻含量较低，为污泥量的 1/4 ~ 1/5 甚至更低，这主要是由于微藻生长速率受限及微藻细胞流失所致。

首先是微藻生长速率问题。不同于传统 ABS 系统中微藻的生长情况，在利用 MABAs 处理生活污水时，微藻细胞往往呈现出"光匮乏"现象，即吸收光能不足，影响藻类细胞的生长代谢速度，这主要是由污水的浊度、色度及污泥絮体自身的遮光性导致的。污水中含有多种有机分子，其中粪胆素、尿胆素、腐殖酸和富里酸等可严重影响光透过性。此外，生长良好的活性污泥大多呈黄褐色或灰褐色，光透过性较差。虽然微藻生物质被活性污泥絮体通过 EPS 黏附在污泥外部，但在大量絮体存在的情况下，MABAs 絮体之间的相互遮蔽，显著影响了微藻细胞对光能的吸收。许多研究通过对污水采用一些预处理方法来降低污水色度，提高其光透过率，其中包括过滤、高压灭菌及稀释等方法。上述方法虽然能够达到预期目的,但这显然增加了处理成本和处理流程,从整体上放大了污水处理问题。采用次氯酸钠可以降低废水的浊度并起到消毒作用,但值得考虑的是,添加化学药剂的消毒方式对微生物生长代谢具有一定的抑制作用。由前文可知,MABB 的稳定生长依赖于填料与悬浮微生物的充分接触。有研究表明,填料上形成成熟的生物膜需要 10~30 d,且系统中需含有较充足的悬浮微生物和营养元素,在填料上长出成熟稳定的生物膜之前,MABB 工艺无法实现良好的氮、磷去除效果。由于生物膜附着生长过程(挂膜过程)不可避免,MABB 中也存在包含微藻在内的微生物初始生长速率较低的现象。

微藻细胞流失情况多发生在 MABAs 或 MABB 培养初期。就 MABAs 而言,微藻生物质与活性污泥混合后,在 EPS 的作用下,大量藻细胞被黏附在活性污泥表面,部分未被黏附的藻细胞则跟随出水流失至系统外,造成 MABAs 絮体中微藻含量和比例的降低。虽然通过降低微藻生物质的接种比例可减少微藻细胞的初期流失,但仍无法完全避免这一现象,且有可能引起微藻接种量不足,需要二次接种等情况。通过延长沉降时间可促进微藻细胞沉降效果,降低微藻流失量,但这会导致污水处理时间延长,进而导致污水处理效率降低、处理单元占地面积增大等一系列问题。另外值得注意的是,水体扰动强度的增大亦会导致 MABAs 中藻细胞的脱落。在传统活性污泥污水处理工艺中,曝气产生的水体扰动和气流冲击有可能会对 MABAs 的结构稳定性造成不利影响,需进一步优化和评估适于 MABAs 絮体的参数范围。类似地,在 MABB 生长初期,填料表面尚未形成具有一定黏性和吸附特性的生物膜,水体中的悬浮藻细胞无法被填料截留或吸附,也会存在微藻细胞流失情况,影响 MABB 的形成。

②微藻细胞活性较低。在 MABAs 和 MABB 系统中,微藻活性相对普通 ABS 系统中较低,主要表现为活体藻细胞相对含量较低及藻类光合作用效率较低,这主要是由污泥或生物膜的遮光性导致。众所周知,悬浮污泥不透光且分散性好,明显限制了微藻获得光能,其中 MABAs 系统中活性污泥的遮光性强于 MABB 系统,这是因为当微生物和胞外物质都被吸附在载体上形成生物膜时,生物膜的表面可以更容易、更持续地暴露在光下。此外,MABAs 中微藻黏附于污泥絮体上,随污泥絮体一同悬浮或沉降,这一状态相比于悬浮性微藻细胞不利于吸收光能,因此微藻活性较差。

③菌藻相互作用机制尚未明确。ABS 系统内微生物作用复杂多变,菌藻群落间或物种间相互作用机制尚未明确,系统中菌藻共同作用下的氮、磷去除途径与机制也不明确。一方面,细菌和微藻可通过相互利用彼此的代谢产物(细菌利用 O_2 生成 CO_2,微藻则正好相反)形成紧密的互利共生关系,相互促进,协同生长,并通过同化作用去除污水中氮、磷;另一方面,越来越多的研究发现,某些菌种和藻种之间也存在一定的竞争关系或相互抑制作用。有研究表明,细菌与微藻对空间及营养物质等必需资源存在重合,且资源受限时则会产生竞争,与之对应地,藻类也会分泌外毒素抗菌。此外,Shi 等人发现,某些溶藻细菌可破坏藻类细胞壁,致使藻细胞裂解死亡。目前大多数研究确定的菌藻间的抑制行为主要针对单一或确定的几种细菌和微藻,不具有普遍意义,而针对细菌和微藻在种群、群落结构方面的相互作用研究较少,现阶段仍未有明确结论表示细菌和微藻间存在群落结构上的竞争行为,影响 ABS 系统种菌藻相互作用的关键影响因素也尚未明确,有待进一步研究。

8.1.2 菌藻共生 MBR 污水处理技术研究进展及发展趋势

菌藻共生污水处理技术相比于普通活性污泥法具有脱氮除磷高效和节能降耗等技术优势,但是仍然存在污水处理周期长、所需占地面积大、藻类生物量流失、系统稳定性差等问题。微滤膜能通过膜孔的截留作用,将 HRT 和 SRT 分离,从而定量控制藻类生物量,现阶段利用膜法截留藻类以阻碍藻类生物量流失的研究方向得到了广泛关注。Bilad 等人采用浸没式微滤膜截留小球藻和硅藻,研究发现当微滤膜孔径为 0.008 μm 时可实现藻类的有效截留,阻碍了藻类的流失,保证了系统的稳定运行。

现阶段国内外学者在此方向上的研究内容还包括:将膜组件置于藻类反应池中,利用膜的截留作用实现藻体资源回收;将带有膜组件的藻池置于传统 MBR 工艺后,进一步对 MBR 出水进行脱氮除磷,并在藻类膜反应器设计、膜污染控制等方面开展了初步研究。Marbelia 等人利用带有膜组件的藻类反应池深度处理 MBR 出水,研究发现带有膜组件的藻类反应池能明显阻碍藻类流失,其截留生物量是普通藻类反应器的 3.5 倍,有效降低了反应器的占地面积并保证了系统的稳定运行。目前的研究焦点多集中于在单独的藻类反应器中加入膜组件,用于二级生物处理出水的深度处理,并且重视对藻类生物质的回收,但藻类膜反应器在二级生物处理后的加入,显著增加了整体工艺的投资运行成本和操作难度。与此同时,研究人员们关于藻类细胞对膜污染影响的看法也各不相同。Matsumoto 等人认为单纯的藻类细胞有增加膜污染的倾向,而在 Xu 等人的研究中显示,TMP 在藻类膜反应器中的增长速率明显低于传统 MBR,但并没有给出产生这一现象的原因。

将菌藻共生体系与 MBR 工艺进行耦合,可在普通活性污泥去除有机碳与藻类深度脱氮除磷的同时,通过藻类光合释氧降低 MBR 能耗。Bhaskar 等人研究发现,在菌藻共生系统中藻类和细菌通过胞外聚合物相互结合团聚形成粒径为 1.5～3.4 mm 的共聚物颗粒,与普通活性污泥颗粒的粒径相当,而颗粒化污泥具有较大的粒径结构,良好的过滤性和可压缩性,可以有效减缓膜污染。Huang 等人进一步研究发现,菌藻颗粒污泥分泌的 EPS 中,蛋白质和糖类相对传统颗粒污泥分别减少了 25.7% 和 22.5%。EPS 作为最重要的膜污染物之一,其含量的减少对膜污染减缓具有重要作用。综上,将菌藻共生体系与 MBR 相耦合,积极开展菌藻共生膜生物反应器设计,以及反应器处理效能、膜污染控制等相关内容的研究具有重要意义,是菌藻共生 MBR 污水处理技术的发展趋势。

8.2   菌藻共生 MBR 工艺设计

8.2.1   菌藻共生 MBR 设计

试验设置两组系统:试验组菌藻共生 MBR(Algal-sludge bacterial-MBR,ASB-MBR)与对照组普通 MBR(Control-MBR,C-MBR),装置结构示意图如图 8.2 所示。在 ASB-MBR 中接种一定比例的活性污泥与藻液,选择人工光源缠绕于 ASB-MBR 四周模拟日光,并且以 12 h 光照(Light, L)、12 h 黑暗(Dark, D)状态交替工作。研究中藻菌比例设 1∶1、1∶5、1∶10 三种比例,均为系统内藻体与细菌生物量干重的比值。在 C-MBR 内仅接种活性污泥,避光运行。两组系统均在透明 PVC 制成的圆柱形反应器内运行,反应器高 32 cm,底面半径为 9.5 cm,反应器有效体积为 6.5 L。

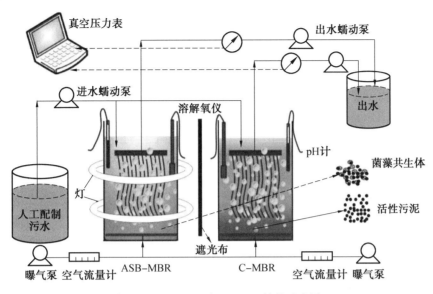

图 8.2　ASB-MBR 与 C-MBR 结构示意图

8.2.2　菌藻共生 MBR 运行参数设计

在运行过程中,进水为人工配制的生活污水(组分见表 8.2),进水采用蠕动泵抽吸,流量为 9 mL/min;出水利用蠕动泵以 8 min 开/2 min 关模式控制,出水流量为 11.25 mL/min,此外在出水管线上安装真空压力表以监测 TMP。当 TMP 高于 30 kPa,将膜组件取出,用去离子水对其进行物理清洗以恢复膜过滤功能;当两组系统内 TMP 均高于 30 kPa,用质量分数为 5% 的次氯酸钠对膜组件进行化学清洗恢复膜过滤性能。反应器中 HRT 为 12 h,膜通量保持在 6.8 L/(m^2·h),pH 保持在中性范围内。反应器底部设有曝气盘,曝气量控制在 0.11 m^3/h,溶解氧质量浓度保持 2~4 mg/L。研究过程中,为保持两组系统内污泥浓度在同一水平((3 300 ± 160) mg/L),每天检测两组系统污泥浓度,并且确定排泥量。接种期间采用连续流运行方式,监控两组系统生物量增长情况以及 COD 去除效果,接种约 30 d 后,两组系统生物量增长以及 COD 去除效率达到稳定状态,待系统稳定运行 10~15 d 后,保持原运行条件不变并开始对系统内各项目进行监测分析。

表 8.2　人工配水组成成分 　　　　　　　　　　　　　　　　　　　mg/L

成分	质量浓度	成分	质量浓度
葡萄糖	200	$FeSO_4 \cdot 7H_2O$	2.5
淀粉	200	$CuSO_4$	0.3
NH_4Cl	151	$ZnSO_4 \cdot 7H_2O$	0.5
$NaHCO_3$	200~400	$MnSO_4 \cdot 7H_2O$	0.3
KH_2PO_4	21.9	$NaCl$	0.3
$MgSO_4$	40	$CoCl_2 \cdot 6H_2O$	0.4
$CaCl_2$	5	$Na_2MoO_4 \cdot 2H_2O$	1.3

8.3　菌藻共生 MBR 运行特征

菌藻光生物反应器虽然具有高效的脱氮除磷效能、广泛的生物量资源利用以及零强度曝气等优势,但是藻类较差的重力沉降性引起的藻类流失,易产生二次污染并影响系统稳定性,且藻类光合作用需要充足的光照进而增加了工艺的占地面积。膜生物反应器具有占地面积小、出水水质高等优点,但是高曝气强度和膜污染问题是传统 MBR 工艺所面临的重大挑战。将菌藻系统与传统 MBR 进行有效结合,MBR 工艺中膜组件可以在过滤污水、不影响活性污泥总量的同时截留藻体生物量,而藻类可以提高整体工艺的氮磷去除效率,并通过光合作用释放氧气,降低 MBR 曝气强度。但是学术界关于藻细胞对膜污染的影响说法不一。因此本研究为了实现在低曝气强度和高效氮、磷去除的前提下,使得 MBR 膜组件污染得到有效控制,将菌藻共生系统与传统 MBR 有效耦合,创新研发出了菌藻共生 MBR。本节将进一步探索菌藻共生 MBR 运行过程中关键参数的影响,同时探究长期运行条件下藻类的加入对系统出水水质及膜污染的影响,分析菌藻共生 MBR 内菌藻存在关系和菌藻生物学特性变化。

8.3.1　ASB-MBR 运行参数的优化

藻类对传统 MBR 工艺出水水质以及膜污染的影响主要取决于藻类生长情况、细菌生物活性和混合液性质等。光照强度是影响藻体光合作用的重要因素;藻菌比例是菌藻共生作用关系、微生物活性和性质的重要影响因素;光暗周期是影响藻细胞分裂模式及营养吸收的重要因素,因此试验中选取光照强度、藻菌比例、光暗周期三个关键性参数作为菌藻共生 MBR 的主要优化参数。

1. 光照强度对藻类生长状况以及硝化作用的影响

光照是藻体生长的基本条件,但对硝化细菌具有抑制作用,因此光照强度对系统中叶绿素质量浓度和硝酸盐质量浓度具有显著影响。试验在 HRT 为 12 h、曝气强度为 0.11 m^3/L、藻菌比例为 1∶10 的条件下,探究三个光照强度(2 000 lx、3 000 lx、4 000 lx)梯度对系统内藻类生长情况和细菌硝化作用的影响。

通常使用叶绿素浓度表示藻类生物量的相对含量,试验中分析了不同光照条件下 ASB-MBR 内叶绿素质量浓度变化,结果如图 8.3 所示。可以看出,三种光照强度下叶绿素质量浓度均随时间不同程度地升高,说明光照是藻类生物量增长所必需的环境因子。此外,在参数优化运行周期内,光照强度为 3 000 lx 和 4 000 lx 的系统内叶绿素平均增长速率分别 0.10/mg/(L·d)和 0.14/mg/(L·d),相比光照强度为 2 000 lx 的系统内叶绿素质量浓度增长速率较快,说明在一定光照强度范围内,系统内藻类生物量的平均增长速率与光照强度成正相关。

相关研究表明,在单纯的活性污泥系统中,光照会使得氨氧化过程中的氨单加氧酶和亚硝酸盐氧化过程所需的细胞色素 C 的合成受到抑制,进而对细菌硝化作用产生影响。试验中分析了系统内氨氧化细菌(AOB)和亚硝酸盐氧化细菌(NOB)在不同光照强度下的生物活性以及系统出水氨氮质量浓度,结果见表 8.3。可以得到,2 000 lx 光照强度下的系统内 NOB 生物活性,分别比 3 000 lx 和 4 000 lx 光照强度下系统内 NOB 生物活性高22.9% 和 19.12%;同样,2 000 lx 光照强度下的系统内 AOB 生物活性,分别比 3 000 lx 和4 000 lx 光照强度下系统内 AOB 生物活性高 8.16% 和 10.42%。这表明菌藻系统中 AOB和 NOB 的生物活性会受到光照的抑制。但 3 000 lx 和 4 000 lx 光照强度下系统内硝化细菌活性较低,系统的氨氮去除率却较高,结合 3 000 lx 和 4 000 lx 光照强度下较高的藻体生物量,可推测藻类在去除氨氮的过程中发挥了重要作用。

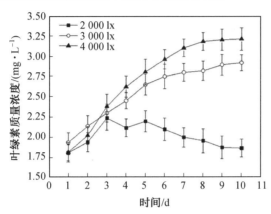

图 8.3 三种梯度光照强度下的叶绿素质量浓度

表 8.3 光照强度对 AOB、NOB 活性以及氨氮质量浓度的影响对比分析

项目	2 000 lx	3 000 lx	4 000 lx
AOB 生物活性	7.35±1.1	5.98±1.0	6.17±1.2
NOB 生物活性	10.07±1.4	9.31±1.1	9.12±0.9
出水氨氮质量浓度/(mg·L⁻¹)	3.2±0.6	1.9±0.4	2.2±0.3

根据上述内容可得,3 000 lx 和 4 000 lx 光照强度均对藻体生长产生有利影响,但结合光照能耗与氨氮去除效率,将 3 000 lx 光照强度作为 ASB-MBR 的优化光照强度参数。

2. 藻菌比例对组合系统膜污染和微生物代谢产物的影响

相关研究表明,藻类含量增长会提高污水处理系统对含氮营养物的去除效率,有利于污水处理效果的提升,但过多藻类容易引发膜污染现象。ASB-MBR 中细菌与藻类之间存在复杂的生态关系,养分供应充足的情况下菌藻相对含量对系统内菌藻关系、细藻共生体的代谢产物 EPS 等具有重要影响。结合 EPS 对膜污染的关键贡献作用,此部分主要探究了藻菌比例对 ASB-MBR 中膜污染和微生物代谢产物 EPS 的影响,研究内容为在 HRT为 12 h,光照强度为 3 000 lx 的运行条件下,考察了 1:10、1:5 和 1:1 三种藻菌比例下系统的 TMP 及 EPS 含量变化情况。

从图 8.4 中可以看出,在试验进行的 45 d 内,藻菌比例为 1:1 的系统经历了四个膜污染周期,膜污染频率高于不含藻类的对照组系统;藻菌比例为 1:5 和 1:10 的试验组系统分别经历了一个和两个膜污染周期;说明不同藻菌比例对 MBR 内膜污染情况的影响

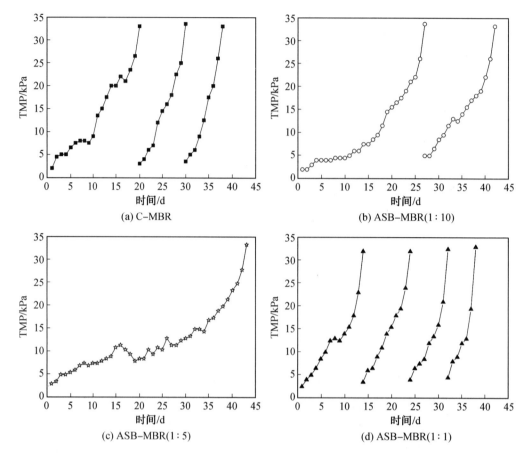

图 8.4　不同菌藻比例系统内 TMP 变化对比分析

不同,适当的藻菌比例能够降低 MBR 工艺的膜污染频率。分别测定四组系统中的 DO 和污泥絮体粒径,结果发现藻菌比例为 1∶5 的系统内絮体粒径和 DO 质量浓度分别为170.08 μm和(4.3±0.3) mg/L,藻菌比例为 1∶10 的系统内絮体粒径和 DO 质量浓度分别为181.94 μm 和(4±0.2) mg/L,这两组系统内的污泥絮体粒径均低于对照系统,DO 质量浓度高于对照系统。相关研究表明,较小的污泥絮体粒径会引起膜孔的堵塞程度的增加,使得膜过滤性能发生降低,但本试验中藻菌比例为 1∶5 和 1∶10 的两试验组系统中膜污染频率明显低于对照系统。丝状菌的过度繁殖会破坏污泥絮体结构和形态,使得污泥絮体更易沉积于泥饼层表面,进而加剧膜污染。通过测定丝状菌指数还发现,藻菌比例为 1∶5 和 1∶10 的两组系统内丝状菌数量少于对照系统。与对照系统相比,由于试验组系统内藻类的光合作用,在同等曝气强度下,试验组系统内溶解氧质量浓度明显高于对照组,而较高的溶解氧质量浓度对丝状菌的过度繁殖产生抑制,故藻菌比例 1∶10 和 1∶5 的试验组系统中膜污染情况有所减缓。

　　EPS 与菌藻关系密切相关,还是引起膜污染的重要污染物之一。考察 EPS 变化情况对揭示菌藻共生关系以及藻菌比例对膜污染的影响规律具有直接作用。从图 8.5 中可以看出,对照组系统和藻菌比例为 1∶1 的试验组系统内 EPS 含量明显高于藻菌比例为

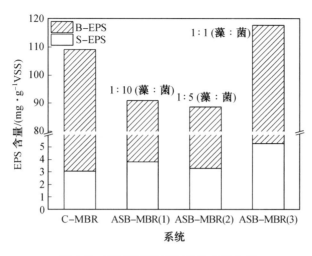

图 8.5　不同藻菌比例下系统 EPS 含量

1∶10 和 1∶5 的试验组系统。DO 较低的条件下微生物容易分泌 EPS，当 DO 较高时 EPS 能够成为作为细菌的能源和碳源而被加以利用。较高的 DO 质量浓度是藻菌比例为 1∶10 和 1∶5 的试验组系统中 EPS 含量低于对照系统的主要原因之一。藻菌比例为 1∶1 的系统中 EPS 含量最高，其原因可能是高强度的剪切力促进了 EPS 的分泌。EPS 含量较高会造成膜表面产生致密泥饼层，更容易发生膜污染。另外，接种藻类的试验组系统内 S-EPS 含量相比对照组更高，这可能是由于藻体促进了系统内微生物代谢，进而加强了微生物胞外物质的释放及黏液层的分泌。藻菌接种比例为 1∶1 的试验组系统内 B-EPS 含量高于对照组系统，藻菌接种比例为 1∶10 和 1∶5 的系统内 B-EPS 含量低于对照系统。综合分析得出接种适当比例的藻类可以有效改善 MBR 内的微环境，1∶5 的藻菌比例下系统达到最优的膜污染控制效果。

3. 光暗周期对系统内藻类生物量及水质去除的影响

光暗周期对藻类细胞的分裂模式及营养吸收都具有很大影响，适宜的光暗交替周期也利于藻细胞内光反应和暗反应的匹配、光合产物的形成以及物质代谢的稳定。本部分试验在 3 000 lx 的光照强度、12 h 的 HRT、1∶5 的藻菌比例下，考察了不同光暗周期对系统内藻类生物量及系统污染物去除效率的影响，选取的光暗周期为 8 h 光照（L）/16 h 黑暗（D）、12L/12D、16L/8D，试验结果见表 8.4。数据显示，三种光暗周期下系统内的藻类生物量存在显著差异。在 8L/16D 系统和 16L/8D 系统内藻类的平均生长速率较低，这意味着光照时间较短或较长都会抑制藻类的光合作用。藻类的光反应和暗反应都属于光合作用，光反应中光能首先转化为电能，然后转化为活跃的化学能并被储存于 ATP 中。暗反应中，藻细胞消耗 ATP 同化 CO_2 合成糖类，将活跃化学能转化为糖类等有机物中的稳定化学能。较长或较短的光照均会对藻类的暗反应或者光反应产生影响，从而影响藻类生长。12L/12D 的光暗周期下藻细胞增长速率最快，这意味着此条件下藻细胞中光反应水平与暗反应水平相互匹配，有利于光合产物的合成以及物质代谢。

由表 8.4 可知，系统的 COD 去除效果在三组光暗周期下无明显差异。黑暗中藻类呼吸作用增强，有利于摄取外界中葡萄糖；光照下藻类光合作用增强，产生更多 O_2，增强了细菌对葡萄糖类物质的摄取,有利于细菌的矿化作用。黑暗时间长的情况下藻类摄取葡萄糖加强,光照时间长的情况下细菌矿化作用加强,使得三组光暗周期下的系统未表现出 COD 去除效果的明显差异。

表 8.4　不同光照周期对藻细胞生长速率及出水水质影响

光周期	8L/16D	12L/12D	16L/8D
平均生长速率/(mg·L^{-1}·d^{-1})	0.09	0.16	0.12
COD 去除率/%	93.8±1.2	94.5±1.1	94.1±1.5
NH$_4^+$-N 去除率/%	91.3±1.1	96.4±1.5	93.7±1.4

在三组光暗周期下,系统氨氮去除率的变化趋势与藻细胞生长速率的变化趋势相似。这是因为适当的明暗周期循环有利于藻类光合作用,从而提高了系统中的 O$_2$ 含量,形成了关于硝化细菌的有利环境,引起氨氮去除率的提升。结合前文分析可得,12L/12D 的光暗周期是利于藻类光合作用和系统去除污染物的优化条件。

8.3.2 ASB-MBR 污水处理效能

1. COD 处理效果分析

在 3 000 lx 光照强度、1∶5 的藻菌比例、12L/12D 的光暗周期下长期连续运行菌藻共生 MBR,考察共生藻类对 MBR 工艺出水水质及膜污染情况的影响,图 8.6 为 ASB-MBR 和 C-MBR 的 COD 去除率。

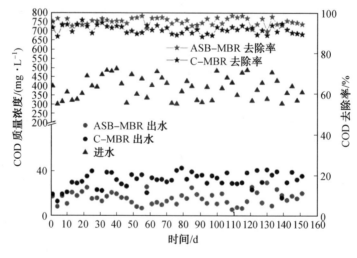

图 8.6　ASB-MBR 和 C-MBR 的 COD 去除率

由图 8.6 可以看出,进水 COD 质量浓度为(391.8±21.6) mg/L,ASB-MBR 和 C-MBR 的出水中 COD 平均质量浓度分别为(15.7±1.6) mg/L、(31.6±2.3) mg/L;平均去除率分别为 95.8%、91.8%;结果表明藻类的加入在一定程度上提高了 MBR 的 COD 去除效果。

MBR 曝气池中存在微生物的矿化作用、同化作用以及膜过滤作用,共同构成了 MBR

的 COD 去除性能。监测发现在相同曝气强度下,ASB-MBR 和 C-MBR 内的 DO 质量浓度
分别为(4.3±0.3) mg/L 和(3.3±0.1) mg/L,ASB-MBR 的 DO 质量浓度相比 C-MBR 增
加了 30.1%,这是由于 ASB-MBR 中藻类进行光合作用从而释放氧气到混合液中。较高
的 DO 质量浓度可以在一定程度上促进微生物矿化作用,引起 COD 去除效果的提高。此
外有研究表明,在菌藻共生系统中,藻类释放的多种有机物质对细菌生长具有促进作用,
而细菌通过降解大分子物质转化为易被藻类吸收利用的小分子物质,促进了藻细胞的增
殖。试验种对 ASB-MBR 和 C-MBR 内的 SOUR$_{COD}$ 进行测定,以进一步探究藻类对系统内
COD 生物降解活性所产生的影响。结果发现,ASB-MBR 内的 SOUR$_{COD}$ 为 17.01 mg O$_2$/
(g VSS·h),与 C-MBR 内 11.04 mg O$_2$/(g VSS·h)的 SOUR$_{COD}$ 相比提高了 54.08%,说
明 ASB-MBR 具有更高的 COD 生物降解活性,即 MBR 内好氧异养微生物的活性在藻类
的存在下得以提高,微生物同化作用去除 COD 的作用增强。

2. 氮处理效果分析

ASB-MBR 和 C-MBR 的 TN 和 NH$_4^+$-N 去除率如图 8.7 和表 8.5 所示。由图 8.7 可
以看出,在进水氮质量浓度相同的情况下,组合系统 ASB-MBR 的出水 NH$_4^+$-N 和 TN 均
低于 C-MBR。由表 8.4 可知,ASB-MBR 和 C-MBR NH$_4^+$-N 去除率分别为 96.97% 和
90.85%,均达到 90% 以上,说明两组系统 NH$_4^+$-N 处理效能良好。与此同时,与 C-MBR
相比,ASB-MBR 的 NH$_4^+$-N 和 TN 去除率分别提高 6.1% 和 11.7%,说明 ASB-MBR 的氮
处理效能提高。

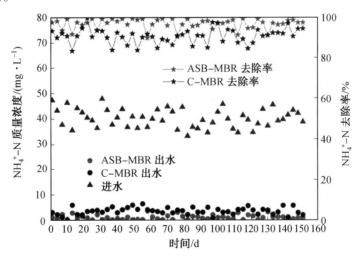

图 8.7　ASB-MBR 和 C-MBR 的 TN 和 NH$_4^+$-N 去除率

系统中的主要脱氮途径包括微生物的同化作用和硝化、反硝化作用。ASB-MBR 和
C-MBR 的氮去除情况分析见表 8.6。由表 8.6 可知,本试验中 ASB-MBR 和 C-MBR 内微
生物的同化作用脱氮占比分别为 64.21% 和 60.44%,明显高于硝化和反硝化脱氮占比。
ASB-MBR 中生物同化作用脱氮效果显著优于 C-MBR,说明 ASB-MBR 中菌-藻絮体的
生物量摄氮率高于 C-MBR 中单纯细菌的生物量摄氮率。另外,细菌释放出的 EPS 会黏
附藻类细胞形成菌-藻絮体,絮体内形成的持续的厌氧微环境有利于反硝化作用发生,但

两组系统还是以好氧脱氮为主。

表 8.5　ASB-MBR 和 C-MBR 的氮去除率对比分析

项目	ASB-MBR	C-MBR
进水 TN 质量浓度/(mg·L⁻¹)	40.32±4.5	40.32±4.5
出水 NH₄⁺-N 质量浓度/(mg·L⁻¹)	1.18±0.5	3.66±0.9
NH₄⁺-N 去除率/%	96.97	90.85
出水 TN 质量浓度/(mg·L⁻¹)	26.8±2.7	31.5±3.1
TN 去除率/%	33.53	21.87

表 8.6　ASB-MBR 和 C-MBR 的氮平衡计算　　　　mg/d

系统	TN 去除	生物量摄入	反硝化作用去除
ASB-MBR	175.76±3.5	112.86±2.2	62.9±2.1
C-MBR	114.66±3.1	69.3±2.1	45.36±1.8

　　根据上文所述,ASB-MBR 内的 DO 质量浓度高于 C-MBR,在好氧环境下,硝化细菌发挥作用,氨氮主要通过硝化作用去除,所以较高质量浓度的 DO 是 ASB-MBR 氨氮去除效率较高的原因之一。另外,通过测定两组系统内微生物氨氮降解活性发现,ASB-MBR 氨氮的 SOUR(11.09 mg O₂/(g VSS·h))相比于 C-MBR(7.19 mg O₂/(g VSS·h))提高了 54.25%,说明藻类的投加提高了 MBR 内微生物氨氮降解活性。除此之外,相比于 C-MBR,ASB-MBR TN 去除率提高了 11.7%,氨氮去除率提高了 6.1%,这是因为藻类同化氨氮的同时,也能够吸收部分硝态氮、亚硝态氮以及其他简单有机氮用于合成自身细胞内 AAS 和蛋白质等物质。此外,相比于 C-MBR,ASB-MBR 在高效去除氨氮的同时并没有使硝态氮和亚硝态氮值增加,因此推断 ASB-MBR 内微生物较强的硝化作用、微生物氨氮降解活性以及藻类对硝态氮、亚硝态氮的同化吸收是氮去除效率提高的主要原因。

3. PO₄³⁻-P 处理效果分析

　　ASB-MBR 和 C-MBR 对 PO₄³⁻-P 的去除效果如图 8.8 所示。结果可知,在进水磷质量浓度为(4.7±1.2) mg/L 的条件下,ASB-MBR 内 PO₄³⁻-P 去除效率较 C-MBR 提高了 12.8%,说明藻类的加入在一定程度上提高了系统的磷去除能力。

　　系统内磷的去除主要有生物除磷和化学除磷两种途径,化学除磷通常发生在高 pH 的条件下(pH 为 9~11),而本研究中两组系统内的 pH 均为中性,所以基本不存在化学除磷,主要以生物除磷为主。生物除磷又包括微生物同化作用与过量吸磷两种,前者主要指微生物通过生物体同化吸收将磷元素转化成自身生长繁殖所需的生物质,如蛋白质、磷脂、核酸等;后者主要是指聚磷菌(PAO)超过其生理需要过量吸磷,然后将磷以聚合磷酸盐形式储存于体内,形成高磷污泥,然后以剩余污泥和上清液分别排出系统从而达到除磷的目的。在 ASB-MBR 和对照组 C-MBR 中,主要通过细菌同化作用与 PAO 过量聚磷、形成高磷污泥使磷元素得以去除。

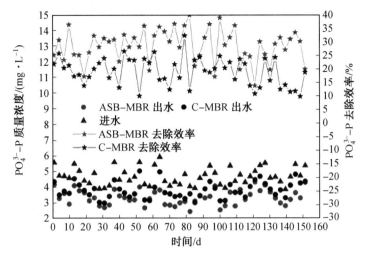

图 8.8 ASB-MBR 和 C-MBR 对 PO_4^{3-}-P 的去除效果

对于 ASB-MBR,藻体在生长繁殖过程中会把 PO_4^{3-}-P 主动运输到藻细胞体内合成自身所需的 ATP、磷脂等有机物供藻体增殖以及自身能量所需,即藻体的同化作用也可以除磷。有研究表明,藻类细胞对磷的同化作用能力强于细菌对磷的同化吸收,并且藻类细胞可以像聚磷菌一样超过自身生理需求过量摄磷,其摄磷量高于同等生物量细菌。值得注意的是,本研究中 ASB-MBR 中微生物生长速率明显高于对照组 C-MBR(后文中详细解释),即每天产生的生物量高于 C-MBR,所以为了维持两组系统的生物量相同,ASB-MBR每天排泥量需大于 C-MBR,这在一定程度上也表明了 ASB-MBR 中微生物具有较高的生物除磷能力。综上可知,相比于 C-MBR,ASB-MBR 较高的除磷效率主要体现在藻类细胞较强的同化作用,以及系统较大的排泥量。

4. 菌-藻与营养物质去除相关性分析

通过以上研究结果可知,ASB-MBR 表现出了更好的碳、氮、磷去除效果,说明藻类的投加有助于进一步提高传统 MBR 的出水水质。为了进一步探究藻体与各营养物质去除间的关系,本研究分析了 ASB-MBR 组合系统内叶绿素与 COD、NH_4^+-N、PO_4^{3-}-P 去除效率,以及 MLVSS 与 COD、NH_4^+-N、PO_4^{3-}-P 去除效率间的相关性,结果见表 8.7。

表 8.7 ASB-MBR 内叶绿素浓度及 MLVSS 与营养物质间的相关性分析

参数	叶绿素浓度	MLVSS
COD 去除率	0.598	0.655
NH_4^+-N 去除率	0.712	0.736
PO_4^{3-}-P 去除率	0.625	0.672

统计学分析结果显示,藻类叶绿素浓度与 COD 去除率、NH_4^+-N 去除率、PO_4^{3-}-P 去除率的相关性分别为 0.598、0.712、0.625。藻类细胞中叶绿素浓度能够用来表征藻类的相对含量,从表 8.7 结果可以看出,藻类与 NH_4^+-N、PO_4^{3-}-P 去除率的相关性大于与 COD 之

间的相关性,说明当三种营养物质同时存在时,藻类更倾向于利用氮磷营养物质。藻类与 NH_4^+-N 去除率的相关性大于 $PO_4^{3-}-P$ 去除率的相关性,说明含氮物质比含磷物质更易被藻细胞吸收利用。在 ASB-MBR 组合系统内,MLVSS 与三大营养物质去除率相关性 (0.655、0.736、0.672) 均大于叶绿素与三大营养物质去除率的相关性,在 ASB-MBR 内 MLVSS 代表藻类与微生物的总量,由此可以看出在营养物质去除的过程中,菌藻共同体扮演着主要的作用,这也间接证明了 ASB-MBR 污水处理过程中菌藻存在共生关系。

8.3.3 ASB-MBR 菌-藻生物活性分析

1. 微生物生物量变化分析

在 ASB-MBR 和 C-MBR 两组系统运行过程中定量排泥,维持相同污泥浓度,即维持 MLSS 在 (3 300 ± 160) mg/L。试验发现,当 ASB-MBR 和 C-MBR 两组系统运行稳定后,日排泥量分别为 (380 ± 12.6) mg/L、(300 ±11.5) mg/L。由前文分析可知,微生物对碳、氮、磷等营养物质的去除一部分通过微生物的同化吸收作用完成,而两组系统每天的排泥主要来自于微生物同化作用所导致的生物量增殖。由试验结果可知,ASB-MBR 的生物量日增长量较 C-MBR 提高了 26.7%,说明 ASB-MBR 内微生物生长速率高于对照 C-MBR。其原因主要有两方面:一方面,以菌藻共生状态存在时,细菌可以将难降解有机物通过矿化作用转化为铵盐、$PO_4^{3-}-P$ 等简单物质被藻类吸收利用,同时藻类也可以为细菌提供细胞合成所需的营养物质促进细菌细胞分裂繁殖,两者的互利共生关系促进了彼此的生长繁殖,从而提高了系统生物量;另一方面,由污水处理效果分析可知,ASB-MBR 内微生物(藻体和细菌)对碳氮磷营养元素的同化吸收强于对照组 C-MBR 内微生物的同化作用,ASB-MBR 中微生物代谢强度的提高也是导致其生物量增长速率高于 C-MBR 的原因之一。

研究中分析了 ASB-MBR 叶绿素浓度与 MLVSS 的比值,结果如图 8.9 所示。从图中可以看出,在整个运行期间叶绿素浓度与 MLVSS 的比值未发生明显变化,维持在稳定状态,表明 ASB-MBR 内菌藻之间存在平衡生长。这是由于试验中利用膜孔直径为 0.2 μm PVDF 膜组件,有效截留了微藻(直径一般为 2 ~ 10 μm),在一定程度上创造了菌藻间平衡生长的条件。此外,外界环境也是影响菌藻间平衡生长的重要因素,有利的系统环境能够筛选出易于稳定共存的藻类和菌种。综上所述,ASB-MBR 具有较快的生物量增长速率,同时保持了菌藻间平衡生长,这也进一步表明 ASB-MBR 内菌藻存在共生关系。

2. 藻类生物活性变化分析

藻类 SOGR 即单位含量叶绿素在单位时间内的产氧量,可以用来衡量单位藻体的产氧活性,是评价藻类光合作用以及藻类生物活性的重要指标。试验中为了考察系统内活性污泥对藻类光合作用及藻类生物活性的影响,测定了藻体在接种前系统运行中期和稳定运行后期的藻细胞 SOGR,结果如图 8.10 所示。可以看出,接种前、运行中期和稳定运行后期的藻细胞 SOGR 分别为 36. 33 μmol/(mg·h)、51. 20 μmol/(mg·h) 和 46. 74 μmol/(mg·h)。运行中期和后期的藻细胞 SOGR 较接种前分别提高了 40. 93% 和 28. 65%,说明在稳定运行后,ASB-MBR 内藻体的光合作用有所加强,即 ASB-MBR 内活

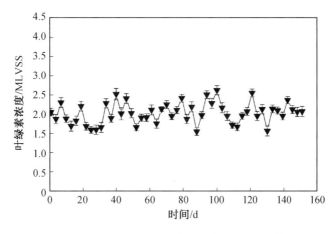

图 8.9　ASB-MBR 叶绿素浓度与 MLVSS 比值

性污泥的存在促进了藻体光合作用,提高了藻体生物活性。从试验结果还可以发现,系统
运行后期藻体的 SOGR 值较运行中期降低了 8.71% ,这是由于在系统稳定运行后期,菌
藻共生状态较为稳定,相比于前期阶段,菌藻共生体对系统内营养物质矿化吸收能力增
强,引起系统内营养盐浓度的下降,进而导致藻体的 SOGR 值轻微降低。

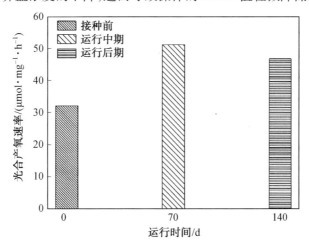

图 8.10　ASB-MBR 内不同时间内藻体光合产氧速率

3. 细菌生物活性变化分析

为了考察 ASB-MBR 中藻体对活性污泥生物活性的影响以及菌藻间互利共生关系,
试验中测定了 ASB-MBR 和 C-MBR 两组系统中好氧污泥对葡萄糖、淀粉、氨氮的 SOUR,
以及 AOB、NOB 的 SOUR。为了避免测定过程中藻类的影响,选择遮光测定,结果如图
8.11所示。

ASB-MBR 中 $SOUR_{葡萄糖}$ 与 $SOUR_{淀粉}$ 分别为 19.8 mg/(g·h) 和 14.52 mg/(g·h),比
C-MBR 内相应底物的 SOUR 分别提高了 38.6% 和 37.05% ,ASB-MBR 内好氧活性污泥
的 $SOUR_{氨氮}$ 比 C-MBR 提高了 54.24% 。试验结果说明藻类的投加提高了好氧活性污泥
对 COD 和氨氮的去除能力。此外,ASB-MBR 中泥藻混合絮体的 $SOUR_{氨氮}$ 提高比例较

SOUR$_{葡萄糖}$和 SOUR$_{淀粉}$的提高比例更大,再次证明了在三大营养物质中,藻类更倾向于利用含氮营养物质。进一步分析藻类的投加对氨氮去除中氨氧化以及硝化作用的影响,分别测定了 AOB 以及 NOB 的 SOUR。结果表明,在 ASB-MBR 中,AOB 和 NOB 的 SOUR 比 C-MBR 内两类功能菌的 SOUR 分别提高 37.7%、51.5%,说明藻类的投加促进了氨氮去除过程涉及的两个重要功能菌群 AOB 和 NOB 生物活性;NOB 的 SOUR 提升幅度更高,说明在 ASB-MBR 内 NOB 的活性受藻类影响更大。综上,藻类的投加提高了好氧活性污泥的生物活性,增强了营养物质去除效率,也再次证明了菌藻互惠共生关系的存在。

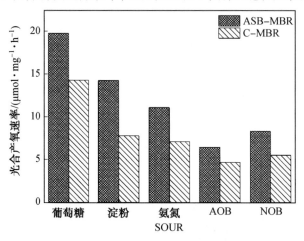

图 8.11　ASB-MBR 与 C-MBR 系统污泥的比耗氧速率

8.3.4　ASB-MBR 膜污染状况分析

以恒通量条件下运行的 MBR 工艺中,过膜压力与膜阻力呈正相关,所以通常用 TMP 曲线来表示膜污染的趋势。本试验中 ASB-MBR 和 C-MBR 的 TMP 增长情况如图 8.12 所示。在稳定运行期间,ASB-MBR 的 TMP 共两次达到限值 30 kPa,而对照 C-MBR 达到限值的次数是 ASB-MBR 的 2 倍;ASB-MBR 的两个膜污染周期分别为 47 d 和 58 d,C-MBR 的四个膜污染周期分别为 22 d、29 d、26 d、25 d。结果说明菌藻共生 MBR 中膜污染得到减缓。活性污泥性质会随着系统的长期运行而趋于稳定,因此选取两组系统的最后一个膜污染周期的 TMP 增长曲线做进一步对比分析。ASB-MBR 第二个膜污染周期时间是 58 d,C-MBR 第四个膜污染周期是 25 d,ASB-MBR 到达膜污染的时间比 C-MBR 延长了 2.32 倍。

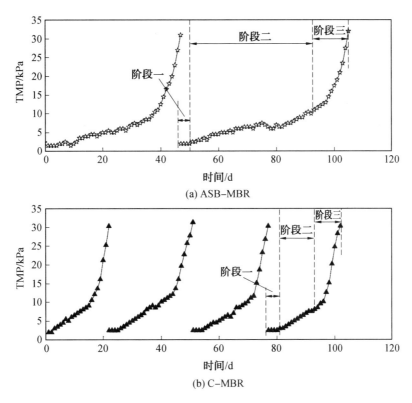

(a) ASB-MBR

(b) C-MBR

图 8.12 ASB-MBR 和 C-MBR 的 TMP 增长情况

膜过滤周期内主要包括三个阶段,即膜污染形成期、膜污染稳定发展期和污染层的水力变化期(TMP 跃升)。由表 8.8 可知,在两组系统相比较的膜过滤周期中,阶段一时长较短,且无明显差异;ASB-MBR 的阶段二与阶段三时长较 C-MBR 分别延长了 3.15 倍和 1.44 倍,TMP 的平均增长率分别降低了 52.63% 和 32.31%,进一步证明了菌藻共生 MBR 能够全面延缓膜污染。阶段二中 TMP 缓慢增长,这主要是由于膜孔阻塞以及初期泥饼层的形成所致,阶段三 TMP 呈现跃升趋势,这主要是膜表面形成大量泥饼层导致。在 ASB-MBR 中,藻类的投加对阶段二和阶段三的膜污染均有减缓作用,说明在 ASB-MBR 内,藻类与活性污泥的相互作用可能改变了混合液性质,进而通过降低混合液对膜孔的阻塞以及污染物在膜表面泥饼层的形成,达到减缓膜污染的结果。ASB-MBR 中的污泥性质将在下文予以深入分析。

表 8.8 ASB-MBR 和 C-MBR 的膜污染变化情况分析

系统	阶段一		阶段二		阶段三	
	时间/d	TMP 增长速率/(kPa·d⁻¹)	时间/d	TMP 增长速率/(kPa·d⁻¹)	时间/d	TMP 增长速率/(kPa·d⁻¹)
ASB-MBR	4	2.13	41	0.18	13	1.62
C-MBR	3	2.50	13	0.38	9	2.39

8.4　菌藻共生 MBR 中菌-藻絮体特性研究

在 ASB-MBR 中,菌藻建立的互惠共生关系对藻体及细菌的代谢、形态特征等方面均产生影响。在前文研究中已经证实,在 ASB-MBR 中,菌藻间达到平衡生长,细菌和藻体的生物活性得到提高,同化吸收能力有所增强,从而有效降低了系统出水中营养盐的浓度,并延长了膜污染周期。ASB-MBR 中菌藻共生关系影响了系统内微生物代谢行为和菌-藻絮体性质,从而影响了系统的污水处理效能。了解菌藻共生体系内菌-藻絮体的特性变化是稳定运行 ASB-MBR 的前提,由此在试验中考察了菌-藻絮体的形态学特征(絮体粒径、表面电荷以及絮体形态等);丝状菌不仅是膜污染的重要诱因,其生长状况还是衡量系统稳定运行的重要因素,由此考察了系统内的丝状菌生长状况;EPS 对菌-藻絮体的构成、稳定性以及絮凝性具有重要影响,同时在菌-藻絮体与外部环境的营养物质传输以及系统膜污染中起着重要作用,由此分析了系统内菌-藻絮体代谢产生的 EPS 含量、组分以及官能团特性;最后还探究了菌-藻絮体表面特性和聚集性,此部分内容对揭示组合系统碳氮磷强化去除、膜污染控制及稳定运行具有重要意义。

8.4.1　菌-藻絮体形态学特征研究

1.菌-藻絮体表面电荷

污泥絮体表面电荷是评价 MBR 内污泥性质的重要指标之一,通常用 Zeta 电位表征。对 ASB-MBR 和 C-MBR 两组系统中絮体的 Zeta 电位进行测定,结果发现,ASB-MBR 与 C-MBR 的絮体 Zeta 电位分别为-12.61 mV 和-16.72 mV。可以看出,与对照组相比,菌藻共生 MBR 的 Zeta 电位绝对值降低了 24.58%,说明藻类的接种降低了混合液中絮体表面的电荷量。有关研究表明,污泥絮体、膜表面以及膜表面泥饼层均被认为带负电,因此絮体间、絮体与膜表面之间都存在静电互斥作用,絮体所带负电荷越多(Zeta 电位绝对值越大),斥力作用越大,絮体越不容易附着在泥饼层表面,从而起到一定的减缓膜污染的作用。但是值得注意的是,在两组系统长期运行期间发现,絮体 Zeta 电位的绝对值与膜污染阻力呈负相关,即 Zeta 绝对值越小,膜污染阻力越大,这主要是由于当 Zeta 电位绝对值较小时,絮体间静电斥力变小,接触絮凝需要克服的能垒较低,絮体具有较好的絮凝性。与对照组相比,ASB-MBR 中絮体 Zeta 电位绝对值较低,菌-藻絮体具有较好的絮凝性,能够在一定程度上缓解膜污染。此外,MBR 工艺中引起 Zeta 电位绝对值升高的重要原因之一是丝状菌的过度繁殖,研究中发现 ASB-MBR 内丝状菌数量明显低于对照 C-MBR,这说明 ASB-MBR 内的菌-藻絮体可能在一定程度上抑制了丝状菌的过度繁殖。

2.菌-藻絮体粒径分布

混合液内絮体粒径大小以及分布情况是评价絮体形态的一项重要指标,对 MBR 膜污染以及絮体稳定性均具有一定的影响。ASB-MBR 和 C-MBR 中絮体粒径分布如图 8.13 所示,可以看出 ASB-MBR 的絮体粒径尺寸(均值和峰值分别为 174.29 μm 和 141.59 μm)明显低于对照 C-MBR(均值和峰值分别为 226.05 μm 和 224.4 μm)。ASB-

MBR 和 C-MBR 内絮体粒径参数见表 8.9,可以看出,菌-藻絮体的体积平均粒径 $D[4,3]$ 为 280.79,比对照组絮体体积平均粒径 $D[4,3]$ 降低了 11.07%,同时菌-藻絮体的 $d(0.5)$ 以及 $d(0.1)$、$d(0.9)$ 均低于对照组活性污泥絮体。污泥粒径越小,越容易堵塞膜孔,加快膜污染速度,在本研究中 ASB-MBR 内菌-藻絮体粒径虽然明显小于 C-MBR 污泥絮体粒径,但是 ASB-MBR 内膜污染没有加剧,反而得到有效减缓。值得注意的是,在 ASB-MBR 内有 80% 的絮体粒径集中在 56 ~ 640 μm 之间,仅有 0.4% 的粒径集中在 5 μm 以下,而 C-MBR 内 79% 的粒径集中在 79 ~ 710 μm 之间,0.6% 的粒径分布在 5 μm 以下。通常来说,颗粒小于 5 μm 的絮体更容易在渗透力的作用下贴附于膜表面,增加泥饼层阻力,加剧膜污染。由研究结果可以,相比于 ASB-MBR,虽然 C-MBR 污泥絮体粒径较大,但粒径分布较分散且具较多初级粒子,从而加快了膜污染速度。

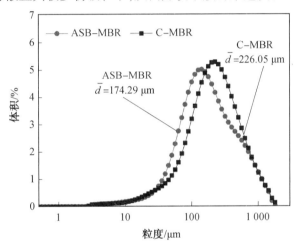

图 8.13　ASB-MBR 与 C-MBR 中菌-藻絮体粒径分布

表 8.9　ASB-MBR 与 C-MBR 的菌-藻絮体粒径参数　　　　　　　　　μm

系统	$d(0.1)$	$d(0.5)$	$d(0.9)$	表面积平均粒径 $D[3,2]$	体积平均粒径 $D[4,3]$
ASB-MBR	55.13	174.29	673.06	100.02	280.79
C-MBR	62.20	226.05	689.38	107.31	315.73

注:$d(0.1)$ 表示体积分数达到 10% 所获得的颗粒直径;$d(0.5)$ 表示体积分数达到 50% 所获得的颗粒直径;$d(0.9)$ 表示体积分数达到 90% 所获得的颗粒直径。

　　为了进一步分析藻体的投加对絮体粒径的影响,试验中考察了藻体投加前后不同粒度范围絮体粒径体积含量变化情况,结果如图 8.14 所示。图中曲线代表投加藻体前后的各粒度范围的絮体的体积含量差值,正值代表该粒度范围絮体体积含量增加,负值代表减小。由图可知,28 ~ 158 μm 的絮体明显增加(增加 12.07%),而 178 ~ 796 μm 的粒径明显减少(减少 11.47%),这表明藻体的投加在一定程度上降低了絮体粒径大小。出现这一现象的主要原因是藻类的投加增加了系统内 DO 浓度,而高质量浓度的溶解氧抑制了丝状菌的过度生长繁殖。丝状菌被认为是污泥絮体的骨架,也是絮体能够相互团聚变大的关键性因素,所以当丝状菌数量较多时,产生桥接使絮体膨胀,会增加絮体粒径,同时降低絮体的絮凝性与稳定性。此外,在长期稳定运行下,菌藻共生系统中藻体与细菌在水力搅拌的作用下,相互接触碰撞,同时细菌分泌的 B-EPS 具有一定的黏附作用,极易黏附藻类细胞形成菌-藻絮体,形成的絮体粒径多集中在 28 ~ 158 μm 范围内,远超过分散的藻细胞絮体尺寸(5 ~ 50 μm),增强了絮体的絮凝性和稳定性,并且进一步提高了系统的污水处理效能。

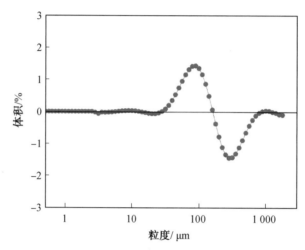

图 8.14　藻体作用前后各个粒度范围絮体体积含量变化(负值为减少,正值为增加)

3. 菌-藻絮体微观形态

菌-藻絮体的微观形态特征是藻类投加对细菌形态影响的直观表现,也是影响系统运行效能的重要因素之一。ASB-MBR 中菌-藻絮体微观形态的 SEM 图如图 8.15 所示。可以看出,在长期稳定运行下,ASB-MBR 内藻体与细菌之间形成了具有一定形态结构的菌-藻絮体,其结构紧实,形状规则。菌-藻絮体的形成有助于细菌与藻类之间的物质交换,提高系统的碳、氮、磷去除效率。在菌-藻絮体中藻体附着于细菌表面,有助于吸收细菌代谢释放的中间产物与 CO_2 等物质进行藻体自身生长繁殖,同时藻体光合作用释放的 O_2,也可以迅速被细菌利用,而且系统内细菌和藻体相互黏附在一起,共同生长,能够在一定程度上丰富系统中微生物的群落结构与多样性,而这些微型动物的生长活性能够促进菌-藻絮体结构的多孔性,从而有助于细菌、藻类与周围环境之间的物质交换,提高菌藻共生体对营养物质的摄入。总而言之,组合系统中菌-藻絮体的形成有助于增强反应体系内两者的生物活性与营养物质的摄取。

为进一步研究 ASB-MBR 中菌-藻絮体形态特征,试验中通过碱性美兰对菌-藻絮体进行染色,利用 Matlab 和 Image-Pro Plus 6.0 软件获得絮体面积、周长、特征长度以及宽度,最后计算出 R_o、FF 和 AR 等絮体的形态学参数,结果见表 8.10。相比于 C-MBR,ASB-MBR 内絮体的圆度 R_o 更接近于 1,说明菌-藻絮体的外形更趋向于球形。此外 ASB-MBR 内的形态因子 FF 与三维纵横比 AF 也更趋近于 1,表明菌-藻絮体表面更光滑,伸展程度更低,絮体更规则,而 C-MBR 的形态学参数表明其絮体更粗糙,伸展程度较高且形态不规则。因此可以认为菌-藻絮体的形成有助于系统内絮体的球形化、外形规则化,这也验证了 SEM 观察到的结果。可以从图 8.16 的泥饼层形成简易图看出,接近球体的絮体结构在膜表面更倾向于形成薄的、多孔和相对光滑的泥饼层。

(a)　　　　　　　　　　　　　　　(b)

图 8.15　ASB-MBR 中菌-藻絮体微观形态的 SEM 图

表 8.10　菌-藻絮体形态参数

参数	ASB-MBR	C-MBR
R_o	0.566±0.072	0.368±0.069
FF	0.487±0.051	0.239±0.045
AR	1.595±0.084	2.021±0.096

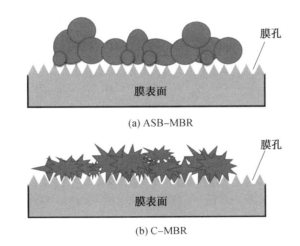

图 8.16　ASB-MBR 和 C-MBR 中不同形态絮体在泥饼层上的聚集性体现

8.4.2　菌-藻絮体对丝状菌生长影响分析

通常情况下,适量的丝状菌有利于在 MBR 内形成结构紧实的絮体,丝状菌过多或过少均不利于絮体的稳定性,所以在 MBR 工艺中,丝状菌数量是衡量体系内絮体稳定性的重要因素之一。本研究利用 Matlab 软件计算丝状菌长度与絮体面积比(EFLI/FAI)即丝状菌指数(FLA),来对两组系统丝状菌生长情况进行定量表征。通过对多张絮体图片进行计算,得到 ASB-MBR 的 FLA 较 C-MBR 降低了 51.36%,说明菌-藻絮体的存在抑制了 ASB-MBR 内丝状菌的大量繁殖。

此外,利用扫描电子显微镜对两组系统中的絮体表面形貌进行观察(图 8.17)。可以清晰地发现,两组系统内均存在一定数量的丝状菌,ASB-MBR 内丝状菌数量明显低于 C-MBR。根据上文所述,与 C-MBR 相比,ASB-MBR 形成的菌-藻絮体形态更规则,更偏向于球形,这主要是丝状菌数量的不同而导致两组系统中絮体结构存在差异。研究发现,较高的 DO 质量浓度能够在一定程度上抑制丝状菌的过量繁殖。在本研究中,两组系统的曝气强度与曝气量保持一致,但 ASB-MBR 内的 DO 较 C-MBR 提高了 30.1%,这主要是由于藻类光合释氧增加了系统内 DO 质量浓度,由此推断 ASB-MBR 内 DO 的提高抑制了丝状菌的大量生长。

(a) ASB-MBR   (b) C-MBR

图 8.17 ASB-MBR 和 C-MBR 中微生物絮体扫描电子显微镜图

综上,在 ASB-MBR 中,由于菌藻共生关系的建立以及大量菌-藻絮体的形成,降低了混合液表面电荷和絮体粒径大小,对膜污染的减缓具有一定作用;ASB-MBR 内絮体结构更紧实,形状更规则且球形化,不仅降低了絮体对膜表面的黏附性,有利于膜污染的减缓,而且增强了混合液絮体的稳定性,提高了絮体性能;ASB-MBR 内藻体在细菌表面的附着,促进了菌、藻间的物质交换,丰富系统中微生物的群落结构与多样性,一定程度上增强了反应体系内菌、藻的生物活性及对营养物质的摄取;ASB-MBR 内藻类光合释氧作用导致 DO 质量浓度提高,丝状菌数量减少,改善了混合液絮体的形态结构,提高了絮体间距、絮体与周围环境的物质交换效率,对减缓膜污染以及碳氮磷污染物的去除均具有重要作用。

8.4.3 菌-藻絮体主要代谢产物特性研究

胞外聚合物(EPS)是在一定环境条件下由微生物,主要是细菌,分泌于体外的一些高分子聚合物,按结构组成可分为 S-EPS 和 B-EPS。EPS 对絮体的疏水性、黏附性、絮凝性、沉降性以及脱水性有重要的影响,是影响膜污染和污水处理效能的主要因素之一。本小节主要对 ASB-MBR 中 S-PES 和 B-EPS 的含量、组分以及官能团等特性进行了分析。

1. S-EPS 特性研究

（1）S-EPS 含量组分变化分析。

S-EPS 是微生物进行底物降解和自身衰亡过程中释放的生物学物质,主要成分是蛋白质和多糖。活性污泥上清液中的大部分溶解性有机物为 S-EPS,并且 S-EPS 与系统内微生物活性以及膜污染密切相关。在本研究中通过对 ASB-MBR 和 C-MBR 内 S-EPS 含量、组分等指标的考察,探究 ASB-MBR 内藻类对细菌的影响以及菌-藻絮体的代谢特征。在两组系统稳定运行的近 160 d 内,S-EPS 平均含量与组分如图 8.18 所示。

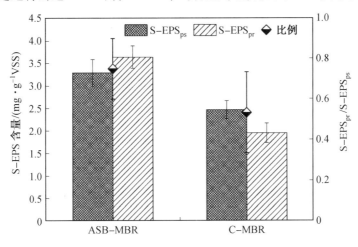

图 8.18　ASB-MBR 与 C-MBR 内 S-EPS 含量与组分

如图 8.18 所示,ASB-MBR 和 C-MBR 内 S-EPS 的平均含量分别为 5.76 mg/g VSS、5.59 mg/g VSS,相比于对照系统,藻类的投加使得 ASB-MBR 内 S-EPS 含量略微提升。这一方面是由于 ASB-MBR 的 SRT 相对较短,容易使微生物分泌较多的 S-EPS;另一方面,ASB-MBR 中细菌分泌的 B-EPS 能有效黏附藻体形成菌-藻絮体,藻类由于趋光性会向着光照强度较大的区域内运动,在 B-EPS 吸附作用与藻类趋光运动作用下,B-EPS 不断向外扩张,最后在水力剪切作用下部分脱落形成 S-EPS,所以 ASB-MBR 中具有相对较高的 S-EPS;此外,S-EPS 还与微生物活性相关,ASB-MBR 内较高的微生物活性和较快的新陈代谢速度促进了细胞内物质的释放与黏液层的形成。S-EPS 主要由糖类和蛋白质组成,ASB-MBR 中 S-EPS 的糖类（S-EPS$_{pr}$）和蛋白质（S-EPS$_{ps}$）物质含量分别为 3.29 mg/g VSS 和 2.47 mg/g VSS,C-MBR 中 S-EPS 的糖类和蛋白质含量分别为 3.64 mg/g VSS 和 1.95 mg/g VSS。与 C-MBR 相比,ASB-MBR 内 S-EPS 的蛋白质含量提高 26.67%,而糖类物质含量降低 9.62%。上述结果说明藻类投加可有效降低 S-EPS 内糖类物质含量,这可能是由于糖类物质的易降解性,ASB-MBR 内较高的微生物活性加速了对 S-EPS 中糖类物质的矿化作用。ASB-MBR 中 S-EPS 较高的蛋白质物质及较低的糖类物质含量使得 S-EPS$_{pr}$/S-EPS$_{ps}$ 值较高,达到 0.75,相对 C-MBR 提高了 38.89%。

大量研究表明,S-EPS 是引起膜污染的关键物质,但是有关 S-EPS 含量或 S-EPS$_{pr}$/S-EPS$_{ps}$ 值与膜污染的关系并未达成一致结论。较低的 S-EPS$_{pr}$/S-EPS$_{ps}$ 更易形成致密泥饼层从而加快膜污染速度,而高含量的 S-EPS 会导致膜的过滤性能降低,引起膜孔堵塞从而加剧膜污染。因此不能单纯从 S-EPS 含量或者 S-EPS$_{pr}$/S-EPS$_{ps}$ 比值的角度确定 ASB-MBR 组合系统中 S-EPS 与膜污染的关系,下文将继续从 S-EPS 的官能团和荧光性等性质角度分析研究。

　　(2)S-EPS 官能团表征分析。

　　采用 FTIR 手段从有机物官能团的角度分析 S-EPS 的组成,ASB-MBR 和 C-MBR 稳定运行下 S-EPS 的 FTIR 谱图如图 8.19 所示。

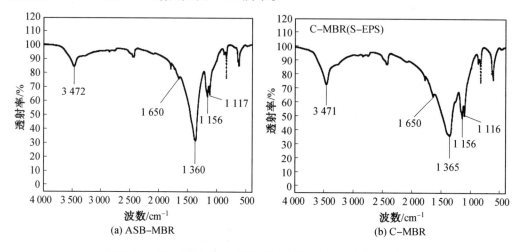

图 8.19　ASB-MBR 和 C-MBR 稳定运行下 S-EPS 的 FTIR 谱图

　　可以看出,ASB-MBR 与 C-MBR 的 S-EPS 在 3 471 ~ 3 472 cm^{-1}、1 360 ~ 1 365 cm^{-1}、1 156 cm^{-1}、1 116 ~ 1 117 cm^{-1} 处均有明显的特征峰,说明 ASB-MBR 与 C-MBR 中 S-EPS 物质的主要官能团相似,但是特征峰强度略有不同,表明菌-藻絮体的形成并没有改变 S-EPS 的主要组分,而是改变了其不同组分的含量。两组系统在 3 471 cm^{-1} 与 3 472 cm^{-1} 处均有较宽的峰,该处的吸收峰主要是由 O—H 和 N—H 伸缩振动引起的,C-MBR 所得吸收峰强度明显大于 ASB-MBR;在 1 650 cm^{-1} 处的弱吸收峰与氨基酸一级结构(C＝O) 的拉伸振动有关,证明两组系统 S-EPS 中可能有蛋白质类物质存在;在 1 360 cm^{-1} 和 1 365 cm^{-1} 处的明显吸收峰是由羧基 O—H 的弯曲振动和醇 C—O 的拉伸振动引起的,代表两组系统内含有较多的腐殖酸和富里酸物质,与 C-MBR 相比,ASB-MBR 在该处的吸收峰强度明显提高,说明 ASB-MBR 中 S-EPS 的腐殖酸和富里酸物质含量高于 C-MBR; ASB-MBR 与 C-MBR 在 1 156 cm^{-1} 与 1 116 cm^{-1}、1 117 cm^{-1} 处均有明显的吸收峰,与多糖的 C＝O 基团的伸缩振动相吻合,ASB-MBR 在该处的吸收峰强度明显低于 C-MBR, 证明 ASB-MBR 内 S-EPS 的糖类物质较 C-MBR 降低。胞外聚合物中的腐殖酸通常是来自于其对水体中腐殖酸的吸附,但是本研究中人工配制的生活污水不含有腐殖酸,胞外聚合物中的腐殖酸极有可能是有机物在细胞外水解产生的。因此,ASB-MBR 内胞外聚合物中腐殖酸含量大于对照组,说明 ASB-MBR 微生物对有机物的水解能力在一定程度上高于 C-MBR 微生物,再次印证了 ASB-MBR 中微生物的活性以及营养物质降解能力高于 C-MBR 中微生物。

　　EEM 是一种表征自然环境中有机物构成变化与转变的先进技术,能够快速且有选择性的获取完整的荧光特性信息。ASB-MBR 和 C-MBR 稳定运行下 S-EPS 的 EEM 图谱如图 8.20 所示。可以看出,两组系统中 S-EPS 主要存在两个特征峰,A 峰(ASB-MBR:E_x/E_m 275/338;C-MBR:E_x/E_m 280/348)和 B 峰(ASB-MBR:E_x/E_m 355/436;C-MBR:E_x/E_m 350/440),分别为色氨酸类蛋白质与腐殖酸类物质。

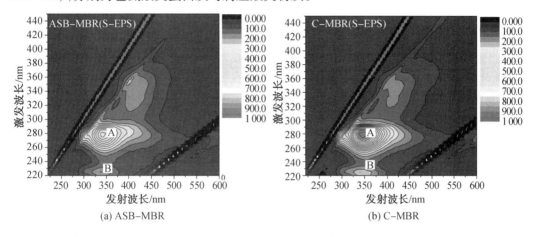

(a) ASB-MBR　　　　　　　　　　　　(b) C-MBR

图 8.20　ASB-MBR 和 C-MBR 稳定运行下 S-EPS 的 EEM 谱图(彩图见附录)

由表 8.11 可以看出,与 C-MBR 相比,ASB-MBR 中 S-EPS 所得 A 峰与 B 峰的荧光强度均有所提高,说明 ASB-MBR 中 S-EPS 的色氨酸类蛋白质与腐殖酸类物质的含量均有所增加。A 峰的较短发射波长在 ASB-MBR 内呈现蓝移(10 nm),这可能是由于 ASB-MBR 内絮体生物降解活性增强,从而导致部分大分子的色氨酸类物质破碎成更小的碎片。此外,在 ASB-MBR 中 S-EPS 的腐殖酸类物质增多,腐殖酸类物质属于低分子量物质,易通过膜孔,对膜污染影响不大。

表 8.11　ASB-MBR 与 C-MBR 内 S-EPS 的荧光光谱参数

系统	A 峰		B 峰	
	E_x/E_m	强度	E_x/E_m	强度
ASB-MBR	275/338	481.81	355/436	269.37
C-MBR	280/348	185.01	350/440	240.03

根据以上分析可知,虽然 ASB-MBR 内 S-EPS 含量增大,但主要是腐殖酸、富里酸以及破碎成小碎片的色氨酸类等小分子物质所致,并且这些小分子物质在膜过滤过程中较易通过膜孔,对膜污染影响较小。尽管 C-MBR 中 S-EPS 的含量较低,但其中糖类物质含量较高,糖类物质对膜过滤性能的恶化具有显著影响。综合来看,膜污染不仅受 S-EPS 含量的影响,而且 S-EPS 具体组成及特性的影响更为重要,S-EPS 特性的改变可能是 ASB-MBR 中膜污染得以减缓的重要原因之一。

2. B-EPS 特性研究

(1)B-EPS 含量组分变化分析。

通常情况下,B-EPS 不仅影响絮体形态、沉降性以及絮体黏附性,而且可作为絮体生物活性的重要表征之一,试验中对 ASB-MBR 和 C-MBR 内 B-EPS 的含量组分进行分析。如图 8.21 和图 8.22 所示,在稳定运行的 160 d 内,ASB-MBR 内 B-EPS 含量较 C-MBR 降低 24.6%,说明 ASB-MBR 中大量菌-藻絮体的形成使得系统内 B-EPS 含量有所降低。此外,在系统运行初期(系统运行尚未稳定,图中未画出),ASB-MBR 内的 B-EPS 含量明显高于 C-MBR,随着运行时间的延长,ASB-EPS 内的 B-EPS 含量逐渐降低,而 C-MBR 内的 B-EPS 含量逐渐增加至稳定。通常在环境恶劣的情况下,微生物会释放大量的 B-EPS 以抵抗外界不良环境,进行自身保护,所以当藻类投加进 MBR 时,会由于菌藻之间的不适应性加速生物 B-EPS 的释放;随着运行时间延长,系统内部分菌藻之间逐渐形成菌-藻共生絮体,改善了系统内生长环境,降低了 B-EPS 的分泌;此外根据上文分析,ASB-MBR 内微生物活性增强,出水水质较高,系统内营养物质与 C-MBR 相比略低,在营养物质缺乏的情况下,ASB-MBR 内部分 B-EPS 作为有机碳源被微生物降解利用;丝状菌也是引起 B-EPS 大量分泌的因素之一,ASB-MBR 内丝状菌数量的降低也是其 B-EPS 含量相对较低的原因之一。

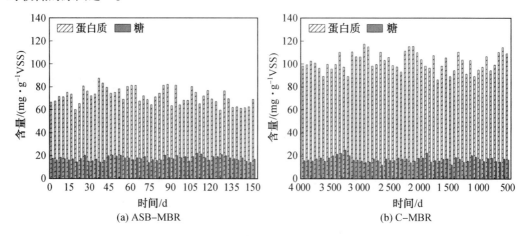

图 8.21 ASB-MBR 与 C-MBR 两组系统内 B-EPS 中糖和蛋白质含量变化

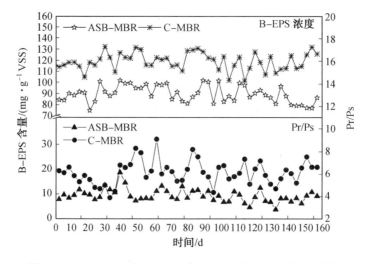

图 8.22 ASB-MBR 与 C-MBR 内 B-EPS 含量和 Pr/Ps 的变化

B-EPS 主要由蛋白质和糖类组成,ASB-MBR 与 C-MBR 内 B-EPS 的糖类物质含量差别不大,而 ASB-MBR 中 B-EPS 的蛋白质含量较 C-MBR 下降了 29.52%,使得 ASB-MBR 内 B-EPS 的蛋白质与糖类比值相对降低了 32.61%。B-EPS 含量过高将破坏絮体结构,降低污泥沉降性,增加絮体黏附性,进而增加絮体在膜表面的积累,加快膜污染速度。此外,B-EPS 中的蛋白质与糖类的比值影响着絮体表面的亲疏水性与 Zeta 电位值,与膜污染密切相关。较低 B-EPS 蛋白质与糖类的比值能够降低 Zeta 电位的绝对值大小与絮体表面疏水性程度,从而改善絮体的絮凝性与沉降性。由上述分析可知,ASB-MBR 内菌藻共生关系的建立以及菌-藻絮体的形成有利于系统内生长环境的改善与丝状菌的抑制,进而导致 B-EPS 含量、B-EPS 中蛋白质与糖类比值的降低,从而有助于减缓 ASB-MBR 的膜污染。

（2）B-EPS 官能团表征分析。

采用 FTIR 手段表征 ASB-MBR 与 C-MBR 的 B-EPS 官能团信息,结果如图 8.23 所示。由图可知,两组系统内 B-EPS 的 FTIR 谱图所反映的特征峰信息差别不大,两组系统中 B-EPS 在 3 320 cm^{-1} 与 3 300 cm^{-1} 处均有较宽的特征峰,这两处特征峰的形成主要是由 O—H 和 N—H 振动产生;在 1 658 cm^{-1} 处两组系统也存在明显的特征峰,证明蛋白质一级结构的存在,其中 ASB-MBR 所得的特征峰透射率为 45.15%,相比 C-MBR（35.22%）提高了 9.93%。另外在 1 500～1 560 cm^{-1} 范围内还出现了蛋白质二级结构的明显特征峰。从上述分析可知,ASB-MBR 与 C-MBR 的 B-EPS 中均含有较多的蛋白质类物质。ASB-MBR 的 B-EPS 在 1 542 cm^{-1} 与 1 441 cm^{-1} 处的特征峰透射率较 C-MBR 分别提高了 11.38% 和 9.27%,可以看出 ASB-EPS 系统中 B-EPS 的蛋白质类物质含量低于 C-MBR 中 B-EPS 的蛋白质类物质含量(特征峰透射率的高低可反映该类物质相对含量的多少,通常透射率较高反映该类物质相对含量较少)。除此之外,红外图谱还发现,两组系统在 1 091 cm^{-1} 与 1 084 cm^{-1} 处也观察到了微弱吸收峰,说明两组系统的 B-EPS 中均有糖类物质的存在并且相对含量较少,这与前文所述的两组系统 B-EPS 组分中糖类物质含量较少且差别不大、ASB-MBRB-EPS 中蛋白质类物质含量明显降低的分析结论相一致。

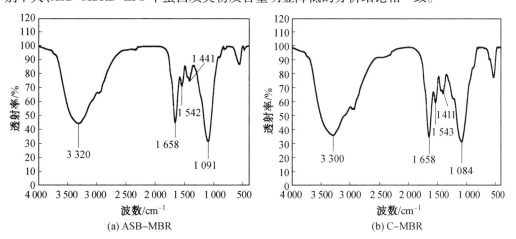

图 8.23　ASB-MBR 与 C-MBR 两组系统稳定运行下 B-EPS 的 FTIR 谱图

采用三维荧光光谱分析技术对 ASB-MBR 和 C-MBR 内的 B-EPS 进行荧光特性分析,结果如图 8.24 和表 8.12 所示。由图可知,两组系统中 B-EPS 均含有特征峰 A(E_x/E_m 280/344 nm)与特征峰 B(E_x/E_m 225/338 nm),其中 A 峰代表色氨酸蛋白质物质,B 峰代表芳香性蛋白质物质。两组系统所得特征峰的激光和发生波长没有明显区别,说明两组系统内 B-EPS 均含有一定量的蛋白质类物质。从表 8.12 可以看出,两组系统的特征峰位置没有明显区别,但是两吸收峰的荧光强度不同,ASB-MBR 所得的 A 峰与 B 峰的荧光强度分别为 618.39 和 201.76,较 C-MBR 分别降低了 34.54% 和 19.71%,说明在ASB-MBR内菌-藻絮体分泌的 B-EPS 中色氨酸蛋白质物质和芳香性蛋白质物质的含量较 C-MBR 中絮体分泌的 B-EPS 中色氨酸蛋白质物质和芳香性蛋白质物质的含量有所降低。B-EPS 中的色氨酸蛋白质类物质容易堵塞膜孔,降低膜的过滤性能;芳香性蛋白质类物质的减少有助于减缓膜污染和膜污染周期的延长。由此也可判断,ASB-MBR 的B-EPS中色氨酸蛋白质类物质与芳香性蛋白质类物质相对减少的含量,是系统膜污染减缓的重要原因之一。

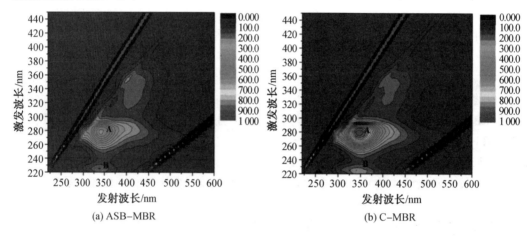

图 8.24　ASB-MBR 与 C-MBR 两组系统稳定运行下 B-EPS 的 EEM 谱图(彩图见附录)

表 8.12　ASB-MBR 与 C-MBR 内 B-EPS 的荧光光谱参数

系统	A 峰		B 峰	
	E_x/E_m	强度	E_x/E_m	强度
ASB-MBR	280/344	618.39	225/338	201.76
C-MBR	280/344	944.66	225/338	243.52

8.4.4　菌-藻絮体表面特性研究

1. 表面特性分析

絮体的表面特性主要包括絮体表面电荷以及相对疏水性,表面特性与絮体的脱水性、絮凝性以及吸附性密切相关。由前文可知,ASB-MBR 内藻体与细菌形成菌-藻共生絮体,使得系统内 B-EPS 含量、组成以及特性相对于 C-MBR 都发生了明显变化,而 B-EPS

对絮体的表面特性有重要的影响。此部分试验通过测定两组系统中絮体的接触角,计算絮体表面热力学参数和总界面自由能,以表征絮体的亲疏水性。ASB-MBR 中混合液絮体与 C-MBR 中普通活性污泥絮体的接触角见表 8.13,由结果可知,相比于 C-MBR 内污泥絮体,ASB-MBR 中的絮体与水、甲酰胺和二碘甲烷的接触角均有所降低,其中与水的接触角降低程度最为明显。

表 8.13　ASB-MBR 与 C-MBR 内接触角

系统	$\theta_{水}$/(°)	$\theta_{甲酰胺}$/(°)	$\theta_{二碘甲烷}$/(°)	Zeta 电位/mV
ASB-MBR	70.61	54.66	58.65	-12.61
C-MBR	82.88	58.23	59.94	-16.72

两组系统中絮体的表面热力学参数以及总界面自由能见表 8.14。可以看出表中电子供体组分均大于电子受体组分,说明两组系统内絮体均表现出较强的电子供体特征。此外,通过对絮体 Zeta 电位的测定,发现两组系统内絮体 Zeta 电位均为负值,验证了絮体的电子供体特征。值得注意的是,ASB-MBR 内絮体的 Zeta 电位绝对值明显低于 C-MBR,表明菌-藻絮体的形成降低了絮体表面负电荷。研究发现,藻体细胞一般呈现负电荷特征,而 ASB-MBR 内菌-藻絮体负电荷相对较低,这是由于 B-EPS 中某些阴离子基团如羧酸和磷酸等会产生电离作用从而使 B-EPS 成负电性,ASB-MBR 内 B-EPS 含量的减少会在一定程度上降低絮体表面电荷。

大量研究表明,总界面自由能 ΔG_{sws}^{IF} <0 时,絮体表面呈现出疏水性;ΔG_{sws}^{IF} ≥0,絮体表面呈现出亲水性,ΔG_{sws}^{IF} 绝对值的大小可以表示絮体表面相对亲疏水性的强弱程度。通过表 8.14 可知,两组系统内絮体的总界面自由能均呈现负值,说明两组系统内絮体表面均呈疏水性。此外,ASB-MBR 内的混合液絮体表面的 ΔG_{sws}^{IF} 绝对值相比于 C-MBR 降低了48.19%,说明菌-藻絮体的形成降低了污泥絮体表面的疏水性能。由前文所述可知,与C-MBR 相比,ASB-MBR 内 B-EPS 的蛋白质含量降低了 29.52%,同时 B-EPS$_{pr}$/B-EPS$_{ps}$ 也降低了 32.61%,而 B-EPS 中蛋白质物质通常表现出疏水性,糖类物质偏向于亲水性,所以 B-EPS 的蛋白质含量及 Pr/Ps 的降低是菌-藻絮体表面疏水性相对减弱的主要原因之一。本试验中采用的是相对疏水性膜,在膜过滤过程中 ASB-MBR 内菌-藻絮体疏水性较弱,不易黏附于膜表面形成泥饼层,从而减缓了系统膜污染。

表 8.14　ASB-MBR 与 C-MBR 内絮体的表面热力学参数以及总界面自由能　　　　mJ/m²

系统	表面热力学参数				总界面自由能
	γ^{LW}	γ^+	γ^-	γ^{TOT}	ΔG_{sws}^{IF}
ASB-MBR	29.35	1.12	12.46	42.93	-25.39
C-MBR	28.61	1.64	3.51	33.77	-49.01

2. 聚集性研究

絮体的聚集性直接影响絮体粒径和絮体形态特征。由前文试验结果可知,ASB-MBR 中菌-藻絮体的粒径小于 C-MBR 的污泥絮体,此外菌-藻絮体的形态更规则、更趋于圆形,说明 ASB-MBR 内菌-藻絮体间的聚集性较弱。然而,Hwang 等人报道指出,当污泥絮体表面负电荷降低时,絮体间斥力减弱,会引起絮体间的聚集性增强,本研究中 ASB-MBR 内菌-藻絮体的 Zeta 电位绝对值低于 C-MBR,按照推论菌-藻絮体应该具有较强的絮体聚集性,但这与前文中试验结果相反。所以此部分内容通过探究两组系统内絮体细胞的相互作用过程中的能量变化,更为准确地解析 ASB-MBR 中菌-藻絮体的聚集性。

根据 XDLVO 理论,可以将絮体间相互作用看作是球体与球体之间的相互作用,从而获得了絮体间相互作用能与絮体间距离的关系曲线,结果如图 8.25 所示。其中,负值表示吸引力,正值表示排斥力,LW 和 AB 均为吸引能,EL 为排斥能。

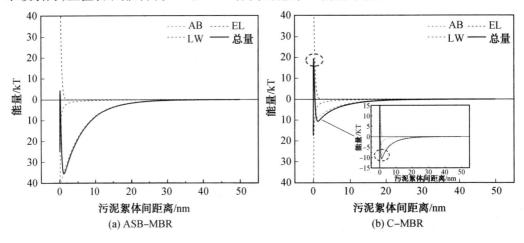

图 8.25　ASB-MBR 与 C-MBR 中絮体之间的相互作用能曲线

当絮体间距离为 50 nm 时,絮体间表现为较微弱的吸引力;随着絮体间距离的减小,吸引能逐渐增加,当絮体间距离为 1.2 nm 左右时,吸引能达到最大;此后随着絮体间距离的继续减小,吸引能逐渐降低,直至静电作用力趋近于零;接下来,随着絮体间距离的减小,排斥力逐渐增大,当絮体间距离为 0.15 nm 时,排斥力最大;最后随着絮体间距离的继续减小,排斥力逐渐降低直至为零。絮体间相互作用力存在一个排斥能最大值和吸引能最大值,这两个值对絮体的聚集性具有重要意义。一般情况下,絮体间的排斥能最大值越大,絮体间相互接触需要克服的能量越大,说明絮体越不容易聚集在一起;絮体间的吸引能最大值越大,絮体间分散时需要克服的能量越大,说明絮体的聚集能力越强。由结果可知,ASB-MBR 内絮体的排斥力最大值比 C-MBR 低,吸引能最大值比 C-MBR 高,说明相比于 C-MBR 中的传统污泥絮体,ASB-MBR 中菌-藻絮体的聚集性更高。

污泥的聚集能力可以作为膜污染趋势的一个综合评价指标,通常具有较强聚集性的絮体较容易聚集在膜表面形成泥饼层,从而加快膜污染速度,但是本研究中,ASB-MBR 中菌-藻絮体具有较强的聚集性,系统膜污染反而得到减缓,这主要是因为这种聚集性主要体现于藻体与细菌之间,当藻体与细菌之间的聚集性增强,更容易接触形成结构紧实的菌-藻絮体(图 8.25),且 ASB-MBR 内菌-藻絮体的表面疏水性较弱,聚集后菌-藻絮体对膜表面黏附性相对较低,所以 ASB-MBR 的膜污染速度并没有加快。

8.5　菌藻共生 MBR 膜污染控制及微生物群落

由上述研究可知,与 C-MBR 相比,菌藻共生 MBR 内 DO 含量浓度较高,污水处理效率增强,膜污染得到有效减缓,这主要是由于菌藻共生系统内菌-藻絮体的形成以及菌藻共生关系的建立使得混合液中微生物活性有所提升、絮体性质得到改善。通常,MBR 工艺运行过程中,混合液中污泥絮体和胶体污染物对膜表面的黏附沉积作用会引发泥饼层初级沉积层的形成,导致初级膜污染,随后会逐渐形成泥饼层发展层,最终导致 TMP 跃升。絮体性质对膜表面泥饼层的形成具有重要影响,泥饼层形成对膜污染进程来说至关重要,因此本节中通过分析 ASB-MBR 和 C-MBR 的泥饼层絮体表面特性以及泥饼层形成过程,同时利用 EDX、CLSM、AFM 等技术揭示泥饼层的结构和形态,探究 ASB-MBR 中膜污染的减缓机理。此外,系统的运行环境对细菌和藻类的多样性及群落结构也产生一定影响,而细菌和藻类的生命活动、代谢产物及生态学关系直接影响着系统的运行效果,所以本节研究内容中还通过高通量测序手段对两组系统中菌藻群落结构及多样性进行分析,结合对特定功能菌群的 FISH 分析,以揭示 ASB-MBR 污水处理效能提高和膜污染减缓的机制。

8.5.1　泥饼层特性分析

膜表面泥饼层是导致 MBR 工艺运行过程中膜污染的主要原因,根据前文分析可知,菌-藻絮体的形成和菌藻共生关系的建立使得混合液中絮体的形态、大小以及表面特征发生变化,同时也改变了系统中 S-EPS 和 B-EPS 的含量及构成,进而影响了絮体向膜表面沉积的趋向性。因此在研究中对比分析了 ASB-MBR 和 C-MBR 的泥饼层絮体表面特性、膜表面形态、泥饼层结构形态,解析两组系统中泥饼层的形成过程,深入探究 ASB-MBR 膜污染减缓的机理。

1. 泥饼层絮体表面特性分析

试验中测定了 ASB-MBR 和 C-MBR 的泥饼层中絮体与水、甲酰胺以及二碘甲烷的接触角,通过接触角以及 Zeta 电位计算出泥饼层中絮体的表面热力学参数和总界面自由能,具体结果见表 8.15。

表 8.15　ASB-MBR 与 C-MBR 泥饼层絮体的表面热力学参数以及总界面自由能

系统	表面热力学参数/$(mJ \cdot m^{-2})$				Zeta 电位 /mV	总界面自由能 $\Delta G_{sws}^{IF}/(mJ \cdot m^{-2})$
	γ^{LW}	γ^{+}	γ^{-}	γ^{TOT}		
ASB-MBR	35.29	2.89	0.49	38.67	-18.28	-59.4
C-MBR	36.35	3.16	0.29	39.79	-21.32	-60.17

由表 8.15 可以看出,ASB-MBR 和 C-MBR 内泥饼层絮体的表面电子供体组分均高于电子受体组分;ASB-MBR 泥饼层中菌-藻絮体的 Zeta 电位和 C-MBR 泥饼层中污泥絮体的 Zeta 电位分别为-18.28 mV 和-21.32 mV,均为负值。上述数据表明两组系统中泥

饼层絮体的电子供体特征。此外,从总界面自由能数据可以发现,相较于 C-MBR 泥饼层中絮体,ASB-MBR 泥饼层中菌-藻絮体的 ΔG_{sws}^{IF} 绝对值降低,说明 ASB-MBR 泥饼层中菌-藻絮体表面疏水性低于 C-MBR 泥饼层中污泥絮体的表面疏水性。由前文可知,ASB-MBR 内混合液中菌-藻絮体的表面疏水性较 C-MBR 内混合液中污泥絮体的表面疏水性降低了 48.19%。综合考虑泥饼层中絮体和混合液中絮体的表面亲疏水性,可以发现疏水性较弱的絮体倾向于形成疏水性较弱的泥饼层。值得注意的是,C-MBR 和 ASB-MBR 的泥饼层中絮体的 ΔG_{sws}^{IF} 均大于混合液中絮体的 ΔG_{sws}^{IF},说明两组系统泥饼层中絮体比混合液中絮体的表面疏水性更强。较强疏水性的絮体具有较强的黏附性能,容易黏附于膜表面,而 ASB-MBR 内菌-藻絮体具有较低的表面疏水性,不易黏附沉积于膜表面,从而相对延缓了泥饼层的形成,进而减缓了系统膜污染。

2. 膜表面形态分析

研究中利用 NCST 手段表征 ASB-MBR 和 C-MBR 中泥饼层的膜过滤性,结果发现,ASB-MBR 中泥饼层的 NCST 为 18.2,比 C-MBR(27.5)低 33.82%,表明 ASB-MBR 泥饼层过滤性能相对较高。膜表面的泥饼层主要分为初级沉积层与发展层,其中初级沉积层更靠近膜表面,是膜污染形成的最初污染层。对初级沉积层结构的了解有助于更好地分析菌-藻絮体在膜表面的沉积以及对膜孔的堵塞情况。当 ASB-MBR 和 C-MBR 的 TMP 达到 30 kPa 时,分别从两组系统中截取一段带有泥饼层絮体的膜丝,利用 SEM 观察膜表面沉积以及膜孔堵塞情况,具体结果如图 8.26 所示。

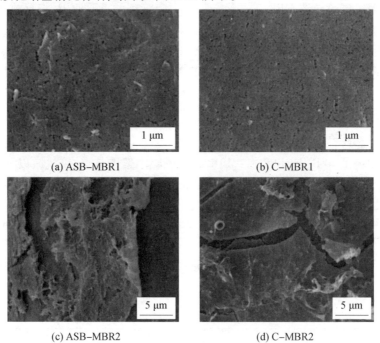

(a) ASB-MBR1　　　　　　　　　　　　(b) C-MBR1

(c) ASB-MBR2　　　　　　　　　　　　(d) C-MBR2

图 8.26　ASB-MBR 与 C-MBR 的泥饼层 SEM 图

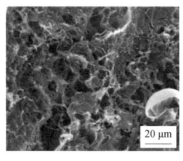

　　　　(e) ASB-MBR3　　　　　　　　　　　(f) C-MBR3

续图 8.26

　　由图 8.26 中的(a)和(b)可以发现,C-MBR 膜表面的孔隙堵塞程度比 ASB-MBR 更严重。从图 8.26 中的(c)和(d)可以看出,与 C-MBR 相比,ASB-MBR 中初级沉积层明显变薄,这说明菌-藻絮体相较于普通活性污泥絮体,对于膜表面的聚集性更低,更不容易形成泥饼层。从图 8.26 的(e)和(f)图可以看出,C-MBR 中泥饼层致密且孔隙较少,而 ASB-MBR 中泥饼层疏松多孔,这说明 ASB-MBR 内菌-藻絮体形成的泥饼层相比于对照系统内活性污泥形成的泥饼层更薄且疏松多孔,相关研究表明较薄且疏松多孔的泥饼层结构有利于降低跨膜压差从而减缓膜污染情况。

　　为了进一步了解两组系统中泥饼层的表面形貌分布,采用 AFM 手段对泥饼层表面进行表征分析,结果如图 8.27 所示。图中的棕色和黄色分别代表膜表面的波峰和波谷,颜色的深浅代表膜表面沟壑的高低程度。由图可知,ASB-MBR 膜表面的波峰和波谷相对平滑,波动不明显,其 R_a 与 R_q 分别为 110 nm 和 147 nm,C-MBR 膜表面参数 R_a 为 153 nm,R_q 为 194 nm,均明显高于 ASB-MBR,说明相比于 ASB-MBR,C-MBR 中污泥絮体在膜表面形成的泥饼层粗糙度较大,这可能是膜孔堵塞或者膜表面的吸附作用容易导致一些大分子物质在膜表面富集,从而增加了膜表面粗糙度。

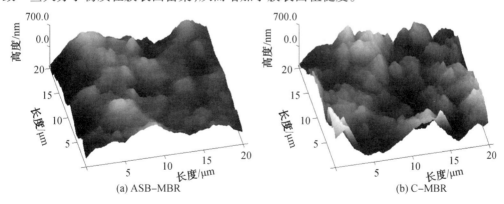

　　　　　(a) ASB-MBR　　　　　　　　　　　　　(b) C-MBR

图 8.27　ASB-MBR 和 C-MBR 的泥饼层 AFM 图像(彩图见附录)

3. 泥饼层中有机污染物分析

　　在系统运行期间,S-EPS 和 B-EPS 含量较多的絮体对泥饼层的趋向性和黏附性较强,容易聚集于膜表面形成厚实的泥饼层,所以在研究泥饼层形成过程中,对泥饼层上有机污染物的分析非常重要。此部分内容主要对泥饼层中 S-EPS 和 B-EPS 的含量及组分进行分析。

(1)S-EPS 含量组分变化分析。

S-EPS 是引起膜污染的重要有机污染物之一,由前文可知,与 C-MBR 中混合液相比,ASB-MBR 中混合液含有较高含量的 S-EPS。进一步对两组系统泥饼层中的 S-EPS 含量和组分进行分析,结果如图 8.28 和图 8.29 所示。

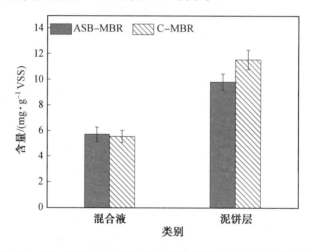

图 8.28　ASB-MBR 与 C-MBR 混合液与泥饼层中 S-EPS 含量比较

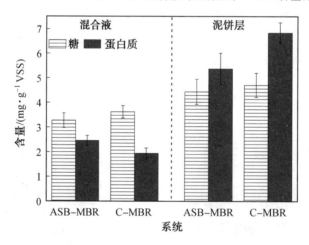

图 8.29　ASB-MBR 与 C-MBR 混合液与泥饼层中 S-EPS 组分比较

由图 8.28 可以看出,ASB-MBR 泥饼层中的 S-EPS 含量较 C-MBR 泥饼层中的 S-EPS 含量降低了 15.01%,说明 ASB-MBR 泥饼层中菌-藻絮体分泌释放的 S-EPS 含量较少。泥饼层中 S-EPS 相比于混合液中 S-EPS 在膜污染过程中起着更重要的作用,这主要是由于泥饼层中 S-EPS 与混合液中 S-EPS 组分不同所导致的。相比于泥饼层环境,混合液具有较高质量的 DO,而较高浓度的 DO 会促进微生物代谢产物中糖类物质的生成,所以泥饼层中 S-EPS 的主要组成成分是蛋白质类物质,混合液中 S-EPS 的主要组成成分是糖类物质。通常情况下,蛋白质类物质主要是疏水性物质,而糖类是亲水性物质,在系统运行过程中,疏水性物质更容易黏附于疏水性膜表面,因此蛋白质类物质更容易引起膜污染,即泥饼层中 S-EPS 更容易引起膜污染。

由图 8.29 可以看出,无论是 ASB-MBR 还是 C-MBR,其混合液中 S-EPS 的糖类物质含量明显高于蛋白质类物质,而泥饼层中 S-EPS 的蛋白质类物质含量明显高于糖类物质。此外,相比于 C-MBR,ASB-MBR 泥饼层中 S-EPS 的蛋白质类物质含量降低了 21.43%,这说明除了泥饼层中 S-EPS 含量的降低,泥饼层中 S-EPS 的蛋白质成分的大幅度下降也是 ASB-MBR 膜污染减缓的重要原因之一。

(2)B-EPS 含量组分变化分析。

有机污染物 B-EPS 与 MBR 的污水处理效能及膜污染现象密切相关。B-EPS 主要由 LB-EPS 与 TB-TPS 组成,过多的 B-EPS 会增加细胞的附着性,破坏微生物絮体结构,增加絮体对膜表面的黏附性,降低系统的泥水分离效果,最终影响系统的出水水质并缩短膜污染周期。此部分内容对比分析了两组系统内混合液与泥饼层中 LB-EPS 和 TB-TPS 的含量差异,结果如图 8.30 所示。

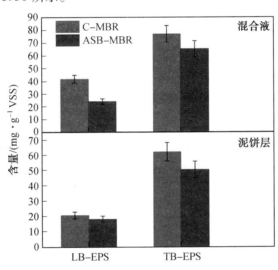

图 8.30　ASB-MBR 与 C-MBR 中混合液和泥饼层的 LB-EPS、TB-EPS 含量

由前文探究结果可知,ASB-MBR 的混合液中 B-EPS 含量较 C-MBR 降低了 24.6%,其中 LB-EPS 与 TB-EPS 的含量分别降低了 42.28% 和 15.04%,可以看出,LB-EPS 的降低幅度明显高于 TB-EPS 的降低幅度,这是由于 LB-EPS 位于絮体最外层,TB-EPS 位于絮体内层,当向 MBR 内投加藻类时,影响了系统内的生态环境,微生物生命活动受到刺激,位于 EPS 外侧的 LB-EPS 更容易受到影响,从而引起混合液中 LB-EPS 大幅度下降。此外,相比 TB-EPS,LB-EPS 更容易降低膜的过滤性能从而增加膜污染频率。对比两组系统泥饼层中 B-EPS 发现,C-MBR 泥饼层中 B-EPS 含量为 82.59 mg/g VSS,较 ASB-MBR 泥饼层中 B-EPS 含量提高了 20.58%。泥饼层中的 B-EPS 主要是泥饼层底部长期缺氧致使部分菌体死亡或者失活所产生。对 ASB-MBR 泥饼层中絮体进行叶绿素测定,发现 ASB-MBR 泥饼层中叶绿素质量浓度为(1.89±0.5) mg/L,说明 ASB-MBR 的泥饼层中有藻类的生长,泥饼层中藻体光合释氧可以相对降低泥饼层中细菌因长期缺氧而死亡

的比例,从而在一定程度上降低了泥饼层中 B-EPS 含量。此外还发现,ASB-MBR 泥饼层中 LB-EPS 与 TB-EPS 含量均低于 C-MBR,与混合液中 LB-EPS 不同的是,ASB-MBR 泥饼层中 TB-EPS 的降低幅度(18.7%)大于 LB-EPS 的降低幅度(12.14%)。在絮体形成过程中,LB-EPS 起到黏附作用,促使不同的团簇结合形成菌落;TB-EPS 主要起桥接作用,使形成的菌落结构更稳固。所以,LB-EPS 含量较高的混合液絮体更容易黏附于膜表面,而含有较多 TB-EPS 的泥饼层可以加固黏附于膜表面的絮体,泥饼层更致密。

综上,混合液中絮体的 LB-EPS 含量以及泥饼层中絮体的 TB-EPS 含量的大幅度下降是 ASB-MBR 膜污染减缓的重要原因之一。

为了能够更直观地观察泥饼层中 EPS 的结构,采用 CLSM 结合荧光探针对泥饼层中 EPS(包括糖和蛋白质)的分布进行无损原位检测,并且通过对 CLSM 数据的图像分析,还可以对泥饼层的三维结构进行重构和量化,进而提供更多的关于泥饼层内部结构和形态的信息。当 ASB-MBR 和 C-MBR 的 TMP 达到 30 kPa 时,取出膜组件进行物理和化学清洗,将物理清洗下来的泥饼层进行收集。图 8.31 为利用 CLSM 技术对膜表面 10 μm 处泥饼层发展层进行图像扫描的结果。由图可知,C-MBR 中膜表面的蛋白质和糖类呈现连续分散分布状态,ASB-MBR 中膜表面的蛋白质和糖类形成团簇形态。C-MBR 膜表面形成连续层时对膜阻力具有显著影响,而 ASB-MBR 的泥饼层发展层呈现多通道特征,能够提供更多水流通过的机会,在一定程度上降低 ASB-MBR 中的泥饼层过滤阻力。简言之,两组系统中泥饼层发展层的蛋白质和糖类分布情况的不同对膜的过滤性能产生了不同的影响。

(a) ASB-MBR　　　　　　　　　　　(b) C-MBR

图 8.31　ASB-MBR 与 C-MBR 的泥饼层中糖和蛋白质的 CLSM 图像
(彩图见附录,蛋白质呈绿色,糖类呈红色)

利用 Image-Pro-Plus 6.0 对发展层 CLSM 图像进行生物量和平均厚度的计算,结果发现,ASB-MBR 泥饼层的生物量和平均厚度分别较 C-MBR 提高了 26.28% 和 26.13%,表明 ASB-MBR 的泥饼层聚集了更多的微生物絮体,这主要归因于 ASB-MBR 较长的运行时间,ASB-MBR 第四个膜污染周期为 58 d,而 C-MBR 第四个膜污染周期为 25 d。值得注意的是,对于 ASB-MBR,尽管菌-藻絮体在膜表面累计量较大,但系统 TMP 增长速度较慢,膜通量较 C-MBR 高,表明 ASB-MBR 膜表面形成的泥饼层具有良好的渗透性能。发生这种现象的主要原因是,ASB-MBR 内菌-藻絮体形状规则,不易堵塞膜孔,含量相对较少的 LB-EPS 与 TB-EPS 降低了絮体对膜表面的黏附力,从而增加了膜表面泥饼层的渗透性,减缓了系统的 TMP 增长。

4. 泥饼层中元素分析

研究中进一步采用 SEM-EDX 技术,对 ASB-MBR 和 C-MBR 中物理清洗后膜表面的凝胶层剥落区域进行元素分析,结果见表 8.16。

表 8.16　ASB-MBR 和 C-MBR 中泥饼层元素分析　　　　　　　　%

参数	ASB-MBR	C-MBR
C	44.26	30.75
N	10.59	11.45
O	6.76	7.38
P	5.67	8.21
Si	1.26	4.18
Na	0.96	0.86
K	0.55	0.63
Al	0.31	0.35
Mg	0.28	1.2
Ca	0.34	0.31
Fe	2.09	4.22

C、N、O、P 的元素含量主要表征膜组件经物理清洗后膜表面以及膜孔内有机污染物的沉积情况。由表 8.16 可知,ASB-MBR 中膜表面凝胶层的 N、O、P 元素含量分别较 C-MBR 提高了 0.86%、0.62%、2.54%,表明 ASB-MBR 中膜表面以及膜孔污染程度比 C-MBR 严重,这可能是由于 ASB-MBR 经历较长的运行周期和较少的物理、化学清洗次数,使得在 ASB-MBR 膜表面及膜孔内沉积的有机污染物相对含量较高。

Mg、Ca、Al、Fe 等高价金属通常以金属沉淀物或者金属螯合物(高聚物、细菌细胞间架桥)等形式存在,由于在本研究中生活污水为人工模拟配制而成,且未在 MBR 膜表面发现明显的晶体结构颗粒,所以这些高价金属主要是以金属螯合物的形式存在。由表 8.16 可知,ASB-MBR 中膜表面凝胶层的 Al、Mg、Fe 的含量低于 C-MBR。通常情况下,膜表面带负电,容易通过静电作用吸附带正电荷的金属离子;此外,这些金属离子还能与 EPS 发生离子桥接反应形成络合物。C-MBR 膜表面凝胶层中较高的金属离子含量可能是其泥饼层聚集较多的 EPS 而造成。泥饼层形成原理如图 8.32 所示,泥饼层中金属离子含量的增加会使得金属离子与 EPS 形成络合物的桥联作用加强,进而导致泥饼层的黏附力和压缩性增强,泥饼层阻力增强。

综上所述,藻类的投加以及菌-藻絮体的形成降低了泥饼层上污染物浓度,改变了 S-EPS 和 B-EPS 的含量及组分比例,影响了蛋白质、糖类物质的分布,减少了金属离子含量,从而形成了疏松多孔的泥饼层结构,增加了泥饼层渗透性,降低了泥饼层阻力,提高了 ASB-MBR 的膜过滤性能。

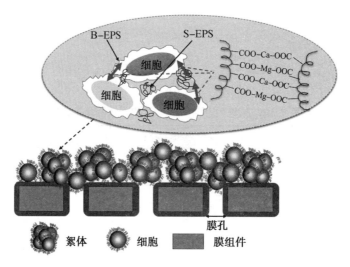

图 8.32　泥饼层形成原理

8.5.2　细菌群落结构研究

微生物菌群的变化对 MBR 的污水处理效果以及膜污染具有重要影响。探究 ASB-MBR 内微生物(细菌和藻类)群落结构对揭示 ASB-MBR 污水处理效率提升和膜污染减缓的机制具有重要意义。

1. 细菌多样性指数分析

研究中主要对比分析了未接种前原污泥接种液、ASB-MBR 中细菌、C-MBR 中细菌的群落多样性。试验中共取三种样品:未接种前原污泥样品(RAW)、稳定运行后期 ASB-MBR 内微生物样品以及 C-MBR 内微生物样品,Shannon 指数稀释曲线图如图 8.33 和表 8.17 所示。

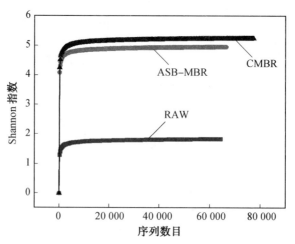

图 8.33　Shannon 指数稀释曲线图

Shannon 指数稀释曲线图用来表征样本测序数据的合理性和物种丰富度,该图主要由随机抽取的序列数和其所反应的 OTU 数构成。从图 8.33 中可以看出,ASB-MBR 以及 C-MBR 中细菌的 Shannon 指数明显大于原始接种污泥,说明两组系统在经过长期稳定运行后,其细菌物种丰富度增加。此外,随着序列数的增加,三种样品的曲线均趋向于平坦,说明测序的数据量合理。

表 8.17　ASB-MBR 和 C-MBR 中细菌序列、OTU 数量以及多样性指数

参数	RAW	ASB-MBR	C-MBR
序列数	64 211	66 396	77 345
OTU 数量	2 700	3 484	4 551
Coverage 指数 [1]	0.97	0.96	0.95
ACE 指数 [2]	45 128.31	45 341.14	85 735.75
Chao 1 指数 [3]	19 257.72	23 060.43	35 719.64
Shannon 指数 [4]	1.84	4.59	5.24
Simpson 指数 [5]	0.608	0.025	0.019

注:[1] Coverage 指数,用来评估测序结果是否代表样本的真实情况;[2] ACE 指数,用来评估群落中 OTU 数目的指数,数值越大,说明微生物丰富性越高;[3] Chao 1 指数,在生态学中常用来估计物种总数;[4] Shannon 指数,微生物多样性指数之一,其数值与群落多样性成正相关;[5] Simpson 指数,微生物多样性指数之一,其数值越大,说明群落多样性越高。

通常用 Shannon 指数、Chao 1 指数、ACE 指数、Coverage 指数和 Simpson 指数五个群落多样性指数来表征系统内细菌群落的多样性。这五个指数分别具有不同的生态学含义:Shannon 指数通常用来评估微生物的丰富程度以及均匀性;Chao 1 和 ACE 指数通常用来估算 OTU 的数量变化;Coverage 指数则反映各样品文库的覆盖率;Simpson 指数常用来定量描述一个区域的生物多样性。其中,Chao 1 和 ACE 指数数值越高,说明样品中微生物群落的丰富程度越高;高数值的 Shannon 指数和低数值的 Simpson 指数表征样品具有相对高的生物多样性和均匀性;Coverage 指数数值越大,说明该批测试样品越接近真实情况。

从表 8.17 中可以看出,所有样品的 Coverage 指数都超过 0.95,说明所测样品数据真实有效,能够反映样品的真实情况。ASB-MBR 样品和 C-MBR 样品的 ACE 指数和 Chao1 指数均大于接种前污泥样品的 ACE 和 Chao 1 指数,说明 MBR 运行过程中微生物的丰富度有所增加。此外还发现,C-MBR 样品的 ACE 与 Chao 1 指数明显大于 ASB-MBR 样品,并且 C-MBR 样品的 Shannon 指数较高,Simpson 指数较低,说明 C-MBR 中微生物多样性和均匀性高于 ASB-MBR,换言之,藻类的投加降低了系统内微生物群落多样性和均匀性。从生态学角度来看,当一个物种具有更高的群落多样性或物种均匀性时,其群落内部一般不会呈现一个明确的优势种群。这样的群落结构需要相对较长的滞后阶段抵抗外界的干扰,所以该种群极易受到外部环境压力和变化的影响。因此,ASB-MBR 内微生物群落多样性和均匀性的降低表明存在特殊优势种群的富集,相比于 C-MBR,ASB-MBR 内细菌群落结构相对稳定。

2. 细菌群落结构分析

由上述多样性分析可知,ASB-MRB 系统和 C-MBR 的活性污泥物种多样性均不同于原始污泥接种液,此外,ASB-MRB 系统与 C-MBR 污泥样品多样性指数的不同,说明藻体的接种改变了细菌的群落结构。为了直观地反映 ASB-MBR、C-MBR 以及原始细菌接种液之间群落结构的相似性和差异性关系,采用 beta 多样性距离矩阵进行层次聚类分析,再使用非加权组平均法 UPGMA 算法构建树状接头,结果如图 8.34 所示。由图可知,在优化条件下,ASB-MBR 和 C-MBR 内的微生物群落结构与原始细菌接种液的细菌群落结构不同,且与 C-MBR 相比,ASB-MBR 在投加藻体后的细菌群落结构也发生了明显的变化。

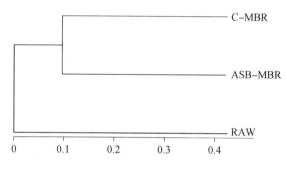

图 8.34　细菌样品聚类树分析

系统内的微生物群落结构特征从根本上影响反应系统的污水处理效能和运行稳定性,所以为了进一步研究 ASB-MBR 内细菌群落结构的改变与污水处理效果提高及膜污染减缓的关系,试验中进一步考察了接种前活性污泥、稳定运行后期的 ASB-MBR 污泥和C-MBR 污泥中的微生物群落结构情况,主要从门、纲及属的水平上加以分析,结果如图8.35 ~ 8.37 所示。

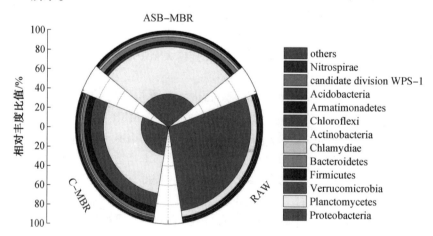

图 8.35　细菌群落在门水平上的分布情况(彩图见附录)

由图 8.35 可知,ASB-MBR 污泥、C-MBR 污泥以及接种前活性污泥中在门水平上的微生物种群有:Planctomycetes、Proteobacteria、Verrucomicrobia、Firmicutes 和 Bacteroidetes,可以看出,三种污泥样品内细菌的主要门类没有发生明显的变化,即运行条件的改变、藻体的投加并没有影响细菌群落门类结构。具体分析每种门类细菌的相对丰度比值发现,随着系统运行时间的延长,各门类细菌在两组系统内的相对丰度比值发生明显变化。相比接种前活性污泥,ASB−MBR 和 C−MBR 的污泥中 Planctomycetes 相对丰度提高,说明两组系统运行条件有利于 Planctomycetes 门类细菌生存;Planctomycetes 门类细菌在 ASB−MBR 内相对丰度比值为 48.69%,较 C−MBR(40.25%)提高了 8.44%,说明藻类的投加促进了该门类细菌相对丰度的提高,换言之,该门类细菌易与藻类共存。值得注意的是,Planctomycetes 门类细菌可以利用亚硝酸盐为电子受体,以 CO_2 为碳源,通过氨的厌氧氧化作用获得能量,推断 Planctomycetes 相对丰度比值较大可能是 ASB−MBR 较 C−MBR 的 TN 去除效率提高的原因之一。Proteobacteria 是两组系统内最主要的优势种群,Proteobacteria 门类细菌在 ASB−MBR 内相对丰度比值为 34.76%,比 C−MBR 提高 5.51%。研究发现该门类细菌大多具有较高的 COD 以及氨氮去除能力。Bacteroidetes 是两组系统中的相对优势种群,Bacteroidetes 门类细菌在 ASB−MBR 内也得到一定程度的富集,相比于 C−MBR 相对丰度比值提高 1.64%。Bacteroidetes 门类细菌具有较好的降解复杂大分子有机物的能力,比如 EPS 等。值得注意的是,藻类的投加配合长期的稳定运行,上述门类细菌在 ASB−MBR 内均得到不同程度的富集,而 ASB−MBR 内 Verrucomicrobia 和 Firmicutes 门类细菌的相对丰度比值相比于 C−MBR 较低。研究发现,Verrucomicrobia 细菌主要生存在磷元素富集的水生环境中,C−MBR 中 Verrucomicrobia 门类细菌较多可能与 C−MBR 较低的磷去除效率有关。Firmicutes 门类细菌经常在 MBR 的膜上泥饼层中发现,是一种极易黏附于膜表面的细菌。综上,藻类的投加改变了 MBR 内功能菌群的相对含量,说明藻类通过其自身代谢或者其他生理活动对细菌群落进行筛选,抑制或者促进某些特定的细菌群落的生长,构建菌藻共生环境,系统内功能菌群结构的变化可能是 ASB−MBR 污水处理效能提高和膜污染缓解的重要因素。ASB−MBR 与 C−MBR 中污泥细菌样品在纲水平上的分布情况如图 8.36 所示。

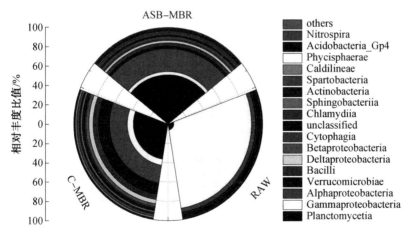

图 8.36　细菌群落在纲水平上的分布情况(彩图见附录)

从图 8.36 可以看出 C−MBR 内主要的纲类细菌是 Planctomycetia、Alphaproteobacteria 和 Verrucomicrobiae,其相对丰度比值分别为 36.8%、18.78% 和 11.46%。ASB−MBR 内优势纲类细菌是 Planctomycetia 和 Alphaproteobacteria,相对丰度比值分别为 51.11% 和

23.59%,占比较大。Planctomycetia 纲类细菌属于 Planctomycetes 门,Alphaproteobacteria 纲类细菌属于 Proteobacteria 门,Verrucomicrobiae 纲类细菌属于 Verrucomicrobia 门。相比于 C-MBR,ASB-MBR 内 Bacilli 纲类细菌相对丰度比值降低了 2.4%,研究表明,Bacilli 纲类细菌在 MBR 膜上泥饼层中起到基质作用,并且具有较强的黏附性能。Cytophagia 纲类细菌属于 Bacteroidetes 门类,该纲类细菌是一种非常常见的蛋白质降解菌,能够高效降解溶解性有机物中的高分子质量部分,ASB-MBR 内 Cytophagia 纲类细菌相对丰度比值相比 C-MBR 增加 1.95%。上述门类功能菌群结构的变化可能是 ASB-MBR 泥饼层的黏附性以及有机污染物浓度低于 C-MBR 的原因之一。

ASB-MBR 和 C-MBR 细菌群落在属水平上的分布情况如图 8.37 所示。可以明显看出,相比于原始污泥接种液,ASB-MBR 和 C-MBR 内的 Thiothrix sp. 含量明显降低。此外,ASB-MBR 内相对丰度比值含量较少的"others"种群含量比 C-MBR 降低 8.74%,一定程度上印证了 ASB-MBR 内细菌群落结构内部的稳定性。由图 8.37 还可以发现,Verrucomicrobium sp. 与 Streptococcus sp. 在 ASB-MBR 内相对丰度比值分别为 0.04% 与 0.25%,而在 C-MBR 内其相对丰度比值分别为 9.43% 与 4.71%,说明藻类的投加抑制这两种属类细菌的生长繁殖。研究表明,Streptococcus sp. 为 Firmicutes 门 Bacilli 纲,是引起膜污染的常见细菌,极易在膜表面形成生物膜加剧膜污染。在 ASB-MBR 内 Phreatobacter sp. 与 Aminobacter sp. 的相对丰度比值分别为 3.99% 和 4.13%,在 C-MBR 内这两类细菌相对丰度比例均小于 0.5%,说明藻类对 Phreatobacter sp. 与 Aminobacter sp. 的生长起到了促进作用。有研究表明,Aminobacter sp. 是一种促进藻类生长的细菌,经常在一些藻类培养环境中发现该属类细菌。相比于 C-MBR,Gemmata sp. 与 Thermogutta sp. 细菌在 ASB-MBR 内也得到了一定程度的富集。从属水平上细菌的种群结构变化可以看出,藻类会通过自身代谢特征对细菌产生一定的刺激作用,抑制或者促进某些细菌的生长繁

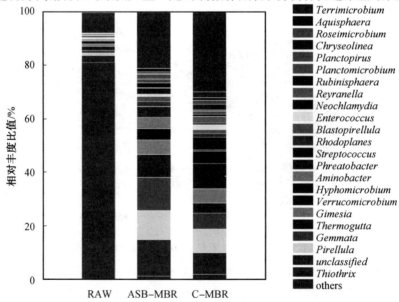

图 8.37   ASB-MBR 和 C-MBR 细菌群落在属水平上的分布情况(彩图见附录)

殖,进而选择性的构建菌藻共生体系,这种物种筛选作用以及共生关系的构建对ASB-MBR内污水处理效能的提高和膜污染减缓都具有重要的影响。

3. OTU群落分析

为了能够形象地展示不同样本的物种丰度情况,研究中利用OTU数量构建细菌种群OTU网络图,具体结果如图8.38所示。不同颜色代表不同样本,蓝色代表ASB-MBR,绿色代表C-MBR,橘黄色代表原始接种污泥RAW。中间的交叉节点代表不同的物种或OTU,节点的面积代表物种或OTU丰度。当节点是物种时,采用门/纲/目/科/属分类信息进行绘图。分析时选取丰度高于1%或丰度排序在前100位的物种或OTU信息。绘图时选取具有显著联系(weight≥100)的节点绘制。物种整体丰度则通过饼形图面积的大小来表征。

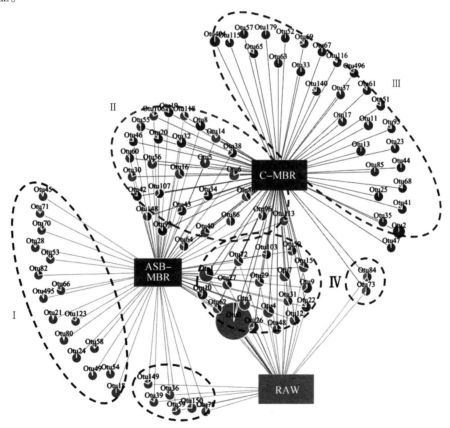

图8.38 基于OTU群落网络分析

由图8.38可知,经过长期的稳定运行之后,ASB-MBR和C-MBR内微生物群落与原始接种污泥相比发生了明显改变。从图中可以看出共有四个区域,分别命名为区域Ⅰ、区域Ⅱ、区域Ⅲ和区域Ⅳ,其中区域Ⅰ中OTU主要为ASB-MBR,其他两种污泥的物种丰度值可以忽略不计,记为独享区域,各OTU所代表的细菌丰度占总丰度值的5.21%;区域Ⅱ主要为ASB-MBR与C-MBR相关联的OTU,占总丰度值的16%,为共享区域;区域Ⅲ主要为C-MBR,其他两种污泥的物种丰度值可以忽略不计,记为独享区域,各OTU所代表的细菌丰度占总丰度值的 17.87%；区域Ⅳ为两组系统污泥与原始活性污泥的相关联部分，记为共享区域，占总丰度值的 60.92%。区域Ⅱ和区域Ⅳ为共享区域，即 ASB-MBR 与 C-MBR 共享或者加上原始接种污泥三者共享 OTU，另外两区域为独享区域。共享区域的 OTU 所代表的细菌丰度值是独享区域的 3 倍左右，说明共享区域的 OTU 覆盖了所采样品的大部分。综合上述纲类分布结果，共享区域内的功能菌群高于独享区域；此外，ASB-MBR 共享 OTU 中的功能群落丰度值比 C-MBR 共享 OTU 中的功能群落丰度值高 34.68%，说明接种藻类后微生物群落的进化主要发生在共享的 OTU 中，而不是在独享区域的 OTU 中。结合图 8.38 及上述细菌群落结构分析可知，ASB-MBR 和 C-MBR 两组系统的细菌群落结构与原始接种污泥大不相同，说明反应器运行条件以及藻类投加对细菌群落结构产生一定影响；而细菌群落的进化主要发生在两组系统共享区域内，间接表明投加藻体虽然对细菌群落结构产生一定影响，但是影响相对较小，两组系统内细菌群落结构仍然具有较高相似度。

4. FISH 功能菌分析

AOB 和 NOB 是系统实现 NH_4^+-N 去除的关键菌群，AOB 将 NH_4^+-N 氧化成 NO_2^--N，随后 NO_2^--N 在 NOB 的作用下被氧化成 NO_3^--N，完成硝化作用；PAO 可吸收超过自身所需的磷元素量进行大量聚磷，是构成系统除磷能力的重要功能菌。AOB 和 NOB 生长速率缓慢且对环境十分敏感，因此通过考察 ASB-MBR 和 C-MBR 内三种功能菌群的数量，定性分析了投加藻类对 PAO、AOB 以及 NOB 产生的影响，以更好地解析 ASB-MBR 的脱氮除磷效能。

采用 FISH 技术对三种功能菌群进行荧光标记，荧光面积及荧光强度可在一定程度上反映活性细菌的数量，结果如图 8.39 所示。图 8.39(a)、(c)、(e) 分别代表 ASB-MBR 内 AOB、NOB、PAO 菌的 FISH 分析，图 8.39(b)、(d)、(f) 分别代表 C-MBR AOB、NOB、PAO 菌的 FISH 分析。由图可知，ASB-MBR 内三种功能菌对应的荧光面积均高于 C-MBR。通过 Image-Pro Plus 6.0 软件对图谱进行 IOD 计算，结果见表 8.18，ASB-MBR 内 PAO 的综合光密度值为 543 192，较 C-MBR 提高了 30.3%；AOB 与 NOB 的综合光学密度值较 C-MBR 也分别提高 33.1% 和 13%。结合荧光面积比与综合光学密度值可知，ASB-MBR 内 AOB、NOB、PAO 的相对生物含量均高于 C-MBR，说明藻体的投加可促进 ASB-MBR 中三种功能菌的生长繁殖，这也与 ASB-MBR 较高的氮磷去除效能相一致。

 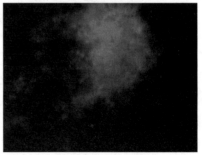

(a) ASB-MBR 系统AOB菌　　　　　　　　(b) C-MBR 系统AOB菌

图 8.39　FISH 分析微生物功能菌群

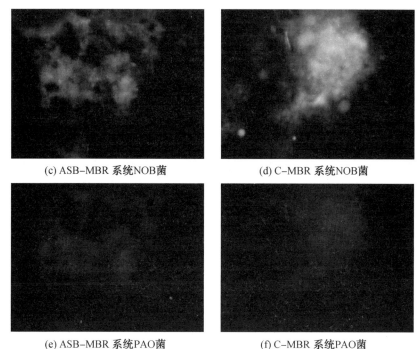

| (c) ASB-MBR 系统NOB菌 | (d) C-MBR 系统NOB菌 |
| (e) ASB-MBR 系统PAO菌 | (f) C-MBR 系统PAO菌 |

续图 8.39

表 8.18　AOB、NOB、PAO 活性细菌在 ASB-MBR 和 C-MBR 内的光密度值

系统	ASB-MBR			C-MBR		
	AOB	NOB	PAO	AOB	NOB	PAO
IOD	603 743	522 236	543 192	453 744	461 989	417 032

8.5.3　藻体群落结构分析

1. 藻体群落多样性指数分析

根据上文研究结果可知,藻类的投加使得 ASB-MBR 内细菌群落结构发生改变,而藻类也会受到系统内菌群的影响。ASB-MBR 和原始接种藻液 RAW 的藻类序列以及多样性指数测定结果见表 8.19。

表 8.19　ASB-MBR 和原始接种藻液 RAW 中藻类序列以及多样性指数

参数	RAW	ASB-MBR
Coverage 指数	1	1
ACE 指数	208.124	215.166
Chao 1 指数	204.857	211.062
Shannon 指数	1.429	2.826

由表 8.19 可知,在接种进 ASB-MBR 及运行前后,藻类的多样性发生改变。藻类的 Coverage 指数在原始接种藻液 RAW 和 ASB-MBR 中均是 1,表明测得结果接近真实样本情况。经 ASB-MBR 长期稳定运行后,藻类多样性的 Shannon 指数、ACE 指数、Chao 1 指数均高于原始接种的藻液,说明随系统的运行藻体物种的多样性和丰度得到提升,原因可能是细菌群落生理活动引起的环境选择压力,使得一些种类的藻类发生相对富集,藻类物种多样性得以增加,最终形成稳定的菌藻共生体系。

2. 藻类群落结构分析

由上文研究结果可知,藻类的投加使得 ASB-MBR 内细菌群落结构发生改变,同时由藻类构建的生物群落也会受到体系中菌群的影响,ASB-MBR 和原始接种藻液 RAW 中藻类群落在属水平上的分布情况如图 8.40 所示。由图可知,藻体的主要纲水平分布在接种系统前后没有发生明显变化,主要是 Chlorophyceae、Trebouxiophyceae、Ulvophyceae、Dinophyceae 和 Mediophyceae,且接种系统前后主体纲类均为 Chlorophyceae。unidentified_Chlorophyceae 的相对丰度值由 2.07% 增加至 43.32%,表明 unidentified_Chlorophyceae 可能是一种易与细菌共存的相对稳定的藻类;Acutodesmus sp. 的相对丰度值从 95.27% 下降至 50.06%,表明细菌对 Acutodesmus sp. 的生长存在抑制作用;另外可以发现,相对于原始藻体接种液,ASB-MBR 内出现了一定程度的 Auxenochlorella sp. 富集,Auxenochlorella sp. 是一种废水处理系统中常见的兼性营养型藻体,在光源充足的条件下可通过自养代谢吸收二氧化碳进行光合作用,而在无光或碳源充足的条件下通过异养代谢实现生物量的累积,Auxenochlorella sp. 的富集可能对 ASB-MBR 的污水处理效能的提高产生作用;与原始藻体接种液相比,ASB-MBR 中出现了 Chlorella sp. 的富集,Chlorella sp. 是一种吸磷能力较强的藻类,该藻种的富集可能与 ASB-MBR 较高的磷去除效率相关。

综上所述,ASB-MBR 内细菌的作用也引起藻类群落结构的变化,进而表现出藻类对

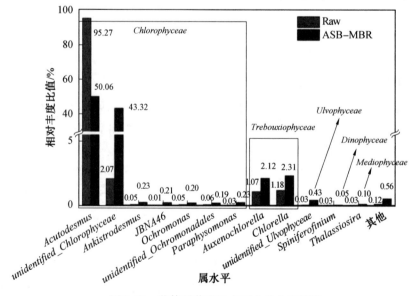

图 8.40　藻体群落在属水平上的分布情况

ASB-MBR 污水处理效能的影响。

8.6　本章小结

本章研究中通过将菌-藻共生系统与 MBR 工艺进行耦合,构造出了一种新型的菌-藻共生 MBR 体系(ASB-MBR)。ASB-MBR 通过菌-藻间物质转化,促进了菌-藻絮体的形成及菌-藻共生系统的构建,系统内的微生物活性得到提高,絮体性质得到改良,细菌及藻体的生物群落结构发生改变,使系具有较好的碳、氮、磷的去除效能和较长的膜污染周期,研究主要得到以下结论:

(1)设计出具有透光率高,比表面积大的光-膜生物反应器,并探索了菌藻共生 MBR 体系的关键性因素。结果表明,当藻菌比例为 1:5、液面光照强度为 3 000 lx、光暗周期为 12 h:12 h 时,菌藻生长状态及反应器效能达到最佳。优化条件下 ASB-MBR 的生物量增长速率较 C-MBR 提高 26.7%;ASB-MBR 中藻体 SOGR 较接种前藻体细胞 SOGR 提高 28.65%;菌-藻絮体的葡萄糖、淀粉以及氨氮的 SOUR 较 C-MBR 内普通污泥絮体分别提高了 38.6%、37.05% 和 54.24%,说明 ASB-MBR 中藻体与细菌的生物活性均有所提高。

(2)与 C-MBR 相比,同等曝气强度下 ASB-MBR 中的 DO 质量浓度提高了 30.1%,COD、NH_4^+-N、TN 和 PO_4^{3-}-P 的去除率各提高了 4%、11.7%、6.1% 和 12.8%,污水处理效能有所提升。与 C-MBR 中污泥絮体相比,ASB-MBR 中菌-藻絮体对氮的生物同化作用有所提高;ASB-MBR 膜污染周期较 C-MBR 延长 2 倍,TMP 的平均增长率降低 48.11%,膜污染得到有效减缓。

(3)通过比较 C-MBR 与 ASB-MBR 内污泥絮体发现,ASB-MBR 中絮体的表面电荷绝对值降低了 24.58%,平均粒径降低了 22.90%;菌-藻絮体的 R_0 值、FF 值、AR 值更接近于 1,说明菌-藻絮体较对照组絮体而言形状更规则,更接近球形且表面光滑,絮体更难在膜表面产生积累;菌藻彼此黏附,共同生长,促进了两者间物质交换,生物活性得到增强,使系统中微生物去除营养类物质的效率得到提升。ASB-MBR 中丝状菌的生长受到抑制,以及菌-藻絮体表面疏水性相对较低,使膜污染得到有效减缓。

(4)与 C-MBR 相比,ASB-MBR 中 S-EPS 含量出现小幅度的增加,但 $S-EPS_{pr}/S-EPS_{ps}$ 提高了 38.89%,腐殖酸、富里酸以及破碎成小碎片的色氨酸类等小分子物质是引起 ASB-MBR 中 S-EPS 升高的主要成分;作为对膜污染起到关键作用的糖类物质,ASB-MBR 中糖类含量有所下降。与 C-MBR 相比,ASB-MBR 中 B-EPS 含量降低了 24.6%,B-EPS 的蛋白质/糖类下降了 32.61%,且 B-EPS 中蛋白质类物质的红外特征峰和荧光峰强度均有所下降。

(5)ASB-MBR 泥饼层中絮体的疏水性比 C-MBR 更低,ASB-MBR 泥饼层的 NCST 相比 C-MBR 降低了 33.82%;ASB-MBR 泥饼层结构疏松多孔,表面粗糙度低,有机污染物成甬道式分布,泥饼层具有较好的渗透性能;S-EPS 与 B-EPS 在 ASB-MBR 泥饼层中的含量较 C-MBR 泥饼层分别降低了 15.01% 和 17.07%;ASB-MBR 泥饼层中铝、铁和镁等重金属的含量较 C-MBR 泥饼层也发生一定程度的下降。有机污染物以及重金属含量的降低削弱了泥饼层絮体对膜表面的黏附性,提高了泥饼层的过滤性。

(6)ASB-MBR 中的细菌群落较 C-MBR 表现出较低的多样性和均匀性,说明 ASB-MBR 内富集了某些优势种群,从而使系统结构趋于稳定。ASB-MBR 中 Planctomycetes、Proteobacteria 和 Bacteroidetes 门类细菌的相对丰度值较 C-MBR 分别提高 8.44% 、5.51% 和 1.64%,其中两类与氨氮、COD 去除以及大分子有机物质降解密切相关;C-MBR 中相对丰度较高的 *Firmicutes* 是一种极易黏附于膜表面的细菌。在属水平上,造成膜污染的两种常见细菌 *Verrucomicrobium* sp. 与 *Streptococcus* sp. 在 ASB-MBR 中相对丰度比值下降到几乎为零,同时 ASB-MBR 中富集了两种促藻类生长的细菌 *Phreatobacter* sp. 与 *Aminobacter* sp.。但从总体上看,ASB-MBR 中藻体的引入对细菌群落结构影响不大,ASB-MBR 与 C-MBR 的细菌群落结构仍然具有较大的相似性。与 C-MBR 相比,ASB-MBR 中 PAO、AOB 与 NOB 的综合光学密度分别提高 30.3% ,33.1% 和 13%,表明这三种功能菌的活性有所提高,ASB-MBR 对水体中氮、碳、磷的去除能力也得以提高。

(7)藻液接种进 MBR 并运行一段时间后藻体群落结构发生改变,Chlorophyceae、Trebouxiophyceae、Ulvophyceae、Dinophyceae 以及 Mediophyceae 为其主要纲水平种类。属水平上发现,*Acutodesmus* sp. 的相对丰度值降低,unidentified_Chlorophyceae 与 *Auxenochlorella* sp. 的相对丰度值增加。*Auxenochlorella* sp. 是一种兼性营养型藻体,*Chlorella* sp. 被认为具有较强的吸磷能力,它们在 ASB-MBR 中的富集对系统污水处理效能的提高起到了一定作用。

本章参考文献

[1] SONG K G, CHO J, AHN K H. Effects of internal recycling time mode and hydraulic retention time on biological nitrogen and phosphorus removal in a sequencing anoxic/anaerobic membrane bioreactor process[J]. Bioprocess and Biosystems Engineering, 2009, 32 (1): 135.

[2] SOLOVCHENKO A, VERSCHOOR A M, JABLONOWSKI N D, et al. Phosphorus from wastewater to crops: An alternative path involving microalgae[J]. nBiotechnology Advances, 2016, 34(5): 550-564.

[3] SU Y Y. Revisiting carbon, nitrogen, and phosphorus metabolisms in microalgae for wastewater treatment[J]. Science of the Total Environment, 2021, 762: 144590.

[4] LI Y, CHEN Y, CHEN P, et al. Characterization of a microalga *Chlorella* sp. well adapted to highly concentrated municipal wastewater for nutrient removal and biodiesel production[J]. Bioresource Technology, 2011, 102 (8): 5138-5144.

[5] JI M, ABOU-SHANAB R A I, KIM S, et al. Cultivation of microalgae species in tertiary municipal wastewater supplemented with CO_2 for nutrient removal and biomass production [J]. Ecological Engineering, 2013, 58: 142-148.

[6] 刘林林, 黄旭雄, 危立坤,等. 15 株微藻对猪场养殖污水中氮磷的净化及其细胞营养分析 [J]. 环境科学学报, 2014(8): 1986-1994.

［7］ CHEN X, HU Z, QI Y, et al. The interactions of algae-activated sludge symbiotic system and its effects on wastewater treatment and lipid accumulation［J］. Bioresource Technology, 2019, 292, 122017.

［8］ LIU J, PEMBERTON B, LEWIS J, et al. Wastewater treatment using filamentous algae-A review［J］. Bioresource Technology, 2020, 298: 122556.

［9］ MOHSENPOUR S F, HENNIGE S, WILLOUGHBY N, et al. Integrating micro-algae into wastewater treatment: A review ［J］. Science of the Total Environment, 2021, 752: 142168.

［10］ BEUCKELS A, DEPRAETERE O, VANDAMME D, et al. Influence of organic matter on flocculation of Chlorella vulgaris by calcium phosphate precipitation［J］. Biomass and Bioenergy, 2013, 54: 107-114.

［11］ CHRISTENSON L, SIMS R. Production and harvesting of microalgae for wastewater treatment, biofuels, and bioproducts［J］. Biotechnology Advances, 2011, 29(6):686-702.

［12］ LEE K, LEE C G. Effect of light/dark cycles on wastewater treatments by microalgae ［J］. Biotechnology and Bioprocess Engineering, 2001, 6 (3): 194-199.

［13］ KIM T, LEE Y, HAN S, et al. The effects of wavelength and wavelength mixing ratios on microalgae growth and nitrogen, phosphorus removal using *Scenedesmus* sp. for wastewater treatment ［J］. Bioresource Technology, 2013, 130: 75-80.

［14］ LI Y, ZHOU W, HU B, et al. Integration of algae cultivation as biodiesel production feedstock with municipal wastewater treatment: Strains screening and significanceevaluation of environmental factors ［J］. Bioresource Technology, 2011, 102 (23): 10861-10867.

［15］武焕阳. 大型海藻生长和光合功能对不同光环境条件的响应研究［D］. 广州: 华南理工大学, 2016.

［16］彭慧峰. CO_2 驱动下能源微藻代谢调控机制的多组学分析［D］. 广州: 华南理工大学, 2016.

［17］ LEONG Y K, CHANG J. Bioremediation of heavy metals using microalgae: Recent advances and mechanisms［J］. Bioresource Technology, 2020, 303: 122886.

［18］许静. 稳定塘系统处理农村生活污水的试验研究［D］. 沈阳: 东北大学, 2014.

［19］ OSWALD W J. Productivity of algae in sewage disposal［J］. Solar Energy, 1973, 15 (1): 107-117.

［20］ OLGUIN E J. Dual purpose microalgae-bacteria-based systems that treat wastewater and produce biodiesel and chemical products within a biorefinery［J］. Biotechnology Advances, 2012, 30(5): 1031-1046.

［21］ ACIEN F F, GONZALEZ-LOPEZ C V, FERNANDEZ S J, et al. Conversion of CO_2 into biomass by microalgae: How realistic a contribution may it be to significant CO_2 removal? ［J］. Applied Microbiology and Biotechnology, 2012, 96(3): 577-586.

[22] VAN DEN HENDE S, VERVAEREN H, DESMET S, et al. Bioflocculation of microalgae and bacteria combined with flue gas to improve sewage treatment[J]. New Biotechnology, 2011, 29(1): 23-31.

[23] 严清, 孙连鹏. 菌藻混合固定化及其对污水的净化试验[J]. 水资源保护, 2010 (3): 57-60.

[24] 张长利, 王景晶, 杨宏. 细胞固定化技术研究进展及其在水处理领域的应用[J]. 水处理技术, 2013(6): 1-4.

[25] REARDON K F, MOSTELLER D C, BULL ROGERS J D. Biodegradation kinetics of benzene, toluene, and phenol as single and mixed substrates for Pseudomonas putida F1 [J]. Biotechnology and Bioengineering, 2000, 69(4): 385-400.

[26] LEE Y K. Microalgal mass culture systems and methods: Their limitation and potential [J]. Journal of Applied Phycology, 2001, 13(4): 307-315.

[27] CHOI S K, LEE J Y, KWON D Y, et al. Settling characteristics of problem algae in the water treatment process[J]. Water Science and Technology, 2006, 53(7): 113-119.

[28] GARDES A, IVERSEN M H, GROSSART H P, et al. Diatom-associated bacteria are required for aggregation of Thalassiosira weissflogii[J]. ISME Journal, 2011, 5(3): 436-445.

[29] ARCILA J S, BUITRON G. Microalgae-bacteria aggregates: Effect of the hydraulic retention time on the municipal wastewater treatment, biomass settleability and methane potential[J]. Journal of Chemical Technologyand Biotechnology, 2016, 91(11): 2862-2870.

[30] VANDAMME D, MUYLAERT K, FRAEYE I, et al. Floc characteristics of Chlorella vulgaris: Influence of flocculation mode and presence of organic matter[J]. Bioresource Technology, 2014, 151: 383-387.

[31] VAN DEN HENDE S, CARRE E, COCAUD E, et al. Treatment of industrial wastewaters by microalgal bacterial flocs in sequencing batch reactors[J]. Bioresource Technology, 2014, 161: 245-254.

[32] SUTHERLAND I W. Exopolysaccharides in biofilms, flocs and related structures[J]. Water Science and Technology, 2001, 43(6): 77-86.

[33] QUIJANO G, ARCILA J S, BUITRON G. Microalgal-bacterial aggregates: Applications and perspectives for wastewater treatment[J]. Biotechnology Advances, 2017, 35(6): 772-781.

[34] GUTZEIT G, LORCH D, WEBER A, et al. Bioflocculent algal-bacterial biomass improves low-cost wastewater treatment[J]. Water Science and Technology, 2005, 52 (12): 9-18.

[35] MEDINA M, NEIS U. Symbiotic algal bacterial wastewater treatment: Effect of food to microorganism ratio and hydraulic retention time on the process performance[J]. Water Science and Technology, 2007, 55(11): 165-171.

［36］ VALIGORE J M, GOSTOMSKI P A, WAREHAM D G, et al. Effects of hydraulic and solids retention times on productivity and settleability of microbial (microalgal-bacterial) biomass grown on primary treated wastewater as a biofuel feedstock[J]. Water Research, 2012, 46(9): 2957-2964.

［37］ VAN DEN HENDE S, LAURENT C, BEGUE M. Anaerobic digestion of microalgal bacterial flocs from a raceway pond treating aquaculture wastewater: Need for a biorefinery [J]. Bioresource Technology, 2015, 196: 184-193.

［38］ VAN DEN HENDE S, VERVAEREN H, SAVEYN H, et al. Microalgal bacterial floc properties are improved by a balanced inorganic/organic carbon ratio[J]. Biotechnology and Bioengineering, 2011, 108(3): 549-558.

［39］ ARCILA J S, BUITRON G. Influence of solar irradiance levels on the formation of microalgae-bacteria aggregates for municipal wastewater treatment[J]. Algal Research, 2017, 27: 190-197.

［40］ KIM B H, KANG Z, RAMANAN R, et al. Nutrient removal and biofuel production in high rate algal pond using real municipal wastewater[J]. Journal of Microbiology and Biotechnology, 2014, 24 (8): 1123-1132.

［41］ TIRON O, BUMBAC C, PATROESCU I V, et al. Granular activated algae for wastewater treatment[J]. Water Science and Technology, 2015, 71(6): 832-839.

［42］ TANG C, ZHANG X, HE Z, et al. Role of extracellular polymeric substances on nutrients storage and transfer in algal-bacteria symbiosis sludge system treating wastewater [J]. Bioresource Technology, 2021, 331: 125010.

［43］ POWELL R J, HILL R T. Rapidaggregation of biofuel producing algae by the bacterium *Bacillus* sp. RP1137[J]. Applied and Environmental Microbiology, 2013, 9: 01496-01513.

［44］ XIAO R, ZHENG Y. Overview of microalgal extracellular polymeric substances (EPS) and their applications[J]. Biotechnology Advances, 2016, 34(7): 1225-1244.

［45］ SUTHERLAND I W. Exopolysaccharides in biofilms, flocs and related structures[J]. Water Science and Technology, 2001, 43 (6): 77-86.

［46］ CUELLAR-BERMUDEZ S P, ALEMAN-NAVA G S, CHANDRA R, et al. Nutrients utilization and contaminants removal: A review of two approaches of algae and cyanobacteria in wastewater[J]. Algal Research, 2017, 24: 438-449.

［47］ SCHNURR P J, ESPIE G S, ALLEN D G. Algae biofilm growth and the potential to stimulate lipid accumulation through nutrient starvation [J]. Bioresource Technology, 2013, 16: 337-344.

［48］ LI X Z, HAUER B, ROSCHE B. Single-species microbial biofilm screening for industrial applications[J]. Applied Microbiology and Biotechnology, 2007, 76: 1255-1262.

［49］ HILL W R, LARSEN I L. Growth dilution of metals in microalgal biofilms[J]. Environmental Science and Technology, 2005, 39: 1513-1518.

[50] HULTBERG M, ASP H, MARTTILA S, et al. Biofilm formation by Chlorella vulgaris is affected by light quality[J]. Current Microbiology, 2014, 69: 699-702.

[51] JOHNSON M B, WEN Z. Development of an attached microalgal growth system for biofuel production[J]. Applied Microbiology and Biotechnology, 2010, 85: 525-534.

[52] LIU Y. Dynamique de croissance de biofilms nitrifiants appliqués aux traitements des eaux[D]. Toulouse: INSA, 1994.

[53] LIU Y. Adhesion kinetics of nitrifying bacteria on various thermoplastic supports[J]. Colloids and Surfaces B: Biointerfaces, 1995, 5 (5): 213-219.

[54] KATARZYNA L, SAI G, SINGH O A. Non-enclosure methods for non-suspended microalgae cultivation: Literature review and research needs[J]. Renewable and Sustainable Energy Reviews, 2015, 42: 1418-1427.

[55] SEKAR R, VENUGOPALAN V P, SATPATHY K K, et al. Laboratory studies on adhesion of microalgae to hard substrates[J]. Hydrobiologia, 2004, 512: 109-116.

[56] SU Y, MENNERICH A, URBAN B. Synergistic cooperation between wastewater-born algae and activated sludge for wastewater treatment: Influence of algae and sludge inoculation ratios[J]. Bioresource Technology, 2012, 105: 67-73.

[57] MAYALI X, AZAM F. Algicidal bacteria in the sea and their impact on algal blooms [J]. Journal of Eukaryotic Microbiology, 2004, 51 (2): 139-144.

[58] DOUCETTE G J. Interactions between bacteria and harmful algae: A review[J]. Natural Toxins, 1995, 3(2): 65-74.

[59] MAYO A W, NOIKE T. Effects of temperature and pH on the growth of heterotrophic bacteria in waste stabilization ponds[J]. Water Research, 1996, 30(2): 447-455.

[60] SHI R, HUANG H, QI Z, et al. Algicidal activity against Skeletonema costatum by marine bacteria isolated from a high frequency harmful algal blooms area in southern Chinese coast[J]. World Journal of Microbiologyand Biotechnology, 2013, 29(1): 153-162.

[61] BILAD M R, VANDAMME D, FOUBERT I, et al. Harvesting microalgal biomass using submerged microfiltration membranes[J]. Bioresource Technology, 2012, 111: 343-352.

[62] MARBELIA L, BILAD M R, PASSARIS I, et al. Membrane photobioreactors for integrated microalgae cultivation and nutrient remediation of membrane bioreactors effluent [J]. Bioresource Technology, 2014, 163: 228-235.

[63] MATSUMOTO T, YAMAMURA H, HAYAKAWA J, et al. Influence of extracellular polysaccharides (EPS) produced by two different green unicellular algae on membrane filtration in an algae-based biofuel production process[J]. Water Science and Technology, 2014, 69(9): 1919-1925.

[64] XU M, BERNARDS M, HU Z. Algae-facilitated chemical phosphorus removal during high-density Chlorella emersonii cultivation in a membrane bioreactor[J]. Bioresource

Technology, 2014, 153: 383-387.

[65] BHASKAR P V, GROSSART H, BHOSLE N B, et al. Production of macroaggregates from dissolved exopolymeric substances (EPS) of bacterial and diatom origin[J]. Fems Microbiology Ecology, 2005, 53(2): 255-264.

[66] HUANG W, LI B, ZHANG C, et al. Effect of algae growth on aerobic granulation and nutrients removal from synthetic wastewater by using sequencing batch reactors[J]. Bioresource Technology, 2015, 179: 187-192.

[67] MERBT S N, STAHL D A, CASAMAYOR E O, et al. Differential photoinhibition of bacterial and archaeal ammonia oxidation[J]. Fems Microbiology Letters, 2012, 327 (1): 41-46.

[68] HYMAN M A, ARP D J. $14C_2H_2$- and $14CO_2$-labeling studies of the de novo synthesis of polypeptides by Nitrosomonas europaea during recovery from acetylene and light inactivation of ammonia monooxygenase[J]. Journal of Biological Chemistry, 1992, 267(3): 1534-1545.

[69] QU F, DU X, LIU B, et al. Control of ultrafiltration membrane fouling caused by Microcystis cells with permanganate preoxidation: Significance of in situ formed manganese dioxide[J]. Chemical Engineering Journal, 2015, 279: 56-65.

[70] HWANG B, LEE W, PARK P, et al. Effect of membrane fouling reducer on cake structure and membrane permeability in membrane bioreactor[J]. Journal of Membrane Science, 2007, 288(1-2): 149-156.

[71] RAMANAN R, KIM B, CHO D, et al. Algae-bacteria interactions: Evolution, ecology and emerging applications[J]. Biotechnology Advances, 2016, 34(1): 14-29.

[72] MA X, ZHOU W, FU Z, et al. Effect of wastewater-borne bacteria on algal growth and nutrients removal in wastewater-based algae cultivation system[J]. Bioresource Technology, 2014, 167: 8-13.

[73] SCHMIDT J J, GAGNON G A, JAMIESON R C. Microalgae growth and phosphorus uptake in wastewater under simulated cold region conditions[J]. Ecological Engineering, 2016, 95: 588-593.

[74] LIU X M, SHENG G P, LUO H W, et al. Contribution of extracellular polymeric substances (EPS) to the sludge aggregation[J]. Environmental Science and Technology, 2010, 44(11): 4355-4360.

[75] HWANG B, KIM J, AHN C H, et al. Effect of disintegrated sludge recycling on membrane permeability in a membrane bioreactor combined with a turbulent jet flow ozone contactor[J]. Water Research, 2010, 44(6): 1833-1840.

名 词 索 引

附录　部分彩图

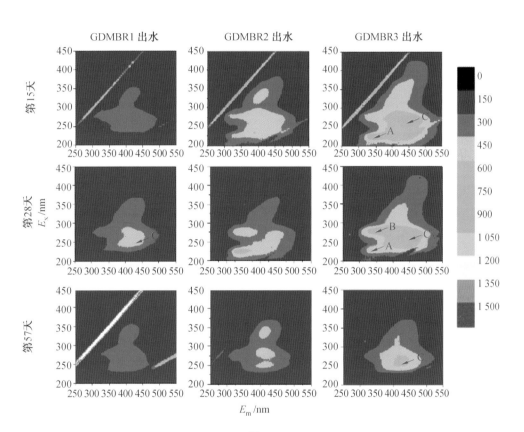

图 2.7

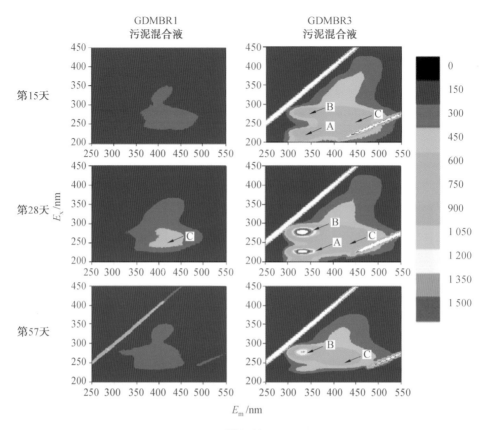

图 2.18

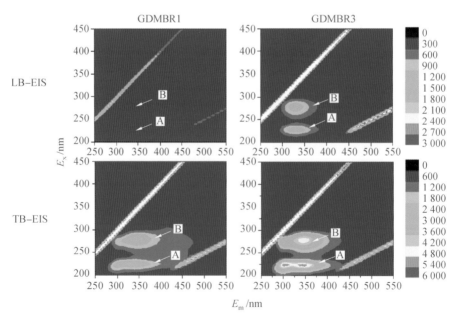

图 2.22

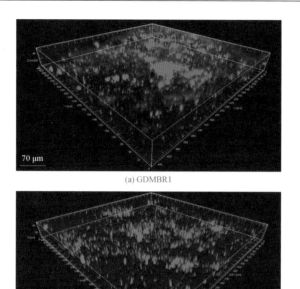

(a) GDMBR1

(b) GDMBR3

图 2.23

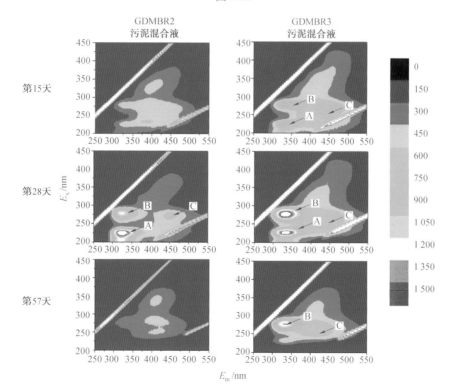

图 2.31

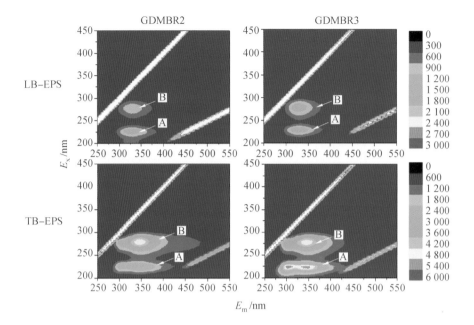

图 2.35

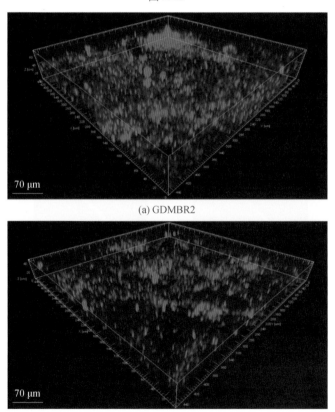

(a) GDMBR2

(b) GDMBR3

图 2.36

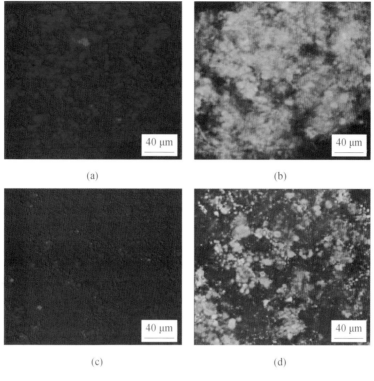

图 3.37

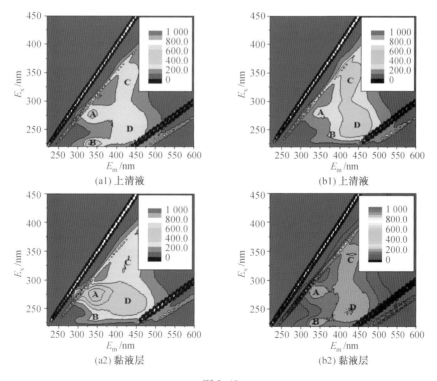

图 3.40

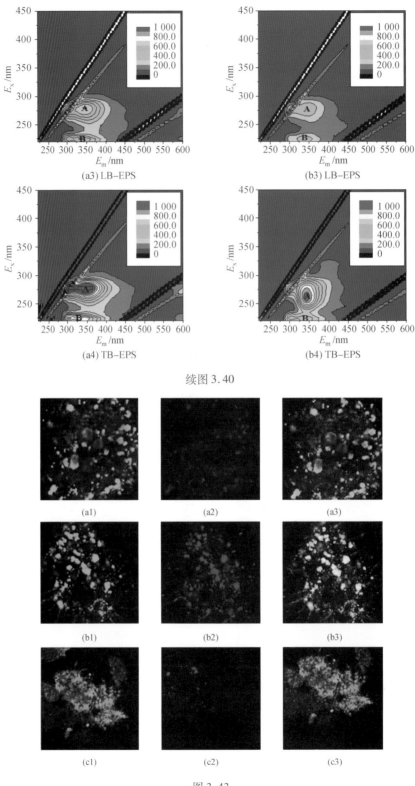

(a3) LB-EPS

(b3) LB-EPS

(a4) TB-EPS

(b4) TB-EPS

续图 3.40

(a1)　　　　　　(a2)　　　　　　(a3)

(b1)　　　　　　(b2)　　　　　　(b3)

(c1)　　　　　　(c2)　　　　　　(c3)

图 3.43

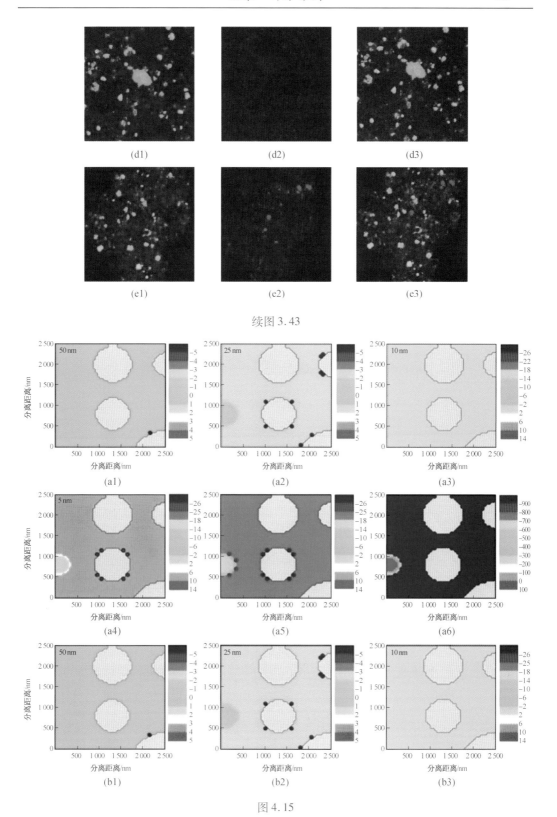

(d1) (d2) (d3)

(e1) (e2) (e3)

续图 3.43

(a1) (a2) (a3)

(a4) (a5) (a6)

(b1) (b2) (b3)

图 4.15

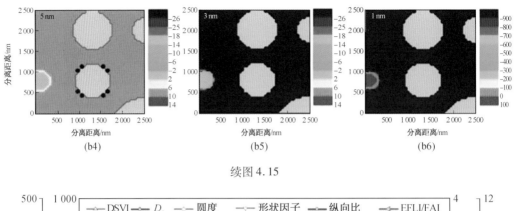

续图 4.15

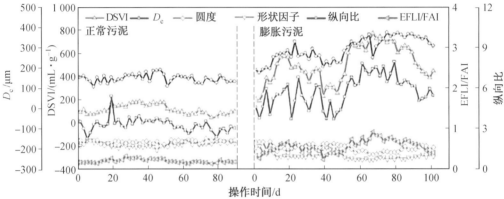

图 4.18

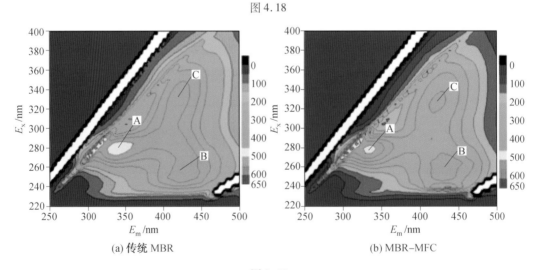

图 5.59

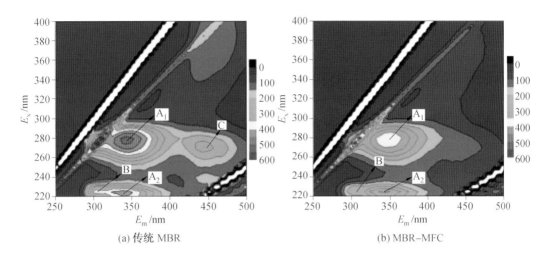

(a) 传统 MBR (b) MBR-MFC

图 5.60

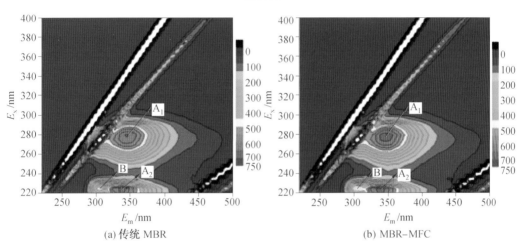

(a) 传统 MBR (b) MBR-MFC

图 5.61

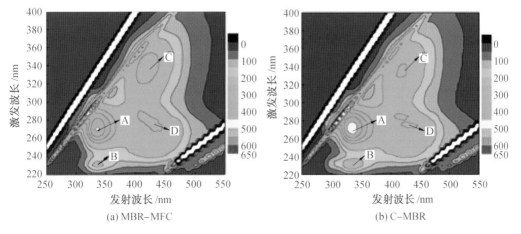

(a) MBR-MFC (b) C-MBR

图 5.70

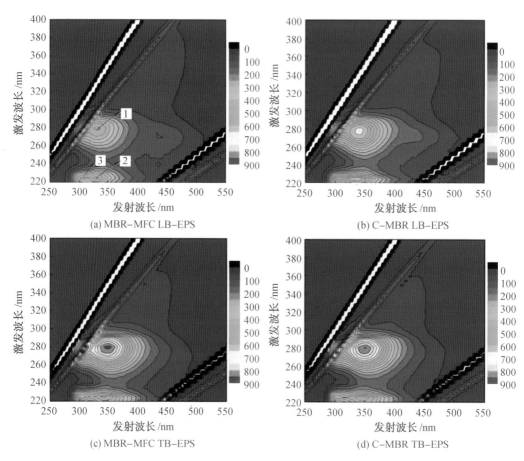

(a) MBR-MFC LB-EPS

(b) C-MBR LB-EPS

(c) MBR-MFC TB-EPS

(d) C-MBR TB-EPS

图 5.73

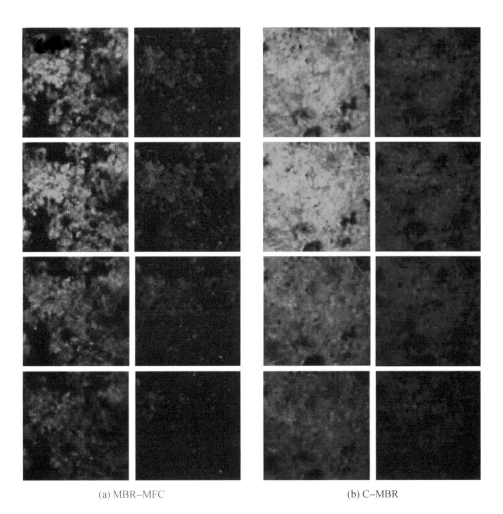

(a) MBR-MFC　　　　　　　　　　　　(b) C-MBR

图 5.93

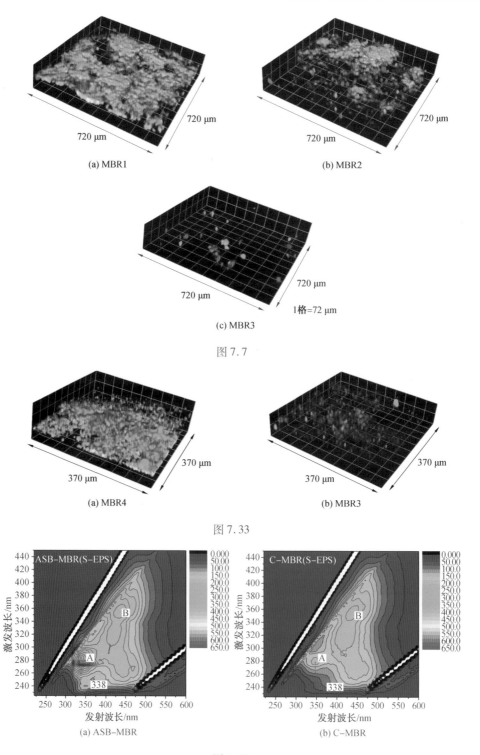

(a) MBR1

(b) MBR2

720 μm

720 μm

720 μm

720 μm

(c) MBR3

720 μm

720 μm

1格=72 μm

图 7.7

(a) MBR4

(b) MBR3

370 μm

370 μm

370 μm

370 μm

图 7.33

(a) ASB-MBR

(b) C-MBR

图 8.20

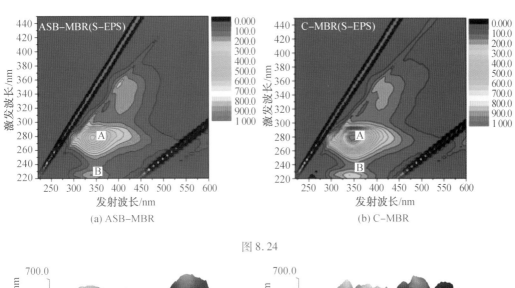

(a) ASB-MBR

(b) C-MBR

图 8.24

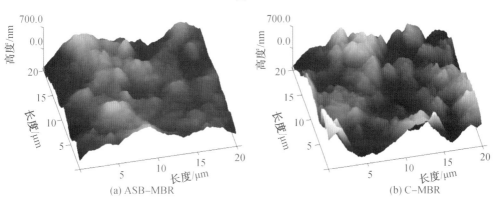

(a) ASB-MBR

(b) C-MBR

图 8.27

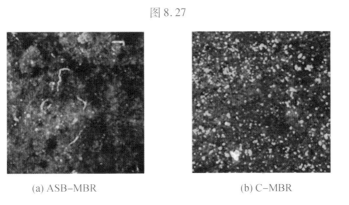

(a) ASB-MBR

(b) C-MBR

图 8.31

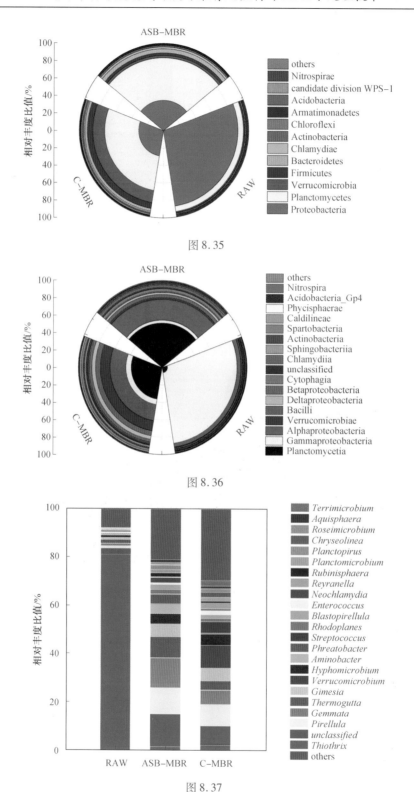

图 8.35

图 8.36

图 8.37